"十二五"普通高等教育本科国家级规划教材

普通高等教育
"十五"国家级规划教材

普通高等教育
"九五"国家级重点教材

荣获中国石油和化学工业优秀出版物奖·教材一等奖

化工原理

（上册）

第五版

陈敏恒　丛德滋　齐鸣斋　潘鹤林　黄　婕　编

化学工业出版社
·北京·

图书在版编目（CIP）数据

化工原理．上册/陈敏恒等编．—5版．—北京：化学工业出版社，2019.6（2025.1重印）
“十二五”普通高等教育本科国家级规划教材
ISBN 978-7-122-34346-8

Ⅰ.①化…　Ⅱ.①陈…　Ⅲ.①化工原理-高等学校-教材　Ⅳ.①TQ02

中国版本图书馆CIP数据核字（2019）第074081号

责任编辑：徐雅妮　杜进祥　　　　装帧设计：关　飞
责任校对：刘曦阳

出版发行：化学工业出版社（北京市东城区青年湖南街13号　邮政编码100011）
印　　刷：北京云浩印刷有限责任公司
装　　订：三河市振勇印装有限公司
787mm×1092mm　1/16　印张20　字数508千字　　2025年1月北京第5版第6次印刷

购书咨询：010-64518888　　　　售后服务：010-64518899
网　　址：http://www.cip.com.cn
凡购买本书，如有缺损质量问题，本社销售中心负责调换。

定　　价：49.00元　**版权所有　违者必究**

第五版前言

在我国改革开放初期，为推动高等学校化工原理教学改革，华东理工大学于 1985 年 9 月组织编写出版了《化工原理》第一版。随着化工技术的进步和发展，以及教学内容、方法的改革，本书在出版后的 35 年里不断更新、完善，分别于 1999 年 6 月出版第二版，2006 年 5 月出版第三版，2015 年 7 月出版第四版，并被评选为普通高等教育“九五”国家级重点教材、普通高等教育“十五”国家级规划教材和“十二五”普通高等教育本科国家级规划教材。本次再版为第五版。

当前，根据新时代国家战略急需、新一轮产业变革趋势和社会民生新要求，我国工科高等教育正在加快推进新工科建设。在此背景下，高校要重塑高等教育人才培养体系，以互联网和工业智能为核心的新兴产业也迫切需要高素质复合型人才。在化工类及相关工科专业人才培养过程中，学习化工过程技术开发的基本原理至关重要，如何改革化工原理课程教学内容以适应新工科的挑战，是《化工原理》（第五版）修订再版时我们重点考虑的。

《化工原理》（第五版）将化工单元操作按传递过程共性归类，以动量传递为基础叙述流体输送、搅拌、流体通过颗粒层的流动、绕流及相关的单元操作；以热量传递为基础阐述换热和蒸发操作；以质量传递原理说明吸收、精馏、萃取、吸附、结晶、膜分离等传质单元操作；最后阐述了具有热、质同时传递过程特点的固体干燥。

本书还结合典型单元操作的定量分析和数学描述对现代化工技术常用的方法作了较详细的说明，如数学模型法、参数归并法和过程分解与综合法等。单元操作的发展在过程和设备方面积累了丰富的材料，笔者在取舍和组织这些材料时，注意培养读者的工程观点，如机械能衡算、控制步骤与过程强化等，以使读者在获取知识的同时对重要的工程观点有较深的印象，便于日后分析较为复杂的工程问题。在数学描述结果的应用中，本书从设计、操作和综合三个方面着手讨论，便于读者理论联系实际。本书各章均配有思考题、习题及答案，便于读者自学。

《化工原理》（第五版）由陈敏恒、丛德滋、齐鸣斋、潘鹤林、黄婕编。本次修订我们融合了现代教学技术手段，增加了主要章节的微课和重要知识点的动画视频，以提升读者的学习效果。微课视频由华东理工大学化工原理教学中心潘鹤林、黄婕、张辉、孙浩、宗原、曹正芳、叶启亮、刘玉兰、许煦、丛梅、熊丹柳老师联合录制。动画资源由浙江中控科教仪器设备有限公司提供技术支持。

本书第一版由陈敏恒、丛德滋、方图南编；第二、三版由陈敏恒、丛德滋、方图南、齐鸣斋编；第四版由陈敏恒、丛德滋、方图南、齐鸣斋、潘鹤林编。华东理工大学化工原理教研室的前辈先贤也为教材的建设奉献了毕生精力，值此再版之时，谨向各位前辈表示最崇高的敬意！

本书是华东理工大学化工原理教学中心集体的教学经验与成果，在此向全体同事在编写工作中给予的帮助和支持表示衷心感谢。本书的持续发展离不开读者们的认可与支持，在此向全国选用本书作为教材的广大高等院校师生表示感谢。

书中难免有不足之处，恳请读者批评指正，使本书不断完善。

编　者

2020 年 2 月

目录

绪　论　/ 1

第 1 章　流体流动　/ 5

第 2 章　流体输送机械　/ 68

第 3 章 液体的搅拌 / 99

第 4 章 流体通过颗粒层的流动 / 116

第5章 颗粒的沉降和流态化 / 146

第6章 传 热 / 177

第7章 蒸 发 /252

附 录 /269

参考文献 /310

名人堂 /311

绪 论

化工原理的研究对象是单元操作。单元操作起源于化学工业，但随着人类工业与科学技术的发展，单元操作也早已广泛应用于生物、食品、医药、材料、环保、能源等行业，而不再局限于化工。不少欧美国家和国内专家已将单元操作归入过程工程。如今，单元操作在新材料技术中也起着重要的作用，新材料涉及微电子、信息、新能源、航空航天、先进装备、汽车等十分广泛的领域。

化学工业生产过程

人类社会的发展离不开化学工业生产，现代人类的生活更离不开化工产品。化工生产是对煤、石油、天然气等原料进行化学加工，以获得所需的产品。化工生产的核心是化学反应过程和反应器。为了保证化学反应过程能够在技术上可行、经济上合理、环境可接受的条件下进行，反应器内必须保持某些特定条件，如合适的压强、温度和物料的组成等。通常，原料须先经过预处理以除去杂质，达到一定的纯度，再经换热和加压达到预定的温度和压强。这些过程统称为前处理。反应器出口物需要回收压强能、热能，进行分离精制，以获得所需产品。这些过程统称为后处理。

例如，乙烯氧氯化法制备聚氯乙烯塑料的生产过程是以乙烯和氯为原料进行加成反应，经分离获得二氯乙烷，再经550℃、3MPa的高温裂解生成氯乙烯，裂解所得氯化氢与空气、乙烯在220℃、0.5MPa下进行氧氯化反应生成二氯乙烷和水，经分离后二氯乙烷再裂解；精制后的氯乙烯单体在55℃、0.8MPa左右进行聚合反应获得聚氯乙烯。在进行加成反应前，必须将乙烯和氯中所含各种杂质除去，以免反应器中的催化剂中毒失效。反应产物又需进行分离，除去副产物四氯化碳、苯、三氯乙烷以及未反应的原料等。分离精制后的氯乙烯单体经压缩、换热，达到聚合反应所需的纯度和状态。聚合所得的塑料颗粒和水的悬浮液须经脱水、干燥而后成为产品。生产过程如图0-1所示。

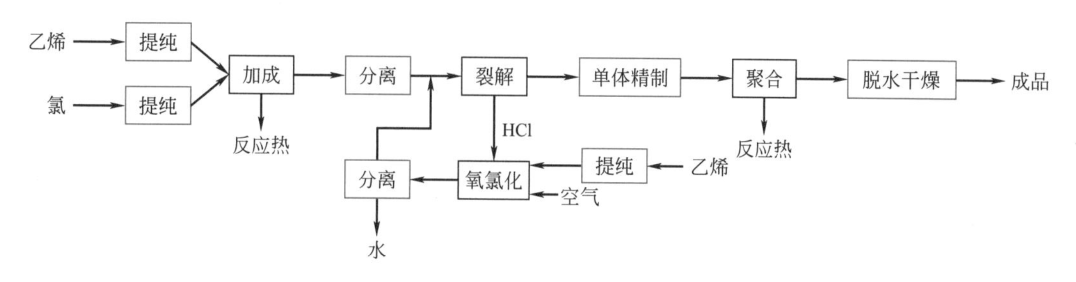

图0-1 乙烯氧氯化法制备聚氯乙烯生产过程

再如，水煤浆气化工艺是以纯氧和水煤浆为原料，采用气流床反应器，在加压非催化条件下进行高温部分氧化反应（4.0～8.7MPa，1300℃），生成以CO、H_2为有效成分的粗煤气，作为氨、乙二醇、甲醇等产品的合成气，制氢、燃料的原料气，或整体煤气化联合循环发电（IGCC）的燃料气。图0-2为多喷嘴对置式水煤浆气化工艺流程示意图，包括四个工序，即磨煤制浆工序、气化工序、合成气初步净化工序和含渣水处理工序。在煤浆制备单元，粉煤、水和添加剂按一定比例在磨煤机内制得一定固含量、流动性好的浆体，泵送至气化炉，和空分来的纯氧一起经烧嘴进入气化炉进行反应；反应生成的携带灰渣的合成气经激冷室冷却后，依次进入混合器、旋风分离器、水洗塔三个单元组合的初步净化设备，进行除尘和净化；气化和洗涤单元的黑水进入蒸发热水塔，经直接换热式渣水处理蒸发分离及完成热回收。

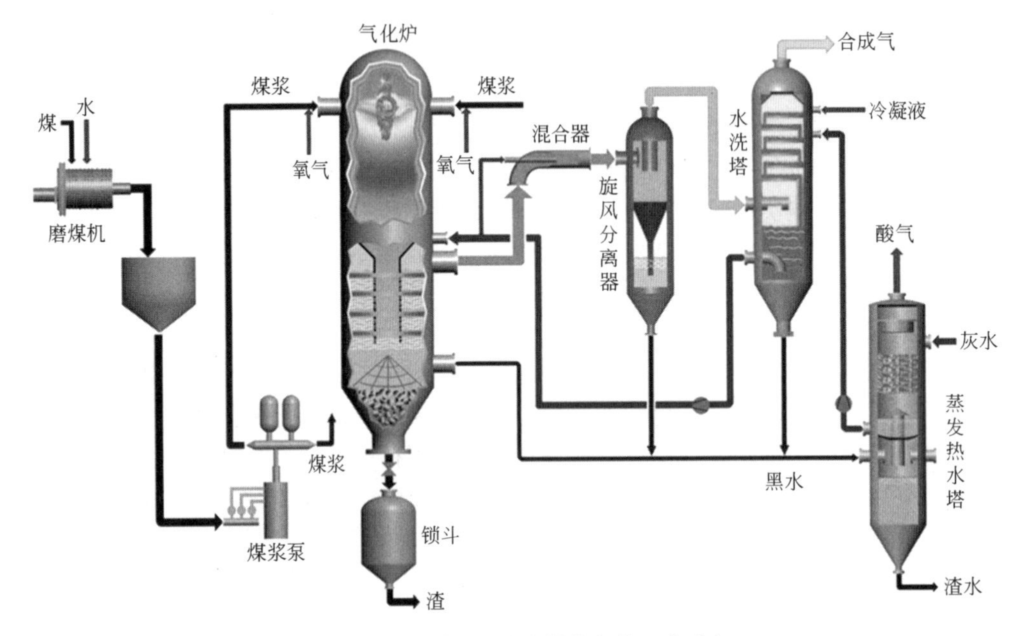

图 0-2　多喷嘴对置式水煤浆气化工艺流程

上述生产过程除加成、裂解、氧氯化和聚合属反应过程外，原料和反应出口物的提纯、精制、分离等工序均属前、后处理过程。前、后处理工序中所进行的过程多数是纯物理过程，又是化工生产所不可缺少的。

其他化工生产过程与上述过程类似，均由前处理、反应过程、后处理所组成。在现代大型化工厂中，反应过程的设备数量并不多，绝大多数设备中进行的都是各种前、后处理。对于设备投资和操作费用来讲，也是前、后处理工序占大部分。因此，前、后处理过程在化工生产中占有重要地位。这些过程就是化工单元操作。

化工单元操作

化工单元操作可按不同的方法进行分类，按操作的目的可将其分为：

① 物料的增压、减压和输送；

② 物料的混合或分散；

③ 物料的加热或冷却；

④ 非均相混合物的分离；

⑤ 均相混合物的分离。

按物理过程的目的，兼顾过程的原理、相态，可将各种前、后处理归纳成一系列的单元操作，如表 0-1 所示。

表 0-1 中只列出了常用的单元操作，此外尚有一些不常用的单元操作。而且，随着生产发展对前、后处理过程所提出的一些特殊要求，又不断地发展出若干新的单元操作和单元操作的耦合。

表 0-1　化工常用单元操作

单元操作	目的	物态	原理	传递过程
流体输送	输送	液或气	输入机械能	动量传递
搅拌	混合或分散	气-液；液-液；固-液	输入机械能	动量传递
过滤	非均相混合物分离	液-固；气-固	尺度不同的截留	动量传递
沉降	非均相混合物分离	液-固；气-固	密度差引起的沉降运动	动量传递
加热、冷却	升温、降温，改变相态	气或液	利用温度差而传入或移出热量	热量传递
蒸发	溶剂与不挥发性溶质的分离	液	供热以汽化溶剂	热量传递
气体吸收	均相混合物分离	气	各组分在溶剂中溶解度的不同	物质传递
液体精馏	均相混合物分离	液	各组分挥发度的不同	物质传递
萃取	均相混合物分离	液	各组分在溶剂中溶解度的不同	物质传递
干燥	去湿	固体	供热汽化	热、质同时传递
吸附	均相混合物分离	液或气	各组分在吸附剂中的吸附能力不同	物质传递
反渗透	均相混合物分离	液	各组分尺度不同的截留	物质传递
电渗析	均相混合物分离	液	电解质离子选择性的传递	物质传递

为达到同样的目的，可依据不同的原理、采用不同的方法、选取不同的单元操作。例如，液-固非均相混合物可依据密度的差异用沉降的方法实现分离，也可利用尺度的不同采用过滤的方法分离。又如，液态均相混合物可依据各组分挥发度的不同用精馏的方法分离，也可利用各组分在溶剂中的溶解度不同，采用溶剂萃取法进行分离，或利用各组分熔点和溶解度的不同，采用结晶的方法进行分离。

各单元操作包括过程和设备两个方面的内容。各单元操作中所发生的过程都有内在的规律。例如，液-固非均相混合物的沉降分离中所进行的过程实质是细颗粒在液体中的自由沉降；过滤的过程实质是液体通过滤饼（颗粒层）的流动。又如，气体的吸收分离过程实质是传质-溶解。研究各单元操作就是为了掌握过程的规律，并设计设备的结构和大小，使过程在有利的条件下进行。

“化工原理”课程的主线

从化学工业的各个行业中抽提出单元操作加以研究，是个重要的发展。各单元操作依据不同的原理，达到各自的目的，统一于同一个学科之中必定有统一的研究对象和研究方法。

各单元操作中所发生的过程虽然多种多样，但从物理本质上说只是下列三种：

① 动量传递过程（单相或多相流动）；

② 热量传递过程（传热）；

③ 物质传递过程（传质）。

表 0-1 所列各单元操作均归属传递过程。传递过程是本课程统一的研究对象，也是联系各单元操作的一条主线。

化工原理是一门工程学科，它要解决的不仅是过程的基本规律，而且面临着真实的、复杂的生产问题——特定的物料在特定的设备中进行特定的过程。实际问题的复杂性不完全在于过程的本身，而首先在于化工设备复杂的几何形状和千变万化的物性。例如，过滤中发生的过程是流体的流动，其本身并不复杂，但滤饼提供的是形状不规则的网状结构通道。对这样的流动边界作出如实的、逼真的数学描述几乎是不可能的。采用直接的数学描述和方程求解的方法将是十分困难的。因此，采用合适的研究方法也是本课程内容的重要方面。

在这门学科的历史发展中已形成了一些基本的研究方法，主要有数学分析法；实验研究方法，即经验的方法；数学模型方法，即半理论半经验的方法。数学分析法已在物理课程中为学生所熟悉。实验研究方法是直接通过实验测取各变量之间的联系，将结果整理成经验表达式。如果实验工作必须遍历各种尺寸的设备和各种不同物料，那么实验工作量甚大，难以实现。因此，须建立合理的实验研究方法，以使实验结果在几何尺寸上能“以小见大”，在物料品种方面能“由此及彼”。数学模型方法立足于对复杂的实际问题作出合理简化，先建立数学方程，再进行验证性试验，则实验工作量将大为减少。本门学科在相当程度上解决了上述问题。例如，将滤饼中的不规则网状通道简化成若干个平行的圆形细管，由此引入的一些修正系数则由实验测定，因而这种方法是半经验、半理论的。数学模型方法抓住了过程的主要影响因素，大体反映了过程的真实面貌，已广泛地被采用。

这样，以单元操作为内容，以传递过程为主线，以研究方法为手段，组成了“化工原理”这一门课。

“化工原理”课程的应用

化工原理是一门应用性课程，它通过对过程的研究解决工业应用中出现的问题。

① 根据各单元操作在技术和经济上的特点，如何进行“过程和设备”的选择，以适应指定物系的特征，经济而有效地满足工艺要求。

② 如何进行过程计算和设备设计。在缺乏数据的情况下，如何组织实验以取得必要的设计数据。

③ 如何进行操作优化和调节以适应生产的不同要求。在操作发生故障时，如何进行合理判断。

已有单元操作的发展历史告知人们，如何依据一个物理或物理化学的原理开发一个有效的过程，如何调动有利的工程因素、克服不利的工程因素，开发一种设备。前已述及，单元操作的应用领域越来越广泛，当实际工业生产提出新的要求而需要工程技术人员开发新的单元操作时，这些历史经验将对此提供有用的借鉴。

绪论　化工原理课程介绍

第1章 流体流动

液体和气体都是流体，流体还包括超临界物质、悬浮液、气溶胶。化工生产涉及的物料大部分是流体，涉及的过程绝大部分是在流动条件下进行的。流体流动的规律是本课程的重要基础。涉及流体流动规律的主要有以下几个方面。

(1) 流动阻力及流量计量 对各种流体的输送，需设计管路、选用输送机械以及计算所需功率。化工管道中流量的常用计量方法也都涉及流体力学的基本原理。

(2) 流动对传热、传质及化学反应的影响 化工设备中流体的传热、传质以及反应过程在很大程度上受流体在设备内流动状况的影响。例如，在各种换热器、塔器、流化床和反应器中，人们十分关注流体沿流动截面速度分布的均匀性，流动的不均匀性会严重地影响反应器的转化率、塔器和流化床的操作性能，最终影响产品质量和产量。各种化工设备中还常伴有颗粒、液滴、气泡和液膜、气膜的运动，掌握粒、泡、滴、膜的运动状况，对理解化工设备中发生的过程非常重要。

(3) 流体的混合 流体与流体、流体与固体颗粒在各类化工设备中的混合效果都受流体流动的基本规律的支配。

1.1 概述

1.1.1 流体流动的考察方法

连续性假定　流体是由大量的彼此之间有一定间隙的单个分子所组成。如果以单个分子作为考察对象，流体将是一种不连续的介质，问题将非常复杂。但是，在流动规律的研究中，人们感兴趣的不是单个分子的微观运动，而是流体的宏观运动。因此，可取流体质点(或微团)作为最小的考察对象。质点是含有大量分子的流体微团，其尺寸远小于设备尺寸但比起分子自由程却要大得多。这样，可以假定流体是由大量质点组成的、彼此间没有间隙、完全充满所占空间的连续介质。流体的物理性质及运动参数在空间作连续分布，从而可用连续函数的数学工具加以描述。

实践证明，这样的连续性假定在绝大多数情况下是适合的，然而，在高真空稀薄气体的情况下，这样的假定将不复成立。

运动的描述方法——拉格朗日法和欧拉法　有两种不同的流体流动考察方法。拉格朗日考察方法是选定一个流体质点，对其跟踪观察，描述其运动参数(如位移、速度等)与时间的关系。欧拉考察方法是在固定空间位置上观察流体质点的运动情况，如空间各点的速度、压强、密度等。例如，对于速度，可作如下描述

$$\left.\begin{aligned} u_x &= f_x(x,y,z,t) \\ u_y &= f_y(x,y,z,t) \\ u_z &= f_z(x,y,z,t) \end{aligned}\right\} \tag{1-1}$$

式中，x、y、z 为位置坐标；t 为时间；u_x、u_y、u_z 为坐标点的速度在三个垂直坐标轴上的投影。

简言之，拉格朗日法描述的是同一质点在不同时刻的状态；欧拉法描述的则是空间各点的状态及其与时间的关系。由于上述连续性假定，此处的点不是真正几何意义上的点，而是具有质点尺寸的点。以下均同。

定态流动 若流体运动空间各点的状态不随时间变化，则该流动被称为定态流动。显然，定态流动各指定点的速度 u_x、u_y、u_z 以及压强 p 等均与时间无关。反之，为非定态流动。

流线与轨线 为进一步说明两种考察方法的不同，有必要区别流线与轨线。轨线是某一流体质点的运动轨迹，它是拉格朗日法考察流体运动所得的结果。流线是流体在速度方向上的连线，流线上各点的切线表示同一时刻各点的速度方向，它是采用欧拉法考察的结果。

显然，轨线与流线是完全不同的。只在定态流动时，流线与轨线重合。

图 1-1 所示的曲线为一流线。图中四个箭头分别表示在同一时刻 a、b、c 和 d 四点的速度方向。由于同一点在指定某一时刻只有一个速度，所以流线不会相交。

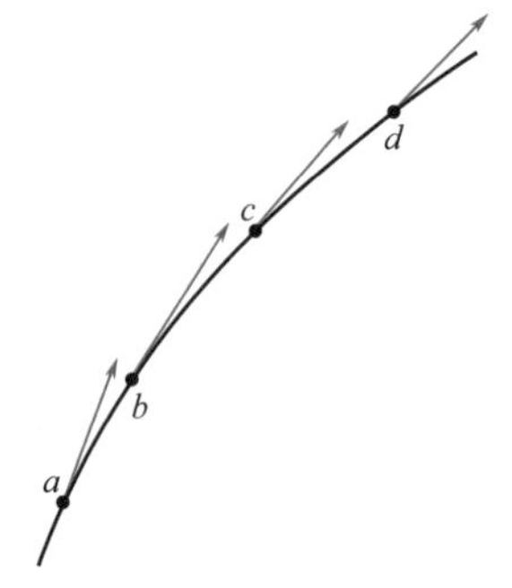

图 1-1 流线

控制体 化工生产中往往关心某些固定空间（如某一化工设备）中的流体运动。当划定一固定的空间体积来考察问题，该空间体积称为控制体。

1.1.2 流体流动中的作用力

流动中的流体受到的作用力可分为体积力和表面力两种。

体积力 体积力作用于流体的每一个质点上，并与流体的质量成正比，所以也称质量力，对于均质流体也与流体的体积成正比。流体在重力场运动时受到的重力，在离心力场运动时受到的离心力[1]都是典型的体积力。重力与离心力都是一种场力。

表面力——压力与剪力 表面力与表面积成正比。若取流体中任一微小平面，作用于其上的表面力可分为垂直于表面的力和平行于表面的力。前者称为压力，后者称为剪力（或切力）。单位面积上所受的压力称为压强；单位面积上所受的剪力称为剪应力。

压强的单位 压强用 p 表示，其单位是 N/m^2，也称为帕斯卡（Pa），其 10^6 倍称为兆帕（MPa），即

$$1MPa(兆帕)=10^6 Pa$$

工程上常用兆帕作压强的计量单位。

密度 体积力与密度密切相关。单位物质体积具有的质量称为密度，用 ρ 表示，其单位是 kg/m^3。液体的密度随压强变化很小，当压强不是很大时，它可视作与压强无关，称为不可压缩流体。

气体的密度随压强和温度变化，称为可压缩流体。压强不是很大时，可按理想气体状态方程计算气体密度

[1] 本书言及离心力均指非惯性参照系中的惯性离心力。

$$\rho=\frac{m}{V}=\frac{Mp}{RT} \tag{1-2}$$

式中，m 为质量，kg；V 为体积，m^3；M 为摩尔质量；R 为气体常数，$R=8.314$kJ/(kmol·K)；T 为热力学温度，K。

剪应力 设有间距甚小的两块平行平板，其间充满流体（见图 1-2）。下板固定，上板施加一平行于平板的切向力 F 使此平板以速度 u 作匀速运动。紧贴于运动板下方的流体层以同一速度 u 流动，而紧贴于固定板上方的流体层则静止不动。两板间各层流体的速度不同，其大小如图中箭头所示。单位面积的切向力 F/A 即为流体的剪应力 τ。对大多数流体，剪应力 τ 服从牛顿黏性定律

$$\tau=-\mu\frac{\mathrm{d}u}{\mathrm{d}y} \tag{1-3}$$

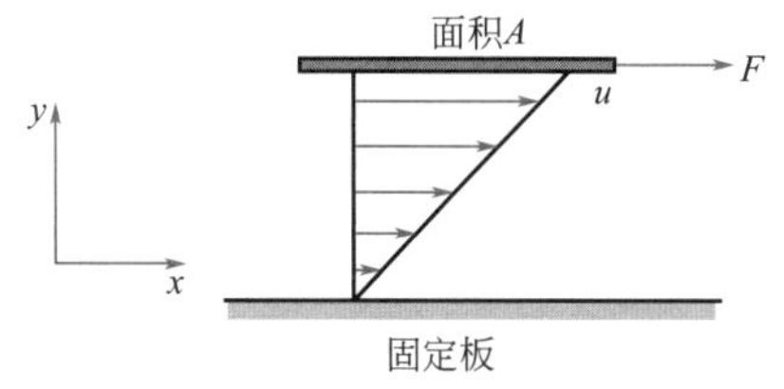

图 1-2 剪应力与速度梯度

式中，$\frac{\mathrm{d}u}{\mathrm{d}y}$为法向速度梯度，1/s；$\mu$ 为流体的黏度，$N\cdot s/m^2$，即 Pa·s；τ 为剪应力，Pa；负号表示 τ 与速度梯度的方向相反。

牛顿黏性定律指出，剪应力与法向速度梯度成正比，与法向压力无关。运动着的黏性流体内部的剪切力亦称为内摩擦力。静止流体是不承受剪应力的。

黏度 黏度因流体而异，是流体的物性。剪应力及流体的黏度只是有限值，故速度梯度也只能是有限值。由此表明，相邻流体层的速度只能连续变化。

黏性的物理本质是分子间的引力和分子的运动与碰撞。黏性是分子微观运动的一种宏观表现。流体的黏度是影响流体流动的一个重要的物理性质。黏度是流体黏性大小的度量。许多流体的黏度可以从有关手册中查取。本书附录中列有常用气体和液体黏度的表格和共线图。通常液体的黏度随温度增加而减小。气体的黏度通常比液体的黏度小两个数量级，其值随温度上升而增大。

黏度的单位是 Pa·s，较早的手册也常用泊（达因·秒/厘米²）或厘泊（0.01 泊）表示。其间的关系为

$$1\text{cP(厘泊)}=\frac{1}{100}\text{P(泊)}=\frac{1}{100}\text{dyn}\cdot\text{s/cm}^2\text{(达因·秒/厘米}^2\text{)}=10^{-3}\text{Pa}\cdot\text{s}$$

黏度 μ 和密度 ρ 常以比值的形式出现，为简便起见，定义

$$\nu=\frac{\mu}{\rho} \tag{1-4}$$

ν 称为运动黏度，在 SI（国际单位制）单位中以 m^2/s 表示，CGS（绝对单位制）单位为沲（cm^2/s），其百分之一为厘沲。为示区别，黏度 μ 又称为动力黏度。

对于不服从牛顿黏性定律的非牛顿型流体，其剪应力与速度梯度的关系参见 1.8 节。

理想流体 当流体无黏性，即 $\mu=0$ 时，称为理想流体。

液体的表面张力 当液体面对气体时，界面上液体分子所处状态与液体内部不同。液体内部分子受到邻近四周分子的作用力是对称的。而界面上液体分子受力不对称，受到指向内部的力，如图 1-3 所示，所以液体表面都有自动缩成表面积最小的趋势。这就是水滴、肥皂泡呈现球形的原因。若用白金丝做成如图 1-4 所示的装置，在液面上用 F 力向上拉，形成液膜，界面上单位长度所受的力就是表面张力。因液膜有前后两个表面，表面受力总长度为 $2L$，所以表面张力 σ 为

$$\sigma=\frac{F}{2L} \tag{1-5}$$

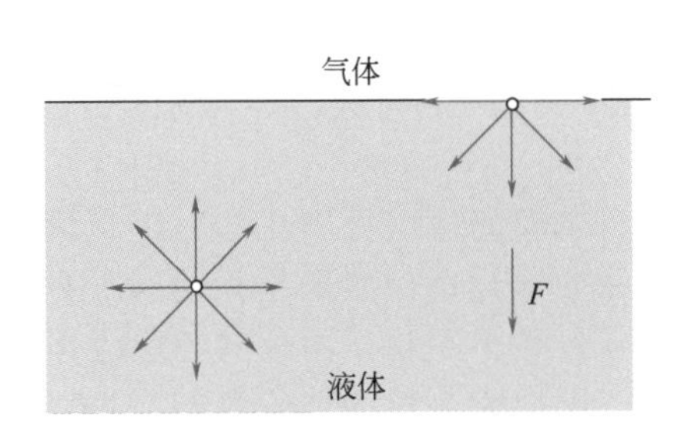

图 1-3　**界面上力的各向异性**

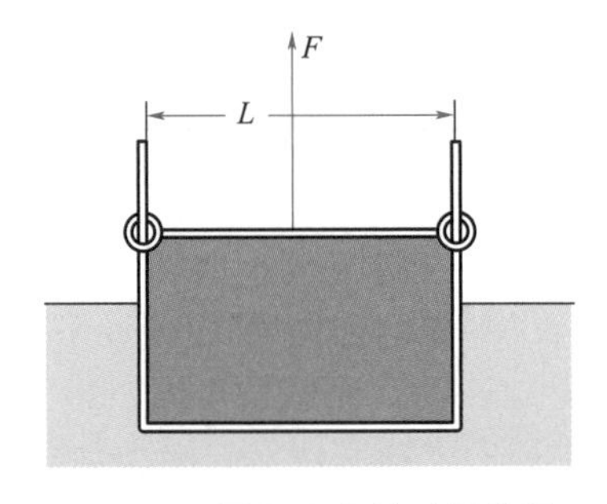

图 1-4　**界面张力的测量装置**

表面张力是物质的性质，其单位为 mN/m 或 dyn/cm，并与温度、压强、组成以及共存的另一相性质有关。在液液界面、液固界面、气固界面都有类似的情况，称为界面张力。表面张力是形成毛细管压、表面浸润、吸附、沸腾过热、结晶熟化、干燥降速等重要现象的原因。

1.1.3　流体流动中的机械能

流体所含的能量包括内能和机械能。

众所熟知，固体质点运动时的机械能有两种形式：位能和动能。而流动流体中除位能、动能外还存在另一种机械能——压强能。流体在重力场中运动时，如自低位向高位对抗重力运动，流体将获得位能。与之相仿，流体自低压向高压对抗压力流动时，流体也将由此而获得能量，这种能量称为压强能。流体的压强能也称为流动功。流体流动时将存在着三种机械能的相互转换。

气体在流动过程中因压强变化而发生密度变化，从而在内能与机械能之间也存在相互转换。

思考题

1-1　什么是连续性假定？质点的含义是什么？有什么条件？

1-2　描述流体运动的拉格朗日法和欧拉法有什么不同点？

1-3　黏性的物理本质是什么？为什么温度上升，气体黏度上升，而液体黏度下降？

1.2　流体静力学

1.2.1　静压强在空间的分布

静压强　在静止流体中，作用于某一点不同方向上的压强在数值上是相等的，即一点的压强只要说明它的数值即可。静压强的数值与位置有关，即

$$p=f(x,y,z) \tag{1-6}$$

流体微元的受力平衡　在静止流体中取一立方体微元（微分控制体），其中心点 A 的坐标为 (x,y,z)。立方体各边分别与坐标轴 ox、oy、oz 平行，边长分别为 δx、δy、δz，如图 1-5 所示。

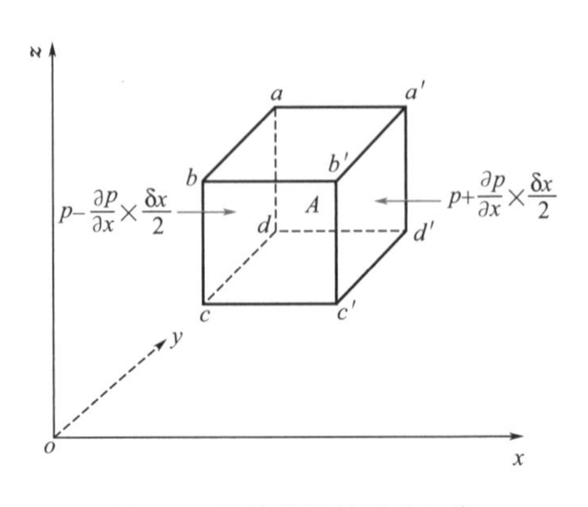

图 1-5　**流体微元的受力平衡**

作用于此流体微元上的力有两种：

(1) 表面力 设六面体中心点 A 处的静压强为 p，沿 x 方向作用于 $abcd$ 面上的压力为

$$\left(p-\frac{1}{2}\times\frac{\partial p}{\partial x}\delta x\right)\delta y\,\delta z$$

作用于 $a'b'c'd'$ 面上的压力为

$$\left(p+\frac{1}{2}\times\frac{\partial p}{\partial x}\delta x\right)\delta y\,\delta z$$

对于 y 方向、z 方向的表面，也可写出类似的表达式。

(2) 体积力 设作用于单位质量流体上的体积力在 x 方向的分量为 X，则微元所受的体积力在 x 方向的分量为 $X\rho\delta x\,\delta y\,\delta z$。同理，在 y 及 z 轴上微元所受的体积力分别为 $Y\rho\delta x\,\delta y\,\delta z$ 和 $Z\rho\delta x\,\delta y\,\delta z$。

该流体处于静止状态，外力之和必等于零。对 x 方向，可写成

$$\left(p-\frac{1}{2}\times\frac{\partial p}{\partial x}\delta x\right)\delta y\,\delta z-\left(p+\frac{1}{2}\times\frac{\partial p}{\partial x}\delta x\right)\delta y\,\delta z+X\rho\delta x\,\delta y\,\delta z=0$$

整理得

$$X-\frac{1}{\rho}\times\frac{\partial p}{\partial x}=0$$

同理，在另两个方向上有

$$\left.\begin{aligned}X-\frac{1}{\rho}\times\frac{\partial p}{\partial x}=0\\ Y-\frac{1}{\rho}\times\frac{\partial p}{\partial y}=0\\ Z-\frac{1}{\rho}\times\frac{\partial p}{\partial z}=0\end{aligned}\right\}\tag{1-7}$$

式(1-7) 称为欧拉平衡方程。等式左方为单位质量流体所受的体积力和压力。

平衡方程在重力场中的应用 若流体所受的体积力仅为重力，并取 z 轴方向与重力方向相反，则

$$X=0,\quad Y=0,\quad Z=-g$$

将此代入式(1-7)，可知 p 与 x、y 无关，而只是 z 的函数，可得

$$\mathrm{d}p+\rho g\,\mathrm{d}z=0$$

或

$$\int\frac{\mathrm{d}p}{\rho}+g\int\mathrm{d}z=0\tag{1-8}$$

设流体不可压缩，可将上式积分得

$$\frac{p}{\rho}+gz=\text{常数}\tag{1-9}$$

对于静止流体中任意两点 1 和 2，如图 1-6 所示

$$\frac{p_1}{\rho}+gz_1=\frac{p_2}{\rho}+gz_2\tag{1-10}$$

或

$$p_2=p_1+\rho g(z_1-z_2)=p_1+\rho gh\tag{1-11}$$

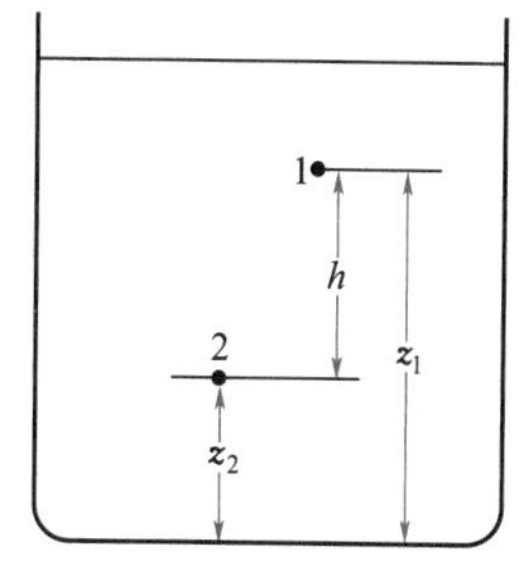

图 1-6 重力场中的静压强分布

式(1-10) 被称为流体静力学方程。应当指出，式(1-9)、式(1-10) 仅适用于在重力场中静止的不可压缩流体。上列各式表明静压强仅与垂直位置有关，而与水平位置无关。这正是由于流体仅处于重力场中的缘故。若流体处于离心力场中，静压强分布将遵循着不同的规律。对于气体，原则上须按式(1-8) 由密度与压强的关系重新进行积分。但是，若压强的变化不大，密度可近似

地取其平均值而视为常数，此时式(1-10)仍可应用。

1.2.2 静力学方程的物理意义

观察式(1-10)，gz 项实质上是单位质量流体所具有的位能，$\frac{p}{\rho}$是单位质量流体所具有的压强能。位能与压强能都是势能。式(1-10)表明，在同种静止流体中不同位置的微元其位能和压强能各不相同，但其和即总势能保持不变。若以符号$\frac{\mathscr{P}}{\rho}$表示单位质量流体的总势能，则

$$\frac{\mathscr{P}}{\rho}=gz+\frac{p}{\rho} \tag{1-12}$$

式中，$\mathscr{P}$具有与压强相同的量纲，可理解为一种虚拟的压强。

$$\mathscr{P}=(\rho gz+p) \tag{1-13}$$

对不可压缩流体，式(1-12)表示同种静止流体各点的虚拟压强处处相等。由于$\mathscr{P}$的大小与密度ρ有关，在使用虚拟压强时，必须注意所指定的流体种类以及高度基准。

1.2.3 压强的表示方法

压强的其他表示方法 压强的大小除直接以 Pa 表示外，在压强不太大的场合，工程上常间接地以流体柱高度表示，如用米水柱或毫米汞柱等。液柱高度 h 与压强的关系为

$$p=\rho gh \tag{1-14}$$

注意：当以液柱高度 h 表示压强时，必须同时指明为何种流体。例如，1atm（标准大气压）$=1.013\times10^5$Pa，即 0.1013MPa，相当于 760mmHg 或 10.33mH_2O。

压强的基准 压强的大小常以两种不同的基准来表示：一是绝对真空；另一是大气压强。以绝对真空为基准测得的压强称为绝对压强，以大气压强为基准测得的压强称为表压或真空度。表压是压强表直接测得的读数，其数值就是绝对压强与大气压强之差，即

表压＝绝对压－大气压

真空度是真空表直接测量的读数，其数值表示绝对压比大气压低多少，即

真空度＝大气压－绝对压

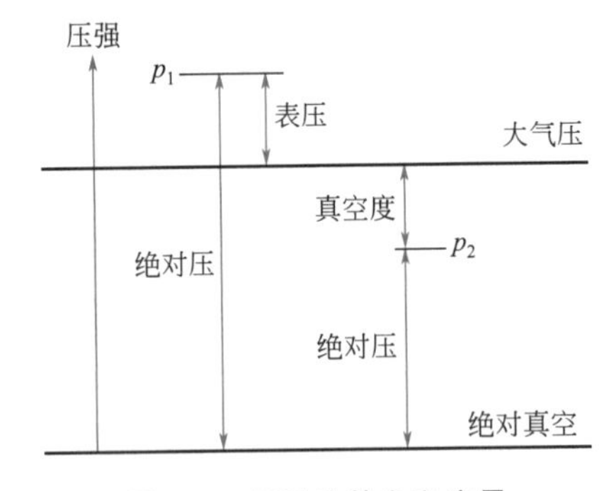

图 1-7 压强的基准和度量

图 1-7 表示绝对压与表压或真空度之间的关系。图中 p_1 的压强高于大气压，p_2 的压强低于大气压。

1.2.4 压强的静力学测量方法

压强的测量仪表很多，本节仅介绍应用静力学原理测量压强的方法。

简单测压管 最简单的测压管如图 1-8 所示。储液罐的 A 点为测压口。测压口与一玻管连接，玻管的另一端与大气相通。由玻管中的液面高度获得读数 R，用静力学方程即式(1-10)得

$$p_A=p_a+R\rho g$$

A 点的表压为

$$p_A - p_a = R\rho g \tag{1-15}$$

显然，这样的简单装置只适用于高于大气压的液体压强的测定，不适用于气体。此外，如被测压强 p_A 过大，读数 R 也将过大，测压很不方便。反之，如被测压强与大气压过于接近，读数 R 将很小，使测量误差增大。

U 形测压管 在图 1-9 中，用 U 形测压管测量容器中的 A 点压强。U 形玻璃管内放有某种液体作为指示液。指示液必须与被测流体不发生化学反应且不互溶，其密度 ρ_i 大于被测流体的密度 ρ。

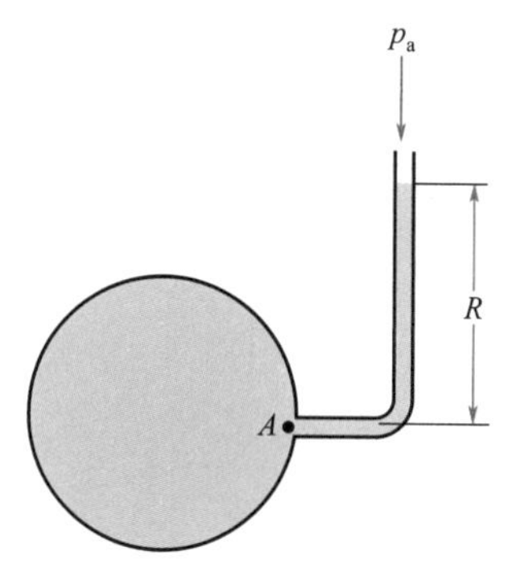

图 1-8 简单测压管

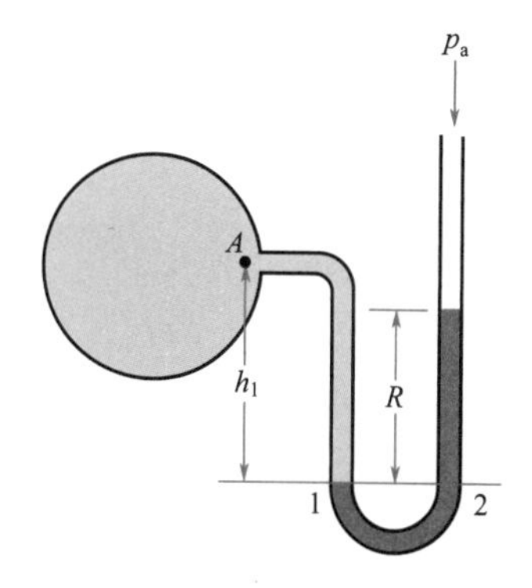

图 1-9 U 形测压管

由静力学方程可知，在同一种静止流体内部等高面即是等压面。因此，图中 1、2 两点的压强

$$p_1 = p_A + \rho g h_1$$

与

$$p_2 = p_a + \rho_i g R$$

相等，由此可求得 A 点的压强为

$$p_A = p_a + \rho_i g R - \rho g h_1$$

A 点的表压为

$$p_A - p_a = \rho_i g R - \rho g h_1 \tag{1-16}$$

如果容器内为气体，则由气柱 h_1 造成的静压强可以忽略，得

$$p_A - p_a = \rho_i g R \tag{1-17}$$

此时 U 形测压管的指示液读数 R 表示 A 点压强与大气压之差，读数 R 即为 A 点的表压。

U 形压差计 若 U 形测压管的两端分别与两个测压口相连，则可以测得两测压点之间的压差，故称为压差计。图 1-10 表示 U 形压差计测量直管内作定态流动时 A、B 两点的压差。因 U 形管内的指示液处于静止，故位于同一水平面 1、2 两点的压强

$$p_1 = p_A + \rho g h_1$$

与

$$p_2 = p_B + \rho g(h_2 - R) + \rho_i g R$$

相等，故有 $(p_A + \rho g z_A) - (p_B + \rho g z_B) = Rg(\rho_i - \rho)$

或

$$\mathscr{P}_A - \mathscr{P}_B = Rg(\rho_i - \rho) \tag{1-18}$$

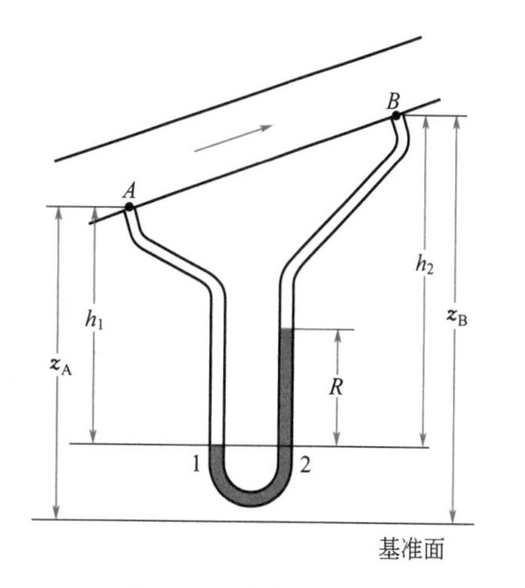

图 1-10 虚拟压强差

由式(1-18) 可见，当压差计两端的流体相同时，

U 形压差计直接测得的读数 R 实际上并不是真正的压差，而是 A、B 两点虚拟压强之差 $\Delta\mathscr{P}$。

只有当两测压口处于等高面上，$z_A=z_B$（即被测管道水平放置）时

$$\mathscr{P}_A-\mathscr{P}_B=p_A-p_B$$

U 形压差计才能直接测得两点的压差。

当压差一定时，用 U 形压差计测量的读数 R 与密度差（$\rho_i-\rho$）有关。有时，也可以用密度较小的流体（如空气）作指示剂，采用倒 U 形管测量压差。

【例 1-1】 静压强计算

两容器分别盛有 A、B 液体，$\rho_A=1000\text{kg/m}^3$，$\rho_B=900\text{kg/m}^3$，水银压差计的读数 $R=0.4\text{m}$，$H_1=3\text{m}$，$H_2=2.5\text{m}$，如图 1-11 所示。

试求：(1)（p_A-p_B）为多少 Pa？(2) 现因 p_B发生变化，压差计读数升为 $R'=0.6\text{m}$，p_B减小多少？

解：(1) 设指示剂密度为 ρ_i，按题意静力学方程为

$$p_A+\rho_A gH_1=p_B+\rho_B gH_2+\rho_i gR$$

$$p_A-p_B=\rho_B gH_2+\rho_i gR-\rho_A gH_1$$

$$=900\times9.81\times2.5+13600\times9.81\times0.4-1000\times9.81\times3=4.6\times10^4\text{Pa}$$

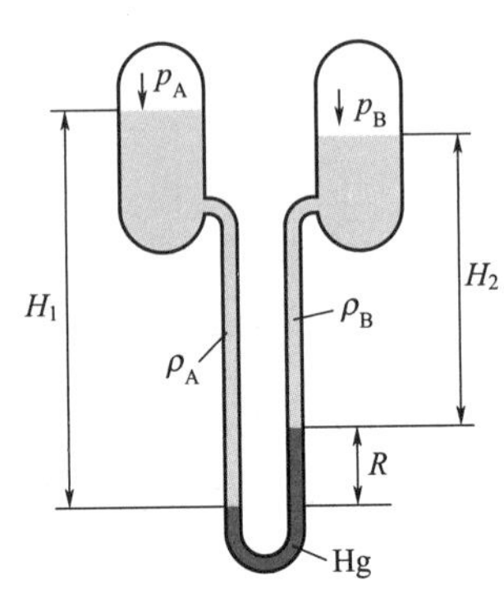

图 1-11 例 1-1 附图

(2) 现因 p_B发生变化，压差计读数升为 $R'=0.6\text{m}$ 时

$$\Delta h=\frac{R'-R}{2}=\frac{0.6-0.4}{2}=0.1\text{m}$$

H_1增大，H_2减小

$$H_1'=H_1+\Delta h=3.1\text{m},\quad H_2'=H_2-\Delta h=2.4\text{m}$$

静力学方程为

$$p_A+\rho_A gH_1'=p_B+\rho_B gH_2'+\rho_i gR'$$

$$p_A-p_B'=\rho_B gH_2'+\rho_i gR'-\rho_A gH_1'$$

$$=900\times9.81\times2.4+13600\times9.81\times0.6-1000\times9.81\times3.1=7.08\times10^4\text{Pa}$$

由于 p_A未变，所以 $(p_A-p_B')-(p_A-p_B)$ 即为 p_B的减小值。

$$p_B-p_B'=(p_A-p_B')-(p_A-p_B)=(7.08-4.6)\times10^4=2.48\times10^4\text{Pa}$$

思考题

1-4 静压强有什么特性？

1-5 如附图所示，一玻璃容器内装有水，容器底面积为 $8\times10^{-3}\text{m}^2$，水和容器总重 10N。

(1) 试画出容器内部受力示意图（用箭头的长短和方向表示受力大小和方向）；

(2) 试估计容器底部内侧、外侧所受的压力分别为多少？哪一侧的压力大？为什么？

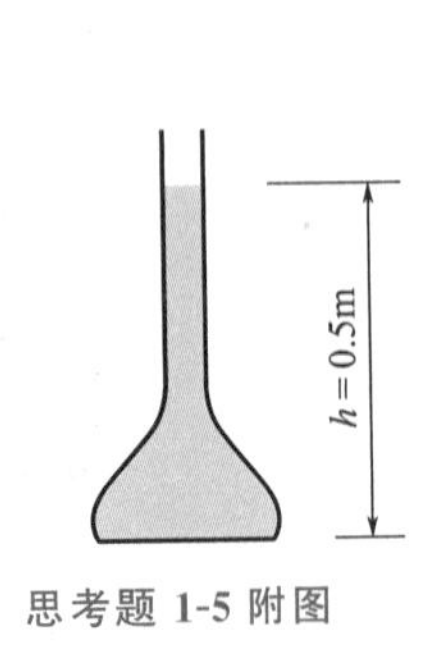

思考题 1-5 附图

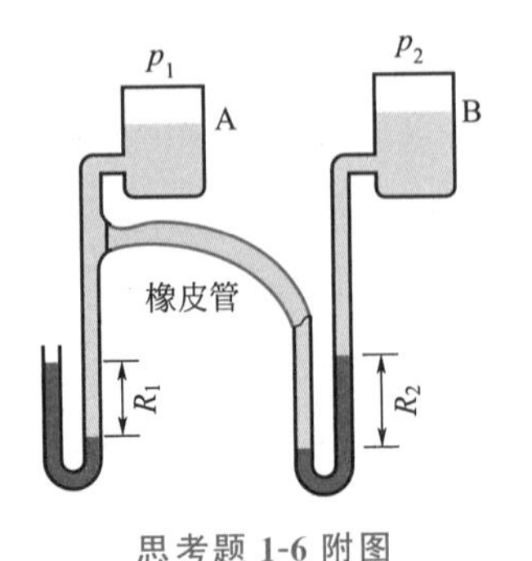

思考题 1-6 附图

1-6 如附图所示，两密闭容器内盛有同种液体，各接一 U 形压差计，读数分别为 R_1、R_2，两压差计间用橡皮管连接，现将容器 A 连同 U 形压差计一起向下移动一段距离，试问读数 R_1 与 R_2 有何变化（说明理由）？

1.3 流体流动中的守恒原理

研究流体流动规律就须弄清流速、压强等运动参数在流动过程中的相互关系。流体流动应当服从一般的守恒原理：质量守恒、能量守恒、动量守恒。从这些守恒原理可以得到有关运动参数的变化规律。本节将导出这些一般性的守恒原理在流体流动中的具体表达形式。

1.3.1 质量守恒

流量　单位时间内流过管道某一截面的物质量称为流量。流过的量如以体积表示，称为体积流量，以符号 q_V 表示，常用的单位有 m^3/s 或 m^3/h。如以质量表示，则称为质量流量，以符号 q_m 表示，常用的单位有 kg/s 或 kg/h。

体积流量 q_V 与质量流量 q_m 之间存在下列关系

$$q_m = q_V \rho \tag{1-19}$$

应当注意的是，流量是一种瞬时的特性，不是某段时间内累计流过的量。它可以因时而异。当流体作定态流动时，流量不随时间而变。

平均流速　流体质点在单位时间内沿流动方向上流经的距离称为流速，用符号 u 表示，单位为 m/s。管内流体流动时，因黏性的存在，流速沿管截面形成某种分布。在工程计算中，常用一个平均速度来代替这一速度分布。定义物理量的平均值时应按其目的采用相应的平均方法。在流体流动中按体积流量相等的原则来定义平均流速。平均流速以符号 $\overline{u}$ 表示，即

$$\overline{u} = \frac{q_V}{A} = \frac{\int_A u \mathrm{d}A}{A} \tag{1-20}$$

式中，u 为某点的流速，m/s；A 为垂直于流动方向的管截面积，m^2。

从而

$$q_m = q_V \rho = \overline{u} A \rho \tag{1-21}$$

有时，采用质量流速 G 的概念，亦称为质量通量，其单位为 $kg/(m^2 \cdot s)$。

$$G = \frac{q_m}{A} = \overline{u} \rho \tag{1-22}$$

对于气体在直管中的流动，沿程的平均速度和密度都会发生变化，而质量流速 G 是沿程不变的。

物理量的任何平均值都不能全面代表一个分布。式(1-20) 所表示的平均流速在流量方面与实际的速度分布是等效的，但在其他方面则并不等效，例如，流体的平均动能方面。

质量守恒方程　考察图 1-12 中截面 1-1 至截面 2-2 之间的管段控制体，单位时间内流进和流出控制体的质量之差应等于单位时间控制体内物质的累积量，即

$$\rho_1 \overline{u}_1 A_1 - \rho_2 \overline{u}_2 A_2 = \frac{\partial}{\partial t} \int \rho \mathrm{d}V \tag{1-23}$$

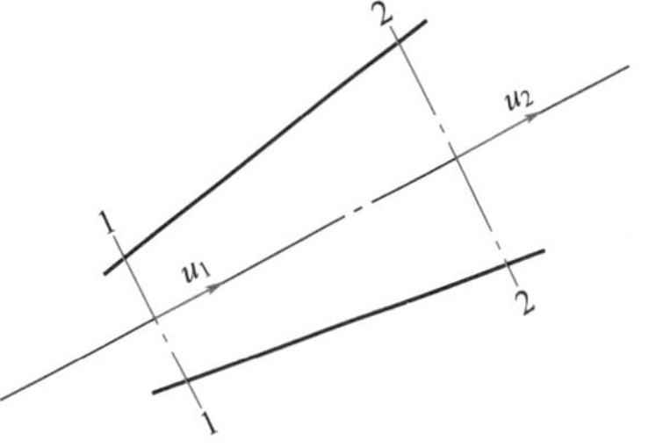

图 1-12 控制体中的质量守恒

式中，V 为控制体容积。定态流动时，没有积累量，上

式右端为零，则

$$\rho_1\overline{u}_1A_1=\rho_2\overline{u}_2A_2 \tag{1-24}$$

式(1-24) 是流体在管道中作定态流动时的质量守恒方程，也称为连续性方程。式中，A_1、A_2为管段两端的横截面积，m^2；$\overline{u}_1$、$\overline{u}_2$ 为管段两端面的平均流速，m/s；ρ_1、ρ_2 为管段两端面处的流体密度，kg/m^3。对不可压缩流体，ρ 为常数

$$\overline{u}_1A_1=\overline{u}_2A_2$$

或

$$\frac{\overline{u}_2}{\overline{u}_1}=\frac{A_1}{A_2} \tag{1-25}$$

由式(1-25) 可见，不可压缩流体的平均流速与管截面成反比，截面增加，流速减小；截面减小，流速增加。流体在均匀直管内作定态流动时，平均流速$\overline{u}$沿程保持定值，不因内摩擦而减速。

1.3.2 机械能守恒

在固体力学中，从牛顿第二定律出发，在无摩擦的理想条件下，导出机械能守恒定律。本节从牛顿第二定律出发，导出流体流动中的机械能守恒定律。显然，在有内摩擦力作用时，会有机械能损失。因此，首先假设流体黏度为零，即考察理想流体的机械能守恒。随后再考虑机械能损失，使之能应用于实际流体。

沿流线的机械能守恒　在定态流动的条件下，在流动流体中，取一立方体流体微元，如图 1-5 所示。取黏度为零，微元表面不受剪应力，微元受力与静止流体相同。根据牛顿第二定律，微元所受的合外力等于质量×加速度 du/dt。这样，单位质量流体所受的力在数值上等于加速度。因此，直接在欧拉平衡方程式(1-7) 的等式右边补上加速度项便可得到

$$\left.\begin{aligned}X-\frac{1}{\rho}\times\frac{\partial p}{\partial x}=\frac{du_x}{dt}\\ Y-\frac{1}{\rho}\times\frac{\partial p}{\partial y}=\frac{du_y}{dt}\\ Z-\frac{1}{\rho}\times\frac{\partial p}{\partial z}=\frac{du_z}{dt}\end{aligned}\right\} \tag{1-26}$$

式(1-26) 为理想流体的运动方程。

将式(1-26) 中各式分别乘以 dx、dy、dz，得

$$\left.\begin{aligned}X dx-\frac{1}{\rho}\times\frac{\partial p}{\partial x}dx=\frac{du_x}{dt}dx\\ Y dy-\frac{1}{\rho}\times\frac{\partial p}{\partial y}dy=\frac{du_y}{dt}dy\\ Z dz-\frac{1}{\rho}\times\frac{\partial p}{\partial z}dz=\frac{du_z}{dt}dz\end{aligned}\right\} \tag{1-27}$$

根据速度的定义

$$u_x=\frac{dx}{dt},\quad u_y=\frac{dy}{dt},\quad u_z=\frac{dz}{dt} \tag{1-28}$$

代入式(1-27) 得

$$\left.\begin{aligned}X\mathrm{d}x-\frac{1}{\rho}\times\frac{\partial p}{\partial x}\mathrm{d}x=u_x\mathrm{d}u_x=\frac{1}{2}\mathrm{d}u_x^2\\Y\mathrm{d}y-\frac{1}{\rho}\times\frac{\partial p}{\partial y}\mathrm{d}y=u_y\mathrm{d}u_y=\frac{1}{2}\mathrm{d}u_y^2\\Z\mathrm{d}z-\frac{1}{\rho}\times\frac{\partial p}{\partial z}\mathrm{d}z=u_z\mathrm{d}u_z=\frac{1}{2}\mathrm{d}u_z^2\end{aligned}\right\}\tag{1-29}$$

因流动为定态

$$\frac{\partial p}{\partial t}=0,\quad \mathrm{d}p=\frac{\partial p}{\partial x}\mathrm{d}x+\frac{\partial p}{\partial y}\mathrm{d}y+\frac{\partial p}{\partial z}\mathrm{d}z\tag{1-30}$$

根据速度合成原理

$$\mathrm{d}(u_x^2+u_y^2+u_z^2)=\mathrm{d}u^2$$

将式(1-29) 三式相加可得

$$(X\mathrm{d}x+Y\mathrm{d}y+Z\mathrm{d}z)-\frac{1}{\rho}\mathrm{d}p=\mathrm{d}\left(\frac{u^2}{2}\right)\tag{1-31}$$

当流体在重力场中流动时，则

$$X=Y=0,\qquad Z=-g$$

式(1-31) 成为

$$g\,\mathrm{d}z+\frac{\mathrm{d}p}{\rho}+\mathrm{d}\,\frac{u^2}{2}=0\tag{1-32}$$

不可压缩流体 ρ 为常数，式(1-32) 的积分形式为

$$gz+\frac{p}{\rho}+\frac{u^2}{2}=\text{常数}\tag{1-33}$$

式(1-33) 是伯努利（Bernoulli）方程。虽然上述伯努利方程是理想流体在定态沿流线的条件下导出的，但是，在无旋流场中，也可适用。

从上述推导过程看，伯努利方程适用于重力场不可压缩的理想流体作定态流动的情况。伯努利方程表示流动流体中存在着三种形式的机械能，即位能、压强能、动能。伯努利方程表明在流体流动中这三种机械能可相互转换，但总和保持不变。

对于不可压缩的流体，位能和压强能之和可用总势能 $\mathscr{P}/\rho$ 表示，伯努利方程又可写成

$$\frac{\mathscr{P}}{\rho}+\frac{u^2}{2}=\text{常数}\tag{1-34}$$

理想流体管流的机械能守恒 伯努利方程用于管流时，应注意到管流中包含了大量的流线，如图 1-13 所示。

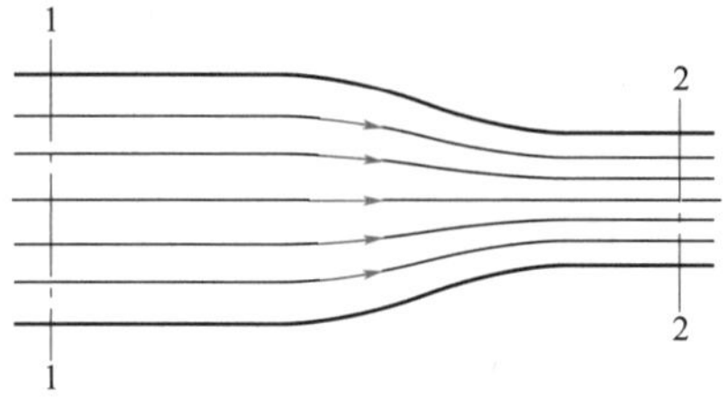

前已述及，伯努利方程是一条流线上的机械能守恒。只有当管道截面上各条流线的机械能都相等时，才能用于管流。如果所考察的截面处于均匀流段，即各流线都是平行的直线并与截面垂直（如截面 1-1 或截面 2-2)，因定态流动条件下该截面上的流体没有加速度，故沿该截面势能分布应服从静力学方程。也就是说，在均匀流段截面上各点的总势能 $\mathscr{P}/\rho$ 均相等。如果所考察的是理想流体，黏度为零，截面上流速分布均匀，各点上的动能也相等。因此，对于理想流体，伯努利方程可不加修改地用于管流。此时，式(1-34) 可写成

图 1-13　**管流中的流线**

$$gz_1+\frac{p_1}{\rho}+\frac{u_1^2}{2}=gz_2+\frac{p_2}{\rho}+\frac{u_2^2}{2} \tag{1-35}$$

下标 1、2 分别代表管流中位于均匀流段的截面 1-1 和截面 2-2。

实际流体管流的机械能守恒　实际流体具有黏性，但是，只要所考察的截面处于均匀流段，则截面上各点的总势能仍然相等。只是截面上各点的速度不相等，近壁处速度小而管中心处速度最大，各条流线的动能也不再相等。因此，必须用截面上的平均动能代替原伯努利方程中的动能项。此外，黏性流体流动时因内摩擦而导致机械能损失，称为阻力损失 h_f。流体输送机械也可对流体加入机械能 h_e。在对截面 1-1 与截面 2-2 间作机械能衡算时计入这两项，可得机械能衡算式

$$\frac{\mathscr{P}_1}{\rho}+\overline{\left(\frac{u_1^2}{2}\right)}+h_e=\frac{\mathscr{P}_2}{\rho}+\overline{\left(\frac{u_2^2}{2}\right)}+h_f \tag{1-36}$$

式中，$\overline{\left(\frac{u^2}{2}\right)}$表示某截面上单位质量流体动能的平均值，J/kg；$h_e$为截面 1-1 至截面 2-2 间外界对单位质量流体加入的机械能，J/kg；h_f为单位质量流体由截面 1-1 流至截面 2-2 的机械能损失（即阻力损失），J/kg。

截面上单位质量流体的平均动能应按总动能相等的原则求取

$$\overline{\left(\frac{u^2}{2}\right)}=\frac{1}{\rho q_V}\int_A \frac{u^2}{2}\rho u\,\mathrm{d}A=\frac{1}{\rho\,\bar{u}A}\int_A \frac{1}{2}\rho u^3\,\mathrm{d}A \tag{1-37}$$

注意，平均速度的立方不等于速度立方的平均值。为方便起见，在工程计算中使用平均速度来表达平均动能，故引入一动能校正系数 α，使

$$\overline{\left(\frac{u^2}{2}\right)}=\frac{\alpha\bar{u}^2}{2} \tag{1-38}$$

令式(1-37) 与式(1-38) 相等可得

$$\alpha=\frac{1}{\bar{u}^3 A}\int_A u^3\,\mathrm{d}A \tag{1-39}$$

显然，式(1-36) 可写成

$$\frac{\mathscr{P}_1}{\rho}+\frac{\alpha_1\bar{u}_1^2}{2}+h_e=\frac{\mathscr{P}_2}{\rho}+\frac{\alpha_2\bar{u}_2^2}{2}+h_f \tag{1-40}$$

式中的校正系数 α 值与速度分布形状有关。在应用式(1-40) 时，须先由速度分布曲线算出 α 值（参见 1.4.4）。若速度分布较均匀，如图 1-14所示，工程计算时 α 可近似地取为 1。工程上经常遇到的是这种情况，因此以后应用式(1-40) 时不再写上 α，而近似写为

$$\frac{\mathscr{P}_1}{\rho}+\frac{\bar{u}_1^2}{2}+h_e=\frac{\mathscr{P}_2}{\rho}+\frac{\bar{u}_2^2}{2}+h_f \tag{1-41}$$

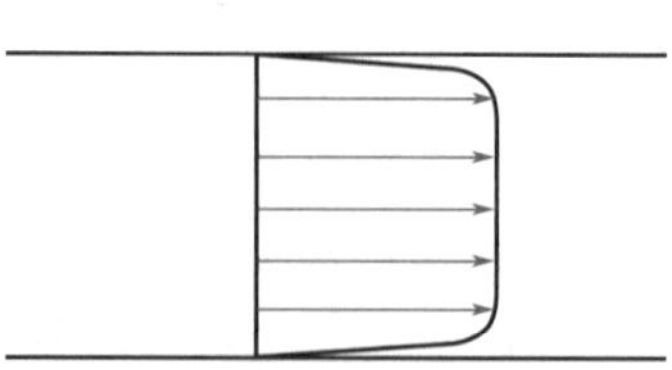

图 1-14　较均匀的速度分布

伯努利方程的应用举例

(1) 重力射流　参见图 1-15，某容器中盛有液体，液面 A 维持不变。距液面 h 处开有一小孔，液体在重力作用下从小孔流出，液面 A 处及小孔出口处的压强均为大气压 p_a。液体自小孔流出时由于流体的惯性造成液流的收缩现象，液流的最小截面位于 C 处。C 处液

流满足均匀流条件，故列伯努利方程应取 A 与 C 作为考察截面。

取图 1-15 中水平面 0-0 作为位能基准面，则根据伯努利方程可得

$$\frac{p_a}{\rho}+\frac{u_A^2}{2}+gh=\frac{p_a}{\rho}+\frac{u_C^2}{2}$$ ❶

因 $u_A \ll u_C$，$\frac{u_A^2}{2}$远较$\frac{u_C^2}{2}$为小而可略去，于是

$$u_C=\sqrt{2gh} \tag{1-42}$$

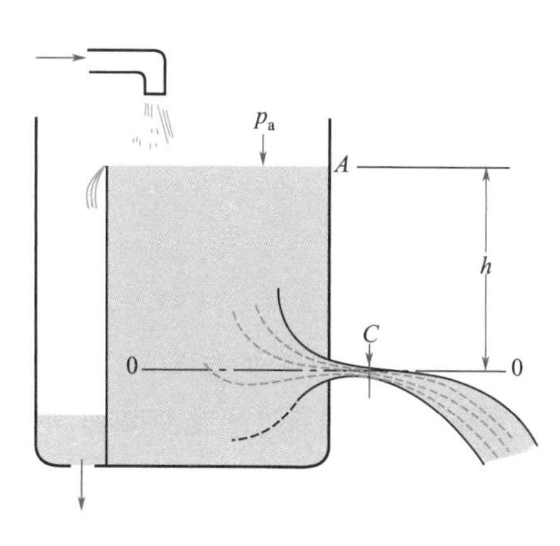

图 1-15　重力射流

为计算流量，须确定流动截面积。C 处截面积无法确定，小孔面积却是已知的。因此，工程计算时希望以小孔平均流速 u 代替 u_C，同时考虑流体流动时的能量损失，而引入一校正系数 C_0，将式(1-42) 写成

$$u=C_0\sqrt{2gh} \tag{1-43}$$

式中，C_0称为孔流系数，它与开孔的形状有关，锐孔的 C_0一般在 0.61～0.62 之间。

此例说明位能与动能间的相互转化，A 处的位能在 C 处转化为动能。

(2) 压力射流　容器中流体的压强为 p，其值大于外界大气压 p_a，流体从壁面小孔流出，如图 1-16 所示。设容器内的流体不断得到补充，p 保持不变。取 1-1 和 2-2 截面，列伯努利方程可得

$$\frac{p}{\rho}+\frac{u_1^2}{2}=\frac{p_a}{\rho}+\frac{u_2^2}{2}$$

由于 $u_1^2 \ll u_2^2$，略去 $u_1^2/2$ 后可得

$$u_2=\sqrt{\frac{2(p-p_a)}{\rho}} \tag{1-44}$$

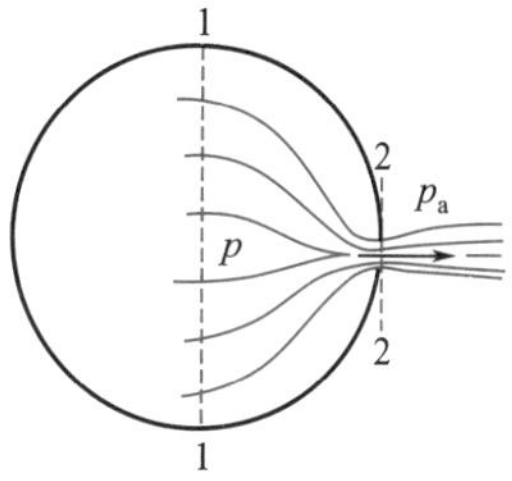

图 1-16　压力射流

用小孔平均流速 u 代替 u_2，并引入孔流系数 C_0，得

$$u=C_0\sqrt{\frac{2(p-p_a)}{\rho}}=C_0\sqrt{\frac{2\Delta p}{\rho}} \tag{1-45}$$

当容器内外压强差 Δp 较小时，气体密度也可视为常数，式(1-45) 也可用于气体。此例说明压强能与动能间的相互转换。

伯努利方程的几何意义　伯努利方程中各项均为单位质量流体的机械能，分别为位能、压强能和动能。式(1-33) 两边除以 g 可获得伯努利方程的另一种以单位重量流体为基准的表达形式

$$z+\frac{p}{\rho g}+\frac{u^2}{2g}=常数 \tag{1-46}$$

伯努利方程的物理意义是三项机械能之和保持常数。式(1-46) 中各项为单位重量流体所具有的机械能，与高度单位一致，为每牛顿流体具有的能量（焦耳），即 J/N＝m。

❶ 以后如无特殊需要，均以 u 表示平均流速$\bar{u}$。

式(1-46) 中，z 也称为位头；$\frac{p}{\rho g}$也称为压头；$\frac{u^2}{2g}$也称为速度头。伯努利方程的几何意义是位头、压头、速度头（均为高度）之和为常数。

由式(1-41) 可导出

$$z_1+\frac{p_1}{\rho g}+\frac{u_1^2}{2g}+H_e=z_2+\frac{p_2}{\rho g}+\frac{u_2^2}{2g}+H_f \tag{1-47}$$

式中，H_e为截面 1-1 至截面 2-2 间外界对单位重量流体加入的机械能，J/N（或 m)；H_f为单位重量流体由截面 1-1 流至截面 2-2 的机械能损失（阻力损失），J/N（或 m)。

式(1-36)、式(1-41)、式(1-47) 都称为流体流动的机械能衡算式。关于阻力损失的计算方法将在 1.5 节中详述。使用不可压缩流体的机械能衡算式时，因等式两边都有压强项，在计算时，两边可同时取绝对压强作为计算基准，或都用表压作为计算基准。

【例 1-2】 流向判断

如图 1-17 所示，水在变径管内流动，流量为 $65\text{m}^3/\text{h}$，水管管径 $D=100\text{mm}$，喉径管径 $d=80\text{mm}$，已知水管处 1-1′截面压力 $p_1=90\text{kPa}$，喉径至水槽液面的垂直高度 $H=1\text{m}$，设阻力不计。(1) 试判断垂直小管中水的流向。(2) 求 H 多长时，小管中的水静止。

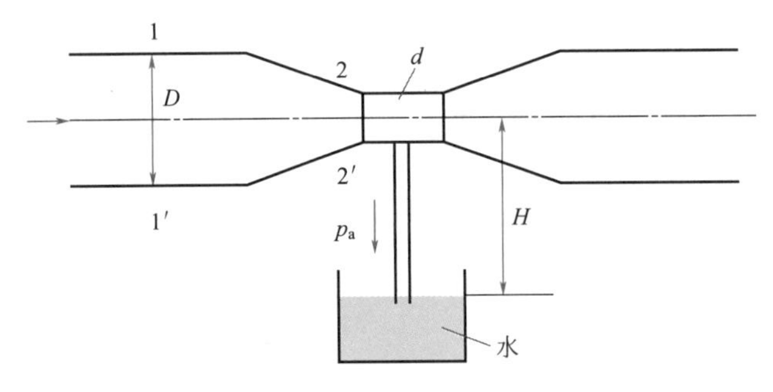

图 1-17 例 1-2 附图

解：(1) 水在截面 1-1′处的流速设为 u_1，在喉径 2-2′处的流速设为 u_2，则流量

$$q_v=\frac{1}{4}\pi D^2\times u_1=\frac{1}{4}\pi d^2 u_2$$

$$u_1=\frac{65/3600}{0.785\times 0.1^2}=2.3\text{m/s},\quad u_2=\frac{65/3600}{0.785\times 0.08^2}=3.59\text{m/s}$$

在截面 1-1′至截面 2-2′列伯努利方程

$$\frac{p_1}{\rho}+\frac{u_1^2}{2}=\frac{p_2}{\rho}+\frac{u_2^2}{2}$$

$$\frac{90\times 1000}{1000}+\frac{2.3^2}{2}=\frac{p_2}{1000}+\frac{3.59^2}{2}$$

所以喉径处 $p_2=86.2\text{kPa}$。

对于小管，若$\frac{p_2}{\rho}+gH>\frac{p_a}{\rho}$，则水由上向下流动，反之小管中水从水槽液面向上流动。

$$\frac{p_2}{\rho}+gH=\frac{86.2\times 10^3}{1000}+9.81\times 1=96.01\text{J/kg}$$

$$\frac{p_a}{\rho}=\frac{1.013\times10^5}{1000}=101.3\text{J/kg}$$

因为$\frac{p_2}{\rho}+gH<\frac{p_a}{\rho}$，所以小管中水从水槽液面向上流动。

（2）当$\frac{p_2}{\rho}+gH=\frac{p_a}{\rho}$时，小管中的水静止不动。此时

$$\frac{86.2\times10^3}{1000}+9.81\times H=\frac{1.013\times10^5}{1000}$$

$$H=1.54\text{m}$$

所以当 $H=1.54\text{m}$ 时，小管中的水静止。

流体流动从高势能向低势能流动，流向的判断是静力学问题。当流体流动时，则用伯努利方程进行求解。

1.3.3 动量守恒

管流中的动量守恒 物体的质量 m 与运动速度 u 的乘积 mu 称为物体的动量，动量和速度一样是向量。

牛顿第二定律的另一种表达方式是：物体动量随时间的变化率等于作用于物体上的外力之和。现取图 1-18 所示的管段作为控制体，将此原理应用于流动流体，即得流动流体的动量守恒定律，它可表述为：

作用于控制体内流体上的合外力=(单位时间内流出控制体的动量)－(单位时间内进入控制体的动量)＋(单位时间内控制体中流体动量的累积量)

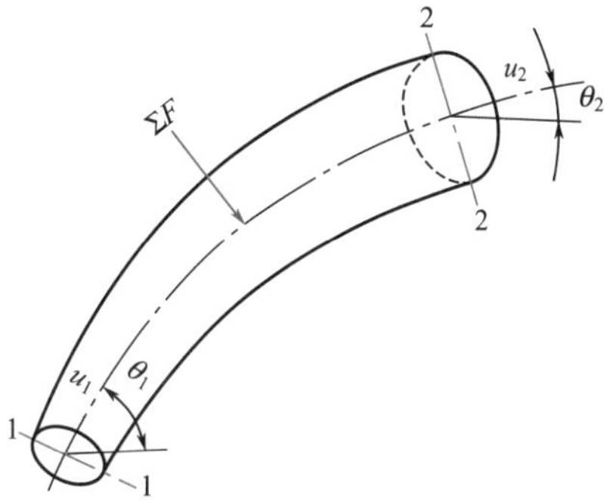

图 1-18 动量守恒

对定态流动，动量累积项为零，并假定管截面上的速度作均匀分布，则上述动量守恒定律可表达为：

$$\left.\begin{aligned}\sum F_x&=q_m(u_{2x}-u_{1x})\\ \sum F_y&=q_m(u_{2y}-u_{1y})\\ \sum F_z&=q_m(u_{2z}-u_{1z})\end{aligned}\right\}\tag{1-48}$$

式中，q_m 为流体的质量流量，kg/s；$\sum F_x$、$\sum F_y$、$\sum F_z$ 为作用于控制体内流体上的外力之和在三个坐标轴上的分量。

动量守恒定律的应用举例

(1) 弯管受力 图 1-19 表示流体匀速通过一直径相等的 90°弯管，该管水平放置。设为理想流体，管壁作用于流体的合力可分解为 F_x 和 F_y 两个分力。根据式(1-48)可得

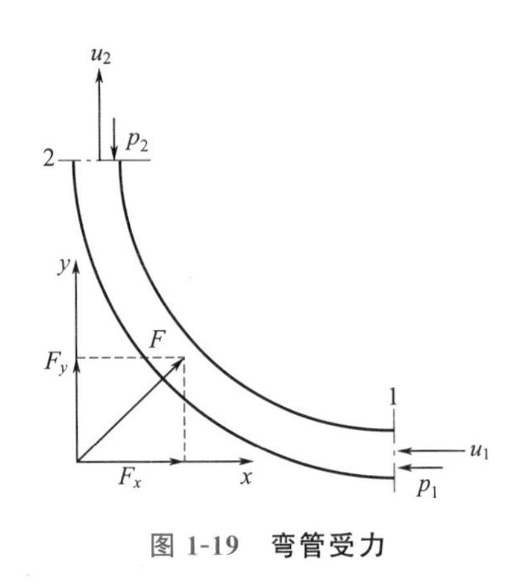

图 1-19 弯管受力

$$F_x - p_1 A_1 = q_m u_1$$

或

$$F_x = p_1 A_1 + q_m u_1$$

同理

$$F_y = p_2 A_2 + q_m u_2$$

因 $A_1 = A_2 = A$，在数值上 $u_1 = u_2 = u$，$p_1 = p_2 = p$，则合力 F 为

$$F = \sqrt{F_x^2 + F_y^2}$$

或

$$F = \sqrt{2}(pA + q_m u) \tag{1-49}$$

（2）流量分配 管路的流量均匀分配是工业装置中经常遇到的问题，在设计上是一个颇为复杂的问题。图 1-20 所示为一流量分配器的示意图。本例试截取如图 1-21 的一般管路，讨论其规律。

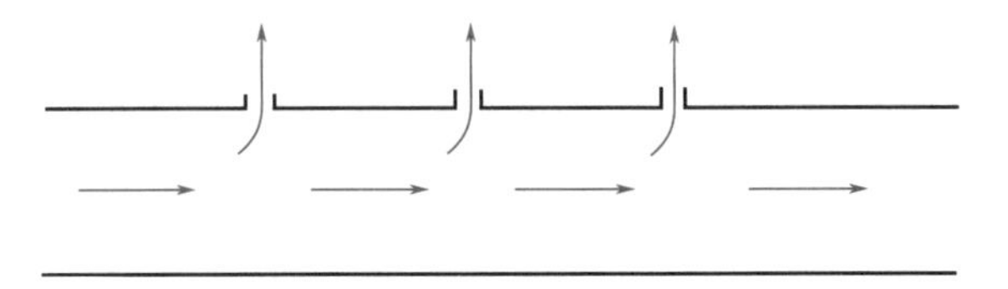

图 1-20 流量分配

参见图 1-21(a)，设在截面 1-1 和截面 2-2 之间列伯努利方程，忽略机械能损失 h_f，得

$$\frac{\mathscr{P}_1}{\rho} + \frac{u_1^2}{2} = \frac{\mathscr{P}_2}{\rho} + \frac{u_2^2}{2}$$

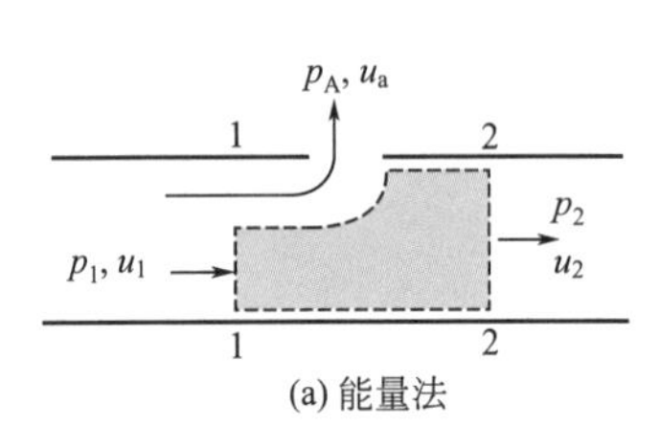

(a) 能量法

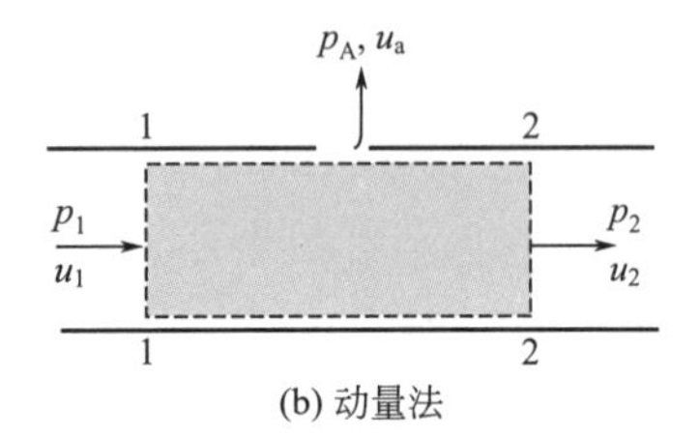

(b) 动量法

图 1-21 分配节

为简便起见，假设分配器水平放置，于是

$$p_2 - p_1 = \frac{\rho}{2}(u_1^2 - u_2^2) \tag{1-50}$$

由于部分流体自小孔排出，流速 u_2 下降，p_2 将大于 p_1。

若在截面 1-1 和截面 2-2 间列水平方向的动量守恒式，参见图 1-21(b)。忽略壁面的摩擦阻力，假设 u_a 垂直管轴，可得

$$p_2 - p_1 = \rho(u_1^2 - u_2^2) \tag{1-51}$$

比较式(1-50) 与式(1-51)，可以看出，动量守恒式预示的压强升高较能量衡算式增大一倍。这是因为在上述推导中均作了简化假定而造成。因此必须通过实验作进一步校正。

实验证明，实际情况介于两者之间，应引入一个校正系数 K，写成

$$p_2-p_1=K\rho(u_1^2-u_2^2) \tag{1-52}$$

考虑到阻力损失或管壁对流体的作用力，K 值在 0.4～0.88 之间，视情况而异，需由实验测定。

至于小孔的流速 u_a，可按式(1-45) 计算，但其中小孔处管内压强应取截面 1-1 与截面 2-2 处压强 p_1、p_2 的平均值，即

$$u_a=C\sqrt{\frac{2}{\rho}\left(\frac{p_1+p_2}{2}-p_A\right)} \tag{1-53}$$

式中，C 为流量系数。此例也可以看成是分流的一个特例。当一股流体分成两股时，实际情况将介于机械能守恒式和动量守恒式所预示的情况之间。由此可见，将一理论推导所得的结果用于实际时，应经过实验的检验和修正。

动量守恒定律和机械能守恒定律的关系　动量守恒定律和机械能守恒定律都从牛顿第二定律出发导出，两者都反映了流动流体各运动参数变化规律。流动流体必应同时遵循这两个规律，但在实际应用的场合上却有所不同，因假定条件不同而使结果不同，应用时都需经实验检验。

思考题

1-7　为什么高烟囱比低烟囱拔烟效果好？

1-8　什么叫均匀分布？什么叫均匀流段？

1-9　伯努利方程的应用条件有哪些？

1-10　如附图所示，水从小管流至大管，当流量 q_V、管径 D、d 及指示剂均相同时，试问水平放置时压差计读数 R 与垂直放置时读数 R' 的大小关系如何？为什么（可忽略黏性阻力损失）？

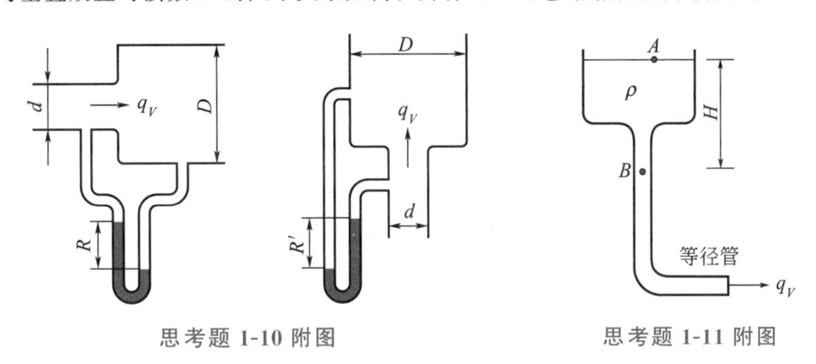

思考题 1-10 附图　　　思考题 1-11 附图

1-11　如附图所示，理想液体从高位槽经过等直径管流出。考虑 A 点压强与 B 点压强的关系，在下列三个关系中选择出正确的。(1) $p_B<p_A$；(2) $p_B=p_A+\rho gH$；(3) $p_B>p_A$。

1.4 流体流动的内部结构

在 1.3 节叙述了三个守恒原理，应用这些守恒原理，可以预测和计算出一些流动过程运动参数的变化规律。但是，这些原理尚未解决流动阻力损失的计算，而阻力损失与流动的内部结构紧密相关。此外，其他过程，如流体的热量传递和质量传递也都与流动内部结构紧密相关。流动的内部结构是个极为复杂的问题，涉及面广，本节只作简要介绍。

1.4.1 流动的类型

两种流型——层流和湍流　1883 年著名的雷诺（Reynold）实验揭示了流体流动两种不

同的类型。图 1-22 所示为雷诺实验装置的示意图。在一玻璃水箱内，溢流装置保证水面高度稳定，水面下装有一喇叭形进口的玻璃管。管下游装有一调节阀门，以调节流量。在喇叭形进口处中心有一根针形小管，从小管流出一丝红色水流，其密度与水几乎相同。

动画

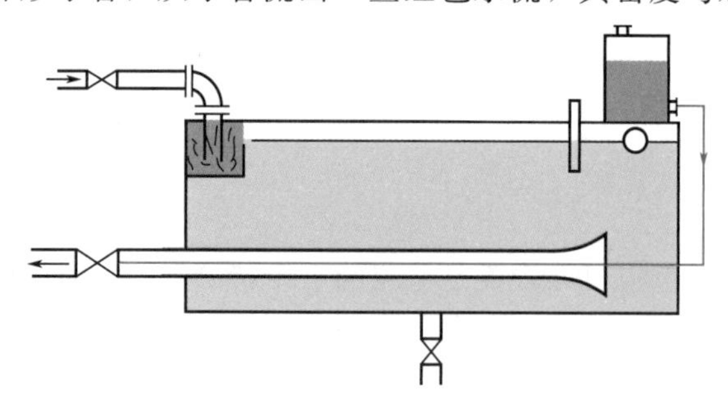

图 1-22 雷诺实验装置示意图

当水流量较小时，玻璃管水流中呈现一条稳定而明显的红色直线。现逐渐增加流速，起初红色线仍然保持平直光滑；当流量增大到某临界值时，红色线开始抖动、弯曲，继而断裂。最后完全与水流主体混在一起，无法分辨，使整个水流染上了红色。

雷诺实验虽然简单，却揭示了一个极为重要的事实，即存在着两种截然不同的流体流动类型。在前一种流型中，流体质点作直线运动，流体层次分明，层与层之间互不混杂（此处仅指宏观运动，不是指分子扩散），从而使红色线流保持着线形。这种流型称为层流或滞流。在后一种流型中，流体质点在总体上沿管道向前运动，同时还在各个方向作随机的脉动，这种随机脉动使红色线抖动、弯曲，以至冲断、分散。这种流型称为湍流或紊流。

流型的判据——雷诺数 *Re*　不同的流动类型对流体中的动量、热量和质量传递产生不同的影响。因此，工程设计上需要事先判定流型。对管流而言，实验表明流动的几何尺寸（管径 d）、流动的平均速度 u 及流体性质（密度 ρ 和黏度 μ）对流型从层流到湍流的转变有影响。雷诺发现，可以将这些影响因素综合成一个无量纲的数群 $\frac{du\rho}{\mu}$ 作为流型的判据，该数群称为雷诺数，以符号 Re 表示。

雷诺指出：

① 当 $Re<2000$ 时，必定出现层流，此为层流区；

② 当 $2000\leqslant Re<4000$ 时，有时出现层流，有时出现湍流，依赖于环境，此为过渡区；

③ 当 $Re\geqslant 4000$ 时，工业条件下，一般都出现湍流，此为湍流区。

上述情况可以从稳定性概念予以说明。稳定性是系统对外界瞬时扰动的反应。系统若受到一瞬时扰动，使其偏离原有的平衡状态，在扰动消失后，该系统能自动恢复原有平衡状态的就称该平衡状态是稳定的。反之，若在扰动消失后该系统自动地偏离原平衡状态，则称该平衡状态是不稳定的。

层流是一种平衡状态。当 $Re<2000$ 时，层流是稳定的。当 $Re\geqslant 2000$ 时，层流不再是稳定的，但是否出现湍流决定于外界的扰动。如果扰动很小，不足以使流型转变，则层流仍然能够存在。当 $Re\geqslant 4000$ 时，微小的扰动都可引发流型的转变，因而一般工业情况下总出现湍流。

应该指出，以 Re 为判据将流动划分为三个区：层流区、过渡区、湍流区，但是只有两种流型。过渡区并非表示一种过渡的流型，它只是表示在此区内可能出现层流也可能出现湍流。究竟出现何种流型，需视外界扰动而定，但在一般工程计算中 $Re\geqslant 2000$ 可作湍流处理。

雷诺数的物理意义是它表征了流动流体惯性力与黏性力之比，它在研究动量传递、热量传递、质量传递中非常重要。

1.4.2 湍流的基本特征

时均速度与脉动速度 湍流状态下，流体质点在沿管轴流动的同时还作着随机的脉动，流场中任一点的速度（包括方向和大小）都随时间变化。在某点测定沿管轴 x 方向的流速 u_x 随时间的变化，可得图 1-23 所示的波形。在其他方向上，该点速度的分量也有类似的波形。

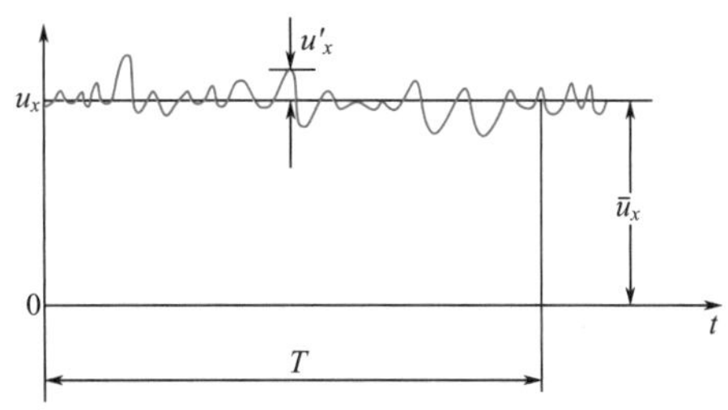

图 1-23 速度脉动曲线

该波形表明湍流时每一点仍有一个不随时间而变的时间平均速度$\bar{u}_x$，这个时均速度是指瞬时流速在时间段 T 内的平均值，即

$$\bar{u}_x = \frac{1}{T}\int_0^T u_x \mathrm{d}t \tag{1-54}$$

当时间段 T 取得足够长，时均速度$\bar{u}_x$ 与所取的时间段 T 无关，这种流动即称为湍流时的定态流动。其他流动参数（如压强 p 等）也可参照式(1-54) 作时均化。在后面提到湍流的速度、压强等参数时，如无说明，均指它们的时均值。

流动参数的时均化是一种处理方法。实际参数是在一个时均流动上叠加了一个随机的脉动量。例如，质点的瞬时流速可写成

$$\left.\begin{aligned} u_x &= \bar{u}_x + u'_x \\ u_y &= \bar{u}_y + u'_y \\ u_z &= \bar{u}_z + u'_z \end{aligned}\right\} \tag{1-55}$$

式中，$\bar{u}_x$、$\bar{u}_y$、$\bar{u}_z$ 分别表示三个方向上的时均速度；u'_x、u'_y、u'_z 分别表示三个方向上随机的脉动速度。

脉动速度值可正可负，是一个随机量。脉动速度的时均值为零。对沿 x 方向的一维流动，$\bar{u}_y$、$\bar{u}_z$ 均为零，但脉动速度 u'_y、u'_z 仍然存在。

湍流的强度 湍流也可用另一种方法描述，即把湍流看作是在一个主体流动上叠加各种不同尺度、强弱不等的旋涡。大旋涡不断生成，并从主流的势能中获得能量。与此同时，大旋涡逐渐分裂成越来越小的旋涡，其中最小的旋涡中由于存在大的速度梯度，机械能因流体黏性而最终变为热能，小旋涡随之消亡。因此，湍流流动时的机械能损失比层流时大得多。

湍流强度通常用脉动速度的均方根值表示，即 $I_x = \sqrt{\overline{u'^2_x}}$，其数值与旋涡的旋转速度有关。也可将湍流强度表示为脉动速度的均方根与平均流速的比值，即 $I_x = \sqrt{\overline{u'^2_x}}/\bar{u}$。

对无障碍物的湍流流场，此湍流强度约在 0.5%～2%，但在障碍物后的高度湍流区，湍流强度可达 5%～10%。

湍流的尺度 湍流尺度与旋涡大小有关，它是以相邻两点的脉动速度是否有相关性为基础来度量的。例如，设流场中 y 方向上相距一小段距离的 1、2 两点，它在流动方向 x 的脉动速度分别为 u'_{x1}、u'_{x2}。

当两点间距足够小而处于同一旋涡之中，则此两脉动速度之间必存在一定联系而非相互

独立；反之，当1、2两点相距甚远，两点的脉动速度各自独立。两点脉动速度的相关程度可用如下的相关系数 R 表示

$$R=\frac{\overline{u'_{x1}u'_{x2}}}{\sqrt{\overline{u'^2_{x1}}\,\overline{u'^2_{x2}}}} \tag{1-56}$$

R 值介于0～1之间，且与两点相距有关。数值越大，两脉动速度之间的相关性越显著。于是，湍流尺度可定义为

$$l=\int_0^{\infty} R\mathrm{d}y \tag{1-57}$$

式中，y 是两测点间距。

当空气以12m/s的流速在管内流过，式(1-57) 定义的 l 值经计算为10mm，这是对管内旋涡平均尺度的大致度量。同一设备中的湍流，随 Re 的增加，湍流尺度降低。湍流尺度的概念在工程应用中非常重要。比如，液液非均相分散时，分散相液滴破碎变小到一定程度，湍流尺度大的流场对它已无能为力了，要获得更小的分散相液滴，须用湍流尺度更小的流场来实现。

上述描述只是对流体湍流时的微观描述，而实际上对于管内流体湍流时，微观上杂乱无章，宏观上仍为规则流动。

湍流黏度　湍流的基本特征是出现了速度的脉动。当流体在管内层流时，只有轴向速度而无径向速度；然而在湍流时，则出现了径向的脉动速度。这种脉动加快了径向的动量、热量和质量的传递。

湍流时，流体不再服从牛顿剪切定律［式(1-3)］。若仍用牛顿黏性定律的形式来表示，可写成

$$\tau_x=(\mu+\mu')\frac{\mathrm{d}\,\overline{u}_x}{\mathrm{d}y} \tag{1-58}$$

式中，μ' 称为湍流黏度。它不再是流体的物理性质，它随不同流场及离壁的距离而变化。

1.4.3　边界层及边界层脱体

边界层　边界层学说是普朗特于1904年提出的。当流速均匀的实际流体与一个固体界面接触时，与壁面直接接触的流体速度立即降为零。由于流体黏性的作用，近壁面的流体将相继受阻而降速，形成速度梯度。随着流体沿壁面向前流动，流速受影响的区域逐渐扩大。通常定义，流速降为来流速度 u_0 的99%以内的区域为边界层。简言之，边界层是边界影响所及的区域。

下面以流体沿平壁流动为例来说明边界层的形成，见图1-24。在边界层内存在着速度梯度，须考虑黏度的影响；而在边界层外，速度梯度小到可以忽略，黏性不起作用，可忽略它的影响。这样，在研究实际流体沿着固体界面流动的问题时，只要集中注意边界层内的流动即可。

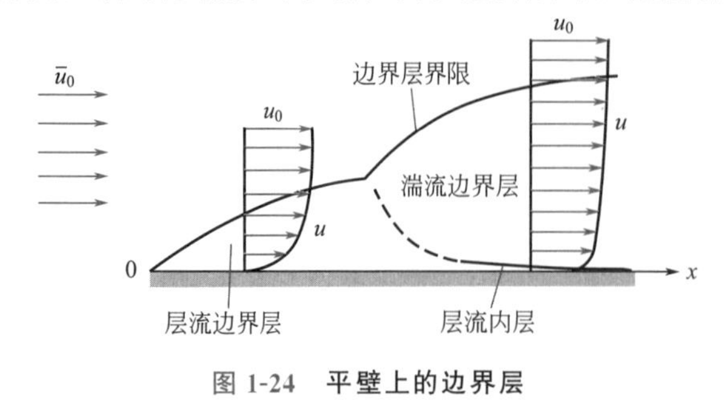

图1-24　平壁上的边界层

边界层按流型仍可分为层流边界层和湍流边界层。如图1-24所示，在平壁上的前一段，边界层内的流型为层流，称为层流边界层。离平壁前缘0处一定距离后，边界层内的流型转为湍流，称

为湍流边界层，其厚度增长较快。边界层内流动的湍化与 Re 有关，此时 Re 定义为

$$Re=\frac{\rho u_0 x}{\mu} \tag{1-59}$$

式中，x 为离平壁前缘的距离。

管流入口段 当流体在圆管内流动时，只在进口处一段距离内（入口段）有边界层内外之分。经过入口段距离后，边界层扩大到管中心，如图 1-25 所示。在管中心汇合时，若边界层内流动是层流，则以后的管流为层流。若在汇合点之前流动已发展成湍流边界层，则以后的管流为湍流。在入口段 L_0 内，速度分布沿管长不断变化，至汇合点处速度分布才发展成定态流动时管流的速度分布。入口段中的动量、热量、质量传递速率比充分发展段的大。例如，当管流雷诺数等于 9×10^5 时，入口段长度约为 40 倍管直径。

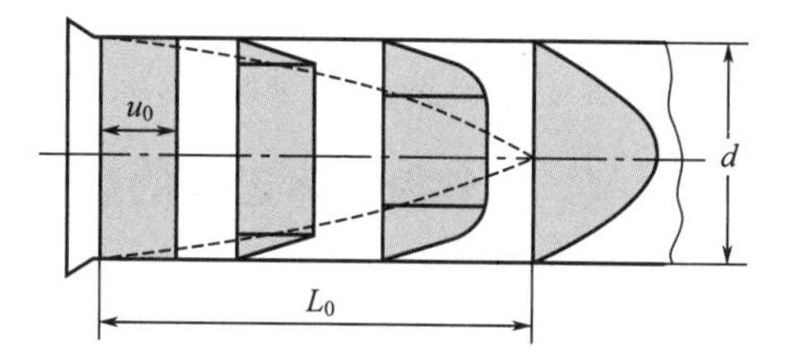

图 1-25 圆管入口段中边界层的发展

边界层的划分对许多工程问题具有重要的意义。虽然对管流来说，入口段以后整个管截面都在边界层范围内；但是当流体在大空间中对某个物体作绕流时，边界层的划分就显示出它的重要性。

湍流时的层流内层和过渡层 湍流边界层内速度脉动的平均振幅随离壁的距离而变化，离壁越近速度脉动越小。在远离壁面处，流体速度脉动较大，由此造成的流体层间的动量传递远大于层流时的。此时，湍流黏度 μ' 远远大于其分子黏度 μ，分子黏度 μ 可忽略，流动显示湍流特征。反之，近壁处速度脉动很小，流动仍保持层流特征，湍流黏度可忽略。因此，即使在高度湍流条件下，近壁面处仍有一薄层保持着层流特征，该薄层称为层流内层，见图 1-24。

在湍流区和层流内层间还有一过渡层。在此层中，分子黏度和湍流黏度数值相当，对流动都有影响。为简化起见，常忽略过渡层，将湍流流动分为湍流核心和层流内层两个部分。层流内层一般很薄，其厚度随 Re 的增大而减小。在湍流核心内，径向的传递过程因质点的脉动而大大强化。在层流内层中，径向的传递只能依赖于分子运动。因此，层流内层是传递过程主要阻力所在。

边界层的分离 当流速均匀的流体绕过大曲率的物体，如球体或圆柱体流动时，边界层的情况又有新的特点。图 1-26 所示是流体对一圆柱体的绕流，因上下对称，图中只画出上半部分。

均速流体绕过圆柱体时，A 点处速度为零，来流的动能全部转化成压强能，该处压强最大。当流体自 A 点附近向两侧流去时，因圆柱体侧表面的阻滞作用，形成了边界层。流体自点 A 附近流至点 B 附近，即流经圆柱体前半部分时，流道逐渐缩小，点 B 附近压强变小，在流动方向上的压强梯度为负（或称顺压强梯度）。当流体流过 B 点以后，流道逐渐扩大，压强变大，边界层内流体处于减速加压过程。此时，在剪应力消耗动能和逆压强梯度的双重阻碍作用下，壁面附近的流体速度迅速下降，最终在 C 点附近流速降为零。离壁稍远的流体质点因具有较大的速度和动能，故可流过较长的途径至 C' 点速度也降为零。将流体中速度为零

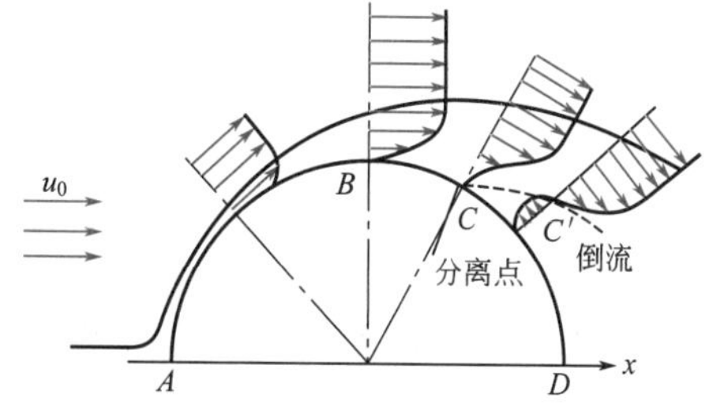

图 1-26 流体对圆柱体的绕流

的各点连成一线，如图中 $C\text{-}C'$线所示，该线与边界层上缘之间的区域即成为脱离了物体的边界层。这一现象称为边界层的分离或脱体。

$C\text{-}C'$线以下的流体在逆压强梯度作用下形成倒流。因此，在柱体的后部产生大量旋涡，造成流体的机械能损失增大。由上述可知：

① 流道扩大时必造成逆压强梯度；

② 逆压强梯度容易造成边界层的分离；

③ 边界层分离造成大量旋涡，大大增加了机械能损耗。

1.4.4 圆管内流体运动的数学描述

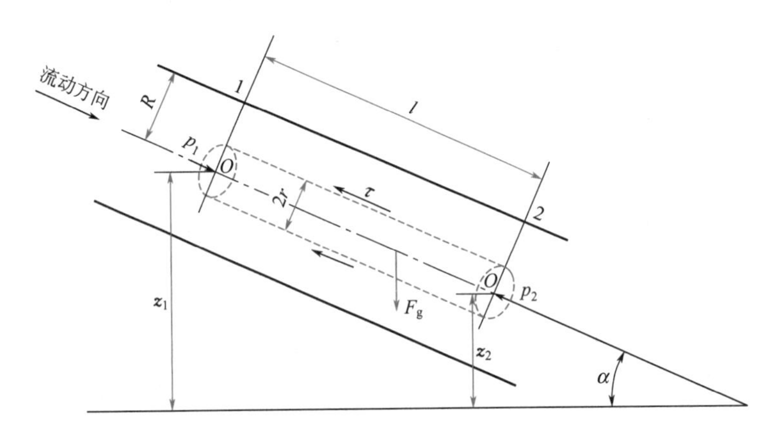

图 1-27 圆柱形流体上的受力

流体的受力平衡 图 1-27 表示流体在一圆直管内作定态流动的情况。在流体流动的圆直管内，以管轴为中心，取一半径为 r，长度为 l 的圆柱形积分控制体，对它作受力平衡分析。该圆柱体所受诸力是：

两端面上的压力 $F_1=\pi r^2 p_1$，$F_2=\pi r^2 p_2$

侧表面上的剪切力 $F=2\pi r l \tau$

圆柱体的重力 $F_g=\pi r^2 l \rho g$

式中，p_1、p_2为两端面中心处的压强，N/m^2；τ 为圆柱体外表面上所受的剪应力，N/m^2。

流体在圆直管内作定态流动，没有加速度，合外力必须等于零，即

$$F_1-F_2+F_g\sin\alpha-F=0$$

因 $l\sin\alpha=z_1-z_2$，代入上式可得

$$\pi r^2(p_1-p_2)+\pi r^2\rho g(z_1-z_2)=2\pi r l \tau \tag{1-60}$$

剪应力分布 将式(1-60) 整理可得

$$\tau=\frac{\mathscr{P}_1-\mathscr{P}_2}{2l}r \tag{1-61}$$

式(1-61) 表示了圆直管内沿径向的剪应力分布。由上述推导可知，剪应力分布与流体种类无关，且对层流和湍流皆适用。此式表明，在圆直管内剪应力与半径 r 成正比。在管中心处 $r=0$，剪应力为零；在管壁处 $r=R$，剪应力最大，其值为$\frac{\mathscr{P}_1-\mathscr{P}_2}{2l}R$。剪应力分布如图 1-28 所示。

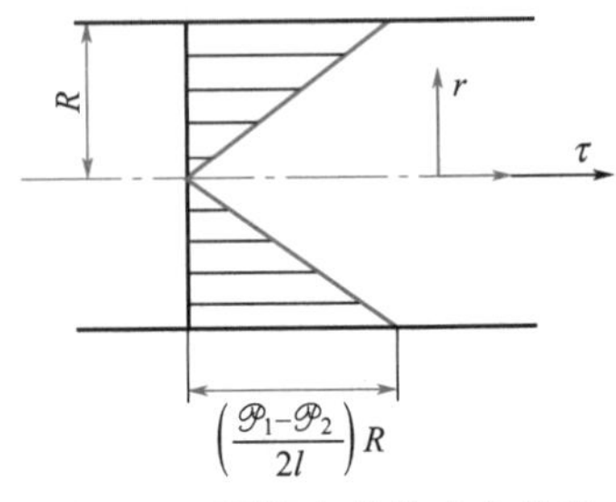

图 1-28 圆管内的剪应力分布

层流时的速度分布 流体在圆直管内层流流动时，剪应力与速度梯度的关系服从牛顿黏性定律，即

$$\tau=-\mu\frac{\mathrm{d}u}{\mathrm{d}r} \tag{1-62}$$

由于管内流动的 $\mathrm{d}u/\mathrm{d}r$ 为负，为使剪应力保持正号，上式右方加一负号。式(1-62) 是描述牛顿型流体层流流动的特征方程。将式(1-62) 代入式(1-61)，并利用管壁上流体速度为零（即 $r=R$ 时，$u=0$）的边界条件进行积分，得到圆直管内层流速度分布为

$$u=\frac{\mathscr{P}_1-\mathscr{P}_2}{4\mu l}(R^2-r^2) \tag{1-63}$$

管中心的最大流速为

$$u_{\max}=\frac{\mathscr{P}_1-\mathscr{P}_2}{4\mu l}R^2 \tag{1-64}$$

将 $u_{\max}$代入式(1-63) 得

$$u=u_{\max}\left[1-\left(\frac{r}{R}\right)^2\right] \tag{1-65}$$

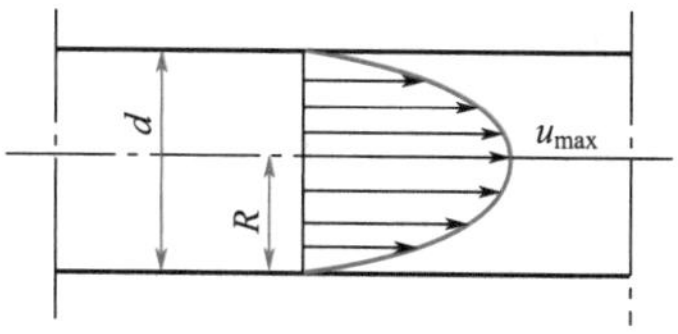

从式(1-63) 或式(1-65) 可知，层流时圆管截面上的速度呈抛物线分布，如图 1-29 所示。

图 1-29 层流时圆管截面上的速度分布

层流时的平均速度 由速度分布式(1-65) 在管截面上积分，可求出管内的平均流速为：

$$\begin{aligned}\overline{u}&=\frac{\int_A u\,\mathrm{d}A}{A}=\frac{u_{\max}\int_0^R\left[1-\left(\frac{r}{R}\right)^2\right]2\pi r\,\mathrm{d}r}{\pi R^2}\\&=\frac{1}{2}u_{\max}=\frac{\mathscr{P}_1-\mathscr{P}_2}{8\mu l}R^2\end{aligned} \tag{1-66}$$

即圆管内作层流流动时的平均速度为管中心最大速度的一半。

在 1.3.2 中已指出，动能校正系数 α 值与速度分布有关。将式(1-65) 代入式(1-39)，可算得流体在圆直管内作层流流动时的动能校正系数 $\alpha=2.0$。

圆管内湍流的速度分布 采用数学分析法推导出层流速度分布的基础是牛顿黏性定律。当流体作湍流流动时，虽然剪应力也可写成牛顿黏性定律的形式［见式(1-58)］，但式中湍流黏度 μ' 并非物性常数，它随 Re 及离壁距离而变，因此无法用数学分析法推导出湍流的速度分布。在大量实验测量和研究的基础上，湍流时的速度分布被关联成如下经验关系式：

$$\frac{u}{u_{\max}}=\left(1-\frac{r}{R}\right)^n \tag{1-67}$$

式中，指数 n 的值与 Re 有关，在不同的 Re 范围内取不同的值

$$4\times10^4<Re\leqslant1.1\times10^5\ 时，n=\frac{1}{6}$$

$$1.1\times10^5<Re\leqslant3.2\times10^6\ 时，n=\frac{1}{7}$$

$$Re>3.2\times10^6\ 时，n=\frac{1}{10}$$

湍流的速度分布可作如下分析：近管中心部分剪应力不大而湍流黏度数值很大，由式(1-58) 可知湍流核心处的速度梯度必定很小。而在壁面附近很薄的层流内层中，剪应力相当大且以分子黏度 μ 的作用为主；但 μ 的数值又远较湍流核心处的 μ' 为小，故在层流内层中的速度梯度必定很大。图 1-30 表示了圆直管中湍流的速度分布。Re 数愈大，近壁区以外的速度分布愈均匀。

湍流时的平均速度　由图 1-30 可见，湍流时截面速度分布比层流时均匀得多。这表明，湍流时的平均速度应比层流时更接近于管中心的最大速度 u_{max}。在发达的湍流情况下，其平均速度约为最大流速的 0.8 倍，即

$$\overline{u}=0.8u_{max} \tag{1-68}$$

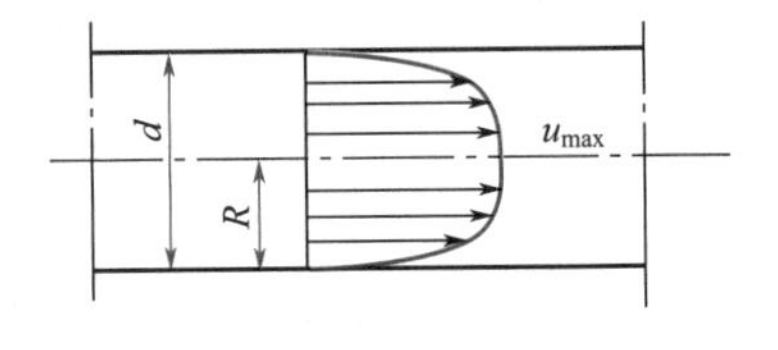

图 1-30　湍流的速度分布

由于层流内层很薄，总体来说可认为湍流速度分布是较均匀的，将式(1-67) 代入式(1-39) 可求出湍流时的动能校正系数接近 1。

前述边界层和管内速度分布产生的本质原因是流体的黏性，黏性也是流体流动中机械能损失的本质原因。

思考题

1-12　层流与湍流的本质区别是什么？

1-13　雷诺数的物理意义是什么？

1.5 阻力损失

1.5.1 两种阻力损失

直管阻力和局部阻力　常用化工管路主要由两部分组成：一种是直管，另一种是弯头、三通、阀门等管阀件。无论是直管或管阀件都对流动流体造成一定的阻力，消耗一定的机械能。直管造成的机械能损失称为直管阻力损失（也称沿程阻力损失）；管阀件造成的机械能损失称为局部阻力损失。对阻力损失作这种划分是因为两种阻力损失起因于不同的外部条件，也便于工程计算及研究，但这并不意味着两者有质的不同。这两种阻力损失的本质都是流动流体存在黏性和内摩擦力。

阻力损失表现为流体势能的降低　如图 1-31 所示，当流体在均匀直管中作定态流动时，可取截面 1-1 和截面 2-2，$u_1=u_2$。在截面 1-1、2-2 之间未加入机械能，$h_e=0$。由机械能衡算式(1-41) 可知

$$h_f=\left(\frac{p_1}{\rho}+z_1g\right)-\left(\frac{p_2}{\rho}+z_2g\right)=\frac{\mathscr{P}_1-\mathscr{P}_2}{\rho} \tag{1-69}$$

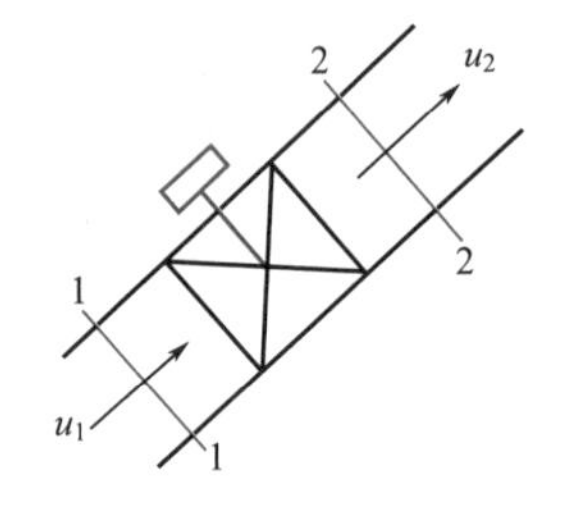

图 1-31　阻力损失

由式(1-69) 可知，对于通常的管路，无论是直管阻力或是局部阻力，也不论是层流或湍流，阻力损失均主要表现为流体势能的降低，即 $\Delta\mathscr{P}/\rho$。只有水平管道，阻力损失表现为压强的降低。

阻力损失存在于边界层内，而层流内层是阻力损失的主要场所。

层流直管阻力损失　流体在直管中作层流流动时，阻力损失造成的势能差可直接由式(1-66) 求出

$$\Delta\mathscr{P}=\frac{32\mu lu}{d^2} \tag{1-70}$$

式(1-70) 称为泊谡叶（Poiseuille）方程。层流时的直管阻力损失为

$$h_f=\frac{32\mu lu}{\rho d^2} \tag{1-71}$$

式(1-71) 表明层流时阻力损失和流速成一次方关系，黏度影响也体现其中。

1.5.2 湍流直管阻力损失的实验研究方法

层流时阻力损失的计算式是由理论推导得到的。湍流时由于情况复杂得多，无法获得解析解，但可以通过量纲分析实验研究，获得经验的计算式。这种实验研究方法是化工中常用的，本节通过湍流时直管阻力损失的实验研究对此法作介绍。实验研究的基本步骤如下。

(1) 析因实验 找出影响过程的主要因素。

对所研究的过程作初步的实验和经验的归纳，列出影响过程的主要因素。

对于湍流时直管阻力损失 h_f，经分析和初步实验可知各影响因素如下。

物性因素：密度 ρ、黏度 μ。

设备因素：管径 d、管长 l、管壁粗糙度 ε（管内壁表面高低不平）。

操作因素：流速 u。

于是待求的关系式应为

$$h_f=f(d,l,\mu,\rho,u,\varepsilon) \tag{1-72}$$

(2) 规划实验 减少实验工作量。

当一个过程受多个变量影响时，通常用网格法通过实验以寻找自变量与过程结果的关系。以式(1-72) 为例，需多次改变某一自变量的值以测取 h_f 值，而保持其他自变量不变。自变量个数越多，所需的实验次数急剧增加。为减少实验工作量，需要在实验前进行规划，包括应用正交设计法、量纲分析法等，以尽可能减少实验次数。

量纲分析法是通过将变量组合成无量纲数群，从而减少实验自变量的个数，大幅度地减少实验次数，因此在化工过程的研究中广为应用。

量纲分析法的依据是：任何物理方程的等式两边或方程中的每一项均具有相同的量纲，此称为量纲和谐或量纲一致性。从这一基本点出发，任何物理方程都可以转化成无量纲形式(具体的量纲分析方法可参阅附录)。

以层流时直管阻力损失计算式为例，不难看出，式(1-71) 可以写成如下形式

$$\left(\frac{h_f}{u^2}\right)=32\left(\frac{l}{d}\right)\left(\frac{\mu}{du\rho}\right) \tag{1-73}$$

式(1-73) 中每一项都不带量纲，称为无量纲数群。换言之，无量纲化之前，层流阻力的函数形式为

$$h_f=f(d,l,\mu,\rho,u) \tag{1-74}$$

对照式(1-72) 与式(1-73)，不难推测，湍流时的式(1-72) 可写成如下的无量纲形式

$$\left(\frac{h_f}{u^2}\right)=\varphi\left(\frac{du\rho}{\mu},\frac{l}{d},\frac{\varepsilon}{d}\right) \tag{1-75}$$

式中，$\frac{du\rho}{\mu}$即为雷诺数 Re；$\frac{\varepsilon}{d}$称为相对粗糙度。

将式(1-72) 与式(1-75) 作比较可以看出，无量纲化后，自变量数目由原来的 6 个减少到 3 个。在实验研究时无需一个个地改变原式中的 6 个自变量，而只要逐个地改变 Re、(l/d) 和 (ε/d) 即可。这样，所需实验次数将大大减少，避免了大量的实验工作量。

对式(1-75)而言，根据经验，阻力损失与管长 l 成正比，u^2 习惯写成动能项（$u^2/2$），该式可改写为

$$\left(\frac{h_f}{u^2/2}\right)=\frac{l}{d}\varphi\left(Re,\frac{\varepsilon}{d}\right) \tag{1-76}$$

特别重要的是，若按式(1-76)组织实验时，可以将水、空气等介质的实验结果推广应用于其他流体，将小尺寸模型的实验结果应用于大型装置。

(3) 数据处理 实验结果的正确表达。

获得无量纲数群之后，各无量纲数群之间的函数关系仍需由实验并经分析确定。

函数 $\varphi\left(Re,\frac{\varepsilon}{d}\right)$ 的具体形式可按实验结果用图线或方程式表达。

1.5.3 直管阻力损失的计算式

统一的表达方式 无论是层流或湍流，对于直管阻力损失，可将式(1-73)和式(1-76)统一成如下形式，以便工程计算

$$h_f=\lambda\frac{l}{d}\times\frac{u^2}{2} \tag{1-77}$$

式中，摩擦系数 λ 为雷诺数 Re 和相对粗糙度 ε/d 的函数，即

$$\lambda=\varphi\left(Re,\frac{\varepsilon}{d}\right) \tag{1-78}$$

摩擦系数 λ 对 $Re<2000$ 的层流直管流动，将式(1-73)改写成式(1-77)的形式后，可得

$$\lambda=\frac{64}{Re} \qquad (Re<2000) \tag{1-79}$$

研究结果表明，湍流时的摩擦系数 λ 可用下式计算

$$\frac{1}{\sqrt{\lambda}}=1.74-2\lg\left(\frac{2\varepsilon}{d}+\frac{18.7}{Re\sqrt{\lambda}}\right) \tag{1-80}$$

当已知 Re 和 ε/d 时，使用简单的迭代程序不难求出 λ 值，工程上为避免试差迭代，也为了使 λ 与 Re、ε/d 的关系形象化，将式(1-79)、式(1-80)制成图线，见图 1-32（莫迪图）。

图 1-32 为双对数坐标。$Re<2000$ 为层流，$\lg\lambda$ 随 $\lg Re$ 直线下降，由式(1-79)可知其斜率为-1。此时阻力损失与流速的一次方成正比。

在 $Re=2000\sim4000$ 的过渡区内，管内流型因环境而异，摩擦系数波动。工程上为安全计，常作湍流处理。

当 $Re\geqslant4000$，流动进入湍流区，摩擦系数 λ 随雷诺数 Re 的增大而减小。当 Re 足够大后，λ 不再随 Re 而变，其值仅取决于相对粗糙度 ε/d。此时式(1-80)右方括号中第二项可以略去，即

$$\frac{1}{\sqrt{\lambda}}=1.74-2\lg\left(\frac{2\varepsilon}{d}\right) \tag{1-81}$$

由于 λ 与 Re 无关，由式(1-77)可知，阻力损失 h_f 与流速 u 的平方成正比。该区域称为充分湍流区或阻力平方区。

粗糙度对 λ 的影响 层流时，粗糙度对 λ 值无影响。在湍流区，管内壁高低不平的凸出物对 λ 的影响是相继出现的。刚进入湍流区时，只有较高的凸出物才对 λ 值显示其影响，较低的凸出物则毫无影响。随着 Re 的增大，越来越低的凸出物相继发挥作用，影响 λ 的数

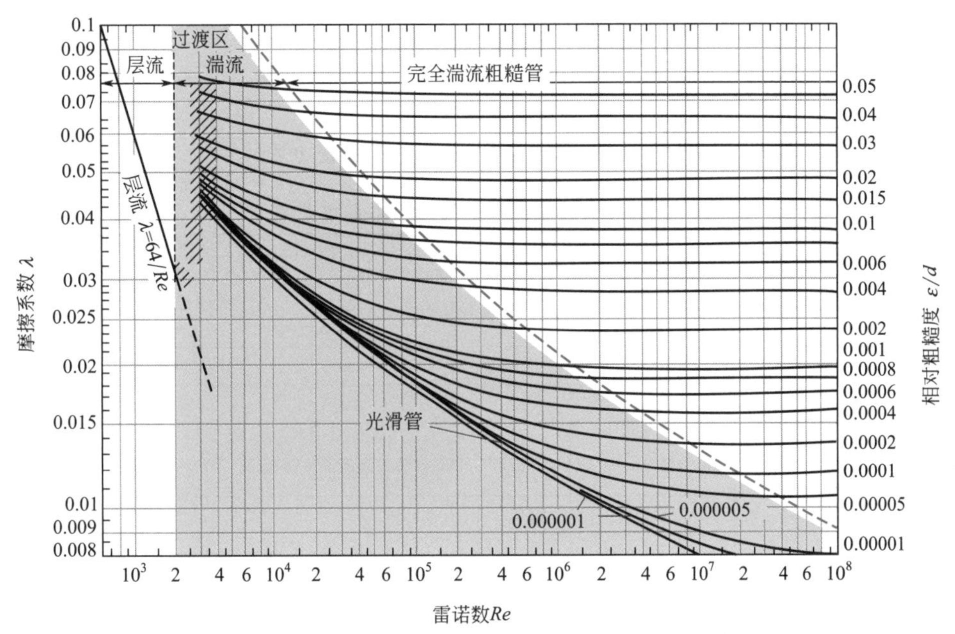

图 1-32 **摩擦系数 λ 与雷诺数 Re 及相对粗糙度 ε/d 的关系**

值。当 Re 大到一定程度，λ 值不再变化，管流便进入阻力平方区。

实际管的当量粗糙度　管壁粗糙度对摩擦系数 λ 的影响首先是用人工粗糙管测定的。人工粗糙管是将大小相同的砂粒均匀地黏着在普通管壁上，人为地造成粗糙度，因而其粗糙度可以精确测定。工业管道内壁的凸出物形状不同，高度也参差不齐，粗糙度无法精确测定。实践上是通过试验测定阻力损失并计算 λ 值，然后由图 1-32 反求出相当的相对粗糙度，称之为实际管道的当量相对粗糙度。由当量相对粗糙度可求出当量的绝对粗糙度 ε。

化工常用管道的当量绝对粗糙度示于表 1-1。

表 1-1　**化工常用管道的当量绝对粗糙度**

管道类别		绝对粗糙度 ε /mm	管道类别		绝对粗糙度 ε /mm
金属管	无缝黄铜管、铜管及铅管	0.01～0.05	非金属管	干净玻璃管	0.0015～0.01
	新的无缝钢管、镀锌铁管	0.1～0.2		橡皮软管	0.01～0.03
	新的铸铁管	0.3		木管道	0.25～1.25
	具有轻度腐蚀的无缝钢管	0.2～0.3		陶土排水管	0.45～6.0
	具有显著腐蚀的无缝钢管	0.5 以上		平整良好的水泥管	0.33
	旧的铸铁管	0.85 以上		石棉水泥管	0.03～0.8

非圆形管的当量直径　前面讨论了圆直管的阻力损失。实验证明，对于非圆形管内的湍流流动，如采用下面定义的当量直径 d_e 代替圆管直径，其阻力损失仍可按式(1-77) 和图 1-32 进行计算。

$$d_e=\frac{4\times 管道截面积}{浸润周边}=\frac{4A}{\Pi} \tag{1-82}$$

当量直径的定义是经验性的，理论根据并不充分。对于层流流动还应改变式(1-79) 中的 64 这一常数，如正方形管为 57，环隙为 96。对于长宽比大于 3 的矩形管道使用式(1-82) 将有相当大的误差。

用当量直径 d_e 计算的 Re 也用以判断非圆形管中的流型。非圆形管中稳定层流的临界雷诺数同样是 2000。

1.5.4 局部阻力损失

化工管路中使用的管阀件种类繁多，常见的管阀件如表 1-2 所示。

表 1-2 管件和阀件的局部阻力系数 ζ 值

管件和阀件名称	ζ 值	
标准弯头	45°, $\zeta=0.35$	90°, $\zeta=0.75$
90°方形弯头	1.3	
180°回弯头	1.5	
活管接	0.4	

弯管 R/d	φ 30°	45°	60°	75°	90°	105°	120°
1.5	0.08	0.11	0.14	0.16	0.175	0.19	0.20
2.0	0.07	0.10	0.12	0.14	0.15	0.16	0.17

突然扩大：$\zeta=(1-A_1/A_2)^2$， $h_f=\zeta u_1^2/2$

A_1/A_2	0	0.1	0.2	0.3	0.4	0.5	0.6	0.7	0.8	0.9	1.0
ζ	1	0.81	0.64	0.49	0.36	0.25	0.16	0.09	0.04	0.01	0

突然缩小：$\zeta=0.5(1-A_2/A_1)$， $h_f=\zeta u_2^2/2$

A_2/A_1	0	0.1	0.2	0.3	0.4	0.5	0.6	0.7	0.8	0.9	1.0
ζ	0.5	0.45	0.40	0.35	0.30	0.25	0.20	0.15	0.10	0.05	0

管件和阀件名称	ζ 值
流入大容器的出口	$\zeta=1$（用管中流速）
入管口（容器→管）	$\zeta=0.5$

水泵进口									
没有底阀	2～3								
有底阀	d/mm	40	50	75	100	150	200	250	300
	ζ	12	10	8.5	7.0	6.0	5.2	4.4	3.7

闸阀	全开	3/4 开	1/2 开	1/4 开
	0.17	0.9	4.5	24

标准截止阀（球心阀）	全开 $\zeta=6.4$	1/2 开 $\zeta=9.5$

蝶阀 α	5°	10°	20°	30°	40°	45°	50°	60°	70°
ζ	0.24	0.52	1.54	3.91	10.8	18.7	30.6	118	751

旋塞 θ	5°	10°	20°	40°	60°
ζ	0.05	0.29	1.56	17.3	206

管件和阀件名称	ζ 值	
角阀（90°）	5	
单向阀	摇板式 $\zeta=2$	球形单向阀 $\zeta=70$
水表（盘形）	7	

注：其他管件、阀件等的 ζ 值，可参阅有关资料。

各种管阀件都会产生阻力损失。这种阻力损失集中在管阀件所在处，因而称为局部阻力损失。局部阻力损失是由于流道的急剧变化使流动边界层分离，所产生的大量旋涡消耗了机械能。

局部阻力损失计算　局部阻力损失是一个复杂的问题，而且管阀件种类繁多，规格不一，难于精确计算。通常采用以下两种近似方法。

（1）近似地认为局部阻力损失服从平方定律

$$h_f=\zeta\frac{u^2}{2} \tag{1-83}$$

式中，ζ 为局部阻力系数，由实验测定。

（2）近似地认为局部阻力损失相当于某个长度的直管

$$h_f=\lambda\frac{l_e}{d}\times\frac{u^2}{2} \tag{1-84}$$

式中，l_e 为管阀件的当量长度，由实验测得。

显然，式(1-83)、式(1-84) 两种计算方法所得结果不会一致，它们都是近似的估算值。

从图 1-33～图 1-35 和表 1-2 中可查得常用管阀件的 ζ 和 l_e 值。对于突然扩大和缩小，值得注意的是式(1-83) 和式(1-84) 中的 u 须用小管截面的平均速度。

实际应用时，长距离输送以直管阻力损失为主；车间管路则往往以局部阻力为主。

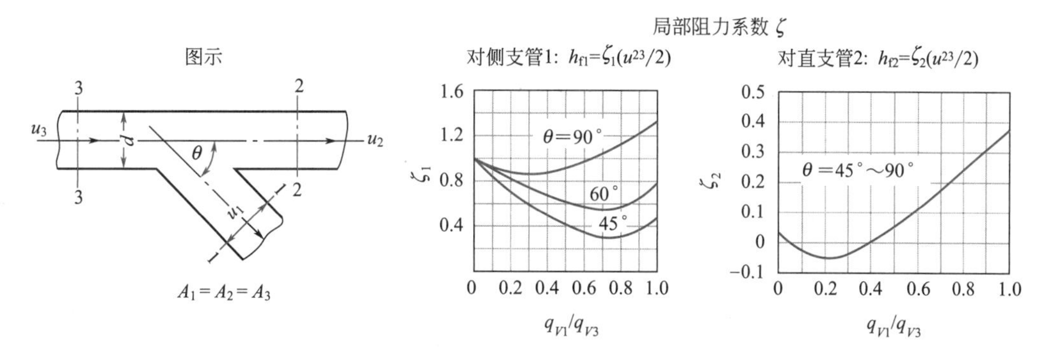

图 1-33　分流时三通的阻力系数

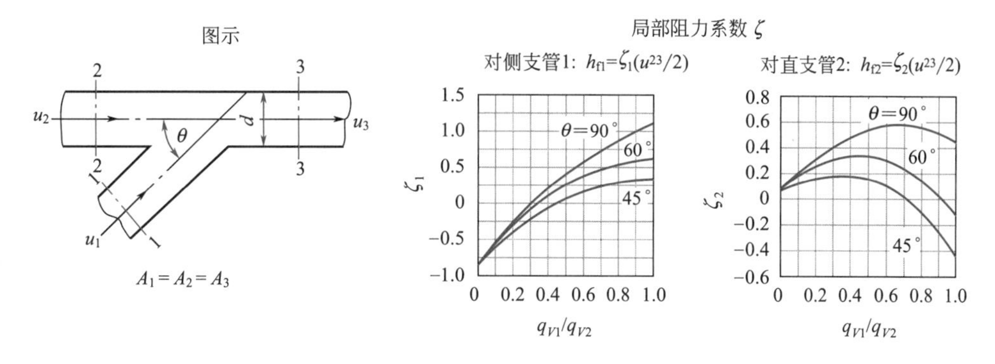

图 1-34　合流时三通的阻力系数

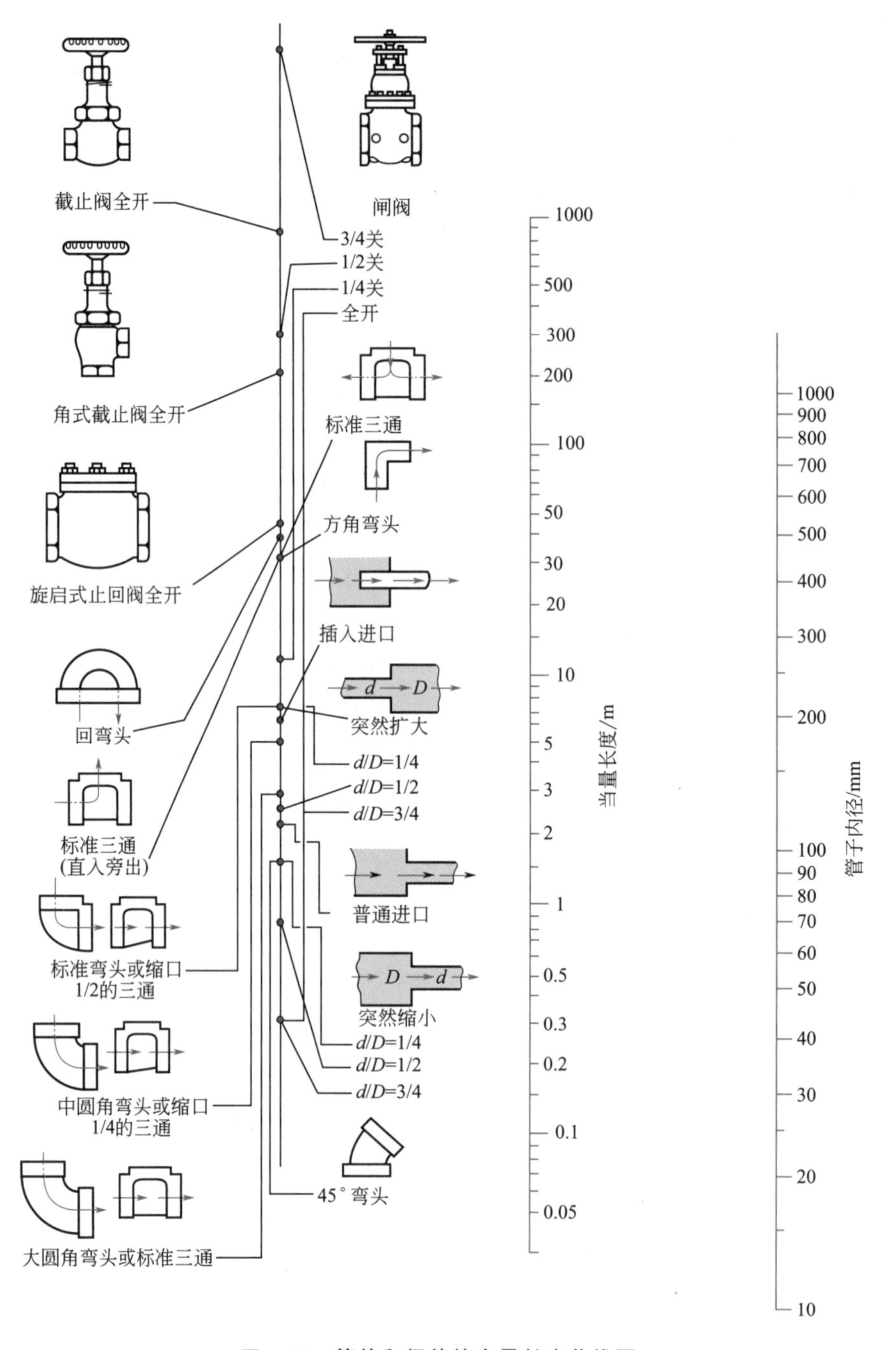

动画

图 1-35　管件和阀件的当量长度共线图

【例 1-3】 阻力损失的计算

如图 1-36 所示，溶剂从敞口的高位槽流入某吸收塔。塔内压强为 0.01MPa（表压），输送管道为 ϕ38mm×3mm[1] 无缝钢管，直管长 10m。管路中装有 90°标准弯头两个，180°回弯头一个，球心阀（全开）一个。为保证溶剂流量达到 3.3m³/h，问高位槽所应放置的高度

[1] 管子直径与壁厚的表示方法，ϕ 符号后为外径，×符号后为壁厚。

即位差 z 应为多少米？

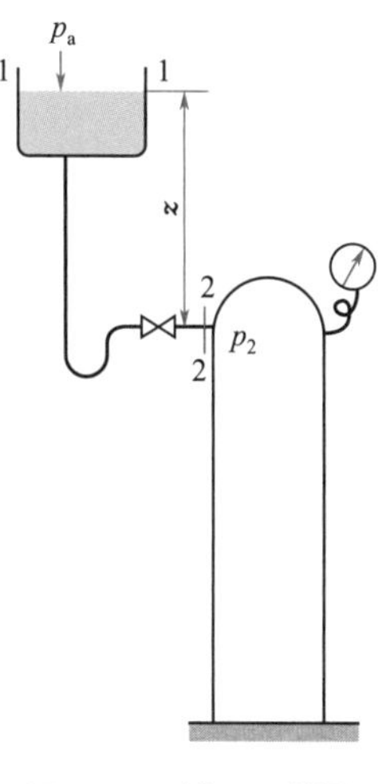

图 1-36　例 1-3 附图

操作温度下溶剂的物性为：密度 $\rho=998\text{kg/m}^3$，黏度 $\mu=1.0\times10^{-3}\text{Pa}\cdot\text{s}$。

解：选取管子进塔处的水平面为 $z=0$，从高位槽液面 1-1 至管出口截面 2-2 列机械能衡算式得

$$\frac{p_a}{\rho}+zg=\frac{p_2}{\rho}+0+\frac{u_2^2}{2}+h_f$$

溶剂在管中的流速

$$u_2=\frac{q_V}{\frac{\pi}{4}d^2}=\frac{3.3/3600}{0.785\times0.032^2}=1.14(\text{m/s})$$

$$Re=\frac{du\rho}{\mu}=\frac{0.032\times1.14\times998}{1.0\times10^{-3}}=3.64\times10^4$$

由表 1-1 可取管壁绝对粗糙度 $\varepsilon=0.2\text{mm}$，$\varepsilon/d=0.00625$；由图 1-32 查得摩擦系数 $\lambda=0.035$。由表 1-2 查得有关管阀件的局部阻力系数分别是：

进口突然收缩	$\zeta=0.5$
90°标准弯头	$\zeta=0.75$
180°回弯头	$\zeta=1.5$
球心阀（全开）	$\zeta=6.4$

$$h_f=\left(\lambda\frac{l}{d}+\sum\zeta\right)\frac{u_2^2}{2}=(0.035\times\frac{10}{0.032}+0.5+0.75\times2+1.5+6.4)\times\frac{1.14^2}{2}$$
$$=13.5(\text{J/kg})$$

所需位差

$$z=\frac{p_2-p_a}{\rho g}+\frac{u_2^2}{2g}+\frac{h_f}{g}=\frac{0.01\times10^6}{998\times9.81}+\frac{1.14^2}{2\times9.81}+\frac{13.5}{9.81}=2.46(\text{m})$$

本题也可将截面 2-2 取在管出口外端，此时流体流入大空间后速度为零。但应计及突然扩大损失 $\zeta=1$，故两种方法的结果相同。

计算管道阻力损失时，若能估计出管路在使用中的腐蚀情况，就应按此估计的 ε 值以查取 λ，而不用新管的 ε。更常用的方法是采用安全系数，即用新管的 ε 查出 λ 后，按使用情况将 λ 乘上一个大于 1 的安全系数。如平均使用 5～10 年的钢管，其安全系数取 1.2～1.3，以适应粗糙度的变化。

思考题

1-14　何谓泊谡叶方程？其应用条件有哪些？

1-15　何谓水力光滑管？何谓完全湍流粗糙管？

1-16　非圆形管的水力当量直径是如何定义的？能否按 $u\pi d_e^2/4$ 计算流量？

1-17　在满流的条件下，水在垂直直管中向下流动，对同一瞬时沿管长不同位置的速度而言，是否会因重力加速度而使下部的速度大于上部的速度？

1.6 流体输送管路的计算

前面已导出了质量守恒式、机械能衡算式以及阻力损失的计算式。据此，可以进行不可

压缩流体输送管路的计算。对于可压缩流体输送管路的计算，还须用到表征气体性质的状态方程式。

管路按配置情况可分为简单管路和复杂管路。前者是单一管线，后者则包括最为复杂的管网。复杂管路区别于简单管路的基本点是存在着分流与合流。

本节首先对管内流动作一定性分析，然后介绍简单管路和典型的复杂管路的计算方程。

1.6.1 管路分析

简单管路分析 图 1-37 所示为一典型的简单管路。假定 $\mathscr{P}_1 > \mathscr{P}_2$，各管段的直径相同，高位槽和低位槽内液面均保持恒定，液体作定态流动。考察从 1 至 2 的能量衡算

$$\frac{\mathscr{P}_1}{\rho}=\frac{\mathscr{P}_2}{\rho}+h_{\text{f1-2}}=\frac{\mathscr{P}_2}{\rho}+\left[\left(\lambda\frac{l+l_e}{d}\right)_{\text{1-A}}+\zeta+\left(\lambda\frac{l+l_e}{d}\right)_{\text{B-2}}\right]\frac{8q_V^2}{\pi^2 d^4} \tag{1-85}$$

假定原阀门全开，各点虚拟压强分别为 $\mathscr{P}_1$、$\mathscr{P}_A$、$\mathscr{P}_B$ 和 $\mathscr{P}_2$。因管路串联，各管段内的流量 q_V 相等。若将阀门由全开转为半开，上述各处的流动参数发生如下变化：

① 阀关小，阀门的阻力系数 ζ 增大，流量 q_V 随之减小。

② 考察管段 1-A，流量降低使 $h_{\text{f1-A}}$ 随之减小，A 处虚拟压强 $\mathscr{P}_A$ 将增大。因 A 处高度未变，$\mathscr{P}_A$ 的增大即意味着压强 p_A 的升高。

③ 考察管段 B-2，流量降低使 $h_{\text{fB-2}}$ 随之减小，虚拟压强 $\mathscr{P}_B$ 将下降。$\mathscr{P}_B$ 的下降即意味着压强 p_B 的减小。

④ p_A 升高，p_B 减小，即 $h_{\text{fA-B}}$ 增大。

上述分析表明，管路是个整体，某部位的阻力系数增加会使串联管路各处的流量下降。阻力损失总是表现为流体机械能的降低，在等径管中则为总势能（虚拟压强 $\mathscr{P}$）降低。还可引出如下结论：

① 阀门关小将使上游压强上升；

② 阀门关小将使下游压强下降。

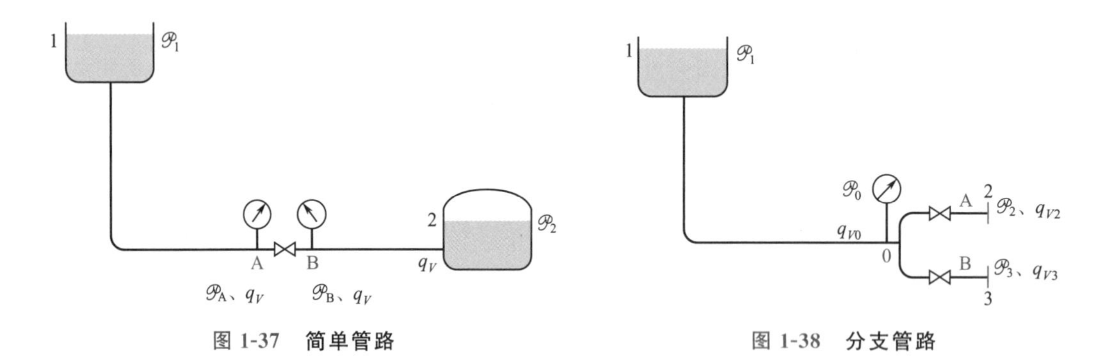

图 1-37 简单管路　　　图 1-38 分支管路

分支管路分析 现考察流体由一高位槽经总管分流至两支管的情况，在阀门全开时各处的流动参数如图 1-38 所示。考察从 1 至 2 的能量衡算

$$\frac{\mathscr{P}_1}{\rho}=\frac{\mathscr{P}_2}{\rho}+h_{\text{f1-0}}+h_{\text{f0-2}}+\frac{u_2^2}{2}=\frac{\mathscr{P}_2}{\rho}+\left(\lambda\frac{l+l_e}{d}\right)_{\text{1-0}}\frac{8q_{V0}^2}{\pi^2 d^4}+\left(\zeta_A+\lambda\frac{l+l_e}{d}+1\right)_{\text{0-2}}\frac{8q_{V2}^2}{\pi^2 d^4} \tag{1-86}$$

若将支管 2 的阀门 A 关小，ζ_A 增大，则

① 考察整个管路，由于阀门 A 阻力增加而使流量 q_{V0}、q_{V2} 均下降；

② 在截面 1～0 间考察，因流量 q_{V0} 下降使 $\mathscr{P}_0$ 上升；

③ 在截面 0～3 间考察，ζ_B 不变，因 $\mathscr{P}_0$ 上升而使 q_{V3} 增加。

由上述分析可知，关小阀门使所在的支管流量下降，与之平行的支管内流量上升，但总管的流量还是减少了。

以上为一般情况，下面分析两种极端情况。

(1) 支管阻力控制 若总管阻力可以忽略、支管阻力为主，这时 $\mathscr{P}_0 \approx \mathscr{P}_1$ 且接近为一常数。阀 A 关小仅使支管 A 的流量 q_{V2} 变小，但对支管 B 的流量几乎没有影响，即任一支管情况的改变不影响其他支管的流量。显然，城市供水、煤气管线的铺设应尽可能属于这种情况。

(2) 总管阻力控制 若总管阻力为主，支管阻力可以忽略，这时 $\mathscr{P}_0$ 与下游出口端虚拟压强 $\mathscr{P}_2$ 或 $\mathscr{P}_3$ 相近，总管中的总流量将不因支管情况而变。阀 A 的启闭不影响总流量，仅改变了各支管间的流量的分配。显然这是城市供水管路不希望出现的情况。

汇合管路分析 如图 1-39 所示为一简单的汇合管路，流体从两高位槽中流下，在 0 点汇合，经下游全开的阀门流出。

若将阀门关小，q_{V3} 下降，上游交汇点 0 虚拟压强 $\mathscr{P}_0$ 升高。此时 q_{V1}、q_{V2} 同时降低，但因 $\mathscr{P}_2 < \mathscr{P}_1$，$q_{V2}$ 下降更快。当阀门关小至一定程度，因 $\mathscr{P}_0 = \mathscr{P}_2$，致使 $q_{V2}=0$；继续关小阀门则 q_{V2} 将作反向流动。

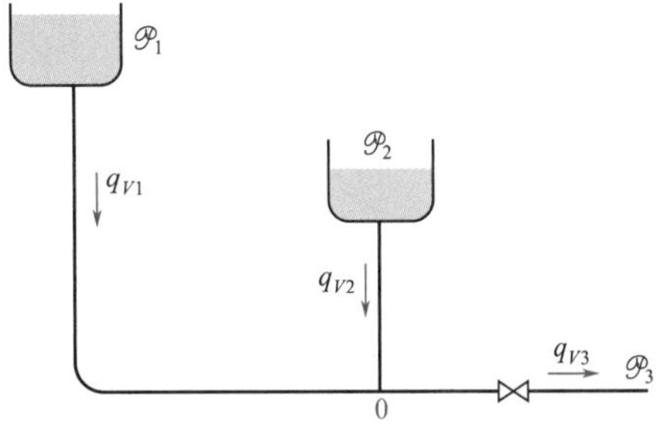

图 1-39 汇合管路

总之，管路是个整体，流体在沿程各处的压强或势能有着确定的分布，或者说在管路中存在着能量的平衡。任一管段或局部条件的变化都会使整个管路原有的能量平衡遭到破坏，根据新的条件建立新的能量平衡关系。管路中流量及压强的变化正是这种能量平衡关系发生变化的反映。

1.6.2 管路计算

简单管路的数学描述 对图 1-37 简单管路进行考察，表示管路中各参数之间关系的方程只有三个：

质量守恒式
$$q_V = \frac{\pi}{4} d^2 u \tag{1-87a}$$

机械能衡算式
$$\left(\frac{p_1}{\rho} + g z_1\right) = \left(\frac{p_2}{\rho} + g z_2\right) + \left(\lambda \frac{l}{d} + \sum \zeta\right)\frac{u^2}{2}$$

或
$$\frac{\mathscr{P}_1}{\rho} = \frac{\mathscr{P}_2}{\rho} + \left(\lambda \frac{l}{d} + \sum \zeta\right)\frac{u^2}{2} \tag{1-87b}$$

摩擦系数计算式
$$\lambda = \varphi\left(\frac{du\rho}{\mu}, \frac{\varepsilon}{d}\right) \tag{1-87c}$$

当被输送的流体已定，其物性 μ、ρ 已知，上述方程组共包含 9 个变量（q_V、d、u、$\mathscr{P}_1$、$\mathscr{P}_2$、λ、l、$\sum\zeta$、ε）。若能给定其中独立的 6 个变量，其他 3 个就可求出。

化工计算问题按其目的可分为设计型计算、操作型计算、综合型计算三类。管路计算也可分为设计型、操作型、综合型计算。不同类型计算问题给出的已知量不同，过程都是上述方程组联立求解，但各类计算问题有各自的特点。作为教学过程，先应掌握设计型、操作型计算，在此基础上再涉及综合型计算。

简单管路的设计型计算 化工问题设计型计算通常是给定生产能力，设计计算设备情况。管路的设计型计算是管路尚未存在时给定输送任务，设计经济上合理的管路。典型的设计型命题如下。

给定条件：

① 输送量 q_V，需液点的势能 $\mathscr{P}_2/\rho$；

② 供液与需液点间的距离，即管长 l；管道材料及管阀件配置，即 ε 及 $\sum\zeta$。

要求：确定最经济的管径 d 及供液点须提供的势能 $\mathscr{P}_1/\rho$。

上述命题只给定了 5 个变量，方程组（1-87）仍无定解，须再补充一个条件才能满足方程求解的需要。例如，以上命题可指定流速 u。指定不同的流速 u，可对应地求得一组管径 d 及所需的供液点势能 $\mathscr{P}_1/\rho$。设计的任务就在于从这一系列计算结果中，选出最经济合理的管径 d_{opt}。可见，化工设计型问题一般都包含着“选择”或“优化”的问题。

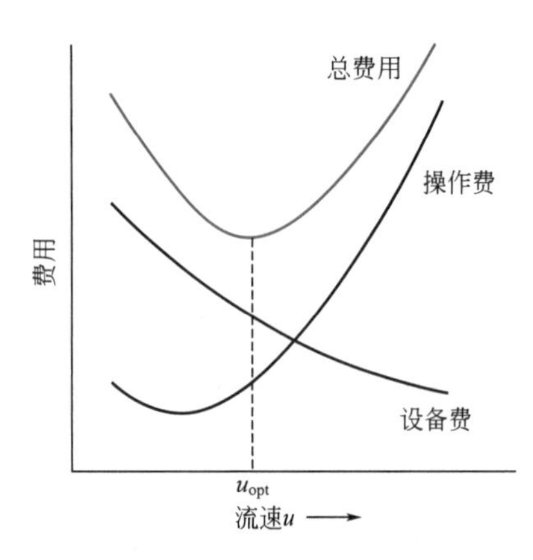

图 1-40　管径的最优化

流量一定时，由式(1-87a) 可知，管径 d 与$\sqrt{u}$成反比。流速 u 越小，管径越大，设备费用就越大。反之，流速越大，管路设备费用固然减小，但输送流体所需的能量 $\mathscr{P}_1/\rho$ 则越大，这意味着操作费用的增加。因此，最经济合理的管径或流速的选择应使每年的操作费与按使用年限计的设备折旧费之和为最小，如图 1-40 所示。图中操作费包括能耗及每年的大修费，大修费是设备费的某一百分数，故流速过小、管径过大时的操作费反而升高。

原则上说，为确定最优管径，可选用不同的流速作方案计算，从中找出经济、合理的最佳流速（或管径）。对于车间内部的管路，可根据表 1-3 列出的经济流速范围，经验地选用流速，然后由式(1-87a) 算出管径。再根据管道标准进行圆整，详见附录七。

表 1-3　某些流体在管道中的常用流速范围

流体种类及状况	常用流速范围/(m/s)	流体种类及状况	常用流速范围/(m/s)
水及一般液体	1～3	压强较高的气体	15～25
黏度较大的液体	0.5～1	饱和水蒸气：0.8MPa(8atm)以下	40～60
低压气体	8～15	0.3MPa(3atm)以下	20～40
易燃、易爆的低压气体(如乙炔等)	<8	过热水蒸气	30～50

在选择流速时，应考虑流体的性质。黏度较大的流体（如油类）流速应取得低些；含有固体悬浮物的液体，为防止管路的堵塞，流速则不能取得太低。密度较大的液体，流速应取得低，而密度很小的气体，流速则可取比液体的大得多。气体输送中，容易获得压强的气体（如饱和水蒸气）流速可高些；而一般气体输送的压强得来不易，流速不宜取得太高。对于真空管路，流速的选择必须保证产生的压降 Δp 低于允许值。有时，最小管径要受到结构上的限制，如支撑跨距在 5m 以上的普通钢管，管径不应小于 40mm。

【例 1-4】 泵送液体所需的机械能

用泵将地面敞口贮槽中的溶液送往高 12m 的容器中去（参见图 1-41），容器上方的压强为 0.03MPa（表压）。经选定，泵的吸入管路为 ϕ57mm×3.5mm 的无缝钢管，管长 6m，管路中设有一个止逆底阀，一个 90°弯头。压出管路为 ϕ48mm×4mm 无缝钢管，管长 25m，其中装有闸阀（全开）一个，90°弯头 10 个。操作温度下溶液的特性为：$\rho=900\text{kg/m}^3$；$\mu=1.5\text{mPa}\cdot\text{s}$。求流量为$4.5\times10^{-3}\text{m}^3/\text{s}$时需向单位重量（每牛顿）液体补加的能量。

解：从截面1-1至截面2-2作机械能衡算式［参见式(1-47)］

$$\frac{p_1}{\rho g}+z_1+H_e=\frac{p_2}{\rho g}+z_2+H_f$$

可得 $$H_e=\frac{p_2-p_1}{\rho g}+(z_2-z_1)+H_f$$

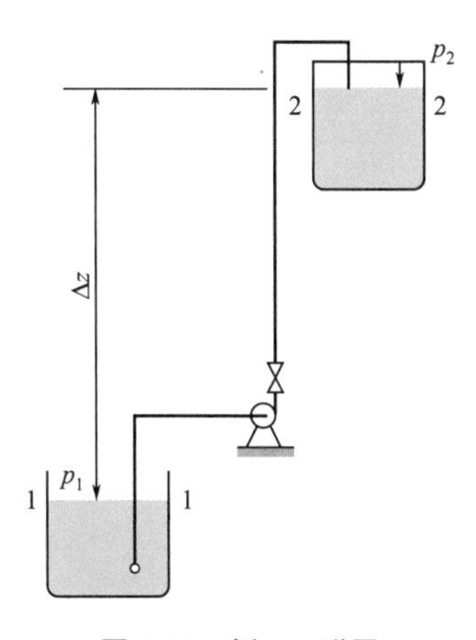

图 1-41　例 1-4 附图

而 $$\frac{p_2-p_1}{\rho g}+(z_2-z_1)=\frac{0.03\times10^6}{900\times9.81}+12=15.4(\text{m})$$

吸入管路中的流速

$$u_1=\frac{q_V}{\frac{\pi}{4}d_1^2}=\frac{4.5\times10^{-3}}{0.785\times0.05^2}=2.29(\text{m/s})$$

$$Re_1=\frac{d_1u_1\rho}{\mu}=\frac{0.05\times2.29\times900}{1.5\times10^{-3}}=6.87\times10^4$$

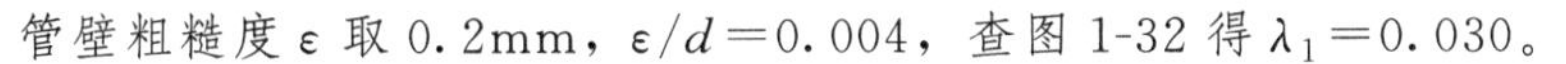
管壁粗糙度 ε 取 0.2mm，$\varepsilon/d=0.004$，查图 1-32 得 $\lambda_1=0.030$。

吸入管路的局部阻力系数 $\sum\zeta_1=(0.75+10)=10.75$

压出管路中的流速 $$u_2=\frac{q_V}{\frac{\pi}{4}d_2^2}=\frac{4.5\times10^{-3}}{0.785\times0.04^2}=3.58(\text{m/s})$$

$$Re_2=\frac{d_2u_2\rho}{\mu}=\frac{0.04\times3.58\times900}{1.5\times10^{-3}}=8.60\times10^4$$

取 $\varepsilon=0.2$mm，$\varepsilon/d=0.005$，$\lambda_2=0.031$，$\sum\zeta_2=0.17+10\times0.75+1=8.67$

$$H_f=\left(\lambda_1\frac{l_1}{d_1}+\sum\zeta_1\right)\frac{u_1^2}{2g}+\left(\lambda_2\frac{l_2}{d_2}+\sum\zeta_2\right)\frac{u_2^2}{2g}$$

$$=\left(0.03\times\frac{6}{0.05}+10.75\right)\frac{2.29^2}{2\times9.81}+\left(0.031\times\frac{25}{0.04}+8.67\right)\frac{3.58^2}{2\times9.81}$$

$$=22.2(\text{m})$$

单位重量流体所需补加的能量为

$$H_e=15.4+22.2=37.6(\text{m})$$

简单管路的操作型计算　操作型计算问题是管路已定，要求核算在某给定条件下管路的输送能力或源头所需压强。这类问题的命题如下。

给定条件：d、l、$\sum\zeta$、ε、$\mathscr{P}_1$（即 $p_1+\rho gz_1$）、$\mathscr{P}_2$（即 $p_2+\rho gz_2$）；

计算目的：输送量 q_V。

或　给定条件：d、l、$\sum\zeta$、ε、$\mathscr{P}_2$、q_V；

计算目的：所需的 $\mathscr{P}_1$。

计算的目的不同，命题中需给定的条件亦不同。但是，在各种操作型问题中，有一点是完全一致的，即都是给定了 6 个变量，方程组有确定的唯一解。在第一种命题中，为求得流量 q_V 必须联立求解方程组（1-87）中的（b）、（c）两式，计算流速 u 和 λ，然后再用方程组中的式(a) 求得 q_V。由于式(1-80) 或图 1-32 系一个复杂的非线性函数，上述求解过程需

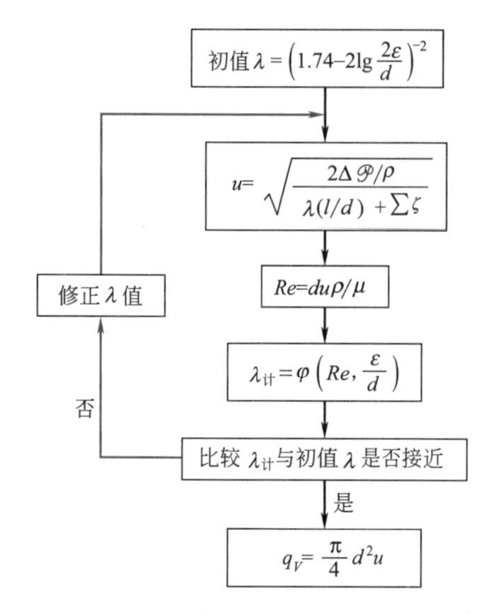

图 1-42　迭代法求流量的框图

试差或迭代。

因 λ 的变化范围不大，试差计算时，可将摩擦系数 λ 作试差变量。通常可取流动已进入阻力平方区的 λ 作为计算初值。

例如，当已知 d、l、$\sum\zeta$、ε、$\mathscr{P}_1$、$\mathscr{P}_2$，求流量 q_V，其计算步骤可用图 1-42 的框图表示。其中的迭代过程实际上就是非线性方程组（1-87）的求解过程。

必须指出，$\lambda=\varphi\left(Re,\dfrac{\varepsilon}{d}\right)$的非线性是使计算必须用试差或迭代方法的根本原因。当已知阻力损失服从平方或一次方定律时，则可以解析求解，无需试差。在以后各章将看到，描述各种化工单元操作过程的方程式多为非线性函数。因此，操作型问题常需试差求解。

【例 1-5】 烟囱高度的计算

如图 1-43 所示，某工业炉每小时排出 80000m³ 的废气，废气的温度 200℃、密度 0.67kg/m³、黏度2.6×10^{-5}Pa·s。大气的平均密度可取 1.15kg/m³。图1-43中 U 形压差计读数 R 为 20mm 水柱，水的密度取 1000kg/m³。设烟囱是由砖砌成的等直径圆筒，绝对粗糙度为 0.8mm，若直径为 2m，求烟囱的高度。

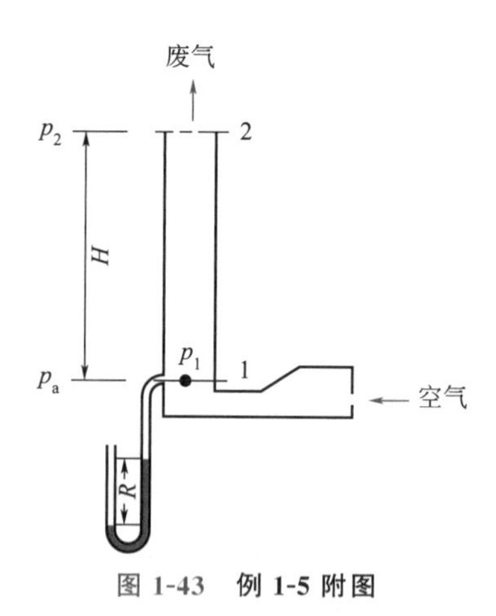

图 1-43　例 1-5 附图

解：设烟囱内废气的流速为 u，高度为 H。在烟囱内的底部 1 和顶截面 2 列机械能衡算方程

$$\frac{p_1}{\rho_f}=\frac{p_2}{\rho_f}+Hg+\lambda\frac{H}{d}\frac{u^2}{2}$$

$$p_1=p_a-\rho_i gR,\quad p_2=p_a-\rho_a gH$$

其中，ρ_i、ρ_f 和 ρ_a 分别为指示液、烟气和大气的密度。

代入机械能衡算方程，求得

$$H=\frac{R\rho_i}{\rho_a-\rho_f\left(1+\dfrac{\lambda}{d}\dfrac{u^2}{2g}\right)}$$

$$u=\frac{q_v}{0.785d^2}=\frac{80000/3600}{0.785\times2^2}=7.07\text{m/s}$$

$$Re=\frac{du\rho_i}{\mu}=\frac{2\times7.07\times0.67}{0.026\times10^{-3}}=3.64\times10^5$$

已知 $d=2$m，$\varepsilon/d=0.0004$，通过莫迪图查得 $\lambda=0.0175$，代入求得

$$H=\frac{R\rho_i}{\rho_a-\rho_f\left(1+\dfrac{\lambda}{d}\dfrac{u^2}{2g}\right)}=\frac{0.02\times1000}{1.15-0.67\times\left(1+\dfrac{0.0175}{2}\times\dfrac{7.07^2}{2\times9.81}\right)}=43\text{m}$$

由 $H=\dfrac{R\rho_i}{\rho_a-\rho_f\left(1+\dfrac{\lambda}{d}\dfrac{u^2}{2g}\right)}$ 可知，选择不同直径 d，所得高度 H 不同。选择 d 分别为 1m、2.5m 和无穷大，代入得到高度见表 1-4。

表 1-4　烟囱直径对高度的影响

直径 d/m	1	2	2.5	∞
高度 H/m	18267	43	42.1	41.7

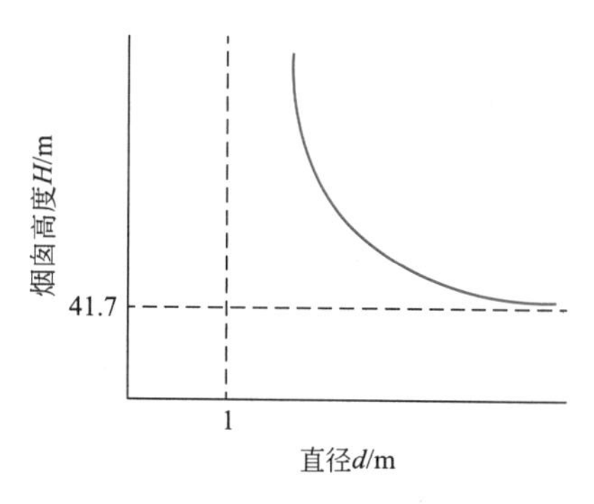

图 1-44　烟囱直径与高度关系

从表 1-4 中可知，当烟囱直径 $d>2$m 时，不能使烟囱高度明显降低；当烟囱直径 $d<2$m 时，烟囱高度明显增大至不实际的程度。

当 $H=\infty$ 时，$u=\dfrac{q_v}{0.785d_{min}^2}$，此时 d 为最小直径

$$1.15=0.67\times\left[1+\frac{0.0175}{2\times9.81}\times\frac{(80000/3600)^2}{0.785^2\times d_{min}^5}\right]$$

求得

$$d_{min}=0.99954\text{m}$$

烟囱的直径 d 与高度 H 的关系见图 1-44。

本题表现了设计型计算的特点，同时解释了烟囱“拔风”的原因。

【例 1-6】 简单管路的流量计算

某输水管路如图 1-45 所示。截面 1 至截面 3 全长 300m（包括局部阻力的当量长度），截面 3 至截面 2 间有一闸阀，其间的直管阻力可以忽略。输水管为 ϕ60mm×3.5mm 水煤气管，$\varepsilon/d=0.004$。水温 20℃。在阀门全开时，试求：

（1）管路的输水量 q_V，m^3/s；

（2）截面 3 处的表压 p_3，mH_2O。

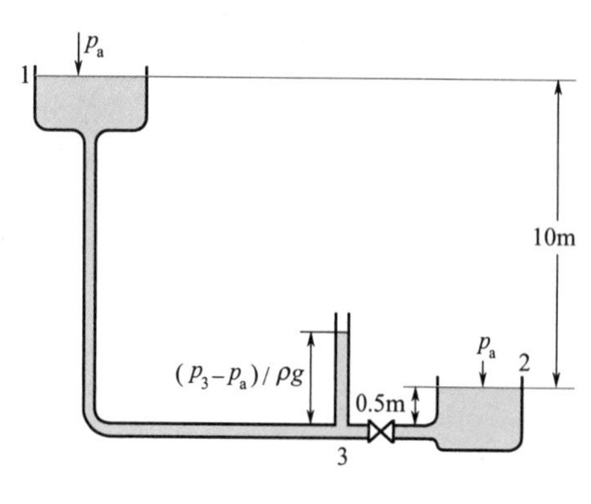

图 1-45　例 1-6 附图

解：（1）这是操作型计算问题，输送管路的总阻力损失已给定，即

$$h_f=\frac{\Delta\mathscr{P}}{\rho}=g\Delta z=9.81\times10=98.1(\text{J/kg})$$

查图 1-32，设流动已进入阻力平方区，取初值 $\lambda_1=0.028$。

闸门阀全开时的局部阻力系数　$\zeta=0.17$

进口突然缩小　$\zeta=0.5$

出口突然扩大　$\zeta=1.0$

从截面 1 至截面 2 列机械能衡算式

$$\frac{\mathscr{P}_1}{\rho}=\frac{\mathscr{P}_2}{\rho}+\left(\lambda\frac{l}{d}+\sum\zeta\right)\frac{u^2}{2}$$

$$u=\sqrt{\frac{2\Delta\mathscr{P}/\rho}{\lambda_1 l/d+\sum\zeta}}=\sqrt{\frac{2\times98.1}{0.028\times300/0.053+0.5+0.17+1}}=1.11(\text{m/s})$$

由附录查得 20℃ 的水的 $\rho=1000\text{kg/m}^3$，$\mu=1\text{mPa}\cdot\text{s}$，则

$$Re=\frac{du\rho}{\mu}=\frac{0.053\times1.11\times1000}{1\times10^{-3}}=58700$$

查图 1-32 得 $\lambda_2=0.030$，与假设值 λ_1 有些差别。重新计算速度如下

$$u=\sqrt{\frac{2\Delta\mathscr{P}/\rho}{\lambda_2 l/d+\sum\zeta}}=\sqrt{\frac{2\times98.1}{0.030\times300/0.053+0.5+0.17+1}}=1.07(\mathrm{m/s})$$

$$Re=\frac{du\rho}{\mu}=\frac{0.053\times1.07\times1000}{1\times10^{-3}}=56800$$

查得 $\lambda_3=0.030$，与假设值 λ_2 相同，所得流速 $u=1.07\mathrm{m/s}$ 正确。

流量 $$q_V=\frac{\pi}{4}d^2u=0.785\times0.053^2\times1.07=2.36\times10^{-3}(\mathrm{m^3/s})$$

（2）为求截面 3 处的表压，可从截面 3 至截面 2 列机械能衡算式

$$\frac{p_3}{\rho g}+\frac{u^2}{2g}=\frac{p_a}{\rho g}+z_2+\sum\zeta\frac{u^2}{2g}$$

所求表压为 $$\frac{p_3-p_a}{\rho g}=z_2+(\sum\zeta-1)\frac{u^2}{2g}=0.5+0.17\times\frac{1.07^2}{2\times9.81}=0.51(\mathrm{m})$$

本题如将闸阀关小至 1/4 开度，重复上述计算，可将两种情况下的计算结果作一比较：

闸阀情况	ζ	λ	$q_V/(\mathrm{m^3/s})$	$\frac{p_3-p_a}{\rho g}/\mathrm{m}$
闸阀全开	0.17	0.030	2.36×10^{-3}	0.51
闸阀 1/4 开	24	0.031	2.18×10^{-3}	1.70

可知阀门关小，阀的阻力系数增大，流量减小。同时，阀上游截面 3 处的压强明显增加。

综合型计算 在实际工作中，复杂些的管路问题不局限于设计型计算和操作型计算，比如，原有管路的改造，管路需要部分更新、部分使用旧管路。或管路处理能力需要增加，新旧管路需要进行组合操作。这时，需要具体情况具体分析，这类问题的命题也不再是一成不变的了。

分支与汇合管路的计算 在图 1-46 所示的管路中，根据管段 2-0 内的流向，可能是分支管路，也可能是汇合管路。不论是分支还是汇合，在交点 0 处都会产生动量交换。在动量交换过程中，一方面造成局部能量损失，同时在各流股之间还有能量转移。

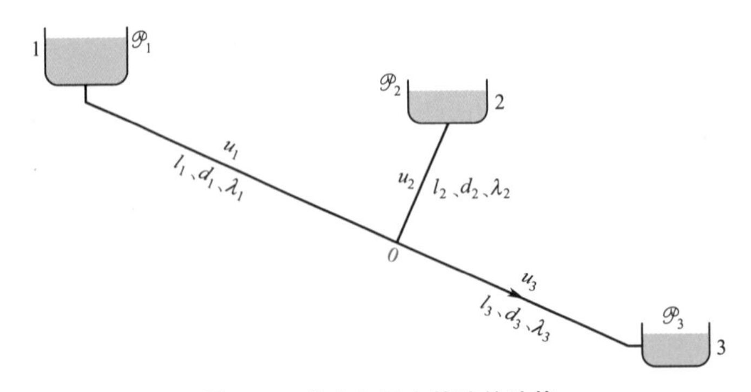

图 1-46 分支与汇合管路的计算

在机械能衡算式的推导过程中，两截面之间是没有分流或合流的。但能量衡算式是对单位质量流体而言的，若能搞清因能量交换而引起的能量损失和转移，则能量衡算式仍可用于

分流或合流。工程上采用两种方法解决交点 0 处的能量交换和损失。

① 交点 0 处的能量交换和损失与各流股的流向和流速大小皆有关系，但可将单位质量流体跨越交点的能量变化看作流过管件（三通）的局部阻力损失，由实验测定在不同情况下三通的局部阻力系数 ζ。当流过交点时能量有所增加，则 ζ 值为负，能量减少则为正（参见图 1-33、图 1-34）。这样，只要各流股的流向明确，仍可跨越交点列出机械能衡算式。

② 若输送管路的其他部分的阻力较大，如对 l/d 大于 1000 的长管，三通阻力（即单位质量流体流过交点的能量变化）所占的比例甚小而予以忽略，可不计三通阻力跨越交点列机械能衡算式，所得结果是足够准确的。

现设图 1-46 中流体由槽 1 流至槽 2 与槽 3，则可列出如下方程

$$\left.\begin{aligned}&\frac{\mathscr{P}_1}{\rho}=\frac{\mathscr{P}_2}{\rho}+\left(\lambda\frac{l}{d}\right)_1\frac{u_1^2}{2}+\left(\lambda\frac{l}{d}\right)_2\frac{u_2^2}{2}\\&\frac{\mathscr{P}_1}{\rho}=\frac{\mathscr{P}_3}{\rho}+\left(\lambda\frac{l}{d}\right)_1\frac{u_1^2}{2}+\left(\lambda\frac{l}{d}\right)_3\frac{u_3^2}{2}\\&u_1\frac{\pi}{4}d_1^2=u_2\frac{\pi}{4}d_2^2+u_3\frac{\pi}{4}d_3^2\end{aligned}\right\}\tag{1-88}$$

式中，管长 l 均包括局部阻力的当量长度，下标 1、2、3 分别代表 1-0、0-2、0-3 三段管路。

对操作型计算，可设 λ 为一常数，由方程组（1-88）可求出 u_1、u_2、u_3。如有必要，可验算总管及各支管的 Re，对假设的 λ 值作出修正。

【例 1-7】 总管阻力对流量的影响

如图 1-47 所示，用长度 $l=50\text{m}$，直径 $d_1=25\text{mm}$ 的总管，从高度 $z=10\text{m}$ 的水塔向用户供水。在用水处水平安装 $d_2=10\text{mm}$ 的支管 10 个，设总管的摩擦系数 $\lambda=0.03$，总管的局部阻力系数 $\sum\zeta_1=20$。支管很短，除阀门阻力外其他阻力可以忽略，试求：(1) 当所有阀门全开（$\zeta=6.4$）时，总流量为多少（m^3/s）？(2) 再增设同样支路 10 个，各支路阀门全开（$\zeta=6.4$），总流量有何变化？

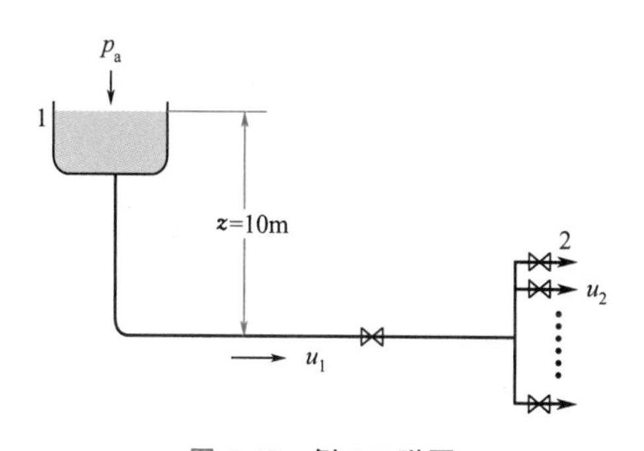

图 1-47 例 1-7 附图

解：(1) 忽略分流点阻力，在液面 1 与支管出口端面 2 间列机械能衡算式得

$$zg=\left(\lambda\frac{l}{d_1}+\sum\zeta_1\right)_1\frac{u_1^2}{2}+\zeta\frac{u_2^2}{2}+\frac{u_2^2}{2}\tag{①}$$

由质量守恒式得

$$u_1=\frac{10d_2^2u_2}{d_1^2}=10\times\left(\frac{10}{25}\right)^2u_2=1.6u_2\tag{②}$$

将 $u_1=1.6u_2$ 代入式①并整理得

$$u_2=\sqrt{\frac{2gz}{\left(\lambda\dfrac{l}{d_1}+\sum\zeta_1\right)\times1.6^2+\zeta+1}}$$

$$=\sqrt{\frac{2\times9.81\times10}{\left(0.03\times\dfrac{50}{0.025}+20\right)\times1.6^2+6.4+1}}=0.962(\text{m/s})\tag{③}$$

$$q_V=10\times0.785\times(0.01)^2\times0.962=7.56\times10^{-4}(\mathrm{m^3/s})$$

（2）如再增设10个支路则

$$u_1=\frac{20d_2^2u'_2}{d_1^2}=20\times\left(\frac{10}{25}\right)^2u'_2=3.2u'_2 \qquad ④$$

$$u'_2=\sqrt{\frac{2gz}{\left(\lambda\frac{l}{d_1}+\sum\zeta_1\right)\times3.2^2+\zeta+1}}=\sqrt{\frac{2\times9.81\times10}{\left(0.03\times\frac{50}{0.025}+20\right)\times3.2^2+6.4+1}}=0.487(\mathrm{m/s})$$

$$q_V=20\times0.785\times(0.01)^2\times0.487=7.65\times10^{-4}(\mathrm{m^3/s})$$

支路数增加一倍，总流量只增加$\frac{7.65-7.56}{7.56}=1.2\%$，这是由于总管阻力控制的缘故。

反之，当以支管阻力为主时，情况则不同。由本例式③可知，当总管阻力甚小时，式③分母中$\zeta+1$占主要地位，则u_2接近为一常数，总流量几乎与支管的数目成正比。

并联管路的计算　并联管路如图1-48所示。并联管路的特点在于分流点A上游和合流点B下游的势能$\frac{\mathscr{P}}{\rho}$（即$\frac{p}{\rho}+gz$）值为唯一的，因此，单位质量流体由A流到B，不论通过哪一支管，阻力损失应是相等的，即

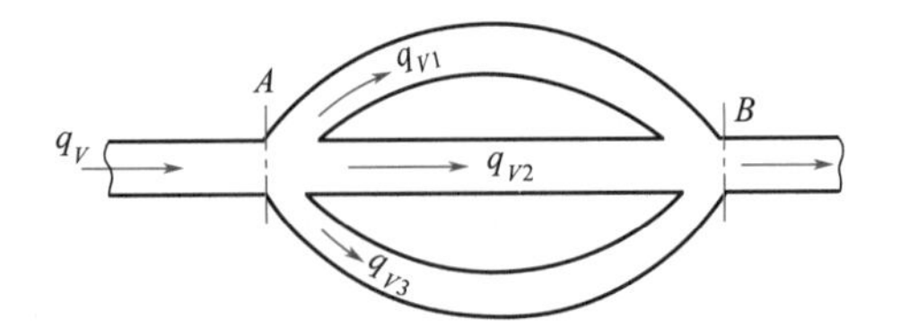

图1-48　并联管路

$$h_{f1}=h_{f2}=h_{f3}=h_f \qquad (1\text{-}89)$$

若忽略分流点与合流点的局部阻力损失，各管段的阻力损失可按下式计算

$$h_{fi}=\lambda_i\frac{l_i}{d_i}\frac{u_i^2}{2} \qquad (1\text{-}90)$$

式中，l_i为支管总长，包括了各局部阻力的当量长度。

在一般情况下，各支管的长度、直径、粗糙度情况均不同，但各支管中流动的流体是由相同的势能差推动的，故各支管流速u_i也不同，将$u_i=\frac{4q_V}{\pi d_i^2}$代入上式经整理得

$$q_{Vi}=\frac{\sqrt{2}\pi}{4}\sqrt{\frac{d_i^5h_{fi}}{\lambda_il_i}} \qquad (1\text{-}91)$$

由此式可求出各支管的流量分配。若只有三个支管，则

$$q_{V1}:q_{V2}:q_{V3}=\sqrt{\frac{d_1^5}{\lambda_1l_1}}:\sqrt{\frac{d_2^5}{\lambda_2l_2}}:\sqrt{\frac{d_3^5}{\lambda_3l_3}} \qquad (1\text{-}92)$$

总流量

$$q_V=q_{V1}+q_{V2}+q_{V3} \qquad (1\text{-}93)$$

当总流量q_V、各支管的l_i、d_i、λ_i均已知时，由式(1-92)和式(1-93)可联立求解出q_{V1}、q_{V2}、q_{V3}三个未知数。选任一支管用式(1-90)算出h_{fi}，亦即AB两点间的阻力损失h_f。

【例1-8】 计算并联管路的流量

在图1-48所示的输水管路中，已知水的总流量为$3\mathrm{m^3/s}$，水温为20℃。各支管总长度分别为$l_1=1200\mathrm{m}$，$l_2=1500\mathrm{m}$，$l_3=800\mathrm{m}$；管径$d_1=600\mathrm{mm}$，$d_2=500\mathrm{mm}$，$d_3=800\mathrm{mm}$；求AB间的阻力损失及各管的流量。已知输水管为铸铁管，$\varepsilon=0.3\mathrm{mm}$。

解：由式(1-93)和式(1-92)可联立求解 q_{V1}、q_{V2}、q_{V3}。但因 λ_1、λ_2、λ_3 均未知，须用试差法求解。

设各支管的流动皆进入阻力平方区，由

$$\frac{\varepsilon_1}{d_1}=\frac{0.3}{600}=0.0005$$

$$\frac{\varepsilon_2}{d_2}=\frac{0.3}{500}=0.0006$$

$$\frac{\varepsilon_3}{d_3}=\frac{0.3}{800}=0.000375$$

从图 1-32 查得摩擦系数分别为

$$\lambda_1=0.017,\quad \lambda_2=0.0177,\quad \lambda_3=0.0156$$

由式(1-92)

$$q_{V1}:q_{V2}:q_{V3}=\sqrt{\frac{0.6^5}{0.017\times1200}}:\sqrt{\frac{0.5^5}{0.0177\times1500}}:\sqrt{\frac{0.8^5}{0.0156\times800}}$$

$$=0.0617:0.0343:0.162$$

又

$$q_{V1}+q_{V2}+q_{V3}=3\text{m}^3/\text{s}$$

故

$$q_{V1}=\frac{0.0617\times3}{(0.0617+0.0343+0.162)}=0.72(\text{m/s})$$

$$q_{V2}=\frac{0.0343\times3}{(0.0617+0.0343+0.162)}=0.40(\text{m/s})$$

$$q_{V3}=\frac{0.162\times3}{(0.0617+0.0343+0.162)}=1.88(\text{m/s})$$

再校核 λ 值。

$$Re=\frac{du\rho}{\mu}=d\frac{q_V}{\frac{\pi}{4}d^2}\times\frac{\rho}{\mu}=\frac{4q_V\rho}{\pi d\mu}$$

查附录水在 20℃ 下得 $\mu=1\times10^{-3}\text{Pa}\cdot\text{s}$；$\rho=1000\text{kg/m}^3$，代入得

$$Re=\frac{4\times1000q_V}{0.001\pi d}=1.273\times10^6\frac{q_V}{d}$$

故

$$Re_1=1.273\times10^6\times\frac{0.72}{0.6}=1.528\times10^6$$

$$Re_2=1.273\times10^6\times\frac{0.4}{0.5}=1.019\times10^6$$

$$Re_3=1.273\times10^6\times\frac{1.88}{0.8}=2.99\times10^6$$

由图 1-32 可以看出，各支管已进入或十分接近阻力平方区，原假设成立，以上计算结果正确。

A、B 间的阻力损失 h_f 可由式(1-90)求出

$$h_f=\frac{8\lambda_1 l_1 q_{V1}^2}{\pi^2 d_1^5}=\frac{8\times0.017\times1200\times0.72^2}{\pi^2\times0.6^5}=111(\text{J/kg})$$

1.6.3 可压缩流体的管路计算

无黏性可压缩气体的机械能衡算 气体为可压缩流体，其密度随压强、温度而变。此

时，如不考虑黏性影响，由管路的截面 1 至截面 2 的机械能衡算式为

$$gz_1+\frac{u_1^2}{2}+\int_{p_2}^{p_1}\frac{\mathrm{d}p}{\rho}=gz_2+\frac{u_2^2}{2} \tag{1-94}$$

式中，u_1、u_2 分别为管截面 1 和截面 2 处的平均流速。

式(1-94) 中的 $\int_{p_2}^{p_1}\frac{\mathrm{d}p}{\rho}$ 项可根据流动过程中 ρ 随 p 的变化规律进行积分，这在先修课程中已经涉及，如等温过程、绝热过程等。

黏性可压缩气体的管路计算　式(1-94) 未考虑气体的黏性，仅适用于短管（如喷嘴等）中的流动。在管路计算中应考虑气体的黏性，式(1-94) 的右侧应加上阻力损失项 h_f，即

$$gz_1+\frac{u_1^2}{2}+\int_{p_2}^{p_1}\frac{\mathrm{d}p}{\rho}=gz_2+\frac{u_2^2}{2}+h_f \tag{1-95}$$

气体在管道内流动时，体积流量和平均流速是沿管长变化的，而单位管长的阻力损失沿管长也必定是变化的。将上式改写成微分形式，则

$$g\mathrm{d}z+\mathrm{d}\frac{u^2}{2}+v\mathrm{d}p+\lambda\frac{(\mathrm{d}l)}{d}\times\frac{u^2}{2}=0 \tag{1-96}$$

式中，$v=\frac{1}{\rho}=\frac{RT}{Mp}$，为气体的比体积，$m^3/kg$。摩擦系数 λ 是 Re 和 ε/d 的函数，而

$$Re=\frac{du\rho}{\mu}=\frac{dG}{\mu}$$

在等管径输送时，因质量流速 G（$kg\cdot m^{-2}\cdot s^{-1}$）沿管长为一常数，$Re$ 只与气体的黏度有关。因此，对等温或温度变化不大的流动过程，λ 可看成是沿管长不变的常数。

气体流速 u 随 p 降低而增加，为管长 l 的函数。如将流速 u 用质量流速 G 表示

$$u=\frac{G}{\rho}=Gv \tag{1-97}$$

则可减少一个变量。将式(1-97) 代入式(1-96)，各项均除以 v^2 整理得

$$\frac{g\mathrm{d}z}{v^2}+G^2\frac{\mathrm{d}v}{v}+\frac{\mathrm{d}p}{v}+\lambda G^2\frac{\mathrm{d}l}{2d}=0 \tag{1-98}$$

因 v 与高度 z 的关系无从知晓，式(1-98) 仍无法积分。考虑到气体密度很小，位能项和其他各项相比小得多，可将 $\frac{g\mathrm{d}z}{v^2}$ 项忽略。这样式(1-98) 可积分为

$$G^2\ln\frac{v_2}{v_1}+\int_{p_1}^{p_2}\frac{\mathrm{d}p}{v}+\lambda G^2\frac{l}{2d}=0 \tag{1-99}$$

对于等温流动，$pv=$常数，式(1-99) 成为

$$G^2\ln\frac{p_1}{p_2}+\frac{p_2^2-p_1^2}{2p_1v_1}+\lambda\frac{l}{2d}G^2=0 \tag{1-100}$$

或

$$G^2\ln\frac{p_1}{p_2}+\frac{p_2^2-p_1^2}{\frac{2RT}{M}}+\lambda\frac{l}{2d}G^2=0 \tag{1-101}$$

设在平均压强 $p_m=\frac{p_1+p_2}{2}$ 下的密度为 ρ_m，代入上式经整理可得

$$\frac{p_1-p_2}{\rho_m}=\lambda\frac{l}{2d}\left(\frac{G}{\rho_m}\right)^2+\left(\frac{G}{\rho_m}\right)^2\ln\frac{p_1}{p_2} \tag{1-102}$$

如果管内压降 Δp 很小，则式(1-102) 右边第二项动能差可忽略，这时式(1-102) 就是不可压缩流体的能量方程式对水平管的特殊形式。

比较式(1-102) 右边第二项与第一项的相对大小，当$\dfrac{p_1-p_2}{p_2}=10\%$，即 $\ln\dfrac{p_1}{p_2}\approx 0.1$ 时，若管长$\dfrac{l}{d}=1000$，式(1-102) 右边第二项约占第一项的 1%，可忽略右边第二项。对于高压气体的输送，$\dfrac{p_1-p_2}{p_2}$较小，可作为不可压缩流体处理；而真空下的气体流动，$\dfrac{p_1-p_2}{p_2}$一般较大，往往必须考虑其压缩性。

【例 1-9】 有一真空管路，管长 $l=30\text{m}$，管径 $d=150\text{mm}$，$\varepsilon=0.3\text{mm}$，进口是 295K 的空气。已知真空管路两端的压强分别为 1.3kPa 和 0.13kPa，假设空气在管内作等温流动。试求真空管路中的质量流量 q_m 为多少 (kg/s)?

解：管路进口处空气的比体积

$$v_1=\frac{22.4}{29}\times\frac{295}{273}\times\frac{101.3}{1.3}=65(\text{m}^3/\text{kg})$$

假定管内流动已进入阻力平方区，由

$$\frac{\varepsilon}{d}=\frac{0.3}{150}=0.002$$

查图 1-32 得 $\lambda=0.024$。

对等温流动，并忽略两端高度差，用式(1-100)

$$G^2\ln\frac{p_1}{p_2}+\frac{p_2^2-p_1^2}{2p_1v_1}+\lambda\ \frac{l}{2d}G^2=0$$

$$G^2\ln\frac{1.3}{0.13}+\frac{(130+1300)\times(130-1300)}{2\times1300\times65}+0.024\times\frac{30}{2\times0.15}G^2=0$$

$$G^2\times(2.3+2.4)=9.9$$

$$G=1.45\text{kg}/(\text{m}^2\cdot\text{s})$$

质量流量 $\quad q_m=GA=0.785\times0.15^2\times1.45=0.0256(\text{kg/s})$

从 $t=295\text{K}$ 查得空气黏度 $\mu=1.8\times10^{-5}\text{Pa}\cdot\text{s}$

$$Re=G\ \frac{d}{\mu}=\frac{1.45\times0.15}{1.8\times10^{-5}}=1.21\times10^4$$

从图 1-32 看出，管内流动状态离阻力平方区较远，须再进行试差。设 $\lambda=0.032$，则

$$G^2\ln\frac{1.3}{0.13}+\frac{(130-1300)\times(130+1300)}{2\times1300\times65}+0.032\times\frac{30}{2\times0.15}G^2=0$$

$$G^2(2.3+3.2)=9.9$$

$$G=1.34\text{kg}/(\text{m}^2\cdot\text{s})$$

质量流量 $\quad q_m=GA=0.0237\text{kg/s}$

$$Re=G\ \frac{d}{\mu}=1.34\times\frac{0.15}{1.8\times10^{-5}}=1.12\times10^4$$

从图 1-32 查得 λ 值与假定值 0.032 十分接近，上述计算有效。

思考题

1-18 如附图所示管路，试问：

（1）B阀不动（半开着），A阀由全开逐渐关小，则 h_1、h_2、(h_1-h_2) 如何变化？

（2）A阀不动（半开着），B阀由全开逐渐关小，则 h_1、h_2、(h_1-h_2) 如何变化？

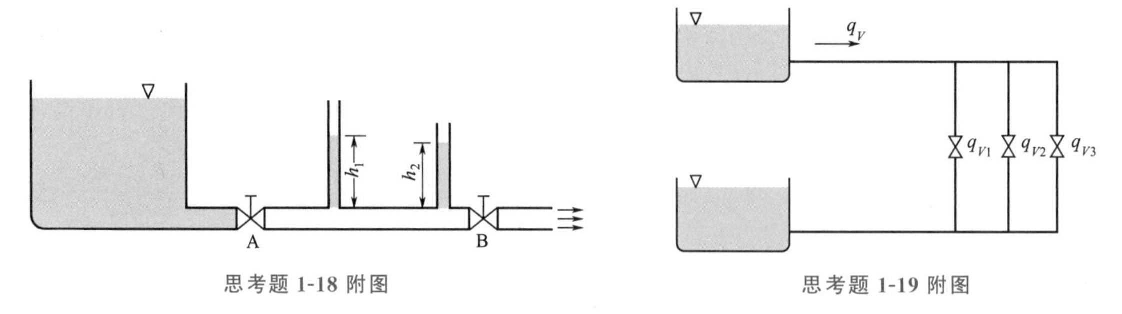

思考题 1-18 附图

思考题 1-19 附图

1-19　附图所示的管路系统中，原1、2、3阀全部全开，现关小1阀开度，则总流量 q_V 和各支管流量 q_{V1}、q_{V2}、q_{V3}将如何变化？

1-20　是否在任何管路中，流量增大阻力损失就增大；流量减小阻力损失就减小？为什么？

1.7 流速和流量的测定

流量测量是化工生产过程监测和控制的基本手段。各种反应器、搅拌器、燃烧炉中流速分布的测量，更是改进操作性能、开发新型化工设备的重要途径。迄今，已成功地研制出多种流场显示和测量的方法，如热线测速仪、激光多普勒测速仪以及摄像仪等。

流量测量的方法很多，原理各异。这里仅说明以流体运动的守恒原理为基础的三种测量装置的工作原理。

1.7.1 毕托管

毕托管（Pitot tube）的测速原理　毕托管测速装置如图 1-49 所示。考察图中从 A 点到 B 点的流线，由于 B 点速度为零，所以 B 点的总势能应等于 A 点的势能与动能之和。B 点称为驻点，利用驻点与 A 点的势能差可以测得管中的流速。

$$\frac{p_A}{\rho}+gz_A+\frac{u_A^2}{2}=\frac{p_B}{\rho}+gz_B \tag{1-103}$$

于是

$$u_A=\sqrt{\frac{2(\mathscr{P}_B-\mathscr{P}_A)}{\rho}} \tag{1-104}$$

图 1-49　毕托管测速装置

由式(1-18) 可知，U 形管测得的压差为 A、B 两点的虚拟压强之差 $(\mathscr{P}_A-\mathscr{P}_B)$，则有

$$u_A=\sqrt{\frac{2gR(\rho_i-\rho)}{\rho}} \tag{1-105}$$

式中，ρ_i 为 U 形压差计中指示液的密度。

可见，毕托管测得的是点速度。利用毕托管可以测得沿截面的速度分布。为测得流量，必须先测出截面的速度分布，然后进行积分。对于圆管，速度分布规律为已知（参阅 1.4 节）。因此，常用的方法是测量管中心的最大流速 u_{max}。然后根据最大速度与平均速度 $\overline{u}$ 的关系，求出截面的平均流速，再计算出流量。

图 1-50 表示了 $\frac{\overline{u}}{u_{max}}$ 与 Re_{max} 的关系，Re_{max} 是以最大流速 u_{max} 计算的雷诺数。

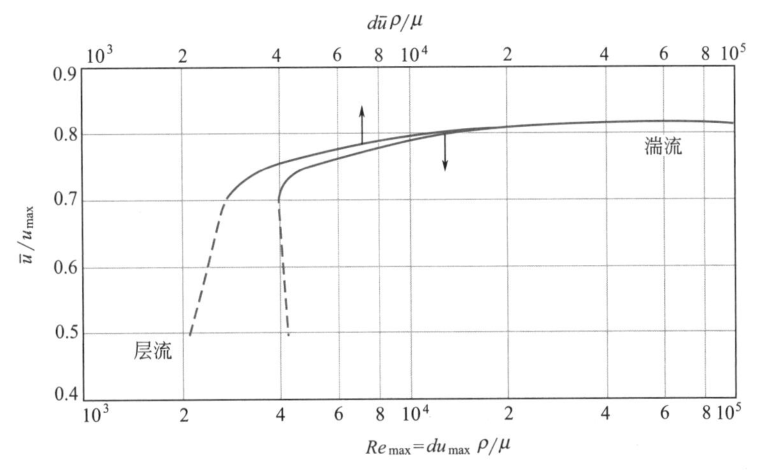

图 1-50 $\frac{\bar{u}}{u_{max}}$ 与 Re_{max} 的关系

毕托管的安装 为便于安装，实际的毕托管制成如图 1-51 所示的形式。安装时，应注意以下几点：

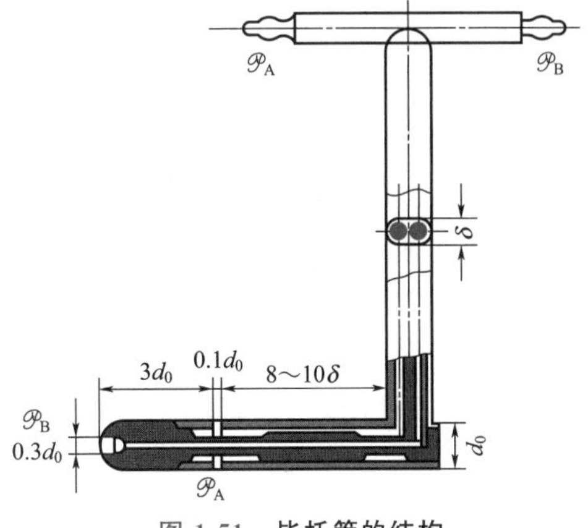

图 1-51 毕托管的结构

① 必须保证测量点位于速度分布稳定段。为此，要求测量点的上、下游最好各有 50d 以上长度（d 为管径）的直管距离，至少也应在 (8～12)d 以上；

② 必须保证管口截面严格垂直于流动方向，任何偏离都将造成负的偏差；

③ 毕托管直径 d_0 应小于管径 d 的 $\frac{1}{50}$，即 $d_0<\frac{d}{50}$。

【例 1-10】 20℃的空气流经直径为 300mm 的管道，管中心放置毕托管以测量其流量。已知压差计指示剂为水，读数 R 为 18mm，测量点压强为 500mmH_2O（表压）。试求管道中空气的质量流量（kg/s）。

解：管道中空气的密度

$$\rho=\frac{29}{22.4}\times\frac{273}{293}\times\frac{10336+500}{10336}=1.265(\mathrm{kg/m^3})$$

$$R=18\mathrm{mm}=0.018\mathrm{m}$$

由式(1-105)

$$u_{max}=\sqrt{\frac{2gR(\rho_i-\rho)}{\rho}}=\sqrt{\frac{2\times9.81\times0.018\times(1000-1.265)}{1.265}}=16.7(\mathrm{m/s})$$

查得空气的黏度 $\mu=1.81\times10^{-5}\mathrm{Pa\cdot s}$，则

$$Re_{max}=\frac{du_{max}\rho}{\mu}=\frac{0.3\times16.7\times1.265}{1.81\times10^{-5}}=3.50\times10^5$$

由图 1-50 查得
$$\frac{\overline{u}}{u_{max}}=0.82$$
故
$$\overline{u}=0.82\times16.7=13.7(\mathrm{m/s})$$
管道中的质量流量
$$q_m=\frac{\pi}{4}d^2\overline{u}\rho=0.785\times0.3^2\times13.7\times1.265=1.22(\mathrm{kg/s})$$

1.7.2 孔板流量计

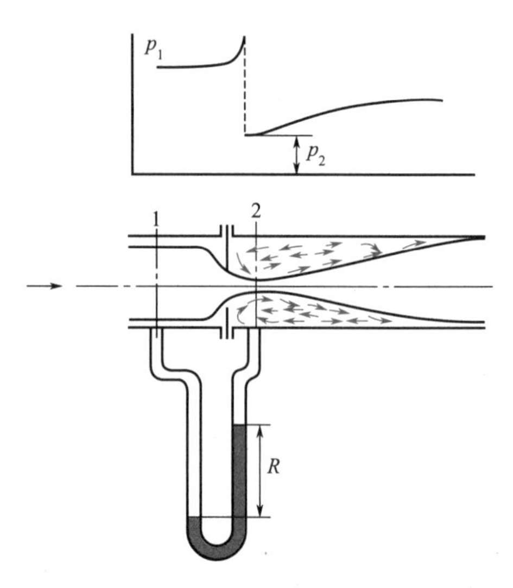

图 1-52 孔板流量计示意图

孔板流量计的测量原理 图 1-52 所示为孔板流量计。流体通过孔板时，因流道缩小而使流速增加，势能降低。流体流过孔板后，由于惯性，实际流道将继续缩小至截面 2（缩脉）为止。

动画

截面 1 和截面 2 可认为是均匀流。暂不考虑阻力损失，在此两截面间列伯努利方程可得
$$\frac{p_1}{\rho}+gz_1+\frac{u_1^2}{2}=\frac{p_2}{\rho}+gz_2+\frac{u_2^2}{2}$$
$$\sqrt{u_2^2-u_1^2}=\sqrt{\frac{2(\mathscr{P}_1-\mathscr{P}_2)}{\rho}}$$
由于缩脉的面积 A_2 无法知道，工程上以孔口速度 u_0 代替上式中的 u_2。同时，实际流体流过孔口时有阻力损失，且实际所测势能差不会恰巧是 $(\mathscr{P}_1-\mathscr{P}_2)/\rho$，因为缩脉位置将随流动状况而变。考虑到这些因素，引入一校正系数 C。于是
$$\sqrt{u_0^2-u_1^2}=C\sqrt{\frac{2(\mathscr{P}_1-\mathscr{P}_2)}{\rho}} \tag{1-106}$$
按质量守恒
$$u_1A_1=u_0A_0$$
令
$$m=\frac{A_0}{A_1} \tag{1-107}$$
$$u_1=mu_0 \tag{1-108}$$

根据式(1-18) 可得
$$\mathscr{P}_1-\mathscr{P}_2=Rg(\rho_i-\rho)$$
将此式和式(1-108) 代入式(1-106) 可得
$$u_0=\frac{C}{\sqrt{1-m^2}}\sqrt{\frac{2gR(\rho_i-\rho)}{\rho}} \tag{1-109}$$
或
$$u_0=C_0\sqrt{\frac{2gR(\rho_i-\rho)}{\rho}} \tag{1-110}$$
式中
$$C_0=\frac{C}{\sqrt{1-m^2}} \tag{1-111}$$
C_0 称为孔板的流量系数。于是，孔板的流量计算式为

$$q_V = C_0 A_0 \sqrt{\frac{2gR(\rho_i - \rho)}{\rho}} \tag{1-112}$$

以上推导并未涉及缩口的具体形状，但是考虑到制造以及标准化，通常的孔板是在一薄板中心车削出一个比管径小得多的圆孔。

流量系数 C_0 的引入在形式上简化了流量的计算式，但实质上并未改变问题的复杂性。C_0 除与面积比 m 有关外还与收缩、阻力等因素有关。只有在能正确地确定 C_0 的情况下，孔板流量计才能真正用来进行流量测定。

流量系数 C_0 的数值只能通过实验测定。C_0 主要取决于管道流动的 Re_d 数和面积比 m，测压方式、孔口形状、加工光洁度、孔板厚度和管壁粗糙度也对流量系数 C_0 有些影响。对于测压方式、结构尺寸、加工状况等均已规定的标准孔板，流量系数 C_0 可以表示成

$$C_0 = f(Re_d, m) \tag{1-113}$$

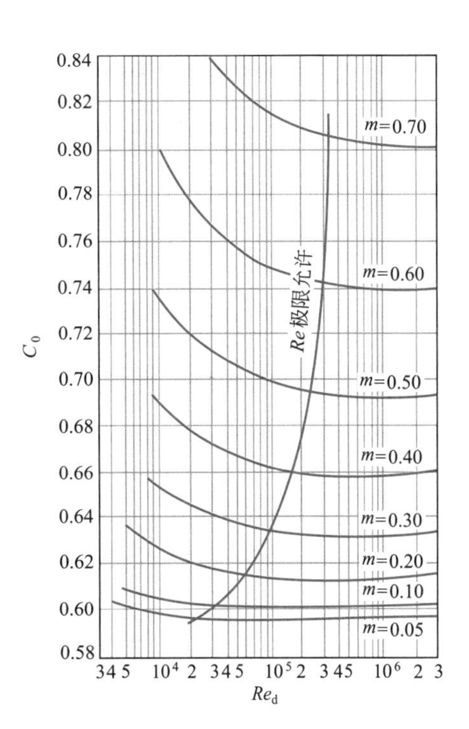

图 1-53　标准孔板流量系数

式中，Re_d 是以管径计算的雷诺数，即 $Re_d = \frac{du_1\rho}{\mu}$。实验所得标准孔板的 C_0 示于图 1-53。

由图 1-53 可见，当 Re 增大到一定值后，C_0 不再随 Re 而变，成为一个仅决定于 m 的常数。选用孔板流量计时应尽量使常用流量的 Re 在该范围内。

孔板流量计的安装和阻力损失　孔板流量计安装时，在上游和下游必须分别有（15～40)d 和 5d 的直管距离。孔板流量计的缺点是阻力损失大。这一阻力损失是由于流体与孔板的摩擦阻力以及在缩脉后流道突然扩大形成大量旋涡造成的。

孔板流量计的阻力损失 h_f 可写成

$$h_f = \zeta \frac{u_0^2}{2} = \zeta C_0^2 \frac{Rg(\rho_i - \rho)}{\rho} \tag{1-114}$$

式中，ζ 值一般在 0.8 左右。

式(1-114) 表明阻力损失正比于压差计读数 R。缩口愈小，孔口速度 u_0 愈大，读数 R 愈大，阻力损失也随之增大。因此选用孔板流量计的中心问题是选择适当的面积比 m 以期兼顾适宜的读数和阻力损失。

文丘里流量计　仅仅为了测定流量而引起过多的能耗显然是不合理的，应尽可能设法降低能耗。能耗起因于突然缩小和突然扩大。若将测量管段制成如图 1-54 所示的渐缩渐扩管，可大大降低阻力损失。这种管称为文丘里管，用于测量流量时，亦称为文丘里流量计。

文丘里流量计的收缩角通常为 15°～25°；扩大角一般为 5°～7°，此时流量也用式(1-112) 计算，但以 C_V 代替 C_0。文丘里管的流量系数 C_V 约为 0.98～0.99，阻力损失降为

$$h_f = 0.1u_0^2 \tag{1-115}$$

式中，u_0 为喉孔流速，m/s。

动画

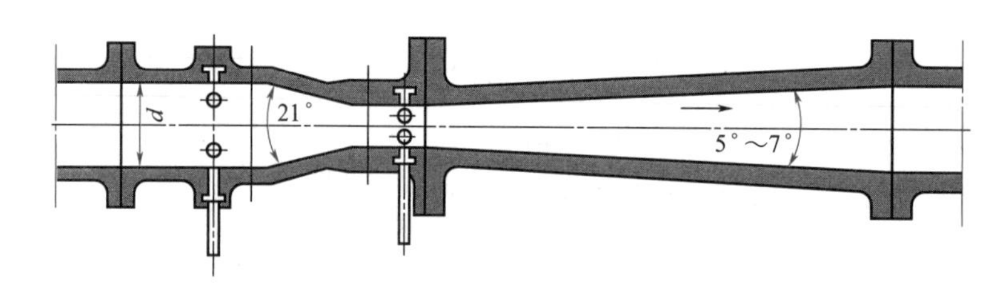

图 1-54　文丘里流量计

文丘里管的主要优点是能耗少，大多用于低压气体的输送。

【例 1-11】 孔板流量计计算

用 ϕ108mm×4mm 的钢管输送 20℃的水，已知流量范围为 25～100m^3/h。采用水银压差计，并假定读数误差为 1mm。试设计一标准孔板流量计，读数误差要求不大于 5%。

解：已知 $d=0.10m$，$\mu=0.001Pa\cdot s$，$\rho=1000kg/m^3$，$\rho_i=13600kg/m^3$

$$q_{V\max}=\frac{100}{3600}=0.028(m^3/s)$$

$$q_{V\min}=\frac{25}{3600}=0.007(m^3/s)$$

$$Re_{\min}=\frac{4q_{V\min}\rho}{\pi d\mu}=\frac{4\times0.007\times1000}{3.14\times0.10\times0.001}=8.92\times10^4$$

取 $m=0.5$，从图 1-53 查得在此 $Re_{\min}$ 情况下，$C_0=0.70$，且已接近常数区域。

$$d_0=\sqrt{m}\,d=\sqrt{0.5}\times0.10=0.071(m)$$

$$A_0=\frac{\pi}{4}d_0^2=0.785\times0.071^2=0.00393(m^2)$$

由式(1-112) 可求得最大流量时的读数

$$R_{\max}=\frac{q_{V\max}^2}{C_0^2A_0^2 2g\dfrac{\rho_i-\rho}{\rho}}=\frac{0.028^2}{0.70^2\times0.00393^2\times19.62\times12.6}=0.419(m)$$

$$R_{\min}=\frac{0.007^2}{0.70^2\times0.00393^2\times19.62\times12.6}=0.026(m)$$

读数误差为 0.001/0.026=4%。

可见取 $m=0.5$ 的孔板时，在最大流量时，压差计读数比较合适，而在最小流量时的读数又能满足读数误差不超过 5%的要求。所以 $d_0=0.071m$ 的孔板适用。

1.7.3　转子流量计

动画

转子流量计应用很广，其结构如图 1-55 所示。

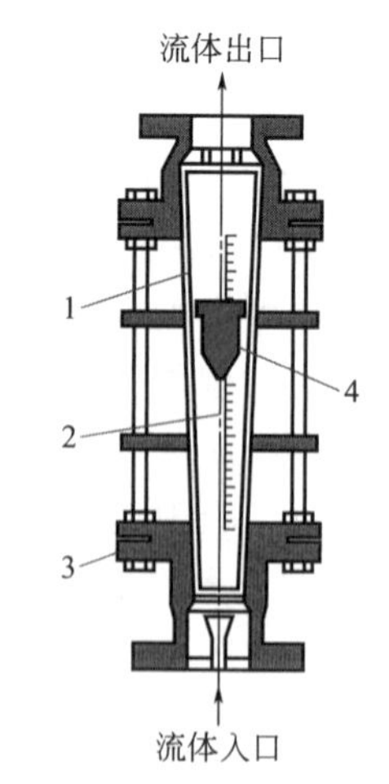

图 1-55　转子流量计
1—锥形硬玻璃管；2—刻度；3—突缘填函盖板；4—转子

转子流量计的工作原理　图 1-55 中转子流量计的主体是一锥形的玻管，锥角约在 4°左右，下端截面积略小于上端。管内有一直径略小于玻璃管内径的转子（或称浮子），形成一个较小的环隙截面积。转子可由不同材料制成不同形状，但其密度大于被测流体的密度。管中无流体通过时，转子将沉于管底部。当被测流体以一定的流量通过转子流量计时，流体在环隙中的速度较大，环隙和转子上部的压强较小，于是在转子的上、下形成一个压差，方向向上，另外，流体对转子的剪应力也是方向向上的，转子将“浮起”。随着转子的上浮，环隙面积逐渐增大，环隙中流速将减小，转子所受的向上的压差力与剪应力之和随之降低。当转子上浮至某一定高度，转子所受的向上的压差力与剪应力之和等于转子的重力时，转子不再上升，悬浮于该高度上。

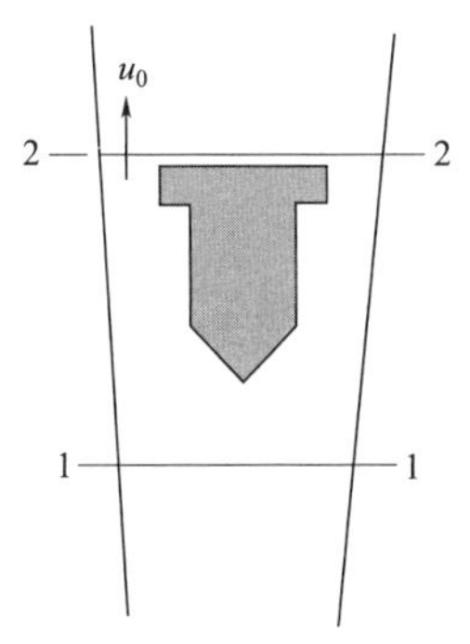

图 1-56 转子的受力平衡

当流量增大，转子在原来位置的力平衡被破坏，转子将上升至另一高度达到新的力平衡。

由此可见，转子的悬浮高度随流量而变，转子的位置一般是上端平面指示流量的大小。

转子流量计的计算式可由转子受力平衡导出，参见图 1-56。众所周知，转子在静止流体中也受到下大上小的压力差，由静力学原理可知，这个压差力就是浮力，等于 $V_f\rho g$，式中 V_f 为转子体积，ρ 为流体密度。当流体向上流动时，向上的压差力增加，并对转子产生向上剪应力，增加的压差力与产生的剪应力之和称为曳力，用 F_D 表示

$$F_D=\zeta A_f\rho\frac{u_0^2}{2} \tag{1-116}$$

式中，ζ 为曳力系数；A_f 为转子最大截面积；u_0 为环隙中的流速。当转子处于平衡位置时，转子重力应与浮力和曳力之和相等，即

$$V_f\rho_f g=V_f\rho g+\zeta A_f\rho\frac{u_0^2}{2} \tag{1-117}$$

式中，ρ_f 为转子的密度。将环隙流速 u_0 整理成表达式

$$u_0=\frac{1}{\sqrt{\zeta}}\sqrt{\frac{2V_f(\rho_f-\rho)g}{A_f\rho}} \tag{1-118}$$

或
$$u_0=C_R\sqrt{\frac{2V_f(\rho_f-\rho)g}{A_f\rho}} \tag{1-119}$$

式中，C_R 为流量系数。C_R 与转子形状及环隙流动雷诺数 Re 有关，参见图 1-57。

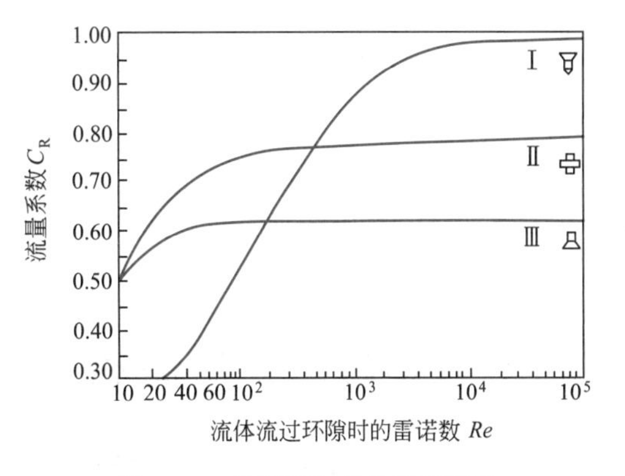

图 1-57 转子流量计的流量系数

转子流量计的体积流量为

$$q_V=C_RA_0\sqrt{\frac{2V_f(\rho_f-\rho)g}{\rho A_f}} \tag{1-120}$$

式中，A_0 为环隙面积。

转子流量计的刻度换算 和孔板流量计不同，转子流量计出厂前，不是提供流量系数 C_R 而是直接用 20℃的水或 20℃、101.3kPa 的空气进行标定，将流量值刻于玻管上。当被测流体与上述条件不符时，实际应用中需作刻度换算。在同一刻度下，A_0 相同

$$\frac{q_{V,B}}{q_{V,A}}=\sqrt{\frac{\rho_A(\rho_f-\rho_B)}{\rho_B(\rho_f-\rho_A)}} \tag{1-121}$$

质量流量之比

$$\frac{q_{m,B}}{q_{m,A}}=\sqrt{\frac{\rho_B(\rho_f-\rho_B)}{\rho_A(\rho_f-\rho_A)}} \tag{1-122}$$

式中，$q_{V,A}$、$q_{m,A}$、ρ_A 分别为标定流体（水或空气）的体积流量、质量流量和密度；$q_{V,B}$、$q_{m,B}$、ρ_B 分别为其他液体或气体的体积流量、质量流量和密度。

对于气体，因转子密度远大于气体密度，可简化为

$$\frac{q_{V,B}}{q_{V,A}}=\sqrt{\frac{\rho_A}{\rho_B}} \tag{1-123}$$

【例 1-12】 转子流量计刻度换算

某不锈钢转子流量计（$\rho_{钢}=7920\text{kg/m}^3$）测量流量的刻度范围为 250～2500L/h。若测定四氯化碳（$\rho_{CCl_4}=1590\text{kg/m}^3$）时，试问能测得的最大流量为多少？若将转子改为铅（$\rho_{铅}=10670\text{kg/m}^3$）材质时，保持转子的形状和大小不变，试问此时测定四氯化碳的最大流量为多少？（流量系数可近似看作常数）

解：(1) 转子流量计用 20℃ 的水进行标定，$\rho_{钢}=7920\text{kg/m}^3$，设 $\rho_A=1000\text{kg/m}^3$，$\rho_B=1590\text{kg/m}^3$，则

$$\frac{q_{V,B}}{q_{V,A}}=\sqrt{\frac{\rho_A(\rho_f-\rho_B)}{\rho_B(\rho_f-\rho_A)}}=\sqrt{\frac{1000\times(7920-1590)}{1590\times(7920-1000)}}=0.758$$

原流量最大刻度 $q_{v,Amax}=2500\text{L/h}$，测定四氯化碳的最大流量为

$$q_{v,Bmax}=0.758\times2500\text{L/h}=1895\text{L/h}$$

(2) 转子改为铅，$\rho_{铅}=10670\text{kg/m}^3$，则

$$\frac{q_{V,B}}{q_{V,A}}=\sqrt{\frac{\rho_A(\rho_f'-\rho_B)}{\rho_B(\rho_f'-\rho_A)}}=\sqrt{\frac{1000\times(10670-1590)}{1590\times(10670-1000)}}=0.768$$

$q_{v,Amax}=2500\text{L/h}$，测四氯化碳的最大流量为

$$q_{v,Bmax}=0.768\times2500\text{L/h}=1920\text{L/h}$$

转子流量计出厂时用 20℃ 的水或 20℃、101.3kPa 的空气进行标定。当被测流体与上述条件不符时，应进行刻度换算。

转子流量计的特点 转子流量计适用于清洁流体的流量计量，当流体中含有固体杂质（如悬浮液）时，会使转子卡住，难以获得正确读数。此外，从式(1-119) 可以看出，流速 u_0 是与流量无关的常数。

1.8 非牛顿流体与流动

1.8.1 非牛顿流体的基本特性

含微细颗粒较多的悬浮体、分散体、乳浊液、高分子熔体和溶液、表面活性剂溶液等流体，它们在层流流动时并不服从牛顿黏性定律式(1-3)，这些流体统称非牛顿流体。日常生活中的牙膏、油漆、化妆品、圆珠笔油等都是非牛顿流体。非牛顿流体的流动行为与管道输送、加工设备的设计和操作条件的选择以及产品的质量控制等有着密切关系。

定态流动时的黏度 在定态剪切流动时，非牛顿流体所受剪应力 τ 与速度梯度 $\frac{du}{dy}$ 之间的函数关系较复杂，图 1-58 所示为几种常见的情况。

参照牛顿流体，非牛顿流体的黏度定义为剪应力 τ 与速度梯度$\frac{du}{dy}$的比值，即

$$\mu=\frac{\tau}{du/dy}=f\left(\frac{du}{dy}\right) \tag{1-124}$$

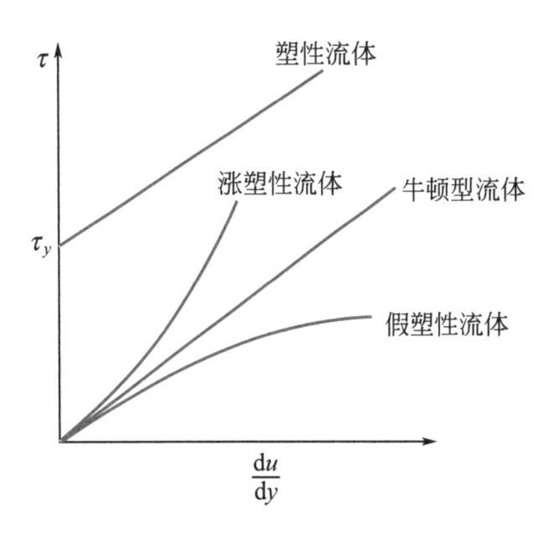

图 1-58 几种流体的流动性质

非牛顿流体的黏度 μ 不再为一常数而与 du/dy 有关。图 1-59 所示为黄原胶水溶液的黏度随剪切率（速度梯度）的变化。在剪切率很低的范围内，黏度为一常数，其值相对较大；而后随剪切率增高，黏度下降，此称为剪切稀化现象，或称为假塑性。当剪切率很大时，黏度又趋于一常数，其值较低。从该图可知，在不同的剪切率范围内黏度的差异可达百倍以上。因此，非牛顿流体的黏度一般不能从手册中找到。

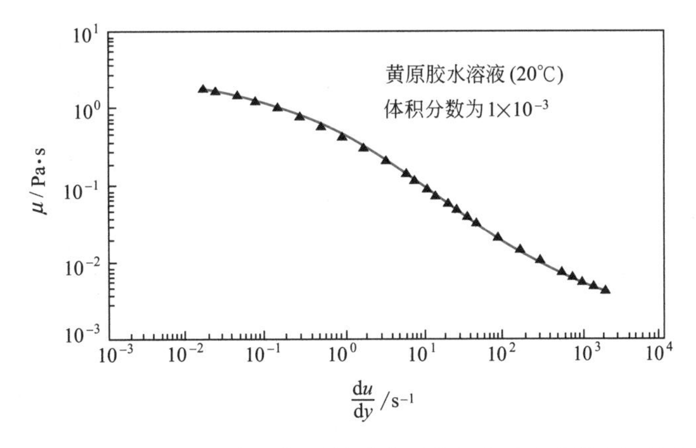

图 1-59 黄原胶水溶液在 20℃ 时的黏度随剪切率（速度梯度）的变化

水煤浆是由约 60%～70%的煤粉、30%～40%的水和约 1%的化学添加剂通过物理加工得到的一种低污染、高效率、可管道输送的代油煤基流体燃料，具有良好的稳定性及流变性。水煤浆为非牛顿流体，为了使问题简单化，往往将其当作宾汉流体来处理。煤种、制浆工艺与粒度分布、添加剂类型及用量等都对水煤浆的流变特性有着重要影响。一般情况下，水煤浆达到一定浓度后具有明显的结构化，从而使煤浆表现出一定程度的屈服应力，也可能具有某些黏弹性。

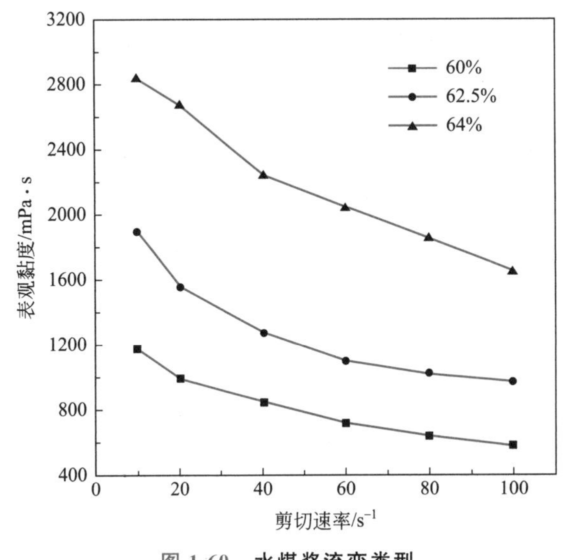

图 1-60 水煤浆流变类型

图 1-60 为某地水煤浆不同浓度下表观黏度随剪切速率变化的曲线。从图中可以看出，随着剪切速率的增大，煤浆的表观黏度都呈现降低的趋势，表现为假塑性流体的特征。

多数非牛顿流体表现为剪切稀化的

假塑性行为，但少数浓悬浮体（如淀粉水浆）在某一剪切率范围内表现出剪切增稠的涨塑性，即黏度随剪切率增大而升高。

含固体量较多的悬浮体常表现出塑性的力学特征，即只有当施加的剪应力大于某一临界值之后才开始流动，此临界值称为屈服应力。流动发生后，通常具有剪切稀化性质，也可能在某一剪切率范围内有剪切增稠现象。

依时性　不少非牛顿流体受力产生的 du/dy 还与剪应力 τ 的作用时间有关。随 τ 作用时间的延续，du/dy 增大，黏度变小。当一定的剪应力 τ 所作用的时间足够长后，黏度达到定态的平衡值。这一行为称为触变性。圆珠笔油、涂料等都人为制作成具有触变性，以达到涂写方便，静时不流的目的。反之，黏度随剪切力作用时间延长而增大的行为则称为震凝性。

黏弹性　许多流体不但有黏性，而且常表现出明显的弹性。蛋白等天然及合成高分子液体都具有黏弹性。图 1-61 表述了流体的三种弹性行为。微略的弹性往往不为人所注意，但它仍是构成某些特殊流动现象（如减阻）的重要原因。

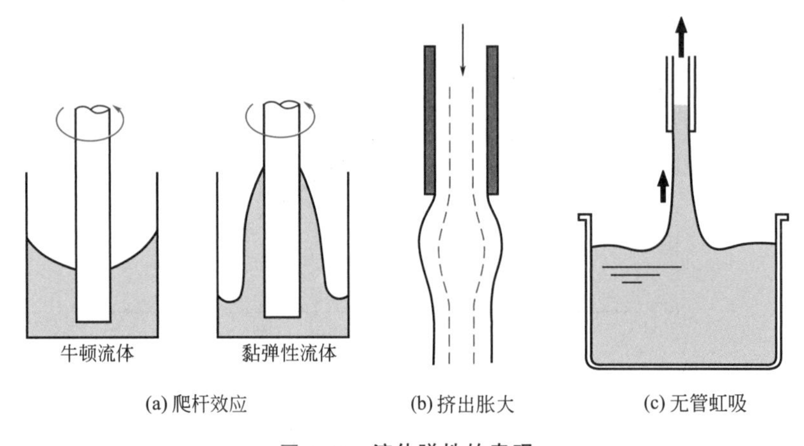

图 1-61　流体弹性的表现

值得一提的是，一种流体在不同条件下可表现出上述一种或多种不同的流动行为。这里强调的是流体可能表现的性质，而不是将流体归属于那一种类型。图 1-58 及图 1-59 表示剪应力或黏度与速度梯度的关系曲线通常称流动曲线，它可以用专门的仪器（流变仪）测得。

1.8.2　非牛顿流体流动与减阻现象

定态层流流动的本构方程　广义地说，描述剪应力与剪切率之间关系的方程称为流体的本构方程，牛顿流体的本构方程就是牛顿黏性定律。对非牛顿流体已经研究出许多复杂的本构方程，可参阅有关书籍。工程上常在有关的剪切率范围内，使用较简单的数学方程以近似地表达流体中剪应力与剪切率之间的关系。对剪切稀化现象，常用如下的幂律表示

$$\tau=K\left(\frac{du}{dy}\right)^n \tag{1-125}$$

式中，K 为稠度系数，其单位是 $Pa\cdot s^n$；n 为流动行为指数，无量纲。对假塑性流体 $n<1$，牛顿流体 $n=1$，涨塑性流体 $n>1$。服从式(1-125) 的流体简称为幂律流体。

对于具有屈服应力的塑性行为，在最简单情况下可用下式表示

$$\tau=\tau_y+K\left(\frac{du}{dy}\right) \tag{1-126}$$

式中，τ_y为屈服应力；系数 K 有时称为宾汉（Binghan）黏度，Pa・s。服从式(1-126) 的流体称为宾汉流体。

幂律流体管内层流流动时的阻力损失　1.4.4 节已经说明，管流的剪应力分布与流体种类无关，故对非牛顿流体，剪应力分布式(1-61) 同样适用。对幂律流体可用式(1-125) 代替牛顿黏性定律，并用 1.4.4 节相同的方法，可以获得流量 q_V 与压差 $\Delta\mathscr{P}$的关系如下

$$q_V=\frac{\pi n}{3n+1}\left(\frac{d}{2}\right)^{3+1/n}\left(\frac{\Delta\mathscr{P}}{2Kl}\right)^{1/n} \tag{1-127}$$

管内平均流速与最大流速之比为

$$\frac{\bar{u}}{u_{\max}}=\frac{1+n}{1+3n} \tag{1-128}$$

也可参照牛顿流体，将管内流动阻力表示成 h_f，即

$$h_f=\frac{\Delta\mathscr{P}}{\rho}=4f\ \frac{l}{d}\times\frac{u^2}{2} \tag{1-129}$$

式中，f 为范宁（Fanning）摩擦因子，即为 $\lambda/4$，它与雷诺数有关。层流时

$$f=\frac{16}{Re_{MR}} \tag{1-130}$$

式中，Re_{MR}为非牛顿流体的广义雷诺数。对幂律流体

$$Re_{MR}=\frac{d^n u^{2-n}\rho}{K\left(\frac{1+3n}{4n}\right)^n 8^{n-1}} \tag{1-131}$$

后一计算方法实质上与式(1-127) 完全相同，只是作形式化的处理，使它在表现形式上与牛顿流体相同。

幂律流体管内湍流的流动阻力　幂律流体在光滑管中作湍流流动时范宁摩擦因子为

$$\frac{1}{\sqrt{f}}=\frac{4.0}{n^{0.75}}\lg(Re_{MR}f^{1-n/2})-\frac{0.4}{n^{1.2}} \tag{1-132}$$

为便于计算，上式已绘成图线，见图 1-62。在 $n=0.36\sim10$，$Re_{MR}=2900\sim3600$ 范围内上式的计算结果与实验很好相符。

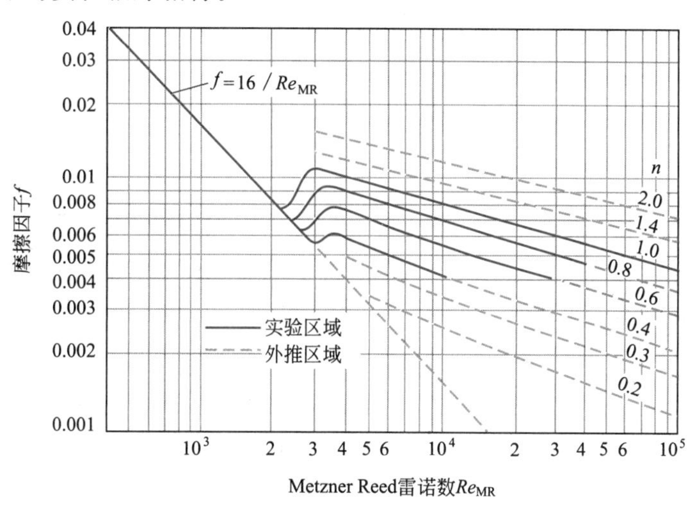

图 1-62　非牛顿流体的范宁摩擦因子

在 $n=0.2\sim10$ 范围内，幂律流体由层流向湍流过渡的临界雷诺数 Re_{MR} 为 2100～2400。

湍流减阻 已发现，在水或有机液中加入微量高分子物而成为稀溶液时，可以明显降低它在湍流流动时的阻力，此称为减阻现象。这一现象已被广泛地应用于原油输送、农林灌溉、航海、消防等各个领域。图 1-63 所示为典型的一例。减阻的效果可用如下的减阻百分数 DR 表示

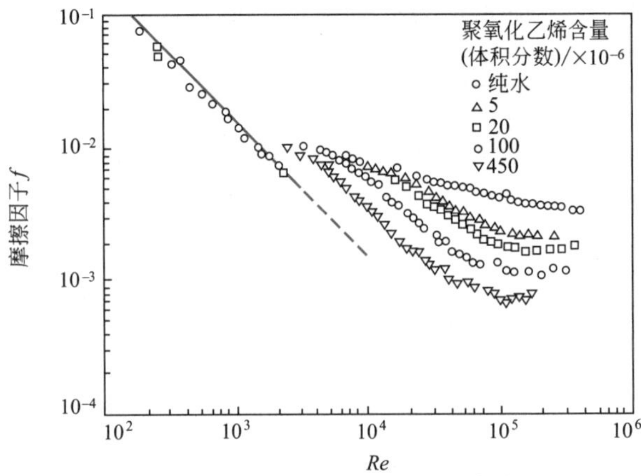

图 1-63 聚氧化乙烯水溶液的范宁摩擦因子

$$DR=\left(1-\frac{\Delta\mathscr{P}}{\Delta\mathscr{P}_s}\right)=1-\frac{f}{f_s}$$

式中，$\Delta\mathscr{P}$ 为流动压差；下标 s 表示纯溶剂。

由图 1-63 可读得，体积分数为 5×10^{-6} 的聚氧化乙烯水溶液在 $Re=10^5$ 时 DR=40%。

第 1 章 流体流动

1.1 概述

1.2 流体静力学

1.3 流体流动中的守恒原理

1.5 阻力损失

1.6 流体输送管路的计算

1.6.1 管路分析

1.7 流速和流量的测定

1.7.1 毕托管

1.7.2 孔板流量计

1.7.3 转子流量计

习 题

静压强及其应用

1-1 用附图所示的 U 形压差计测量管道 A 点的压强，U 形压差计与管道的连接导管中充满水。指示剂为汞，读数 $R=120\text{mm}$，当地大气压 $p_a=760\text{mmHg}$，试求：(1) A 点的绝对压强，Pa；(2) A 点的表压，Pa。 [答：(1) p_A（绝压）$=1.28\times10^5$ Pa；(2) p_A（表压）$=2.66\times10^4$ Pa]

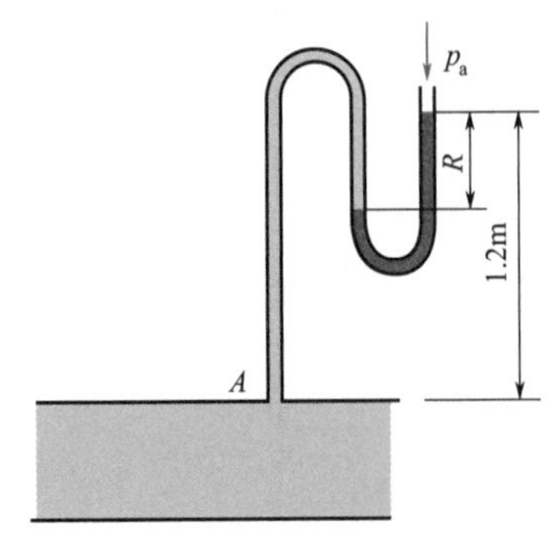

习题 1-1 附图

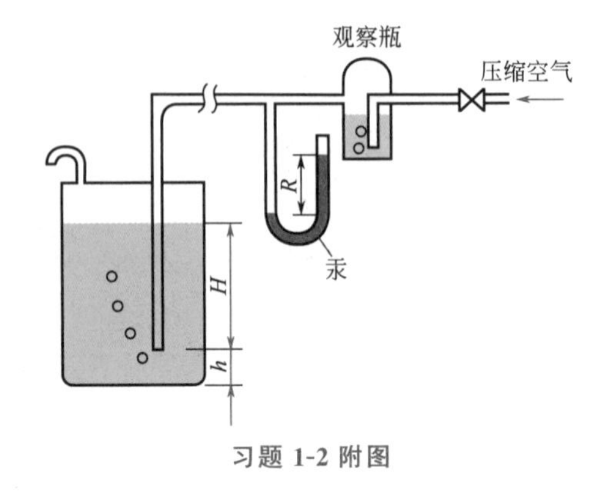

习题 1-2 附图

1-2 为测量腐蚀性液体贮槽中的存液量，采用附图所示的装置。测量时通入压缩空气，控制调节阀使空气缓慢地鼓泡通过观察瓶。今测得U形压差计读数为 $R=130\text{mm}$，通气管距贮槽底面 $h=20\text{cm}$，贮槽直径为2m，液体密度为 980kg/m^3。试求贮槽内液体的储存量为多少吨？ [答：6.15t]

1-3 一敞口贮槽内盛20℃的苯，苯的密度为 880kg/m^3。液面距槽底9m，槽底侧面有一直径为500mm的人孔，其中心距槽底600mm，人孔覆以孔盖，试求：(1) 人孔盖共受多少液柱静压力（N）；(2) 槽底面所受的压强是多少（Pa）？ [答：(1) 1.42×10^4N；(2) 7.77×10^4Pa]

1-4 附图所示为一油水分离器。油与水的混合物连续进入该器，利用密度不同使油和水分层。油由上部溢出，水由底部经一倒U形管连续排出。该管顶部用一管道与分离器上方相通，使两处压强相等。已知观察镜的中心离溢油口的垂直距离 $H_s=500\text{mm}$，油的密度为 780kg/m^3，水的密度为 1000kg/m^3。今欲使油水分界面维持在观察镜中心处，问倒U形出口管顶部距分界面的垂直距离 H 应为多少？因液体在器内及管内的流动缓慢，本题可作静力学处理。 [答：0.39m]

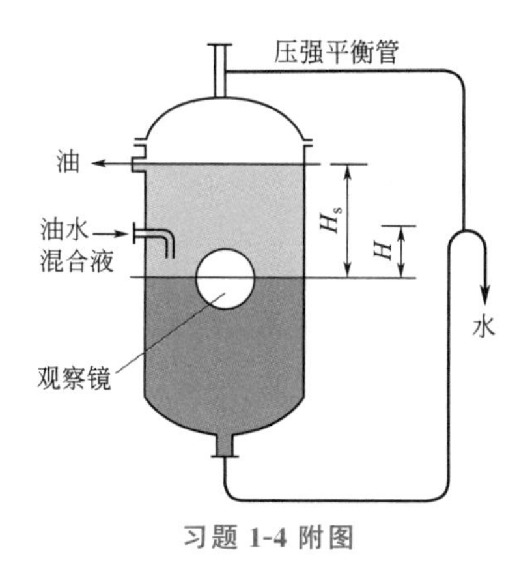

习题 1-4 附图

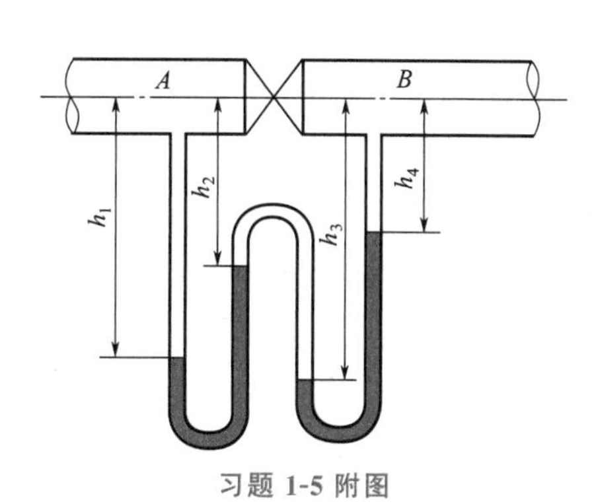

习题 1-5 附图

1-5 用一附图所示的复式U形压差计测定水管 A、B 两点的压差。指示液为汞，其间充满水。今测得 $h_1=1.20\text{m}$，$h_2=0.3\text{m}$，$h_3=1.30\text{m}$，$h_4=0.25\text{m}$，试以Pa为单位表示 A、B 两点的压差 Δp。

[答：2.41×10^5Pa]

1-6 附图所示为一气柜，其内径为9m，钟罩及其附件共10t，忽略其浸在水中部分所受之浮力，进入气柜的气速很低，动能及阻力可忽略。求钟罩上浮时，气柜内气体的压强和钟罩内外水位差 Δh（即"水封高"）为多少？ [答：1.028×10^5Pa（绝压），0.157m]

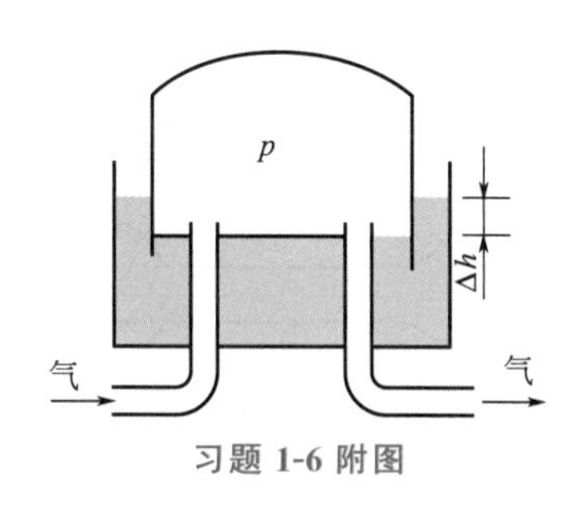

习题 1-6 附图

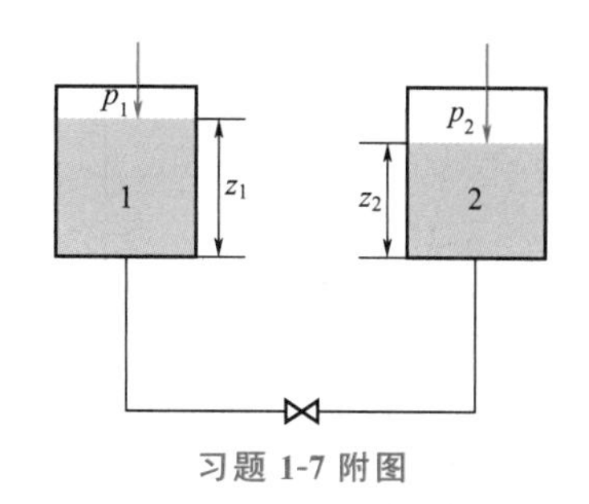

习题 1-7 附图

1-7 如附图所示，两直径相同的密闭桶型容器中均装有乙醇（密度为 800kg/m^3），底部用连通器相连。容器1液面上方的表压为104kPa，液面高度 z_1 为5m；容器2液面上方的表压为126kPa，液面高度 z_2 为3m；试判断阀门开启后乙醇的流向，并计算平衡后两容器新的液面高度。

[答：溶剂从容器2流向容器1；5.4m；2.6m]

1-8 如附图所示，在A、B两容器的上、下各接一压差计，两压差计的指示液相同，其密度均为 ρ_i。容器及测压导管中均充满水，试求：(1) 读数 R 与 H 之间的关系；(2) A 点和 B 点静压强之间的关系。

[答：(1) $H=R$；(2) $p_A>p_B$]

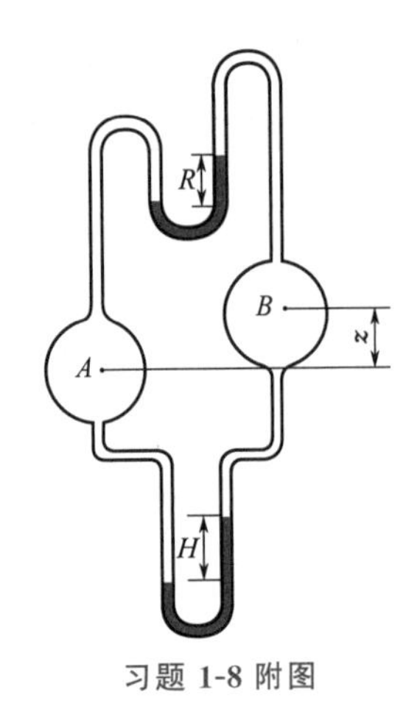

习题 1-8 附图

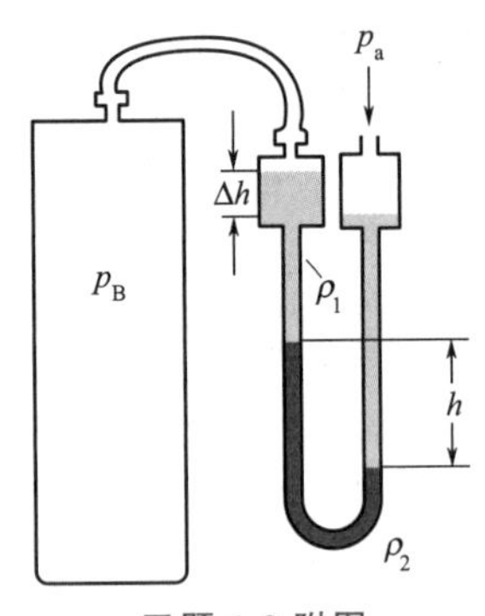

习题 1-9 附图

***1-9** 测量气体的微小压强差，可用附图所示的双液杯式微差压计。两杯中放有密度为 ρ_1 的液体，U 形管下部指示液密度为 ρ_2，管与杯的直径之比为 d/D。试证气罐中的压强 p_B。

可用下式计算：

$$p_B = p_a - hg(\rho_2 - \rho_1) - hg\rho_1 \frac{d^2}{D^2}$$

［答：略］

***1-10** 试利用流体平衡的一般表达式(1-8)，推导大气压 p 与海拔高度 h 之间的关系。设海平面处的大气压强为 p_a，大气可视作等温的理想气体。［答：$p = p_a \exp\left(-\frac{Mg}{RT}h\right)$］

注：带 * 题选做。

质量守恒

1-11 某厂用 ϕ114 mm×4.5mm 的钢管输送压强 p = 2MPa（绝压）、温度为 20℃ 的空气，流量（标准状况：0℃，101.325kPa）为 6300Nm³/h。试求空气在管道中的流速、质量流速和质量流量。

［答：11.0m/s，261.9kg/(m²·s)，2.27kg/s］

机械能守恒

1-12 水以 60m³/h 的流量在一倾斜管中流过，此管的内径由 100mm 突然扩大到 200mm，见附图。A、B 两点的垂直距离为 0.2m。在此两点间连接一 U 形压差计，指示液为四氯化碳，其密度为 1630kg/m³。若忽略阻力损失，试求：(1) U 形管两侧的指示液液面哪侧高，相差多少毫米？(2) 若将上述扩大管道改为水平放置，压差计的读数有何变化？［答：(1) 340mm；(2) R 不变］

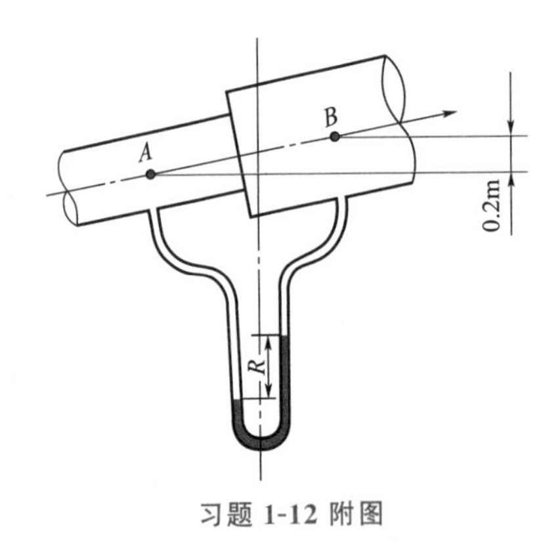

习题 1-12 附图

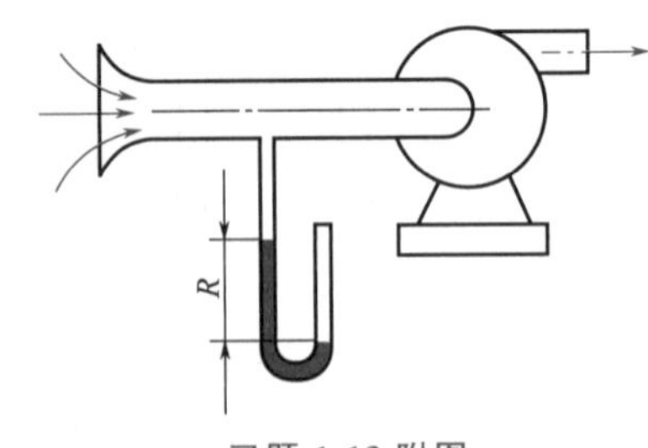

习题 1-13 附图

1-13 如附图所示，某鼓风机吸入管直径为 200mm，在喇叭形进口处测得 U 形压差计读数 R = 25mm，指示剂为水。若不计阻力损失，空气的密度为 1.2kg/m³，试求管道内空气的流量。［答：2284m³/h］

1-14 附图所示为马利奥特容器，其上部密封，液体由下部小孔流出。当液体流出时，容器上部形成负压，外界空气自中央细管吸入。试以图示尺寸计算容器内液面下降 0.5m 所需的时间。小孔直径为

10mm。设小孔的孔流系数 $C_0=0.62$。 [答：1466s]

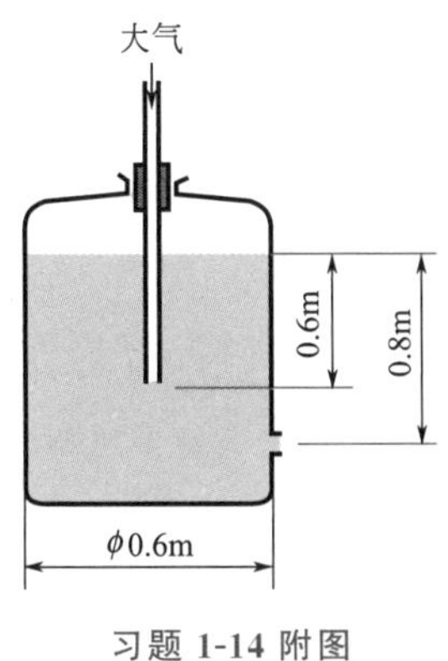

习题 1-14 附图

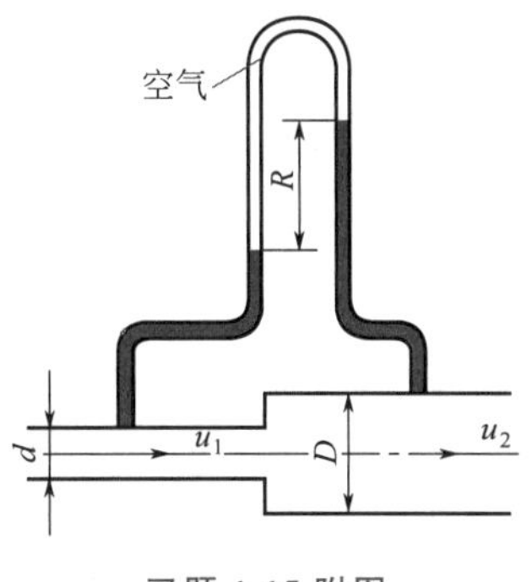

习题 1-15 附图

1-15 如附图所示，水以 $3.77\times10^{-3}\,m^3/s$ 的流量流经一扩大管段。细管直径 $d=40mm$，粗管直径 $D=80mm$，倒U形压差计中水位差 $R=170mm$。求水流经该扩大管段的阻力损失 H_f，以 J/N 表示。

[答：0.26 J/N]

1-16 附图所示为30℃的水由高位槽流经直径不等的两管段。上部细管直径为20mm，下部粗管直径为36mm。不计所有阻力损失，管路中何处压强最低？该处的水是否会发生汽化现象？ [答：略]

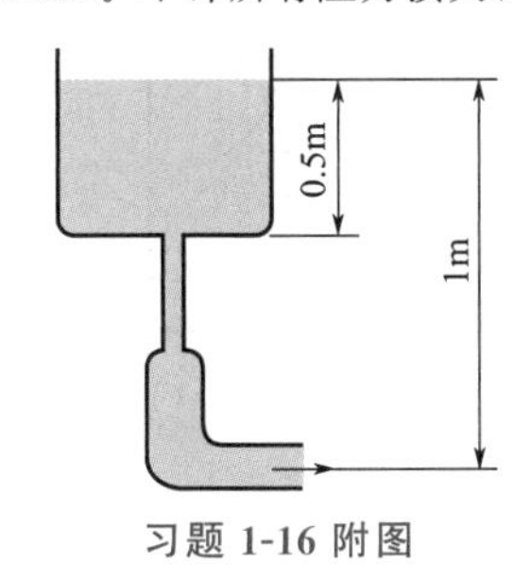

习题 1-16 附图

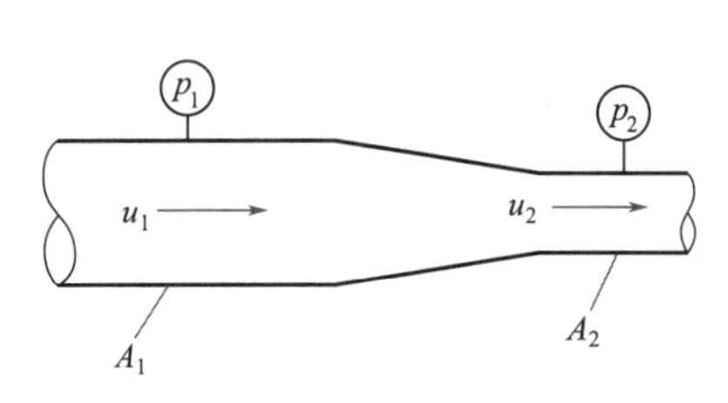

习题 1-17 附图

***1-17** 如附图所示，在一水平管道中流着密度为 ρ 的液体，收缩管前后的压差为 (p_1-p_2)，管截面积为 A_1 及 A_2。忽略阻力损失，试列出流速 u_1 和 u_2 的计算式。

[答：$u_1=A_2\sqrt{\dfrac{2(\mathscr{P}_1-\mathscr{P}_2)}{\rho(A_1^2-A_2^2)}}$，$u_2=A_1\sqrt{\dfrac{2(\mathscr{P}_1-\mathscr{P}_2)}{\rho(A_1^2-A_2^2)}}$]

1-18 如附图所示，水由喷嘴喷入大气，流量 $q_V=0.025m^3/s$，$d_1=80mm$，$d_2=40mm$，$p_1=0.8MPa$（表压）。求水流对喷嘴的作用力。 [答：4.02kN]

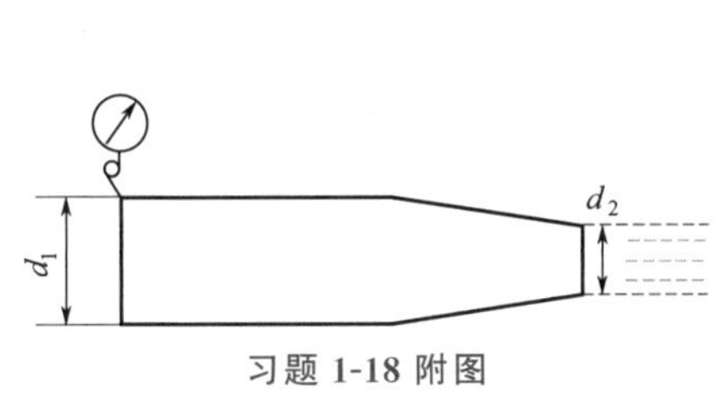

习题 1-18 附图

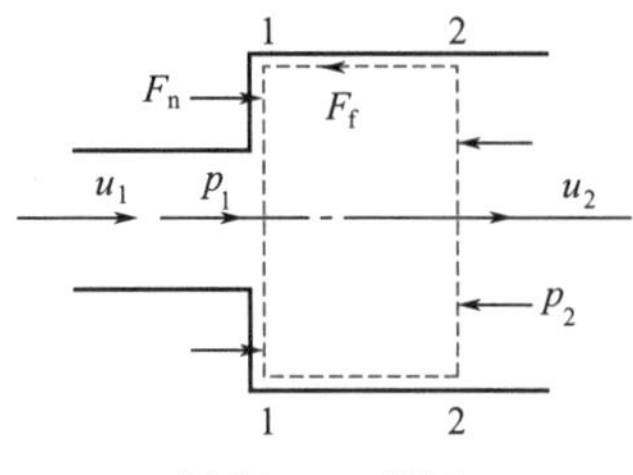

习题 1-19 附图

1-19 流体流经突然扩大管道时伴有机械能损失，见附图。试用动量守恒定律证明 $h_f=\left(1-\dfrac{A_1}{A_2}\right)^2\dfrac{u_1^2}{2}$。

其中 A_1、A_2 分别为1、2截面面积，u_1 为小管中的流速。

提示：可假定 $F_n=p_1(A_2-A_1)$，并忽略管壁对流体的摩擦阻力 F_f。 [答：略]

*1-20 水由直径为 0.04m 的喷口流出，流速为 $u_j=20m/s$。另一股水流以 $u_s=0.5m/s$ 的流速在喷嘴外的导管环隙中流动，导管直径为 $D=0.10m$。设图中截面 1 各点虚拟压强 p_1 相同，截面 2 处流速分布均匀，并忽略截面 1～2 间管壁对流体的摩擦力，求：(1) 截面 2 处的水流速度 u_2；(2) 图示 U 形压差计的读数 R。

[答：(1) 3.62m/s；(2) 0.41m]

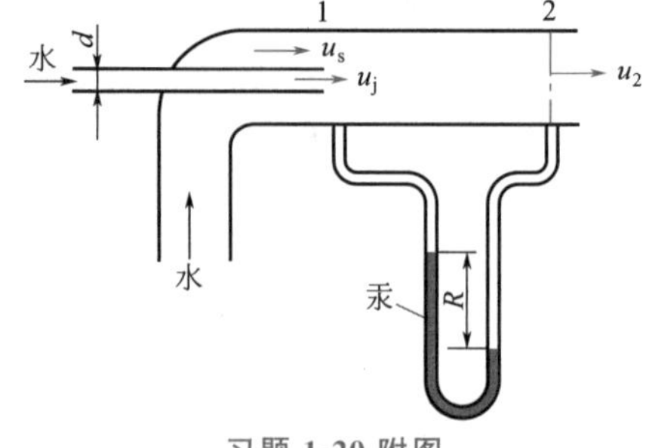

习题 1-20 附图

流动的内部结构

1-21 如附图所示活塞在汽缸中以 0.8m/s 的速度运动，活塞与汽缸间的缝隙中充满润滑油。已知汽缸内径 $D=100mm$，活塞外径 $d=99.96mm$，宽度 $l=120mm$，润滑油黏度为 100mPa·s。油在汽缸壁与活塞侧面之间的流动为层流，求作用于活塞侧面的黏性力。

[答：151N]

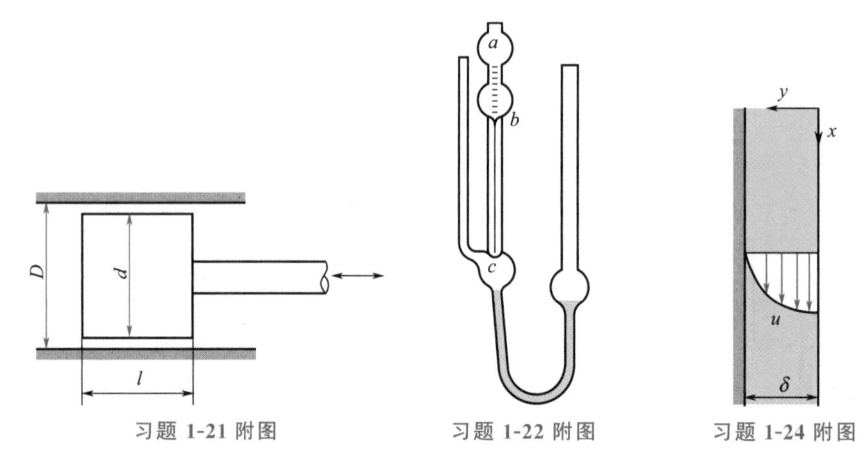

习题 1-21 附图　　习题 1-22 附图　　习题 1-24 附图

*1-22 附图所示为一毛细管黏度计，刻度 a～b 间的体积为 $3.5\times10^{-3}L$，毛细管直径为 1mm。若液体由液面 a 降至 b 需要 80s，求此液体的运动黏度。

提示：毛细管两端 b 和 c 的静压强都是 1atm，a 与 b 间的液柱静压及毛细管表面张力的影响均忽略不计。

[答：$5.5\times10^{-6}m^2/s$]

*1-23 湍流时圆管的速度分布经验式为

$$u/u_{\max}=\left(1-\frac{r}{R}\right)^{\frac{1}{7}}$$

试计算：(1) $\overline{u}/u_{\max}$之值；(2) 动能校正系数 α 之值。

[答：(1) 0.817；(2) 1.06]

*1-24 如附图所示，黏度为 μ、密度为 ρ 的液膜沿垂直平壁自上而下作均速层流流动，平壁的宽度为 B，高度为 H。现将坐标原点放在液面处，取液层厚度为 y 的一层流体作力平衡。该层流体所受重力为 $(yBH)\rho g$。此层流体流下时受相邻液层的阻力为 τBH。求剪应力 τ 与 y 的关系。并用牛顿黏性定律代入，以推导液层的速度分布。并证明单位平壁宽度液体的体积流量为

$$\frac{q_V}{B}=\frac{\rho g\delta^3}{3\mu}\ [m^3/(s\cdot m)]$$

式中，δ 为液膜厚度。

[答：略]

管路计算

1-25 如附图所示，某水泵的吸入口与水池液面的垂直距离为 3m，吸入管为直径 50mm 的水煤气管（$\varepsilon=0.2mm$）。管下端装有一带滤水网的底阀，泵吸入口附近装一真空表。底阀至真空表间的直管长 8m，其间有一个 90°标准弯头。试估计当泵的吸水量为 $20m^3/h$、操作温度为 20℃时真空表的读数为多少 (kPa)？又问当泵的吸水量增加时，该真空表的读数是增大还是减少？

[答：95kPa（真空）；p（真空）变大]

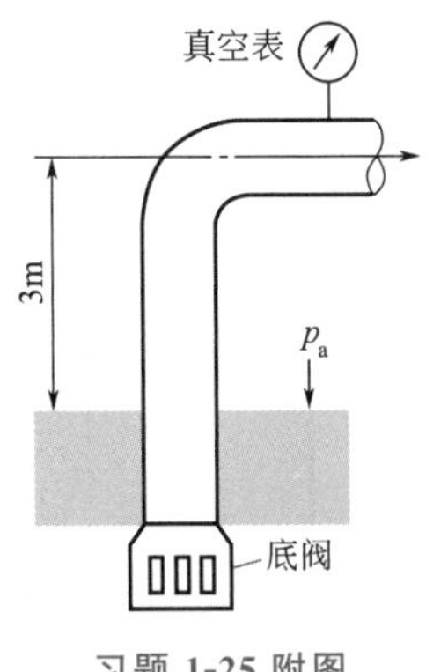

习题 **1-25** 附图

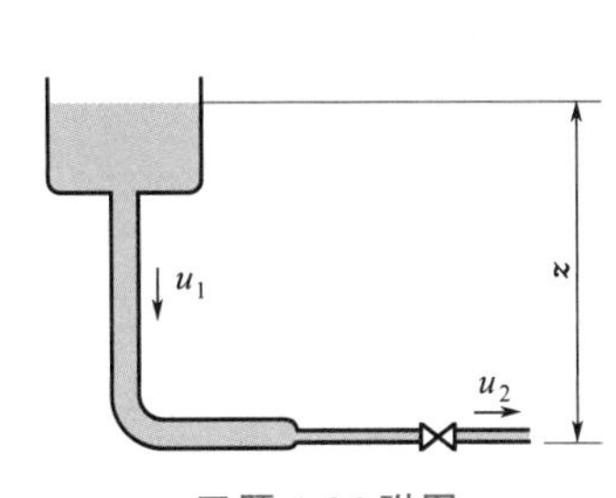

习题 **1-26** 附图

1-26 如附图所示，一高位槽向用水处输水，上游用管径为 50mm 水煤气管，长 80m，途中设 90°弯头 5 个。然后突然收缩成管径为 40mm 的水煤气管，长 20m，设有 1/2 开启的闸阀一个。水温 20℃，为使输水量达 $3\times10^{-3}\,m^3/s$，求高位槽的液位高度 z。 [答：12.4m]

1-27 如附图所示，用压缩空气将密闭容器（酸蛋）中的硫酸压送至敞口高位槽。输送流量为 $0.10m^3/min$，输送管路为 $\phi38mm\times3mm$ 无缝钢管。酸蛋中的液面离压出管口的位差为 10m，在压送过程中设为不变。管路总长 20m，设有一个闸阀（全开），8 个标准 90°弯头。求压缩空气所需的压强为多少（MPa，表压）？

操作温度下硫酸的物性为 $\rho=1830kg/m^3$，$\mu=12mPa\cdot s$。 [答：0.30MPa（表压）]

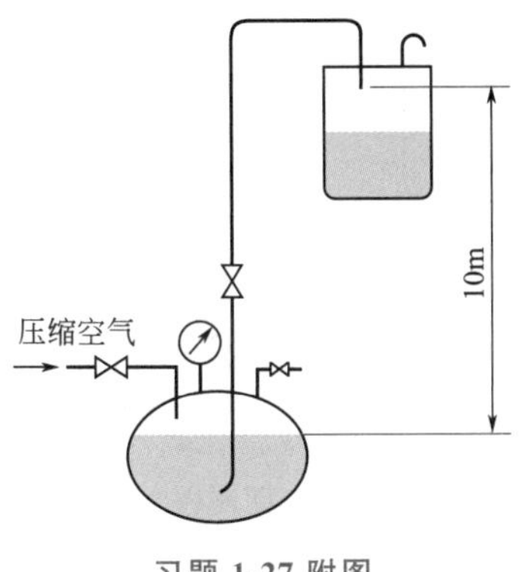

习题 **1-27** 附图

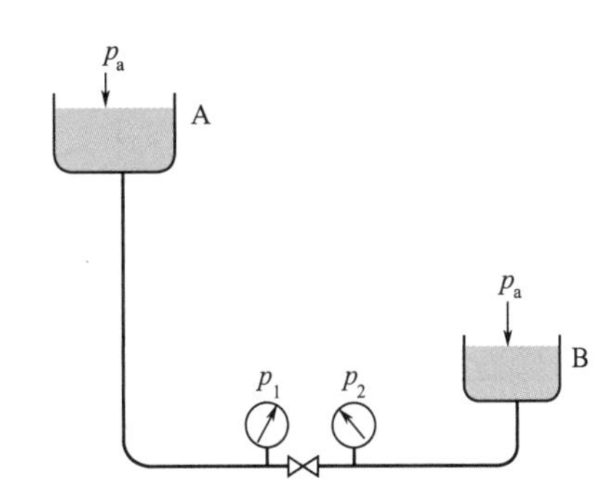

习题 **1-28** 附图

***1-28** 如附图所示，黏度为 $30mPa\cdot s$、密度为 $900kg/m^3$ 的液体自容器 A 流过内径 40mm 的管路进入容器 B。两容器均为敞口，液面视作不变。管路中有一阀门，阀前管长 50m，阀后管长 20m（均包括局部阻力的当量长度）。当阀全关时，阀前、后的压强计读数分别为 0.09MPa 与 0.045MPa。现将阀门打开至 1/4 开度，阀门阻力的当量长度为 30m。试求：(1) 管路的流量；(2) 阀前、阀后压强计的读数有何变化？ [答：(1) $3.39m^3/h$；(2) p_1 变小，p_2 变大]

1-29 在 20℃下苯由高位槽流入某容器中，其间液位差 5m 且视作不变，两容器均为敞口。输送管为 $\phi32mm\times3mm$ 无缝钢管（$\varepsilon=0.05mm$），长 100m（包括局部阻力的当量长度），求流量。 [答：$1.81m^3/h$]

***1-30** 附图所示为某工业燃烧炉产生的烟气由烟囱排入大气。烟囱的直径为 2m，$\varepsilon/d=0.0004$。烟气在烟囱内的平均温度为 200℃，在此温度下烟气的密度为 $0.67kg/m^3$，黏度为 $0.026mPa\cdot s$，烟气流量为 $80000m^3/h$。在烟囱高度范围内，外界大气的平均密度为 $1.15kg/m^3$，设烟囱内底部的压强低于地面大气压 $20mmH_2O$，求此烟囱应有多少高度？试讨论用烟囱排气的必要条件是什么？增高烟囱高度对烟囱内底部压强有何影响？

[答：43.8m；$\rho_{烟}<\rho_{外}$；H 增加，p_1 降低（即真空度增加），抽吸量增加]

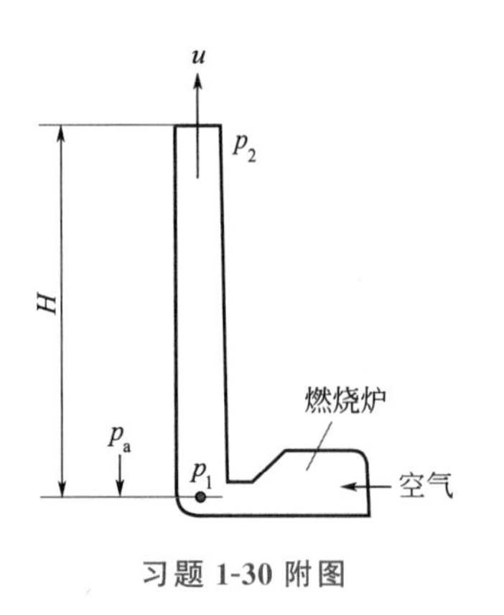

习题 1-30 附图

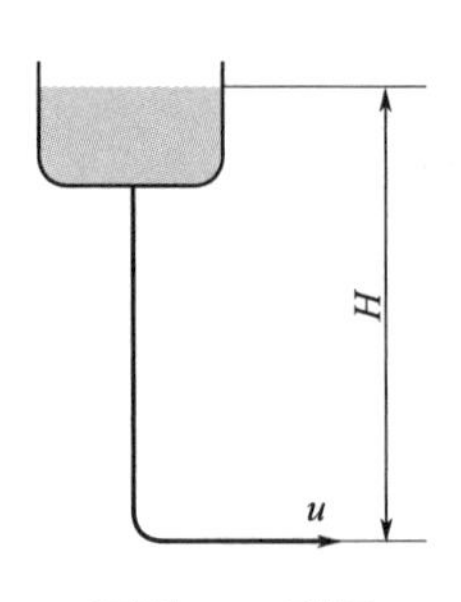

习题 1-31 附图

***1-31** 如附图所示，某水槽的截面积 $A=3\text{m}^2$，水深 2m。底部接一管子 ϕ32mm×3mm，管长 10m（包括所有局部阻力当量长度），管道摩擦系数 $\lambda=0.022$。开始放水时，槽中水面与出口高差 H 为 4m，试求水面下降 1m 所需的时间。

［答：2104s］

1-32 如附图所示，用泵将液体从低位槽送往高位槽。输送流量要求为 $2.5\times10^{-3}\text{m}^3/\text{s}$。高位槽上方气体压强为 0.2MPa（表压），两槽液面高差为 6m，液体密度为 1100kg/m^3。管道 ϕ40mm×3mm，总长（包括局部阻力）为 50m，摩擦系数 λ 为 0.024。求泵给每牛顿液体提供的能量为多少？

［答：38.1J/N］

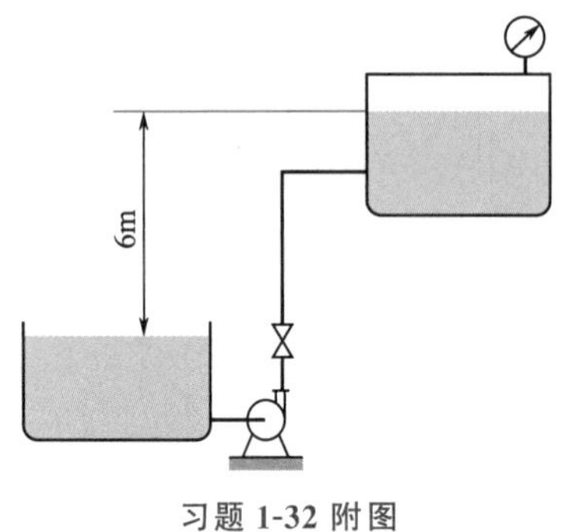

习题 1-32 附图

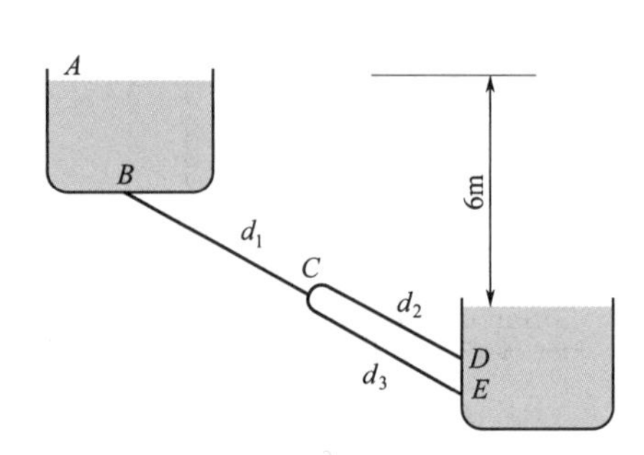

习题 1-33 附图

***1-33** 如附图所示，两敞口容器其间液面差 6m，底部用管道相连。A 槽底部出口有一直径 600mm、长 3000m 的管道 BC，然后用两根支管分别与下槽相通。支管 CD 与 CE 的长度皆为 2500m，直径均为 250mm。若已知摩擦系数均为 0.04，试求 A 槽向下槽的流量。设所有的局部阻力均可略去。

［答：$0.052\text{m}^3/\text{s}$］

***1-34** 如附图所示，水位恒定的高位槽从 C、D 两支管同时放水。AB 段管长 6m，内径 41mm。BC 段长 15m，内径 25mm。BD 段长 24m，内径 25mm。上述管长均包括阀门及其他局部阻力的当量长度，但不包括出口动能项，分支点 B 的能量损失可忽略，试求：(1) D、C 两支管的流量及水槽的总排水量；(2) 当 D 阀关闭，求水槽由 C 支管流出的出水量。

设全部管路的摩擦系数均可取 0.03，且不变化，出口损失应另作考虑。

［答：(1) $9.70\text{m}^3/\text{h}$，$4.31\text{m}^3/\text{h}$，$5.39\text{m}^3/\text{h}$；(2) $5.59\text{m}^3/\text{h}$］

***1-35** 如附图所示，某水槽的液位维持恒定，水由总管 A 流出，然后由 B、C 两支管流入大气。已知 B、C 两支管的内径均为 20mm，管长 $l_B=2\text{m}$，$l_C=4\text{m}$。阀门以外的局部阻力可以略去。(1) B、C 两阀门全开（$\zeta=0.17$）时，求两支管流量之比；(2) 提高位差 H，同时关小两阀门至 1/4 开（$\zeta=24$），使总流量保持不变，求 B、C 两支管流量之比；(3) 说明流量均布的条件是什么？

设流动已进入阻力平方区，两种情况下的 $\lambda=0.028$，交点 O 的阻力可忽略。

[答：(1) 1.31；(2) 1.05；(3) 能量损失]

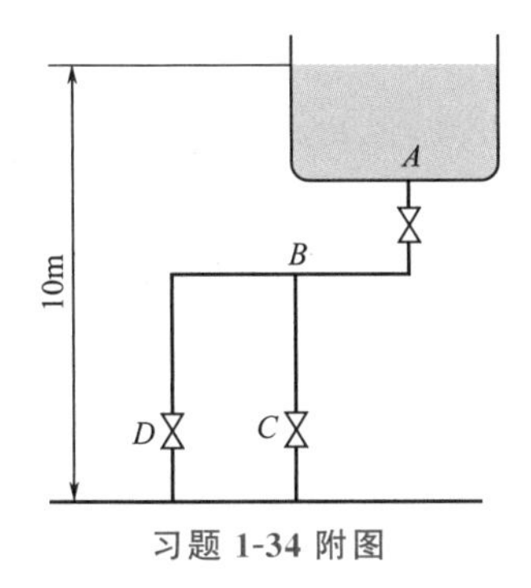

习题 1-34 附图

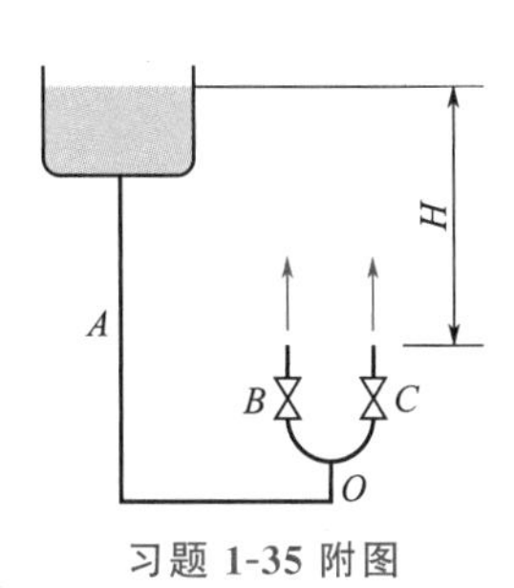

习题 1-35 附图

***1-36** 欲将 5000kg/h 的煤气输送 100km，管内径为 300mm，管路末端压强为 0.15MPa（绝压），试求管路起点需要多大的压强？

设整个管路中煤气的温度为 20℃，$\lambda=0.016$，标准状态下煤气的密度为 0.85kg/m^3。

[答：5.35×10^5 Pa（绝压）]

流量测量

1-37 在一内径为 300mm 的管道中，用毕托管来测定平均分子量为 60 的气体流速。管内气体的温度为 40℃，压强为 101.3kPa，黏度 0.02mPa·s。已知在管道同一横截面上测得毕托管最大读数为 $30\text{mmH}_2\text{O}$。问此时管道内气体的平均速度为多少（m/s）？ [答：13.0m/s]

1-38 在一直径为 50mm 的管道上装一标准的孔板流量计，孔径为 25mm，U 形管压差计读数为 220mmHg。若管内液体的密度为 1050kg/m^3，黏度为 0.6mPa·s，试计算液体的流量。

[答：$7.9\text{m}^3/\text{h}$]

1-39 有一测空气的转子流量计，其流量刻度范围为 400～4000L/h，转子材料用铝制成（$\rho_{铝}=2670\text{kg/m}^3$），今用它测定常压 20℃的二氧化碳，试问能测得的最大流量为多少（L/h）？ [答：3248L/h]

1-40 如附图所示，常温水由高位槽经 ϕ89mm×3.5mm 的钢管流向低位槽，两槽液位恒定。管路中装有孔板流量计和一个截止阀。已知直管与局部阻力的当量长度（不包括截止阀）总和为 60m。截止阀在某一开度时局部阻力系数为 7.5，此时读数 $R_1=185\text{mmHg}$。试求：(1) 管路中的流量及两槽液面的位差 Δz；(2) 阀门前后的压强差及汞柱压差计的读数 R_2；(3) 若将阀门关小，流速减为原来的 0.9 倍，则读数 R_1 为多少（mmHg）？截止阀的阻力系数变为多少？

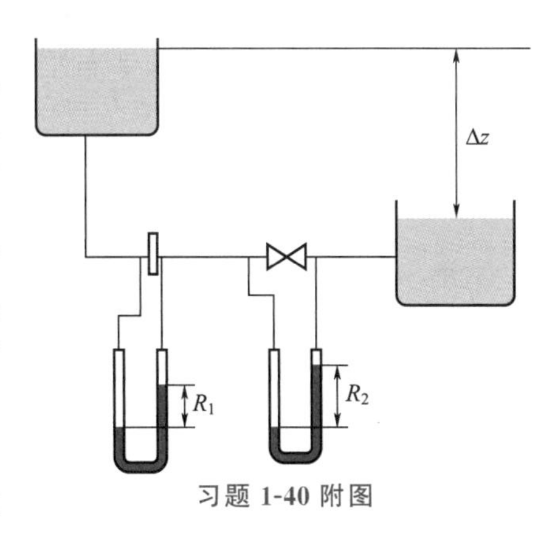

习题 1-40 附图

已知孔板流量与压差关系式 $q_V=3.32\times10^{-3}\left(\dfrac{\Delta p}{\rho}\right)^{0.5}$，$\rho$ 为流体密度，kg/m^3；Δp 为孔板两侧压差，Pa；q_V 为流量，m^3/s。流体在管内呈湍流流动，管路摩擦系数 $\lambda=0.026$。汞的密度为 13600kg/m^3。[答：(1) $57.2\text{m}^3/\text{h}$，12.2m；(2) 33750Pa，273mmHg；(3) 149.9mmHg，13.81]

非牛顿流体流动

1-41 附图所示为钢板表面涂塑过程，钢板宽度为 1m，以 0.5m/s 的速度移动。板与模口的间隙为 0.001m。在加工温度下，塑料糊的流动特性服从幂律式 $\tau=2500\left(\dfrac{\mathrm{d}u}{\mathrm{d}y}\right)^{0.4}$。求模口中塑料糊的剪切率、拉动该板所需的力和功率。 [答：500s^{-1}，300N，150W]

1-42 如附图所示，用泵将容器中的蜂蜜以 $6.28\times10^{-3}\text{m}^3/\text{s}$ 的流量送往高位槽中，管路长（包括局部阻力的当量长度）$l+l_e=20m$，管径为 0.1m，蜂蜜流动特性服从幂律 $\tau=0.05\left(\frac{du}{dy}\right)^{0.5}$，密度 $\rho=1250kg/m^3$，求泵需提供的能量（J/kg）。

[答：60.3J/kg]

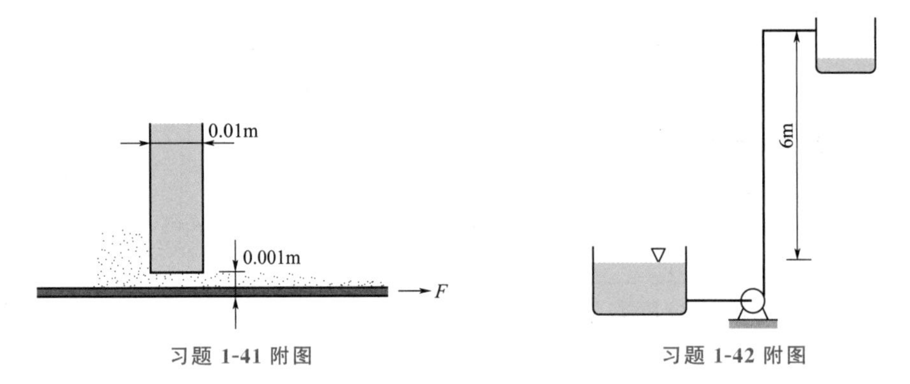

习题 1-41 附图　　习题 1-42 附图

1-43 已知融熔态巧克力浆的流动服从如下的卡森（Casson）方程

$$\sqrt{\tau}=\sqrt{\tau_y}+\sqrt{\mu_\infty\frac{du}{dy}} \qquad ①$$

式中，μ_∞ 为 $\frac{du}{dy}$ 很大的黏度，Pa·s。今由仪器测得 40℃下巧克力浆的剪应力 τ 与剪切率 $\frac{du}{dy}$ 的关系如下：

$du/dy/(1/s)$	0.5	1.0	5.0	10.0	50	100
τ/Pa	34	42.1	83.2	123	377	659

试用最小二乘法求出式①中的屈服应力 τ_y 及黏度 μ_∞。

[答：18.84Pa，4.55Pa·s]

1-44 附图所示容器中盛有密度为 $\rho=1200kg/m^3$ 的芥末酱，容器底部有一直径 $d=10mm$、长 1m 的直管。当容器中液面不断下降至 $H=0.35m$ 时，管壁处剪应力 τ_w 等于流体屈服应力 τ_y，芥末酱在管内不再流动。

对管径为 d、管长为 L 的管内流体作力平衡可得

$$\Delta p\frac{\pi}{4}d^2+\rho g\frac{\pi}{4}d^2L=\tau_y\pi dL \qquad ①$$

式中，Δp 为直管上下两端的压强差，试求该芥末酱的屈服应力 τ_y。

[答：39.7Pa]

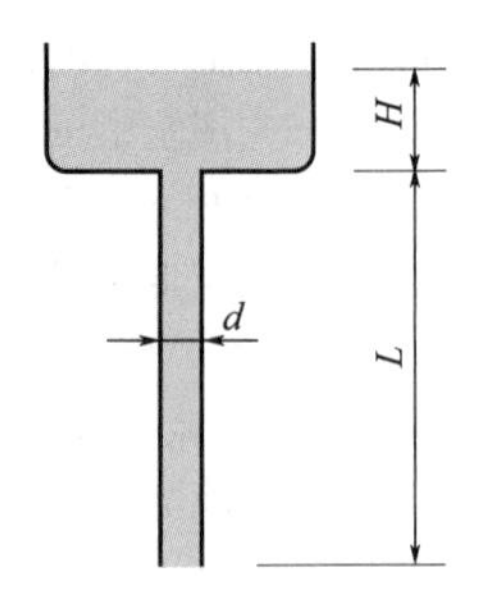

习题 1-44 附图

1-45 如附图所示。已导出圆管内流动时的剪应力分布为式(1-61)

$$\tau=\frac{\Delta\mathscr{P}}{2l}r \qquad ①$$

若为幂律流体作层流流动

$$\tau=K\left(-\frac{du}{dy}\right)^n \qquad ②$$

联立式①、式②积分，取边界条件 $r=R$ 处，$u=0$。试证管内流体的速度分布为

$$u=\left(\frac{\Delta\mathscr{P}}{2Kl}\right)^{\frac{1}{n}}\frac{n}{n+1}R^{\frac{1}{n}+1}\left[1-\left(\frac{r}{R}\right)^{\frac{1}{n}+1}\right] \qquad ③$$

流量为

$$q_V=\int_0^R u(2\pi r)dr \qquad ④$$

试证管内平均流速 $\bar{u}$ 为

$$\overline{u}=\left(\frac{\Delta \mathscr{P}}{2Kl}\right)^{\frac{1}{n}}\frac{n}{3n+1}R^{\frac{1}{n}+1} \quad ⑤$$

［答：略］

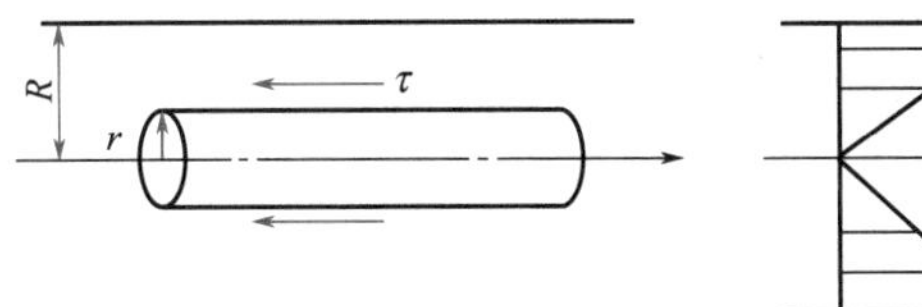

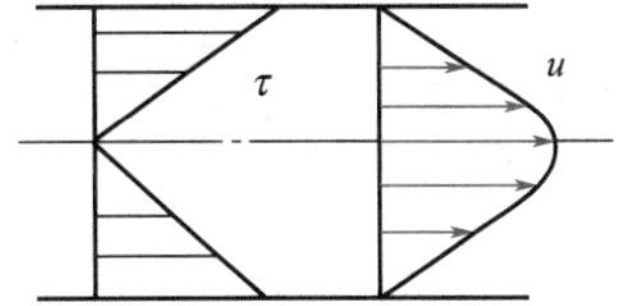

习题 1-45 附图

符号说明

符号	意义	计量单位
A	面积	m^2
C_0、C_R、C_V	流量系数	
d	管径	m
d_0	孔径	m
f	范宁摩擦因子	
F	力	N
F_g	重量	N
G	质量流速	$kg/(m^2 \cdot s)$
g	重力加速度	m/s^2
H_f	单位重量流体的机械能损失	m
h_f	单位质量流体的机械能损失	J/kg
k	系数，多变指数	
K	稠度系数	$Pa \cdot s^n$
［L］	长度量纲	
l	管道长度	m
l_e	局部阻力的当量长度	m
［M］	质量量纲	
m	质量	kg
n	流动行为指数	
$\mathscr{P}$	虚拟压强	N/m^2
p	流体压强	N/m^2
p_a	大气压	N/m^2
q_V	体积流量	m^3/s
q_m	质量流量	kg/s
R	压差计读数；管道半径	m
	通用气体常数	8.314kJ/(kmol·K)

符号	意义	计量单位
Re	雷诺数，$Re=du\rho/\mu$	
r	径向距离	m
T	周期时间	s
t	时间	s
u	流速	m/s
V	控制体体积	m^3
v	比体积	m^3/kg
X、Y、Z	单位质量流体的体积力在直角坐标轴上的分量	N/kg 或 m/s^2
x、y、z	坐标轴	
z	高度	m
α	动能校正系数	
ε	绝对粗糙度	m
ζ	局部阻力系数	
λ	摩擦系数	
μ	（动力）黏度	$N \cdot s/m^2$
μ'	湍流黏度	$N \cdot s/m^2$
ν	运动黏度	m^2/s
Π	浸润周边	m
ρ	密度	kg/m^3
τ	剪应力	N/m^2
下标		
max	最大	
min	最小	
opt	最优	
m	平均	

第2章 流体输送机械

当流体从低能位向高能位输送时，须使用流体输送机械。用以输送液体的机械通称为泵，用以输送气体的机械则按不同的情况分别称为通风机、鼓风机、压缩机和真空泵等。本章主要介绍常用输送机械的工作原理和特性，以便恰当地选择和使用这些流体输送机械。

2.1 概述 >>>

输送流体所需的能量 图 2-1 所示为带泵管路。为将流体从低能位 1 处向高能位 2 处输送，单位重量流体需补加的能量为 H，则

$$z_1+\frac{p_1}{\rho g}+\frac{u_1^2}{2g}+H=z_2+\frac{p_2}{\rho g}+\frac{u_2^2}{2g}+\sum H_f$$

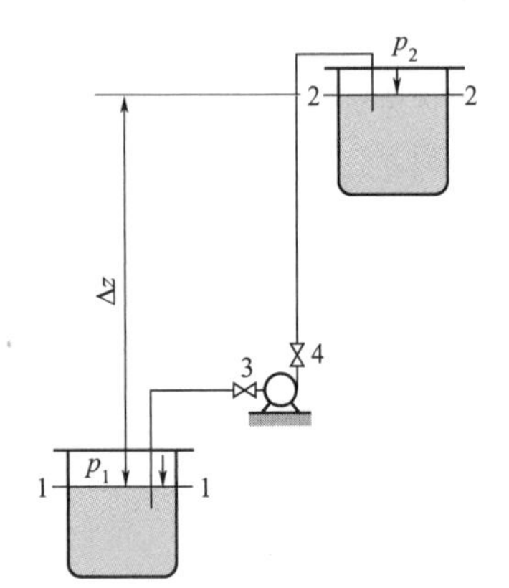

图 2-1 带泵管路简图

移项可得

$$H=\frac{\Delta\mathscr{P}}{\rho g}+\frac{\Delta u^2}{2g}+\sum H_f \tag{2-1}$$

式中

$$\frac{\Delta\mathscr{P}}{\rho g}=\left(z+\frac{p}{\rho g}\right)_2-\left(z+\frac{p}{\rho g}\right)_1=\Delta z+\frac{\Delta p}{\rho g}$$

为管路两端单位重量流体的势能差，它包括了位能差和压强能差。

通常情况下（如图 2-1 所示的输送系统），式(2-1) 中的动能差$\frac{\Delta u^2}{2g}$一项可以略去，阻力损失$\sum H_f$的数值视管路条件及流速大小而定。由第 1 章可知

$$\sum H_f=\sum\left[\left(\lambda\frac{l}{d}+\zeta\right)\frac{u^2}{2g}\right] \tag{2-2}$$

输送管路中的流速为

$$u=\frac{q_V}{\frac{\pi}{4}d^2}$$

$$\sum H_f=\sum\left[\frac{8\left(\lambda\frac{l}{d}+\zeta\right)}{\pi^2 d^4 g}\right]q_V^2$$

或

$$\sum H_f=Kq_V^2 \tag{2-3}$$

式中

$$K=\sum\frac{8\left(\lambda\frac{l}{d}+\zeta\right)}{\pi^2 d^4 g}$$

其数值由管路特性决定。当管内流动已进入阻力平方区，系数 K 是一个与管内流量无关的常数。将式(2-3) 代入式(2-1)，有

$$H=\frac{\Delta \mathscr{P}}{\rho g}+K q_V^2 \tag{2-4}$$

式(2-4) 称为管路特性方程，它表明管路中流体的流量与所需补加能量的关系。管路特性方程可图示表达成曲线，被称为管路特性曲线，如图 2-2 所示。

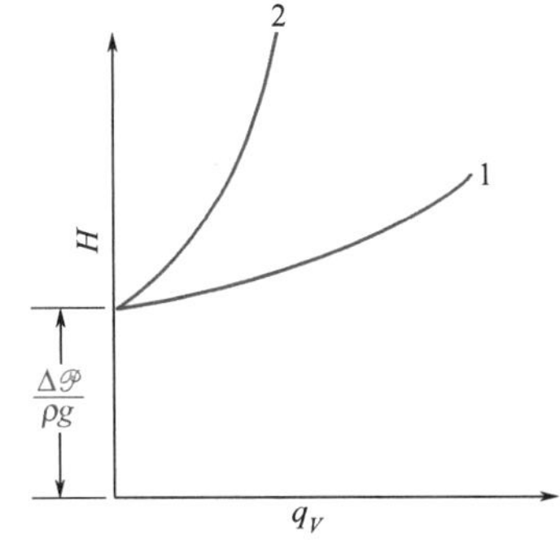

图 2-2 管路特性曲线

由式(2-4) 可知，需向流体提供的能量用于提高流体的势能和克服管路的阻力损失；其中阻力损失项与被输送的流体量有关。显然，低阻力管路系统的特性曲线较为平坦（曲线 1），高阻管路的特性曲线较为陡峭（曲线 2）。

流体输送机械的主要技术指标 压头和流量是流体输送机械的主要技术指标。输送流体，必须达到规定的输送量。为此，需补给单位重量输送流体以足够的能量，其数量应与式(2-4) 的 H 值相等。通常将输送机械向单位重量流体提供的能量称为该机械的压头或扬程。

许多流体输送机械在不同流量下其压头不同，压头和流量的关系由输送机械本身的特性决定，此亦为本章的主要内容。

流体输送机械的分类 化工生产涉及的流体可能是强腐蚀性的、有毒的、易燃易爆的、温度很高和很低的，或含有固体悬浮物的，其性质千差万别。在不同场合下，对输送量和补加能量的要求也相差悬殊。已有多种类型的输送机械，以满足各种不同的需要。依作用原理不同，可将它们作如下分类。

动力式（叶轮式）：包括离心式、轴流式等。

容积式（正位移式）：包括往复式、旋转式等。

其他类型：指不属于上述两类的其他类型，如喷射式等。

气体的密度及压缩性与液体有显著区别，从而导致气体与液体输送机械在结构和特性上有不同之处。本章先讨论化工常用的几种液体输送机械（泵），然后扼要叙述各类气体输送机械的特性。

思考题

2-1 管路特性方程有何物理意义？

2-2 什么是液体输送机械的压头或扬程？

2.2 离心泵

2.2.1 离心泵的工作原理

离心泵的主要构件——叶轮和蜗壳 离心泵的种类很多，但因工作原理相同，构造大同小异，其主要工作部件是旋转叶轮和固定的泵壳（图 2-3）。叶轮是离心泵直接对液体做功的部件，其上有若干后弯叶片，一般为 4～8 片。离心泵在工作时，叶轮由电机驱动作高速旋转运动（1000～3000r/min），迫使叶片间的液体作近于等角速度的旋转运动，同时因离心力的作用，使液体由叶轮中心向外缘作径向运动。在叶轮中心处吸入低势能、低动能的液体，液体在流经叶轮的运动过程中获得能量，在叶轮外缘可获得高势能、高动能的液体。液

体进入蜗壳后，由于流道的逐渐扩大而减速，又将部分动能转化为势能，最后沿切向流入压出管道（图 2-4）。在液体受迫由叶轮中心流向外缘的同时，在叶轮中心形成低压。液体在吸液口和叶轮中心处的势能差的作用下被源源不断地吸入叶轮。

动画

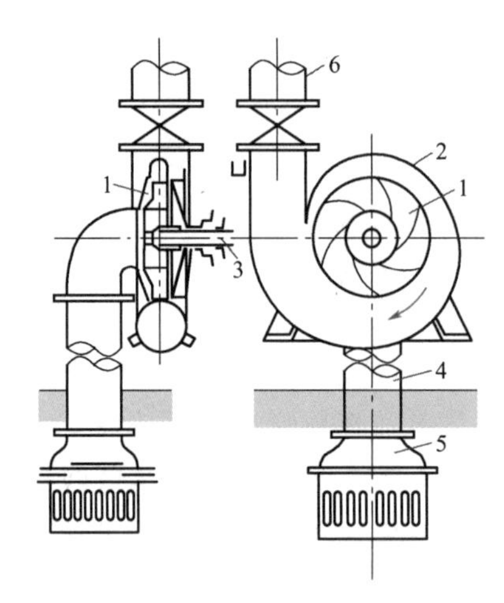

图 2-3　离心泵装置简图

1—叶轮；2—泵壳；3—泵轴；4—吸入管；5—底阀；6—压出管

图 2-4　液体在泵内的流动

液体在叶片间的运动　如图 2-5 所示，当离心泵输送液体时，液体在叶轮内部除了以切向速度 u 随叶轮旋转外，还以相对速度 w 沿叶片之间的通道向外流动。液体在叶片之间任一点的绝对速度 c 等于该点的切向速度 u 和相对速度 w 的向量和。因此，液体在叶轮进、出口处的绝对速度 c_1 和 c_2 应满足图 2-5 所示的平行四边形。根据三角形的余弦定理，由图 2-5 可以导出液体质点的切向速度 u、相对速度 w 和绝对速度 c 之间的关系为

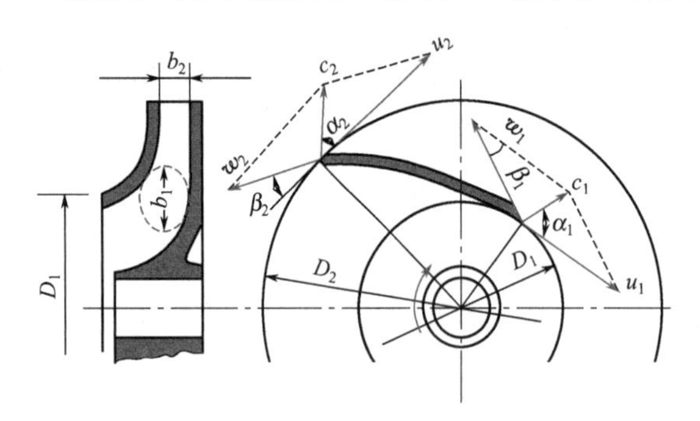

图 2-5　液体在离心泵内流动的速度三角形

$$w_1^2=c_1^2+u_1^2-2c_1u_1\cos\alpha_1 \quad (2\text{-}5)$$

$$w_2^2=c_2^2+u_2^2-2c_2u_2\cos\alpha_2 \quad (2\text{-}6)$$

液体的体积流量应等于流动截面积与速度在截面上垂直分量的乘积。若不计叶片的厚度，离心泵的流量 q_V 可表示为

$$q_V=2\pi r_2b_2c_2\sin\alpha_2=2\pi r_2b_2w_2\sin\beta_2 \quad (2\text{-}7)$$

$$q_V=2\pi r_1b_1c_1\sin\alpha_1=2\pi r_1b_1w_1\sin\beta_1 \quad (2\text{-}8)$$

式中，b_1、b_2 为叶轮进、出口的宽度；r_1、r_2 为叶轮进、出口的半径；β_1、β_2 为叶轮进、出口处叶片的倾角。

等角速度旋转运动的考察方法　离心泵的输液能力来源于叶轮所造成的液体旋转运动。若假定离心泵叶轮具有无限多、无限薄的叶片，这种旋转运动将是等角速度的。为了解泵如何向液体提供能量，必须考察等角速度旋转液体中各点的能量分布。

考察等角速度旋转运动的方法有两种，一种是以静止坐标为参照系，另一种是以与流体一起作等角速度运动的旋转坐标为参照系。若以静止坐标为参照系，考察结果是流体沿螺旋

线由叶轮内缘流向外缘，作复杂的二维平面运动，难以确定液体在叶片通道内各点的能量分布。若以旋转坐标为参照系，则流体在叶轮内部流动与普通管内流动类似。

显然，在考察旋转运动的两种方法中，以旋转坐标作为参照系更为简便。但须指出，这种考察方法只有当流体作等角速度运动时才有效，故在以上讨论中须假定叶轮具有无限多叶片。但是，以旋转坐标为参照系，所观察到的是流体与叶轮之间的相对运动，无法考察流体所具有的总机械能。当需要考察进出口的流体总机械能时，仍须以静止坐标为参照系。

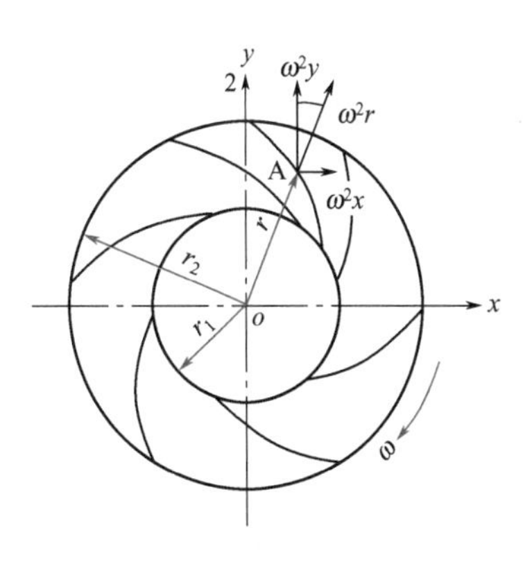

图 2-6 旋转流体所受的惯性离心力

离心力场中的机械能关系 有一如图 2-6 所示的离心泵叶轮，此叶轮具有无限多叶片并绕轴以角速度 ω（弧度/秒）旋转。若以旋转坐标为参照系，并假定：①液体是理想流体，无摩擦阻力损失；②流动是定态的。

参照式(1-31)，流体质点在叶片通道内的相对运动速度 w 应满足

$$X\mathrm{d}x+Y\mathrm{d}y+Z\mathrm{d}z-\frac{\mathrm{d}p}{\rho}=\mathrm{d}\left(\frac{w^2}{2}\right) \tag{2-9}$$

此时，流体质点除受重力作用外，还受到惯性离心力的作用。

为方便分析起见，假设叶轮水平放置，并取旋转中心为坐标原点，Z 轴向上。在叶轮内半径为 r 处取单位质量流体，作用在此单位质量流体上的体积力为

重力 $\quad Z=-g$

惯性离心力 $\quad F=\omega^2 r$

此离心力在 x 和 y 方向的投影是 $X=\omega^2 x$，$Y=\omega^2 y$，且 $x\mathrm{d}x+y\mathrm{d}y=r\mathrm{d}r$。将 X、Y、Z 代入式(2-9) 中，积分并用 $u=\omega r$ 代入，得

$$\left(\frac{p}{\rho g}+z-\frac{u^2}{2g}\right)+\frac{w^2}{2g}=\text{常数}$$

此式表明，理想流体在由无限多叶片构成的叶片通道内作定态流动时，机械能之间的转换关系。这样可对叶轮进、出口截面列出机械能关系式

$$\left(\frac{p_1}{\rho g}+z_1-\frac{u_1^2}{2g}\right)+\frac{w_1^2}{2g}=\left(\frac{p_2}{\rho g}+z_2-\frac{u_2^2}{2g}\right)+\frac{w_2^2}{2g} \tag{2-10}$$

或

$$\frac{\mathscr{P}_2-\mathscr{P}_1}{\rho g}=\frac{u_2^2-u_1^2}{2g}+\frac{w_1^2-w_2^2}{2g} \tag{2-11}$$

离心泵的理论压头 若以静止物体为参照系，带径向运动的旋转流体所具有的机械能应是势能$\frac{\mathscr{P}}{\rho g}$和以绝对速度计的动能$\frac{c^2}{2g}$。离心泵叶轮对单位重量流体所提供的能量等于流体在进、出口截面的总机械能之差，即

$$H_{\mathrm{T}}=\frac{\mathscr{P}_2-\mathscr{P}_1}{\rho g}+\frac{c_2^2-c_1^2}{2g} \tag{2-12}$$

将式(2-11) 代入式(2-13)，可得离心泵的理论压头为

$$H_{\mathrm{T}}=\frac{u_2^2-u_1^2}{2g}+\frac{w_1^2-w_2^2}{2g}+\frac{c_2^2-c_1^2}{2g} \tag{2-13}$$

以上两式表明，离心泵是以势能和动能两种形式向流体提供能量。对于通常的带后弯叶片的叶轮，其中势能部分将占更大的比例。

将式(2-5)、式(2-6) 代入上式得

$$H_T=\frac{u_2c_2\cos\alpha_2-u_1c_1\cos\alpha_1}{g} \tag{2-14}$$

由上式可以看出，为得到较大的压头，在离心泵设计时，通常使液体不产生预旋，从径向进入叶轮，即 $\alpha_1=90°$。于是，泵的理论压头

$$H_T=\frac{u_2c_2\cos\alpha_2}{g} \tag{2-15}$$

流量对理论压头的影响 由图 2-5 可知：

$$c_2\cos\alpha_2=u_2-w_2\cos\beta_2 \tag{2-16}$$

由式(2-7)

$$w_2=\frac{q_V}{2\pi r_2b_2\sin\beta_2}=\frac{q_V}{A_2\sin\beta_2} \tag{2-17}$$

将上两式代入式(2-15)，可得泵的理论压头 H_T 和泵的流量之间的关系为

$$H_T=\frac{u_2^2}{g}-\frac{u_2}{gA_2}q_V\text{ctg}\beta_2 \tag{2-18}$$

式(2-18) 表示不同形状的叶片在叶轮尺寸和转速一定时，泵的理论压头和流量的关系。这个关系是离心泵的主要特征。

叶片形状对理论压头的影响 根据叶片出口端倾角 β_2 的大小，叶片形状可分为三种：径向叶片（$\beta_2=90°$）、后弯叶片（$\beta_2<90°$）和前弯叶片（$\beta_2>90°$）。图 2-7 表示了三种叶片的形状。叶片形状不同，离心泵的理论压头 H_T 与流量 q_V 的关系也不同（见图 2-8）。

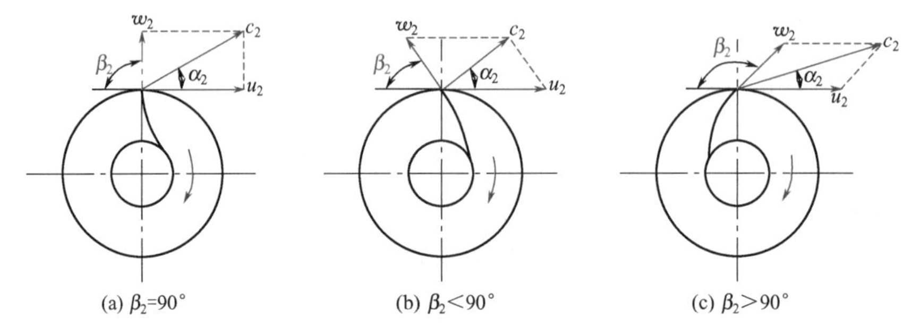

图 2-7 叶片形状对理论压头的影响

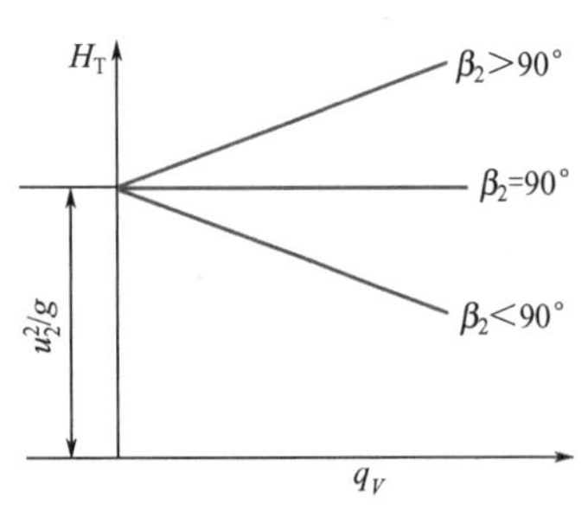

图 2-8 离心泵的 H_T-q_V 关系

由式(2-18) 可知，对径向叶片，$\text{ctg}\beta_2=0$，泵的理论压头 H_T 与流量 q_V 无关；对于前弯叶片，$\text{ctg}\beta_2<0$，泵的理论压头 H_T 随流量 q_V 增加而增大；对于后弯叶片，$\text{ctg}\beta_2>0$，泵的理论压头 H_T 随流量 q_V 增加而减小。

理论压头包括势能的提高和动能的提高两部分。在如图 2-7 所示的三种形状叶片中，虽然前弯叶片产生的理论压头最高，但在相同流量下，前弯叶片的动能 $c_2^2/2g$ 较大，而后弯叶片的动能 $c_2^2/2g$ 较小。液体动能虽可经蜗壳部分地转化为势能，但在转化过程中会导致较多的能量损失。因此，为获得较高的能量利用率，离心泵总是采用后弯叶片。

气缚现象 对理论压头有影响的诸因素已清楚地表示于式(2-18)中。值得注意的是液体密度这样一个重要性质却不出现在该式中，表明理论压头与液体密度无关。这表明，同一台泵不论输送何种液体，所能提供的理论压头是相同的。

动画

但是，离心泵的压头是以被输送流体的流体柱高度表示的。在同一压头下，泵进、出口的压差却与流体的密度成正比。如果泵启动时，泵体内是空气，而被输送的是液体，则启动后泵产生的压头虽为定值，但因空气密度太小，造成的压差或泵吸入口的真空度很小而不能将液体吸入泵内。因此，离心泵启动时须先使泵内充满液体，这一操作称为灌泵。如果泵的位置处于吸入液面之下，液体可自动进入泵内，则无须灌泵。

泵在运转时吸入管路和泵的轴心处常处于负压状态，若管路及轴封密封不良，则因漏入空气而使泵内流体的平均密度下降。若平均密度下降严重，泵将无法吸上液体，此称为"气缚"现象。

2.2.2 离心泵的特性曲线

泵的有效功率和效率 泵在运转中由于存在各种机械能损失，使泵的实际（有效）压头和流量均较理论值为低，而输入泵的功率较理论值为高。取 H_e 为泵的有效压头，即单位重量流体自泵处净获得的能量，m（即 J/N）；q_V 为泵的实际流量，m^3/s；ρ 为液体密度，kg/m^3；P_e 为泵的有效功率，即单位时间内液体从泵处获得的机械能，W。显然

$$P_e=\rho g q_V H_e \tag{2-19}$$

由电机输入离心泵的功率称为泵的轴功率，以 P_a 表示。定义有效功率与轴功率之比值为泵的（总）效率 η

$$\eta=\frac{P_e}{P_a} \tag{2-20}$$

离心泵内的机械能损失主要有容积损失、水力损失和机械损失。容积损失是指叶轮出口处高压液体因机械泄漏返回叶轮入口所造成的能量损失。在图 2-9 所示的三种叶轮中，敞式叶轮的容积损失较大，但在泵送含固体颗粒的悬浮体时，叶片通道不易堵塞。水力损失是由于实际流体在泵内有限叶片作用下造成的各种摩擦阻力损失，包括液体与叶片、壳体的冲击而产生旋涡，形成机械能损失。机械损失则包括旋转叶轮盘面与液体间的摩擦以及轴承机械摩擦所造成的能量损失。

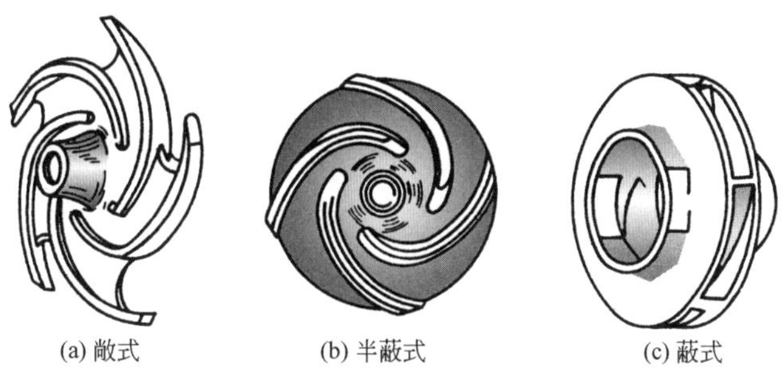

(a) 敞式　(b) 半蔽式　(c) 蔽式

图 2-9 叶轮的类型

离心泵的特性曲线 离心泵的有效压头 H_e（扬程）、效率 η、轴功率 P_a 均与输液量 q_V

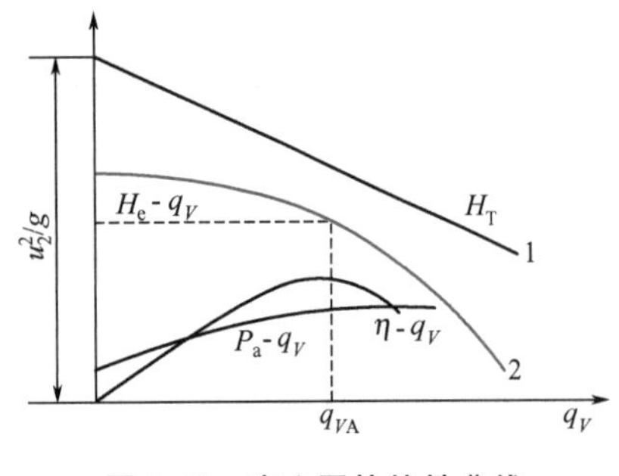

图 2-10 离心泵的特性曲线

有关，其关系可用泵的特性曲线表示，其中尤以扬程和流量的关系最为重要。图 2-10 所示为离心泵的特性曲线。

离心泵的理论压头 H_T 与流量 q_V 的关系已如式(2-18)所示，但泵的水力损失难以定量计算，因而泵的扬程 H_e 与流量的关系只能通过实验测定。离心泵出厂前均测定 H_e-q_V、η-q_V、P_a-q_V 三条曲线，列于产品样本供用户使用。

由离心泵的理论压头（图 2-10 中直线 1）及前述有关泵内损失的讨论，可定性地判定泵的有效压头（扬程曲线）大致如曲线 2 所示。在额定流量 q_{VA} 下，压头损失最小，效率最高。

【例 2-1】 离心泵特性曲线的测定

图 2-11 所示为测定离心泵特性曲线的实验装置，实验中已测出如下一组数据：

泵出口处压强表读数 $p_2=0.21\text{MPa}$；泵进口处真空表读数 $p_1=0.02\text{MPa}$；

泵的流量 $q_V=12\text{L/s}$；泵轴的扭矩 $M=31.3\text{N}\cdot\text{m}$；转速 $n=1450\text{r/min}$；

吸入管直径 $d_1=80\text{mm}$；压出管直径 $d_2=60\text{mm}$；两测压点间的垂直距离 $z_2-z_1=80\text{mm}$。

实验介质为 20℃的水。

试计算在此流量下泵的压头 H_e、轴功率 P_a 和总效率 η。

解： 如图 2-11 所示，在截面 1 与截面 2 间列机械能衡算式

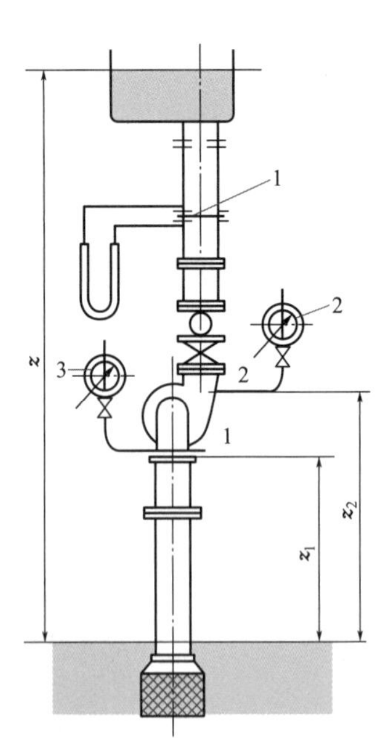

图 2-11 离心泵特性曲线的测定装置

1—流量计；2—压强表；3—真空表

$$H_e=(z_2-z_1)+\frac{p_2-p_1}{\rho g}+\frac{u_2^2-u_1^2}{2g}$$

$$\frac{p_1}{\rho g}=-2.04\text{m}$$

$$\frac{p_2}{\rho g}=21.4\text{m}$$

$$u_1=\frac{4q_V}{\pi d_1^2}=\frac{4\times0.012}{\pi\times0.080^2}=2.39(\text{m/s})$$

$$u_2=\frac{4q_V}{\pi d_2^2}=\frac{4\times0.012}{\pi\times0.060^2}=4.24(\text{m/s})$$

$$H_e=0.08+(21.4+2.04)+\frac{4.24^2-2.39^2}{2\times9.81}=24.2(\text{m})$$

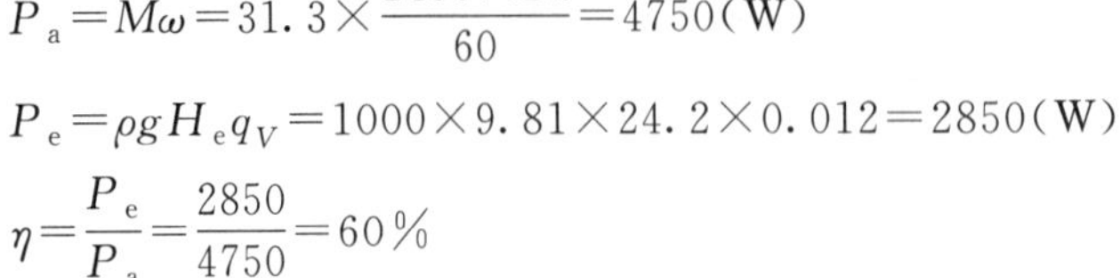

$$P_a=M\omega=31.3\times\frac{1450\times2\pi}{60}=4750(\text{W})$$

$$P_e=\rho gH_eq_V=1000\times9.81\times24.2\times0.012=2850(\text{W})$$

$$\eta=\frac{P_e}{P_a}=\frac{2850}{4750}=60\%$$

液体黏度对特性曲线的影响 泵制造厂所提供的特性曲线是用常温清水进行测定的，若

用于输送黏度较大的实际工作介质，特性曲线将有所变化。因此，选泵时应先对原特性曲线进行修正，然后根据修正后的特性曲线进行选择。

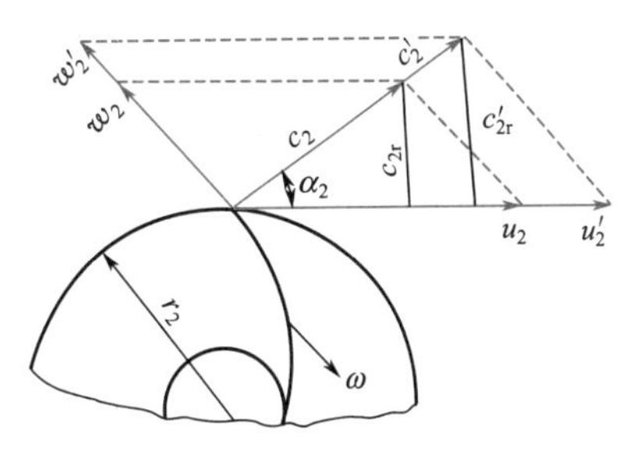

图 2-12　不同转速下的速度三角形

比例定律　同一台离心泵在不同转速运转时其特性曲线不同。如转速相差不大，转速改变后的特性曲线可从已知的特性曲线近似地换算求出，换算的条件是设转速改变前后液体离开叶轮的速度三角形相似，则泵的效率相等。参见图 2-12，由速度三角形相似可得

$$\frac{q_V'}{q_V}=\frac{2\pi r_2 b_2 c_{2r}'}{2\pi r_2 b_2 c_{2r}}=\frac{u_2'}{u_2}=\frac{n'}{n} \tag{2-21}$$

式中，c_{2r} 为叶片出口处液体绝对速度的径向分速度，m/s。

式(2-21) 是保持速度三角形相似的条件。当调节离心泵的流量，使其与转速的关系满足式(2-21) 时，泵内液体的速度三角形相似。此时，压头之比为

$$\frac{H_e'}{H_e}=\frac{u_2' c_2' \cos\alpha_2}{u_2 c_2 \cos\alpha_2}=\left(\frac{n'}{n}\right)^2 \tag{2-22}$$

轴功率之比为

$$\frac{P_a'}{P_a}=\left(\frac{H_e'}{H_e}\right)\left(\frac{q_V'}{q_V}\right)=\left(\frac{n'}{n}\right)^3 \tag{2-23}$$

式(2-21)～式(2-23) 称为比例定律。

据此可从某一转速下的特性曲线换算出另一转速下的特性曲线，但是仅以转速变化±20%以内为限。当转速变化超出此范围，则上述速度三角形相似、效率相等的假设将导致很大误差，此时泵的特性曲线应通过实验重新测定。

【例 2-2】　离心泵转速的影响

用一台离心泵将河水输送至 12m 高的敞口高位槽（如图 2-13 所示）。输送管路尺寸如下：管内径 40mm，管长 50m（包括所有局部阻力的当量长度），摩擦系数 λ 为 0.03。离心泵在转速 1480r/min 下，泵的方程为 $H_e=50-200q_V^2$（q_V，m^3/min；H_e，m）。

试求：(1) 管路的流量（m^3/h）和泵的有效功率（kW）；(2) 若流量要求提高 20%，则泵的转速应该为多少 r/min?

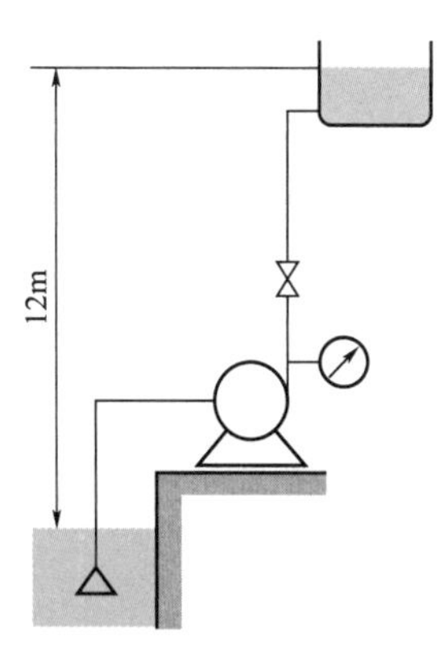

图 2-13　例 2-2 附图

解：(1) 由河面至高位槽列机械能恒算式

$$H=\Delta z+\frac{8\lambda l}{\pi^2 d^5 g}q_V'^2(q_V',m^3/s)=12+\frac{8\times0.03\times50}{3.14^2\times0.04^5\times9.81}\left(\frac{q_V}{60}\right)^2$$

$$=12+336.6q_V^2$$

上式与泵方程 $H_e=50-200q_V^2$ 联立，解得流量 $q_V=0.266m^3/min=16.0m^3/h$。

$$H_e=50-200q_V^2=50-200\times0.266^2=35.85m$$

$$P_e=\rho g q_V H_e=1000\times9.81\times\frac{0.266}{60}\times35.85=1.56\times10^3W=1.56kW$$

(2) 若流量要求提高 20%，$q_V'=1.2q_V=0.319m^3/min$，代入管路方程得

$$H'=12+336.6q_V^2=46.25m$$

设新的转速 n' 时，泵的方程 $H'_e=50\left(\frac{n'}{n}\right)^2-200q'^2_V$ ①

将 H' 和 q'_V 代入方程①，得到

$$n'=1.154n=1.154\times1480=1708\text{r/min}$$

当泵的转速为 n 时，泵的方程 $H_e=A-Bq_V^2$；当转速变为 n' 时，泵的方程为

$$H'_e=A\left(\frac{n'}{n}\right)^2-Bq'^2_V$$

2.2.3 离心泵的流量调节和组合操作

安装在管路中的泵其输液量即为管路的流量，在该流量下泵提供的扬程必等于管路所要求的压头。因此，离心泵的实际工作情况（流量、压头）是由泵特性和管路特性共同决定的。

离心泵的工作点 若管路内的流动处于阻力平方区，安装在管路中的离心泵其工作点（扬程和流量）必同时满足：

$$\text{管路特性方程} \quad H=f(q_V) \tag{2-24}$$

$$\text{泵的特性方程} \quad H_e=\varphi(q_V) \tag{2-25}$$

联立求解此两方程即得管路特性曲线和泵特性曲线的交点，见图 2-14。此交点为泵的工作点。

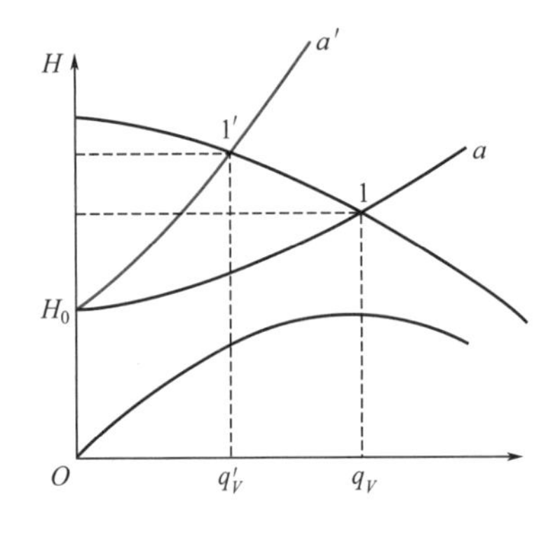

图 2-14 离心泵的工作点

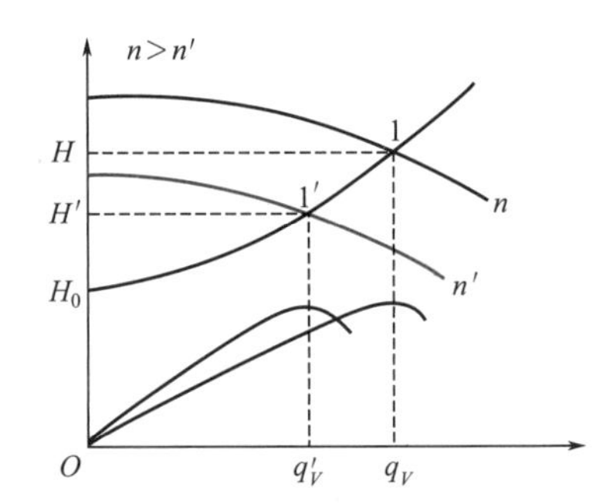

图 2-15 改变泵特性曲线的调节

流量调节 如果工作点的流量大于或小于所需要的输送量，应设法改变工作点的位置，即进行流量调节。

最简单的调节方法是在离心泵出口处的管路上安装调节阀。改变阀门的开度即改变管路阻力系数［式(2-4) 中的 K 值］可改变管路特性曲线的位置，使调节后管路特性曲线与泵特性曲线的交点移至适当位置，满足流量调节的要求。如图 2-14 所示，关小阀门，管路特性曲线由 a 移至 a'，工作点由 1 移至 1'，流量由 q_V 减小为 q'_V。

这种通过管路特性曲线的变化来改变工作点的调节方法，不仅增加了管路阻力损失（在阀门关小时)，且使泵在低效率点工作，在经济上不合理。但用阀门调节流量的操作简便、灵活，故应用很广。当调节幅度不大而常需改变流量时，此法尤为适用。

另一类调节方法是改变泵的特性曲线，如改变转速（图 2-15)、换不同直径的叶轮。改变转速调节流量不额外增加管路阻力，且在一定范围内可保持泵在高效率区工作，能量利用较为经济，但调节不方便，一般只有在调节幅度大，时间又长的季节性调节中才使用。

当需较大幅度增加流量或压头时可用几台泵进行组合操作。离心泵的组合方式原则上有

两种：并联和串联。下面以两台特性相同的泵为例，讨论离心泵组合后的特性。

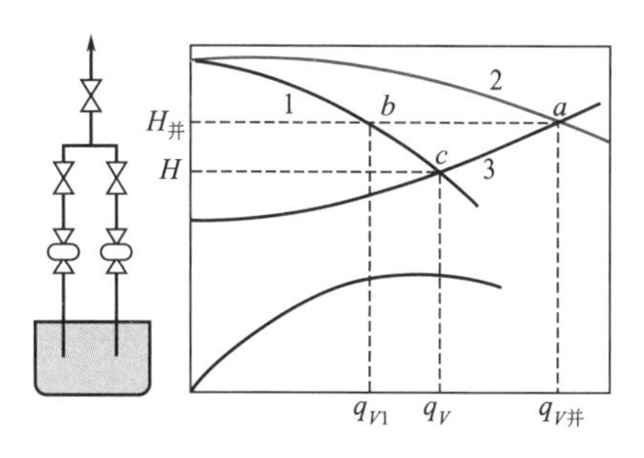

图 2-16 离心泵的并联操作

并联泵的合成特性曲线 设有两台型号相同的离心泵并联工作（见图 2-16），且各自的吸入管路相同，则两泵的流量和压头必相同。因此，在同样的压头下，并联泵的流量为单台泵的两倍。这样，将单台泵特性曲线 1 的横坐标加倍，纵坐标保持不变，便可求得两泵并联后的合成特性曲线 2。

并联泵的流量 $q_{V并}$ 和压头 $H_{并}$ 由合成特性曲线与管路特性曲线的交点 a 决定，并联泵的总效率与每台泵的效率（图中 b 点的单泵效率）相同。由图 2-16 可见，由于管路阻力损失的增加，两台泵并联的总输送量 $q_{V并}$ 必小于原单泵输送量 q_V（c 点）的两倍。

串联泵的合成特性曲线 两台相同型号的泵串联工作时，每台泵的压头和流量也是相同的。因此，在同样的流量下，串联泵的压头为单台泵的两倍。将单台泵的特性曲线 1 的纵坐标加倍，横坐标保持不变，可求出两泵串联后的合成特性曲线 2（图 2-17）。

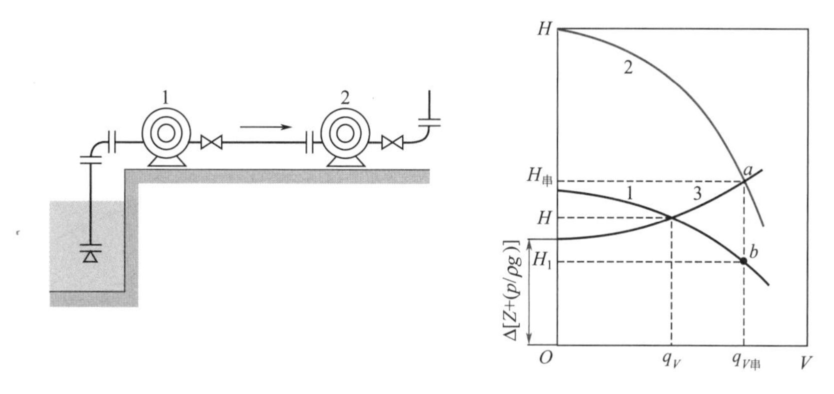

图 2-17 离心泵的串联操作

同理，串联泵的总流量和总压头也是由工作点 a 所决定。由于串联后的总输液量 $q_{V串}$ 即是组合中的单泵输液量 $q_{V串}$（b 点），故总效率也为 $q_{V串}$ 时的单泵效率。

组合方式的选择 如果管路两端的势能差 $\frac{\Delta\mathscr{P}}{\rho g}$ 大于单泵所能提供的最大扬程，则必须采用串联操作。许多情况下，$\frac{\Delta\mathscr{P}}{\rho g}$ 小于单泵所能提供的最大扬程，单泵可以输液，只是流量达不到指定要求。此时可针对管路的特性选择适当的组合方式，以增大流量。

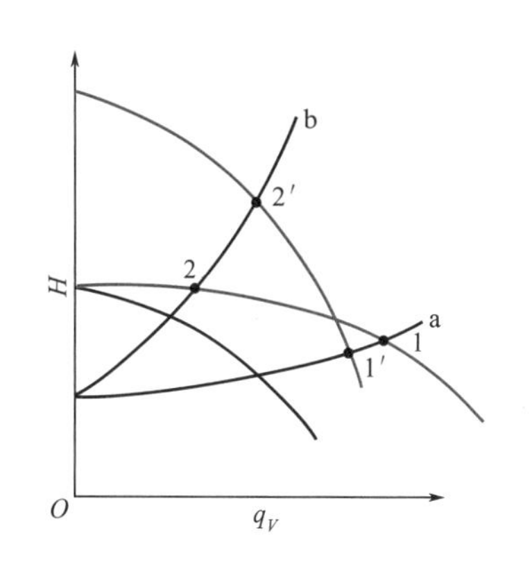

图 2-18 组合方式的选择

由图 2-18 可见，对于低阻输送管路 a，并联组合输送的流量大于串联组合；而对于高阻输送管路 b，则串联组合的流量大于并联组合。对于压头也有类似的情况。因此，对于低阻输送管路，并联优于串联组合；对于高阻输送管路，则适用串联组合。

【例 2-3】 离心泵流量的调节

欲用离心泵将池中水送至 10m 高处的敞口水塔（见图 2-19）。输送量为 $q_V=20\mathrm{m^3/h}$，管路总长 $L=35\mathrm{m}$（包括所有局部阻力的当量长度），管径均为 40mm，摩擦系数 $\lambda=0.025$。若所选用的离心泵在操作范围内的特性方程为 $H_e=60-7.9\times 10^5 q_V^2$（$H_e$，m；$q_V$，$\mathrm{m^3/s}$）。

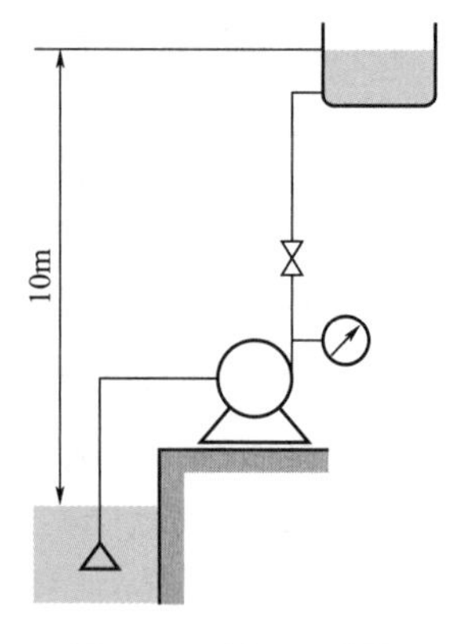

图 2-19 例 2-3 附图

试问：(1) 该泵是否适用？管路情况不变时，此泵正常运转后，实际管路流量为多少（$\mathrm{m^3/h}$）？(2) 为使流量满足设计要求，需用出口阀进行调节，则消耗在该阀门上的阻力损失增加了多少 J/kg？并作图表示消耗在该阀门上增加的阻力损失。

解：(1) 在水池液面和水槽液面间列伯努利方程

$$H+\frac{p_1}{\rho g}+z_1+\frac{u_1^2}{2g}=\frac{p_2}{\rho g}+z_2+\frac{u_2^2}{2g}+H_f$$

水池与水槽液面和大气相通，压强为大气压，$p_1=p_a$，$p_2=p_a$。由题干可知 $z_1=0$，$z_2=10\mathrm{m}$，$u_1=u_2=0$，代入得管路方程

$$H=\frac{\Delta p}{\rho g}+\Delta z+\frac{8\lambda l}{\pi^2 d^5 g}q_V^2=0+10+\frac{8\times 0.025\times 35}{\pi^2\times(0.04)^5\times 9.81}\times q_V^2=10+7.07\times 10^5 q_V^2$$

当 $q_V=20\mathrm{m^3/h}=5.56\times 10^{-3}\mathrm{m^3/s}$ 时

$$H=10+7.07\times 10^5\times(5.56\times 10^{-3})^2=31.86\mathrm{m}$$

泵能提供的扬程为

$$H_e=60-7.9\times 10^5 q_V^2=60-7.9\times 10^5\times(5.56\times 10^{-3})^2=35.58\mathrm{m}$$

因为 $H_e>H$，所以该泵是适合的。

管路方程为 $H=10+7.07\times 10^5 q_V^2$；泵的特性方程为 $H_e=60-7.9\times 10^5 q_V^2$。正常运转时 $H=H_e$，管路方程和泵的特性方程联立求解得

$$10+7.07\times 10^5 q_V^2=60-7.9\times 10^5 q_V^2$$

$$q_V=5.78\times 10^{-3}\mathrm{m^3/s}=20.81\mathrm{m^3/h}$$

(2) 出口阀上阻力损失增加为

$$H_{f,阀}=H_e-H=35.58-31.86=3.72\mathrm{J/N}$$

$$h_{f,阀}=gH_{f,阀}=3.72\times 9.81=36.5\mathrm{J/kg}$$

出口阀上增加的阻力损失，如图 2-20 所示。

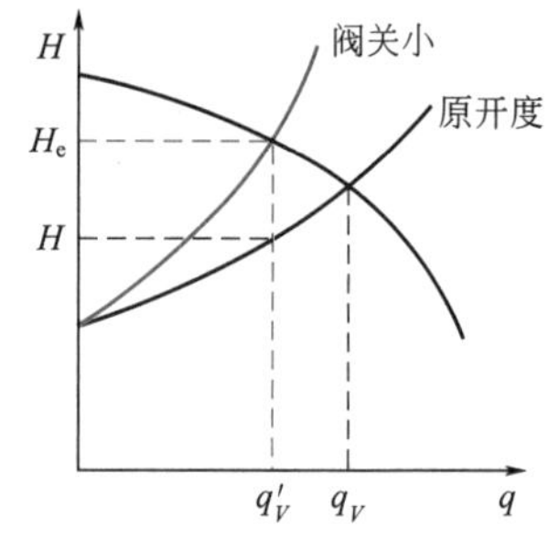

图 2-20 阀门上增加的阻力损失

当离心泵可以提供的扬程 H_e 大于管路需要的压头 H 时，该泵能够适用。多余的能量可用阀门调节，即改变管路特性曲线。关小阀门后增加的节流损失为 $H_f=H_e-H$。阀门调节方便，但是阀门消耗阻力，经济上不合理。

2.2.4 离心泵的安装高度

汽蚀现象 见图 2-21，在液面 0-0 与泵进口附近截面 1-1 之间无外加机械能，液体借势能差流动。随着泵的安装位置提高，叶轮进口处的压强可能降至被输送液体的饱和蒸气压，引起液体部分汽化。

动画

实际上，泵中压强最低处位于叶轮内缘叶片的背面（图 2-21 中 K-K 面）。泵的安装高度至一定值，首先在该处发生汽化现象。含气泡的液体进入叶轮后，因压强升高，气泡立即

凝聚。气泡的消失产生局部真空，周围液体以高速涌向气泡中心，造成冲击和振动。尤其当气泡的凝聚发生在叶片表面附近时，众多液体质点犹如细小的高频水锤撞击着叶片；另外气泡中还可能带有些氧气等对金属材料发生化学腐蚀作用。泵在这种状态下长期运转，将导致叶片的过早损坏。这种现象称为泵的汽蚀。

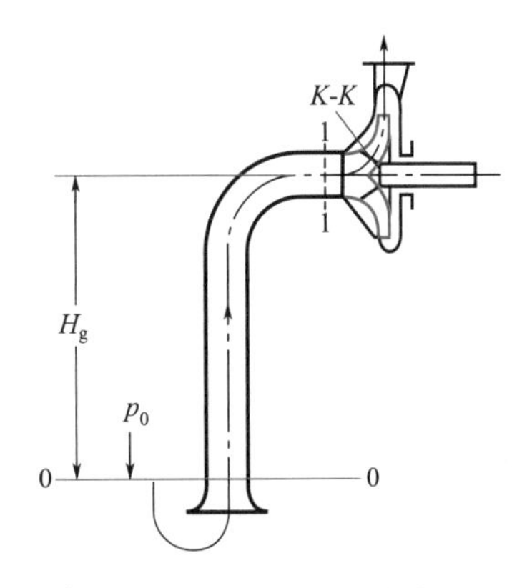

图 2-21 离心泵的安装高度

离心泵在产生汽蚀条件下运转，泵体振动并发生噪声，流量、扬程和效率都明显下降，严重时甚至吸不上液体。为避免汽蚀现象，泵的安装位置不能太高，以保证叶轮入口处压强高于液体的饱和蒸气压。

临界汽蚀余量（NPSH）$_c$ 与必需汽蚀余量（NPSH）$_r$ 在正常运转时，泵入口截面 1-1 的压强 p_1 和叶轮入口截面 K-K 的压强 p_K 密切相关，从截面 1-1 至截面 K-K 列机械能衡算式

$$\frac{p_1}{\rho g}+\frac{u_1^2}{2g}=\frac{p_K}{\rho g}+\frac{u_K^2}{2g}+\sum H_{f(1-K)} \tag{2-26}$$

由式(2-26) 可见，在一定流量下，p_1 降低，p_K 也相应地减小。当泵内刚发生汽蚀时，p_K 等于被输送液体的饱和蒸气压 p_v，此时的 p_1 为最小值 $p_{1,\min}$。在此条件下，上式可写为

$$\frac{p_{1,\min}}{\rho g}+\frac{u_1^2}{2g}=\frac{p_v}{\rho g}+\frac{u_K^2}{2g}+\sum H_{f(1-K)}$$

或

$$\frac{p_{1,\min}}{\rho g}+\frac{u_1^2}{2g}-\frac{p_v}{\rho g}=\frac{u_K^2}{2g}+\sum H_{f(1-K)} \tag{2-27}$$

式(2-27) 表明，在泵内刚发生汽蚀的临界条件下，泵入口处液体的机械能 $\left(\frac{p_{1,\min}}{\rho g}+\frac{u_1^2}{2g}\right)$比液体饱和蒸气压强能超出$\left(\frac{u_K^2}{2g}+\sum H_{f(1-K)}\right)$。此超出量称为离心泵的临界汽蚀余量，并以符号（NPSH）$_c$ 表示，即

$$(\text{NPSH})_c=\frac{p_{1,\min}}{\rho g}+\frac{u_1^2}{2g}-\frac{p_v}{\rho g}=\frac{u_K^2}{2g}+\sum H_{f(1-K)} \tag{2-28}$$

为使泵正常运转，泵入口处的压强 p_1 必须高于 $p_{1,\min}$，即实际汽蚀余量（亦称装置汽蚀余量）

$$\text{NPSH}=\frac{p_1}{\rho g}+\frac{u_1^2}{2g}-\frac{p_v}{\rho g} \tag{2-29}$$

NPSH 必须大于临界汽蚀余量（NPSH）$_c$ 一定的量。

不难看出，当流量一定而且流动已进入阻力平方区时，临界汽蚀余量（NPSH）$_c$只与泵的结构尺寸有关。

临界汽蚀余量作为泵的一个特性，须由泵制造厂通过实验测定。式(2-28) 是实验测定（NPSH）$_c$ 的基础。实验时可设法在泵流量不变的条件下逐渐降低 p_1（例如关小吸入

管路中的阀），当泵内刚好发生汽蚀（按有关规定，以泵的扬程较正常值下降3%作为发生汽蚀的标志）时测取压强 $p_{1,\min}$，然后由式(2-28) 算出该流量下离心泵的临界汽蚀余量 $(\mathrm{NPSH})_c$。

为确保离心泵工作正常，根据有关标准，将所测定的 $(\mathrm{NPSH})_c$ 加上一定的安全量作为必需汽蚀余量 $(\mathrm{NPSH})_r$，并列入泵产品样本。标准还规定实际汽蚀余量 NPSH 要比 $(\mathrm{NPSH})_r$ 大 0.5m 以上。

最大允许安装高度 $[H_g]$ 在一定流量下，泵的安装位置越高，泵的入口处压强 p_1 越低，叶轮入口处的压强 p_K 越低。当泵的安装位置达到某一极限高度时，则 $p_1=p_{1,\min}$，$p_K=p_v$，汽蚀现象遂将发生。从吸入液面 0-0 和叶轮入口截面 K-K 之间（见图 2-21）列机械能衡算式，可求得最大安装高度

$$H_{g\max}=\frac{p_0}{\rho g}-\frac{p_v}{\rho g}-\sum H_{f(0-1)}-\left[\frac{u_K^2}{2g}+\sum H_{f(1-K)}\right]$$

$$=\frac{p_0}{\rho g}-\frac{p_v}{\rho g}-\sum H_{f(0-1)}-(\mathrm{NPSH})_c \tag{2-30}$$

在一定流量下，式(2-30) 中的 $\sum H_{f(0-1)}$ 可根据吸入管的具体情况求出。实际使用 $(\mathrm{NPSH})_r+0.5$ 代替 $(\mathrm{NPSH})_c$，相应可得最大允许安装高度 $[H_g]$，即

$$[H_g]=\frac{p_0}{\rho g}-\frac{p_v}{\rho g}-\sum H_{f(0-1)}-[(\mathrm{NPSH})_r+0.5] \tag{2-31}$$

式中，$(\mathrm{NPSH})_r$ 即为泵产品样本提供的必需汽蚀余量。

必须指出，$(\mathrm{NPSH})_r$ 与流量有关，流量大时的 $(\mathrm{NPSH})_r$ 较大。因此在计算泵的最大允许安装高度 $[H_g]$ 时，必须使用可能达到的最大流量进行计算。

【例 2-4】 安装高度的计算

由泵样本查知，IS 65-50-160 型水泵，在额定流量 $q_V=25\mathrm{m^3/h}$ 时，$(\mathrm{NPSH})_r=2.0\mathrm{m}$。现用此泵输送某种 $\rho=900\mathrm{kg/m^3}$，$p_v=2.67\times10^4\mathrm{Pa}$ 的有机溶液。假设吸入管路阻力损失 $\sum H_{f(0-1)}=3\mathrm{m}$ 液柱，而供液处液面压强 p_0 为大气压，试求最大允许安装高度 $[H_g]$。

解： 由式(2-31)

$$[H_g]=\frac{p_0}{\rho g}-\frac{p_v}{\rho g}-\sum H_{f(0-1)}-[(\mathrm{NPSH})_r+0.5]$$

$$=\frac{1.013\times10^5}{900\times9.81}-\frac{2.67\times10^4}{900\times9.81}-3-[2+0.5]=2.9(\mathrm{m})$$

2.2.5 离心泵的类型与选用

离心泵的类型 离心泵的种类很多，我国原第一机械工业部汇编的泵样本中列有各类离心泵的性能和规格。

化工生产中常用的离心泵有：清水泵、耐腐蚀泵、油泵、液下泵、屏蔽泵、杂质泵、管道泵和低温用泵等。以下仅对几种主要类型作简要介绍。

(1) 清水泵 清水泵是应用最广的离心泵，在化工生产中用来输送各种工业用水以及物理、化学性质类似于水的其他液体。最普通的清水泵是单级单吸式，其系列代号为“IS”，结构如图 2-22 所示。如果要求的压头较高，可采用多级离心泵，其系列代号为“D”，结构示意于图2-23。如要求的流量很大，可采用双吸式离心泵，其系列代号为“Sh”。

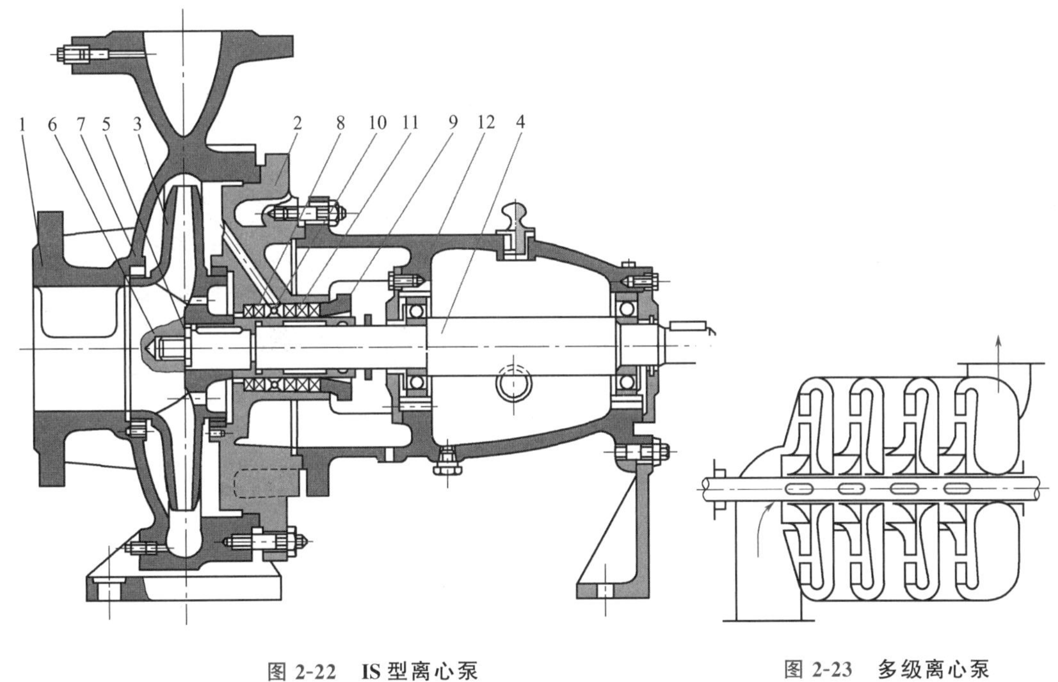

图 2-22 IS 型离心泵

1—泵体；2—泵盖；3—叶轮；4—轴；5—密封环；6—叶轮螺母；7—止动垫圈；8—轴盖；9—填料压盖；10—填料环；11—填料；12—悬架轴承部件

图 2-23 多级离心泵

(2) 耐腐蚀泵 输送酸碱和浓氨水等腐蚀性液体时，必须用耐腐蚀泵，耐腐蚀泵中所有与腐蚀性液体接触的各种部件都需用耐腐蚀材料制造，其系列代号为“F”。但是，用玻璃、陶瓷、橡胶等材料制造的耐腐蚀泵，多为小型泵，不属于“F”系列。

(3) 油泵 输送石油产品的泵称为油泵。因油品易爆易燃，因此要求油泵必须有良好的密封性能。输送高温油品（200℃以上）的热油泵还应具有良好的冷却措施，其轴承和轴封装置都带有冷却水夹套，运转时通冷水冷却。油泵的系列代号为“AY”，双吸式为“AYS”。

(4) 液下泵 液下泵安装在液体贮槽内（图 2-24），对轴封要求不高，适于输送化工过程中各种腐蚀性液体，既节省了空间又改善了操作环境，无须灌泵。其缺点是效率不高。液下泵系列代号为“FY”。

(5) 屏蔽泵 屏蔽泵是一种无泄漏泵，它的叶轮和电机联为一个整体并密封在同一泵壳内，不需要轴封装置，又称无密封泵（图 2-25）。

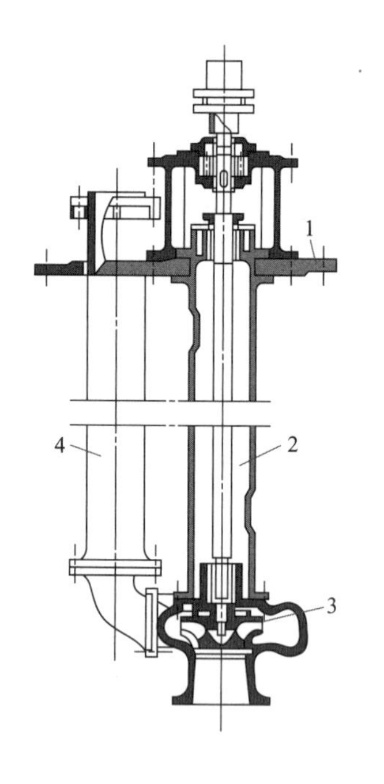

图 2-24　液下泵

1—安装平板；2—轴套管；

3—泵体；4—压出导管

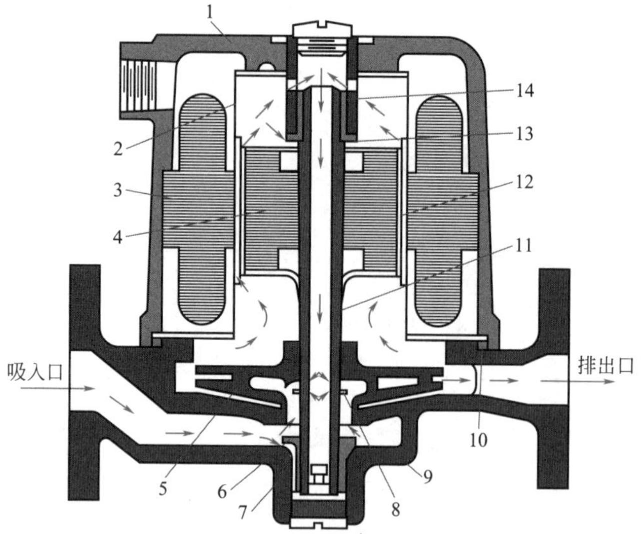

图 2-25　管道式屏蔽泵

1—电机机壳；2—定子屏蔽罩；3—定子；4—转子；

5—闭式叶轮；6,13—止推盘；7—下部轴承；

8—止推垫圈；9—泵体；10—O 形环；11—轴；

12—转子屏蔽套；14—上部轴承

近年来屏蔽泵发展很快，在化工生产中常用以输送易燃、易爆、剧毒以及具有放射性的液体。其缺点是效率较低。

离心泵的选用　离心泵的选用原则上可分为两步进行：

① 根据被输送液体的性质和操作条件确定泵的类型；

② 根据具体管路对泵提出的流量和压头要求确定泵的型号。

在泵样本中，各种类型的离心泵都附有系列特性曲线（又称型谱图），以便于泵的选用。图 2-26 所示为 IS 型离心泵的系列特性曲线。此图以 H-q_V 标绘，图中每一小块面积，表示某型号离心泵的最佳（即效率较高的）工作范围。利用此图，根据管路要求的流量 q_V 和压头 H，可方便地确定泵的具体型号。例如，当输送水时，要求 $H=45\text{m}$，$q_V=10\text{m}^3/\text{h}$，选用一清水泵。则可按图 2-26 选用 IS 50-32-200 离心泵。

离心泵的选择是一个设计型问题，有时会有几种型号的泵同时在最佳工作范围内满足 H 和 q_V 的要求。遇到这种情况，可分别确定各泵的工作点，比较各泵在工作点的效率。一般总是选择其中效率最高的，但也应参考泵的价格。

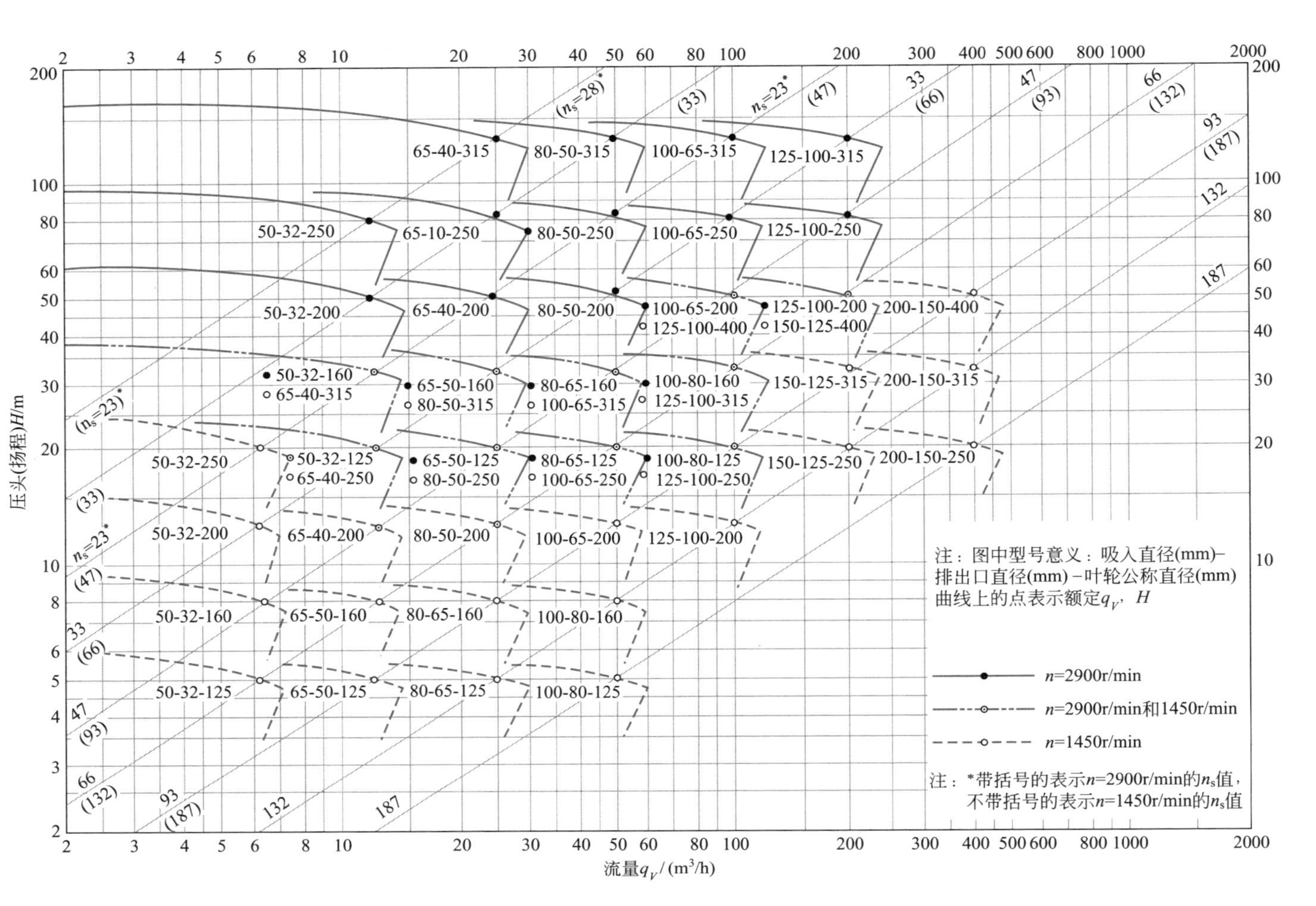

图 2-26 IS 型离心泵系列特性曲线

思考题

2-3 离心泵的压头受哪些因素影响？

2-4 后弯叶片有什么优点？有什么缺点？

2-5 何谓“气缚”现象？产生此现象的原因是什么？如何防止“气缚”？

2-6 影响离心泵特性曲线的主要因素有哪些？

2-7 离心泵的工作点是如何确定的？有哪些调节流量的方法？

2-8 如附图所示，一离心泵将江水送至敞口高位槽，若管路条件不变，随着江面的上升，泵的压头 H_e、管路总阻力损失 H_f、泵入口处真空表读数、泵出口处压力表读数将分别作何变化？

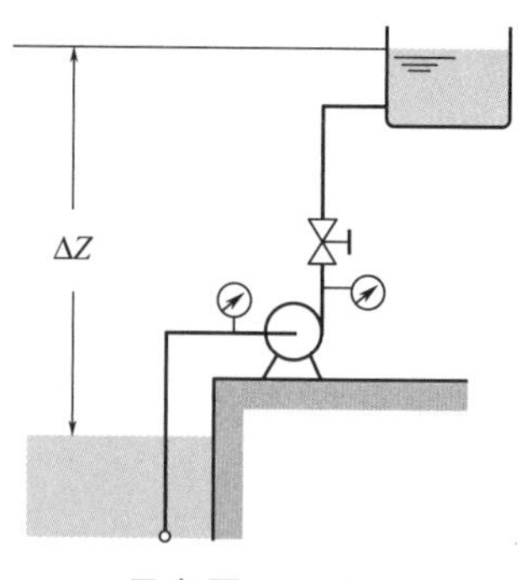

思考题 2-8 附图

2-9 何谓泵的汽蚀？如何避免“汽蚀”？

2.3 往复泵

2.3.1 往复泵的作用原理和类型

作用原理 图 2-27 所示为曲柄连杆机构带动的往复泵，它主要由泵缸、活柱（或活塞）和活门组成。活柱在外力推动下作往复运动，由此改变泵缸内的容积和压强，交替地打开和关闭吸入、压出活门，达到输送液体的目的。由此可见，往复泵是通过活柱的往复运动直接以压强能的形式向液体提供能量的。

往复泵的类型 按照往复泵的动力来源可分类为电动往复泵和汽动往复泵。按照作用方式可将往复泵分为：

① 单动往复泵（图 2-27），活柱往复一次只吸液一次和排液一次。

② 双动往复泵（图 2-28），活柱两边都在工作，每个行程均在吸液和排液。

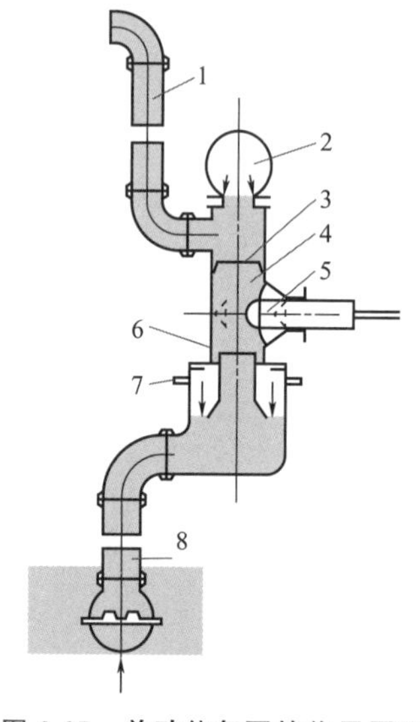

图 2-27 单动往复泵的作用原理

1—压出管路；2—压出空气室；3—压出活门；4—缸体；5—活柱；6—吸入活门；7—吸入空气室；8—吸入管路

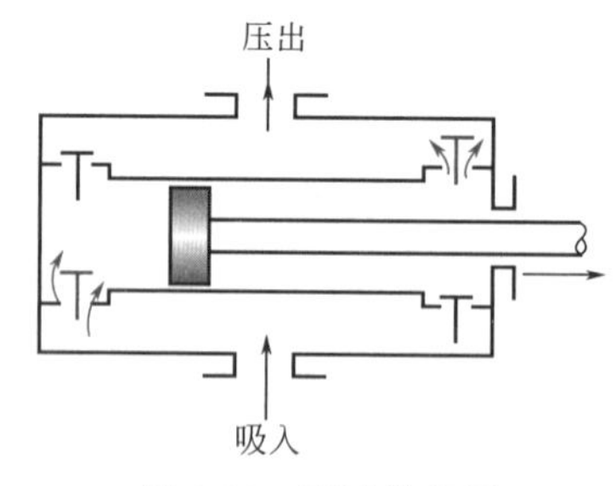

图 2-28 双动往复泵

2.3.2 往复泵的流量调节

往复泵的流量原则上应等于单位时间内活塞在泵缸中扫过的体积。它与往复频率、活塞面积和行程及泵缸数有关。活塞的往复运动若由等速旋转的曲柄机构变换而得，则其速度变化服从正弦曲线规律。在一个周期内，泵的流量也必经历同样的变化，如图 2-29 所示。

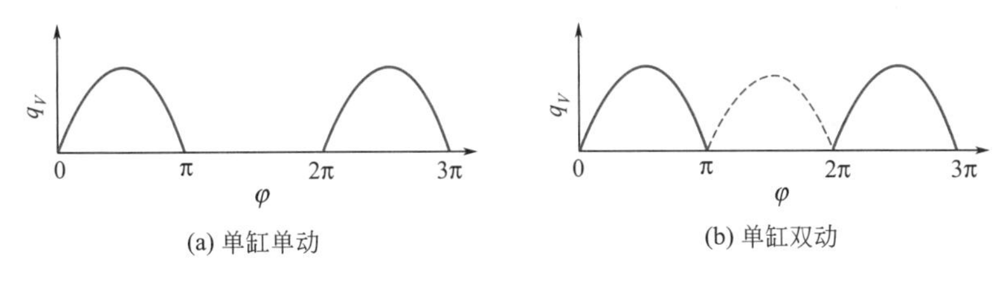

图 2-29　往复泵的流量曲线

流量的不均匀是往复泵的严重缺点，它不仅使往复泵不能用于某些对流量均匀性要求较高的场合，而且使整个管路内的液体处于变速运动状态，不但增加了能量损失，且易产生冲击，造成水锤现象。并会降低泵的吸入能力。

提高管路流量均匀性的常用方法有两个：①采用多缸往复泵，多缸泵的瞬时流量等于同一瞬时各缸瞬时流量之和。只要各缸曲柄的正弦曲线交叉一定角度，就可使流量较为均匀；②装置空气室，空气室是利用气体的压缩和膨胀来贮存或放出部分液体，以减小管路中流量的不均匀性（工作点参见图 2-30）。

往复泵的流量调节　往复泵的理论流量是由活塞所扫过的体积所决定，而与管路特性无关，而往复泵提供的压头则只决定于管路情况，见图 2-30。这种特性称为正位移特性，具有这种特性的泵称为正位移泵。实际上，往复泵的流量随压头升高而略微减小，这是由于容积损失增大造成的。

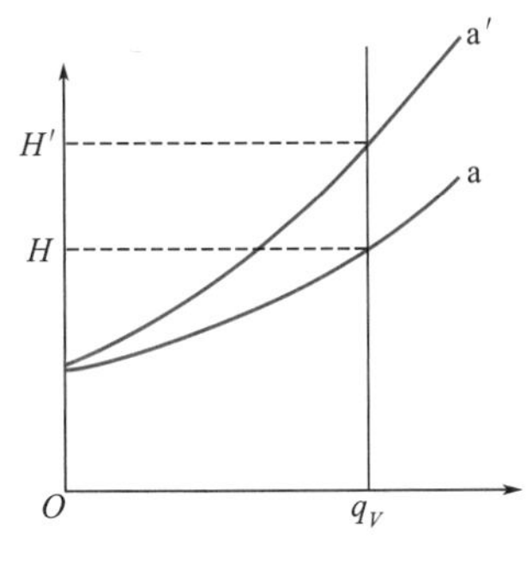

图 2-30　往复泵的工作点

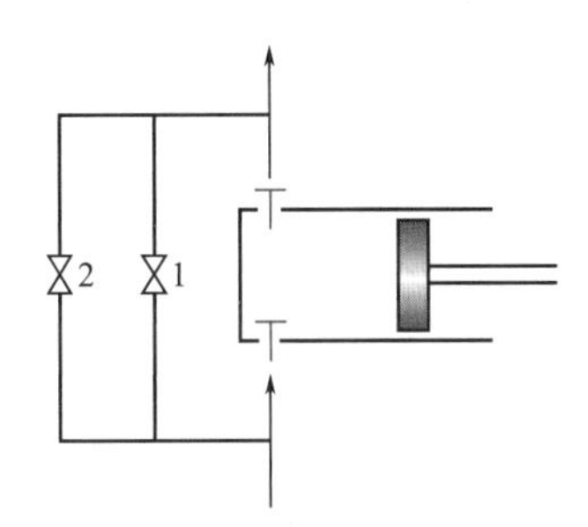

图 2-31　往复泵旁路调节流量示意图

1—旁路阀；2—安全阀

往复泵不用出口阀门来调节流量，因为往复泵属于正位移泵，其流量与管路特性无关，安装调节阀非但不能改变流量，而且还会造成危险，一旦出口阀门完全关闭，泵缸内的压强将急剧上升，导致机件破损或电机烧毁。

往复泵的流量调节方法是：

（1）旁路调节　旁路调节如图 2-31 所示。因往复泵的流量一定，通过阀门调节旁路流量，使一部分压出流体返回吸入管路，便可达到调节主管流量的目的。

显然，这种调节方法很不经济，只适用于变化幅度较小的经常性调节。

（2）改变曲柄转速和活塞行程　因电动机是通过减速装置、曲柄连杆与往复泵相连接的，所以改变减速装置的传动比可以更方便地改变曲柄转速，达到流量调节的目的。因此，改变转速的调节法是最常用的经济方法。

对输送易燃、易爆液体由蒸汽推动的往复泵，可以很方便地调节进入蒸汽缸的蒸汽压强实现流量的调节。

思考题

2-10　什么是正位移特性？

2.4 其他化工用泵

2.4.1 非正位移泵

轴流泵　轴流泵的简单构造如图 2-32 所示。转轴带动轴头转动，轴头上装有叶片 2。液体顺箭头方向进入泵壳，经过叶片，然后又经过固定于泵壳的导叶 3 流入压出管路。

轴流泵叶片形状与离心泵叶片形状不同，轴流泵叶片的扭角随半径增大而增大（见图 2-32），因而液体的角速度 ω 随半径增大而减小。如适当选择叶片扭角，使 ω 在半径方向按某种规律变化，可以使势能 $\left(\frac{p}{\rho g}+z\right)$ 沿半径基本保持不变，从而消除液体的径向流动。通常把轴流泵叶片制成螺旋桨式，其目的就在于此。

叶片本身作等角速度旋转运动，而液体沿半径方向角速度不等，显然，两者在圆周方向必存在相对运动。也就是说，液体以相对速度逆旋转方向对叶片作绕流运动。正是这一绕流运动在叶轮两侧形成压差，产生输送液体所需要的压头。

轴流泵提供的压头一般较小，但输液量却很大，特别适用于大流量、低压头的流体输送。

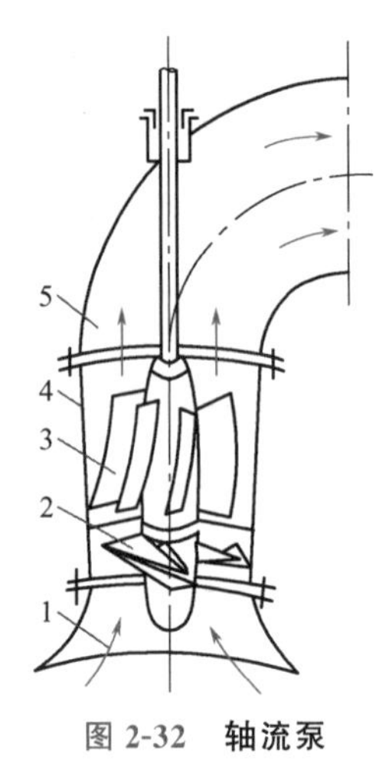

图 2-32　轴流泵

1—吸入室；2—叶片；3—导叶；4—泵体；5—出水弯管

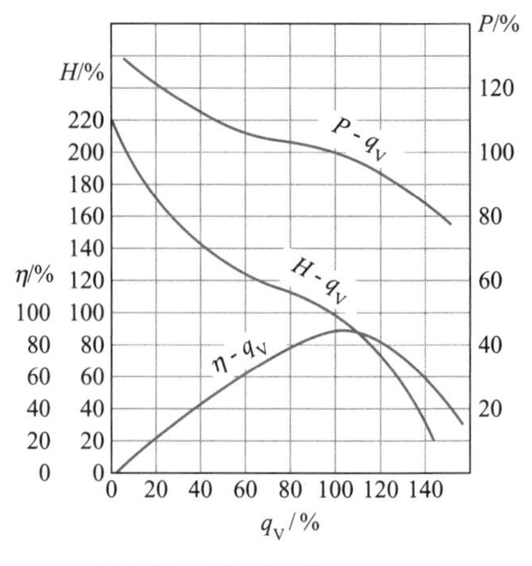

图 2-33　轴流泵的特性曲线

动画

轴流泵的特性曲线如图 2-33 所示。由图可见轴流泵有下列特点，H-q_V 特性曲线很陡，流量越小，所需功率越大；高效操作区很小。

轴流泵一般不设置出口阀，调节流量是采用改变泵的特性曲线的办法实现的。常用方法有：①改变叶轮转速；②改变叶片安装角度。轴流泵的叶片可以做成可调形式。

轴流泵的叶轮一般都浸没在液体中，如叶轮高出液面，启动前同样必须灌泵。

旋涡泵　旋涡泵的构造如图 2-34 所示，其主要工作部分是叶轮及叶轮与泵体组成的流道。流道用隔舌将吸入口和压出口分开。叶轮旋转时，在边缘区形成高压强，因而构成一个与叶轮周围垂直的径向环流。在径向环流的作用下，液体从吸入至排出的过程中可多次进入叶轮并获得能量。旋涡泵的效率相当低，一般为 20%～50%。旋涡泵的 H_e-q_V 特性曲线呈陡降形（图 2-35）。

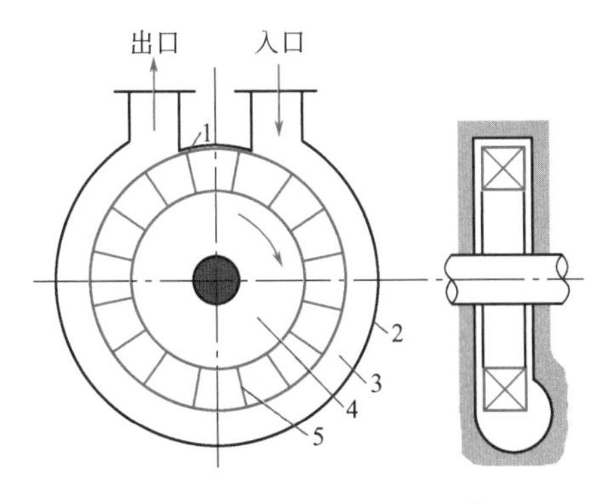

图 2-34 旋涡泵的结构示意

1—隔舌；2—泵壳；3—流道；4—叶轮；5—叶片

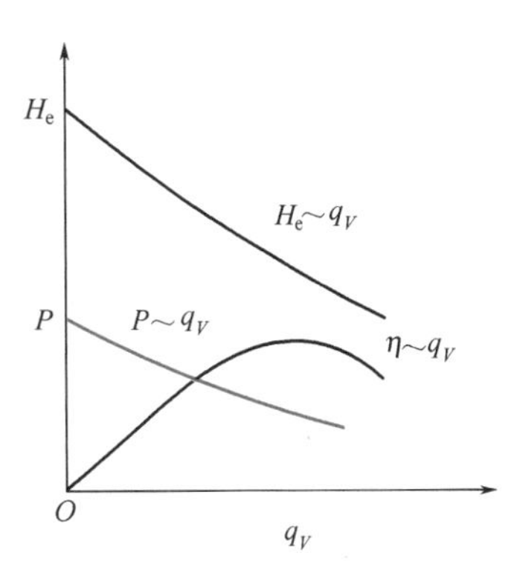

图 2-35 旋涡泵的特性曲线

旋涡泵的特点：①压头和功率曲线下降较快，启动时应打开出口阀，改变流量时，旁路调节比出口阀调节经济；②在叶轮直径和转速相同的条件下，旋涡泵的压头比离心泵高出2～4 倍，适用于高压头、小流量的场合；③输送液体不能含有固体颗粒。

2.4.2 正位移泵

隔膜泵 隔膜泵实际上就是往复泵，系借弹性薄膜将活柱与被输送的液体隔开，这样当输送腐蚀性液体或悬浮液时，可不使活柱和缸体受到损伤。隔膜系采用耐腐蚀橡皮或弹性金属薄片制成。图 2-36 中隔膜左侧所有和液体接触的部分均由耐腐蚀材料制成或涂有耐腐蚀物质；隔膜右侧充满油或水。当活柱作往复运动时，迫使隔膜交替地向两边弯曲，将液体吸入和排出。

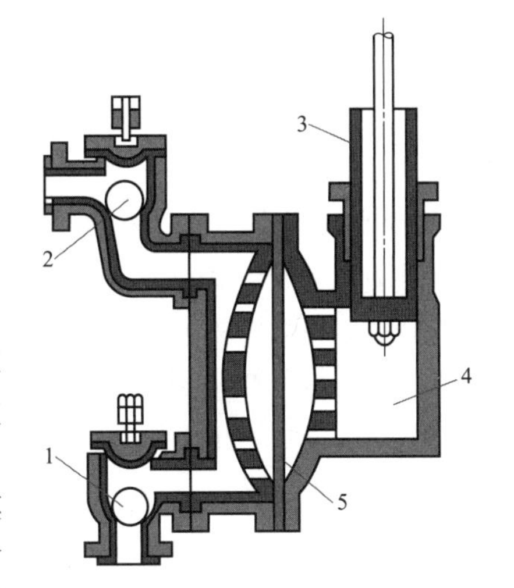

图 2-36 隔膜泵

1—吸入活门；2—压出活门；3—活柱；4—水（或油）缸；5—隔膜

计量泵 在化工生产中，有时要求精确地输送流量恒定的液体或将几种液体按比例输送。计量泵能够很好地满足这些要求。计量泵的基本构造与往复泵相同，但设有一套可以准确而方便地调节活塞行程的机构。隔膜式计量泵可用来定量输送剧毒、易燃、易爆和腐蚀性液体。多缸计量泵每个活塞的行程可单独调节，能实现多种液体按比例输送或混合。

齿轮泵 齿轮泵是正位移泵的另一种类型，其结构如图 2-37 所示。其中图 2-37(a) 所示为一般的齿轮泵，泵壳中有一对相互啮合的齿轮，将泵内空间分成互不相通的吸入腔和排出腔。齿轮旋转时，封闭在齿穴和泵壳间的

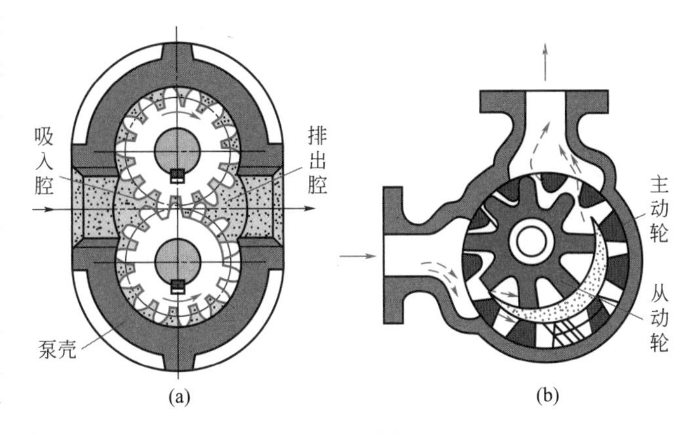

图 2-37 齿轮泵

液体被强行压出。齿轮脱离啮合时形成真空并吸入液体，排出腔则产生管路需要的压强。此种齿轮泵有自吸能力，但流量有些波动，且有噪声和振动。为消除后一缺点，近年来已逐步使用内啮合式的齿轮泵［图 2-37(b)］。它较一般齿轮泵工作平稳，但制造稍复杂。

齿轮泵的流量较小，但可产生较高的压头。化工厂中大多用来输送涂料等黏稠液体甚至膏糊状物料，但不宜输送含有粗颗粒的悬浮液。

螺杆泵 螺杆泵是泵类产品中出现较晚的、较新的一种。螺杆泵按螺杆的数目，可分为单螺杆泵、双螺杆泵、三螺杆泵和五螺杆泵。单螺杆泵的结构如图2-38所示，此泵的工作原理是靠螺杆在具有内螺纹泵壳中偏心转动，将液体沿轴向推进，至排出口排出，多螺杆泵则依靠螺杆间相互啮合的容积变化来输送液体。螺杆泵的效率较齿轮泵高，运转时无噪声、无振动、流量均匀，特别适用于高黏度液体的输送。

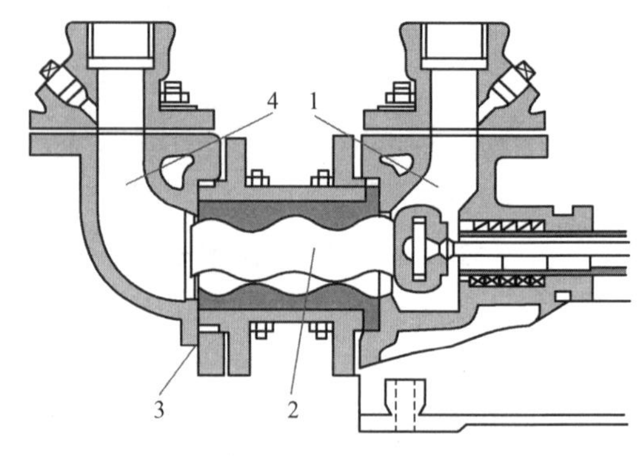

图 2-38 单螺杆泵的结构

1—吸入口；2—螺杆；3—泵壳；4—排出口

2.4.3 各类化工用泵的比较与选择

离心泵由于其适用性广、价格低廉成为化工厂中应用最广的泵，它易于达到大流量，较难产生高压头。往复泵是靠往复运动的柱塞压送液体的，因而易于获得高压头而难以获得大流量。旋转泵（齿轮泵、螺杆泵等）也是靠挤压作用产生压头的，但输液腔一般很小，故只适用于流量小而压头较高的的场合，对高黏度料液尤其适宜。各类化工用泵的详细比较见表 2-1。

表 2-1 各类化工用泵的详细比较

泵的类型		非正位移泵			正位移泵	
		离心泵	轴流泵	旋涡泵	往复泵	旋转泵
流量	均匀性	均匀	均匀	均匀	不均匀	尚可
	恒定性	随管路特性而变			恒定	恒定
	范围	广,易达大流量	大流量	小流量	较小流量	小流量
压头大小		不易达到高压头	压头低	压头较高	高压头	较高压头
效率		稍低,愈偏离额定值愈小	稍低,高效区窄	低	高	较高
操作	流量调节	小幅度调节用出口阀,很简便,大泵大幅度调节可调节转速或换叶轮直径	小幅度调节用旁路阀,有些泵可以调节叶片角度	用旁路阀调节	小幅度调节用旁路阀,大幅度调节可调节转速、行程等	用旁路阀调节
	自吸作用	一般没有	没有	部分型号有自吸能力	有	有
	启动	出口阀关闭	出口阀全开	出口阀全开	出口阀全开	出口阀全开
	维修	简便	简便	简便	麻烦	较简便
结构与造价		结构简单,造价低廉		结构紧凑,简单,加工要求稍高	结构复杂,振动大,体积庞大,造价高	结构紧凑,加工要求较高
适用范围		流量和压头适用范围广,尤其适用于较低压头、大流量。除高黏度物料不太合适外,可输送各种物料	特别适宜于大流量、低压头	高压头小流量的清洁液体	适宜于流量不大的高压头输送任务;输送悬浮液要采用特殊结构的隔膜泵	适宜于小流量较高压头的输送,对高黏度液体较适合

思考题

2-11 为什么离心泵启动前应关闭出口阀，而旋涡泵启动前应打开出口阀？

2.5 气体输送机械

气体输送机械的结构和原理与液体输送机械大体相同。但是气体具有可压缩性和比液体小得多的密度（约为液体密度的1/1000左右），从而使气体输送具有某些不同于液体输送的特点。

对一定的质量流量，气体因密度小，其体积流量很大。因此，气体输送管路中的流速要比液体输送管路的流速大得多。由前可知，液体在管道中的经济流速为1～3m/s，而气体为15～25m/s，约为液体的10倍。这样，若利用各自最经济流速输送同样的质量流量，经相同管长后气体的阻力损失约为液体阻力损失的10倍。换句话说，气体输送管路对输送机械所提出的压头要求比液体管路要大得多。

前已述及，流量大、压头高的液体输送是比较困难的。对于气体输送，这一问题尤其突出。

离心式和轴流式的输送机械，流量虽大但经常不能提供管路所需的压头。各种正位移式输送机械虽可提供所需的高压头，但流量大时，设备十分庞大。因此，在气体管路设计或工艺条件的选择中，应特别注意这个问题。

气体在输送机械内部发生压强变化的同时，体积和温度也将随之发生变化。这些变化对气体输送机械的结构、形状有很大影响。因此，气体输送机械除按其结构和作用原理进行分类外，还根据它所能产生的进、出口压强差（如进口压强为大气压，则压强差即为表压计的出口压强）或压强比（称为压缩比）进行分类，以便于选择。

① 通风机：出口压强不大于15kPa（表压），压缩比为1～1.15。

② 鼓风机：出口压强为15kPa～0.3MPa（表压），压缩比小于4。

③ 压缩机：出口压强为0.3MPa（表压）以上，压缩比大于4。

④ 真空泵：用于减压，出口压力为0.1MPa（绝压），其压缩比由真空度决定。

2.5.1 通风机

工业上常用的通风机有轴流式和离心式两类。

轴流通风机 轴流通风机的结构与轴流泵类似，如图2-39所示。轴流通风机排送量大，但所产生的风压甚小，一般只用于通风换气，而不用于管道输送气体。化工生产中，在空冷器和冷却水塔的通风方面，轴流通风机的应用还是很广的。

离心通风机 离心通风机的工作原理与离心泵完全相同，其构造与离心泵也大同小异。图2-40所示为一离心通风机。对于通风机，习惯上用每立方米气体获得的能量（J/m^3）来表示压头，SI单位为N/m^2，与压强相同。所以风机的压头称为全压（又称风压）。根据所产生的全压大小，离心通风机又可分为低压、中压、高压离心通风机。

通风机的叶轮直径一般是比较大的，叶片形状并不一定是后弯的，为产生较高压头也有径向或前弯叶片。前弯叶片可使结构紧凑，但效率低。因此，所有高效风机都用后弯叶片。

离心通风机的主要参数和离心泵相似，主要包括流量（风量）、全压（风压）、功率和效率。但是，关于通风机的全压须作以下分析。

通风机的风压与气体密度成正比。如取$1m^3$气体为基准，对通风机进、出口截面（分别以下标1、2表示）作能量衡算，可得通风机的全压

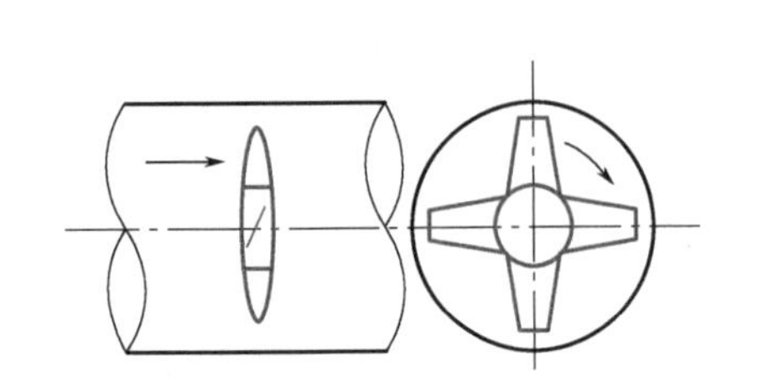

图 2-39 轴流通风机

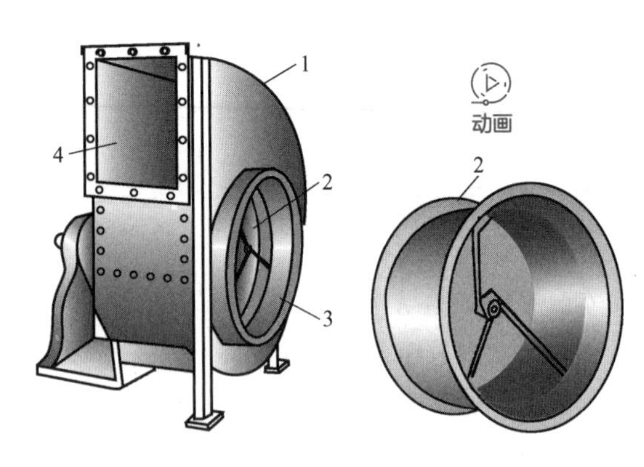

图 2-40 离心通风机

1—机壳；2—叶轮；3—吸入口；4—排出口

$$p_T = H\rho g = (z_2 - z_1)\rho g + (p_2 - p_1) + \frac{\rho(u_2^2 - u_1^2)}{2} \tag{2-32}$$

因式中 $(z_2-z_1)\rho g$ 可以忽略，当空气直接由大气进入通风机时，u_1 也可以忽略，则上式简化为

$$p_T = (p_2 - p_1) + \frac{u_2^2\rho}{2} = p_S + p_K \tag{2-33}$$

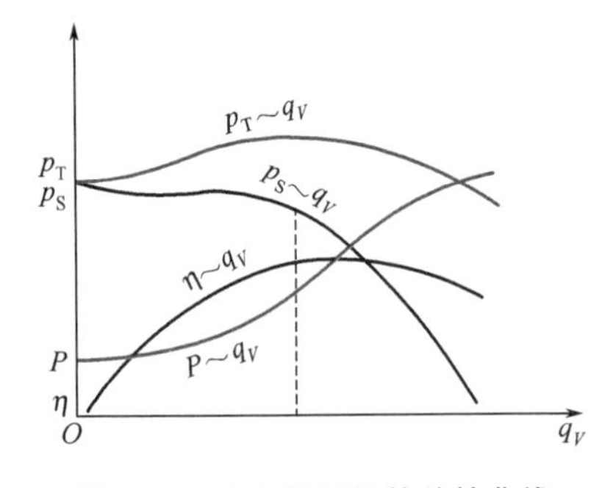

图 2-41 离心通风机的特性曲线

从式(2-33) 可以看出，通风机的压头由两部分组成：其中压差 (p_2-p_1) 称为静风压 p_S；而 $\frac{\rho u_2^2}{2}$ 称为动风压 p_K。在离心泵中，泵进、出口处的动能差很小，可以忽略，但在离心通风机中，气体出口速度很大，动能差不能忽略。因此，与离心泵相比，通风机的性能参数多了一个动风压 p_K。

和离心泵一样，通风机在出厂前，必须测定其特性曲线（图 2-41），试验介质是 1atm、20℃ 的空气 ($\rho'=1.2\text{kg/m}^3$)。因此，在选用通风机时，若所输送气体的密度与试验介质相差较大，应先将实际所需全压 p_T 换算成试验状况下的全压 p'_T，然后根据产品样本中的数据确定风机的型号。由式(2-32) 可知，全压换算可按下式进行

$$p'_T = p_T\left(\frac{\rho'}{\rho}\right) = p_T\left(\frac{1.2}{\rho}\right) \tag{2-34}$$

式中，ρ 为实际输送气体的密度。

【例 2-5】 某塔板冷模实验装置如图 2-42 所示。其中有 5 块塔板，塔径 $D=2\text{m}$。管路直径 $d=0.6\text{m}$，要求塔内最大气速为 2.5m/s，已知在最大气速下，每块塔板的阻力损失约为 1.1kPa，孔板流量计的阻力损失为 3.0kPa，整个管路的阻力损失约为 3.2kPa。设空气温度为 30℃，大气压为 98kPa，试选择一适用的通风机。

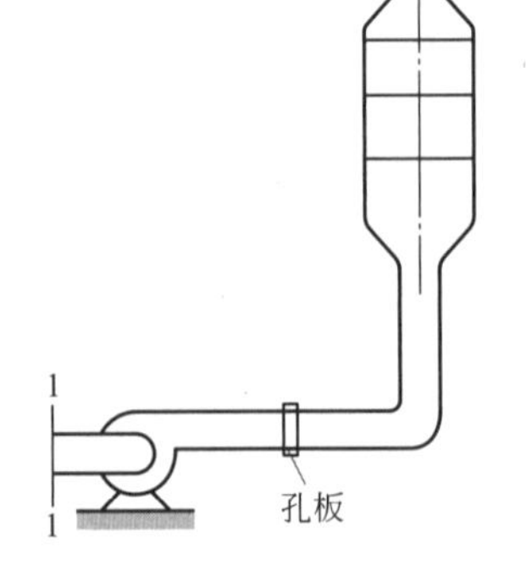

图 2-42 例 2-5 附图

解：首先计算管路系统所需要的全压。从通风机入口截面1-1至塔出口截面2-2作能量衡算（以$1m^3$气体为基准）得

$$p_T=(z_2-z_1)\rho g+(p_2-p_1)+\frac{\rho(u_2^2-u_1^2)}{2}+\sum H_f\rho g$$

式中$(z_2-z_1)\rho g$可忽略，$p_1=p_2$，$u_1=0$，u_2和ρ可以计算如下

$$u_2=\frac{0.785\times2^2\times2.5}{0.785\times0.6^2}=27.8(m/s)$$

$$\rho=1.29\times\frac{273}{303}\times\frac{98}{101.3}=1.12(kg/m^3)$$

将以上各值代入上式

$$p_T=\frac{1.12\times27.8^2}{2}+(3+3.2+1.1\times5)\times1000$$

$$=1.21\times10^4\ (Pa)\ =12.1kPa$$

按式(2-34)将所需p_T换算成测定条件下的全压p'_T，即

$$p'_T=\frac{1.2}{1.12}\times1.21\times10^4=1.30\times10^4(Pa)$$

根据所需全压$p'_T=13kPa$和所需流量

$$q_V=0.785\times2^2\times2.5\times3600=2.83\times10^4(m^3/h)$$

从风机样本中查得8-18-101No16（$n=1450r/min$）可满足要求，该机性能如下

全压15kPa，风量$30000m^3/h$，轴功率260kW

2.5.2 鼓风机

在工厂中常用的鼓风机有旋转式和离心式两种类型。

罗茨鼓风机 旋转式鼓风机类型很多，罗茨鼓风机是其中应用最广的一种。罗茨鼓风机的结构如图2-43所示，其工作原理与齿轮泵相似。因转子端部与机壳、转子与转子之间缝隙很小，当转子作旋转运动时，可将机壳与转子之间的气体强行排出，两转子的旋转方向相反，可将气体从一侧吸入，从另一侧排出。

罗茨鼓风机属于正位移型，其风量与转速成正比，而与出口压强无关。罗茨鼓风机的风量为$0.03\sim9m^3/h$，出口压强不超过80kPa。出口压强太高，泄漏量增加，效率降低。

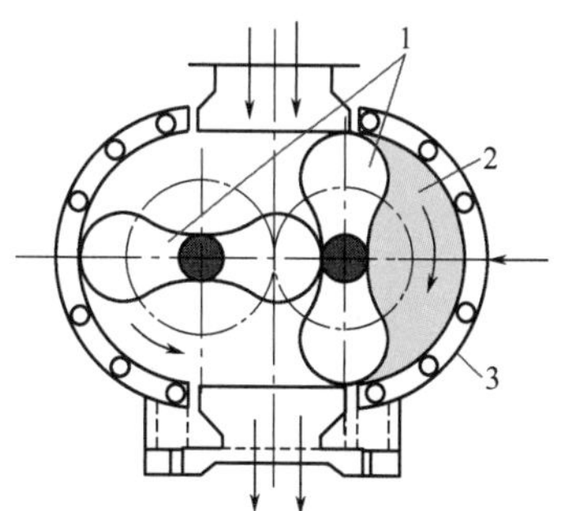

图2-43 罗茨鼓风机
1—工作转子；2—所输送的气体体积；3—机壳

动画

罗茨鼓风机的出口应安装稳压气柜与安全阀，流量用旁路调节。罗茨鼓风机工作时，温度不能超过85℃，否则因转子受热膨胀易发生卡住现象。

离心鼓风机 离心鼓风机又称透平鼓风机，其工作原理与离心通风机相同，但由于单级通风机不可能产生很高风压（一般不超过50kPa），故压头较高的离心鼓风机都是多级的。其结构和多级离心泵类似。

离心鼓风机的出口压强一般不超过0.3MPa（表压），因压缩比不大，不需要冷却装置，各级叶轮尺寸基本相等。

离心鼓风机的选用方法与离心通风机相同。

2.5.3 压缩机

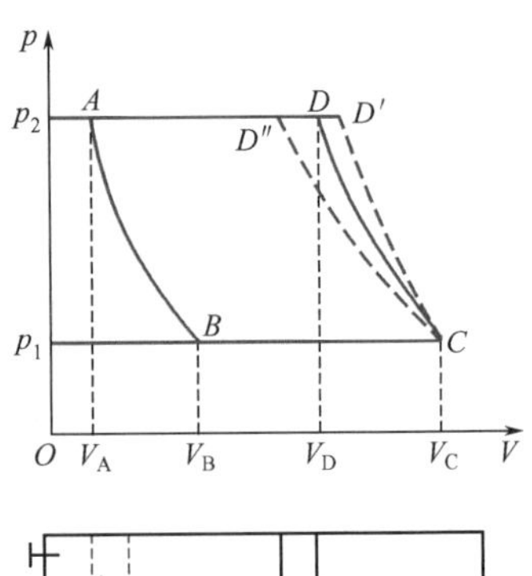

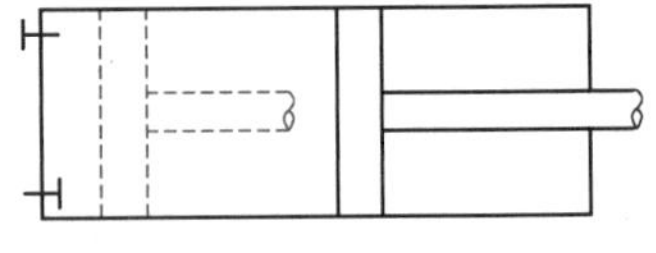

图 2-44 单作用往复式压缩机的工作过程

化工厂所用的压缩机主要有往复式和离心式两大类。

往复式压缩机　往复式压缩机的基本结构和工作原理与往复泵相似。但因为气体的密度小、可压缩，故压缩机的吸入和排出活门必须更加灵巧精密；为移除压缩放出的热量以降低气体的温度，必须附设冷却装置。

动画

图 2-44 所示为单作用往复式压缩机的工作过程。当活塞运动至气缸的最左端（图中 A 点），压出行程结束。但因为机械结构上的原因，虽则活塞已达行程的最左端，气缸左侧还有一些容积，称为余隙容积。由于余隙的存在，吸入行程开始阶段为余隙内压强为 p_2 的高压气体膨胀过程，直至气压降至吸入气压 p_1（图中 B 点）吸入活门才开启，压强为 p_1 的气体被吸入缸内。在整个吸气过程中，压强 p_1 基本保持不变，直至活塞移至最右端（图中 C 点），吸入行程结束。当压缩行程开始，吸入活门关闭，缸内气体被压缩。当缸内气体的压强增大至稍高于 p_2（图中 D 点），排出活门开启，气体从缸体排出，直至活塞移至最左端，排出过程结束。

由此可见，压缩机的一个工作循环是由膨胀、吸入、压缩和排出四个阶段组成的。四边形 $ABCD$ 所包围的面积，为活塞在一个工作循环中对气体所做的功。

根据气体和外界的换热情况，压缩过程可分为等温（CD''）、绝热（CD'）和多变（CD）三种情况。由图可见，等温压缩消耗的功最小。实际上，等温和绝热条件都很难做到，所以压缩过程都是介于两者之间的多变过程。如不考虑余隙的影响，则多变过程出口气温 T_2 和所消耗的功率 P_e 分别为

$$T_2=T_1\left(\frac{p_2}{p_1}\right)^{\frac{k-1}{k}} \tag{2-35}$$

和

$$P_e=p_1 q_{V1}\frac{k}{k-1}\left[\left(\frac{p_2}{p_1}\right)^{\frac{k-1}{k}}-1\right] \tag{2-36}$$

式中，q_{V1} 为吸入体积流量；k 称为多变指数，$1<k<\gamma$；γ 为绝热指数。值得注意的是 γ 大的气体 k 也较大。空气、氢气等 $\gamma=1.4$，而石油气则 $\gamma=1.2$ 左右，因此在石油气压缩机用空气试车或用氮气置换石油气时，就必须注意超负荷及超温问题。

压缩机在工作时，余隙内气体无益地进行着压缩膨胀循环，徒然消耗动力，且使吸入气量减少。余隙的这一影响在压缩比 p_2/p_1 大时更为显著。当压缩比大于 8 时，应采用多级压缩，级间冷却。在多级压缩中，每级压缩比减小，余隙的不良影响减弱。

往复式压缩机的产品有多种，除空气压缩机外，还有氨气压缩机、氢气压缩机、石油气压缩机等，以适应各种特殊需要。

往复式压缩机的选用主要依据生产能力和排出压强（或压缩比）两个指标。生产能力用 m^3/min 表示，以吸入常压空气来测定。在实际选用时，首先根据所输送气体的特殊性质，决定压缩机的类型，然后再根据生产能力和排出压强，从产品样本中选用适用的压缩机。

【例 2-6】 某工艺需将20℃、0.1MPa（绝压）的原料气单级压缩至0.4MPa（绝压），入口气体流量为$1m^3/s$。压缩过程的多变指数$k=1.25$，试求出口温度T_2和所需消耗的功率。

解： 由式(2-35) 和式(2-36) 得

$$T_2=T_1\left(\frac{p_2}{p_1}\right)^{\frac{k-1}{k}}=293\times 4^{\frac{1.25-1}{1.25}}=387\ (\text{K})=114℃$$

$$P_e=p_1 q_{V1}\frac{k}{k-1}\left[\left(\frac{p_2}{p_1}\right)^{\frac{k-1}{k}}-1\right]=10^5\times 1\times\frac{1.25}{1.25-1}\times[4^{\frac{1.25-1}{1.25}}-1]$$

$$=1.60\times 10^5\,(\text{W})$$

离心式压缩机 离心式压缩机又称为透平压缩机，其工作原理与离心鼓风机完全相同，离心式压缩机之所以能产生高压强，除级数较多外，更主要的是采用高转速。例如，国产DA220-71型离心式压缩机，进口为常压，出口约为1MPa左右，其转速高达8500r/min，由汽轮机驱动。为获得更高的压强，叶轮的转速必须更高。

动画

与往复式压缩机相比，离心式压缩机具有体积小、重量轻、运转平稳、操作可靠、调节容易、维修方便、流量大而均匀、压缩气可不受油污染等一系列优点。因此，近年来在化工生产中，往复式压缩机已越来越多地为离心式压缩机所代替。

离心式压缩机的缺点是：制造精度要求高，当流量偏离额定值时效率较低。

2.5.4 真空泵

原则上讲，真空泵就是在负压下吸气、一般在大气压下排气的输送机械，用来维持工艺系统要求的真空状态。对于仅几十个帕斯卡到上千帕斯卡的真空度，普通的通风机和鼓风机就行了。但当希望维持较高的真空度，如绝对压在20kPa以下至几毫米汞柱（即几Torr[1]），就需要专门的真空泵。对于需维持绝对压在0.1Pa以下的超高真空，就需应用扩散、吸附等原理制造的专门设备。下面介绍几种化工常用的真空泵。

往复式真空泵 往复式真空泵的构造和原理与往复式压缩机基本相同。但是，真空泵的压缩比很高（例如，对于95%的真空度，压缩比约为20左右），所抽吸气体的压强很小，故真空泵的余隙容积必须更小。排出和吸入阀门必须更加轻巧灵活。

往复式真空泵所排放的气体不应含有液体，如气体中含有大量蒸气，必须把可凝性气体设法（一般采用冷凝）除掉之后再进入泵内，即它属于干式真空泵。

水环真空泵 水环真空泵的外壳呈圆形，其中有一叶轮偏心安装，如图2-45所示。水环真空泵工作时，泵内注入一定量的水，当叶轮旋转时，由于离心力的作用，将水甩至壳壁形成水环。此水环具有密封作用，使叶片间的空隙形成许多大小不同的密封室。由于叶轮的旋转运动，密封室由小变大形成真空，将气体从吸入口吸入；继而密封室由大变小，气体由压出口排出。

水环真空泵在吸气中可允许夹带少量液体，属于湿式真空泵，结构简单紧凑，最高真空度可达85%。水环泵运转时，要不断地充水以维持泵内液封，同时也起冷却的作用。

水环式真空泵可作为鼓风机用，所产生的风压不超过0.1MPa（表压）。

液环真空泵 液环真空泵又称纳氏泵，在化工生产中应用很广，其结构如图2-46所示。

---

[1] Torr读作托，1Torr=133.322Pa。

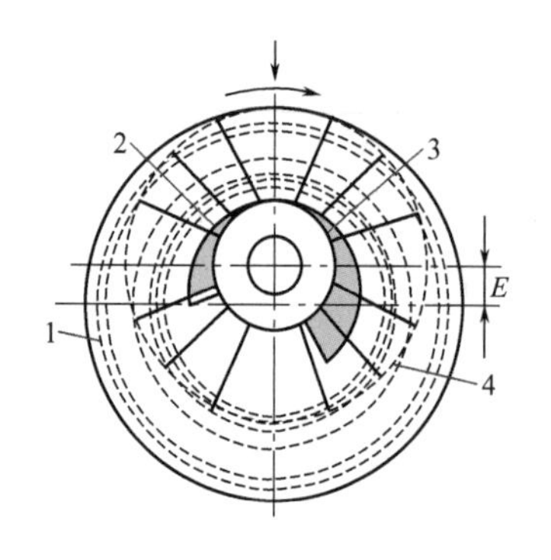

图 2-45　**水环真空泵**

1—水环；2—排气口；3—吸入口；4—转子

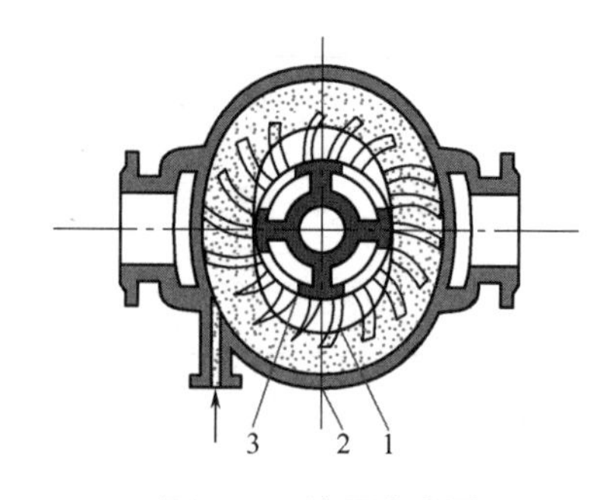

图 2-46　**液环真空泵**

1—叶轮；2—泵体；3—气体分配器

和水环真空泵一样，工作腔也是由一些大小不同的密封室组成的。但是，水环真空泵的工作腔只有一个，系由于叶轮的偏心所造成，而液环真空泵的工作腔有两个，是由于泵壳的椭圆形状所形成。

液环泵除用作真空泵外，也可用作压缩机，产生的压强可高达 0.5～0.6MPa（表压）。

尤须指出，液环泵在工作时，所输送的气体不与泵壳直接接触。因此，只要叶轮采用耐腐蚀材料制造，液环泵便可输送腐蚀性气体。当然，泵内所充液体，必须不与气体起化学反应。例如，当输送氯气时，壳内充以硫酸。

旋片真空泵　旋片真空泵是旋转式真空泵的一种，其工作原理见图 2-47。当带有两个旋片 7 的偏心转子按箭头方向旋转时，旋片在弹簧 8 的压力及自身离心力的作用下，紧贴泵体 9 内壁滑动，吸气工作室不断扩大，被抽气体通过吸气口 3 经吸气管 4 进入吸气工作室，当旋片转至垂直位置时，吸气完毕，此时吸入的气体被隔离。转子继续旋转，被隔离的气体逐渐被压缩，压强升高。当压强超过排气阀片 2 上的压强时，则气体经排气管 5 顶开排气阀片 2，通过油液从泵排气口 1 排出。泵在工作过程中，旋片始终将泵腔分成吸气、排气两个工作室，转子 6 每旋转一周，有两次吸气、排气过程。

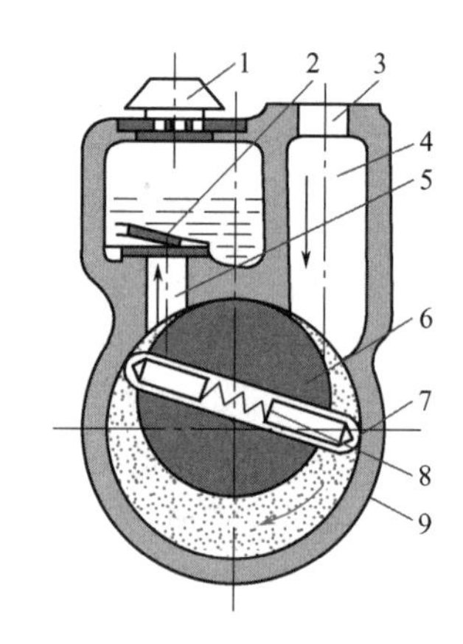

图 2-47　**旋片真空泵的工作原理**

1—排气口；2—排气阀片；3—吸气口；4—吸气管；5—排气管；6—转子；7—旋片；8—弹簧；9—泵体

旋片真空泵的主要部分浸没于真空油中，为的是密封各部件间隙，充填有害的余隙和得到润滑。此泵属于干式真空泵。如需抽吸含有少量可凝性气体的混合气时，泵上设有专门设计的镇气阀（能在一定压强下打开的单向阀），把经控制的气流（通常是湿度不大的空气）引到泵的压缩腔内，以提高混合气的压强，使其中的可凝性气体在分压尚未达到泵腔温度下的饱和值时，即被排出泵外。

旋片真空泵可达较高的真空度［绝对压强约为 0.67Pa（5×10^{-3}Torr)］，抽气速率比较小，适用于抽除干燥或含有少量可凝性蒸气的气体。不适宜用于抽除含尘和对润滑油起化学作用的气体。

喷射真空泵　喷射真空泵是利用高速流体射流时压强能向动能转换所造成的真空，将气体吸入泵内，并在混合室通过碰撞、混合以提高吸入气体的机械能，气体和工作流体一并排出泵外。

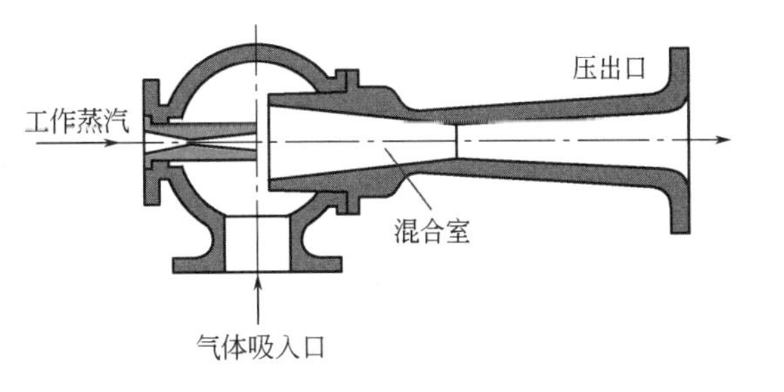

图 2-48　单级蒸汽喷射泵

动画

喷射泵的工作流体可以是水蒸气也可以是水，前者称为蒸汽喷射泵，后者称为水喷射泵。

单级蒸汽喷射泵（图 2-48）仅能达到 90%的真空度。为获得更高的真空度可采用多级蒸汽喷射泵，工程上最多采用五级蒸汽喷射泵，其极限真空（绝压）可达 1.3Pa。

喷射泵的优点是工作压强范围广，抽气量大，结构简单，适应性强（可抽吸含有灰尘以及腐蚀性、易燃、易爆的气体等），其缺点是效率很低，一般只有 10%～25%。因此，喷射泵多用于抽真空，很少用于输送目的。

真空泵的主要特性　真空泵的最主要特性是极限真空和抽气速率：

① 极限真空（残余压强）是真空泵所能达到的稳定最低压强，习惯上以绝对压强表示，单位为 Pa 或 Torr；

② 抽气速率（简称抽率）是单位时间内真空泵吸入口吸进的气体体积。注意，这是在吸入口的温度和压强（极限真空）条件下的体积流量，常以 m^3/h 或 L/s 表示。

这两个特性是选择真空泵的依据。

真空泵所需的抽率　需用真空泵连续抽除的气体量一般较难确定，它包括单位时间内从外界漏入真空系统的空气量、与过程液体的饱和蒸气压相当的蒸气量、用冷却水直接冷却释放出的溶解空气量、工艺过程产生的不凝性气体量。

思考题

2-12　通风机的全压、动风压各有什么含义？为什么离心泵的 H 与 ρ 无关，而风机的全压 p_T 与 ρ 有关？

2-13　某离心通风机用于锅炉通风。如附图所示，通风机放在炉子前与放在炉子后比较，在实际通风的质量流量、电机所需功率上有何不同？为什么？

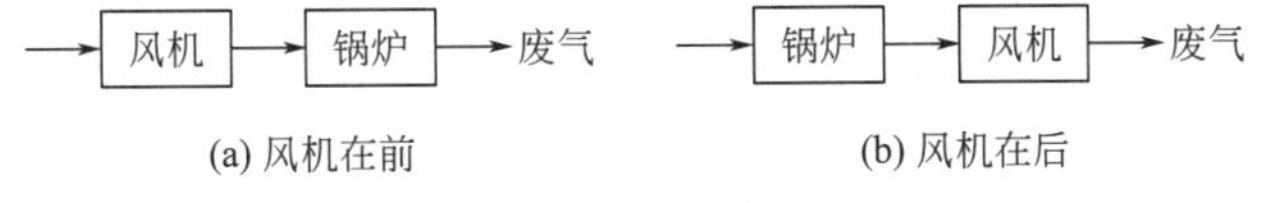

思考题 2-13 附图

微课视频

第 2 章　流体输送机械

2.1　概述

2.2　离心泵

2.2.1　离心泵的工作原理

2.2.2　离心泵的特性曲线

2.2.3　离心泵的流量调节和组合操作

2.2.4　离心泵的安装高度

2.3　往复泵

<<<<< 习　题 >>>>>

管路特性

2-1　如附图所示。拟用一泵将碱液由敞口碱液槽打入位差为 10m 高的塔中。塔顶压强为 0.06MPa（表压)。全部输送管均为 ϕ57mm×3.5mm 无缝钢管，管长 50m（包括局部阻力的当量长度）。碱液的密度 ρ=1200kg/m^3，黏度 μ=2mPa·s。管壁粗糙度为 0.3mm。试求：(1) 流动处于阻力平方区时的管路特性方程；(2) 流量为 30m^3/h 时的 H_e 和 P_e。

[答：(1) $H_e=15.1+4.36\times10^5 q_V^2$；(2) 45.4m，4.5kW]

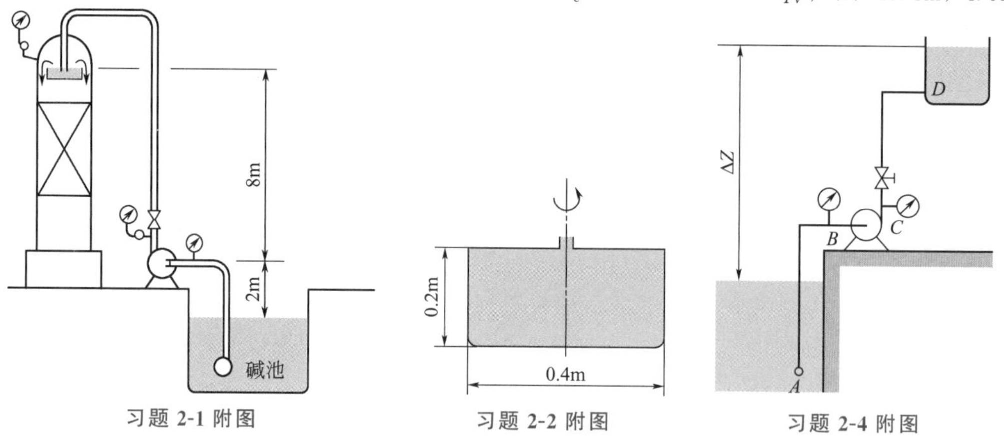

习题 2-1 附图　　习题 2-2 附图　　习题 2-4 附图

离心泵的特性

2-2 如附图所示，直径 0.4m、高 0.2m 的空心圆筒内盛满水，圆筒以 1000r/min 绕中心轴旋转，筒顶部中心处开有一小孔与大气相通。试用欧拉平衡方程式(1-7)求：(1) 液体作用于顶盖上的压强分布（p 与半径 r 的关系)；(2) 筒圆周内壁上液体的势能$\dfrac{\mathscr{P}}{\rho g}$及动能$\dfrac{u^2}{2g}$比轴心处各增加了多少？

[答：(1) $p=\rho\omega^2 r^2/2=5.48\times10^6 r^2$；(2) 22.4J/N，22.4J/N]

2-3 某离心泵在作性能试验时以恒定转速打水，当流量为 71m^3/h 时，泵吸入口处真空表读数 0.029MPa，泵压出口处压强计读数 0.31MPa。两测压点的位差不计，泵进、出口的管径相同。测得此时泵的轴功率为 10.4kW，试求泵的扬程及效率。

[答：34.6m；64%]

带泵管路的流量及调节

2-4 附图所示的输水管路，用离心泵将江水输送至常压高位槽。已知吸入管直径 ϕ70mm×3mm，管长 l_{AB}=15m，压出管直径 ϕ60mm×3mm，管长 l_{CD}=80m（管长均包括局部阻力的当量长度)，摩擦系数 λ 均为 0.03，Δz=12m，离心泵特性曲线为 $H_e=30-6\times10^5 q_V^2$，式中 H_e 的单位为 m；q_V 的单位为 m^3/s。试求：(1) 管路流量；(2) 旱季江面下降 3m 时的管路流量。

[答：(1) 14.8m^3/h；(2) 13.5m^3/h]

2-5 如附图所示的输水系统，用泵将水池中的水输送到敞口高位槽，管道直径均为 ϕ83mm×3.5mm，泵的进、出管道上分别安装有真空表和压力表，真空表安装位置离贮水池的水面高度为 4.8m，压力表安装位置离贮水池的水面高度为 5m。进水管道的全部阻力损失为 0.2mH_2O，出水管道的全部阻力损失为 0.5mH_2O，压力表的读数为 2.42atm，真空表的读数 51.48kPa。

试求：(1) 泵的扬程和流量；(2) 高位槽液面至压力表的垂直距离为多少 (m)？

[答：(1) 30.44m，36m^3/h；(2) 24.74m]

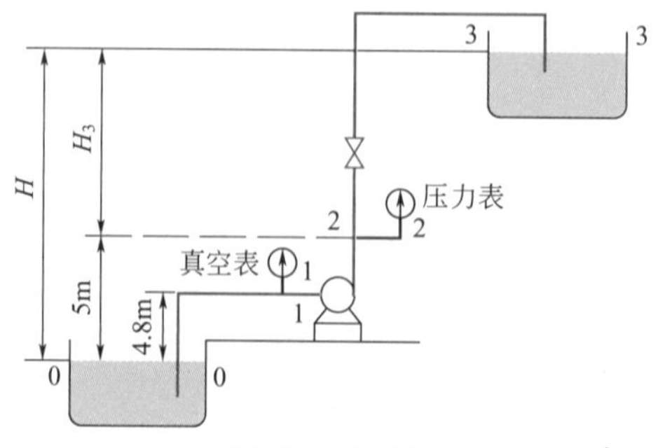

习题 2-5 附图

*2-6 某台离心泵的特性曲线可用方程 $H_e=20-2q_V^2$ 表示。式中 H_e 为泵的扬程，m；q_V 为流量，m^3/min。现该泵用于两敞口容器之间送液，已知单泵使用时流量为 $1m^3/min$。欲使流量增加 50%，试问应该将相同两台泵并联还是串联使用？两容器的液面位差为 10m。 [答：串联]

2-7 某带有变频调速装置的离心泵在转速 1480r/min 下的特性方程为 $H_e=38.4-40.3q_V^2$（q_V 单位为 m^3/min，H_e 单位为 m）。输送管路两端的势能差 $\Delta\mathscr{P}/(\rho g)$ 为 16.8m，管径为 ϕ76mm×4mm，长 1360m（包括局部阻力的当量长度），$\lambda=0.03$。试求：(1) 输液量 q_V；(2) 当转速调节为 1700r/min 时的输液量 q_V。

[答：(1) $0.178m^3/min$；(2) $0.222m^3/min$]

离心泵的安装高度

2-8 某离心泵的必需汽蚀余量为 3.5m，今在海拔 1000m 的高原上使用。已知吸入管路的全部阻力损失为 3J/N。今拟将该泵装在敞口水源之上 3m 处，试问此泵能否正常操作？（该地大气压为 90kPa，夏季的水温为 20℃。） [答：不能正常工作，会发生汽蚀]

2-9 如附图所示，两槽间要安装一台离心泵，常压下输送 20℃水，流量 $q_V=45m^3/h$。现有一台清水泵，在此流量下 $H_e=32.6m$，$(NPSH)_r=3.0m$，已算得 $H_{f,吸入}=1mH_2O$，$H_{f,压出}$(阀全开)$=6mH_2O$。

试问：(1) 这台泵是否可用？(2) 现因落潮，江水液面下降了 0.5m，此泵在落潮时能否正常工作？定性判断流量将如何变化？(3) 若该管路有足够的调节余地，现调节管路流量与落潮前相等，则出口阀门应开大还是关小？此时泵的进口真空表和出口压力表的读数较落潮前各变化了多少？压出管的阻力损失变化了多少（mH_2O)？（计算中忽略流量对吸入管阻力的影响，设流动已进入阻力平方区。）

[答：(1) 该泵可用；(2) 泵有落潮后仍能正常工作；流量减小；(3) 阀门应开大；进口真空表读数增大 4.905×10^3Pa，出口压力表减少 4.905×10^3Pa；$0.5mH_2O$]

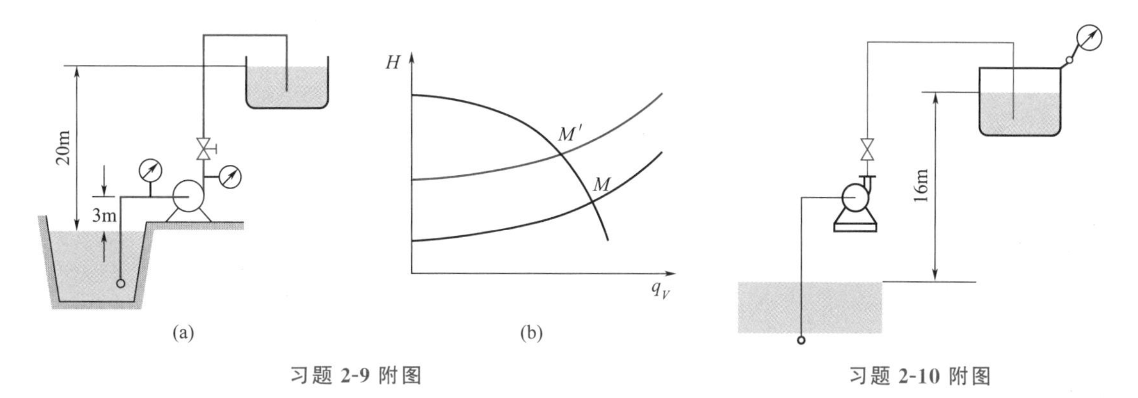

习题 2-9 附图

习题 2-10 附图

离心泵的选型

2-10 如附图所示，从水池向高位槽送水，要求送水量为每小时 40t，槽内压强为 0.03MPa（表压），槽内水面离水池水面 16m，管路总阻力为 4.1J/N。拟选用 IS 型水泵。试确定选用哪一种型号为宜？

[答：IS80-65-160 或 IS100-65-315]

往复泵

2-11 某单缸双动往复输水泵，每分钟活塞往复 60 次，活塞直径为 200mm，活塞杆直径为 30mm，活塞行程为 300mm。实验测得此泵的输水量为 $0.018m^3/s$，求此泵的容积效率 η_V。 [答：96.6%]

气体输送机械

2-12 现需输送温度为 200℃、密度为 $0.75kg/m^3$ 的烟气，要求输送流量为 $12700m^3/h$，全压为 1.18kPa。工厂仓库中有一台风机，其铭牌上流量为 $12700m^3/h$，全压为 1.57kPa，试问该风机是否可用？

[答：此风机不适用]

*2-13 在多级往复式压缩机中的某一级，将氨自 0.15MPa（表压）压缩到 1.1MPa（表压）。若生产能力为 $460m^3/h$（标准状况），总效率为 0.7，气体进口温度为 −10℃，试计算该级压缩机所需功率及氨出口时的温度。

设压缩机内进行的是绝热过程，氨的绝热指数为 1.29。 [答：33.6kW，101.0℃]

*2-14 某真空操作设备需要一台真空泵，已知真空系统压力 $p=2.5kPa$（绝压），温度为 20℃，工艺过程液体的饱和蒸气压为 0.6kPa，其相对分子质量为 30。外界漏入真空系统的空气量为 2.0kg/h，工艺过程产生的不凝性气体量可忽略不计。试在下列 W 型往复真空泵中选一台适宜的泵。

项目	型号				
	W_1	W_2	W_3	W_4	W_5
抽气速率/(m^3/h)	60	125	200	370	770
极限真空(绝压)/kPa	1.33	1.33	1.33	1.33	1.33

［答：87.5m^3/h，选 W_2］

符号说明

符号	意义	计量单位
b	叶轮宽度	m
c	绝对速度	m/s
c_{2r}	叶片出口处液体绝对速度的径向分速度	m/s
d	管径	m
D	叶轮直径	m
F	离心力	N
G	真空泵的抽气量	kg/s
H	压头	m
H_e	有效压头	m
H_g	泵的安装高度	m
H_{gmax}	泵的最大安装高度	m
$[H_g]$	泵的最大允许安装高度	m
ΣH_f	阻力损失	m
K	管路特性常数	
k	多变指数	
NPSH	汽蚀余量	
n	转速	r/min
P_a	轴功率	W 或 kW
P_e	有效功率	W 或 kW
p_v	液体的饱和蒸气压	N/m^2
p_T	全压	N/m^2
p_S	静风压	N/m^2
p_K	动风压	N/m^2
q_V	流量	m^3/s
r	叶轮半径	m
T	热力学温度	K
u	流体的切向速度（圆周速度）；（流体在管内的）平均速度等	m/s
w	相对速度	m/s
α	绝对速度和圆周速度之间的夹角	°
β	相对速度和圆周速度（反向）之间的夹角	°
γ	气体绝热指数	
η	效率	
μ	流体（动力）黏度	$N \cdot s/m^2$
ν	流体的运动黏度	m^2/s
ρ	密度	kg/m^3
ω	旋转角速度	r/s

第3章 液体的搅拌

3.1 概述

化工生产中经常需要进行液体的搅拌，其目的大致可分为：

① 加快互溶液体的混合；

② 使一种液体以液滴形式均匀分散于另一种不互溶的液体中；

③ 使气体以气泡的形式分散于液体中；

④ 使固体颗粒在液体中悬浮；

⑤ 加强冷、热液体之间的混合以及强化液体与器壁的传热。

搅拌之所以能达到以上目的，是因为物料的不同部分经搅拌而相互掺合，形成具有某种均匀程度的混合物的缘故。实际操作中，一个搅拌器常常可同时起到几种作用。例如，在气液相催化反应器中，搅拌既使固体颗粒催化剂在液体中悬浮，又使气体以小气泡形式均匀地在液体中分散，大大加快了传质和反应。与此同时，亦强化了反应热的传递过程。

在工业上达到以上目的最常用的方法是机械搅拌。机械搅拌的装置如图 3-1 所示，它由搅拌釜、搅拌器和若干附件所组成。工业上常用的搅拌釜是一个圆筒形容器，其底部侧壁的结合处应以圆角过渡，以消除流动不易到达的死区。搅拌釜装有一定高度的液体。搅拌器由电机直接或通过减速装置传动，在液体中作旋转运动，其作用类似于泵的叶轮，向液体提供能量，促使液体在搅拌釜中作某种循环流动。

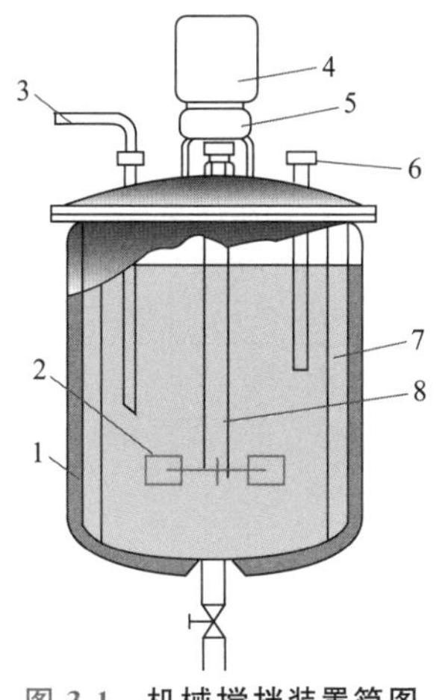

图 3-1 机械搅拌装置简图

1—搅拌釜；2—搅拌器；3—加料管；4—电机；5—减速器；6—温度计套管；7—挡板；8—轴

3.1.1 搅拌器的类型

针对不同的物料系统和不同的搅拌目的，搅拌器的结构形式很多，表 3-1 列出了几种常用的结构形式。

表 3-1 所列的各种搅拌器，按工作原理可分为两大类。一类是以旋桨式为代表，其工作原理与轴流泵叶轮相同，具有流量大、压头低的特点，液体在搅拌釜内主要作轴向和切向运动；另一类以涡轮式为代表，其工作原理则与离心泵叶轮相似，液体在搅拌釜内主要作径向和切向运动，与旋桨式相比具有流量较小、压头较高的特点。

平直叶桨式搅拌器的工作原理与涡轮式相近。它的叶片较长，通常为 2 叶，转速较慢，液体的径向速度较小，产生的压头较低。折叶桨式搅拌器的工作原理则与旋桨式相近，可产生轴向液流。

表 3-1 常用搅拌器的形式及主要数据

形式		常见尺寸及常见外缘圆周速度	结构简图
旋桨式		$\frac{S}{d}=1$ $z=3$ 外缘圆周速度一般为 5～15m/s，最大为 25m/s S—螺距 d—搅拌器直径 z—桨叶数	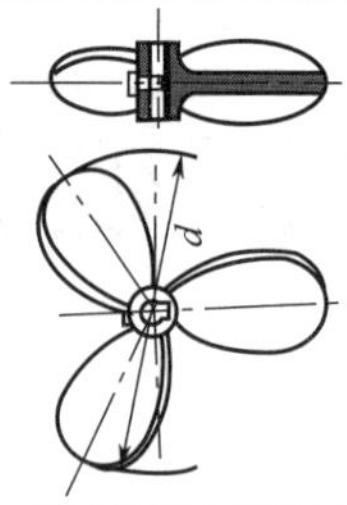
桨式	平直叶	$\frac{d}{B}=4\sim10$ $z=2$ 1.5～3m/s	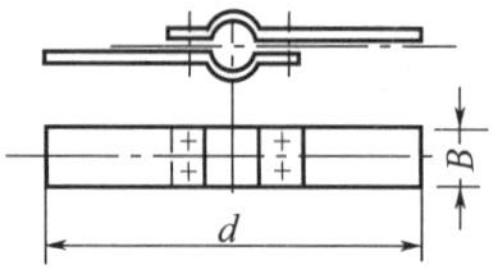
	折叶		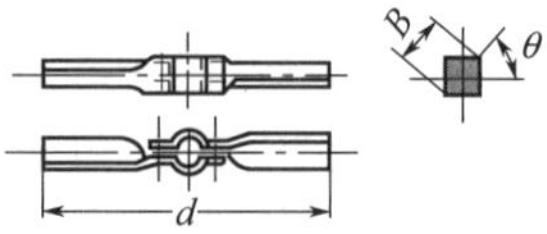
涡轮式	开启平直叶	$\frac{d}{B}=5\sim8$ $z=6$ 3～8m/s	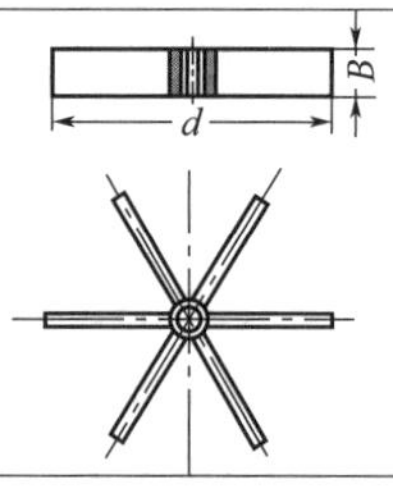
	开启弯叶	$\frac{d}{B}=5\sim8$ $z=6$ 3～8m/s	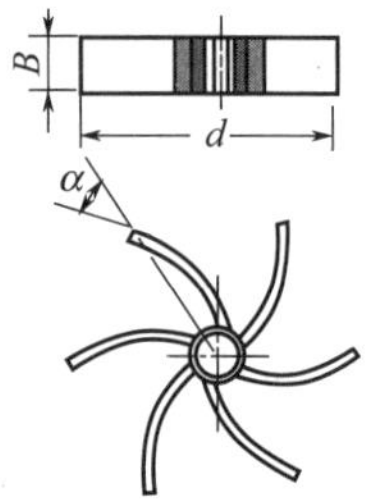
	圆盘平直叶	$d:l:B=20:5:4$ $z=6$ 3～8m/s	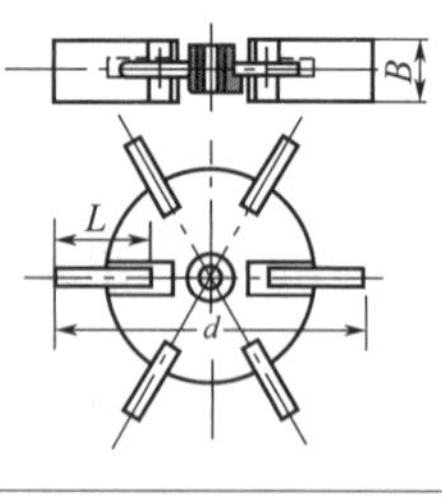
	圆盘弯叶	$d:l:B=20:5:4$ $z=6$ 3～8m/s	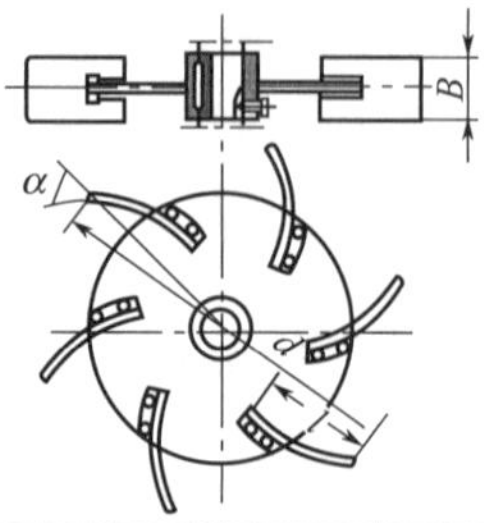

续表

<table>
<tr><th>形式</th><th>常见尺寸及常见外缘圆周速度</th><th>结构简图</th></tr>
<tr><td>锚式</td><td rowspan="2">$\frac{d'}{D}=0.05\sim0.08$
$d'=25\sim50\text{mm}$
$\frac{B}{D}=\frac{1}{12}$
$0.5\sim1.5\text{m/s}$
d'—搅拌器外缘与釜内壁的距离
D—釜内径</td><td></td></tr>
<tr><td>框式</td><td></td></tr>
<tr><td>螺带式</td><td>$\frac{S}{d}=1\quad\frac{B}{D}=0.1$
$z=1\sim2$
($z=2$ 指双螺带)外缘尽可能与釜内壁接近</td><td></td></tr>
</table>

锚式和框式搅拌器实际上是旋桨式搅拌器的变型。它们的旋转半径更大（仅略小于釜内径），转速更低，产生的压头也更小，但叶片搅动的范围很大。

螺带式搅拌器的工作原理与旋桨式相似，液体在搅拌器内作轴向流动，此搅拌器同样具有旋转半径大、搅动范围广、转速慢、压头低等特点。

除机械搅拌外，还可以采用其他方法以实现搅拌操作，如气流搅拌、静态混合、射流混合及管道混合等。

本章以机械搅拌为主，着重讨论混合的机理、搅拌器的选型、搅拌器所需功率和分配，以及搅拌器的放大等问题。

3.1.2 混合效果的度量

搅拌操作视工艺过程的目的不同而采用不同的评价方法以衡量搅拌装置及其操作状况的优劣。若为加强传热或传质，可用传热系数或传质系数的大小来评价；若为促进化学反应过程，可用反应转化率等指标来衡量。但多数搅拌器操作均以两种或多种物料的混合为基本目的，因而常用混合的调匀度（主要对均相物系）和分隔尺度（主要对非均相物系）作为搅拌效果的评价准则。

调匀度 设 A、B 两种液体、各取体积 V_A 及 V_B 置于一容器中，则容器内液体 A 的平均体积浓度为

$$c_{A0}=\frac{V_A}{V_A+V_B} \tag{3-1}$$

现经一定时间的搅拌以后，在容器中各处取样分析。若各处样品的分析结果一致，皆等于 c_{A0}，表明已搅拌均匀，若分析结果不一致，则表明搅拌尚未均匀，而且样品浓度 c_A 与平均浓度 c_{A0} 偏离越大、均匀程度越差。因此，引入一调匀度来表示样品与均匀状态的偏离程度。定义某一样品的调匀度 I 为

$$
\left.\begin{aligned}
I&=\frac{c_{A}}{c_{A0}}\text{（当样品中 }c_{A}<c_{A0}\text{时）}\\
\text{或}\quad I&=\frac{1-c_{A}}{1-c_{A0}}\text{（当样品中 }c_{A}>c_{A0}\text{时）}
\end{aligned}\right\}\tag{3-2}
$$

显然，调匀度 I 不可能大于 1，即 $I\leqslant 1$。

若对全部 m 个样品的调匀度取平均值，得平均调匀度

$$
\overline{I}=\frac{I_1+I_2+\cdots+I_m}{m}\tag{3-3}
$$

平均调匀度$\overline{I}$可用以度量整个液体的混合效果，即均匀程度。当混合均匀时，$\overline{I}=1$。

分隔尺度 若需用搅拌将液体或气体以液滴或气泡的形式分散于另一种不互溶的液体中，此时单凭调匀度并不足以说明物系的均匀程度，现举例说明如下。

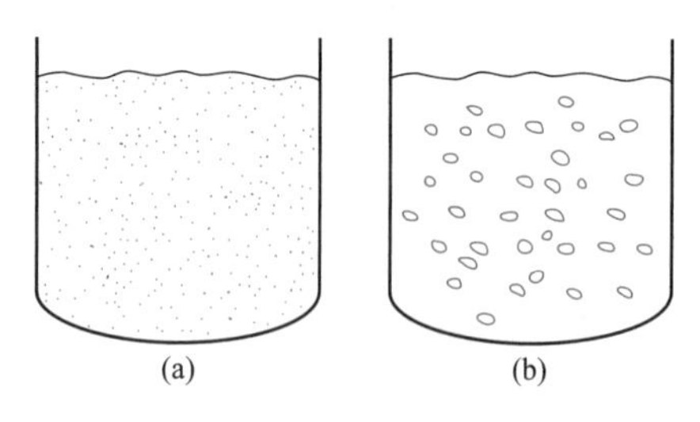

图 3-2 两种微团的均布状态

设有 A、B 两种液体通过搅拌达到如图 3-2 所示的两种状态。在两种状态中，液体 A 都已成微团均布于另一种液体 B 中，但液体微团的尺寸却相差很大。如果取样体积远大于微团尺寸，每一样品皆包含为数众多的微团，则两种状态的分析结果相同，平均调匀度$\overline{I}$都应接近于 1。但是，如果样品体积小到与图 3-2(b) 中的微团尺寸相近，则图 3-2(b) 所示状态的平均调匀度将明显下降，而图 3-2(a) 所示状态调匀度仍可保持不变。换言之，同一个混合状态的调匀度是随所取样品的尺寸而变的，说明单凭调匀度不能反映混合物的状态。

因此，对多相分散物系，分隔尺度（如气泡、液滴和固体颗粒的大小和直径分布）是搅拌操作的重要指标。

综上所述，混合效果的度量是与考察的尺度有关的。

混合效果的度量主要是调匀度和分隔尺度，前者是均匀程度的度量，后者是考察尺度的体现。

思考题

3-1 搅拌的目的是什么？

3-2 为什么要提出混合尺度的概念？

3.2 混合机理

3.2.1 搅拌器的两个功能

为达均匀混合，搅拌器应具备两种功能：即在釜内形成一个循环流动，称为总体流动；同时希望产生强剪切或湍动。

釜内的总体流动与大尺度的混合 搅拌器的旋转带动流体作切向圆周运动，与此同时也因桨叶形式不同而形成轴向或径向流动。旋桨式搅拌器产生一股高速流体从轴向射出，因射流夹带使周围更多的流体一起流动。由于受釜壁所限，形成图 3-3 所示的釜内总体流动。涡轮式搅拌器则产生一股高速液流从径向射出，夹带周围的流体形成图 3-4 所示的总体流动。

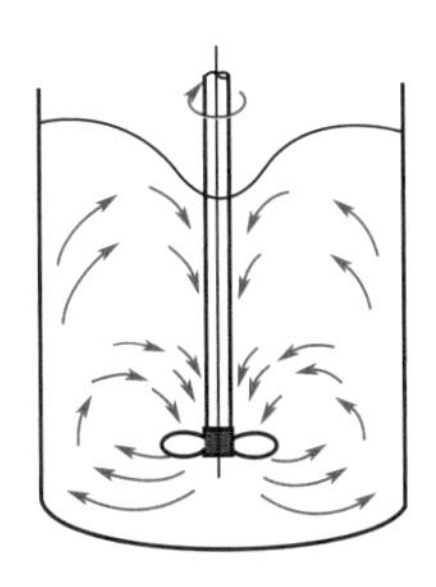

图 3-3　旋桨式搅拌器的搅拌状态

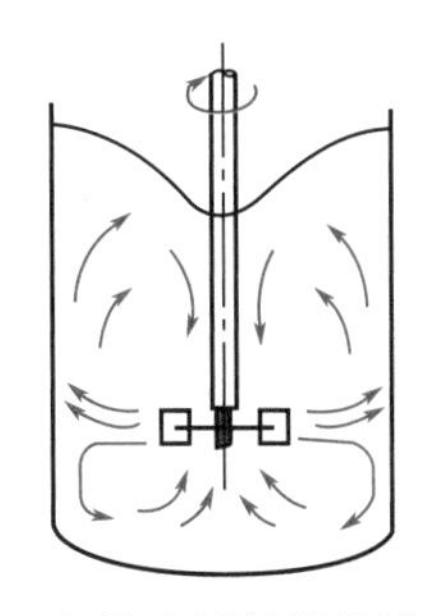

图 3-4　涡轮式搅拌器的搅拌状态

为达到釜内液体在大尺度上的均匀混合，必须合理地设计搅拌器，使总体流动遍及釜内各处，消除釜内不流动的死区。

强剪切或高度湍动与小尺度的混合　在桨叶边上形成的高速射流与周围流体交界处因速度梯度很大而形成强剪切，对低黏度流体则产生大量旋涡。旋涡的分裂使流体微团分散的尺度减小。对高黏度液体，釜内只作层流流动，但搅拌桨直接推动的液体与周围运动迟缓的液体之间形成较大的速度梯度，由此造成的强剪切力将流体微团分散。微团分散成较小的尺度，使釜内液体达到小尺度的均匀混合，使均相液体缩短分子扩散的时间，促进微观混合。

3.2.2　均相液体的混合机理

宏观混合与微观混合　前已述及，混合效果的度量是与考察尺度有关。混合可分为宏观混合与微观混合。宏观混合包括大尺度的混合和旋涡尺度或微团尺度的混合，微观混合则指分子尺度上的均匀性，有赖于分子扩散。显然，微观混合只适用于均相液体的情况。

低黏度液体的混合　总体流动将液体破碎成较大的液团并带至釜内各处，更小尺度上的混合则是由高度湍动液流中的旋涡造成的，并非搅拌桨叶直接打击的结果。不同尺寸和不同强度的旋涡对液团有不同程度的破碎作用。旋涡尺寸越小，破碎作用越大，所形成的液团也越小。通常搅拌条件下最小液团的尺寸约为几十微米。大尺度的旋涡只能产生较大尺寸的液团，因为小尺寸液团将被大旋涡卷入与其一起旋转而不被破碎。

旋涡的尺寸和强度取决于总体流动的湍动程度。总体流动的湍动程度越高，旋涡的尺寸越小，数量也越多。因此，为达到更小尺度上的宏观混合，除选用适当的搅拌器外，还可采用其他措施人为地促进总体流动的湍动，详见 3.3 节。

高黏度及非牛顿流体的混合　对高黏度流体在经济的操作范围内不可能获得高度湍动而只能在层流状态下流动，此时的混合机理主要依赖于充分的总体流动，同时希望在桨叶端部造成高剪切区，借剪切以分割液团，达到预期的宏观混合。为此，常使用大直径搅拌器，如框式、锚式和螺带式等。为加强轴向流动，采用带上、下往复运动的旋转搅拌器则效果更佳。

多数非牛顿液体具有明显剪切稀化特性，桨叶端部附近的液体由于高速度梯度使黏度减小而易于流动；但在远离桨叶的区域则呈现高黏度而较难流动。这对混合及釜内进行的过程产生严重影响。所以可用大直径搅拌器以促进总体流动，使釜内的剪切力场尽可能均匀。

均相液体的混合机理主要包含了两个步骤，先达到小尺度的宏观混合，然后依靠分子扩散达到分子尺度上的均匀混合。

均相液体混合的应用主要有两种场合。

① 液相中分子扩散很慢，若不破碎成微团，通过分子扩散达到分子尺度上的均匀需要数小时；就配料而言，混合速度太慢。因此，需要通过搅拌较快达到混合均匀。

② 微团若不够小，达到分子尺度上的均匀，所需的时间以分钟计；对于快速反应而言，仍嫌太慢，需要强烈搅拌，形成几十微米的微团。

3.2.3 非均相物系的混合机理

液滴或气泡的分散 两种不互溶液体搅拌时，其中必有一种被破碎成液滴，称为分散相，而另一种液体称为连续相。气体在液体中分散时，气泡为分散相。

为达到小尺度的宏观混合，必须尽可能减小液滴或气泡的尺寸。液滴或气泡的破碎主要依靠高度湍动。

液滴是一个具有明显界面的液团。界面张力力图使液滴的表面积最小，抵抗液滴变形和破碎。因此，对液体分散而言，界面张力是过程的抗力。为使液滴破碎，先必须克服界面张力使液滴变形。

当总体流动处于高度湍动状态时，存在着方向迅速变换的湍流脉动，液滴不能追随这种脉动而产生相对速度很大的绕流运动。这种绕流运动，沿液滴表面产生不均匀的压强分布和表面剪应力将液滴压扁并扯碎。总体流动的湍动程度越高，湍流脉动对液滴绕流的相对速度越大，则可能产生的液滴尺寸越小。

实际搅拌器内不仅发生有大液滴的破碎，同时也存在小液滴合并的过程。破碎与合并过程同时发生，必然导致液滴尺寸的不均匀分布。其中大液滴是由小液滴合并而成，而小液滴则是大液滴破碎的结果。实际的液滴尺寸分布决定于破碎和合并过程之间的抗衡。

此外，在搅拌釜各处流体湍动程度不均也是造成液滴尺寸不均匀分布的重要因素。在叶片附近的区域内流体的湍动程度最高，液滴破碎速率大于合并速率，液滴尺寸较小；而在远离叶片的区域内流体湍动程度较弱，液滴合并速率大于破碎速率，液滴尺寸变大。

实际过程通常希望液滴大小分布均匀。则可以针对上述导致液滴分布不匀的原因，采用下列措施：

① 尽量使流体在设备内的湍动程度分布均匀；

② 在混合液中加入少量的保护胶或表面活性物质，使液滴在碰撞时难以合并。许多高分子单体的悬浮聚合过程，就是采用这种方法获得大小均匀的聚合物颗粒。

气泡在液体中的分散原因原则上与液滴分散相同，只是气液表面张力比液液界面张力大，分散更加困难。此外，气液密度差较大，大气泡更易浮升溢出液体表面。单位体积的气体，小气泡不但具有较大的相际接触面积，而且在液体中有较长的停留时间。所以，气泡分散往往更需重视。一般搅拌釜内的气泡直径约为2～5mm。

固体颗粒的分散 细颗粒（$<100\mu m$）投入液体中搅拌时，首先发生固体颗粒的表面润湿过程，即液体取代颗粒表面层的气体，并进入颗粒之间的间隙；接着是颗粒团聚体被流体动力所打散，即分散过程。通常的搅拌不会改变颗粒的大小，因此与气泡和液滴分散一样，只能达到小尺度的宏观混合。

对粗颗粒（$>1mm$），如果搅拌转速较慢，颗粒会全部或部分沉于釜底，这大大降低固液接触界面。只有足够强的扫底总体流动和高度湍动才能使颗粒悬浮起来。当搅拌器转速由小增大到某一临界值时，全部颗粒离开釜底悬浮起来，这一临界转速称为悬浮临界转速。实际操作必须大于此临界转速，才能使固液两相有充分的接触界面。过高的转速虽然可以在总体上提高釜内搅拌的均匀性，但对提高固液两相界面的作用不大。

思考题

3-3 搅拌器应具备哪两种功能？

3.3 搅拌器的性能

不同生产过程对混合有不同的要求。例如，炼油厂大型油罐内原油的搅拌，只要求罐内原油在大尺度上的宏观均匀，充分的总体流动即可达到要求。而另一些过程如两种液体的快速反应，不但要求大尺度上的宏观混合，还希望在小尺度上快速地混合均匀，从而需要高度的湍动或强剪切。因此，对具体的搅拌过程首先要分析工艺过程对混合的要求（工程目的），然后，决定采用何种搅拌的手段以满足这些要求。

3.2 节分析了不同过程对搅拌的要求，本节则着重讨论常用的几种搅拌器可提供的流动方式和湍动程度，以便选择。

3.3.1 几种常用搅拌器的性能

旋桨式搅拌器 旋桨式搅拌器类似于一个无外壳的轴流泵，其直径比容器小，但转速较高，叶片端部的圆周速度一般为 5～15m/s，适用于低黏度（$\mu<10\mathrm{Pa\cdot s}$）液体的搅拌。

旋桨产生轴向流动，一般向下流至釜底，然后折回返入旋桨入口。这种桨叶主要形成大循环量的总体流动，但湍流程度不高。主要适用于大尺寸的调匀，尤其适用于要求容器上下均匀的场合。大循环量的总体流动冲向釜底，也有利于固体颗粒的悬浮。

涡轮式搅拌器 涡轮式搅拌器类似于一只无泵壳的离心泵，其工作情况与双吸式离心泵的叶轮极为相似（图 3-4）。涡轮式搅拌器的直径一般为容器直径的 0.3～0.5 倍。转速较高，端部切线速度一般为 3～8m/s，适用于低黏度或中等黏度（$\mu<50\mathrm{Pa\cdot s}$）的液体搅拌。

与旋桨式相比，涡轮式搅拌器所造成的总体流动回路较为曲折，出口的绝对速度很大，桨叶外缘附近造成激烈的旋涡运动和很大的剪切力，可将液体微团分散得更细。因此，涡轮搅拌器对于要求小尺度均匀的搅拌过程更为适用。但是，涡轮搅拌器的釜内有两个回路，对易于分层的物料（如含有较重固体颗粒的悬浮液）则不甚合适。

大叶片低转速搅拌器 旋桨式和涡轮式搅拌器都具有直径小转速高的特点。这两种搅拌器对黏度不很高的液体很有效。但对于高黏度液体，搅拌器所提供的机械能会因巨大的黏性阻力而被很快消耗，不仅湍动程度随出口距离急剧下降，而且总体流动的范围也大为缩小。例如，对于与水相近的低黏度液体，涡轮式搅拌器的所及范围，在轴向上、下可达容器直径的 4 倍。但当液体黏度为 50Pa·s 时，这种搅拌器的上下搅拌范围则将缩小为容器直径的一半。此时，容器内距搅拌器较远的部分液体流速缓慢甚至接近静止，混合效果不佳。因此，对于高黏度液体，采用低转速、大叶片的搅拌器（包括桨式、锚式、框式、螺带式等）比较合适。

桨式搅拌器的桨叶尺寸大、转速低，其旋转直径约为 0.5～0.8 倍的搅拌釜直径，叶片端部切向速度为 1.5～3.0m/s。即便是折叶桨式搅拌器，所造成的轴向流动范围也不大，当釜内液位较高时，可在同一轴上安装几个桨式搅拌器，或与旋桨式搅拌器配合使用。桨式搅拌器的径向搅拌范围大，故可用于较高黏度液体的搅拌。

当黏度更大时，可按照容器底部的形状，把桨式搅拌器做成锚式和框式（见表 3-1）。这种搅拌器的旋转半径与容器内径基本相等，间隙很小，转速很低，端部切向速度为 0.5～

1.5m/s。这种搅拌器只是在桨叶外缘与容器内壁之间产生较强的剪切作用，且搅动范围很大，因此，对高黏度液体的搅拌比较适宜。在某些生产过程中，这种搅拌器还可用来防止器壁沉积现象。

锚式和框式搅拌器基本上不产生轴向流动，故难以保证釜内轴向的混合均匀。螺带式搅拌器也是一种大尺寸、低转速的搅拌器，适用于高黏度液体的搅拌。它在旋转时会产生液体的轴向流动，因而混合效果较好些。

3.3.2 改善搅拌效果的措施

液流中湍动的强弱虽难以直接测量，但可从搅拌器所产生的压头大小反映出来。因为在容器内液体作循环流动，搅拌器对单位重量流体所提供的能量即压头，必定全部消耗在循环回路的阻力损失上。回路中消耗的能量越大，说明液流中旋涡运动越剧烈，内部剪应力越大，即湍动程度越高。所以提高液流的湍动程度与增加循环回路的阻力损失是同一回事。为此可从以下两方面来采取措施。

提高搅拌器的转速 搅拌器的工作原理与泵的叶轮相同。因此，无论是离心泵还是轴流泵，所产生的压头 H 和转速 n 的平方成正比。提高搅拌器的转速，搅拌器可提供较大的压头。

阻止容器内液体的圆周运动 旋桨式和涡轮式搅拌器均造成液体快速圆周运动。它对混合并无显著作用，相反使釜内液面呈抛物线状。轴心处液面下凹减少了搅拌釜的有效容积，严重时甚至使搅拌器暴露于空气中而将空气卷入，破坏正常操作。因此必须设法抑制釜内液体的快速圆周运动。其方法如下。

(1) 在搅拌釜内装挡板 最常用的挡板是沿容器壁面垂直安装的条形钢板，它可以有效地阻止容器内的圆周运动。设置挡板后，液流在挡板后造成旋涡，这些旋涡随主体流动遍及全釜，提高了混合效果；同时，自由表面的下陷现象也基本消失。挡板对流体的径向和轴向流动没有影响，但搅拌功率却可成倍增加。对于旋桨式和涡轮式搅拌器，安装挡板后的流动情况如图 3-5 所示。

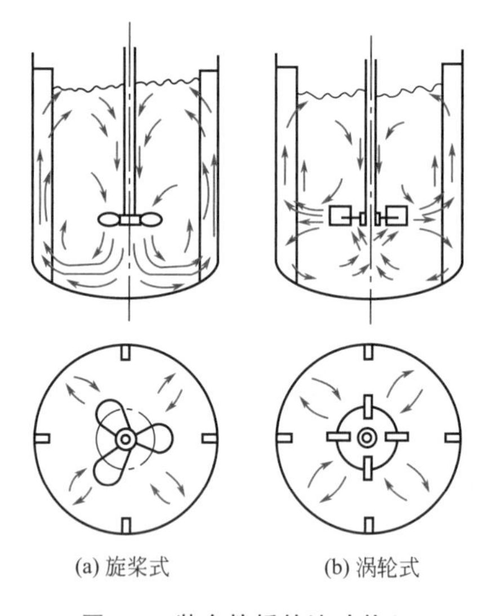

图 3-5 装有挡板的流动状况

挡板通常设置四个已足够，再多也不会进一步增强湍动。如果容器非常大，则可适当增加挡板数目。此外，搅拌釜内的温度计插管、各种形式的换热管等也在一定程度上起着挡板的作用。

(2) 破坏循环回路的对称性 破坏循环回路的对称性，增加旋转运动的阻力，可有效地阻止圆周运动，增加湍动，提高混合效果，消除液面凹陷现象。

对于小容器，可将搅拌器偏心或偏心倾斜安装，如图 3-6 所示。对大容器可将搅拌器偏心水平地安装在容器下部。

导流筒 若搅拌器周围无固体边界约束，液体可沿各个方向回流到搅拌器入口，故不同的流动微元行程长短不一。在容器中设置导流筒，可以严格地控制流动方向，既消除了短路现象也有助于消除死区。导流筒的安装形式如图 3-7 所示。对于旋桨式搅拌器，导流筒可安装在搅拌器的外面 [图 3-7(a)]；对于涡轮式搅拌器，导流筒则应安装在搅拌器的上面 [图 3-7(b)]。

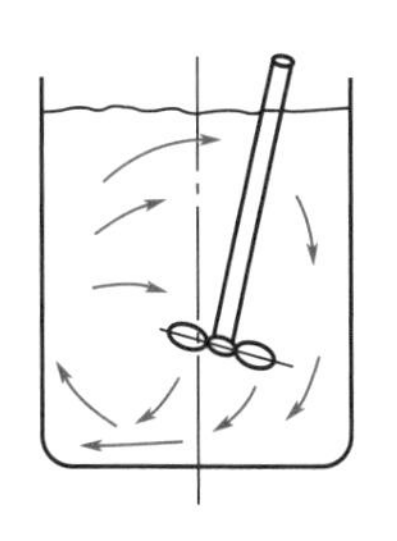

图 3-6　偏心倾斜安装的搅拌状况

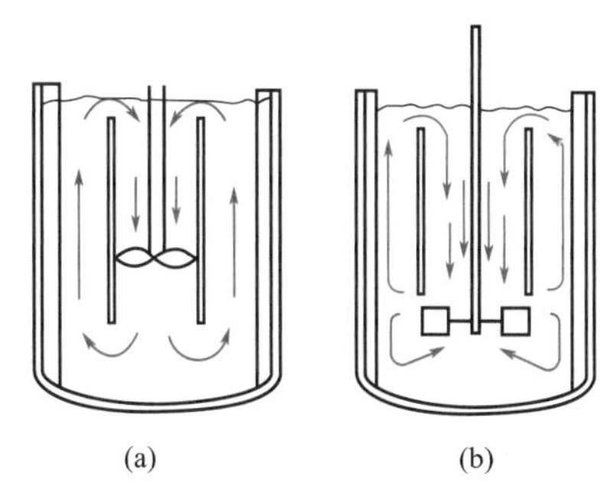

图 3-7　导流筒的安装形式

对某些特殊场合，如含有易于悬浮的固体颗粒的液体的搅拌，安装导流筒是非常有益的。导流筒抑制了圆周运动的扩展，对增大湍动程度、提高混合效果也有好处。

思考题

3-4　旋桨式、涡轮式、大叶片低转速搅拌器，各有什么特长和缺陷？

3-5　要提高液流的湍动程度可采取哪些措施？

3.4 搅拌功率

3.4.1　搅拌器的混合效果与功率消耗

与泵相同，搅拌器所消耗的功率用于向液体提供能量。设搅拌器所输出的液体量为 q_V，搅拌器对单位重量流体所做之功即压头为 H，则搅拌功率为

$$P=\rho g q_V H \tag{3-4}$$

从前述混合机理可知，为达到大尺度上的均匀，必须有强大的总体流动；而要达到小尺度上的均匀则必须提高总流的湍动强度。对于釜内循环流动，搅拌器产生的压头 H 可直接反映总流湍动的剧烈程度。显然，为达到一定的混合效果，搅拌器必须提供足够大的流量 q_V，同时必须提供足够大的压头 H。换言之，为达到一定的混合效果，必须向搅拌器提供足够的功率。

对于低黏度液体，与泵不同的是，搅拌器的设计有时需要设法增加搅拌器的功率，即设法通过搅拌器把更多的能量输入到被搅拌的液体中，涡轮式搅拌器采用效率很低的径向叶片，搅拌釜内设置挡板等，其目的都是为了增加搅拌器的功率消耗。正因为如此，搅拌釜内单位体积液体的能耗往往是断定过程进行得好坏的一个判据。

尽管如此，搅拌装置仍然存在着能量的有效利用问题。搅拌所耗能量部分用于造成足够的液体输送量，部分用于湍动。为达到同样的混合效果，选用不同的搅拌桨则所需的能耗代价不同。因此，选用合适的搅拌器是提高能量利用率的重要途径。如果工艺过程的控制因素是快速的均布，则应将搅拌能量用于增大输送量；反之，如果控制因素是要求高的破碎度，则搅拌输入能量应主要用于增大湍动。不合理的配置会造成能量的无效损耗。

3.4.2　功率曲线

由于搅拌釜中液体运动的状况十分复杂，搅拌器的功率目前尚不能由理论算出，只能通过实验获得它和该系统其他变量之间的经验关联式。

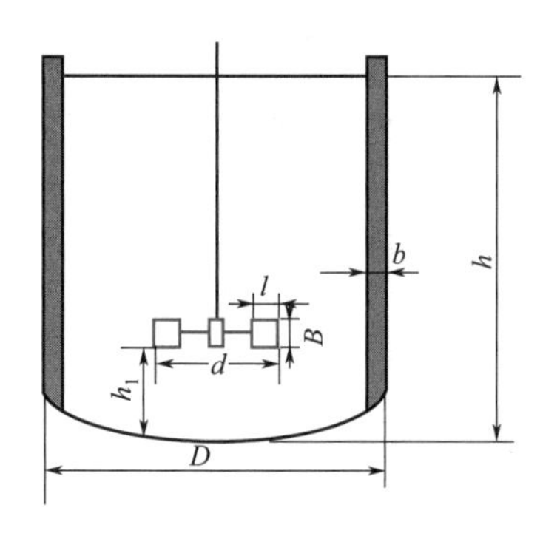

图 3-8　典型的搅拌器各部比例

涡轮叶片数 $z=6$，4 块挡板

$D/d=3$；$h/d=3$；$B/d=1/5$；

$l/d=1/4$；$h_1/d=1$；$b/d=3/10$

与搅拌器所需功率有关的因素很多，可分为几何因素与物理因素两类。

影响搅拌功率的几何因素有（见图 3-8）：

① 搅拌器的直径 d；

② 搅拌器叶片数、形状以及叶片长度 l 和宽度 B；

③ 容器直径 D；

④ 容器中所装液体的高度 h；

⑤ 搅拌器距离容器底部的距离 h_1；

⑥ 挡板的数目及宽度 b。

对于特定的搅拌装置，通常以搅拌器的直径 d 为特征尺寸，而把其他几何尺寸以无量纲的对比变量来表示。

$$\alpha_1=\frac{D}{d},\quad \alpha_2=\frac{h}{d},\quad \alpha_3=\frac{l}{d}\cdots$$

影响搅拌的物理因素也很多，对于均相液体搅拌过程，主要因素为液体的密度 ρ、黏度 μ、搅拌器转速 n。此外，当容器中液体表面有下凹现象时，必有部分液体被推到高于平均液面的位置，此部分液体须克服重力做功，故重力也是影响搅拌功率的物理因素。但是，对于常用的安装挡板的搅拌装置，液面无下凹现象，则重力对搅拌功率的影响可以忽略不计。

由上述可知，对安装挡板的搅拌装置，搅拌功率 P 是 ρ、μ、n、d 以及 α_1、α_2……等的函数，即

$$P=f(\rho,\mu,n,d,\alpha_1,\alpha_2\cdots) \tag{3-5}$$

式中共含 5 个有量纲的物理量，根据 π 定理，若选定量纲独立的三个物理量 ρ、n、d 作为初始变量，利用量纲分析法可将上式转化为无量纲形式

$$\frac{P}{\rho n^3 d^5}=\varphi\left(\frac{\rho n d^2}{\mu},\alpha_1,\alpha_2\cdots\right) \tag{3-6}$$

式中，数群 $\frac{P}{\rho n^3 d^5}$ 称为功率（准）数 K，因 $nd\propto u$；数群 $\frac{\rho n d^2}{\mu}$ 称为搅拌雷诺（准）数 Re_M。

对于一系列几何相似的搅拌装置，对比变量 $\alpha_1,\alpha_2\cdots$都为常数，式(3-6) 可简化为

$$\frac{P}{\rho n^3 d^5}=\varphi\left(\frac{\rho n d^2}{\mu}\right)$$

或

$$P=K\rho n^3 d^5 \tag{3-7}$$

式中

$$K=\varphi(Re_M) \tag{3-8}$$

这样，在特定的搅拌装置上，由上式安排实验不难测得功率数 K 与搅拌雷诺数 $\rho n d^2/\mu$ 的关系。将此关系标绘在双对数坐标图上即得功率曲线。图 3-9 所示为有挡板时几种典型搅拌器的功率曲线。如果用函数式

$$K=C\left(\frac{\rho n d}{\mu}\right)^m \tag{3-9}$$

或

$$\lg K=\lg C+m\lg Re_M$$

来逼近方程式(3-8)，则可对每一指定形式的搅拌器功率曲线分段求出搅拌功率的关联式。

由图 3-9 可知，在低搅拌雷诺数（$Re_M<10$）的层流区内，功率曲线是斜率为 -1 的直线，即 $m=-1$。于是，由式(3-7) 和式(3-9) 可得层流区的搅拌功率为

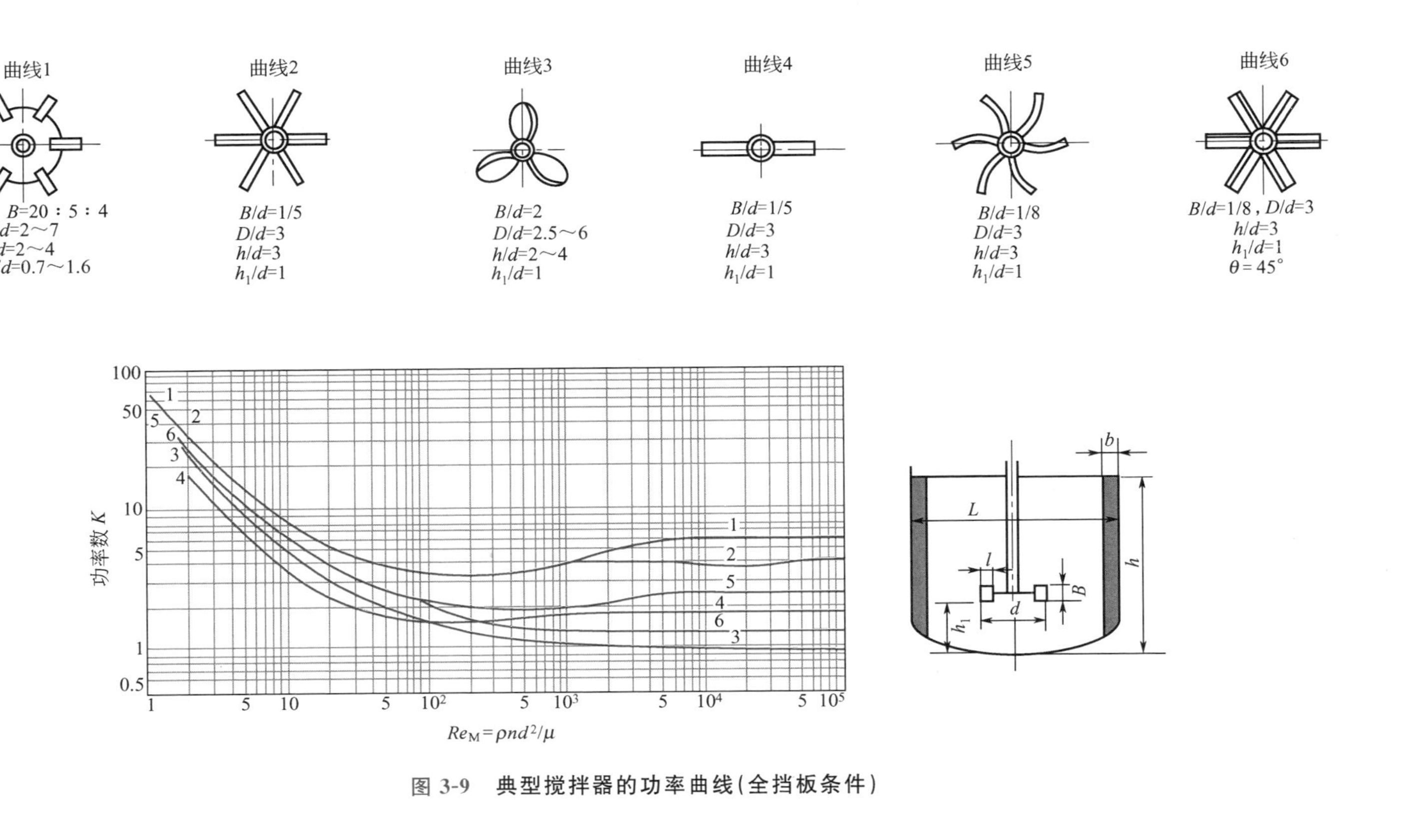

图 3-9 典型搅拌器的功率曲线(全挡板条件)

$$P = C\mu n^2 d^3 \tag{3-10}$$

对图 3-8 所示的搅拌器装置，$C=71$。

当流动进入充分湍流区，即 $Re_M > 10^4$，K 为与 Re_M 无关的常数。此时搅拌功率与 n^3 和 d^5 成正比。对图 3-8 所示的搅拌装置，由图 3-9 中曲线 1 可知 $K=6.3$。

式(3-7)、式(3-10) 对各种不同形式的搅拌器皆成立（见图 3-9），但划分层流与充分湍流区的 Re_M 范围可能不同，常数 C 和 K 亦不等。

图 3-9 所示的功率曲线只适用于尺寸比例符合规定比例关系（即几何相似）的搅拌装置，其误差约为 20%。比例关系不同，即各对比变量 α 的数值不同的搅拌装置，其功率曲线亦不同，此点切勿忽视。在有关设计手册中，列有不同比例关系的搅拌装置的功率曲线，供选择使用。

必须说明，上述功率曲线是对单一液体测定的。对于非均相的液-液或液-固系统，用上述功率曲线进行计算时，须用混合物的平均密度 $\bar{\rho}$ 和修正黏度 $\bar{\mu}$ 以代替单一液体的 ρ、μ。气-液两相系统的搅拌功率与充气量也有关，也须进行修正。各项修正方法可从有关设计手册中查到。

此外，上述求得功率仅指正常运转时桨叶向液体提供的功率。实际搅拌器在启动时为克服静止液体的惯性使之流动，启动功率必较运转功率为大，其间的差别对小型搅拌釜尤为显著，在选择电机时应予注意。

【例 3-1】 现有一搅拌装置，各几何尺寸的比例如图 3-8 所示，已知涡轮式搅拌器具有 6 个平直叶片，直径为 0.15m，转速为 10r/s，液体黏度为 0.06Pa·s，密度为 920kg/m³，试求搅拌器的功率。

解： 已知 $\rho=920\text{kg/m}^3$，$n=10\text{r/s}$，$d=0.15\text{m}$，$\mu=0.06\text{Pa}\cdot\text{s}$

$$Re_M = \frac{\rho n d^2}{\mu} = \frac{920\times10\times0.15^2}{0.06} = 3450$$

由图 3-9 曲线 1 查得 $K=5.5$

$$P = K\rho n^3 d^5 = 5.5\times920\times10^3\times0.15^5 = 384(\text{W})$$

3.4.3 搅拌功率的分配

从 3.4.1 可知，为获得一定的搅拌效果，必须向搅拌器提供足够的功率。为提高能量的利用率，还存在一个能量的合理分配问题。

如果搅拌的目的只是大尺度上的均匀性，希望有较大的流量 q_V，而并不追求压头 H 高；如果搅拌的目的是快速地分散成微小液团，则应有较小的 q_V 和较大的 H。因此，在同样的功率消耗条件下，通过调节流量 q_V 和压头 H 的相对大小，功率可作不同的分配。对不同的搅拌目的，可作不同的选择。

搅拌器流量取决于面积与速度（$u \propto nd$）的乘积，即

$$q_V \propto nd^3 \tag{3-11}$$

压头 H 与速度 u 的平方成正比，即

$$H \propto n^2 d^2 \tag{3-12}$$

由式(3-11)、式(3-12) 得

$$\frac{q_V}{H} \propto \frac{d}{n} \tag{3-13}$$

式(3-13) 表明，在等功率条件下，加大直径降低转速，更多的功率消耗于总体流动，

有利于大尺度上的调匀；反之，减小直径提高转速，则更多的功率消耗于湍动，有利于小尺度混合。因此，为达到功率消耗小，而混合效果好，必须根据混合要求，正确地选择搅拌器的直径、转速，否则将徒然浪费功率。

思考题

3-6　不同尺寸的搅拌器能否使用同一根功率曲线？为什么？

3.5 搅拌器的放大

从上述混合效果的度量和混合机理的定性讨论中可以看出，搅拌问题是非常复杂的，很难建立搅拌效果与搅拌器几何尺寸及转速之间的定量关系，以供设计使用。因此只能通过模型试验，经历小试、中试，来解决放大问题。

搅拌器的设计主要包括：

① 确定搅拌器的类型以及搅拌釜的几何形状，以满足工艺过程的混合要求；

② 在此基础上确定搅拌器的具体尺寸、转速和功率。

搅拌器的类型及搅拌釜形状是通过实验确定的。其方法是在若干种不同类型的小型搅拌装置中，加入与实际生产相同的物料并改变搅拌器的转速进行实验，从中确定能够满足混合效果的搅拌器类型。对不同的搅拌过程，度量其混合效果的标志亦不同。例如，对于化学反应过程，可用反应速率来度量；对于固体悬浮过程则可用平均调匀度来度量。

搅拌器的类型一经确定，下一步工作就是将选定的小型搅拌装置按一定准则放大为几何相似的生产装置，即确定其尺寸、转速和功率。所用放大准则应能保证在放大时混合效果保持不变。对于不同的搅拌过程和搅拌目的，有以下一些放大准则可供选择。

① 保持搅拌雷诺数$\dfrac{\rho n d^2}{\mu}$不变。

因物料相同，由此准则可导出小型搅拌器和大型搅拌器之间应满足

$$n_1 d_1^2 = n_2 d_2^2 \tag{3-14}$$

下标 1、2 分别表示小型、大型搅拌器。

② 保持单位体积能耗$\dfrac{P}{V_0}$不变。

这里的 V_0 系指釜内所装液体体积，$V_0 \propto d^3$。由此准则可导出充分湍流区小型和大型搅拌器之间应满足

$$n_1^3 d_1^2 = n_2^3 d_2^2 \tag{3-15}$$

③ 保持叶片端部切向速度 $\pi n d$ 不变。

由此可导出小型和大型搅拌器之间应满足

$$n_1 d_1 = n_2 d_2 \tag{3-16}$$

④ 由式(3-14)～式(3-16) 可归结成一个经验式

$$n_1 d_1^b = n_2 d_2^b \tag{3-17}$$

式中，b 值在 0.67～2 之间，由此推至一般，可从小试与中试的实验数据寻找符合要求的 b 值。

针对具体的搅拌过程究竟哪一个放大准则比较适用，需通过逐级放大试验来确定。

逐级放大试验的步骤为：在几个（一般为三个）几何相似大小不同的小型或中型试验装置中，改变搅拌器转速进行试验，以获得同样满意的混合效果。然后根据式(3-17) 判定哪

一个放大准则较为适用，即 b 值为多少，并据此外推求出大型搅拌器的尺寸和转速。

当出现以上几个放大准则皆不适用的情况，可根据实际情况，另定放大准则。比如，液液非均相搅拌时液滴大小分布一般近似于正态分布，这样，液滴大小分布可用两个数字表征——平均直径和离散度。实验结果表明，在满足几何相似的条件下，按平均直径相同与按离散度相同原则选择的转速并不一致，也就是说，在几何相似放大时，不可能获得相同的液滴大小分布，为了获得相同的液滴大小分布应该放弃几何相似的原则。

在几何相似的条件下，大型搅拌器的功率可根据小型试验装置的功率曲线来确定。

【例 3-2】 某合成洗涤剂在小规模生产时所用搅拌釜的容积为 9.36L，釜直径为 229mm。采用直径为 76.3mm 的涡轮式搅拌器，在 $n=1273\text{r/min}$ 时，获得良好的搅拌效果。拟根据小型设备生产的数据，设计一套容积为 16.2m^3 的搅拌釜，问应如何进行放大设计。

解： 先制造两套与小型生产设备几何相似的实验设备，容积分别为 75L 和 600L，调节转速以获得同样的混合效果。三套设备的实验数据如表 3-2 所列：

表 3-2　例 3-2 附表

釜号	釜容积 V_0 /L	釜直径 D /mm	搅拌器直径 d /mm	达到相同混合效果时的转速 n/(r/min)	$\ln n$	$\ln d$
1	9.36	229	76.3	1273	7.149	4.335
2	75	457	153	673	6.512	5.030
3	600	915	305	318	5.762	5.720

将式(3-17) 整理可得 $\ln n=C-b\ln d$，分别计算各装置的 $\ln n$、$\ln d$ 列于表3-2 最右两列。经线性回归可得 $\ln n=11.507-1.0009\ln d$，相关系数 $R=0.9988$。显然，可取 $b=1$，即保持叶片端部切向速度不变作为放大准则，并由此外推出生产装置的直径和转速。

因大型装置与小型装置几何相似，所以大型搅拌釜的直径

$$D_2=\sqrt[3]{\frac{V_2}{V_1}}\times D_1=\sqrt[3]{\frac{16.2}{9.36\times10^{-3}}}\times229=2750(\text{mm})$$

大型搅拌器的直径

$$d_2=\frac{2750}{229}\times76.3=916(\text{mm})$$

大型搅拌器的转速

$$n_2=\frac{n_1d_1}{d_2}=\frac{1273\times76.3}{916}=106(\text{r/min})$$

思考题

3-7　选择搅拌器放大准则时的基本要求是什么？

3.6 其他混合设备

为促使液体混合除用搅拌操作外，尚有其他多种方法。本节对其中常用的方法作一简单介绍。

静态混合器　静态混合器从 20 世纪 70 年代开发以来，用途日益广泛。可用于各种物系（均相、非均相、低黏度液、高黏度液、非牛顿流体）的混合、分散、传质、传热、化学反应、pH 值控制及粉体混合等操作。静态混合器的特点是没有运动部件，维修方便，操作易

连续化，操作费用低。

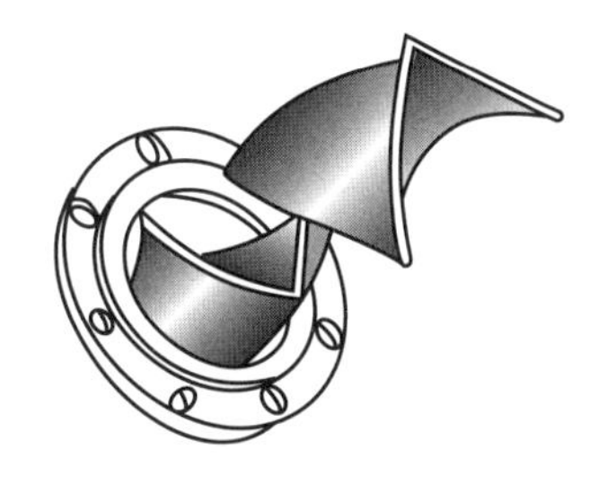

图 3-10 常用的静态混合器

图 3-10 所示为常用的静态混合器［SK 型（Kenics）］的示意图，它由若干个混合元件组成，被装置在直管段内。当流体逐个流经每一元件时，即被分割成越来越薄的薄片，其数量按元件数的幂次方增加。最后由分子扩散达到均匀混合状态。由于流体在混合器中扰动强烈，所以，即使在层流区域其壁面给热系数也很大。通常，静态混合器的给热系数是空管的 5～8 倍。

压降是静态混合器的一项重要指标，可按式(1-77) 计算，只是其中的 λ 需按产品样本进行计算。

静态混合器的选择要根据具体的工艺要求而定，不同物性有不同的与之相适应的结构元件。

管道混合器 图 3-11 所示为管路机械搅拌器。它的空腔是由扩大管路截面积形成的，腔内装有一级或二级叶轮。因管路搅拌器多用于搅拌低黏度液体，故多采用涡轮式或旋桨式叶轮。为防止液体在空腔内旋转，产生离心分离现象，在空腔内常设有挡板或多孔板等内部构件。

尽管管路搅拌器的体积小，功率小，但单位流体所得搅拌功率可以很大，以致物料在加入能量较少，停留时间又短的情况下，仍容易得到均匀混合的产品，而且设备费和操作费都较低。

射流混合 图 3-12 所示为射流混合的例子。射流由喷嘴射出，在紧靠喷嘴的一个相当短的区域内，造成很大的速度梯度，形成旋涡。这些旋涡导致射流对周围流体的夹带，引起槽内流体的总体流动。槽内的射流混合，因喷嘴的安装位置不同而产生不同的总体流动。被夹带流体的流量随与喷嘴的距离增加而加大。因此，必须有足够的空间使射流得以充分发展，才能使两种流体较好地混合。须考虑流体的性质和槽体的大小，以确定喷嘴的安装位置。

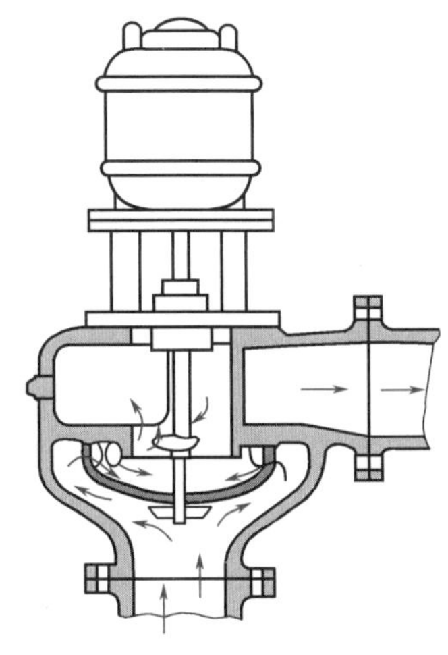

图 3-11 管路机械搅拌器

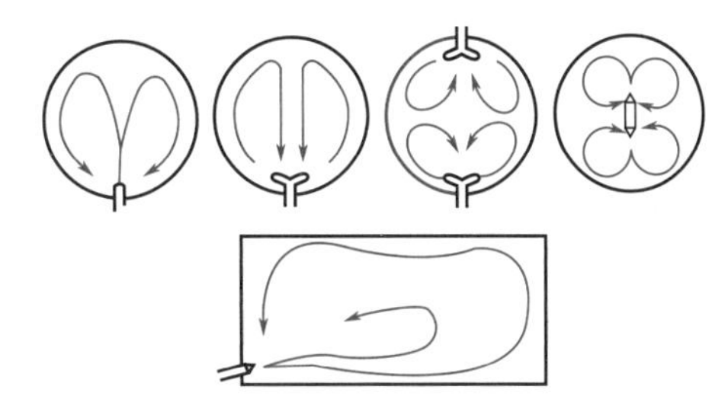

图 3-12 槽内射流混合流型

射流混合应用实例

水煤浆气化压力为 4.0～8.7MPa，温度为 1200～1400℃。在此高温下，气流床气化炉内气化反应速率极快，与流动密切相关的混合过程起着极为重要的作用。只有强化混合，促进传递过程，才能充分利用有限的炉内空间，确保煤的高效转化。华东理工大学基于“过程强化”思想，创新性地将射流混合技术应用到气流床煤气化炉中，成功开发出具有自主知识产权的多喷嘴对置式气化炉。如图 3-13 所示，气化炉流场由射流区（Ⅰ）、撞击区（Ⅱ）、轴向射流流股（Ⅲ）、回流区（Ⅳ）、再回流区（Ⅴ）和管流区（Ⅵ）组成。

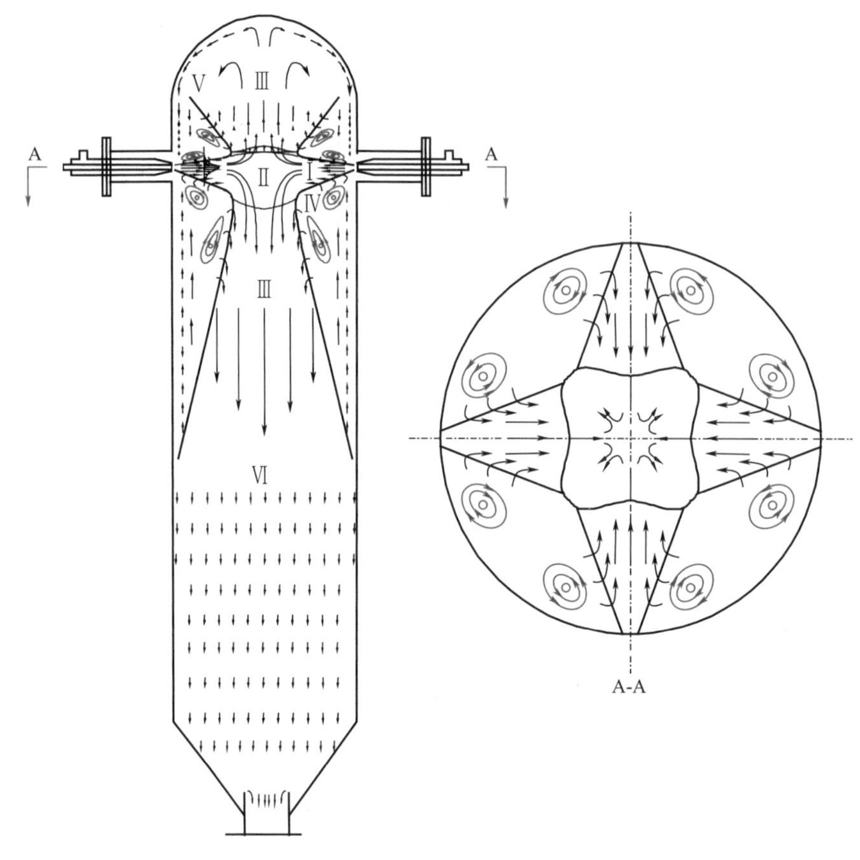

图 3-13　多喷嘴对置式气化炉流场示意图

在多喷嘴对置气化炉中，水煤浆通过四个对称布置在气化炉中上部的喷嘴，与氧气一起对喷进入气化炉，在炉内形成流体间强烈的撞击。撞击区内速度脉动剧烈，湍流强度大，混合作用好。通过喷嘴对置、优化炉型结构及尺寸，在炉内形成流体相互撞击，以强化传递过程，并形成炉内合理的流场，优化物料的停留时间分布，达到良好的工艺与工程效果，即有效气成分高、碳转化率高、耐火砖寿命长，达到世界领先水平。

第 3 章　液体的搅拌

3.1　概述

3.2　混合机理

3.3　搅拌器的性能

3.4　搅拌功率

习　题

旋转液体的自由液面

3-1　如附图所示，某搅拌器带动槽内全部液体以等角速度 ω 旋转，搅拌槽为敞口，中心处液面高度为 z_0。

试证：(1) 半径为 r 处的液面高度满足 $z=z_0+\frac{\omega^2}{2g}r^2$；(2) 设槽内液体静置时的液面高度为 H，则 $z_0=H-\frac{\omega^2}{4g}R^2$。[答：略]

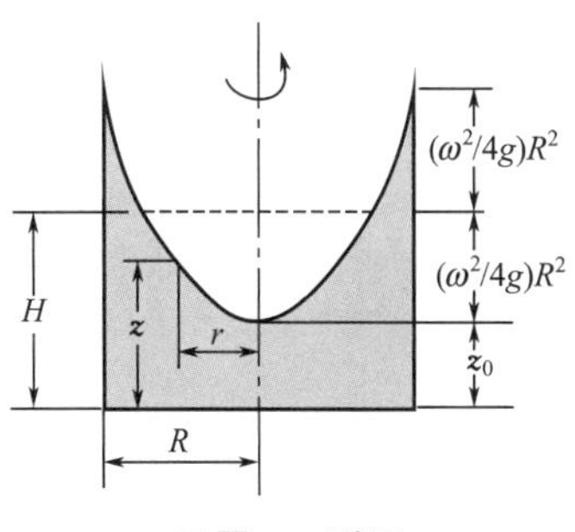

习题 3-1 附图

搅拌功率

3-2 某开启式平直叶涡轮搅拌装置，$D/d=3$，$h_1/d=1$，$d/B=5$（各符号命名参见图 3-8）。搅拌槽内设有挡板，搅拌器有六个叶片，直径为 150mm，转速为 300r/min，液体密度为 970kg/m^3，黏度为 1.2mPa·s，试估算搅拌器的功率。

若上述搅拌装置中搅拌液体的黏度增加了 10 倍，密度基本不变，此时搅拌器的功率有何变化？ [答：38.7W；36.8W]

搅拌器放大

3-3 在小规模生产时搅拌某液体所用的搅拌釜容积为 10L，采用直径为 75mm 开启平直叶涡轮搅拌器，在转速为 1500r/min 时获得良好的搅拌效果。试以单位体积搅拌功率相等为准则，计算 1m^3 搅拌釜中搅拌器的直径、转速与功率的放大比值。

设两种情况下均在充分湍流区操作。 [答：4.64；0.359；100]

符号说明

符号	意义	计量单位	符号	意义	计量单位
B	桨叶宽度	m	l	涡轮搅拌器的叶片长度	m
b	挡板宽度	m	m	样品数	
C	系数		n	搅拌器转速	r/s
c_A	A 组分的体积分数		P	搅拌器功率	W
D	容器直径	m	S	旋桨式搅拌器的螺距	m
d	搅拌器直径	m	V	流量	m^3/s
H	压头	m	V_0	搅拌釜容积	m^3
h	搅拌釜中的液面高度	m	z	桨叶数	
h_1	搅拌器距容器底部的距离	m	α	几何尺寸的对比变量	
I	调匀度		μ	液体黏度	N·s/m^2
K	功率数		ρ	液体密度	kg/m^3

第4章 流体通过颗粒层的流动

4.1 概述

由许多固体颗粒堆积而成的静止颗粒层称为固定床。许多化工单元操作或反应过程都与流体通过固定床的流动有关，最常见的有固定床催化反应、过滤、吸附等。此外，地下水或石油的渗流等也是流体通过固定床流动的一些较复杂的例子。这些单元操作根据各自的工艺特点对每一流动现象有不同的考察内容，但流体通过颗粒层的基本流动规律（主要是压降）对各有关单元操作却是共同的。固体悬浮液过滤时，可将由悬浮液中所含的固体颗粒形成的滤饼看作固定床，滤液通过颗粒之间的空隙流动，这是本章要讨论的主要内容。

4.2 颗粒床层的特性

流体在管内的流动规律，在第1章已作了阐述。但流体在颗粒层内的流动问题，却遇到边界条件复杂难以用方程式加以表示的困难。颗粒层是由大量尺寸不等、形状也不规则的固体颗粒随机堆积而成的，流体通道具有复杂的网状结构。描述这样复杂的通道，应从组成通道的颗粒的特性着手。

4.2.1 单颗粒的特性

对颗粒层中流体通道有重要影响的单颗粒特性主要是颗粒的大小（体积）、形状和表面积。

球形颗粒 对于球形颗粒存在以下两个关系

$$v=\frac{\pi}{6}d_p^3 \tag{4-1}$$

$$s=\pi d_p^2 \tag{4-2}$$

式中，d_p为球形颗粒的直径；v为球形颗粒的体积；s为球形颗粒的表面积。

显然，球形颗粒的各有关特性可用单一参数——直径d_p全面表示。

除单个颗粒的表面积s之外，还可引入单位体积固体颗粒所具有的表面积即比表面积的概念以表征颗粒表面积的大小。球形颗粒的比表面积

$$a_{球}=\frac{s}{v}=\frac{6}{d_p} \tag{4-3}$$

非球形颗粒 工业上的固体颗粒大多是非球形的。非球形颗粒的形状可以千变万化，不可能用单一参数全面地表示颗粒的体积、表面积和形状。通常试图将非球形颗粒以某种当量的球形颗粒代表，以使所考察的领域内非球形颗粒的特性与球形颗粒等效，这一球形的直径称为当量直径。例如，当讨论颗粒在重力（或离心力）场中所受的场力时，常用质量等效或

体积等效的当量直径；而影响流体通过颗粒层流动阻力的主要颗粒特性是颗粒的比表面，此时需要确定比表面当量直径。根据不同方面的等效性，可以定义不同的当量直径。但是，在上述几个颗粒特性中，自由度只有两个。

① 体积当量直径。使当量球形颗粒的体积$\frac{\pi}{6}d_{ev}^3$等于真实颗粒的体积v，定义为

$$d_{ev}=\sqrt[3]{\frac{6v}{\pi}} \tag{4-4}$$

② 表面积当量直径。使当量球形颗粒的表面积πd_{es}^2等于真实颗粒的表面积s，定义为

$$d_{es}=\sqrt{\frac{s}{\pi}} \tag{4-5}$$

③ 比表面积当量直径。使当量球形颗粒的比表面积$\frac{6}{d_{ea}}$等于真实颗粒的表面积a，定义为

$$d_{ea}=\frac{6}{a}=\frac{6}{s/v} \tag{4-6}$$

显然，d_{ev}、d_{es}和d_{ea}在数值上是不等的，但根据各自的定义式可以推出三者之间有如下关系

$$d_{ea}=\frac{d_{ev}^3}{d_{es}^2}=\left(\frac{d_{ev}}{d_{es}}\right)^2 d_{ev} \tag{4-7}$$

因自由度只有两个，通常只采用体积当量直径和形状系数两个变量。形状系数（即球形度）ψ定义为

$$\psi=\frac{\text{与非球形颗粒体积相等的球的表面积}}{\text{非球形颗粒的表面积}}=\frac{d_{ev}^2}{d_{es}^2} \tag{4-8}$$

体积相同时球形颗粒的表面积最小，因此，任何非球形颗粒的形状系数ψ皆小于1。通常将体积当量直径d_{ev}简写为d_e。此时，颗粒特性为

$$v=\frac{\pi}{6}d_e^3 \tag{4-9}$$

$$s=\frac{\pi d_e^2}{\psi} \tag{4-10}$$

$$a=\frac{6}{\psi d_e} \tag{4-11}$$

由式(4-3)、式(4-11)可见，不论球形颗粒，还是非球形颗粒，颗粒越小，比表面积越大。纳米颗粒是指至少一维尺寸在1～100nm之间的颗粒。

4.2.2 颗粒群的特性

任何颗粒群中，各单颗粒的尺寸都不可能完全一样，会形成一定的尺寸（粒度）分布。为研究颗粒分布对颗粒层内流动的影响，首先必须设法测量并定量表示这一分布。颗粒粒度测量的方法有筛分法、显微镜法、沉降法、电阻变化法、光散射与衍射法、表面积法等。它们各自基于不同的原理，适用于不同的粒径范围，所得的结果也往往略有不同，在比较时应予注意。

粒度分布的筛分分析　对大于70μm的颗粒，也就是工业固定床经常遇到的情况，通常采用一套标准筛进行测量。这种方法称为筛分分析。

筛分使用的标准筛系金属丝网编织而成。各国习用筛的开孔规格不同，常用的泰勒制是

以每平方英寸上的孔数为筛号或称目数。目前各种筛制正向国际标准组织 ISO 筛系统一，参见本书附录。每一筛号的金属丝粗细和筛孔的净宽是规定的，通常相邻的两筛号的筛孔尺寸之比约为$\sqrt{2}$。当使用某一号筛子时，通过筛孔的颗粒量称为筛过量，截留于筛面上的颗粒量则称为筛余量。

现将一套标准筛按筛孔尺寸上大下小地叠在一起，将已称量的一批颗粒放在最上一号筛子上。然后，将整套筛子用振荡器振动过筛，颗粒因粒度不同而分别被截留于各号筛面上，称取各号筛面上的颗粒筛余量即得筛分分析的基本数据。

分布函数和频率函数　筛分分析的数据可用两种方法表达成图线的形式。

(1) 分布函数曲线　令某号筛子（其筛孔尺寸为 d_{pi}）的筛过量（即该筛号以下的颗粒质量的总和）占试样总量的分率为 F_i，不同筛号的 F_i 与其筛孔尺寸 d_{pi} 可标绘成图 4-1 所示的曲线，此曲线称为分布函数曲线。

分布函数曲线有两个重要特性：

① 对应于某一尺寸 d_{pi} 的 F_i 值表示直径小于 d_{pi} 的颗粒占全部试样的质量分率，例如，当某批颗粒中 50%的颗粒直径小于 120μm，则简单表示为 $d_{50}=120\mu m$；

② 在该批颗粒的最大直径 d_{pmax}处，其分布函数为 1。

(2) 频率函数曲线　设某号筛面上的颗粒占全部试样的质量分数为 x_i，这些颗粒的直径介于相邻两号筛孔直径 d_{i-1}与 d_i 之间。现以粒径 d_p为横坐标，将该粒径范围内颗粒的质量分数 x_i 用一矩形的面积表示（见图 4-2），矩形的高度等于

$$\bar{f}_i=\frac{x_i}{d_{i-1}-d_i} \tag{4-12}$$

式中，$\bar{f}_i$表示粒径处于 $d_{i-1}\sim d_i$ 范围内颗粒的平均分布密度。

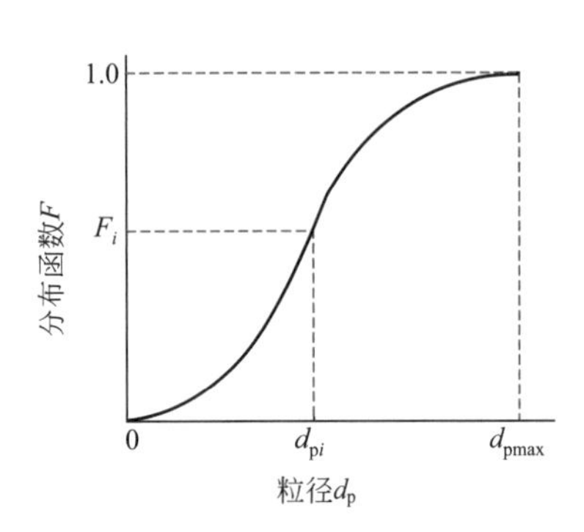

图 4-1　分布函数曲线

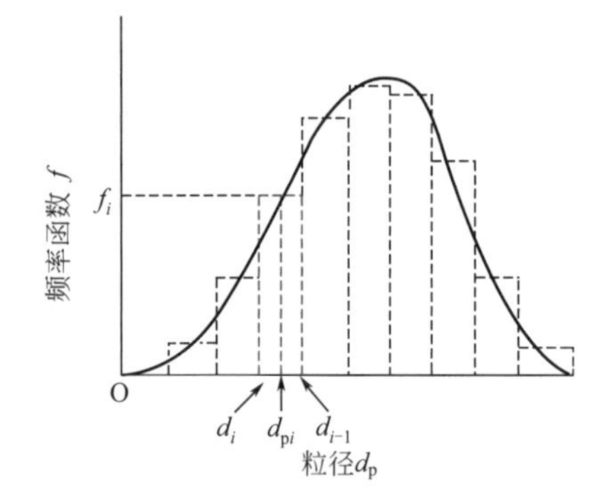

图 4-2　频率函数曲线

如果 d_{i-1}与 d_i 相差不大，可以把这一范围内的颗粒视为具有相同直径的均匀颗粒，且取

$$d_{pi}=\frac{1}{2}(d_{i-1}+d_i) \tag{4-13}$$

可以设想，当相邻两号筛孔直径无限接近，则矩形数目无限增多，而每个矩形的面积无限缩小并趋近一条直线。将这些直线的顶点连接起来，可得到一条光滑的曲线，称为频率函数曲线。曲线上任一点的纵坐标 f_i 称为粒径为 d_{pi} 的颗粒的频率函数。

比较分布函数 F 和频率函数 f 的定义，可以看出两者之间的微分与积分关系。

$$f_i=\left.\frac{\mathrm{d}F}{\mathrm{d}(d_p)}\right|_{d_p=d_{pi}} \tag{4-14}$$

和

$$F_i=\int_0^{d_{pi}} f\,\mathrm{d}(d_p) \tag{4-15}$$

频率函数曲线有两个重要特性：

① 在一定粒度范围内的颗粒占全部颗粒的质量分数等于该粒度范围内频率函数曲线下的面积；

② 频率函数曲线下的全部面积等于1。

颗粒群的平均直径 尽管颗粒群具有某种粒度分布，但为简便起见，在许多情况下希望用某个平均值或当量值来代替。须指出，任何一个平均值都不能全面代替一个分布函数，只能在某个侧面与原分布函数等效。显然，须对过程规律充分认识后，才能对选用何种平均值作出正确决定。

因此，须考察流体在颗粒层内流动的特点。在滤饼层中，颗粒较小，颗粒层内的流体流动是极慢的爬流，无边界层脱体现象发生。这样，流动阻力主要受颗粒层内固体表面积大小的影响。为此，应以比表面积相等为准则，确定实际颗粒群的平均直径 d_{32}。

设有一批大小不等的球形颗粒，其总质量为 m，颗粒密度为 ρ_p。经筛分分析得知，相邻两号筛之间的颗粒质量为 m_i，其直径为 d_{pi}。根据比表面积相等的原则，由式(4-3) 可写出颗粒群的平均直径 d_{32}应为

$$\frac{1}{d_{32}}=\Sigma\left(\frac{1}{d_{pi}}\times\frac{m_i}{m}\right)=\Sigma\frac{x_i}{d_{pi}} \tag{4-16}$$

或

$$d_{32}=1/\Sigma\frac{x_i}{d_{pi}} \tag{4-17}$$

上式对非球形颗粒仍然适用，由式(4-7)、式(4-8) 可知，只需以 $(\psi d_e)_i$ 代替式中的 d_{pi}即可。颗粒群平均直径 d_{32}也称为沙特直径（Sauter 直径），它对于描述颗粒表面积起主要作用的过程非常重要，如过滤、萃取、喷雾干燥等过程。

【例 4-1】 筛分分析

某制药过程需要分析颗粒大小及分布。颗粒取样 250g 作筛分分析，所用的筛号及筛孔尺寸见表 4-1 中第 1、2 列。筛分后称取各号筛面上的颗粒筛余量列于表 4-1 第 3 列。试作该颗粒群的分布函数曲线与频率曲线，设颗粒为球形，求以比表面相等为准则的颗粒群平均直径 d_{32}。

表 4-1 例 4-1 附表

1	2	3	4	5	6	7
筛号（目数）	筛孔尺寸/mm	筛余量/g	筛余量的质量分数(x_i)	分布函数(F_i)	频率函数 f_i/mm^{-1}	颗粒的平均直径 d_{pi}/mm
10	1.651	0	0	1.0		
14	1.168	10	0.040	0.96	0.0828	1.410
20	0.833	20	0.080	0.88	0.2388	1.001
28	0.589	40	0.160	0.72	0.6557	0.711
35	0.417	65	0.260	0.46	1.512	0.503
48	0.295	55	0.220	0.24	1.803	0.356
65	0.208	32	0.128	0.112	1.471	0.252
100	0.147	16	0.064	0.048	1.049	0.178
150	0.104	8	0.032	0.016	0.7442	0.126
200	0.074	3	0.012	0.004	0.400	0.089
270	0.053	1	0.004	0	0.1905	0.064
		共计 250	1.00			

解：将各号筛余量除以试样总量（250g）得筛余量质量分数 x_i，列于表 4-1 中第 4 列。

每个筛号的筛过量质量分数为该号筛子以下的全部筛余量质量分数 x_i 之和，此即为分布函数 F，计算结果列入表 4-1 中第 5 列。以表 4-1 第 2 列与第 5 列数据作图，得分布函数曲线见图 4-3。

计算每个筛号上颗粒的频率函数

$$f_i=\frac{x_i}{d_{i-1}-d_i}$$

列入表 4-1 第 6 列，式中 d_{i-1} 为上一号筛子的筛孔尺寸。

每个筛号上颗粒的平均直径取该号与上一号筛孔尺寸的算术平均值，列入表 4-1 第 7 列。

以第 6、7 两列数据作图（见图 4-3）得频率函数曲线，读数见右边纵坐标。

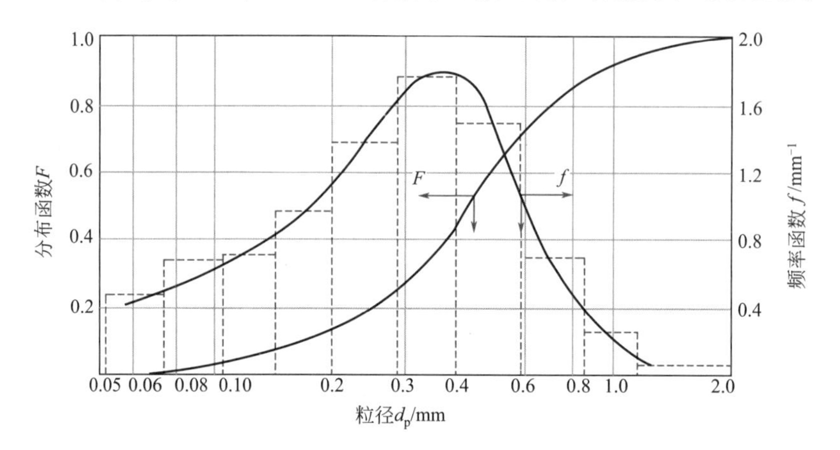

图 4-3　颗粒群的分布函数与频率函数

以比表面相等为准则求取该批颗粒的平均直径 d_{32}，取表 4-1 第 4、7 两列数据代入式（4-17）可算得 $d_{32}=0.358\text{mm}$。

4.2.3　床层特性

床层的空隙率　颗粒群按某种方式堆积成固定床时，床层中颗粒堆积的疏密程度可用空隙率来表示。空隙率 ε 的定义如下：

$$\varepsilon=\frac{\text{床层体积}-\text{颗粒所占的体积}}{\text{床层体积}}$$

颗粒的形状、粒度分布都影响床层空隙的大小。可以证明：均匀的球形作最松排列时的空隙率为 0.48，作最紧密排列时空隙率为 0.26。非球形颗粒的直径越小，形状与球的差异越大，组成床层时的空隙率超越 0.26～0.48 的可能性也越大。乱堆的非球形颗粒床层空隙率往往大于球形颗粒，而非均匀颗粒的床层空隙率则比均匀颗粒小。这是因为小颗粒可以嵌入大颗粒之间的空隙中的缘故。

床层空隙率在很大程度上受充填方式的影响。充填时设备受到振动，则空隙率必小。若采用湿法充填即设备内充以液体，则空隙率必大。即使同样的颗粒采用同样的方式重复充填，每次所得的空隙率未必相同。然而，正是这一难以确定的床层空隙率对流体阻力却有极大的影响。因此，在设计时应尽可能预计到实际充填时可能获得的空隙率或空隙率可能有的波动范围。

一般乱堆床层的空隙率大致在 0.47～0.7 之间。

床层的各向同性　工业上的小颗粒床层通常是乱堆的。若颗粒是非球形，各颗粒的定向应是随机的，从而可认为床层是各向同性的。各向同性床层的一个重要特点，是床层横截面上可供流体通过的空隙面积（即自由截面）与床层截面之比在数值上等于空隙率 ε。

壁效应　实际上，壁面附近的空隙率总是大于床层内部。流体在近壁处的流速必大于床层内部，这种现象称为壁效应。对于直径 D 较大的床层，近壁区所占的比例较小，壁效应的影响可以忽略；而当床层直径较小（D/d_p 较小）时，壁效应的影响则往往必须考虑。

床层的比表面积　单位床层体积（不是颗粒体积）具有的颗粒表面积称为床层的比表面积 a_B。如果忽略因颗粒相互接触而使裸露的颗粒表面减少，则 a_B与颗粒的比表面积 a 之间具有如下关系：

$$a_B=a(1-\varepsilon) \tag{4-18}$$

思考题

4-1　颗粒群的平均直径以何为基准？为什么？

4.3 流体通过固定床的压降

固定床中颗粒间的空隙形成许多可供流体通过的细小通道，这些通道是曲折而且互相交联的。同时，这些通道的截面大小和形状又是很不规则的。流体通过如此复杂的通道时的阻力（压降）自然很难进行理论计算，必须依靠实验来解决问题。

在 1.5.2 中介绍了量纲分析实验规划方法，这里则介绍另一种实验规划方法——数学模型法。

4.3.1 颗粒床层的简化模型

床层的简化物理模型　固定床内大量细小而密集的固体颗粒对流体的运动产生了很大的阻力。这一阻力一方面可使流体沿床截面的速度分布变得相当均匀，另一方面却在床层两端造成很大压降。工程上感兴趣的主要是床层的压降。

流体通过颗粒层的流动多呈爬流状态，单位体积床层所具有的表面积对流动阻力有决定性的作用。这样，为解决压降问题，可在保证单位体积表面积相等的前提下，将颗粒层内的实际流动过程大幅度的简化，使之可用数学方程式进行描述。经简化而得到的等效流动过程称为原真实流动过程的物理模型。

大多研究者将床层中的不规则通道简化成长度为 L_e 的一组平行细管（见图 4-4），并规定：

① 细管的内表面积等于床层颗粒的全部表面；

② 细管的全部流动空间等于颗粒床层的空隙容积。

根据上述假定，可求得这些虚拟细管的当量直径 d_e

$$d_e=\frac{4\times\text{通道的截面积}}{\text{润湿周边}}$$

分子、分母同乘 L_e，则有

$$d_e=\frac{4\times\text{床层的流动空间}}{\text{细管的全部内表面}}=\frac{4\varepsilon}{a_B}=\frac{4\varepsilon}{a(1-\varepsilon)} \tag{4-19}$$

按此简化模型，流体通过固定床的压降等同于流体通过一组当量直径为 d_e，长度为 L_e

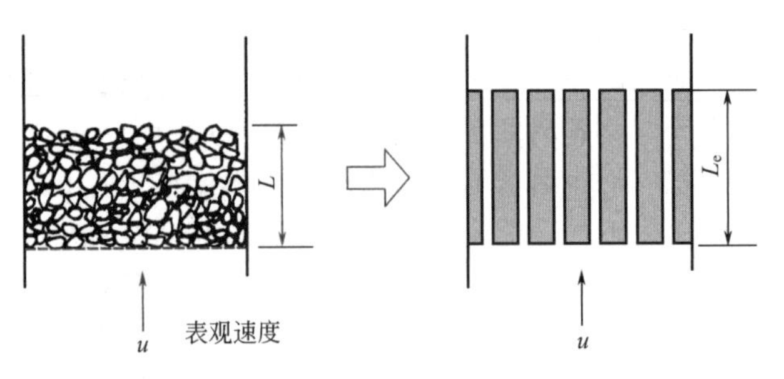

图 4-4　颗粒床层的简化模型

的细管的压降。

流体压降的数学模型　上述简化的物理模型，已将流体通过具有复杂几何边界的床层的压降简化为通过圆直管的压降。对此，不难应用现有的理论作出如下数学描述

$$h_f=\frac{\Delta\mathscr{P}}{\rho}=\lambda\frac{L_e}{d_e}\times\frac{u_1^2}{2} \tag{4-20}$$

式中，u_1 为流体在细管内的流速。u_1 可取为实际填充床中颗粒空隙间的流速，它与空床流速（表观流速）u 的关系为

$$u=\varepsilon u_1 \quad 或 \quad u_1=\frac{u}{\varepsilon} \tag{4-21}$$

将式(4-19)、式(4-21) 代入式(4-20) 得

$$\frac{\Delta\mathscr{P}}{L}=\left(\lambda\frac{L_e}{8L}\right)\frac{(1-\varepsilon)a}{\varepsilon^3}\rho u^2$$

细管长度 L_e 与实际床层高度 L 不等，但可认为 L_e 与实际床层高度 L 成正比，即 $\frac{L_e}{L}$ = 常数，并将其并入摩擦系数中去，于是

$$\frac{\Delta\mathscr{P}}{L}=\lambda'\frac{(1-\varepsilon)a}{\varepsilon^3}\rho u^2 \tag{4-22}$$

$$\lambda'=\frac{\lambda L_e}{8L}$$

式中，$\frac{\Delta\mathscr{P}}{L}$ 为单位床层高度的虚拟压强差，当重力可以忽略时

$$\frac{\Delta\mathscr{P}}{L}\approx\frac{\Delta p}{L}$$

为简化起见，$\Delta\mathscr{P}$ 在本章中均称为压降。

式(4-22) 即为流体通过固定床压降的数学模型，其中包括一个待定系数 λ'。λ' 称为模型参数，就其物理含义而言，也可称为固定床的流动摩擦系数。

模型的检验和模型参数的估值　上述床层的简化处理只是一种假定，其有效性必须经过实验检验，其中的模型参数 λ' 亦必须由实验测定。

康采尼（Kozeny）对此进行了实验研究，发现在流速较低、雷诺数 $Re'<2$ 的情况下，实验数据能较好地符合下式

$$\lambda'=\frac{K'}{Re'} \tag{4-23}$$

式中，K' 称为康采尼常数，其值为 5.0；Re' 称为床层雷诺数，可由下式计算

$$Re'=\frac{d_e u_1 \rho}{4\mu}=\frac{\rho u}{a(1-\varepsilon)\mu} \tag{4-24}$$

对于各种不同的床层，康采尼常数 K' 的可能误差不超过 10%，这表明上述的简化模型是实际过程的合理简化。于是，在实验确定参数 λ' 的同时，也检验了简化模型的合理性。

将式(4-23) 代入 (4-22) 得

$$\frac{\Delta \mathscr{P}}{L}=K'\frac{a^2(1-\varepsilon)^2}{\varepsilon^3}\mu u \tag{4-25}$$

式(4-25) 称为康采尼方程。它仅适用于低雷诺数范围 ($Re'<2$)。

欧根 (Ergun) 在较宽的 Re' 范围内研究了 λ' 与 Re' 的关系，获得如下的关联式

$$\lambda'=\frac{4.17}{Re'}+0.29 \tag{4-26}$$

式(4-26) 也可表示成图 4-5 的曲线。将式(4-26) 代入式(4-22) 可得

$$\frac{\Delta \mathscr{P}}{L}=4.17\frac{(1-\varepsilon)^2 a^2}{\varepsilon^3}\mu u+0.29\frac{(1-\varepsilon)a}{\varepsilon^3}\rho u^2 \tag{4-27}$$

或

$$\frac{\Delta \mathscr{P}}{L}=150\frac{(1-\varepsilon)^2}{\varepsilon^3 d_p^2}\mu u+1.75\frac{(1-\varepsilon)}{\varepsilon^3 d_p}\rho u^2 \tag{4-28}$$

对非球形颗粒，以 ψd_e 代替上式中的 d_p。

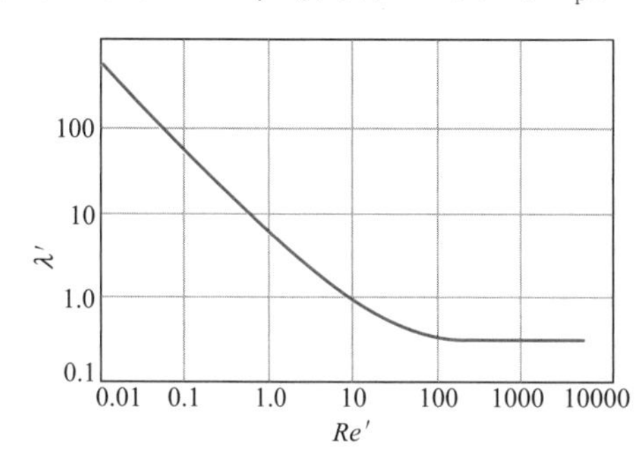

图 4-5 固定床的流动摩擦系数 λ' 与 Re' 的关系

式(4-28) 称为欧根方程，其实验范围为 $Re'=0.17\sim420$。当 $Re'<3$ 时，等式右方第二项可以略去；当 $Re'>100$ 时，等式右方第一项可以略去。

欧根方程的误差约为 ±25%，且不适用于细长物体及环状填料。

从康采尼或欧根公式可以看出，影响床层压降的变量有三类：操作变量 u、流体物性 μ 和 ρ 以及床层特性 ε 和 a。在所有这些因素中，影响最大的是空隙率 ε。例如，若维持其他条件不变而使空隙率 ε 从 0.5 降为 0.4，由式(4-25) 不难算出，单位床层压降将增加至原值的 2.81 倍。可见，床层压降对空隙率异常敏感。另一方面，空隙率又随装填情况而变，同一种物料用同样方式装填，其空隙率也未必能够重复。因此，在进行设计计算时，空隙率 ε 的选取应当十分慎重。

【例 4-2】 空隙率及比表面的测定

如图 4-6 所示，空气通过待测粉体组成的床层，其流量用毛细管流量计测得，床层压降用 U 形压差计测量。

今用 15.2g 催化剂颗粒充填成截面 5.5cm²、厚度为 1.8cm 的床层。在常压下，20℃的空气以 $4.8\times10^{-6}\,m^3/s$ 的流量通过床层，测得床层压降 $\Delta\mathscr{P}=1600Pa$。h_1 为所测床层压降，h_2 为毛细管压降。已知催化剂颗粒的密度 $\rho_p=2800kg/m^3$，试计

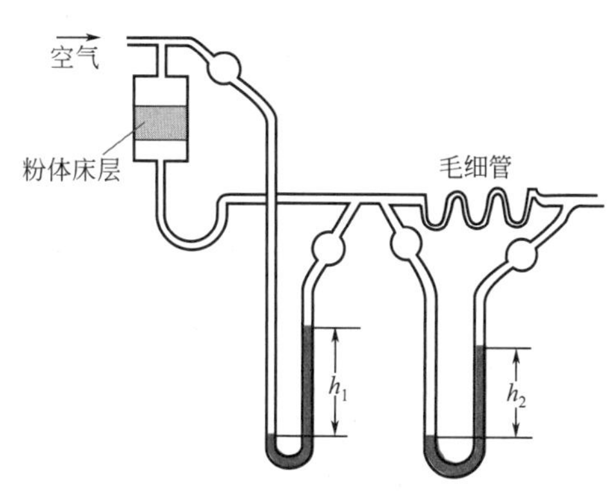

图 4-6 例 4-2 附图

算此催化剂颗粒的比表面积。

解：充填密度

$$\rho'=\frac{0.0152}{5.5\times10^{-4}\times0.018}=1535(\mathrm{kg/m^3})$$

床层的充填密度与颗粒真密度的关系为

$$\rho'=\rho_p(1-\varepsilon)$$

床层空隙率 $$\varepsilon=1-\frac{\rho'}{\rho_p}=1-\frac{1535}{2800}=0.452$$

20℃下空气黏度为 $$\mu=1.81\times10^{-5}\mathrm{Pa\cdot s}$$

床层的表观气速（空速） $$u=\frac{q_V}{A}=\frac{4.8\times10^{-6}}{5.5\times10^{-4}}=0.00873(\mathrm{m/s})$$

由式(4-25)

$$\frac{\Delta\mathscr{P}}{L}=K'\frac{a^2(1-\varepsilon)^2}{\varepsilon^3}\mu u$$

故此种催化剂颗粒的比表面积为

$$\begin{aligned}a&=\sqrt{\frac{\Delta\mathscr{P}}{L}\times\frac{1}{K'}\times\frac{\varepsilon^3}{(1-\varepsilon)^2}\times\frac{1}{\mu u}}\\&=\sqrt{\frac{1600\times0.452^3}{0.018\times5\times(1-0.452)^2\times1.81\times10^{-5}\times0.00873}}\\&=2.04\times10^5(\mathrm{m^2/m^3})\end{aligned}$$

校验床层雷诺数

$$Re'=\frac{\rho u}{a(1-\varepsilon)\mu}=\frac{1.2\times0.00873}{2.04\times10^5\times(1-0.452)\times1.81\times10^{-5}}=5.18\times10^{-3}$$

$Re'<2$，上述计算有效。

4.3.2 量纲分析法和数学模型法的比较

化工过程的研究往往必须依靠实验。为使实验工作富有成效，即以尽量少的实验得到可靠和明确的结果，任何实验工作都必须在理论指导下进行。

用量纲分析法规划实验，决定成败的关键在于能否如数地列出影响过程的主要因素。要做到这一点，无须对过程本身的内在规律有深入理解，只要做若干析因实验，考察每个变量对实验结果的影响程度即可。在量纲分析法指导下的实验研究只能得到过程的外部联系，而对于过程的内部规律则不甚了然，如同“黑箱”。

数学模型法立足于对所研究过程的深刻理解，按以下主要步骤进行工作：

① 将复杂的真实过程本身简化成易于用数学方程式描述的物理模型；

② 对所得到的物理模型进行数学描述即建立数学模型；

③ 通过实验对数学模型的合理性进行检验并测定模型参数。

对于数学模型法，决定成败的关键是对复杂过程的合理简化，即能否得到一个足够简单即可用数学方程式表示的物理模型。最后还要通过实验解决问题。但是，在数学模型法和量纲分析法中，实验的目的大相径庭。在量纲分析法中，实验的目的是为了寻找各无量纲变量之间的函数关系；而在数学模型法中，实验的目的是为了检验物理模型的合理性并测定为数较少的模型参数。显然，检验性的实验要比搜索性的实验简易得多。在两种实验规划方法中，数学模型法更具有科学性。

思考题

4-2　数学模型法的主要步骤有哪些？

4.4 过滤过程

4.4.1 过滤原理

过滤是将悬浮液中的固、液两相有效地加以分离的常用方法，借过滤操作可获得清净的液体或获得作为产品的固体颗粒。

过滤操作是利用重力或压差力或离心力作为推动力，使悬浮液通过某种多孔性过滤介质，悬浮液中的固体颗粒被截留，滤液则穿过介质流出。

过滤方式

(1) 滤饼过滤　滤饼过滤也称为静态过滤。图 4-7(a) 所示为简单的滤饼过滤设备示意图，过滤时悬浮液置于过滤介质的一侧。过滤介质常用多孔织物，其网孔尺寸未必一定须小于被截留的颗粒直径。在过滤操作开始阶段，会有部分颗粒进入过滤介质网孔中发生架桥现象［图 4-7(b)］，也有少量颗粒穿过介质而混于滤液中。随着滤渣的逐步堆积，在介质上形成了一个滤渣层，称为滤饼。不断增厚的滤饼才是真正有效的过滤介质，而穿过滤饼的液体则变为清净的滤液。通常，在操作开始阶段所得到的滤液是浑浊的，须待滤饼形成之后返回重滤。尽管有“架桥现象”，在选用过滤介质时，仍应使 5%以上的颗粒大于过滤介质孔径，否则容易出现“穿滤现象”。

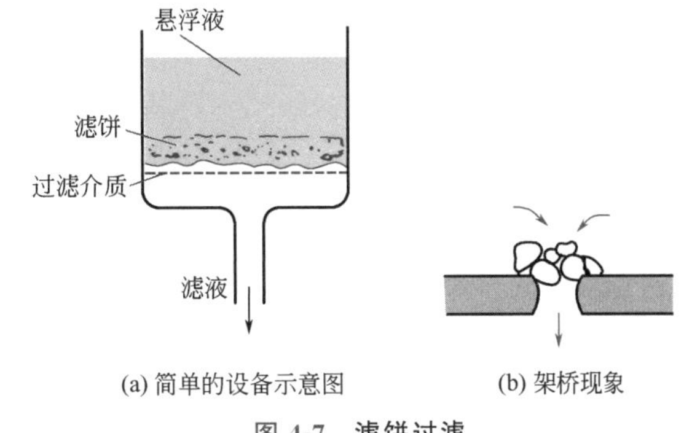

图 4-7　滤饼过滤

(2) 动态过滤　在滤饼过滤的装置中，滤饼不受搅动并不断增厚，固体颗粒连同悬浮液都以过滤介质为其流动的终端，因此称为终端过滤。这种过滤的主要阻力大多来自滤饼。为了保持初始阶段薄层滤饼的高过滤速率，可采用多种方法，如机械的、水力的或电场的人为干扰限制滤饼增长。这种有别于传统的过滤统称为动态过程。图 4-8 所示为动态过滤中横流过滤的一个例子。

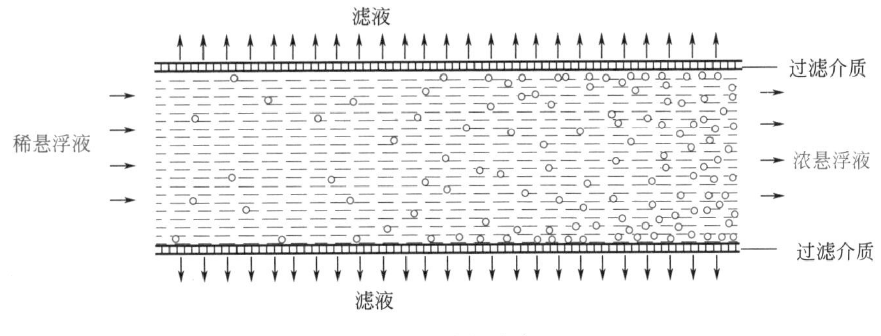

图 4-8　动态过滤

(3) 深层过滤 滤饼过滤和动态过程都属于表面过滤，而深层过滤与之不同，如图 4-9 所示。在深层过滤中，固体颗粒并不形成滤饼而是沉积于较厚的过滤介质内部。此时，颗粒尺寸小于介质孔隙，颗粒可进入长而曲折的通道。在惯性和扩散作用下，进入通道的固体颗粒趋向通道壁面并借静电与表面力附着其上。深层过滤常用于净化含固量很少（颗粒的体积分数<0.1%）的悬浮液。

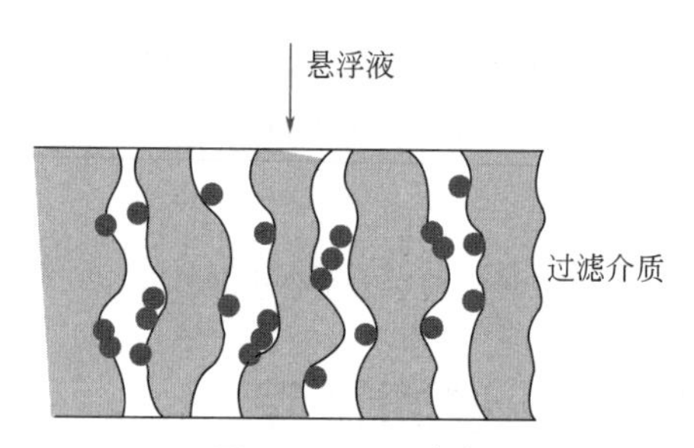

图 4-9 深层过滤

(4) 滤膜过滤 以压差为推动力、用人工合成带均匀细孔的膜作过滤介质的滤膜过滤，它可分离 0.1～10μm 以上的细小颗粒。由于膜过滤有不同的操作机理，故在本书下册另作讨论。本章仅对滤饼过滤的计算和所使用的设备作进一步讨论。

过滤介质 工业操作使用的过滤介质主要有以下几种。

(1) 织物介质 由天然或合成纤维、金属丝等编织而成的滤布、滤网，是工业生产使用最广泛的过滤介质。它的价格便宜，清洗及更换方便。视织物的编织方法和孔网的疏密程度，此类介质可截留颗粒的最小直径为 5～65μm。

(2) 多孔性固体介质 此类介质包括素瓷、烧结金属（或玻璃），或由塑料细粉黏结而成的多孔性塑料管等，能截留小至 1～3μm 的微小颗粒。

(3) 滤膜介质 如覆膜滤布，以滤布为机械支撑，将带均匀细孔的滤膜覆盖在滤布上。滤膜材质可以是陶瓷、金属、合成高分子材料、微孔玻璃等。滤膜的孔径为 0.1～10μm，厚度均匀，能截留 0.1～10μm 以上的颗粒。

(4) 堆积介质 此类介质是由各种固体颗粒（砂、木炭、石棉粉）或非编织纤维（玻璃棉等）堆积而成，一般用于处理含固体量很少的悬浮液，如水的净化处理等。

此外，工业滤纸也可与上述介质组合，用以拦截悬浮液中少量微细颗粒。

过滤介质的选择要根据悬浮液中固体颗粒的含量及粒度范围，介质所能承受的温度和它的化学稳定性、机械强度等因素来考虑。

滤饼的压缩性 某些悬浮液中的颗粒所形成的滤饼具有一定的刚性，滤饼的空隙结构并不因为操作压差的增大而变形，这种滤饼称为不可压缩滤饼。若滤饼在操作压差作用下会发生不同程度的变形，致使滤饼或滤布中的流动通道缩小（即滤饼中的空隙率 ε 减少），流动阻力急骤增加。这种滤饼称为可压缩滤饼。

助滤剂 助滤剂分为介质助滤剂和化学助滤剂两类。

介质助滤剂 为减少可压缩滤饼的流动阻力，可采用某种介质助滤剂以改变滤饼结构，增加滤饼刚性。另外，当所处理的悬浮液含有细微颗粒而且黏度很大时，也可适当采用介质助滤剂增加滤饼空隙率，减少流动阻力。常用的介质助滤剂是一些不可压缩的粉状或纤维状固体，如硅藻土、膨胀珍珠岩、纤维素等。对介质助滤剂的基本要求是：刚性，能承受一定压差而不变形；多孔性，以形成高空隙率的滤饼，如硅藻土层的空隙率可高达 80%～90%；尺度大体均匀，其大小有不同规格以适应不同的悬浮液；化学稳定性好，不与物料发生化学反应。

介质助滤剂的用法有预敷和掺滤两种。预敷是将含介质助滤剂的悬浮液先在过滤面上滤过，以形成厚 1～3mm 的介质助滤剂预敷层，然后过滤料浆。掺滤则是将介质助滤剂混入待滤悬浮液中一并过滤，加入的介质助滤剂量约为料浆的 0.1%～0.5%（质量分数）。应当注意，一般在以获得清液为目的的过滤中才使用介质助滤剂。

化学助滤剂 使用化学助滤剂的目的是改变颗粒的聚集状态、提高过滤速率、降低滤饼水分含量。化学助滤剂的主要作用一是改变颗粒表面的电荷量或电位，促使颗粒凝聚；二是将微细颗粒架连。同时，要尽量使颗粒表面疏水，以利于水从滤饼孔隙中排出。化学助滤剂有表面活性剂和高分子絮凝剂两大类。

液体过滤后处理 过滤后处理主要包括滤饼脱液和滤饼洗涤。滤饼脱液是利用某种方法除去滤饼中的残留的液体。滤饼脱液的主要方法有气体置换（压缩空气吹脱、真空吸脱）、机械力脱除（机械压榨、惯性力和离心力脱液、振动脱液）等。

滤饼的洗涤 某些过滤操作需要回收滤饼中残留的滤液或除去滤饼中的可溶性盐，则在过滤操作结束时用清水或其他液体通过滤饼流动，称为洗涤。在洗涤过程中，洗出液中的溶质浓度与洗涤时间 τ_w 的关系如图 4-10 所示。

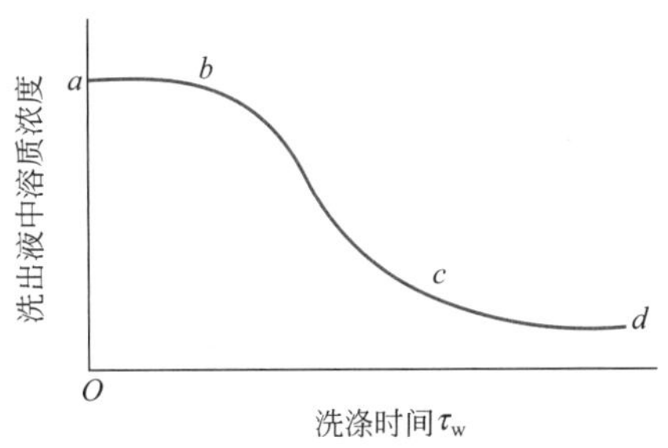

图 4-10 洗涤曲线

图中曲线的 ab 段洗出液基本上是滤液，它所含的溶质浓度几乎未被洗涤液所稀释。在滤渣颗粒细小，滤饼不发生开裂的理想情况下，滤饼空隙中 90% 的滤液在此阶段被洗涤液所置换，此称为置换洗涤。此阶段所需的洗涤量约等于滤饼的全部空隙容积（εAL）。

曲线的 bc 段，洗出液中溶质浓度急骤下降。此阶段所用的洗涤液量约与前一阶段相同。

曲线的 cd 段是滤饼中的溶质逐步被洗涤液沥取带出的阶段，洗出液中溶质浓度很低。只要洗涤液用量足够，滤饼中的溶质浓度可低至所需要的程度。但若洗涤的目的旨在回收溶质，洗出液浓度过低将使回收费用增加。因此，洗涤终止时的溶质浓度应从经济角度加以确定。

图 4-10 所示的洗涤曲线、洗涤液用量和洗涤速率都应通过小型实验确定方属可靠。

过滤过程的特点 液体通过过滤介质和滤饼空隙的流动是流体经过固定床流动的一种具体实例。所不同的是，过滤操作中的床层厚度（滤饼厚度）不断增加，在一定压差下，滤液通过速率随过滤时间的延长而减小，即过滤操作系一非定态过程。但是，由于滤饼厚度的增加比较缓慢，过滤操作可作为拟定态处理，4.3 节关于固定床压降的结果可以用来分析过滤操作。

设过滤设备的过滤面积为 A，在过滤时间为 τ 时所获得的滤液量为 V，则过滤速率 u 可定义为单位时间、单位过滤面积所得的滤液量，即

$$u=\frac{\mathrm{d}V}{A\,\mathrm{d}\tau}=\frac{\mathrm{d}q}{\mathrm{d}\tau} \tag{4-29}$$

式中，$q=\dfrac{V}{A}$ 为通过单位过滤面积的滤液总量，m^3/m^2。

不难理解，在恒定压差下过滤，由于滤饼的增厚，过滤速率 $\dfrac{\mathrm{d}q}{\mathrm{d}\tau}$ 必随过滤时间的延续而降低，即 q 随时间 τ 的增加速率逐步趋于缓慢。对滤饼的洗涤过程，由于滤饼厚度不再增加，压差与速率的关系与固定床相同。

过滤计算的目的在于确定为获得一定量的滤液（或滤饼）所需的过滤时间。

对过滤设备的要求 过滤设备要有一定的生产能力，并且，滤饼要满足一定的质量指标。通常，可用以下两个指标量表示对过滤设备的要求。

(1) 平均过滤速度 定义为过滤设备每小时每平方米过滤面积获得的清液量。

过滤速度是随时间变化的，但是，操作周期内的平均过滤速度就是单位过滤面积的生产能力。平均过滤速度与过滤级别有关，颗粒粒度越小，过滤级别越高，平均过滤速度就越小，过滤设备就越庞大。

(2) 滤饼的含液量 定义为滤饼中液体的质量分数。

滤饼的含液量（质量分数）是液固分离度的重要标志，滤饼含液量越低，液固分离度越高。通常，压差过滤的滤饼含液量可达到40%左右，液固分离度较低，增加了滤饼洗涤的难度。离心过滤可将滤饼含液量降低到5%左右，这是离心过滤的一个重要优点。

4.4.2 过滤过程的数学描述

物料衡算 对指定的悬浮液，获得一定量的滤液必形成相对应量的滤饼，其间关系取决于悬浮液中的含固量，并可由物料衡算求出。表示悬浮液含固量的常用形式有两种，即质量分数 w（kg 固体/kg 悬浮液）和体积分数 ϕ（m^3 固体/m^3 悬浮液）。对颗粒在液体中不发生溶胀的物系，按体积加和原则，两者的关系为

$$\phi=\frac{w/\rho_p}{w/\rho_p+(1-w)/\rho} \tag{4-30}$$

式中，ρ_p、ρ 分别为固体颗粒和滤液的密度。

物料衡算时，可对总量和固体物量列出两个衡算式

$$V_{悬}=V+LA \tag{4-31}$$

$$V_{悬}\phi=LA(1-\varepsilon) \tag{4-32}$$

式中，$V_{悬}$ 为获得滤液量 V 并形成厚度为 L 的滤饼时所消耗的悬浮液总量，m^3；ε 为滤饼空隙率。由上两式不难导出滤饼厚度 L 为

$$L=\frac{\phi}{1-\varepsilon-\phi}q \tag{4-33}$$

式(4-33) 表明，在过滤时若滤饼空隙率 ε 不变，则滤饼厚度 L 与单位面积累计滤液量 q 成正比。一般悬浮液中颗粒的体积分数 ϕ 较滤饼空隙率 ε 小得多，分母中 ϕ 值可以略去，则有

$$L=\frac{\phi}{1-\varepsilon}q \tag{4-34}$$

【例 4-3】 悬浮液及滤饼参数的测定

实验室中过滤质量分数为 0.09 的碳酸钙水悬浮液，取湿滤饼 100g 经烘干后称重得干固体质量为 53g。碳酸钙密度为 $2730kg/m^3$。过滤在 20℃ 及压差 0.05MPa 下进行。试求：(1) 悬浮液中碳酸钙的体积分数 ϕ；(2) 滤饼的空隙率 ε；(3) 每立方米滤液所形成的滤饼体积。

解：(1) 取 20℃ 水的密度为 $\rho=1000kg/m^3$。碳酸钙颗粒在水中没有体积变化，所以悬浮液中碳酸钙的体积分数 ϕ 为

$$\phi=\frac{w/\rho_p}{w/\rho_p+(1-w)/\rho}=\frac{0.09/2730}{0.09/2730+0.91/1000}=0.0350$$

(2) 湿滤饼试样中的固体体积 $V_{固}$ 为

$$V_{固}=\frac{0.053}{2730}=1.94\times10^{-5}(m^3)$$

滤饼中水的体积 $V_{水}$ 为

$$V_{水}=\frac{0.100-0.053}{1000}=4.7\times10^{-5}(\mathrm{m}^3)$$

滤饼空隙率为

$$\varepsilon=\frac{V_{水}}{V_{水}+V_{固}}=\frac{4.7\times10^{-5}}{(4.7+1.94)\times10^{-5}}=0.708$$

(3) 单位滤液形成的滤饼体积可由式(4-33) 得

$$\frac{LA}{V}=\frac{\phi}{1-\varepsilon-\phi}=\frac{0.035}{1-0.708-0.035}=0.136(\mathrm{m}^3_{饼}/\mathrm{m}^3_{滤液})$$

过滤速率 过滤操作所涉及的颗粒尺寸一般都很小，液体在滤饼空隙中的流动多处于康采尼公式适用的低雷诺数范围内。

由过滤速率的定义式(4-29) 可知，$\frac{\mathrm{d}q}{\mathrm{d}\tau}$即为某瞬时流体经过固定床的表观速度 u。由康采尼公式［式(4-25)］可得

$$u=\frac{\mathrm{d}q}{\mathrm{d}\tau}=\frac{\varepsilon^3}{(1-\varepsilon)^2a^2}\times\frac{1}{K'\mu}\times\frac{\Delta\mathscr{P}}{L} \tag{4-35}$$

将式(4-34) 的滤饼厚度 L 代入上式，并令

$$r=\frac{K'a^2(1-\varepsilon)}{\varepsilon^3} \tag{4-36}$$

r 反映了滤饼的特性，称为滤饼的比阻。式(4-35) 可写为

$$\frac{\mathrm{d}q}{\mathrm{d}\tau}=\frac{\Delta\mathscr{P}}{r\phi\mu q} \tag{4-37}$$

式中，$\Delta\mathscr{P}$为滤饼层两边的压差，Pa；μ 为滤液的黏度，Pa·s。

式(4-37) 中的分子 ($\Delta\mathscr{P}$) 是施加于滤饼两端的压差，可看作过滤操作的推动力，而分母 ($r\phi\mu q$) 可视为滤饼对过滤操作造成的阻力，故该式可写成

$$过滤速率=\frac{过程的推动力(\Delta\mathscr{P})}{过程的阻力(r\phi\mu q)} \tag{4-38}$$

以上述方式表示过滤速率，其优点在于同电路中的欧姆定律具有相同的形式，在串联过程中的推动力及阻力分别具有加和性。

图 4-11 表示过滤操作中推动力和阻力的情况。滤液通过过滤介质同样具有阻力，过滤介质阻力的大小可视为通过单位过滤面积获得当量滤液量 q_e 所形成的虚拟滤饼层的阻力。设 $\Delta\mathscr{P}_1$、$\Delta\mathscr{P}_2$ 分别为滤饼两侧和过滤介质两侧的压强差，则根据式(4-37) 可分别写出滤液经过滤饼与经过过滤介质的速率式

$$\frac{\mathrm{d}q}{\mathrm{d}\tau}=\frac{\Delta\mathscr{P}_1}{r\phi\mu q}$$

及

$$\frac{\mathrm{d}q}{\mathrm{d}\tau}=\frac{\Delta\mathscr{P}_2}{r\phi\mu q_e}$$

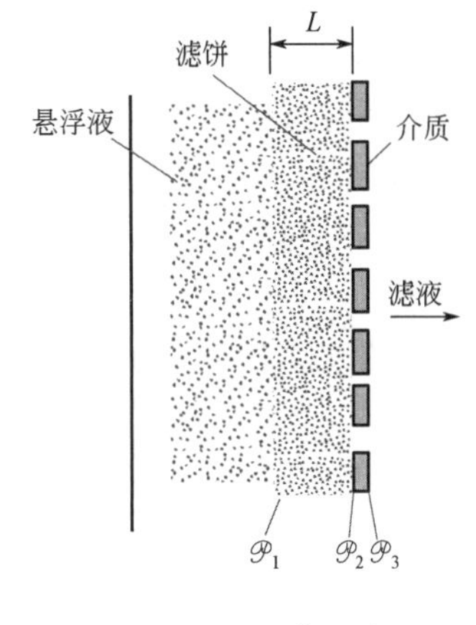

图 4-11 过滤操作的推动力和阻力

将以上两式的推动力和阻力分别加和可得

$$\frac{\mathrm{d}q}{\mathrm{d}\tau}=\frac{\Delta\mathscr{P}_1+\Delta\mathscr{P}_2}{r\phi\mu(q+q_e)}=\frac{\Delta\mathscr{P}}{r\phi\mu(q+q_e)} \tag{4-39}$$

式中，$\Delta\mathscr{P}=\Delta\mathscr{P}_1+\Delta\mathscr{P}_2$，为过滤操作的总压差。令

$$K=\frac{2\Delta\mathscr{P}}{r\phi\mu} \tag{4-40}$$

则

$$\frac{dq}{d\tau}=\frac{K}{2(q+q_e)} \tag{4-41}$$

或

$$\frac{dV}{d\tau}=\frac{KA^2}{2(V+V_e)} \tag{4-42}$$

式中，$V_e=Aq_e$，为形成与过滤介质阻力相等的滤饼层所得的滤液量，m^3。

式(4-41) 称为过滤速率基本方程。它表示某一瞬时的过滤速率与物系性质、操作压差及该时刻以前的累计滤液量之间的关系，同时亦表明了过滤介质阻力的影响。

过滤速率式(4-41) 的推导中引入了 K 与 q_e 两个参数，通常称为过滤常数，其数值需由实验测定，详见 4.4.3 节。

由式(4-40) 可知，K 值与悬浮液的性质及操作压差 $\Delta\mathscr{P}$ 有关。对指定的悬浮液，只有当操作压差不变时 K 值才是常数。由式(4-40) 可知，比阻 r 表示滤饼结构对过滤速率的影响，其数值大小可反映过滤操作的难易程度。不可压缩滤饼的比阻 r 仅取决于悬浮液的物理性质；可压缩滤饼的比阻 r 则随操作压差的增加而加大，一般服从如下的经验关系：

$$r=r_0\Delta\mathscr{P}^s \tag{4-43}$$

式中，r_0、s 均为实验常数；s 称为压缩指数。对于不可压缩滤饼，$s=0$；可压缩滤饼的压缩指数 s 约为 0.2～0.9。表 4-2 列出了一些物料的压缩指数 s，可供应用参考。当 s 较小时，可近似看作不可压缩的滤饼。

表 4-2　几种物料的压缩指数 *s*

物料	硅藻土	碳酸钙	钛白粉	高岭土	滑石	黏土	硫化锌	硫化铁	氢氧化铅
s 值	0.098	0.19	0.27	0.33	0.51	0.4～0.6	0.69	0.8	0.9

4.4.3　间歇过滤的滤液量与过滤时间的关系

将式(4-41) 积分，可求出过滤时间 τ 与累计滤液量 q 之间的关系。但是，过滤可采用不同的操作方式进行，滤饼的压缩性也不一样，故此式积分须视具体情况进行。

过滤过程的典型操作方式有两种：一种是在恒压差、变速率的条件下进行，称为恒压过滤；另一种是在恒速率、变压差的条件下进行，称为恒速过滤。有时，为避免过滤初期因压差过高而引起滤布堵塞和破损，可先采用较小的压差，然后逐步将压差提高至恒定值。

恒速过滤方程　用隔膜泵将悬浮液打入过滤机是一种典型的恒速过滤。此时，过滤速率 $\frac{dq}{d\tau}$ 为一常数，由式(4-41) 可得

$$\frac{dq}{d\tau}=\frac{K}{2(q+q_e)}=\text{常数}$$

即

$$\frac{q}{\tau}=\frac{K}{2(q+q_e)}$$

$$q^2+qq_e=\frac{K}{2}\tau \tag{4-44}$$

或

$$V^2+VV_e=\frac{K}{2}A^2\tau \tag{4-45}$$

式(4-44)、式(4-45) 为恒速过滤方程，注意，其中 K 值随时间而变。

恒压过滤方程 在恒定压差下，K 为常数。若过滤一开始就是在恒压条件下操作，由式(4-41) 可得

$$\int_{q=0}^{q=q}(q+q_e)\mathrm{d}q=\frac{K}{2}\int_{\tau=0}^{\tau=\tau}\mathrm{d}\tau$$

$$q^2+2qq_e=K\tau \tag{4-46}$$

或

$$V^2+2VV_e=KA^2\tau \tag{4-47}$$

此两式表示了恒压条件下过滤时累计滤液量 q（或 V）与过滤时间 τ 的关系，称为恒压过滤方程。

若在压差达到恒定之前，已在其他条件下过滤了一段时间 τ_1 并获得滤液量 q_1，由式(4-41) 可得

$$\int_{q=q_1}^{q=q}(q+q_e)\mathrm{d}q=\frac{K}{2}\int_{\tau=\tau_1}^{\tau=\tau}\mathrm{d}\tau$$

$$(q^2-q_1^2)+2q_e(q-q_1)=K(\tau-\tau_1) \tag{4-48}$$

或

$$(V^2-V_1^2)+2V_e(V-V_1)=KA^2(\tau-\tau_1) \tag{4-49}$$

过滤常数的测定 恒压过滤方程及恒速过滤方程中均包含过滤常数 K、q_e。过滤常数的测定是用同一悬浮液在小型设备中进行的。

实验在恒压条件下进行，此时式(4-46) 可写成

$$\frac{\tau}{q}=\frac{1}{K}q+\frac{2}{K}q_e \tag{4-50}$$

式(4-50) 表明在恒压过滤时 $\left(\frac{\tau}{q}\right)$ 与 q 之间具有线性关系，直线的斜率为 $\frac{1}{K}$，截距为 $\frac{2q_e}{K}$。在不同的过滤时间 τ，记取单位过滤面积所得的滤液量 q，可以根据式(4-50) 求得过滤常数 K 和 q_e。

式(4-50) 仅对过滤一开始就是恒压操作有效。若在恒压过滤之前的 τ_1 时间内单位过滤面积已得滤液 q_1，可将式(4-48) 改写成

$$\frac{\tau-\tau_1}{q-q_1}=\frac{1}{K}(q-q_1)+\frac{2}{K}(q_e+q_1) \tag{4-51}$$

显然，$\frac{\tau-\tau_1}{q-q_1}$ 与 $q-q_1$ 之间具有线性关系，同样可求出常数 q_e 及恒压操作的 K 值。

必须注意，因 $K=\frac{2\Delta\mathscr{P}}{r\mu\phi}$，其值与操作压差有关，故只有在试验条件与工业生产条件相同时才可直接使用试验测定的结果。实际上这一限制并非必要。如能在几个不同的压差下重复上述实验，从而求出比阻 r 与压差 $\Delta\mathscr{P}$ 的关系，则实验数据将具有更广泛的使用价值。

【例 4-4】 过滤常数测定

钛白粉水悬浮液在恒定压差 $\Delta\mathscr{P}=1.2\times10^5$ Pa 及 25℃ 下进行过滤，记取过滤时间 τ 与单位面积滤液量 q 的数据如表 4-3 第 1、2 行。求过滤常数 K 及 q_e。

表 4-3　例 4-4 附表

过滤时间 τ/s	26.3	60.1	103.8	155.6	216.3	279.5
单位面积滤液量 q/m	0.01	0.02	0.03	0.04	0.05	0.06
(τ/q)/(s/m)	2630	3005	3460	3890	4326	4658

解：按式(4-50)

$$\frac{\tau}{q}=\frac{1}{K}q+\frac{2}{K}q_e$$

用表 4-3 第 1、2 行数据计算 $\frac{\tau}{q}$，并列于表 4-3 第 3 行。

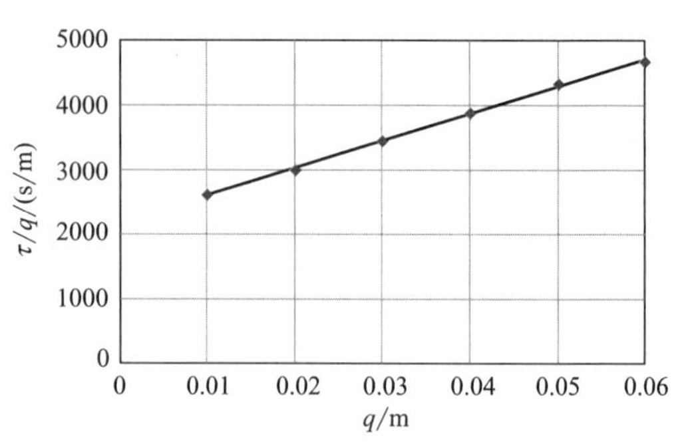

图 4-12　(τ/q)-q 的关系

将 $\frac{\tau}{q}$ 与 q 值标绘于图 4-12 得一直线，读取直线的斜率 $\left(\frac{1}{K}\right)$ 和截距 $\left(\frac{2q_e}{K}\right)$。此项工作一般可直接用最小二乘法回归统计完成，直线方程为 $Y=41528X+2208$，求得结果如下：

$$\frac{1}{K}=41528\text{s/m}^2,\quad K=2.41\times10^{-5}\text{m}^2/\text{s}$$

$$\frac{2q_e}{K}=2208\text{s/m}$$

$$q_e=2208\times\frac{K}{2}=2208\times\frac{2.41\times10^{-5}}{2}=0.0266(\text{m}^3/\text{m}^2)$$

【例 4-5】 比阻的实验求取

将钛白粉水悬浮液在 25℃及几种不同压差下重复实验，测得过滤常数 K 列于表 4-4。已知钛白粉的密度为 3830kg/m³，悬浮液含固量（质量分数）为 $w=0.03$。试求滤饼的压缩指数，并找出滤饼比阻与压差的关系。

表 4-4　例 4-5 附表

$\Delta\mathscr{P}$/Pa	K/(m²/s)	r/m^{-2}
0.50×10^5	1.29×10^{-5}	1.08×10^{15}
1.20×10^5	2.41×10^{-5}	1.39×10^{15}
1.90×10^5	3.45×10^{-5}	1.54×10^{15}
2.50×10^5	4.20×10^{-5}	1.66×10^{15}
3.30×10^5	5.20×10^{-5}	1.77×10^{15}

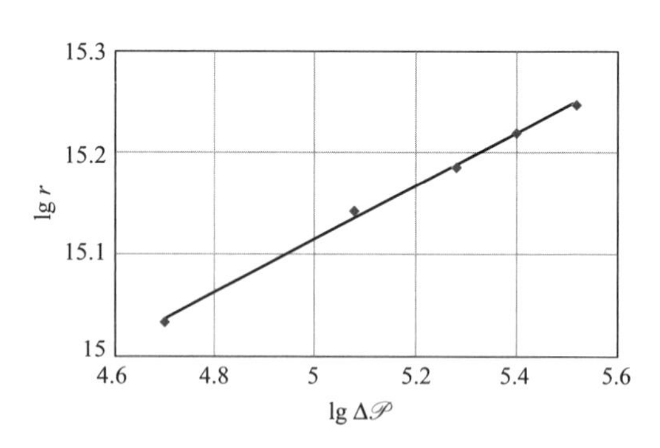

图 4-13　比阻 r 与 $\Delta\mathscr{P}$ 的关系

解：由式(4-30)得

$$\phi=\frac{w/\rho_p}{w/\rho_p+(1-w)/\rho}=\frac{0.03/3830}{0.03/3830+0.97/1000}=0.00801$$

25℃下水的黏度 $\mu=0.8937\times10^{-3}\text{Pa}\cdot\text{s}$

$$r=\frac{2\Delta\mathscr{P}}{\mu\phi K}=\frac{2}{0.8937\times10^{-3}\times0.00801}\times\left(\frac{\Delta\mathscr{P}}{K}\right)=2.79\times10^5\left(\frac{\Delta\mathscr{P}}{K}\right)\text{m}^{-2}$$

按上式算出不同压差下的比阻并列于表4-4第3列，以 $\lg r$-$\lg\Delta\mathscr{P}$ 作图得一直线（图4-13）。直线方程为 $Y=0.261X+13.812$，根据直线的斜率与截距（或用最小两乘法回归）求出 $r_0=6.49\times10^{13}\,\mathrm{m}^{-2}$，$s=0.261$，即比阻 r 与压差 $\Delta\mathscr{P}$ 的实验关系为

$$r=6.49\times10^{13}\Delta\mathscr{P}^{0.261}$$

4.4.4 洗涤速率与洗涤时间

本章4.4.1节已经说明，当滤饼需要洗涤时，单位面积洗涤液的用量需由实验决定。然后可以按过滤机中洗涤液流经滤饼的通道不同，决定洗涤速率和洗涤时间。在洗涤过程中滤饼不再增厚，洗涤速率为一常数，从而不再有恒速与恒压的区别。

洗涤速率 在某些过滤设备（如叶滤机）中洗涤液流经滤饼的通道与过滤终了时滤液的通道相同。洗涤液通过的滤饼面积亦与过滤面积相等，故洗涤速率 $(\mathrm{d}q/\mathrm{d}\tau)_\mathrm{w}$ 可由式(4-39)计算，即

$$\left(\frac{\mathrm{d}q}{\mathrm{d}\tau}\right)_\mathrm{w}=\frac{\Delta\mathscr{P}_\mathrm{w}}{r\mu_\mathrm{w}\phi(q+q_\mathrm{e})}=\frac{\Delta\mathscr{P}_\mathrm{w}}{\Delta\mathscr{P}}\times\frac{\mu}{\mu_\mathrm{w}}\times\frac{K}{2(q+q_\mathrm{e})} \tag{4-52}$$

式中，下标w表示洗涤；q 为过滤终了时单位过滤面积的累计滤液量。

当单位面积的洗涤液用量 q_w 已经确定，则洗涤时间 τ_w 为

$$\tau_\mathrm{w}=\frac{q_\mathrm{w}}{(\mathrm{d}q/\mathrm{d}\tau)_\mathrm{w}} \tag{4-53}$$

当洗涤与过滤终了时的操作压强相同、洗涤液与滤液的黏度相等，则洗涤速率与最终过滤速率相等，即

$$\left(\frac{\mathrm{d}V}{\mathrm{d}\tau}\right)_\mathrm{w}=\frac{KA^2}{2(V+V_\mathrm{e})} \tag{4-54}$$

$$\tau_\mathrm{w}=\frac{V_\mathrm{w}}{\left(\dfrac{\mathrm{d}V}{\mathrm{d}\tau}\right)_\mathrm{w}}=\frac{2(V+V_\mathrm{e})V_\mathrm{w}}{KA^2} \tag{4-55}$$

实际操作中洗涤液的流动途径可能因滤饼的开裂而发生沟流、短路，由式(4-55)计算的洗涤时间只是一个近似值。

4.4.5 过滤过程的计算

过滤计算可分为设备选定之前的设计计算（设计型计算）、现有设备的操作状态的核算（操作型计算）以及扩容改造的综合型计算三种类型。

在设计型计算中，设计者应首先进行小型过滤实验以测取必要的设计数据，如过滤常数 q_e、K 等，并为过滤介质和过滤设备的选型提供依据。然后由设计任务给定的滤液量 V 和过滤时间 τ，选择操作压强 $\Delta\mathscr{P}$，计算过滤面积 A。在操作型计算中，则是已知设备尺寸和参数，给定操作条件，核算该过程设备可以完成的生产任务；或已知设备尺寸和参数，给定生产任务，求取相应的操作条件。在综合型计算中，则需综合原有具体工况和条件，对新任务提供改造方案。

【例4-6】 叶滤机过滤面积的计算

某水固悬浮液含固量（质量分数）$w=0.023$，温度为20℃，固体密度 $\rho_\mathrm{p}=3100\mathrm{kg/m^3}$，已通过小试过滤实验测得滤饼的比阻 $r=2.16\times10^{13}\,1/\mathrm{m}^2$，滤饼不可压缩，滤饼空隙率 $\varepsilon=0.63$，过滤介质阻力的当量滤液量 $q_\mathrm{e}=0$。现工艺要求每次过滤时间30min，每次处理悬

浮液 $8m^3$。选用操作压强 $\Delta\mathscr{P}=0.15MPa$。若用叶滤机来完成此任务，则该叶滤机过滤面积应为多大？

解： 由题意，$\tau=1800s$，$\mu=1\times10^{-3}Pa\cdot s$，$\rho=1000kg/m^3$。悬浮液固体体积分数为

$$\phi=\frac{w/\rho_p}{w/\rho_p+(1-w)/\rho}=\frac{0.023/3100}{0.023/3100+0.977/1000}=7.54\times10^{-3}$$

由式(4-31) 和式(4-32) 可得

$$V=V_{悬}\left(1-\frac{\phi}{1-\varepsilon}\right)=8\times\left(1-\frac{7.54\times10^{-3}}{1-0.63}\right)=7.84(m^3)$$

由式(4-40) 得

$$K=\frac{2\Delta\mathscr{P}}{r\phi\mu}=\frac{2\times0.15\times10^6}{2.16\times10^{13}\times7.54\times10^{-3}\times10^{-3}}=1.84\times10^{-3}(m^2/s)$$

当 $q_e=0$ 时，由式(4-47) 得过滤面积为

$$A=\frac{V}{\sqrt{K\tau}}=\frac{7.84}{\sqrt{1.84\times10^{-3}\times1800}}=4.31(m^2)$$

间歇式过滤机的生产能力 已知过滤设备的过滤面积 A 和指定的操作压差 $\Delta\mathscr{P}$，计算过滤设备的生产能力，这是典型的操作型问题。叶滤机和压滤机都是典型的间歇式过滤机，每一操作周期由以下三部分组成：①过滤时间 τ；②洗涤时间 τ_w；③组装、卸渣及清洗滤布等辅助时间 τ_D。

一个完整的操作周期所需的总时间为

$$\sum\tau=\tau+\tau_w+\tau_D \tag{4-56}$$

过滤时间 τ 及洗涤时间 τ_w 的计算方法如前文所述，辅助时间须根据具体情况而定。间歇过滤机的生产能力定义为单位时间得到的滤液量，即

$$Q=\frac{V}{\sum\tau} \tag{4-57}$$

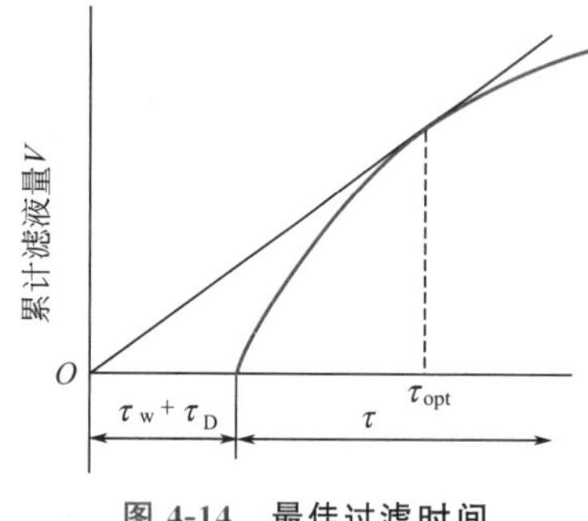

图 4-14 最佳过滤时间

对恒压过滤，过分延长过滤时间 τ 并不能提高过滤机的生产能力。由图 4-14 可知，过滤曲线上任何一点与原点 O 连线的斜率即为生产能力。显然，对一定的洗涤和辅助时间（$\tau_w+\tau_D$），必存在一个最佳过滤时间 τ_{opt}，过滤至此停止，可使过滤机的生产能力 Q（即图中切线的斜率）达最大值。这是设备操作最优化的课题。

思考题

4-3 过滤速率与哪些因素有关？

4-4 过滤常数有哪两个？各与哪些因素有关？什么条件下才为常数？

4-5 τ_{opt}对什么而言？

4.5 过滤设备和操作强化

4.5.1 过滤设备

各种生产工艺形成的悬浮液的性质有很大的差异，过滤的目的、原料的处理量也很不相

同。长期以来，为适应各种不同要求而发展了多种形式的过滤机，这些过滤机可按产生压差的方式不同而分成两大类：

① 压滤和吸滤，如叶滤机、板框压滤机、厢式压滤机、回转真空过滤机等；

② 离心过滤，有各种间歇卸渣和连续卸渣离心机。

各种过滤机的规格及主要性能可查阅有关产品样本。

叶滤机 叶滤机的主要构件是矩形或圆形滤叶。滤叶是由金属丝网组成的框架，其上覆以滤布所构成［参见图 4-15(a)］，多块平行排列的滤叶组装成一体并插入盛有悬浮液的滤槽中。滤槽可以是封闭的，以便加压过滤。图 4-15(b) 是叶滤机的示意图。

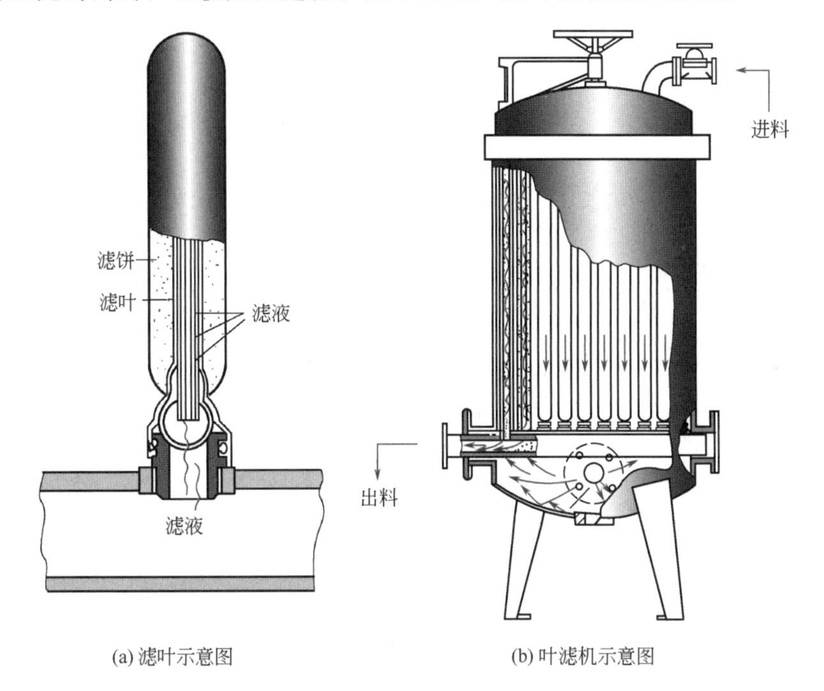

(a) 滤叶示意图　　(b) 叶滤机示意图

图 4-15 叶滤机

过滤时，滤液穿过滤布进入网状中空部分并汇集于下部总管中流出，滤渣沉积在滤叶外表面。根据滤饼的性质和操作压强的大小，滤饼层厚度可达 2～35mm。每次过滤结束后，可向滤槽内通入洗涤液进行滤饼的洗涤，也可将带有滤饼的滤叶移入专门的洗涤槽中进行洗涤，然后用压缩空气、清水或蒸汽反向吹卸滤渣。

叶滤机的操作密封，过滤面积较大（一般为 20～100m^2），劳动条件较好。在需要洗涤时，洗涤液与滤液通过的途径相同，洗涤比较均匀。每次操作时，滤布不用装卸，但一旦破损，更换较困难。对密闭加压的叶滤机，因其结构比较复杂，造价较高。

板框压滤机 板框压滤机（图 4-16）是一种具有较长历史但仍沿用不衰的间歇式压滤机，它由多块带棱槽面的滤板和滤框交替排列组装于机架所构成。滤板和滤框的个数在机座长度范围内可自行调节，一般为 10～60 块不等，过滤面积约为 2～80m^2。

滤板和滤框的构造如图 4-17 所示。滤板和滤框的四角开有圆孔，组装叠合后即分别构成供滤浆、滤液、洗涤液进出的通道（图 4-18）。操作开始前，先将四角开孔的滤布盖于板和框的交界面上，借手动、电动或液压传动使螺旋杆转动压紧板和框。悬浮液从通道 1 进入滤框，滤液穿过框两边的滤布，从每一滤板的左下角经通道 3 排出机外。待框内充满滤饼，即停止过滤。此时可根据需要，决定是否对滤饼进行洗涤，可洗式板框压滤机的滤板有两种

动画

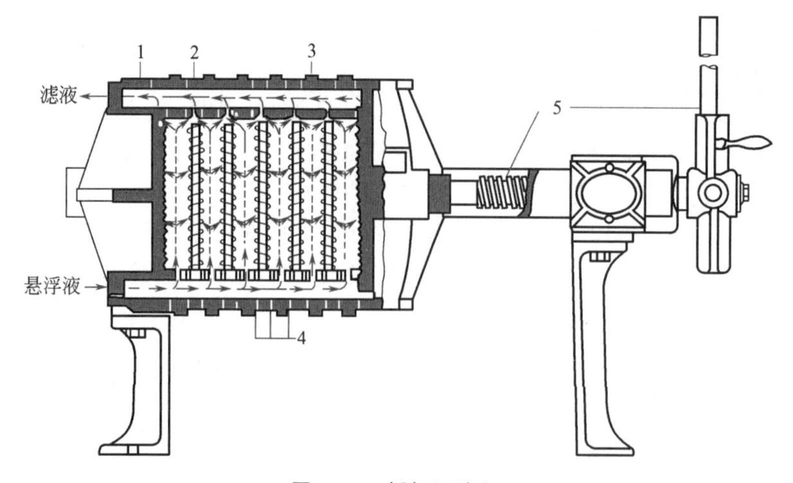

图 4-16　板框压滤机

1—固定头；2—滤板；3—滤框；4—滤布；5—压紧装置

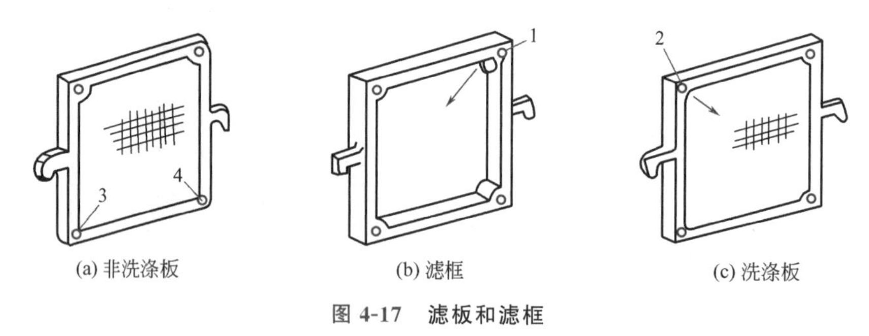

图 4-17　滤板和滤框

1—悬浮液通道；2—洗涤液入口通道；3—滤液通道；4—洗涤液出口通道

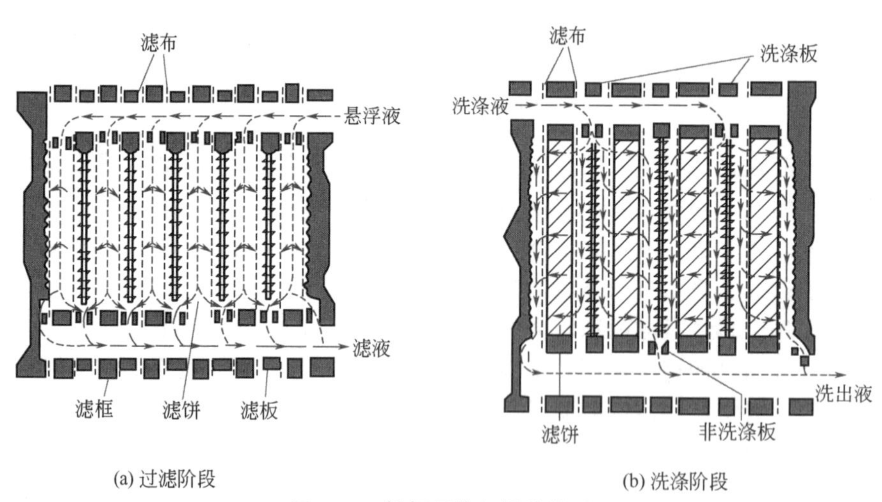

图 4-18　板框压滤机操作简图

结构：洗涤板与非洗涤板，两者作交替排列。洗涤液由通道 2［图 4-17(c)］进入洗涤板的两侧，穿过整块框内的滤饼，在非洗涤板的表面汇集，由右下角小孔流入通道 4 排出。洗涤完毕后，即停车松开螺旋杆，卸除滤饼，洗涤滤布，为下一次过滤作好准备。

板框压滤机的优点是结构紧凑，过滤面积大，主要用于过滤含固量多的悬浮液。由于它可承受较高的压差，其操作压强一般为 0.3～1MPa，因此可用以过滤细小颗粒或液体黏度较高的物料。它的缺点是装卸、清洗大部分借手工操作，劳动强度较大。近代各种自动操作板框压滤机的出现，使这一缺点在一定程度上得到克服。

板框压滤机的洗涤速率　板框压滤机在过滤终了时，滤液通过滤饼层的厚度为框厚的一半，过滤面积则为全部滤框面积之和的两倍。但在滤渣洗涤时，由图 4-18 可知，洗涤液将通过两倍于过滤终了时滤液的途径，故洗涤速率应为式(4-52) 计算值的1/2，即

$$\left(\frac{\mathrm{d}q}{\mathrm{d}\tau}\right)_{\mathrm{w}}=\frac{\Delta\mathscr{P}_{\mathrm{w}}}{2r\mu_{\mathrm{w}}\phi(q+q_{\mathrm{e}})} \tag{4-58}$$

洗涤时间仍可用式(4-53) 计算。但应注意，q_{w}为单位洗涤面积的洗涤液量（$\mathrm{m^3/m^2}$）。此时的洗涤面积仅为过滤面积的一半，$q_{\mathrm{w}}=V_{\mathrm{w}}/(A/2)$。用同样体积的洗涤液，板框压滤机的洗涤时间为叶滤机的四倍。当洗涤液与滤液黏度相等、操作压强相同时，板框压滤机的洗涤时间为

$$\tau_{\mathrm{w}}=\frac{8(V+V_{\mathrm{e}})V_{\mathrm{w}}}{KA^2} \tag{4-59}$$

【例 4-7】 板框压滤机的计算

拟用一板框压滤机在恒压下过滤某悬浮液，已知过滤常数 $K=7.5\times10^{-5}\mathrm{m^2/s}$。现要求每一操作周期得到 $10\mathrm{m^3}$ 滤液，过滤时间为 0.5h。悬浮液含固量 $\phi=0.015$（$\mathrm{m^3}$固体/$\mathrm{m^3}$悬浮液），滤饼空隙率 $\varepsilon=0.5$，过滤介质阻力可忽略不计。

试求：(1) 需要多大的过滤面积？(2) 现有一板框压滤机，与框的尺寸为 $0.6\mathrm{m}\times0.6\mathrm{m}\times0.02\mathrm{m}$，若要求仍为每过滤周期得到滤液量 $10\mathrm{m^3}$，分别按过滤时间和滤饼体积计算需要多少框？(3) 安装所需板框数量后，获得滤液量为 $10\mathrm{m^3}$ 的实际过滤时间为多少？若滤饼充满滤框后，在操作压差加倍的条件下用清水洗涤滤饼，洗涤水用量为滤液量的 1/10，求洗涤时间。(4) 生产能力（设每周期其他辅助时间为 10min）。

解：(1) $q=\sqrt{K\tau}=\sqrt{7.5\times10^{-5}\times1800}=0.367\mathrm{m^3/m^2}$

需要过滤面积为
$$A=\frac{V}{q}=\frac{10}{0.367}=27.2\mathrm{m^2}$$

(2) 按过滤面积需要框

$$n=\frac{A}{2a^2}=\frac{27.2}{2\times0.6^2}=38\text{ 个}$$

按滤饼体积需要框

$$V_{饼}=\frac{V\phi}{1-\varepsilon-\phi}=\frac{10\times0.015}{1-0.5-0.015}=0.309\mathrm{m^3}$$

$$n=\frac{V_{饼}}{ba^2}=\frac{0.309}{0.02\times0.6^2}=43\text{ 个}$$

(3) 安装 43 个框

$$A=43\times2\times0.62=30.96\mathrm{m^2}$$
$$q=10/30.96=0.323\mathrm{m^3/m^2}$$

实际过滤时间

$$\tau=\frac{q^2}{K}=\frac{0.323^2}{7.5\times10^{-5}}=1391\mathrm{s}=0.39\mathrm{h}=23.2\mathrm{min}$$

洗涤时间

$$\tau_{\mathrm{w}}=\frac{V_{\mathrm{w}}}{\left(\dfrac{\mathrm{d}V}{\mathrm{d}\tau}\right)_{\mathrm{w}}}=\frac{\Delta\mathscr{P}}{\Delta\mathscr{P}_{\mathrm{w}}}\frac{\mu_{\mathrm{w}}}{\mu}\frac{8(V+V_{\mathrm{e}})}{V^2+2VV_{\mathrm{e}}}V_{\mathrm{w}}\tau$$

$$=\frac{1}{2}\times\frac{8\times10}{10^2}\times\frac{1}{10}\times10\times1391=556.4\text{s}$$

（4）生产能力

$$Q=\frac{V}{\tau+\tau_{\text{w}}+\tau_{\text{D}}}=\frac{10}{1391+556.4+600}=3.93\times10^{-3}\text{m}^3/\text{s}$$

板框压滤机选取框的数量时，不仅要考虑过滤面积是否足够，还要考虑框是否能装得下滤饼，最后取两者中较大的。根据选定的框数，安装以后实际过滤时间可以比原要求时间少（或者说生产能力比原要求大）。

厢式压滤机 厢式压滤机与板框压滤机相比，外表相似，但厢式压滤机仅由滤板组成。每块滤板凹进的两个表面与另外的滤板压紧后组成过滤室。料浆通过中心孔加入，滤液在下角排出，带有中心孔的滤布覆盖在滤板上，滤布的中心加料孔部位压紧在两壁面上或把两壁面的滤布用编织管缝合。图 4-19 为厢式压滤机的示意图。工业上，自动厢式压滤机已达到较高的自动化程度。

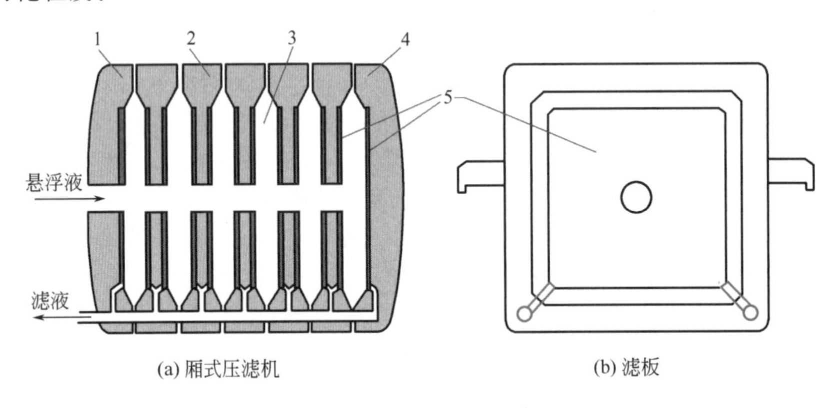

图 4-19 厢式压滤机示意图

1，4—端头；2—滤板；3—滤饼空间；5—滤布

回转真空过滤机 图 4-20 为回转真空过滤机的操作示意图，它是工业上使用较广的一种连续式过滤机。

动画

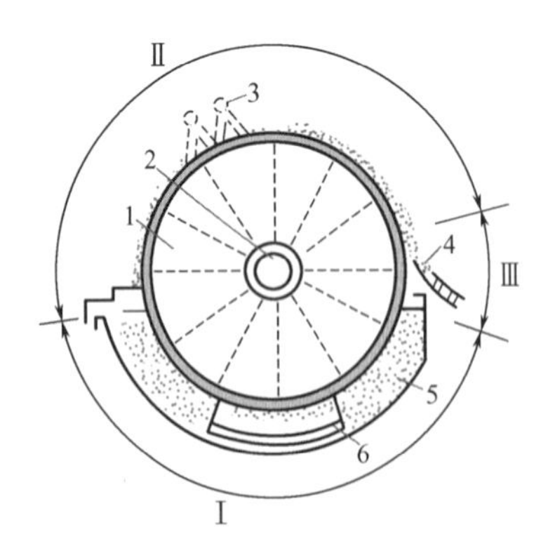

图 4-20 回转真空过滤机操作示意图

1—转鼓；2—分配头；3—洗涤水喷嘴；4—刮刀；5—悬浮液槽；6—搅拌器

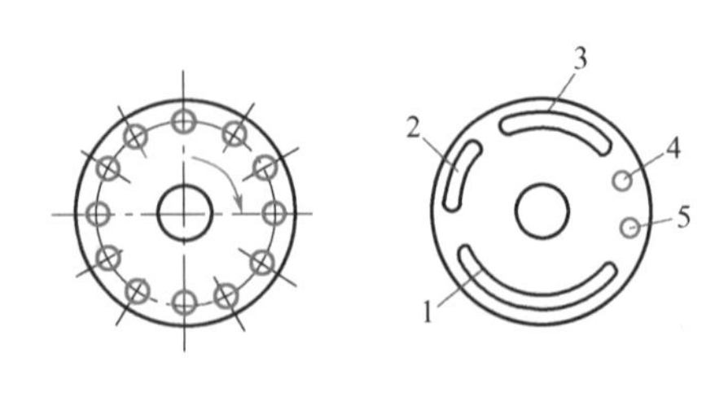

图 4-21 回转真空过滤机的分配头

1，2—与滤液贮罐相通的槽；3—与洗液贮罐相通的槽；4，5—通压缩空气的孔

在水平安装的中空转鼓表面上覆以滤布，转鼓下部浸入盛有悬浮液的滤槽中并以 0.1～

3r/min 的转速转动。转鼓内分 12 个扇形格，每格与转鼓端面上的带孔圆盘相通。此转动盘与装于支架上的固定盘借弹簧压力紧密叠合，这两个互相叠合而又相对转动的圆盘组成一副分配头，如图 4-21 所示。

转鼓表面的每一格按顺时针方向旋转一周时，相继进行着过滤、脱水、洗涤、卸渣、再生等操作。例如，当转鼓的某一格转入液面下时，与此格相通的转盘上的小孔即与固定盘上的槽 1 相通，抽吸滤液。当此格离开液面时，转鼓表面与槽 2 相通，将滤饼中的液体吸干。当转鼓继续旋转时，可在转鼓表面喷洒洗涤液进行滤饼洗涤，洗涤液通过固定盘的槽 3 抽往洗液贮槽。转鼓的右边装有卸渣用的刮刀，刮刀与转鼓表面的距离可以调节，且此时该格转鼓内部与固定盘的孔 4 相通，供压缩空气吹卸滤渣。卸渣后的转鼓表面在必要时可由固定盘的孔 5 吹入压缩空气，以再生和清理滤布。

转鼓浸入悬浮液的面积约为全部转鼓面积的 30%～40%。在不需要洗涤滤饼时，浸入面积可增加至 60%，脱离吸滤区后转鼓表面形成的滤饼厚度约为 3～40mm。

回转真空过滤机的过滤面积不大，压差也不高，但它操作自动连续，对于处理量较大而压差不需很大的物料的过滤比较合适。在过滤细、黏物料时，采用介质助滤剂预涂的操作也比较方便，此时可将卸料刮刀略微离开转鼓表面一定的距离，以使转鼓表面的介质助滤剂层不被刮下而在较长的操作时间内发挥助滤作用。

回转真空过滤机的生产能力 回转真空过滤机是在恒定压差下操作的。设转鼓的转速为 n(r/s)，转鼓浸入面积占全部转鼓面积的分率为 φ（称为浸没度），则每转一周转鼓上任何一点或全部转鼓面积的过滤时间为

$$\tau=\frac{\varphi}{n} \tag{4-60}$$

这样就把真空回转过滤机部分转鼓表面的连续过滤转换为全部转鼓表面的间歇过滤，使恒压过滤方程依然适用。

将式(4-46) 改写成

$$q=\sqrt{q_e^2+K\tau}-q_e \tag{4-61}$$

设转鼓面积为 A，则回转真空过滤机的生产能力（单位时间的滤液量）为

$$Q=nAq=nA\left(\sqrt{K\frac{\varphi}{n}+q_e^2}-q_e\right) \tag{4-62}$$

若过滤介质阻力可略去不计，则上式可写成

$$Q=\sqrt{KA^2\varphi n} \tag{4-63}$$

式(4-63) 近似地表达了诸参数对回转真空过滤机生产能力的影响。

【例 4-8】 回转真空过滤机计算

一台回转真空过滤机过滤滤浆，转筒直径为 0.5m，长度为 1m，浸入角度为 180°。过滤操作在 20℃、恒定压差下进行，过滤常数 $K=4.24\times10^{-5}\,\mathrm{m^2/s}$，$q_e=0.0201\,\mathrm{m^3/m^2}$，要求生产能力达到 $0.021\,\mathrm{m^3/min}$，问每分钟转鼓应多少转？假设滤饼不可压缩。

解： 用回转真空过滤机，$K=4.24\times10^{-5}\,\mathrm{m^2/s}=0.002544\,\mathrm{m^3/min}$，$q_e=0.0201\,\mathrm{m^3/m^2}$，过滤面积为

$$A=\pi DL=3.14\times1\times0.5=1.57\,\mathrm{m^2}$$

则

$$V_e=q_eA=0.0201\times1.57=0.032\,\mathrm{m^3}$$

$$\varphi=\frac{180°}{360°}=\frac{1}{2}$$

$V^2+2VV_e=KA^2\dfrac{\varphi}{n}$，则

$$V^2+2\times V\times 0.032=0.002544\times 1.57^2\times\frac{0.5}{n} \quad ①$$

设转筒每分钟转 n 转，回转真空过滤机的生产能力 $Q=nV$，则

$$0.021=nV \quad ②$$

式①、②联立求解，得 $V=0.085\text{m}^3$，$n=0.25\text{rpm}$。

离心机 离心过滤是借旋转液体产生的径向压差作为过滤的推动力。离心过滤在各种间歇或连续操作的离心过滤机中进行。间歇式离心机中又有人工及自动卸料之分。

三足式离心机是一种常用的人工卸料的间歇式离心机，图 4-22 所示为其结构示意图。离心机的主要部件是一篮式转鼓，壁面钻有许多小孔，内壁衬有金属丝网及滤布。整个机座和外罩借助三根拉杆弹簧悬挂于三足支柱上，以减轻运转时的振动。料液加入转鼓后，滤液穿过转鼓于机座下部排出，滤渣沉积于转鼓内壁，待一批料液过滤完毕，或转鼓内的滤渣量达到设备允许的最大值时，可停止加料并继续运转一段时间以沥干滤液。必要时，也可于滤饼表面洒以清水进行洗涤，然后停车卸料，清洗设备。

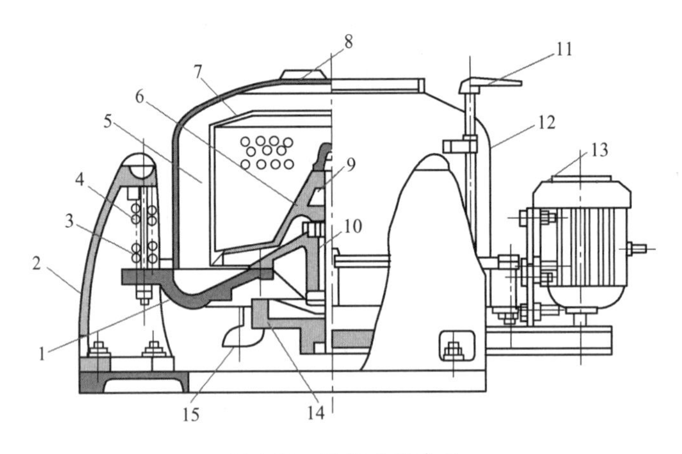

图 4-22 三足式离心机

1—底盘；2—支柱；3—缓冲弹簧；4—摆杆；5—鼓壁；6—转鼓底；7—拦液板；8—机盖；9—主轴；10—轴承座；11—制动器手柄；12—外壳；13—电动机；14—制动轮；15—滤液出口

三足式离心机的转鼓直径一般较大，转速不高（$<2000\text{r/min}$），过滤面积约 $0.6\sim 2.7\text{m}^2$。

刮刀卸料式离心机 图 4-23 为刮刀卸料式离心机的示意图。悬浮液从加料管进入连续运转的卧式转鼓，机内设有耙齿以使沉积的滤渣均布于转鼓内壁。待滤饼达到一定厚度时，停止加料，进行洗涤、沥干。然后，借液压传动的刮刀逐渐向上移动，将滤饼刮入卸料斗卸出机外，继而清洗转鼓。整个操作周期均在连续运转中完成，每一步骤均采用自动控制的液压操作。

刮刀卸料式离心机每一操作周期约 35～90s，连续运转，生产能力较大，劳动条件好，适用于过滤连续生产工艺过程中 $>0.1\text{mm}$ 的颗粒。

活塞往复式卸料离心机 这种离心机的加料过滤、洗涤、沥干、卸料等操作同时在转鼓

内的不同部位进行，图 4-24 为其结构示意图。料液加入旋转的锥形料斗后被洒在近转鼓底部的一小段范围内，形成约 25～75mm 厚的滤渣层。转鼓底部装有与转鼓一起旋转的推料活塞，其直径稍小于转鼓内壁。活塞与料斗还一起作往复运动，将滤渣逐步推向加料斗的右边。该处的滤渣经洗涤、沥干后，被卸出转鼓外。活塞的冲程约为转鼓全长的 1/10，往复次数约 30 次/分。

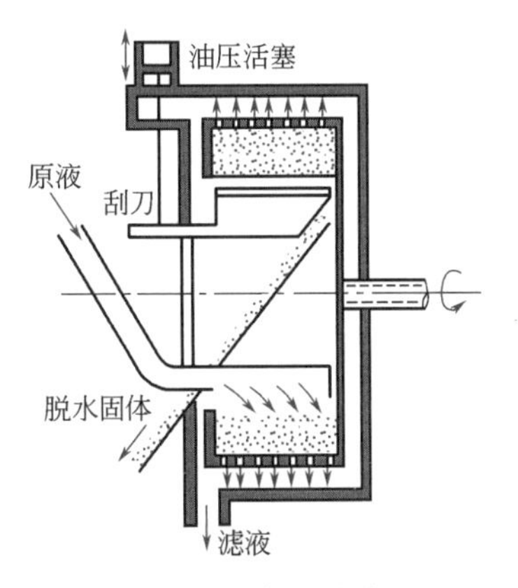

图 4-23　刮刀卸料式离心机

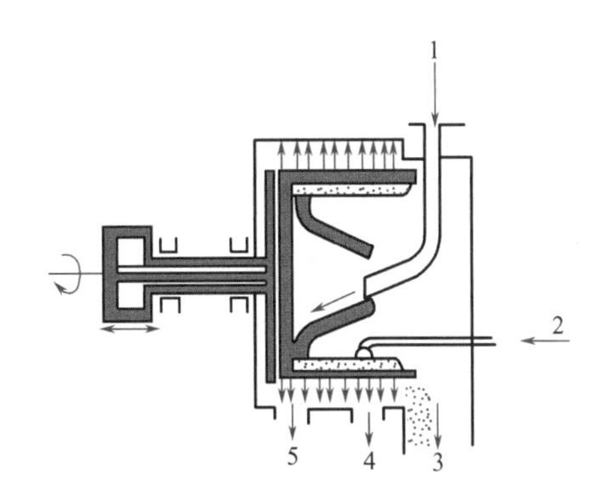

图 4-24　活塞往复式卸料离心机

1—原料液；2—洗涤液；3—脱液固体；4—洗出液；5—滤液

活塞往复式卸料离心机每小时可处理 0.3～25t 的固体，对过滤含固量<10%、粒径>0.15mm 的悬浮液比较合适，在卸料时晶体也较少受到破损。

卧式沉降螺旋卸料离心机　如图 4-25 所示，卧式沉降螺旋卸料离心机由高转速的转鼓、与转鼓转向相同且转速比转鼓略高或略低的螺旋和差速器等部件组成，通过螺旋推料器上的叶片推至转鼓小端排渣口排出，液相则通过转鼓大端的溢流孔溢出。如此不断循环，以达到连续分离的目的。

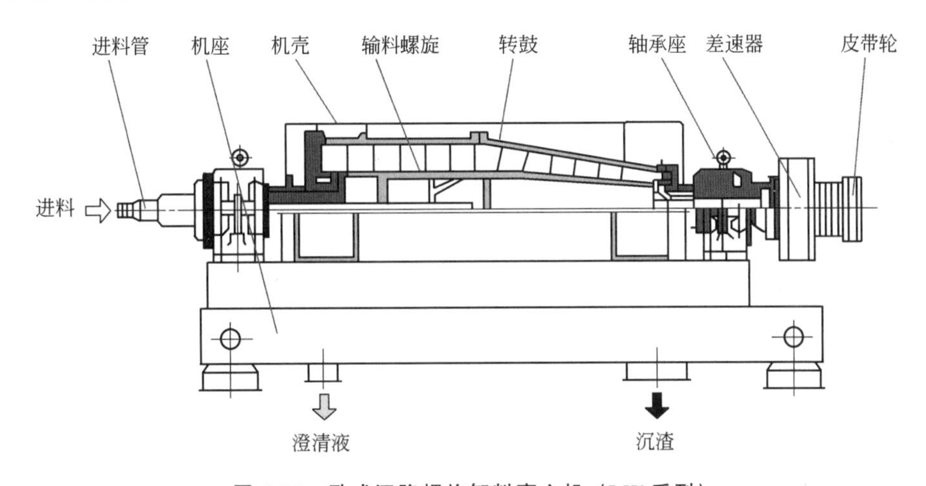

图 4-25　卧式沉降螺旋卸料离心机（LW 系列）

当要分离的悬浮液进入离心机转鼓后，高速旋转的转鼓产生强大的离心力把比液相密度大的固相颗粒沉降到转鼓内壁。由于螺旋和转鼓的转速不同，二者存在相对运动（即转速差），利用螺旋和转鼓的相对运动把沉积在转鼓内壁的固相推向转鼓小端出口处排出，分离后的清液从离心机另一端排出。差速器（齿轮箱）的作用是使转鼓和螺旋之间形成一定的转速差。

离心沉降是把固体和液体的混合物加在筒形（或锥形）转子中，由于离心力的作用，固体在液体中沉降，沉降后的物料进一步受到离心力的挤压，挤出其中水分，以达到固体和液体分离的目的。离心沉降和重力下的沉降有区别；重力沉降中，物料沉降的加速度等于重力加速度，是个不变的数值；离心沉降中，离心力取决于颗粒运动的回转半径，因而，在角速度相等时，处在不同回转半径上的运动颗粒，所受的离心力并不一样。

悬浮液从进料管进入转鼓，固相颗粒在离心力场作用下受到离心力的加速沉降至转鼓内壁，沉降的颗粒在螺旋输送器叶片的推动下，从沉降区（直筒段）通过干燥区（锥段）至固相出口排出；经澄清的液相从溢流孔溢出，从而实现固、液相自动、连续分离。卧式沉降螺旋卸料离心机可应用于脱水、浓缩、分离澄清等不同场合。

非相变旋流自转干化器 非相变旋流自转干化器是新型悬浮液脱液干化设备，在低温、常压条件下能够实现悬浮液脱液干化。非相变旋流自转干化设备和技术的过程原理和工艺过程的详细介绍，可通过扫描本书封底二维码，下载拓展学习资料获得。

4.5.2 加快过滤速率的途径

过滤技术的改进大体包括两个方面：寻找适当的过滤方法和设备以适应物料的性质；加快过滤速率以提高过滤机的生产能力。

加快过滤速率原则上有改变滤饼结构、改变悬浮体中的颗粒聚集状态以及限制滤饼厚度增长、滤膜反冲等途径。

改变滤饼结构 滤饼结构如空隙率、可压缩性等对过滤速率影响很大。为获得较高的过滤速率，希望形成的滤饼较为疏松而且是不可压缩的。通常改变滤饼结构的方法是使用介质助滤剂。

介质助滤剂除上述改变滤饼结构、降低滤饼的可压缩性之外，还有防止过滤介质早期堵塞和吸附悬浮液中微小颗粒以获得澄清滤液的作用。

改变悬浮液中的颗粒聚集状态 过滤之前先在悬浮液中加入化学助滤剂，以使分散的细小颗粒聚集成较大颗粒，从而易于过滤。促使分散颗粒聚集的方法有两种。一是加入聚合电解质如明胶、聚丙烯酰胺等絮凝剂，其长链高分子使固体颗粒之间发生桥接，形成多个颗粒组成的絮团。另一种方法是在悬浮体中加入硫酸铝等无机电解质，使颗粒表面的双电层压缩，颗粒与颗粒得以进一步靠拢并借范德华力凝聚在一起。另外，加入表面活性剂可使颗粒表面憎水，以利于水从滤饼中流出。

絮凝或凝聚剂、表面剂的加入量都有某个最佳值，对不同物料必须由实验决定。经絮凝或凝聚后的颗粒变大，但同时增加了滤饼的可压缩性而难以过滤，需要权衡处置。

动态过滤 前已述及动态过滤可保持初始阶段薄层滤饼的高过滤速率。图 4-26 所示为一种级式动态过滤机，它由一组旋转圆盘及相邻的固定滤面组成，圆盘带 3 个直叶片并以 200～700r/min 的转速带动悬浮液旋转。悬浮液从一端进入，逐级流过转盘和静止滤面之间

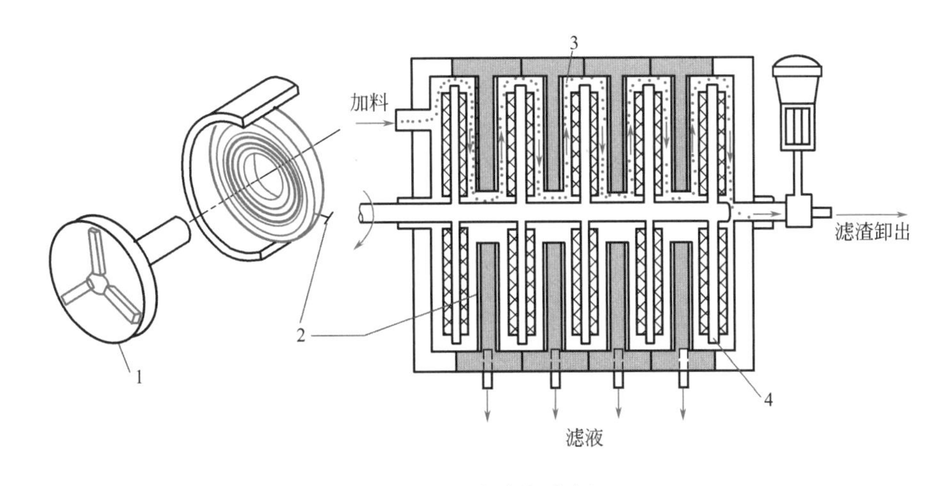

图 4-26　级式动态过滤机

1—旋转叶轮；2—固定滤板；3—悬浮液通道；4—叶轮

的缝隙（约 3mm），逐渐增浓，最后成为浓浆经控制阀排出。转盘在低速转动时，其上的叶片起着刮刀的作用，限制了过滤面上滤饼的厚度。转盘在高转速时由于造成流体内较大的速度梯度和剪切力，在 3mm 间隙中只能形成 1mm 厚的滤饼，故可大大提高过滤的速率。

由动态过滤机排出的浓浆含液量可以比一般过滤的滤饼含液量更低，这是由于固体颗粒在处于流动的悬浮液中可以比在静态悬浮体中排列得更紧密。浓浆一般都是非牛顿型的塑性流体，在流动条件下有较低的黏度。

反冲滤膜　在滤膜过滤中，由于操作过程中膜表面的堵塞、凝胶等原因，滤膜过滤速率将随时间增长而衰减。通常可周期性地用滤液进行反向冲洗，使膜表面得到再生，重新获得较高的过滤速率。如图 4-27 所示。

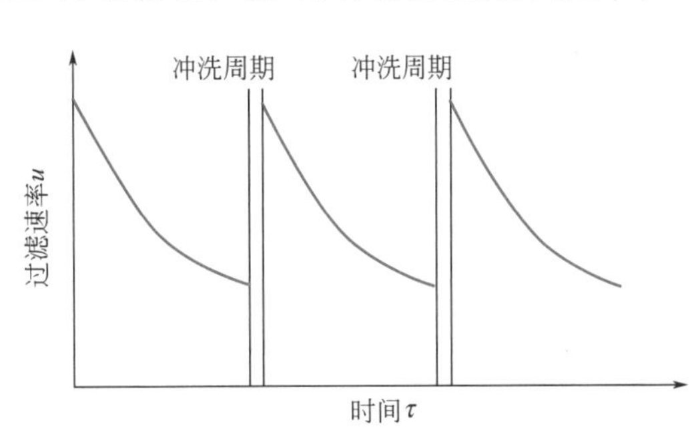

图 4-27　滤膜反冲前后的过滤速率随时间变化

思考题

4-6　计算回转真空过滤机的生产能力时，过滤面积为什么用 A 而不用 $A\varphi$？该机的滤饼厚度是否与生产能力成正比？

4-7　强化过滤速率的措施有哪些？

微课视频

<<<<< 习 题 >>>>>

固定床压降

4-1 某种圆柱形颗粒催化剂其直径为 d_p，高为 h，试求等体积的当量直径 d_e 及球形度 ψ。

现有 $h=d_p=4\text{mm}$ 的颗粒，填充在内径为 1m 的圆筒形容器内，填充高度为 1.5m，床层空隙率为 0.43。若在 20℃、101.3kPa 下使 $360\text{m}^3/\text{h}$ 的空气通过床层，试估算床层压降为多少？

[答：$d_{ev}=\sqrt[3]{\frac{3}{2}d_p^2h}$；$\psi=\frac{(18d_ph^2)^{\frac{1}{3}}}{2h+d_p}$；222.7Pa]

***4-2** 用 20℃、101.3kPa 空气通过某固定床脱硫器，测得如下数据：

空塔气速	0.3m/s	0.8m/s
单位床层高度的压降	220Pa/m	1270Pa/m

试利用欧根公式估计甲烷在 30℃、0.7MPa 下以空塔气速 0.4m/s 通过床层时，单位床层高度的压降为多少？已知在操作条件下甲烷物性：$\mu=0.012\text{mPa}\cdot\text{s}$；$\rho=4.50\text{kg/m}^3$。 [答：1084Pa/m]

过滤物料衡算

4-3 某板框压滤机共有 20 只滤框，框的尺寸为 $0.45\text{m}\times0.45\text{m}\times0.025\text{m}$，用以过滤某种水悬浮液。每 1m^3 悬浮液中带有固体 0.016m^3，滤饼中含水 50%（质量分数）。试求滤框被滤饼完全充满时，过滤所得的滤液量（m^3）。

已知固体颗粒的密度 $\rho_p=1500\text{kg/m}^3$，$\rho_水=1000\text{kg/m}^3$。 [答：2.424m^3]

过滤设计计算

4-4 在恒压下对某种滤浆进行过滤实验，测得如下数据：

滤液量/m^3	0.1	0.20	0.30	0.40
过滤时间/s	38	115	228	380

过滤面积为 1m^2，求过滤常数 K 及 q_e。 [答：$5.26\times10^{-4}\text{m}^2/\text{s}$；$0.05\text{m}^3/\text{m}^2$]

4-5 某生产过程每年欲得滤液 3800m^3，年工作时间 5000h，采用间歇式过滤机，在恒压下每一操作周期为 2.5h，其中过滤时间为 1.5h，将悬浮液在同样操作条件下测得过滤常数为 $K=4\times10^{-6}\text{m}^2/\text{s}$；$q_e=2.5\times10^{-2}\text{m}$。滤饼不洗涤，试求：(1) 所需过滤面积，$\text{m}^2$；(2) 今有过滤面积为 8m^2 的过滤机，需要几台？

[答：(1) 15.3m^2；(2) 2 台]

***4-6** 叶滤机在恒定压差下操作，过滤时间为 τ，卸渣等辅助时间 τ_D。滤饼不洗涤。试证：当过滤时间 τ 满足 $\tau=\tau_D+2q_e\sqrt{\frac{\tau_D}{K}}$ 时，叶滤机的生产能力达最大值。 [答：略]

过滤操作型计算

4-7 在恒压下对某种悬浮液进行过滤，过滤 10min 得滤液 4L。再过滤 10min 又得滤液 2L。如果继续过滤 10min，可再得滤液多少升？ [答：1.5L]

4-8 某压滤机先在恒速下过滤 10min，得滤液 5L。此后即维持此最高压强不变，作恒压过滤。恒压过滤时间为 60min，又可得滤液多少升？

设过滤介质阻力可略去不计。 [答：13L]

4-9 有一叶滤机，自始至终在恒压下过滤某种水悬浮液时，得如下的过滤方程 $q^2+20q=250\tau$（q 单位为 L/m^2；τ 单位为 min）。在实际操作中，先在 5min 时间内作恒速过滤，此时过滤压强自零升至上述试验压强，此后即维持此压强不变作恒压过滤，全部过滤时间为 20min。试求：(1) 每一循环中每 1m^2 过滤面积可得的滤液量（L）；(2) 过滤后再用相当于滤液总量 1/5 的水以洗涤滤饼，洗涤时间为多少？

[答：(1) 58.4L/m^2；(2) 6.4min]

***4-10** 某板框压滤机有 10 个滤框，框的尺寸为 $635\text{mm}\times635\text{mm}\times25\text{mm}$。料浆为 13.9%（质量分数）的 $CaCO_3$ 悬浮液，滤饼含水 50%（质量分数），纯 $CaCO_3$ 固体的密度为 2710kg/m^3。操作在 20℃、恒

压条件下进行，此时过滤常数 $K=1.57\times10^{-5}\,m^2/s$，$q_e=0.00378\,m^3/m^2$。试求：(1) 该板框压滤机每次过滤（滤饼充满滤框）所需的时间；(2) 在同样操作条件下用清水洗涤滤饼，洗涤水用量为滤液量的1/10，求洗涤时间。 [答：(1) 166s；(2) 124s]

***4-11** 过滤面积 $1.6m^2$ 的叶滤机在操作时测得如下数据：

V/m^3	0.04	0.08	0.12	0.16	0.20	0.24
τ/s	50	164	317	512	750	1029

在过滤初期 50s 内，压差逐步升高到 $1\times10^5\,Pa$，以后在此恒压下操作。试求：(1) 压差 $1\times10^5\,Pa$ 下的过滤常数 K，q_e；(2) 过滤自始至终在压差 $1.5\times10^5\,Pa$ 下操作，750s 后得滤液量多少？设滤饼不可压缩。 [答：(1) $3.05\times10^{-5}\,m^2/s$，$0.0316\,m^3/m^2$；(2) $0.25m^3$]

回转真空过滤

4-12 有一回转真空过滤机每分钟转 2 转，每小时可得滤液 $4m^3$。若过滤介质的阻力可忽略不计，问每小时欲获得 $6m^3$ 滤液，转鼓每分钟应转几周？此时转鼓表面滤饼的厚度为原来的多少倍？操作中所用的真空度维持不变。 [答：4.5r/min，2/3]

综合型计算

4-13 拟用一板框压滤机在恒压下过滤某悬浮液，已知过滤常数 $K=7.5\times10^{-5}\,m^2/s$。现要求每一操作周期得到 $10m^3$ 滤液，过滤时间为 0.5h。悬浮液含固量 $\phi=0.015$（m^3 固体/m^3 悬浮液），滤饼空隙率 $\varepsilon=0.5$，过滤介质阻力可忽略不计。试求：(1) 需要多大的过滤面积？(2) 现有一板框压滤机，框的尺寸为 $0.65m\times0.65m\times0.02m$，若要求仍为每过滤周期得到滤液量 $10m^3$，分别按过滤时间和滤饼体积计算需要多少框？(3) 安装所需板框数量后，过滤时间为 0.5h 时实际获得滤液量为多少？ [答：(1) $27.2m^2$；(2) 取 37 个；(3) $11.4m^3$]

符号说明

符号	意义	计量单位
a	颗粒的比表面积	m^2/m^3
a_B	床层比表面积	m^2/m^3
d_e	当量直径	m
d_{32}	颗粒群的平均直径	m
d_p	颗粒直径	m
h_f	流体通过固定床的能量损失	J/kg
K	过滤常数	m^2/s
K'	康采尼常数	
L	颗粒床层高度；滤饼层厚度	m
L_e	模型床层高度	m
n	转鼓转速	r/s
$\Delta\mathscr{P}$	床层压降；过滤操作总压降	N/m^2
$\Delta\mathscr{P}_w$	洗涤时的压降	N/m^2
Q	过滤机生产能力	m^3/s
q	单位过滤面积的累计滤液量	m^3/m^2
q_e	形成与过滤介质等阻力的滤饼层时单位面积的滤液量	m^3/m^2
q_w	单位面积的洗涤液量	m^3/m^2
r	滤饼热阻	m^{-2}
r_0	经验系数	
Re'	床层雷诺数	
s	滤饼的压缩指数	
u	流体通过床层的表观流速	m/s
V	累计滤液量	m^3
V_e	形成与过滤介质等阻力的滤饼层时的滤液量	m^3
V_w	洗涤液用量	m^3
x_1	颗粒的质量分数	
ε	颗粒床层的空隙率	
λ'	模型参数，固定床的流动摩擦系数	
μ	流体的黏度	$N\cdot s/m^2$
μ_w	洗涤液的黏度	$N\cdot s/m^2$
ρ	流体的密度	kg/m^3
ρ_p	颗粒密度	kg/m^3
τ	过滤时间	s
τ_D	辅助时间	s
τ_w	洗涤时间	s
ϕ	单位体积悬浮液中所含固体体积（即含固量的体积分数）	m^3/m^3
ψ	球形度（形状系数）	
φ	回转转鼓的浸没度	

第5章 颗粒的沉降和流态化

5.1 概述

由固体颗粒和流体组成的两相流动物系在化工生产中经常遇到，其中流体为连续相，固体则为分散相悬浮于流体中。本章考察流固两相物系中固体颗粒与流体间的相对运动。在重力场中，固体颗粒将在重力方向上与流体作相对运动；在离心力场中，则与流体作离心力方向上的相对运动。

许多化工生产过程涉及这种相对运动，例如两相物系的沉降分离、流化床操作（如颗粒物料的干燥、粉状矿物的焙烧、固体催化剂作用下的化学反应等）、固体颗粒的流动输送。这些过程的设计计算都涉及流-固两相物系内的相对运动规律。

5.2 颗粒的沉降运动

5.2.1 流体对固体颗粒的曳力

前面各章中讨论了固体壁面对流体流动的阻力及由此而产生的流体的机械能损失，本节将讨论流体与固体颗粒相对运动时流体对颗粒的作用力——曳力。显然，两者的关系是作用力和反作用力的关系。

流体与固体颗粒之间的相对运动有多种情况：或固体颗粒静止，流体对其作绕流；或流体静止，颗粒作沉降运动；或两者都运动但具有相对速度。就流体对颗粒的作用力来说，只要相对运动速度相同，上述三者之间并无本质区别。因此，可以假设颗粒静止，流体以一定的流速对之作绕流，分析流体对颗粒的作用力。

两种曳力——表面曳力和形体曳力　流体以均匀速度 u 绕过一静止颗粒的运动时（见图 5-1），流体作用于颗粒表面任何一点的力可分解为与表面相切及垂直的两个分力，即表面上任何一点同时作用着剪应力 τ_w 和压强 p。在颗粒表面上任取一微元面积 dA，作用于其上的剪力为 $\tau_w dA$，压力为 $p dA$。

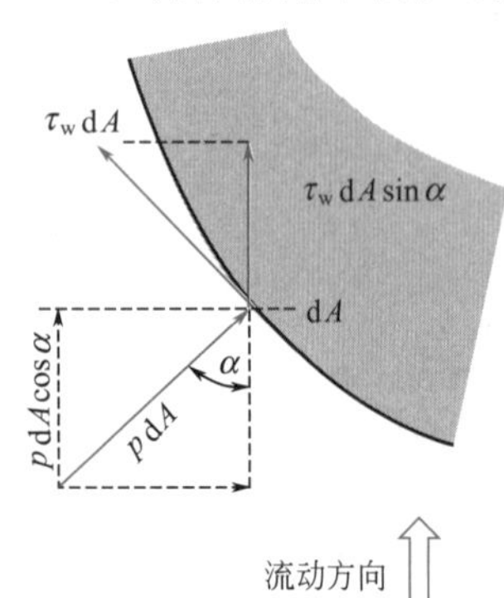

图 5-1　固体壁面上的曳力

设所取微元面积 dA 与流动方向成夹角 α，则剪力在流动方向上的分力为 $\tau_w dA\sin\alpha$。将此分力沿整个颗粒表面积分而得该颗粒所受剪力在流动方向上的总和，称为表面曳力。因颗粒在静止流体中也会受到上下压差力，即浮力，所以，压力 pdA 在流动方向上的分力 $pdA\cos\alpha$ 沿整个颗粒表面的积分包括了两部分，一部分为浮力，另一部分因流动而引起的压差力称为形体曳力。

由此可见，流体对固体颗粒作绕流运动时，在流动方向上对颗粒施加一个总曳力，其值等于表面曳力和形体曳力之和。

总曳力与流体的密度 ρ、黏度 μ、流动速度 u 有关，而且受颗粒的形状与定向的影响，问题较为复杂。至今，只有几何形状简单的少数例子可以获得曳力的理论计算式。例如，黏性流体对圆球（直径 d_p）的低速绕流（也称爬流）总曳力 F_D 的理论式为

$$F_D=3\pi\mu d_p u \tag{5-1}$$

此式称为斯托克斯（Stokes）定律。当流速较高时，此定律并不成立。因此，对一般流动条件下的球形颗粒及其他形状的颗粒，曳力的数值尚需通过实验来解决。

应该指出，对于几何形状对称（相对于流动方向）的固体颗粒，压力及剪力在垂直于流动方向上的分力相互抵消。对于几何形状不对称的颗粒，则在垂直于流动的方向上也承受作用力。但对本章所讨论的问题而言，感兴趣的只是在流动方向上的曳力。

曳力系数 对光滑圆球，影响曳力的诸因素为

$$F_D=F(d_p,u,\rho,\mu) \tag{5-2}$$

先选 d_p、u、ρ 为独立变量，对 F_D、μ 进行量纲处理，获得 $\dfrac{F_D}{d_p^2\rho u^2}$ 和 $\dfrac{d_p u\rho}{\mu}$ 两个无量纲数群。按工程习惯将 d_p^2 换成颗粒在运动方向上的投影面积 A_p（$=\pi d_p^2/4$），将 ρu^2 换成动压 $\rho u^2/2$，由量纲分析可得

$$\left(\frac{F_D}{A_p\dfrac{1}{2}\rho u^2}\right)=\phi\left(\frac{d_p u\rho}{\mu}\right)$$

若令

$$Re_p=\frac{d_p u\rho}{\mu} \tag{5-3}$$

$$\zeta=\phi(Re_p) \tag{5-4}$$

则有

$$F_D=\zeta A_p\frac{1}{2}\rho u^2 \tag{5-5}$$

式中，ζ 为曳力系数。式(5-5) 可作为曳力系数的定义式。

曳力系数与颗粒雷诺数 Re_p 的关系经实验测定示于图 5-2 中。

图中球形颗粒（$\psi=1$）的曲线在不同的雷诺数范围内可用公式表示如下

$Re_p<2$ 为斯托克斯定律区 $$\zeta=\frac{24}{Re_p} \tag{5-6}$$

$2<Re_p<500$ 为阿仑（Allen）区 $$\zeta=\frac{18.5}{Re_p^{0.6}} \tag{5-7}$$

$500<Re_p<2\times10^5$ 为牛顿定律区 $$\zeta\approx0.44 \tag{5-8}$$

在斯托克斯定律区，以其 ζ 值代入式(5-5) 中，即得式(5-1)，与斯托克斯的理论解完全一致。在该区内，曳力与速度成正比，即服从一次方定律。

随着 Re_p 的增大，球面上的边界层开始脱体，脱体点在 $\theta=85°$处，如图 5-3(a) 所示。此时在球的后部形成许多旋涡，称为尾流。尾流区内的压强降低，使形体曳力增大。

必须指出，形体曳力的存在并不以边界层脱体为其前提。在斯托克斯定律区（爬流区）并不发生边界层的脱体，但是形体曳力同样存在。边界层脱体现象的发生只是使形体曳力明显地增加而已。

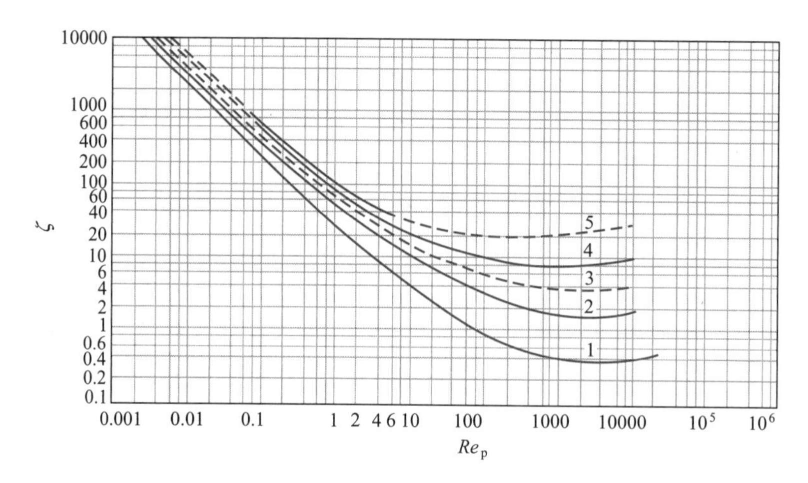

图 5-2　曳力系数 ζ 与颗粒雷诺数 Re_p 的关系

1—ψ=1；2—ψ=0.806；3—ψ=0.6；4—ψ=0.220；5—ψ=0.125

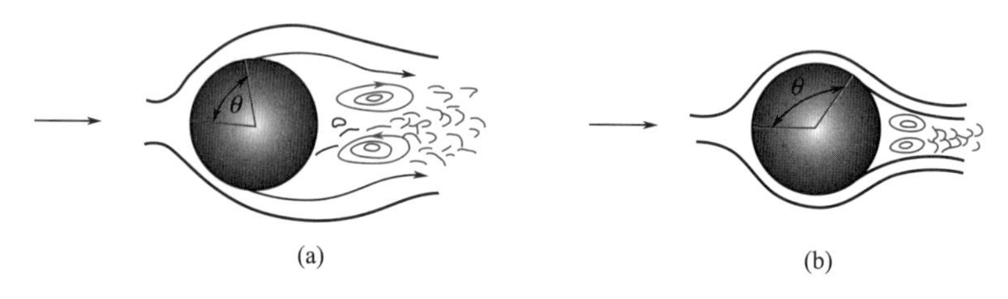

图 5-3　绕球流动时的尾流

Re_p 大于 500 以后，形体曳力占重要地位，表面曳力可以忽略。此时，曳力系数不再随 Re_p 而变（$\zeta=0.44$），曳力与流速的平方成正比，即服从平方定律。

当 Re_p 值达 2×10^5 时，边界层内的流动自层流转为湍流。在湍流边界层内流体的动量增大，使脱体点后移至 $\theta=140°$处，如图 5-3(b) 所示。由于尾流区缩小，形体曳力突然下降，ζ 值由 0.44 突然降至 0.1 左右。

对不同球形度 ψ 的非球形颗粒，实测的曳力系数也示于图 5-2 上。使用时注意式(5-5)中的 A_p 应取颗粒的最大投影面积，而颗粒雷诺数 Re_p 中的 d_p 则取等体积球形颗粒的当量直径。

5.2.2　静止流体中颗粒的自由沉降

沉降的加速阶段　静止流体中，颗粒在重力（或离心力）作用下将沿重力方向（或离心力方向）作沉降运动。设颗粒的初速度为零，起初颗粒只受重力和浮力的作用。如果颗粒的密度大于流体的密度，作用于颗粒上的外力之和不等于零，颗粒将产生加速度。但是，一旦颗粒开始运动，颗粒即受到流体施予的曳力。沉降过程中颗粒的受力分析如下。

(1) 场力 F

重力场
$$F_g=mg \tag{5-9}$$

离心力场
$$F_c=m\omega^2 r \tag{5-10}$$

式中，r 为颗粒作圆周运动的旋转半径；ω 为颗粒的旋转角速度；m 为颗粒的质量，对球形颗粒 $m=\frac{1}{6}\pi d_p^3\rho_p$，$\rho_p$ 为颗粒密度。

(2) 浮力 F_b 颗粒在流体中所受的浮力在数值上等于同体积流体在力场中所受到的场力。设流体的密度为 ρ，则有

重力场
$$F_b=\frac{m}{\rho_p}\rho g \tag{5-11}$$

离心力场
$$F_b=\frac{m}{\rho_p}\rho\omega^2 r \tag{5-12}$$

(3) 曳力 F_D
$$F_D=\zeta A_p\left(\frac{1}{2}\rho u^2\right) \tag{5-13}$$

式中，u 为颗粒相对于流体的运动速度。

以下讨论重力作用下颗粒在静止流体中的沉降运动。当沉降运动是在离心力作用下发生时，只需以离心加速度 $\omega^2 r$ 代替式中的重力加速度 g 即可。

根据牛顿第二定律可得

$$F_g-F_b-F_D=m\frac{\mathrm{d}u}{\mathrm{d}\tau} \tag{5-14}$$

或
$$\frac{\mathrm{d}u}{\mathrm{d}\tau}=\left(\frac{\rho_p-\rho}{\rho_p}\right)g-\frac{\zeta A_p}{2m}\rho u^2 \tag{5-15}$$

对球形颗粒，可得

$$\frac{\mathrm{d}u}{\mathrm{d}\tau}=\left(\frac{\rho_p-\rho}{\rho_p}\right)g-\frac{3\zeta}{4d_p\rho_p}\rho u^2 \tag{5-16}$$

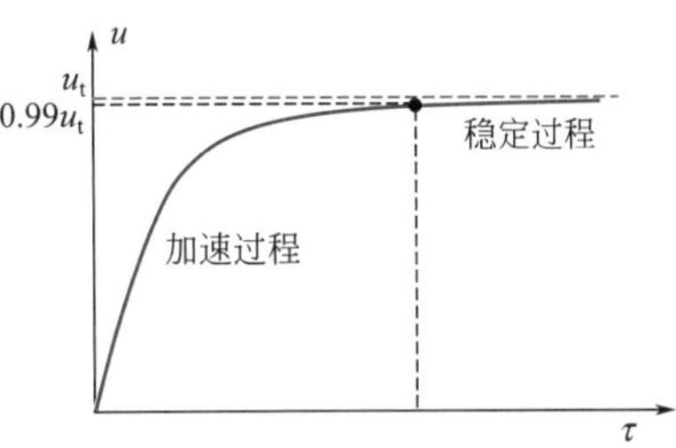

图 5-4 颗粒速度的变化

若颗粒初始的运动速度为零，如图 5-4 所示，颗粒速度起先不断增加，逐渐趋向于一个渐近值 u_t。可以认为，当速度达到 $0.99u_t$ 时，加速段结束了。

沉降的等速阶段 随着下降速度的不断增加，式(5-16) 右侧第二项（曳力项）逐渐增大，加速度逐渐减小。当重力、浮力、曳力达到力平衡时，加速度 $\frac{\mathrm{d}u}{\mathrm{d}\tau}$ 等于零，颗粒的相对运动速度 u_t 不再变化，此 u_t 称为颗粒的沉降速度或终端速度。对于小颗粒，沉降的加速阶段很短，加速段所经历的距离也很小。因此，小颗粒沉降的加速阶段可以忽略，而近似认为颗粒始终以 u_t 下降。

颗粒的沉降速度 对球形颗粒，当加速度 $\frac{\mathrm{d}u}{\mathrm{d}\tau}=0$ 时，由式(5-16) 可得

$$u_t=\sqrt{\frac{4(\rho_p-\rho)gd_p}{3\rho\zeta}} \tag{5-17}$$

式中
$$\zeta=\phi\left(\frac{d_p\rho u_t}{\mu}\right) \tag{5-18}$$

式(5-18) 代表图 5-2 中的曲线纵坐标；在不同 Re_p 范围内，也可用式(5-6)～式(5-8) 表示。对于确定的流-固系统，物性 μ、ρ 和 ρ_p 都是定值，故颗粒的沉降速度只与粒径有关，即沉降速度与颗粒直径之间存在着一一对应关系。因此，求解沉降速度 u_t，原则上可用试差法联立求解式(5-17)、式(5-18)。

当颗粒直径较小，处于斯托克斯定律区时

$$u_t=\frac{gd_p^2(\rho_p-\rho)}{18\mu} \tag{5-19}$$

当颗粒直径较大，处于牛顿定律区时

$$u_t=1.74\sqrt{\frac{d_p(\rho_p-\rho)g}{\rho}} \tag{5-20}$$

当流体作水平运动时，固体颗粒一方面以与流体相同的速度伴随流体作水平运动，同时又以沉降速度 u_t 垂直向下运动。由此不难求得颗粒的运动轨迹。

当流体以一定的速度向上流动时，则固体颗粒在流体中的绝对速度 u_p 必等于流体速度与颗粒沉降速度之差，即

$$u_p=u-u_t \tag{5-21}$$

若 $u>u_t$，则颗粒向上运动；若 $u<u_t$，则颗粒向下运动；当 $u=u_t$ 时，颗粒静止地悬浮与流体中（转子流量计中的转子即为一例）。

从式(5-19)、式(5-20) 可见，在研究颗粒与流体之间的相对运动时，颗粒沉降速度 u_t 是颗粒与流体的综合特性。

【例 5-1】 颗粒大小测定

已测得密度为 $\rho_p=1800\text{kg/m}^3$ 的塑料珠在 20℃ 的水中的沉降速度为 $7.50\times10^{-3}\text{m/s}$，求此塑料珠的直径。

解：20℃水的密度 $\rho=1000\text{kg/m}^3$，黏度 $\mu=0.001\text{Pa}\cdot\text{s}$。设小珠沉降在斯托克斯定律区，按式(5-19) 可得

$$d_p=\left[\frac{18\mu u_t}{g(\rho_p-\rho)}\right]^{1/2}=\left[\frac{18\times0.001\times7.50\times10^{-3}}{9.81\times(1800-1000)}\right]^{1/2}=1.31\times10^{-4}(\text{m})$$

校验 Re_p

$$Re_p=\frac{d_p u_t \rho}{\mu}=\frac{1.31\times10^{-4}\times7.50\times10^{-3}\times1000}{0.001}=0.98$$

$Re_p<2$，计算有效，小珠直径约为 0.131mm。

使用光滑小球在黏性液体中的自由沉降可以测定液体的黏度。这在高分子聚合物生产中常用来检测聚合度。

【例 5-2】 落球黏度计

现有密度为 8010kg/m^3、直径为 0.16mm 的钢球置于密度为 980kg/m^3 的某液体中，盛放液体的玻璃管内径为 20mm。测得小球的沉降速度为 1.70mm/s，试验温度为 20℃，试计算此时液体的黏度。

测量是在距液面高度 1/3 的中段内进行的，从而免除小球初期的加速及管底对沉降的影响（图 5-5）。当颗粒直径 d_p 与容器直径 D 之比 $\frac{d_p}{D}<0.1$、雷诺数在斯托克斯定律区时，器壁对沉降速度的影响可用下式修正

$$u_t'=\frac{u_t}{1+2.104\left(\frac{d_p}{D}\right)}$$

式中，u_t' 为颗粒的实际沉降速度；u_t 为斯托克斯定律区的计算值。

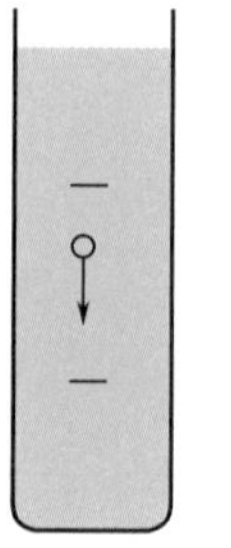

图 5-5 落球黏度计

解：

$$\frac{d_p}{D}=\frac{0.16\times10^{-3}}{2\times10^{-2}}=8\times10^{-3}$$

$$u_t=u_t'\left[1+2.104\left(\frac{d_p}{D}\right)\right]=1.70\times10^{-3}\times(1+2.104\times8\times10^{-3})=1.73\times10^{-3}(\mathrm{m/s})$$

按式(5-19) 可得

$$\mu=\frac{d_p^2(\rho_p-\rho)g}{18u_t}=\frac{(0.16\times10^{-3})^2\times(8010-980)\times9.81}{18\times1.73\times10^{-3}}=0.0567(\mathrm{Pa\cdot s})$$

校核颗粒雷诺数

$$Re_p=\frac{d_p u_t'\rho}{\mu}=\frac{0.16\times10^{-3}\times1.70\times10^{-3}\times980}{0.0567}=4.70\times10^{-3}<2$$

上述计算有效。实际上，落球黏度计总是在斯托克斯定律区范围内使用。

其他因素对沉降速度的影响 上述讨论的都是单个球形颗粒的自由沉降，实际颗粒的沉降尚需考虑下列各因素的影响。

(1) 干扰沉降 实际非均相物系存在许多颗粒，相邻颗粒的运动改变了原来单个颗粒周围的流场，颗粒沉降相互受到干扰，此称为干扰沉降。在颗粒的体积浓度<0.2%的悬浮物系中，作为单颗粒自由沉降计算所引起的偏差<1%。但当颗粒浓度更高时，干扰沉降速度可先按自由沉降计算，然后按颗粒浓度予以修正。

(2) 端效应 容器的壁和底面均增加颗粒沉降时的曳力，使实际颗粒的沉降速度较自由沉降时的计算值为小。在某些实验研究需要作准确计算时，应考虑此项端效应的影响。

(3) 分子运动 当颗粒直径小到可与流体分子的平均自由程相比拟时，颗粒可穿过快速运动的流体分子之间，沉降速度可大于按斯托克斯定律的计算值。另一方面，对于 $d_p<0.5\mu m$ 的颗粒，流体已不能当作连续介质，上述关于颗粒所受曳力的讨论的前提已不再成立。

(4) 非球形 对于非球形颗粒，由于曳力系数比同体积球形颗粒为大，所以实际沉降速度比按等体积球形颗粒计算的沉降速度为小。若由实际沉降速度按球形颗粒求取直径，则此直径为等沉降速度当量直径。

(5) 液滴或气泡的运动 与刚性固体颗粒相比，液滴或气泡的运动规律有所不同。其主要差别在于液滴或气泡在曳力和压力作用下产生变形，使曳力增大；同时，滴、泡内部的流体产生环流运动，降低了相界面上的相对速度，使曳力减小。以液滴为例，图 5-6 表示了液滴体积当量直径与终端速度的关系。小液滴行为与刚球相近；稍大液滴内部形成环流使终端速度大于刚球；滴径较大时，液滴明显变形，其终端速度比刚球小；当滴径大于某临界值

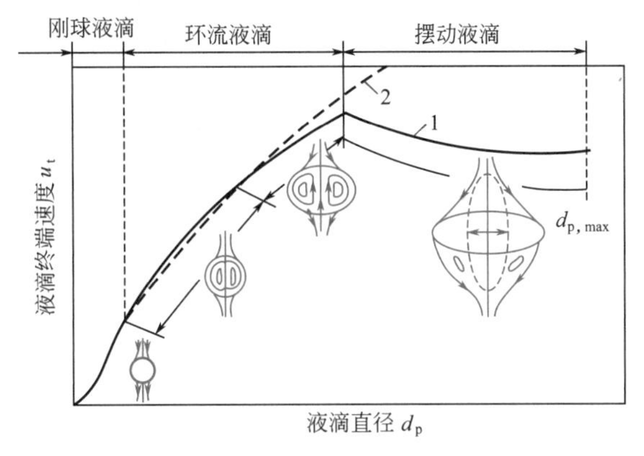

图 5-6 液滴 u_t-d_p 关系

1—液滴；2—刚性球

时，液滴产生摆动，其终端速度随液径的增加而有所降低。液滴在相对运动中有一最大直径，大于这一直径的液滴都会在摆动中自动破碎。

思考题

5-1 曳力系数是如何定义的？它与哪些因素有关？

5-2 斯托克斯定律区的沉降速度与各物理量的关系如何？应用的前提是什么？颗粒的加速段在什么条件下可忽略不计？

5.3 沉降分离设备

沉降分离的基础是悬浮系中的颗粒在外力作用下的沉降运动，而这又是以两相的密度差为前提的。悬浮颗粒的直径越大、两相的密度差越大，使用沉降分离方法的效果就越好。

按作用于颗粒上的外力不同，沉降分离设备可分为重力沉降和离心沉降两大类。

5.3.1 重力沉降设备

降尘室 借重力沉降以除去气流中的尘粒，此类设备称为降尘室。图 5-7 所示为气体作水平流动的一种降尘室。

含尘气体进入降尘室后流动截面增大，流速降低，在室内有一定的停留时间使颗粒能在气体离室之前沉至室底而被除去。显然，气流在降尘室内的均匀分布是十分重要的。若设计不当，气流分布不均或有死角存在，会使部分气体停留时间较短，其中所含颗粒就来不及沉降而被带出室外。为使气流均匀分布，图 5-7 所示的降尘室采用锥形进出口。

动画

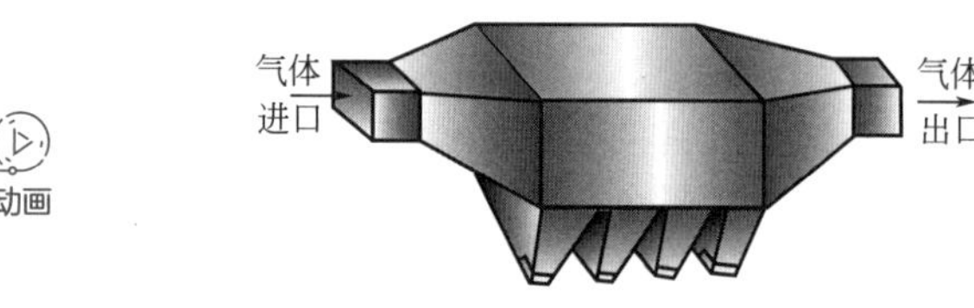

图 5-7 降尘室

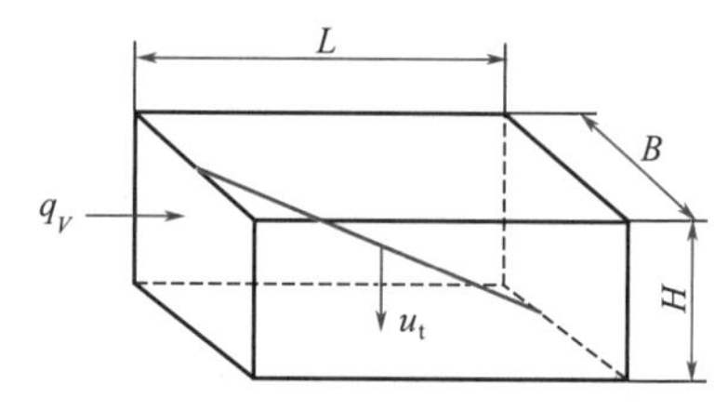

图 5-8 颗粒在降尘室中的运动

降尘室的容积一般较大，气体在其中的流速<1m/s。实际上为避免沉下的尘粒重新被扬起，往往采用更低的气速。通常它可捕获大于 50μm 的粗颗粒。

颗粒在降尘室内的运动情况如图 5-8 所示。设有流量为 q_V （m^3/s）的含尘气体进入降尘室，降尘室的底面积为 A，高度为 H。若气流在整个流动截面上均匀分布，则任一流体质点从进入至离开降尘室的停留时间 τ_r 为

$$\tau_r=\frac{\text{设备内的流动容积}}{\text{流体通过设备的流量}}=\frac{AH}{q_V} \tag{5-22}$$

在流体水平方向上颗粒的速度与流体速度相同，故颗粒在室内的停留时间也与流体质点相同。在垂直方向上，颗粒在重力作用下以沉降速度向下运动。设大于某直径的颗粒必须除去，该直径的颗粒的沉降速度为 u_t。那么，位于降尘室最高点的该粒径颗粒降至室底所需时间（沉降时间）τ_t 为

$$\tau_t=\frac{H}{u_t} \tag{5-23}$$

为达到除尘要求，气流的停留时间至少必须与颗粒的沉降时间相等，即应有 $\tau_r=\tau_t$。由式(5-22) 与式(5-23) 得

$$\frac{AH}{q_V}=\frac{H}{u_t}$$

或

$$q_V=Au_t \tag{5-24}$$

式(5-24) 表明，对一定物系，降尘室的处理能力只取决于降尘室的底面积，而与高度无关。这是以上推导得出的重要结论。正因为如此，降尘室应设计成扁平形状，或在室内设置多层水平隔板（见图 5-9)。

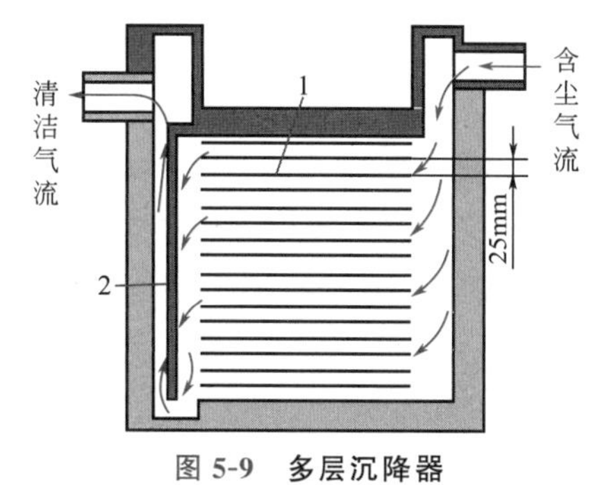

图 5-9　多层沉降器

1—隔板；2—挡板

式(5-24) 中的颗粒沉降速度 u_t 可根据不同的 Re_p 范围选用适当公式计算。细小颗粒的沉降处于斯托克斯定律区，其沉降速度可用式(5-19) 计算，即

$$u_t=\frac{d_{\min}^2(\rho_p-\rho)g}{18\mu} \tag{5-25}$$

式中，$d_{\min}$是降尘室能 100%除下的最小颗粒直径。

关于降尘室的计算问题可联立求解式(5-24) 与适当的 u_t 计算式，例如式(5-25) 获得解决。

在设计型问题中，给定生产任务，即已知待处理的气体流量 q_V，并已知有关物性（μ、ρ 和 ρ_p）及要求全部除去的最小颗粒尺寸 $d_{\min}$，计算所需降尘室面积 A。

在操作型问题中，降尘室底面积一定，可根据物系性质及要求全部除去的最小颗粒直径，核算降尘室的处理能力；或根据物系性质及气体处理量计算能够全部除去的最小颗粒直径。

以上讨论均未计及当流体作湍流流动时旋涡对颗粒沉降的影响，流体的湍流流动使分离效果变劣。

【例 5-3】 降尘室空气处理能力的计算

现有一底面积为 $3m^2$ 的降尘室，用以处理 20℃的常压含尘空气。尘粒密度为 $1500kg/m^3$。现需将直径为 45μm 以上的颗粒全部除去，试求：(1) 该降尘室的含尘气体处理能力 (m^3/s)；(2) 若在该降尘室中均匀设置 9 块水平隔板，则含尘气体的处理能力为多少 (m^3/s)?

解：(1) 据题意，由附录查得，20℃常压空气，$\rho=1.2kg/m^3$，$\mu=1.81\times10^{-5}Pa\cdot s$

设 100%除去的最小颗粒沉降处于斯托克斯区，则其沉降速度为

$$u_t=\frac{d_{\min}^2(\rho_p-\rho)g}{18\mu}=\frac{(45\times10^{-6})^2\times(1500-1.2)\times9.81}{18\times1.81\times10^{-5}}=0.091(m/s)$$

验

$$Re_p=\frac{d_{\min}u_t\rho}{\mu}=\frac{45\times10^{-6}\times0.091\times1.2}{1.81\times10^{-5}}=0.271<2$$

原设成立。气体处理量为

$$q_V=A_{底}u_t=3\times0.091=0.273(m^3/s)$$

(2) 当均匀设置 n 块水平隔板时，实际降尘面积为 $(n+1)A_{底}$，所以，气体处理量为

$$q_V=(n+1)A_{底}u_t=10\times3\times0.091=2.73(m^3/s)$$

由计算可知，采用多层降尘室，其生产能力可提高至原来的 $(n+1)$ 倍。

【例 5-4】 某降尘室每层底面积为 $10m^2$，内均匀设置 5 层隔板，现用该降尘室净化质量流量为 6000kg/h 的含尘空气，$\rho_p=2500kg/m^3$。进入降尘室的空气温度为 150℃。已知 150℃时，空气的密度为 $0.836kg/m^3$，黏度为 $\mu=2.41\times10^{-5}Pa\cdot s$。

问：(1) 100%除去的最小颗粒直径为多少？80%除去的颗粒直径为多少？(2) 为保证 100%除去最小颗粒直径达 45.6μm，空气的质量流量为多少 kg/h？

解：(1) 150℃时含尘颗粒的空气流量为

$$q_V=\frac{q_m}{\rho}=\frac{6000}{0.836\times3600}=1.99m^3/s$$

降尘室的总面积为 $A=(n+1)A_0=(5+1)\times10=60m^2$

可 100%降去的颗粒的沉降速度为

$$u_t=\frac{q_V}{A}=\frac{1.99}{60}=0.0332m/s$$

设颗粒沉降处于 Stocks 区

$$d_{min}=\sqrt{\frac{18\mu u_t}{(\rho_p-\rho)g}}=\sqrt{\frac{18\times2.41\times10^{-5}\times0.0332}{(2500-0.836)\times9.81}}=2.42\times10^{-5}m=24.2\mu m$$

验证 $Re_p=\frac{d_{min}u_t\rho}{\mu}=\frac{2.42\times10^{-5}\times0.0322\times0.836}{2.41\times10^{-5}}=2.71\times10^{-2}<2$ 计算有效

$$\eta=\frac{u_t'}{u_t}=\frac{d_p'^2}{d_{min}^2}$$

$$d_p'=d_{min}\sqrt{\eta}=2.42\times10^{-5}\sqrt{0.8}=2.16\times10^{-5}m=21.6\mu m$$

$$u_t'=\eta u_t=0.8\times0.0332=0.02656m/s$$

(2) 为保证 100%除去的最小颗粒直径达 $d_{min}=45.6\mu m=4.56\times10^{-5}m$，则沉降速度为

$$u_t=\frac{d_{min}^2(\rho_p-\rho)g}{18\mu}=\frac{(4.56\times10^{-5})^2\times(2500-0.836)\times9.81}{18\times2.41\times10^{-5}}=0.118m/s$$

处理量为 $q_V=u_t\times A=0.118\times60=7.08m^3/s$

$$q_m=q_V\rho=7.08\times0.836=5.92kg/s=21300kg/h$$

$$Re_p=\frac{d_{min}u_t\rho}{\mu}=\frac{4.56\times10^{-5}\times0.118\times0.836}{2.41\times10^{-5}}=0.1867<2$$ 计算有效

增稠器 悬浮液在任何设备内的静置都可构成重力沉降器，其中固体颗粒在重力作用下沉降而与液体分离。工业上对大量悬浮液的分离常采用连续式沉降器或称增稠器，图 5-10 就是其示意图。

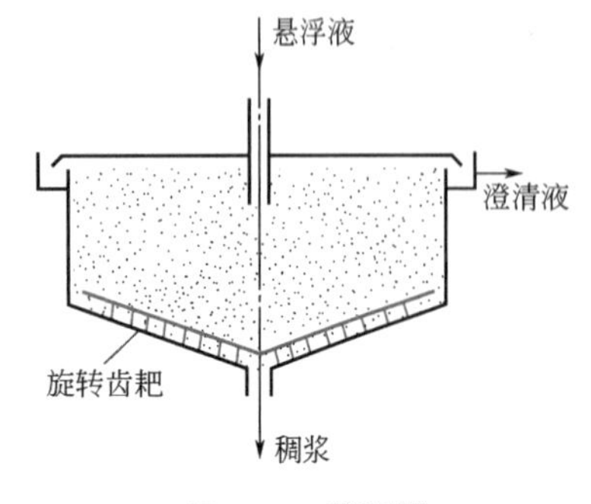

图 5-10 增稠器

动画

增稠器通常是一个带锥形底的圆池，悬浮液于增稠器中心距液面下 0.3～1.0m 处连续加入，然后在整个增稠器的横截面上散开，液体向上流动，清液由四周溢出。固体颗粒在器内逐渐沉降至底部，器底设有缓慢旋转的齿耙，将沉渣慢慢移至中心，并用泥浆泵从底部出口管连续排出。

颗粒在增稠器内的沉降大致分为两个阶段。在加料口以下一段距离内固体颗粒浓度很低，颗粒在

其中大致为自由沉降。在增稠器下部颗粒浓度逐渐增大，颗粒作干扰沉降，沉降速度很慢。

增稠器有澄清液体和增稠悬浮液的双重功能。为获得澄清的液体，按式(5-24) 可知，清液产率取决于增稠器的直径。为获得增稠至一定程度的悬浮液，固体颗粒在器内必须有足够的停留时间。在一定直径的增稠器中，颗粒的停留时间取决于进口管以下增稠器的深度。

大的增稠器直径可达 10～100m，深 2.5～4m。它一般用于大流量、低浓度悬浮液的处理，常见的污水处理就是一例。

分级器 利用重力沉降可将悬浮液中不同粒度的颗粒进行粗略的分级，或将两种不同密度的颗粒物质进行分离。图 5-11 为分级器示意图，它由几根柱形容器组成，悬浮液进入第一柱的顶部，水或其他密度适当的液体由各级柱底向上流动。控制悬浮液的加料速率，使柱中的固体浓度<1%～2%，此时柱中颗粒基本上是自由沉降。在各沉降柱中，凡沉降速度比向上流动的液体速度大的颗粒，均沉于容器底部，而直径较小的颗粒则被带入后一级沉降柱中。适当安排各级沉降柱流动面积的相对大小，适当选择液体的密度并控制其流量，可将悬浮液中不同大小的颗粒按指定的粒度范围加以分级。

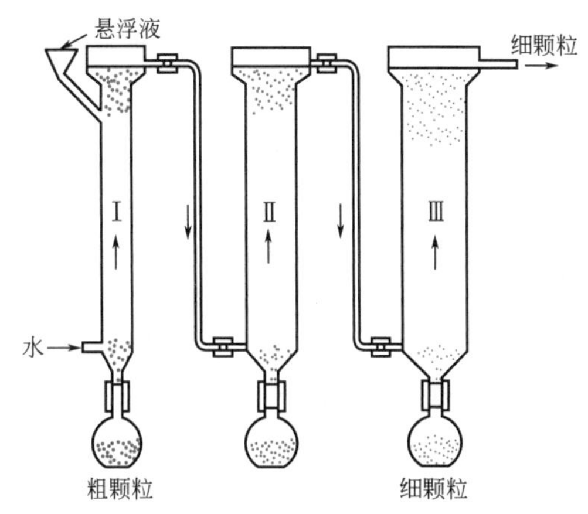

图 5-11 分级器示意图

5.3.2 离心沉降设备

对两相密度差较小、颗粒粒度较细的非均相系，可利用颗粒作圆周运动时的离心力以加快沉降过程。定义离心力与重力之比为离心分离因数 α，即

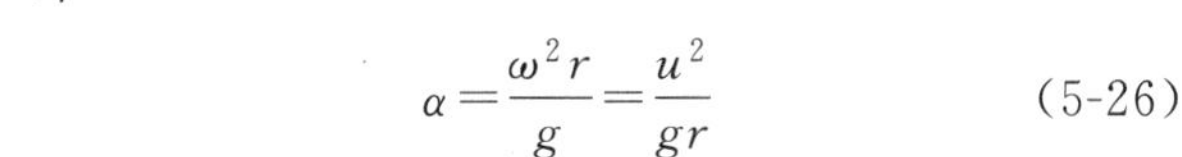

$$\alpha=\frac{\omega^2 r}{g}=\frac{u^2}{gr} \tag{5-26}$$

式中，$u=\omega r$ 为流体和颗粒的切向速度。

离心分离因数的大小是反映离心分离设备性能的重要指标。只要将式(5-9)、式(5-11) 中的 g 换成 $\omega^2 r$ 即可进行离心力场中颗粒沉降速度的计算。

气-固非均相物系的离心沉降一般在旋风分离器中进行，固体悬浮液的离心沉降一般在各种沉降式离心机中进行。

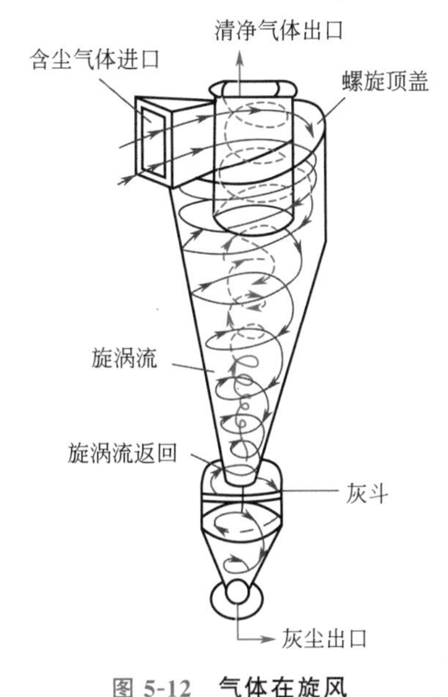

图 5-12 气体在旋风分离器内的流动

动画

旋风分离器 各种形式旋风分离器是气-固分离的常用设备，表 5-1 所列为我国常用的 CLG 型旋风分离器各部的尺寸比例及主要操作参数。图 5-12 所示为旋风分离器内气体的流动情况。含固体颗粒的气体由矩形进口管切向进入器内，形成气体与颗粒的圆周运动。颗粒被离心力抛至器壁并汇集于锥形底部的集尘斗（灰

表 5-1 CLG 型旋风分离器各部的尺寸比例及主要操作参数

几何比例		操作参数	
螺旋顶倾角	10°	入口气速/(m/s)	16
入口截面比 $\pi D^2/(4A_i)$	7.76	截面气速/(m/s)	2
排气管直径比 d_r/D	0.55	压降/Pa	294～491
排尘口直径比 d_c/D	0.17	烟气除尘效率/%	85～90
高径比$(H_1+H_2)/D$	3.5	钢耗量/[kg·h/(10³m³)]	63.5～67

注：D 为旋风分离器直径；d_r 为排气管直径；A_i 为入口截面积；其他符号参见图 5-15。

斗）中，被净化后的气体则从中央排气管排出。旋风分离器的构造简单，没有运动部件，操作不受温度、压强的限制。视设备大小及操作条件不同，旋风分离器的离心分离因数约为 5～2500，一般可分离气体中 5～75μm 直径的粒子。

评价旋风分离器性能的主要指标有两个，一个是分离效率，另一个是气体经过旋风分离器的压降。

(1) 旋风分离器的分离效率 分离效率有两种表示方法，即总效率 η_0 和粒级效率 η_i。总效率是指被除下的颗粒占气体进口总的颗粒的质量分数，即

$$\eta_0=\frac{c_{进}-c_{出}}{c_{进}} \tag{5-27}$$

式中，$c_{进}$ 与 $c_{出}$ 分别为旋风分离器进、出口气体的颗粒质量浓度，g/m³。

总效率并不能准确地代表旋风分离器的分离性能。因气体中颗粒大小不等，各种颗粒被除下的比例也不相同。颗粒尺寸越小，被除下的比例也越小。当被分离的颗粒具有不同粒度分布时，总效率相同的两台旋风分离器，其分离性能却可能相差很大。

为准确表示旋风分离器的分离性能，可仿照式(5-27)，对指定粒径 d_{pi} 的颗粒定义其粒级效率

$$\eta_i=\frac{c_{i进}-c_{i出}}{c_{i进}} \tag{5-28}$$

式中，$c_{i进}$ 与 $c_{i出}$ 分别为旋风分离器进、出口气体中粒径 d_{pi} 的颗粒的质量浓度，g/m³。不同粒径 d_{pi} 的粒级分离效率不同，其典型关系如图 5-13 所示。

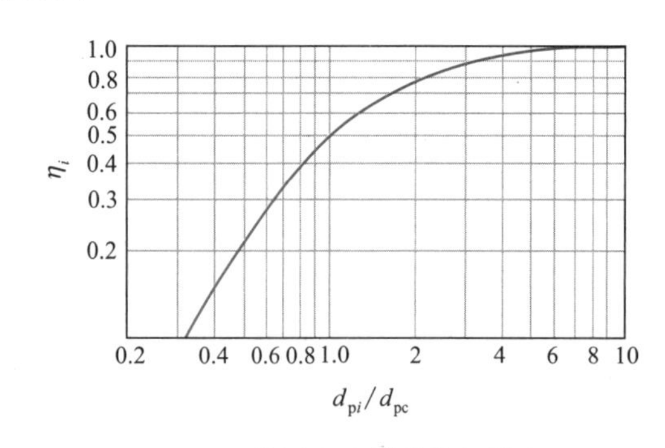

图 5-13 旋风分离器的粒级效率

总效率与粒级效率的关系为

$$\eta_0=\sum\eta_i x_i \tag{5-29}$$

式中，x_i 为进口气体中粒径为 d_{pi} 颗粒的质量分数。

通常将经过旋风分离器后能被除下 50%的颗粒直径称为分割直径 d_{pc}，某些高效旋风分离器的分割直径可小至3～10μm。

(2) 旋风分离器的压降 旋风分离器的压降大小是评价其性能好坏的重要指标。气体通过旋风分离器的压降应尽可能小。分离设备压降的大小不但影响日常的动力消耗，也往往受工艺条件限制。旋风分离器的压降可表示成气体入口动能的某一倍数

$$\Delta\mathscr{P}=\zeta\frac{1}{2}\rho u^2 \tag{5-30}$$

式中，$\Delta\mathscr{P}$为压降，Pa；u 为气体在矩形进口管中的流速，m/s；ρ 为气体密度，kg/m^3；ζ 为阻力系数。对给定的旋风分离器形式，ζ 值是一个常数。例如，CLG 型的 $\zeta=5.0\sim5.5$。

实验表明，缩小旋风分离器的直径、采用较大的进口气速、延长锥体部分的高度（即相应地使出口管至器底的垂直距离加长），均可提高分离效率。粗短型旋风分离器可在规定的压降下具有较大的处理能力，而细长型旋风分离器的压降较大，但其分离效率较高。从经济角度出发，一般可取旋风分离器进口气速为 15～25m/s。如果气体处理量较大，则可采用两个或多个尺寸较小的旋风分离器并联操作，这比用一个大尺寸的旋风分离器可望获得更高的效率。图 5-14 为旋风分离器组的结构示意图。同样原因，投入使用的旋风分离器处于低气体负荷下操作是不适宜的。

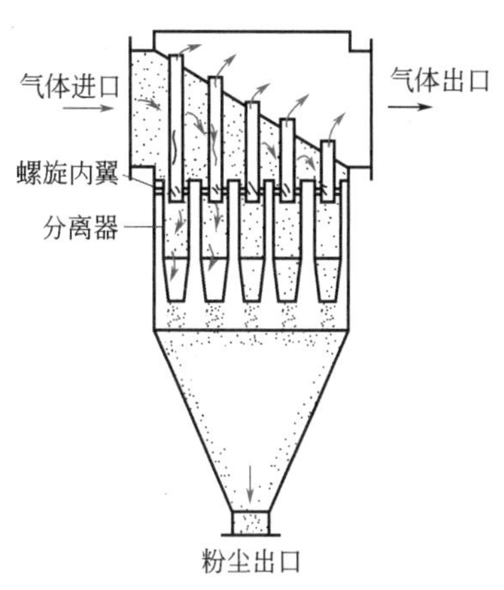

图 5-14 旋风分离器组

旋风分离器内的气流以内旋涡旋转上升时，在锥底形成升力。即使在常压下操作，出口气直接排入大气，也会在锥底造成显著的负压。如果锥底集尘斗密封不良，少量空气窜入器内将使分离效率严重下降。

底部气流旋转上升会将已沉下的部分颗粒重新卷起，这是影响分离效率的重要因素之一。为抑制这一不利因素而设计了一种扩散式旋风分离器，它具有上小下大的外壳，如图 5-15 所示。这种分离器底部设有中央带孔的锥形分割屏，气流在分割屏上部转向排气管，少量气体经分割屏与外锥体之间的环隙进入底部集尘斗，再从中央小孔上升。这样，就减少了已沉下的粉粒重新被卷起的可能性。因此，扩散式旋风分离器宜用于净化颗粒浓度较高的气体。

靠近旋风分离器排气管的顶部旋涡中带有不少细小粉粒，在进口主气流干扰下较易窜入排气口逃逸。提高分离效率的另一途径是移去顶部旋涡造成的粉尘环，为此而设计的XLP/B 型旋风分离器见图 5-16。此种旋风分离器的结构特点是进气管低于器顶下一小段距离，且在圆柱壳体的上部切向开有狭槽，用旁通管将带粉粒的顶旋涡引至分离器下部锥体内。不但提高了分离效率，还降低了旋风分离器的阻力。

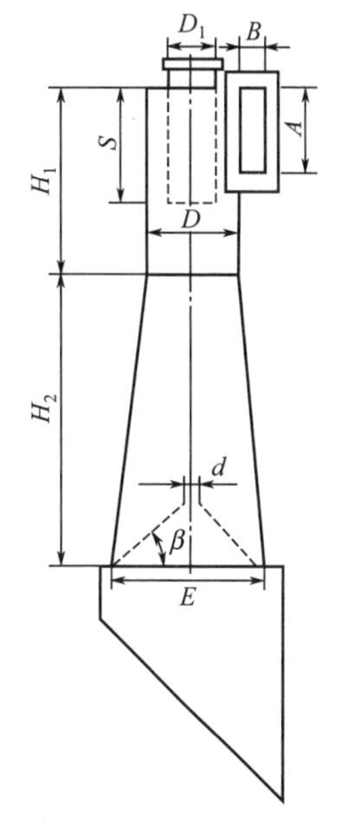

图 5-15 扩散式旋风分离器

各种旋风分离器的尺寸系列可查阅有关手册，一般可按气体处理量选用。

旋风分离器和湿法除尘组合使用，可以达到满意的除尘效果。华东理工大学多喷嘴对置式气化工艺合成气的初步净化采用了含旋风分离器和湿法除尘组合除尘方法（如图 5-17 所示），合成气先通过混合器、旋风分离器除去粒径较大的颗粒，然后在洗涤塔内湿法除去细颗粒。

合成气进入混合器后与高温灰水混合，使合成气中夹带的固体颗粒被完全润湿，以便去除。合成气与灰水混合后进入旋风分离器，气相中的大部分细颗粒进入液相被连续排出旋风分离器，进入渣水处理工序。

合成气进入洗涤塔向上流过塔盘时与塔上部加入的洗涤水（含循环水）逆流接触，除去剩余的固体细颗粒。在洗涤塔中同时伴随着合成气降温、减湿、水蒸气冷凝及循环水升温等过程。合成气经过水洗塔顶部的旋流板除沫器，除去夹带的雾沫后离开水洗塔，进入下一工段。

这种组合除尘方法的压降低，可小于 0.1MPa；处理后的合成气颗粒含量很低（小于 $1mg/Nm^3$），可直接进入变换工段；洗涤塔底部水质明显改善，无堵塞现象发生。

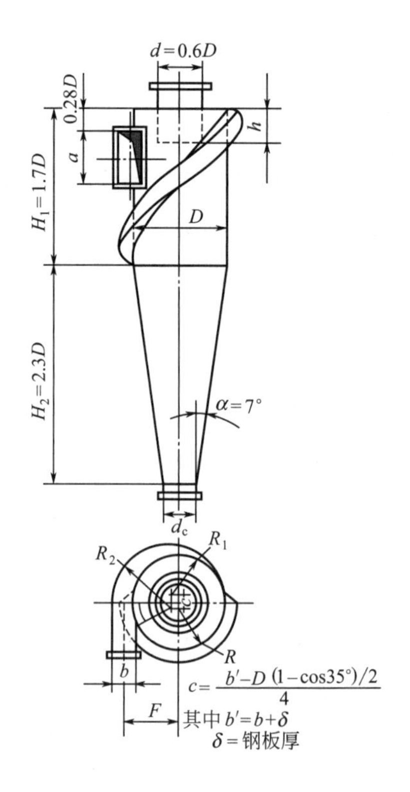

图 5-16　XLP/B 型（带外旁路的）旋风分离器

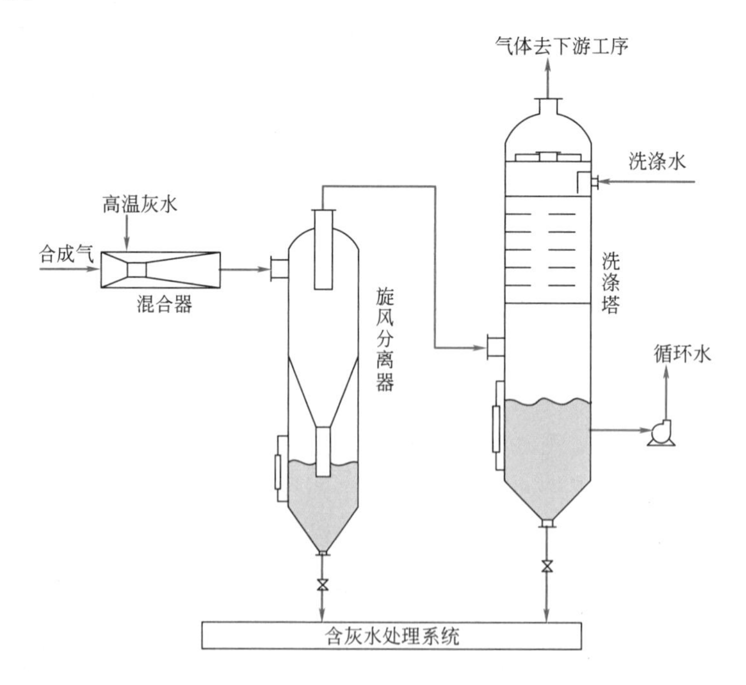

图 5-17　旋风分离器湿法除尘组合流程示意

气力旋流分级　借离心沉降可将气流中夹带的颗粒进行分级，此类分级设备类型较多。图 5-18(a) 为气力旋流分级机的结构示意图。带固体颗粒的气流切向进入分级机，经分级后可得微粒、细粒和粗粒三种产品。带微粒的气流从分级机上部出口排出，其余颗粒在离心力和中心锥的作用下进入分级区［见图 5-18(b)］。二次气流经导向叶片后进入分级区，在分级区形成一个旋流场，粗粒在旋流中被抛向边上落下，并从底部出口排出。细粒被分级区气流带至中心的下部细粒和气流出口排出。

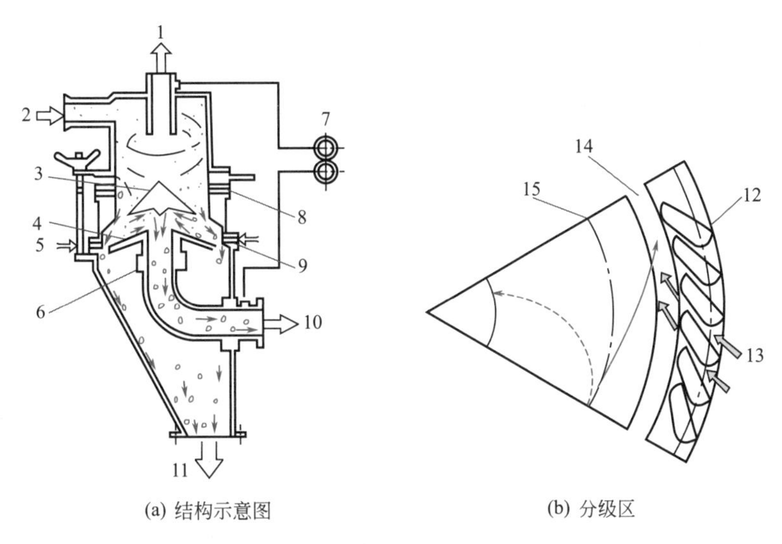

图 5-18　DSX 型气力旋流分级机

1—微粒和气流出口；2—物料和空气入口；3—中心锥；4—分级锥；5,13—二次气流；6,8—调整环；7—压力计；9,12—导向板；10—细粒及气流出口；11,14—粗粒出口；15—给料缝

液固旋流器　对于含固体颗粒的悬浮液，常用液固旋流器进行脱固和颗粒分离。液固旋流器的基本结构如图 5-19 所示。液固旋流器的分离原理与旋风分离器相同。

在旋流器的设计中，只要能够满足分离性能的要求，应尽量采用较大直径的旋流器，这样可使单个旋流器的处理量增加，减少旋流器的并联个数，降低设备投资。华东理工大学发明了公称直径 25mm 微旋流分离器，应用于全球多套甲醇制烯烃（MTO）装置急冷水净化，对于水中平均粒径 3μm 催化剂粉末，在 0.20～0.23MPa 的压降下，分割粒径 d_{50} 达到 1.70μm，总分离效率达到 88％。

转鼓式离心机　各种沉降用的转鼓式离心机的基本作用原理如图 5-20 所示。中空的转鼓以约 1000～4500r/min 的转速旋转，转鼓的壁上无孔。悬浮液自转鼓的中间加入，固体颗粒因离心力作用沉至转鼓内壁，澄清的液体则由转鼓端部溢出。

间歇操作的离心机转鼓一般为立式，沉渣层用人工卸除。连续操作的离心机转鼓常为卧式，设有专门的卸渣装置，以连续、自动地排出沉渣。

与重力沉降器的原理相同，在沉降式离心机中，凡沉降所需时间 τ_t 小于流体在设备内的停留时间 τ_r 的颗粒均可被沉降除去。细小颗粒在离心力场中的沉降一般在斯托克斯定律区，式(5-19) 成为

$$u=\frac{(\rho_p-\rho)d_p^2}{18\mu}\omega^2 r \tag{5-31}$$

式中，u 为颗粒径向运动速度，$u=\frac{dr}{d\tau}$，使用下列边界条件对上式积分。当 $\tau=0$ 时，$r=$

R_A；当 $\tau=\tau$ 时，$r=R_B$。

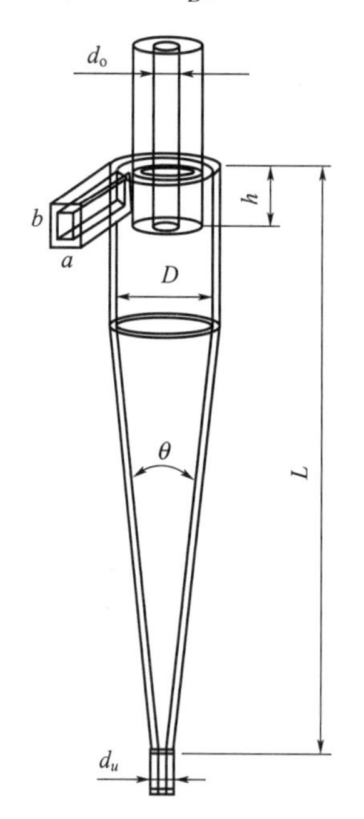

图 5-19 液固旋流器基本结构

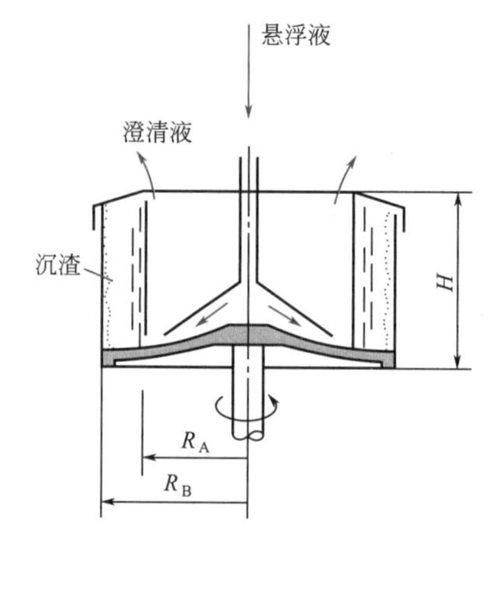

图 5-20 颗粒在转鼓式离心机中的沉降

离心机内壁上的沉渣厚度一般不大，R_B 可取转鼓的内半径。此时颗粒由 R_A 沉降至 R_B 所需的沉降时间为

$$\tau_t=\frac{18\mu}{\omega^2(\rho_p-\rho)d_p^2}\ln\frac{R_B}{R_A} \tag{5-32}$$

颗粒的停留时间取与流体在设备内的停留时间相同，即

$$\tau_r=\frac{\text{设备内流动流体的持留量}}{\text{流体通过设备的流量}}=\frac{\pi(R_B^2-R_A^2)H}{q_V} \tag{5-33}$$

当给定处理量 q_V，只有直径 d_p 满足 $\tau_t \leqslant \tau_r$ 的颗粒才能全部除去。反之，当要求被全部除去的颗粒直径 d_p 给定时，设备的处理量为

$$q_V=\frac{\pi H\omega^2(\rho_p-\rho)d_p^2}{18\mu}\times\frac{R_B^2-R_A^2}{\ln\dfrac{R_B}{R_A}} \tag{5-34}$$

式(5-34) 反映了小颗粒在离心沉降时各参数对沉降式离心机处理能力的影响。

碟式分离机 碟式分离机的转鼓内装有许多倒锥形碟片，碟片直径一般为 0.2～0.6m，碟片数目约为 50～100 片。转鼓以 4700～8500r/min 的转速旋转，分离因数可达 4000～10000。这种分离机可用作澄清悬浮液中少量细小颗粒以获得清净的液体，也可用于乳浊液中轻、重两相的分离，如油料脱水等。

(1) 分离操作 图 5-21(a) 所示为用于分离乳浊液的碟式分离机的工作原理。料液由空心转轴顶部进入后流到碟片组的底部。碟片上带有小孔，料液通过小孔分配到各碟片之间的通道。在离心力作用下，重液（及其夹带的少量固体杂质）逐步沉于每一碟片的下方并向转鼓外缘移动，经汇集后由重液出口连续排出。轻液则流向轴心由轻液出口排出。

(2) 澄清操作 图 5-21(b) 所示为用于澄清液体的碟式分离机的工作原理。这种分离机的碟片上不开孔，料液从转动碟片的四周进入碟片间的通道并向轴心流动。同时，固体颗粒则逐渐向每一碟片的下方沉降，并在离心力作用下向碟片外缘移动。沉积在转鼓内壁的沉渣可在停车后用人工卸除或间歇地用液压装置自动地排除，澄清液体由轻液出口排出。人工卸渣要停车，故只适用于含固量<1%的悬浮液。自动排渣的碟式分离机可处理含固量高达 6%的悬浮液。

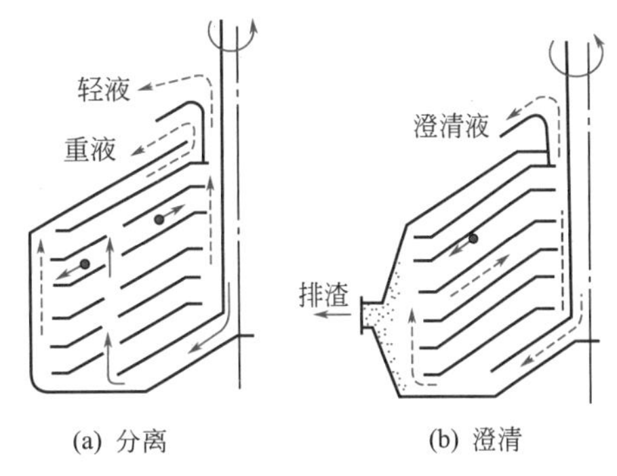

图 5-21 碟式分离机

碟式分离机中两碟片之间的间隙很小，一般为 0.5～1.25mm，细小颗粒在碟片通道间的水平沉降距离较短，故可将粒径小至 0.5μm 的颗粒从轻液中加以分离。因此，碟式分离机适合于净化带有少量微细颗粒的黏性液体（涂料，油脂等），或润滑油中少量水分的脱除等。

管式高速离心机 图 5-22 为管式高速离心机的示意图。在转鼓的机械强度限定的条件下，增加转速，缩小转鼓直径可以提高离心分离因数 α。基于这一原理设计而成的管式高速离心机的转速常达 15000r/min 以上，分离因数可达 12500 左右。它也可在澄清和分离两种工况下操作。

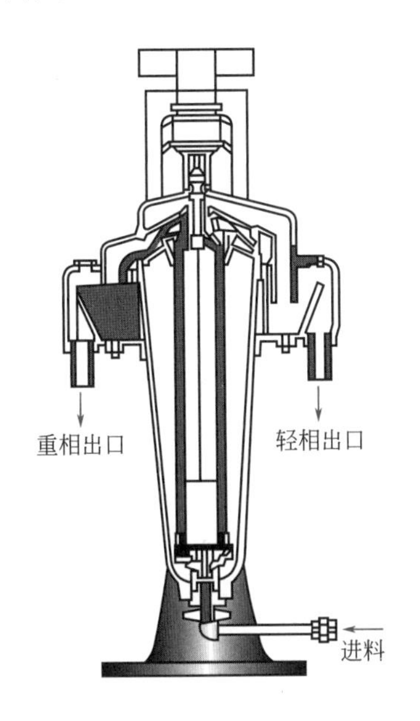

图 5-22 管式高速离心机

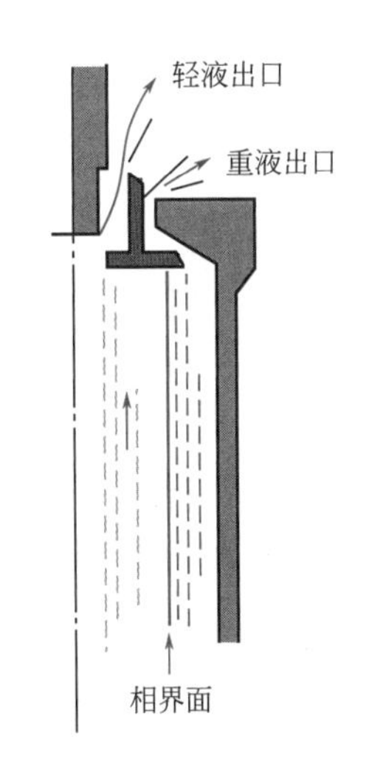

图 5-23 乳浊液在管式高速离心机中的分离

转鼓上装有三块纵向平板以使料液迅速达到与转鼓相同的角速度。用作乳浊液分离时，料液自下而上流动的过程中将轻、重液体分成两个同心环状液层，如图 5-23 所示，轻液和重液分别在上部轻液及重液出口排出。

若将重液出口用垫片堵住，则管式高速离心机也可用作悬浮液的分离，此时细小颗粒沉积在转鼓内壁，运转一段时间后，可停车卸渣并清洗机器。

5.3.3 力学分离方法的选择

第 4 章所述的过滤与本章所述的重力沉降、离心分离都属于力学（或机械）分离过程，化工生产中，常遇到的有气固分离、液固分离，有时也会遇到液液非均相分离。

在遇到此类问题时，都需要进行分离方法和分离设备的选择。实际上，首先需要明白所遇到的分离任务的难易。凡是采用常规方法和设备可以解决的问题，就是不困难的问题，凡是需要特殊方法和设备才能解决的问题，就是较难的问题。如果特殊方法和设备也难以解决，那就需要另辟蹊径了。

决定分离问题难易的最关键的因素是颗粒的大小。

液固分离 最常规的方法是过滤。固体颗粒如果很小，滤饼阻力会很大，过滤速率就很低，设备就会很庞大。目前，覆膜滤布（滤布上覆以塑料薄膜）和微孔陶瓷膜的孔径为1～2 μm，如果颗粒直径小于 1～2μm，过滤过程会因过滤介质堵塞而难以进行。对于这类问题，或者采用特殊的方法，如絮凝的方法，选用合适的絮凝剂，使颗粒团聚成较大的颗粒后仍使用过滤的方法。或者采用离心沉降的方法，如碟式分离机。对于更小的颗粒，需要采用管式高速离心机。但是，这些方法的处理量都不能很大。

反之，较大的颗粒，例如大于 50μm，可以采用最简单的重力沉降方法，稍小些，可以采用旋液分离器。

气固分离 最常规的方法是旋风分离。旋风分离器的分离能力很大程度上取决于其设计。一般能分离 5～10μm 的颗粒，设计良好的旋风分离器可以分离 2μm 的颗粒。

更小的颗粒就需要采用袋滤器（参见 5.5.2 节）。袋滤器能捕集 0.1～1μm 的颗粒，但袋滤器的滤速不能大，在 0.06～0.1m/s 以下。更细的颗粒，需要采用电除尘器。它除尘效果好，但造价高。

如果生产上允许进行湿法除尘，那么，气固分离问题就变得容易得多，因为它避免了已分离出来的固体颗粒的重新卷起。

由上可见，颗粒直径是关键因素，1～2μm 是难易的分界线。如果细颗粒是产品本身的特性，那只能面对。如果不是，那么，应当设法控制这些颗粒的生成条件，避免形成细颗粒。例如，结晶过程中晶粒的大小与结晶条件密切相关。

粒径范围 颗粒粒径测量方法有很多，除了第 4 章介绍的筛分法，还有风筛法、显微镜法、沉降法、光散射法、电阻变化法、表面积法（吸附法）等。各种方法适用的范围有所不同，表 5-2 给出了常用测量方法的适用粒径范围。

动画

表 5-2 常用测量方法的适用粒径范围

测量方法	筛分法	风筛法	光学显微镜	电子显微镜	重力沉降
粒径范围/μm	＞45	1～100	0.5～100	0.001～10	2～50
测量方法	离心沉降	吸附法	光散射	X 射线散射	
粒径范围/μm	0.05～10	0.002～2	0.001～10	0.001～0.1	

对于气固分离，通常粒径都是比较小的，常见悬浮于气体中的颗粒粒径如表 5-3 所示。

表 5-3 常见悬浮于气体中的颗粒粒径

颗粒种类	水泥	煤灰	石灰	滑石	重整催化剂
平均粒径/μm	40	5～10	1～50	10	0.5～50
颗粒种类	面粉灰	颜料	烟	石棉	炭黑
平均粒径/μm	15	2	0.2～1	0.5	0.1

思考题

5-3 重力降尘室的气体处理量与哪些因素有关？降尘室的高度是否影响气体处理量？

5-4 评价旋风分离器性能的主要指标有哪两个？

5-5 为什么旋风分离器处于低气体负荷下操作是不适宜的？锥底为何须有良好的密封？

5.4 固体流态化技术

将大量固体颗粒悬浮于运动的流体之中，从而使颗粒具有类似于流体的某些表观特性，这种流固接触状态称为固体流态化。化学工业广泛使用固体流态化技术以进行流体或固体的物理、化学加工，乃至颗粒的输送。

5.4.1 流化床的基本概念

在第 4 章所讨论的固定床内，流体一般是自上而下地流过床层。如果流体自下而上地流过颗粒层，则根据流速的不同，会出现三种不同的阶段。为方便讨论，先假设床层是由均匀颗粒组成的。

固定床阶段 如果流体通过床层的表观速度（即空塔速度）u 较低，则颗粒基本上静止不动，颗粒层为固定床。当表观速度达到某个临界值 u_{mf} 时，颗粒摇摆而开始流化，称为起始流化，u_{mf} 称为起始流化速度［参见式(5-40)］。

流化床阶段 如果表观速度 u 大于起始流化速度 u_{mf}，床内颗粒将“浮起”，颗粒层将“膨胀”。颗粒床层的膨胀意味着床内空隙率 ε 的增大。已知床层内流体的实际流速 u_1 与表观速度 u 有如下关系

$$u_1=\frac{u}{\varepsilon} \tag{5-35}$$

因此，床层空隙率 ε 的增大，必使流体的实际流速 u_1 下降。因此，当床层膨胀到一定程度，颗粒间的实际流速等于颗粒的沉降速度时，床层不再膨胀而颗粒则悬浮于流体中。这种床层称为流化床（图 5-24）。

显然，在流化床内，每一个表观速度有一个相应的空隙率。表观速度越大，空隙率也越大。

需要特别指出的是，流化床原则上可以有一个明显的上界面。假设某个悬浮的颗粒由于某种原因离开了床层而进入界面以上的空间，

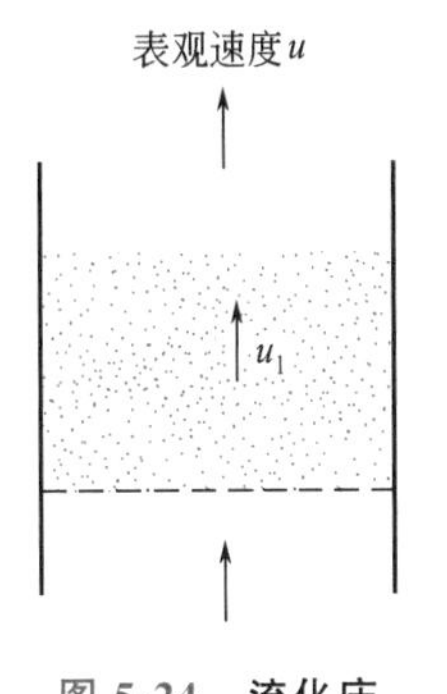

图 5-24 流化床

在该空间中表观速度即为真实速度，该速度尚不足以使颗粒悬浮，结果这个颗粒仍返回床层。

由此可见，流化床存在的基础是大量颗粒的群居。群居的大量颗粒可以通过床层的膨胀以调整空隙率，从而能够在一个相当宽的表观气速范围内悬浮于气流之中。这就是流化床之可能存在的物理基础。

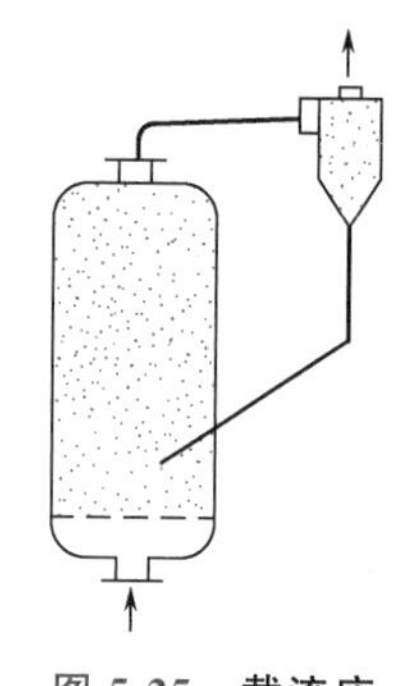
图 5-25　载流床

颗粒输送阶段　如果床层的表观速度 u 超过颗粒的沉降速度 u_t，则颗粒必将获得上升速度。此时颗粒将被流体带出器外，这是颗粒输送阶段。据此原理，可以实现固体颗粒的气力和液力输送。

若在床层上部安装旋风分离器将带出的颗粒重新捕捉并送回床层，从而在很高的表观速度下仍可实现流固间的各种过程。此种方式称为载流床（图5-25）。

狭义流态化与广义流态化　狭义流态化专指上述第二阶段即流化床阶段，广义流态化则泛指各种非固定床的流固系统，包括载流床和气力输送。以下着重讨论狭义流态化。

5.4.2　实际的流化现象

以上讨论的是均匀颗粒的理想流化现象。实验发现实际的流化现象与上述有一定差异。从床内流体和颗粒的运动状况来看，实际上存在着两类截然不同的流化现象。

散式流化　这种流化现象一般发生于液-固系统。当表观流速大于 u_{mf}时，进入流化床阶段。此时床层膨胀，颗粒均布于流体之中并作随机运动，忽上忽下，忽左忽右，造成床内固体颗粒充分混合。此种流化床的上界面比较清晰，如图 5-24 所示。散式流化床较接近上述的理想流化床。

聚式流化　这种流化现象一般发生于气-固系统。当表观流速超过起始流化速度 u_{mf}而开始流化后，床内就出现一些空穴，气体将优先取道穿过各个空穴至床层顶部逸出。由于过量的气体涌向空穴，该处流速较大，空穴顶部的颗粒被推开，其结果是空穴向上移动并在床的界面处“破裂”（图 5-26）。

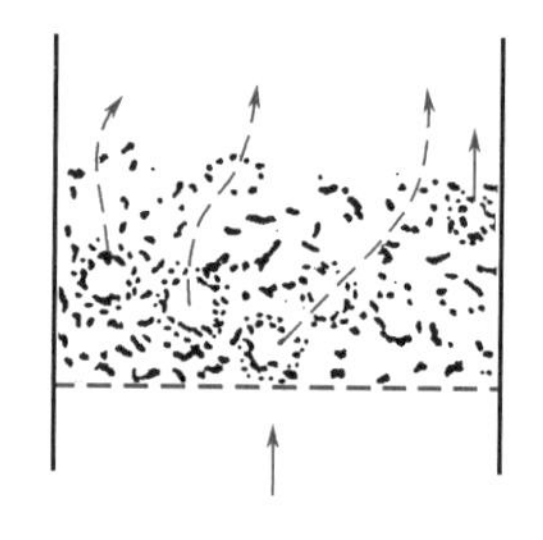
图 5-26　聚式流化床中的空穴

空穴的移动和合并，就其表面现象看来，酷似气泡的运动。因此，聚式流化床有时称为鼓泡流化床。这样，床内存在两个相，可分别称之为气泡相与乳化相。

聚式流化的床层上界面不如散式流化那样平稳，而是频繁地起伏波动。界面以上的空间也会有一定量的固体颗粒，其中一部分是由于颗粒直径过小，被气体带出；另一部分是由于“气泡”在界面处破裂而被抛出。流化床界面以下区域称为浓相区，界面以上的区域称为稀相区。

5.4.3　流化床的主要特性

液体样特性　从整体上看，流化床宛如沸腾着的液体，显示某些液体样的性质，所以往往把流化床称为沸腾床。图 5-27 表示这些特性的概况。其中固体颗粒的流出是一个具有实际意义的重要特性，它使流化床在操作中能够实现固体的连续加料和卸料。

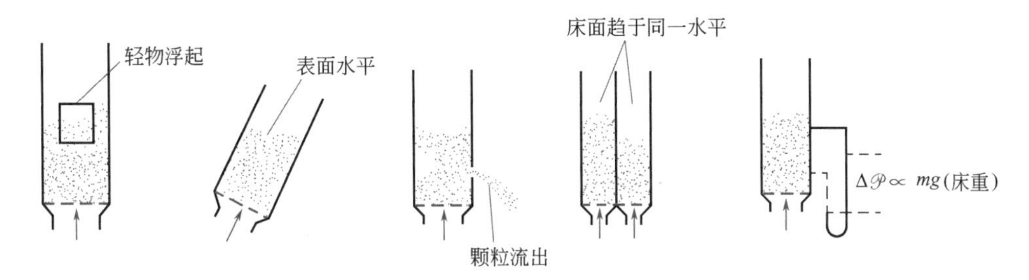

图 5-27 流化床的液体样特性

固体的混合 流化床内颗粒处于悬浮状态并不停地运动，从而造成床内颗粒的混合。特别是气固系统，空穴的上升推动着固体的上升运动，而另一些地方必有等量的固体作下降运动，从而造成床内固体颗粒宏观上的均匀混合。

如果在流化床内进行一个放热反应的操作，由于固体颗粒的强烈混合，很易获得均匀的温度，这是流化床的主要优点。

气流分布不均匀和气-固接触不均匀 在聚式流化中，大量的气体取道空穴通过床层而与固体接触甚少。反之，乳化相中的气体流速很低，与固体颗粒的接触时间很长。这种不均匀的接触对实际过程不利，是流化床的严重缺点。

气固流化床中气流的不均匀分布可能导致以下两种现象：

(1) 腾涌或节涌 空穴在上升过程中会合并增大，如果床层直径较小而浓相区的高度较高，则空穴可能达到大至与床层直径相等的程度。此时空穴将床层分节，整段颗粒如活塞般的向上移动，部分颗粒在空穴四周落下［图 5-28(a)］，或者在整个截面上均匀洒落［图5-28(b)］。这种现象称为腾涌或节涌。流化床在操作时一旦发生腾涌，较多的颗粒被抛起和跌落造成设备震动，一般应尽量予以避免。

(2) 沟流 在大直径床层中，由于颗粒堆积不匀或气体初始分布不良，可在床内局部地方形成沟流。此时，大量气体经过局部地区的通道上升，而床层的其余部分仍处于固定床状态而未被流化（死床）。显然，当发生沟流现象时，气体不能与全部颗粒良好接触，将使工艺过程严重恶化。

恒定的压降 床层一旦流化，全部颗粒处于悬浮状态。对床层作受力分析并应用动量守恒定律，不难求出流化床的床层压降为

$$\Delta\mathscr{P}=\frac{m}{A\rho_p}(\rho_p-\rho)g \tag{5-36}$$

式中，A 为空床截面积，m^2；m 为床层颗粒的总质量，kg；ρ_p、ρ 分别为颗粒与流体的密度，kg/m^3。

由式(5-36) 可知，流化床的压降等于单位截面床内固体的表观重量（即重量－浮力），它与气速无关而始终保持定值。图 5-29 表示 $\lg\Delta\mathscr{P}$ 对 $\lg u$ 的关系。

图 5-29 中低速区的直线 AB 为固定床阶段，如果颗粒较细，压降与表观流速的一次方成正比，AB 应是斜率为 1 的直线。低速区内平行的各虚线是由于不同填充方式所造成的固定床空隙率不同所致。表观流速超过起始流化速度 u_{mf} 后，床层流化，$\Delta\mathscr{P}$ 基本不变。图中 BC 段略向上倾斜是由于流体与器壁和分布板的摩擦阻力随气速增大而造成的。CD 段向下

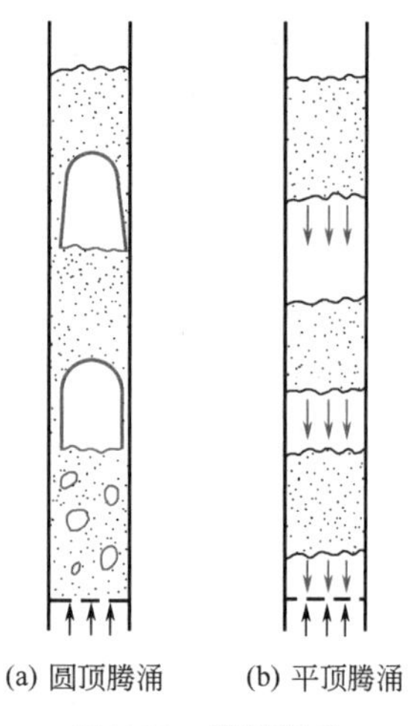

图 5-28 腾涌现象

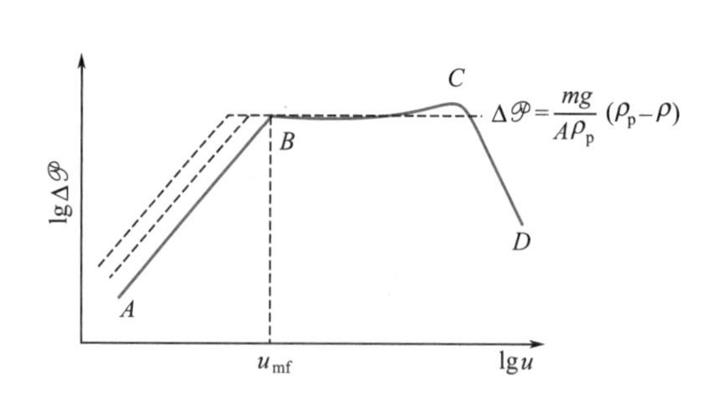

图 5-29 流体通过颗粒层的压降

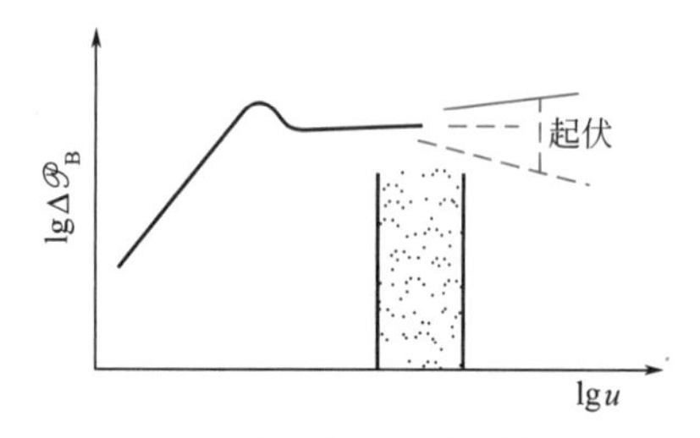

图 5-30 床层发生腾涌时的压降

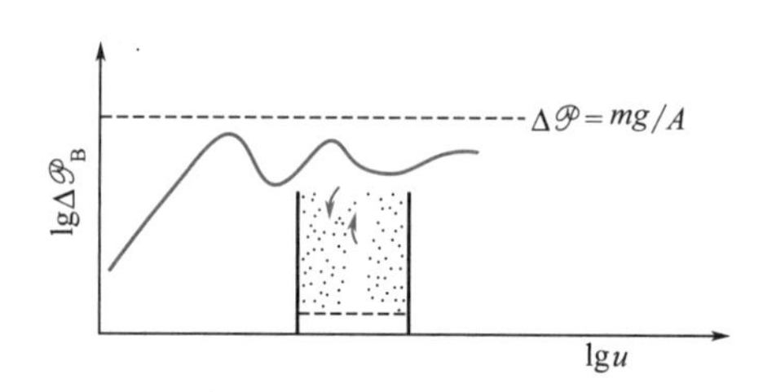

图 5-31 床层发生沟流时的压降

倾斜，表示此时表观流速接近于某些颗粒的沉降速度，部分颗粒被陆续带走，器内颗粒存量减少所致。

恒定的压降是流化床的重要优点，它使流化床中可以采用细小颗粒而无需担心过大的压降。

另外，根据这一特点，在流化床操作时可以通过测量床层压降以判断床层流化的优劣。如果床内出现腾涌，压降有大幅度的起伏波动。若床内发生沟流，存在局部未流化的死床，此时床层压降必较式(5-36）的计算值低。图 5-30、图 5-31 表示了这两种不正常情况下所测出的压降。

【例 5-5】 床层固存量的近似估计

今有直径为 1.4m 的某气-固流化床，装有图 5-32 所示的压差计，中间测压口位于分布板以上 $L'=0.75\text{m}$ 处，上测压口在床层界面以上。今测得 $\Delta\mathscr{P}'$ 为 6.21kPa，总压降 $\Delta\mathscr{P}$ 为 9.17kPa。试估计床界面高度 L 及床内催化剂量 m。

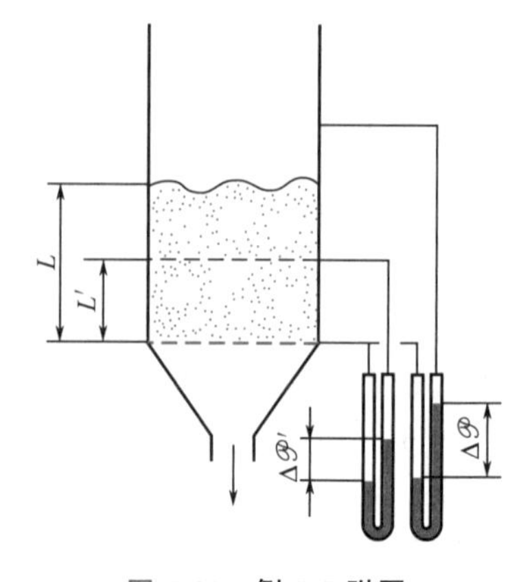

图 5-32 例 5-5 附图

解：(1) 床界面高度 L 压降与床层高度成正比，因此

$$L=L'\frac{\Delta\mathscr{P}}{\Delta\mathscr{P}'}=0.75\times\frac{9.17}{6.21}=1.107(\text{m})$$

(2) 床内催化剂量 m 气体密度很小，若忽略颗粒所受浮力，由式(5-36) 可得

$$m=\frac{\Delta\mathscr{P}A}{g}=\frac{9170}{9.81}\times\frac{\pi}{4}\times1.4^2=1438\text{kg}$$

5.4.4 流化床的操作范围

起始流化速度 u_{mf} 设流化床的床层高度为 L，床层空隙率为 ε，则由式(5-36) 可得

$$\Delta\mathscr{P}=\frac{m}{A\rho_p}(\rho_p-\rho)g=L(1-\varepsilon)(\rho_p-\rho)g \tag{5-37}$$

此式即为图 5-29 中的 BC 线段。

又根据第 4 章所述的欧根方程，在小颗粒（$Re_p<20$）条件下固定床压降为

$$\Delta\mathscr{P}=150\frac{(1-\varepsilon)^2}{\varepsilon^3}\times\frac{\mu L}{\psi^2 d_e^2}u \tag{5-38}$$

式中，d_e 为颗粒当量直径。此式为图 5-29 中的 AB 线段。

起始流化点既满足固定床的条件，又满足流化床的条件，即为图 5-29 中 AB 线与 BC 线的交点。此时式(5-37) 与式(5-38) 应相等，且其中的 L 应为起始流化时的床高 L_{mf}，ε 应为床层起始流化时的空隙率 ε_{mf}。由此可得

$$150\frac{(1-\varepsilon_{mf})^2}{\varepsilon_{mf}^3}\times\frac{\mu L_{mf}}{\psi^2 d_e^2}u_{mf}=L_{mf}(1-\varepsilon_{mf})(\rho_p-\rho)g$$

经整理，可得起始流化速度为

$$u_{mf}=\frac{\psi^2\varepsilon_{mf}^3}{150(1-\varepsilon_{mf})}\times\frac{d_e^2(\rho_p-\rho)g}{\mu} \tag{5-39}$$

如果确切知道床层的起始流化空隙率 ε_{mf} 及颗粒的球形度 ψ 值，可利用式(5-39) 计算 u_{mf}。但实际上 ε_{mf} 和 ψ 的可靠数据很难获得。实验发现，对工业常见颗粒 $\frac{1-\varepsilon_{mf}}{\psi^2\varepsilon_{mf}^3}\approx11$，于是

$$u_{mf}=\frac{d_e^2(\rho_p-\rho)g}{1650\mu} \tag{5-40}$$

对非均匀颗粒群，式中 d_e 为平均直径 d_{32}，其值按式(4-17) 计算。

上述简化处理不适用于两种直径截然不同的颗粒所组成的床层，尤其当大颗粒直径与小颗粒直径之比大于 6 以上。此时，小颗粒可能已在大颗粒的空隙中流化，而大颗粒仍处于静止状态。

由式(5-40) 计算所得的 u_{mf} 其偏差为 $\pm34\%$。当需要确知某系统的起始流化速度时，应通过实验测定方为可靠。但此式提供了有关变量对 u_{mf} 的影响，当实验条件与操作情况不同时，可用来对实验结果进行修正。

带出速度 当床层的表观速度达到颗粒的沉降速度时，大量颗粒将被流体带出器外，故流化床的带出速度为单个颗粒的沉降速度 u_t。一般说来，此表观速度为流化床操作范围的上限。

颗粒沉降速度的计算方法如 5.2.2 节所述。但须注意，对非均匀颗粒组成的床层，用来计算带出速度的颗粒直径应比床内绝大部分的颗粒直径要小。

对粒径较小的流化床，比较起始流化速度 u_{mf} 的计算式(5-40) 与沉降速度计算式(5-19)

可知 u_t/u_{mf} 为 91.67。对大颗粒这一比值为 8.61。故细颗粒流化床较之粗颗粒可以在更宽的流速范围内操作。

为充分发挥流化床内固体颗粒混合均匀这一优点，流化床的实际操作速度通常为起始流化速度的若干倍，其具体数值应结合过程的工艺要求和操作经验予以选定。流化床实际操作速度与起始流化速度之比称为流化数。

5.4.5 改善流化质量的措施

流化质量反映了流化床内流体分布及流-固两相接触的均匀程度。在气-固流化床内，气体沿床层横截面的分布及气-固两相的接触总是存在相当程度的不均匀性，即流化质量不高。流化质量不高对流化床中气-固间的传热、传质及反应过程都是不利的。

床层的内生不稳定性 设有一正常操作的流化床，因某种干扰在床内某区域出现一个空穴。若外界干扰消失空穴也能跟着消失，床层可恢复原状，则此操作状态是稳定的。然而，气-固流化床却并非如此。若床层某局部一旦出现空穴，该处床层密度及流动阻力必然减小，附近的气体便优先取道此空穴而通过。空穴处气体流量的急剧增加，可将空穴顶部更多颗粒推开，从而空穴变大，阻力进一步减小，产生恶性循环。这种恶性循环称为流化床层的内生不稳定性。这种内生不稳定性是导致流化质量不高的根源，它使床层内部产生大量空穴，严重时可能产生腾涌和沟流。

为抑制流化床的这一不利工程因素，通常采用以下几种措施。

增加分布板的阻力 气体通过流化床的压降 $\Delta\mathscr{P}$ 由分布板压降 $\Delta\mathscr{P}_D$ 和床层压降 $\Delta\mathscr{P}_B$ 两部分组成，即

$$\Delta\mathscr{P}=\Delta\mathscr{P}_D+\Delta\mathscr{P}_B \tag{5-41}$$

在不同径向位置，流化床的总压降 $\Delta\mathscr{P}$ 是相同的。假设床内某处出现空穴，该处局部床层压降减小，而位于此空穴下方分布板的局部压降 $\Delta\mathscr{P}_D$ 必升高。由第 1 章可知，流体通过分布板的压降与流速平方成正比，即流速的较小变化要引起 $\Delta\mathscr{P}_D$ 的较大变化。因此，对气流分布的均匀性而言，分布板压降是一个有利因素。

如果分布板的阻力 $\Delta\mathscr{P}_D$ 远大于 $\Delta\mathscr{P}_B$，则由空穴造成的床层压降 $\Delta\mathscr{P}_B$ 的局部变化对于气流分布的影响就很小。也就是说，分布板阻力越大，抑制床层内生不稳定性的能力就越大，气流分布也就越均匀。一般分布板的设计使 $\Delta\mathscr{P}_D$ 约占床层压降 $\Delta\mathscr{P}_B$ 的 10%，且至少不低于 0.35mH_2O。多数工业流化床分布板的开孔率约在 0.4%～1.4%之间。常用的几种分布板形式见图 5-33。

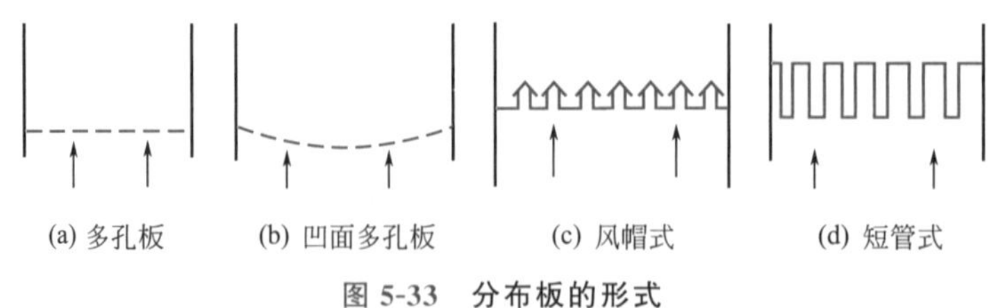

图 5-33 分布板的形式

实验证明，分布板均匀布气的影响范围是有限的，一般在分布板以上 0.5m 的区域之间。当床层较深时，气体将重新分配而与初始分布情况无关，提高流化质量尚须从改进床层本身的均匀性着手。

采用内部构件　流化床内部构件可分为水平挡板和垂直构件两类。

在流化床的不同高度上设置若干块水平挡板或挡网，对床层作横向分割，可打破上升的空穴，使空穴直径变小，气-固接触较为均匀。图 5-34 所示为常用的斜片式挡板结构。床内设置水平挡板后阻碍了气体的轴向混合，这是有利的。但也同时限制了固体颗粒的混合，造成明显的轴向温度梯度，这是不利的。

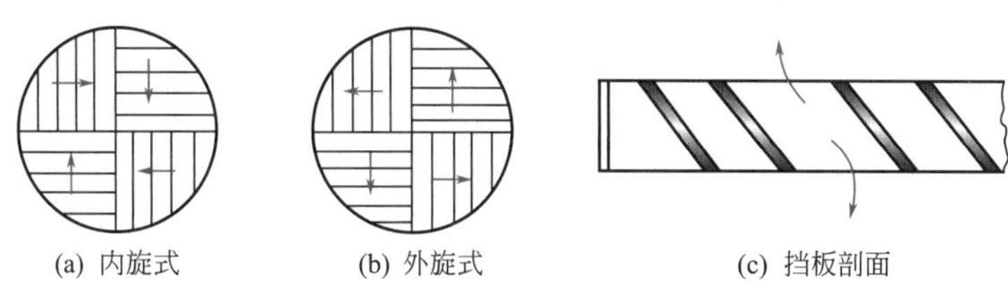

图 5-34　斜片式挡板

各种垂直的传热管，旋风分离器的料腿都构成了流化床内的垂直构件。均匀地布置这些垂直构件相当于纵向分割床层，既可限制大尺寸的空穴，又不致形成明显的轴向温度梯度。

采用小直径、宽分布的颗粒　均匀而较大的颗粒未必能获得良好的流化质量，加入少量细粉可起“润滑剂”的作用，常可使床层流化更为均匀。因此，宽分布、细颗粒的流化床可在气速变动幅度较大的范围内良好流化。

采用细颗粒、高气速流化床　当气速超过大多数颗粒的沉降速度时，细小颗粒的床层内已不能形成稳定的空穴，颗粒聚成许多线状或带状粒子簇。这些粒子簇迅速地上下漂移，可看作为浓相。气体呈许多流舌状高速穿过床层，以稀相状态带着部分颗粒离开设备。从总体上看，气-固两相的接触较通常的鼓泡床均匀。由于大量颗粒的带出使浓相区界面变得模糊。为维持稳定操作，必须加入与带出量相等的新鲜颗粒或用旋风分离器回收带出颗粒重新送回床层。

细颗粒、高气速流化床不仅提供了气-固两相间较多的接触界面，而且增进了两相接触的均匀性。自然，由于大量颗粒的带出和循环，对气-固分离设备及细粉的流动和控制问题提出了新的要求。

5.4.6　流化床分离器

华东理工大学将传统深层过滤技术与旋流分离技术相结合，成功开发了流化床分离技术。该技术利用颗粒在旋流场中公转及自转形成的离心力及脉动作用，提高了深层过滤装置反洗再生效率。

如图 5-35 所示，该技术基于固定颗粒床深层过滤原理，通过床层内颗粒的碰撞、截留、吸附作用实现对待分离物料中悬浮物的分离，实现液体中悬浮颗粒的去除；当运行至滤料床层饱和后，通过从床层底部加入气、液两相进行再生操作，控制气液两相流速，使滤料完全流化；流化后的滤料颗粒在三相旋流分离器中做自转-公转耦合运动，完成颗粒的脱附再生；再生完全后，颗粒返回至下部床层，根据其粒径梯度或密度梯度自然沉降分层，形成初始的排序形式，并继续进行分离操作。该设备在甲醇制烯烃（MTO）急冷水废催化剂处理中，对废水中 2.5μm 以下微细催化剂分离效率达 95%，急冷水出水含固率稳定在 10～30mg/L，实现废催化剂、有机物浓缩回收及水循环利用。

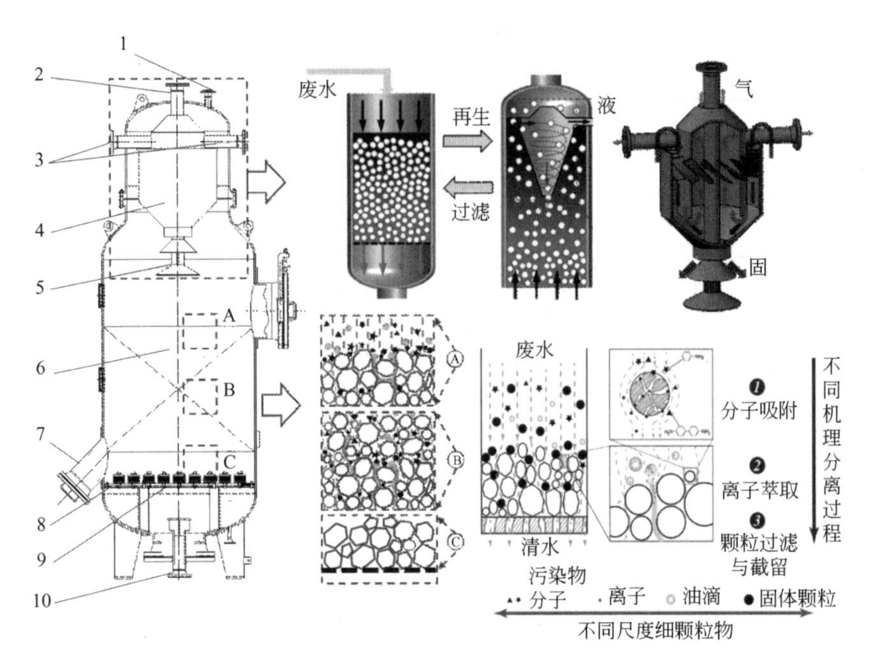

图 5-35　流化床分离技术原理

1—气相出口；2—入口；3—浓缩液出口；4—三相分离器；5—入口分布器；
6—滤料；7—卸料口；8—滤水帽；9—分隔板；10—清液出口

思考题

5-6　广义流态化和狭义流态化的各自含义是什么？

5-7　提高流化质量的常用措施有哪几种？何谓内生不稳定性？

5.5 气力输送

5.5.1 概述

利用气体在管内的流动来输送粉粒状固体的方法称为气力输送。空气是最常用的输送介质；但在输送易燃、易爆的粉料时，也可用其他惰性气体。

气力输送方法早期应用于船舱、码头的谷物装卸。由于它与其他机械输送方法相比具有许多优点，故在化工生产上的应用也日益增多。气力输送的主要优点是：

① 系统密闭，可避免物料飞扬，减少物料损失，改善劳动条件；

② 输送管线不受地形限制，在无法铺设道路或安装输送机械的地方使用气力输送尤为适宜；

③ 设备紧凑，易于实现连续化、自动化操作，便于同连续的化工过程相衔接；

④ 在气力输送过程中可同时进行粉料的干燥、粉碎、冷却、加热等操作。

但是，气力输送消耗的动力较大，颗粒尺寸受一定限制，且在输送过程中粒子易于破碎，管壁也受到一定程度的磨损。对含水量多、有黏附性或高速运动时易产生静电的物料，不宜用气力输送，而以机械输送为宜。

根据颗粒在输送管内的密集程度的不同，可将气力输送分为稀相输送和密相输送两大类。

表示管内的颗粒密集程度的常用参数是单位管道容积含有的颗粒质量，即颗粒的松密度 ρ'，kg/m^3 管道容积，它与颗粒密度 ρ_p 的关系为

$$\rho' = \rho_p (1-\varepsilon) \tag{5-42}$$

式中，ε 为空隙率。

颗粒在静置堆放时（如固定床）的松密度常称为颗粒的堆积密度，工业常遇的粉体物料其堆积密度可在手册中查到。

单位质量气体所输送的固体质量称为固气比 R，它是气力输送装置常用的一个经济指标。

$$R = \frac{M}{G} \tag{5-43}$$

式中，M 为单位管道面积加入的固体质量流量，$kg/(s \cdot m^2)$；G 为气体的质量流速，$kg/(s \cdot m^2)$。

固气比的大小同样反映了颗粒在管内的密集程度。

通常区分稀相输送与密相输送的界限大致是：

稀相输送	松密度	$\rho' < 100kg/m^3$
	固气比	$R=0.1 \sim 25$kg 固/kg 气(一般为 $R=0.1 \sim 5$)
密相输送	松密度	$\rho' > 100kg/m^3$
	固气比	$R=25 \sim$ 数百

5.5.2 气力输送装置

稀相输送 稀相输送是借管内高速气体（约 18～30m/s）将粉状物料彼此分散、悬浮在气流中进行输送。它的输送距离不长，一般小于 100m。根据气源的安装位置和压强的大小，稀相输送装置主要有真空吸引式和压送式两种：

真空吸引式	低真空吸引	气源真空度 <13kPa
	高真空吸引	气源真空度 <0.06MPa
压送式	低压压送式	气源表压 0.05～0.2MPa

真空吸引式的典型装置流程如图 5-36 所示。这种装置往往在入口部设有带吸嘴的挠性管以便将分散于各处的散装物料收集至储仓，化工厂则常用于从固定床反应器的列管中抽除失效的催化剂。

低压压送式的典型装置流程如图 5-37 所示。它可将同一个粉料储仓中的物料分别输送到几个供料点。

密相输送 密相输送是用高压气体压送物料，气源压强可高达 0.7MPa（表压），通常在输送管进口处设置各种形式的压力罐存放待输送的物料。

图 5-38 所示为充气罐式密相输送流程。这是一种间歇式密相输送流程。操作时先将粉料加入罐内，打开压缩空气阀，气体经锥形分布板将物料吹松、充气，待罐内压强升到指定值后打开放料阀将粉料吹入输送管中输送。

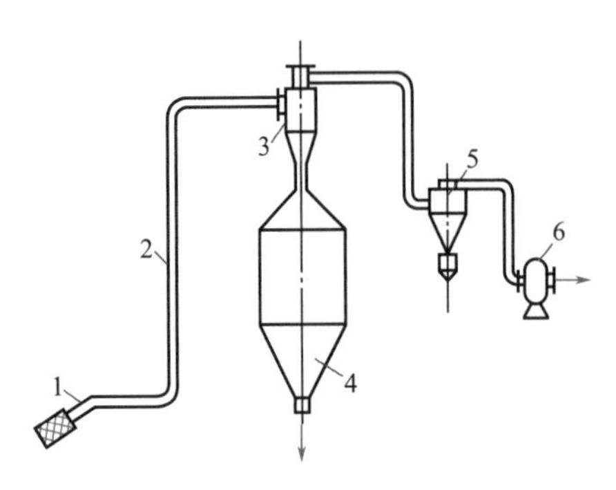

图 5-36 真空吸引式稀相输送

1—吸嘴；2—输送管；3—一次旋风分离器；4—储仓；5—二次旋风分离器；6—风机

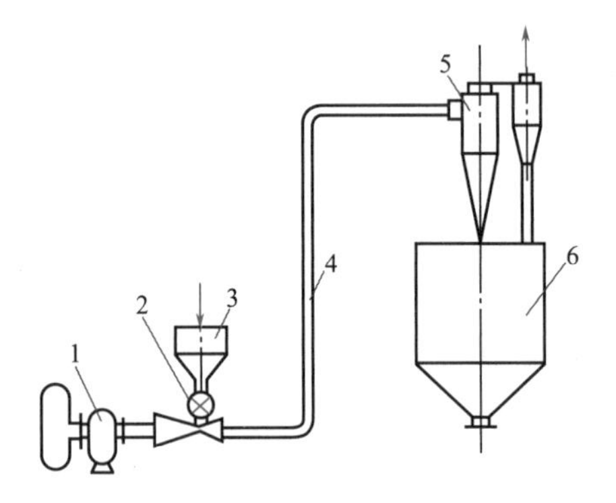

图 5-37 低压压送式稀相输送

1—罗茨鼓风机；2—回转加料机；3—加料斗；4—输送管；5—旋风分离器；6—储仓

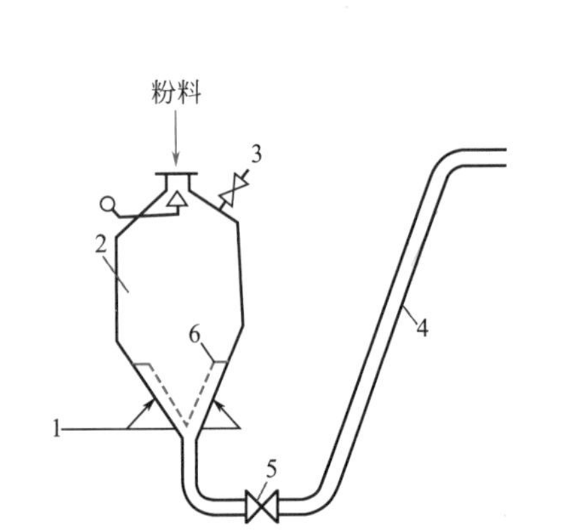

图 5-38 充气罐式密相输送

1—压缩空气管；2—压力罐；3—放空阀；4—输送管；5—放料阀；6—锥形气体分布板

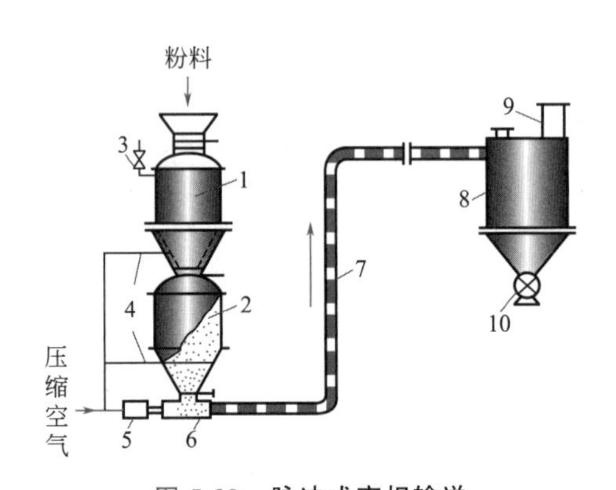

图 5-39 脉冲式密相输送

1—上罐；2—下罐；3—放空阀；4—喷气环管；5—脉冲发生器；6—柱塞成形器；7—输送管；8—受槽；9—袋滤器；10—旋转阀

图 5-39 所示为脉冲式密相输送流程。一股压缩空气通过罐内的喷气环管将粉料吹松、充气，另一股压强为 0.15～0.3MPa 的气流借脉冲发生器以 20～40 次/分的频率间断地吹入输送管入口部，交替地形成小段柱塞状物料和气柱，借空气压强推动物料柱向前移动。

密相输送的特点是低风量和高固气比，物料在管内呈流态化或柱塞状运动。此类装置的输送能力大，输送距离可长达 100～1000m，尾部的气固分离设备简单。密相输送已广泛应用于水泥、塑料粉、裂解催化剂等的输送。

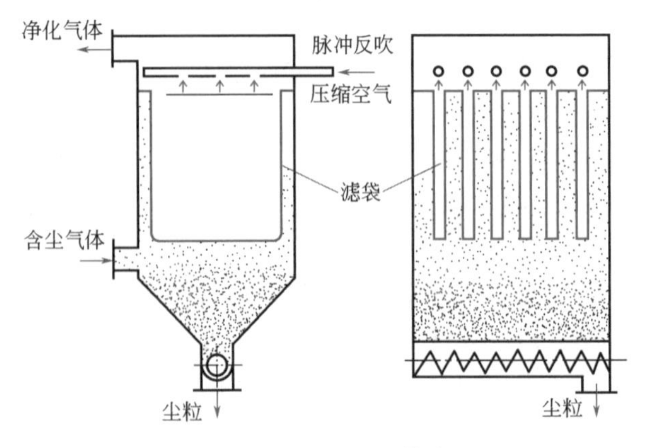

图 5-40 脉冲反吹式袋滤器

粉粒捕捉　在气力输送装置中，粉粒的捕捉是一个重要部分。常用的粉粒捕捉设备有旋风分离器和袋式过滤器。袋式过滤器简称袋滤器，能捕集很细的粉尘。比如，对粒径为 1μm 的粉尘，其除尘效率也在 90%以上，能用以分离微细粉尘。在化工生产中，往往与其他除尘装置串联起来作为最后一级的除尘设备。图 5-40 所示为脉冲反吹式袋滤器。操作时，含尘气体从滤袋外侧进入内侧进行过滤，然后由上部箱体出口排出。灰尘被阻留在滤布的外表面，除部分借重力落入灰斗外，主要靠喷吹管周期地喷射压缩空气对滤袋进行喷吹清灰，一般脉冲清灰时间很短，仅约 0.1s。

5.5.3 稀相输送的流动特性

气力输送可以在水平、垂直或斜管中进行，采用的气速、固气比也可在较大范围内变动，从而使管内气-固两相的流动特性有较大的差异。另外，固体颗粒的外形及粒度分布的多样性，也增加了问题的复杂性。目前，气力输送装置的计算尚处于经验阶段，以下仅简要叙述稀相输送的有关特性。

水平输送的沉积速度　气体在水平管内流动时，颗粒在垂直方向上同时受到几种力的作用而被悬浮起来。当气速足够高，这些力与重力平衡，粒子悬浮于气流中而被带走。

在稀相输送的管道内，粒子被分散而单个地运动，且粒子在管道截面上接近均匀分布。这种气-固两相流动的特性可用图 5-41 所示的实验结果来说明。

当固体颗粒以 M_1 [kg/(s·m^2)] 的速率连续地加入水平管中时，在表观气速较高的条件下，单位管长的压降位于图中 c 点。逐渐降低气速，管内颗粒的松密度有所增加，但压降减少。当气速降至 d 点时，颗粒开始在管底沉积。相当于 d 点的表观气速称为“沉积速度”，以 u_s 表示。当达到沉积速度时，管内有一个不稳定的阶段。在此阶段颗粒在全管线底部沉积了一定厚度的料层，从而使管道流动截面变小，压降升至 e 点。此后，料层不再增加，重又建立定态过程。在沉积层上方，颗粒仍处于悬浮状态，气速也高于沉积速度。如果气速进一步降至 f 点，则又将出现一个不稳定阶段，直至沉积层增至新的厚度。可见，沉积速度是加料量为 M_1 时的最小气速。反之也可以说，加料量 M_1 是 d 点气速的最大输送量。

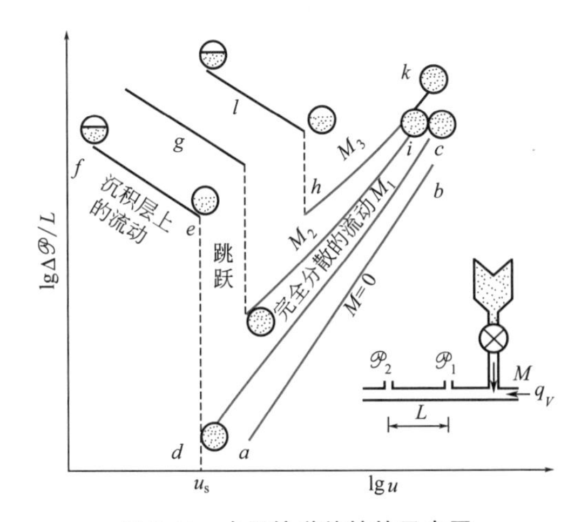

图 5-41　水平输送特性的示意图

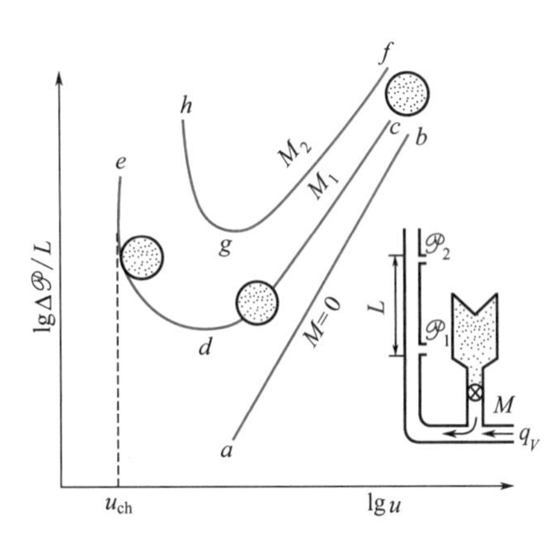

图 5-42　稀相垂直输送的流动特性

垂直输送的噎塞速度　气流高速地垂直向上流动将颗粒分散并均匀悬浮于气流中，此时作用于颗粒上的曳力与颗粒的表观重力相平衡，气-固间的滑移速度即为颗粒的沉降速度。

图 5-42 表示稀相垂直输送的流动特性。

当固体颗粒以 M_1 [$kg/(s \cdot m^2)$] 的速率连续地加入垂直输送管中时，在表观速度较高的条件下，单位管长的压降为 c 点。这一压降是随气速降低而下降的。在 d 点以后，进一步降低气速，流动摩擦阻力降低甚小而颗粒的松密度显著增加，结果使总的压降上升，直至 e 点。在 e 点附近，气速已低到难以使颗粒分散的程度，粒子互相汇集成柱塞状，此点的表观气速称为“噎塞速度”，以 u_{ch} 表示。显然，固体加料速率 M 大，其在垂直管中的噎塞速度也大。稀相气力输送系统的设计包括水平、垂直管道中沉积速度和噎塞速度的估计。

思考题

5-8 气力输送有哪些主要优点？

习 题

沉降

5-1 试求直径 30μm 的球形石英粒子在 20℃水中与 20℃空气中的沉降速度各为多少？石英的密度为 2600kg/m³。 [答：7.86×10^{-4}m/s；0.07m/s]

5-2 密度为 2000kg/m³ 的球形颗粒，在 60℃空气中沉降，求服从斯托克斯定律的最大直径为多少？ [答：88.8μm]

5-3 直径为 0.12mm，密度为 2300kg/m³ 的球形颗粒在 20℃水中自由沉降，试计算颗粒由静止状态开始至速度达到 99%沉降速度所需的时间和沉降的距离。 [答：8.43×10^{-3}s，6.75×10^{-5}m]

5-4 将含有球形染料微粒的水溶液（20℃）置于量筒中静置 1h，然后用吸液管于液面下 5cm 处吸取少量试样。试问可能存在于试样中的最大微粒直径是多少（μm）？已知染料的密度是 3000kg/m³。 [答：3.6μm]

5-5 某降尘室长 2m、宽 1.5m，在常压、100℃下处理 2700m³/h 的含尘气。设尘粒为球形，$\rho_p=2400$kg/m³，气体的物性与空气相同。求：(1) 可被 100%除下的最小颗粒直径；(2) 直径 0.05mm 的颗粒有百分之几能被除去？ [答：(1) 64.7μm；(2) 60%]

5-6 悬浮液中含有 A、B 两种颗粒，其密度与粒径分布为：

$\rho_A=1900$kg/m³，$d_A=0.1\sim0.3$mm；

$\rho_B=1350$kg/m³，$d_B=0.1\sim0.15$mm。

若用 $\rho=1000$kg/m³ 的液体在垂直管中将上述悬浮液分级，问是否可将 A、B 两种颗粒完全分开？设颗粒沉降均在斯托克斯定律区。 [答：A、B 可完全分开]

5-7 试证 ζRe_p^2 为与沉降速度无关的无量纲数据，且当 ζRe_p^2 小于何值时则沉降是在斯托克斯定律区的范围以内？ [答：48]

***5-8** 下表为某种催化剂粒度分布及使用某种旋风分离器时每一粒度范围的分离效率。

粒径/μm	5～10	10～20	20～40	40～100
质量分数	0.20	0.20	0.30	0.30
粒级效率 η_i	0.80	0.90	0.95	1.00

试计算该旋风分离器的总效率及未分离下而被气体带出的颗粒的粒度分布。

若进旋风分离器的催化剂尘粒的量为 $18g/m^3$ 气，含尘气的流量为 $1850m^3/h$，试计算每日损失的催化剂量为多少（kg/d)? [答：0.925，0.53，0.27，0.20，0，59.9kg/d]

流态化

5-9 在内径为 1.2m 的丙烯腈流化床反应器中，堆放了 3.62t 磷钼酸铋催化剂，其颗粒密度为 $1100kg/m^3$，堆积高度为 5m，流化后床层高度为 10m。试求：(1) 固定床空隙率；(2) 流化床空隙率；(3) 流化床的压降。 [答：(1) 0.42；(2) 0.71；(3) 3.14×10^4 Pa]

5-10 试用动量守恒定律证明流体通过流化床的压降

$$\Delta\mathscr{P}=\frac{m(\rho_p-\rho)g}{A\rho_p}$$

式中，m 为颗粒质量；ρ_p 和 ρ 分别为颗粒与流体的密度。 [答：略]

5-11 某圆筒形流化床上部设一扩大段，为保证气体夹带出反应器之催化剂尘粒不大于 55μm，则流化床扩大段的直径为多少？

已知：催化剂密度 $1300kg/m^3$，气体密度 $1.54kg/m^3$，黏度 0.0137mPa·s，流化床床层直径为 2m，操作气速为 0.3m/s。 [答：2.77m]

***5-12** 试用欧根方程

$$\frac{\Delta\mathscr{P}}{L}=150\frac{(1-\varepsilon)^2}{\varepsilon^3}\times\frac{\mu u}{(\psi d_p)^2}+1.75\frac{1-\varepsilon}{\varepsilon^3}\times\frac{\rho u^2}{\psi d_p}$$

及沉降速度计算式，证明 $\frac{u_t}{u_{mf}}$ 对小颗粒为 91.6，对大颗粒为 8.61。

提示：对小颗粒，欧根方程中的惯性项可以忽略，且 $\frac{1-\varepsilon_{mf}}{\psi^2\varepsilon_{mf}^3}\approx11$。对于大颗粒，欧根方程中的黏性项可以忽略，且 $\frac{1}{\psi\varepsilon_{mf}^3}\approx14$。 [答：略]

符号说明

符号	意义	计量单位
A	沉降面积（沉降器底面积）	m^2
A_p	颗粒在运动方向上的投影面积	m^2
c	气-固系统中的颗粒浓度	kg/m^3
d_p	小球或颗粒直径	m
F_b	浮力	N
F_c	离心力	N
F_D	总曳力	N
F_g	重力	N
G	气体质量流速	$kg/(s\cdot m^2)$
H	沉降器高度	m
L	流化床床层高度	m
m	单一颗粒质量；流化床中固体的质量	kg
M	单位管道截面加入的固体质量流量	$kg/(s\cdot m^2)$
$\mathscr{P}$	虚拟压强，$\mathscr{P}=p+\rho gz$	N/m^2
q_V	流量	m^3/s
r	颗粒作圆周运动时的旋转半径	m
R	气体输送的固气比	kg固/kg气
Re_p	颗粒雷诺数，$Re_p=d_pu_t\rho/\mu$	
u	速度	m/s

符号	意义	计量单位
u_{ch}	垂直管气力输送中的噎噻速度	m/s
u_{mf}	流化床的起始流化速度	m/s
u_s	水平管气力输送的沉积速度	m/s
u_t	沉降速度	m/s
α	离心分离因数	
ε	空隙率	m^3/m^3
ε_{mf}	流化床的起始流化空隙率	m^3/m^3
ζ	曳力系数	
η_0	气-固分离设备的总效率	
η_i	粒级效率	
μ	流体黏度	$N\cdot s/m^2$
ρ	流体密度	kg/m^3
ρ_g	气体密度	kg/m^3
ρ_p	颗粒密度	kg/m^3
τ_r	停留时间	s
τ_t	沉降时间	s
τ_w	剪应力	N/m^2
ψ	球形度	
ω	旋转角速度	1/s

第6章 传热

6.1 概述

6.1.1 传热目的和方式

化工生产过程均伴有传热操作，传热的目的主要有：

① 加热或冷却物料，使之达到指定的温度；

② 换热，以回收利用热量或冷量；

③ 保温，以减少热量或冷量的损失。

生产上最常遇到的是冷、热两种流体之间的热量交换。例如，参与化学反应的流体状物料往往需预热至一定温度，为此，可用某种热流体在换热设备内进行加热。在另一些情况下，为将反应后的高温流体加以冷却，可用某种冷流体与之换热以移去热量。若上述加热和冷却同属一个生产过程，则可采用图 6-1 所示的换热流程以同时达到加热和冷却的目的。

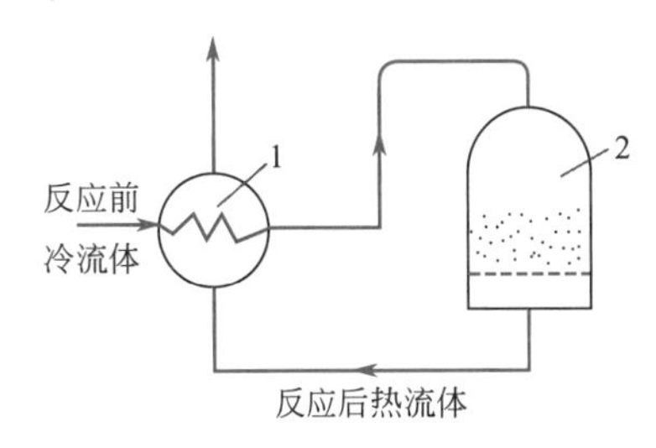

图 6-1 典型的换热流程

1—换热器；2—反应器

通常，传热设备在化工厂设备投资中占很大比例，有些可达 40%左右，所以传热是化工重要的单元操作之一。同时，热能的合理利用对降低产品成本和环境保护有重要意义。

传热过程中冷热流体的接触方式 根据冷、热流体的接触情况，工业上的传热过程可分为三种基本方式，每种传热方式所用换热设备的结构也完全不同。

(1) 直接接触式传热 对某些传热过程，例如热气体的直接水冷及热水的直接空气冷却等，可使冷、热流体直接接触进行传热。这种接触方式，传热面积大，设备亦简单。典型的直接接触式换热设备是由塔型的外壳及若干促使冷、热流体密切接触的内件（如填料等）组成。

由于冷、热流体直接接触，这种传热方式必伴有传质过程同时发生。因此，直接接触式传热在原理上与单纯传热过程有所不同。

(2) 间壁式传热 在多数情况下，工艺上不允许冷、热流体直接接触，故直接接触式传热过程在工业上并不很多。工业上应用最多的是间壁式传热过程。间壁式换热器类型很多，其中最简单而又最典型的结构是图 6-2 所示的套管式换热器。在套管式换热器中，冷、热流体分别通过环隙和内管，热量自热流体传给冷流体。这种热量传递过程包括三个步骤：

① 热流体给热于管壁内侧；

② 热量自管壁内侧传导至管壁外侧；

③ 管壁外侧给热于冷流体。

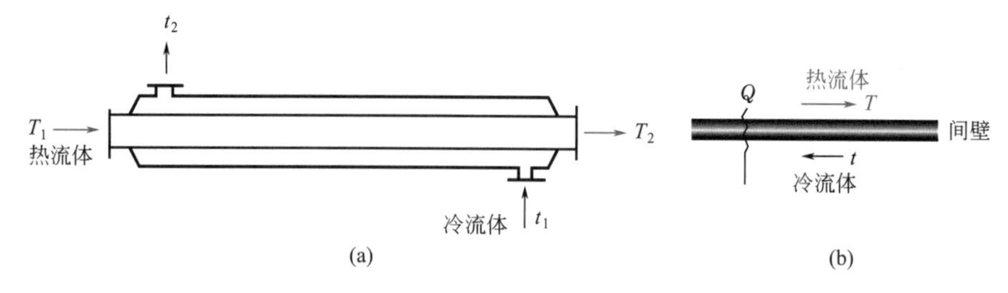

图 6-2 套管式换热器中的换热

在冷、热流体之间进行的热量传递总过程通常称为传热（或换热）过程，而将流体与壁面之间的热量传递过程称为给热过程，以示区别。

(3) 蓄热式传热 这种传热方式是首先使热流体流过蓄热器中固体壁面，用热流体将固体填充物加热；然后停止热流体，使冷流体流过固体表面，用固体填充物所积蓄之热量加热冷流体。如此周而复始，冷、热流体交替流过壁面，达到冷热流体之间传热的目的。

蓄热式换热器又称蓄热器，是由热容量较大的蓄热室构成，室内可填充耐火砖等各种填料。

通常，这种传热方式只适用于气体介质，对于液体会有一层液膜黏附在固体表面上，从而造成冷热流体之间的少量掺混。实际上，即使是气体介质，这种微量掺混也不可能完全避免；如果这种微量掺混也是不允许的话，便不能采用这种传热方式。

载热体及其选择 为将冷流体加热或热流体冷却，必须用另一种流体供给或取走热量，此流体称为载热体。起加热作用的载热体称为加热剂；而起冷却作用的载热体称为冷却剂。

工业上常用的加热剂有热水、饱和水蒸气、矿物油、联苯混合物、熔盐和烟道气等，几种常用加热剂所适用的温度范围如表 6-1 所示。若所需加热温度很高，须采用电加热。

表 6-1 工业上常用加热剂及其适用温度范围

加热剂	热水	饱和蒸汽	矿物油	联苯混合物（俗称道生油）	熔盐 KNO_3 53%・$NaNO_2$ 40%・$NaNO_3$ 7%	烟道气
适用温度/℃	40～100	100～180	180～250	255～380	142～530	500～1000

工业上常用的冷却剂是水、空气和各种冷冻剂。水和空气最低可将物料冷却至周围环境的温度，随地区而异，一般不低于 20～30℃（地下水可更低些）。如果工艺上要求将物料冷却至环境温度下，则必须采用经冷冻过程制取的冷冻剂。某些无机盐类（如 $CaCl_2$、NaCl 等）的水溶液是最常用的冷冻剂，可将物料冷至零下十几度乃至几十度的低温。如果工艺上要求的冷却温度更低，则可借某些低沸点液体的蒸发达到目的。例如，在常压下液态氨蒸发可达到－33.4℃的低温，液态乙烷蒸发可达到－88.6℃的低温，而液态乙烯蒸发可达到－103.7℃的低温。但是，低沸点液体的制取须经深度冷冻，而深度冷冻的能量消耗是巨大的。

对一定的传热过程，被加热或冷却物料的初始与终了温度由工艺条件决定，因而需要提供或移除的热量是一定的。此热量的大小就是传热过程的基本费用。但必须指明，单位热量的价格是不同的，对加热而言，温位越高，价值越大；对冷却而言，温位越低，价值越大。因此，为提高传热过程的经济性，必须根据具体情况选择适当温位的载热体。

此外，在选择载热体时还应参考以下几个方面：

① 载热体的温度应易于调节；

② 载热体的饱和蒸气压宜低，不会热分解；

③ 载热体毒性要小，使用安全、环境友好，对设备腐蚀性小；

④ 载热体应价格低廉而且容易得到。

综上所述，在温度不超过180℃的条件下，饱和水蒸气是最适宜的加热剂；而当温度不很低时，水是最适宜的冷却剂。

6.1.2 传热过程

间壁式传热在化工生产中的应用最为广泛，故以下讨论仅限于此种传热过程。

传热速率　传热过程的速率可用两种方式表示。

(1) 热流量 Q　即单位时间内热流体通过整个换热器的传热面传递给冷流体的热量（W）。

(2) 热流密度（或热通量）q　单位时间、通过单位传热面积所传递的热量（W/m^2），即

$$q=\frac{dQ}{dA} \tag{6-1}$$

与热流量 Q 不同，热流密度 q 与传热面积大小无关，完全取决于冷、热流体之间的热量传递过程，是反映具体传热过程速率大小的特征量。

工业上大多涉及定态传热过程。定态传热过程的 Q 和 q 以及有关的物理量都不随时间而变。6.2～6.5节着重讨论的均为定态传热过程。

换热器的热流量　对于定态传热过程，热流密度不随时间而变，但沿管长是变化的。这一点并不难理解。因此作为传热结果，冷、热流体的温度沿管长而变，冷、热流体的温差也必将发生相应的变化。

设换热器的传热面积为 A，由式(6-1) 可推出换热器的热流量为

$$Q=\int_A q\,dA \tag{6-2}$$

由此式可以看出，为计算换热器的热流量，单有热流密度的计算方法是不够的，还必须找出热流密度沿传热面的变化规律。

非定态传热过程　工业上不少传热过程是间歇进行的，此时流体的温度随时间而变，属非定态过程。用饱和蒸汽加热搅拌釜内的液体（见图6-3）是最简单的非定态传热过程。

对此换热器，夹套内系蒸汽冷凝，因而各处温度相同，釜内液体充分搅拌各处温度均一，故在任何时刻传热面各点的热流密度处处相同。但是，釜内液体温度随时间不断上升，热流密度随时间不断减小。

通常非定态传热问题涉及的是一段时间内所传递的累积总热量 Q_T(J)。设上述夹套换热器的传热面积为 A，则根据热流密度的定义可写出

$$q=\frac{dQ_T}{A\,d\tau} \tag{6-3}$$

将此式积分，可求出在任何时刻 τ 的累积传热量为

$$Q_T=A\int_0^\tau q\,d\tau \tag{6-4}$$

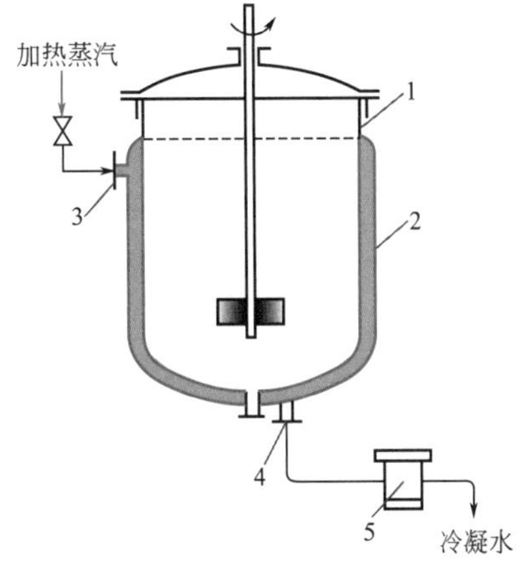

图6-3　夹套换热器中的间歇传热过程

1—釜；2—夹套；3—蒸汽进口；4—冷凝水出口；5—冷凝水排除器

显然，为计算累积传热量 Q_T，只知道热流密度 q 的计算式是不够的，尚须知道热流密度 q 随时间的变化规律。

传热机理　热量的传递只能通过传导、对流、辐射三种方式进行，这三种传热机理的基本理论已在物理学中学过。

固体内部的热量传递只能以传导的方式进行，但流体与换热器壁面之间的给热过程则往往同时包含对流与传导，对高温流体则还有热辐射。

思考题

6-1　传热过程有哪三种基本方式？

6-2　传热按机理分为哪几种？

6.2 热传导

热传导是起因于物体内部分子微观运动的一种传热方式。热传导的机理相当复杂，目前还了解得很不完全。简而言之，固体内部的热传导是由于相邻分子在碰撞时传递振动能的结果。在流体特别是气体中，除上述原因以外，连续而不规则的分子运动（这种分子运动不会引起流体的宏观流动）更是导致热传导的重要原因。此外，热传导也可因物体内部自由电子的迁移而发生。金属的导热能力很强，其原因就在于此。

6.2.1　傅里叶定律和热导率

傅里叶定律　热传导的微观机理虽难以弄清，但这一基本传热方式的宏观规律可用傅里叶（Fourier）定律加以描述，即

$$q=-\lambda\frac{\partial t}{\partial n}\tag{6-5}$$

式中，q 为热流密度，W/m^2；$\frac{\partial t}{\partial n}$ 为法向温度梯度，℃/m；λ 为热导率（导热系数），W/(m·℃)。

不难看出，傅里叶定律与牛顿黏性定律之间存在着明显的类似性（此处的类似性，指的是非同类过程之间的相似性）。傅里叶定律指出，热流密度正比于传热面的法向温度梯度，式中负号表示热流方向与温度梯度方向相反，即热量从高温传至低温。式中的比例系数（即热导率）λ 是表征材料导热性能的一个参数，λ 愈大，导热越快。与黏度 μ 一样，热导率 λ 也是分子微观运动的一种宏观表现。

热导率　物体的热导率与材料的组成、结构、温度、湿度、压强以及聚集状态等许多因素有关。附录六给出了常用固体材料的热导率。从表中所列数据可以看出，各类固体材料热导率的数量级为

金属	$10\sim10^2$ W/(m·℃)
建筑材料	$10^{-1}\sim10^0$ W/(m·℃)
绝热材料	$10^{-2}\sim10^{-1}$ W/(m·℃)

固体材料的热导率随温度而变，大多均质固体的热导率与温度近似成线性关系，可用下式表示

$$\lambda=\lambda_0(1+at)\tag{6-6}$$

式中，λ 为固体在温度 t℃时的热导率，W/(m·℃)；λ_0 为固体在0℃时的热导率，W/(m·℃)；

a 为温度系数，1/℃，对大多数金属材料为负值，而对大多数非金属材料为正值。

图 6-4 给出了几种液体的热导率。液体的热导率较小，但比固体绝热材料为高。从图 6-4可以看出，在非金属液体中，水的热导率较大，而且除水和无水甘油外，常见液体的热导率随温度升高而略有减小。

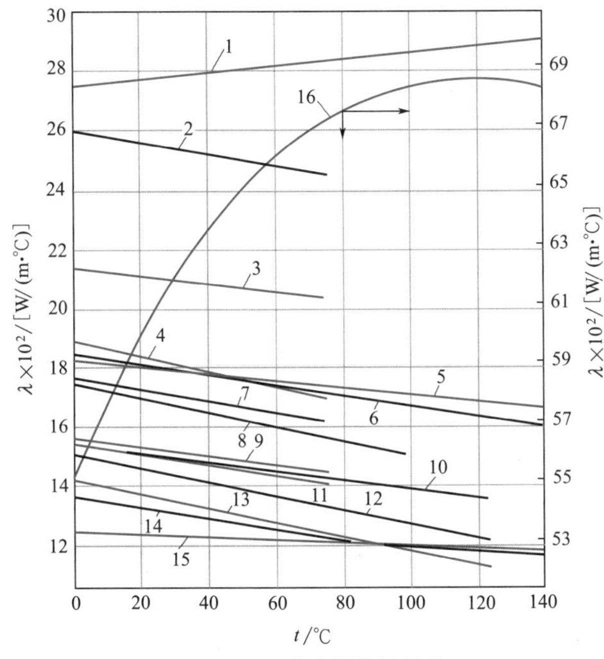

图 6-4 几种液体的热导率

1—无水甘油；2—蚁酸；3—甲醇；4—乙醇；5—蓖麻油；6—苯胺；7—乙酸；8—丙酮；9—丁醇；10—硝基苯；11—异丙醇；12—苯；13—甲苯；14—二甲苯；15—凡士林；16—水（用右面的纵坐标）

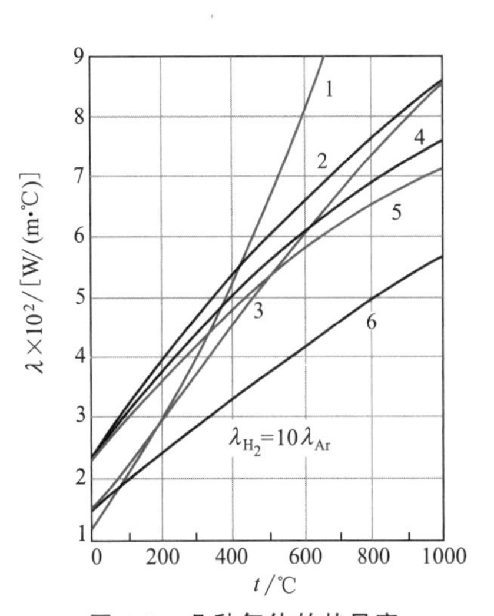

图 6-5 几种气体的热导率

1—水蒸气；2—氧；3—CO_2；4—空气；5—氮；6—氩

气体的热导率比液体更小，差一个数量级。固体绝缘材料的热导率之所以很小，就是因为空隙率很大，含有大量空气的缘故。

图 6-5 给出几种气体的热导率。气体的热导率随温度升高而增大；但在相当大的压强范围内，压强对 λ 无明显影响。只有当压强很低或很高时，λ 才随压强增加而增大。

6.2.2 通过平壁的定态导热过程

设有一高度和宽度均很大的平壁，厚度为 δ，两侧表面温度保持均匀，各为 t_1 及 t_2，且 $t_1>t_2$。若 t_1、t_2 不随时间而变，壁内传热系定态一维热传导（见图 6-6）。此时傅里叶定律可写成

$$q=-\lambda\frac{\mathrm{d}t}{\mathrm{d}x} \tag{6-7}$$

平壁内的温度分布　在平壁内部取厚度为 Δx 的薄层，对此薄层取单位面积作热量衡算可得

$$q\big|_x=q\big|_{x+\Delta x}+\Delta x\rho c_p\frac{\partial t}{\partial \tau}$$

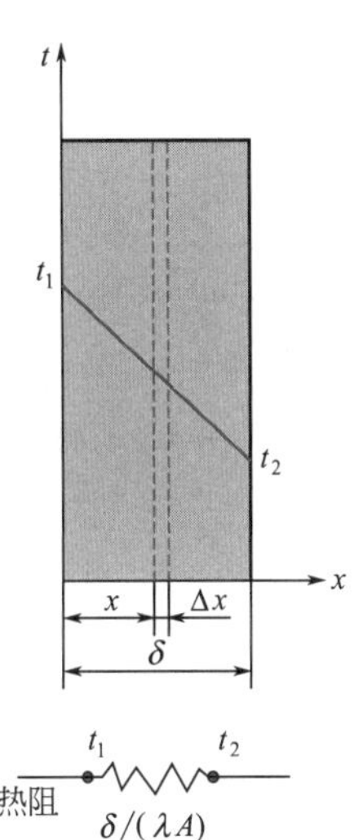

图 6-6 平壁的热传导

对于定态导热，$\frac{\partial t}{\partial \tau}=0$，薄层内无热量累积，上式化为

$$q=-\lambda \frac{\mathrm{d}t}{\mathrm{d}x}=\text{常数} \tag{6-8}$$

由此式可以看出，当 λ 为常量时，$\frac{\mathrm{d}t}{\mathrm{d}x}$=常量，即平壁内温度呈线性分布，如图 6-6 所示。

热流量　由式(6-8) 可知，对于平壁定态热传导，热流密度 q 不随 x 变化。将式(6-8) 积分得

$$\int_{t_1}^{t_2}\mathrm{d}t=-\frac{q}{\lambda}\int_{x_1}^{x_2}\mathrm{d}x$$

即

$$q=\frac{Q}{A}=\lambda \frac{\Delta t}{\delta} \tag{6-9}$$

式中，$\Delta t=t_1-t_2$，为平壁两侧的温度差，℃；A 为平壁的面积，m^2。

式(6-9) 又可写成如下形式

$$Q=\frac{\Delta t}{\frac{\delta}{\lambda A}}=\frac{\Delta t}{R}=\frac{\text{推动力}}{\text{热阻}} \tag{6-10}$$

式(6-10) 表明热流量 Q 正比于推动力 Δt，反比于热阻 R，与欧姆定律极为类似。从式(6-10) 可见，当传导层厚度 δ 越大，或传热面积和热导率越小时，热阻越大。若热导率 λ 随温度而变化，则可用平均温度下的 λ 值。

6.2.3 通过圆筒壁的定态导热过程

在工业生产中通过圆筒壁的导热极为普遍。设有内、外半径分别为 r_1、r_2 的圆筒，内、外表面分别维持恒定的温度 t_1、t_2，管长 l 足够大（图 6-7)，则圆筒壁内的传热为定态一维热传导。此时，傅里叶定律可写成

$$q=-\lambda \frac{\mathrm{d}t}{\mathrm{d}r} \tag{6-11}$$

圆筒壁内的温度分布　在圆筒壁内取同心薄层圆筒，对于定态热传导，$\frac{\partial t}{\partial \tau}=0$，即薄层内无热量积累，对其作热量衡算得

$$2\pi rlq\,|_r=2\pi(r+\Delta r)lq\,|_{r+\Delta r}=Q \tag{6-12}$$

式中，Q 为通过圆筒壁的热流量。式(6-12) 表明热流量 Q（而不是 q）为一个与 r 无关的常量。

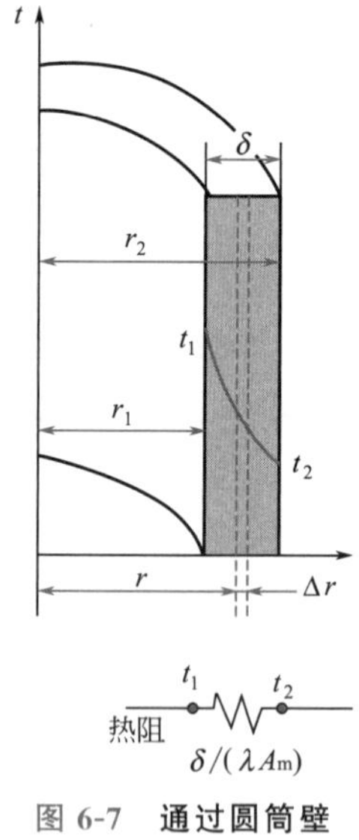

图 6-7　通过圆筒壁的热传导

由式(6-11) 和式(6-12) 可得

$$\mathrm{d}t=-\frac{Q}{2\pi l\lambda}\times\frac{\mathrm{d}r}{r}$$

对上式积分得壁内温度分布为

$$t=-\frac{Q}{2\pi l\lambda}\ln r+C \tag{6-13}$$

式(6-13) 表明，圆筒壁内的温度按对数曲线变化。式中，积分常数 C 和热流量 Q 可由边界条件 $r=r_1$ 时 $t=t_1$，$r=r_2$ 时 $t=t_2$，求出。

热流量　将上式边界条件分别代入式(6-13)，可求出整个圆筒壁的热流量

$$Q=\frac{2\pi\lambda l(t_1-t_2)}{\ln\left(\frac{r_2}{r_1}\right)}=\frac{2\pi\lambda l(t_1-t_2)}{\ln\left(\frac{d_2}{d_1}\right)} \tag{6-14}$$

上式可改写成

$$Q=\lambda A_m\frac{t_1-t_2}{\delta}=\frac{\Delta t}{\frac{\delta}{\lambda A_m}} \tag{6-15}$$

式中

$$A_m=\frac{A_2-A_1}{\ln\left(\frac{A_2}{A_1}\right)}=\pi d_m l=\pi l\frac{d_2-d_1}{\ln\left(\frac{d_2}{d_1}\right)} \tag{6-16}$$

对于$\frac{d_2}{d_1}<2$的圆筒壁，以算术平均值代替对数平均值导致的误差<4%。作为工程计算，此时A_m可取$\frac{A_1+A_2}{2}$。

比较式(6-15)与式(6-10)可知，圆筒壁热阻为

$$R=\frac{\ln\left(\frac{d_2}{d_1}\right)}{2\pi\lambda l}=\frac{\delta}{\lambda A_m} \tag{6-17}$$

【例6-1】 管路热损失的计算

为减少热损失，在外径ϕ150mm的饱和蒸汽管外覆盖厚度为100mm的保温层，保温材料的热导率$\lambda=0.08$W/(m·K)。已知饱和蒸汽温度为180℃，并测得保温层中央即厚度为50mm处的温度为90℃，试求：(1) 由于热损失每米管长的蒸汽冷凝量为多少？(2) 保温层的外侧温度为多少？

解：(1) 对定态传热过程，单位管长的热损失Q/l沿半径方向不变，故可根据靠近管壁50mm保温层内的温度差推动力和阻力来计算。由式(6-14)可求得

$$\frac{Q}{l}=\frac{2\pi\lambda(t_1-t_2)}{\ln\left(\frac{d_2}{d_1}\right)}=\frac{2\pi\times0.08\times(180-90)}{\ln\left(\frac{0.25}{0.15}\right)}=88.5(\mathrm{W/m})$$

由附录查得180℃饱和蒸汽的汽化热$r=2.019\times10^6$J/kg，每米管长的冷凝量为

$$\frac{Q/l}{r}=\frac{88.5}{2.019\times10^6}=4.38\times10^{-5}[\mathrm{kg/(m\cdot s)}]$$

(2) 设保温层外侧温度为t_3，由式(6-14)可得

$$t_3=t_1-\frac{\frac{Q}{l}\ln\left(\frac{d_3}{d_1}\right)}{2\pi\lambda}=180-\frac{88.5\times\ln\left(\frac{0.35}{0.15}\right)}{2\pi\times0.08}=30.7(℃)$$

6.2.4 通过多层壁的定态导热过程

在化工生产中，通过多层壁的导热过程也是很常见的，下面以图6-8所示的三层平壁为例，说明多层壁导热过程的计算。

推动力和阻力的加和性　对于定态一维热传导，热量在平壁内没有积累，因而数量相等

的热量依次通过各层平壁，是一典型的串联传递过程。假设各相邻壁面接触紧密，接触面两侧温度相同，各层热导率皆为常量，由式(6-10) 可得

$$Q=\frac{t_1-t_2}{\dfrac{\delta_1}{\lambda_1 A}}=\frac{t_2-t_3}{\dfrac{\delta_2}{\lambda_2 A}}=\frac{t_3-t_4}{\dfrac{\delta_3}{\lambda_3 A}} \tag{6-18}$$

或

$$Q=\frac{\sum\Delta t}{\sum\dfrac{\delta}{\lambda A}}=\frac{\text{总推动力}}{\text{总阻力}} \tag{6-19}$$

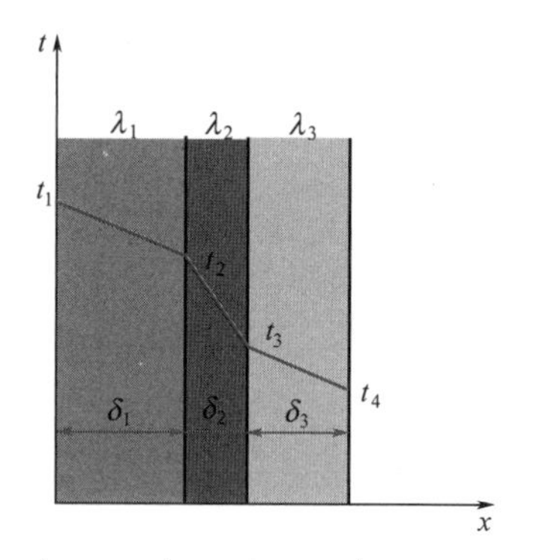

图 6-8 三层平壁的热传导

从式(6-19) 可以看出，通过多层平壁的定态热传导，传热推动力和热阻是可以加和的；总热阻等于各层热阻之和，总推动力等于各层推动力之和。

各层的温差 由式(6-18) 可以推出

$$(t_1-t_2):(t_2-t_3):(t_3-t_4)=\frac{\delta_1}{\lambda_1 A}:\frac{\delta_2}{\lambda_2 A}:\frac{\delta_3}{\lambda_3 A}=R_1:R_2:R_3 \tag{6-20}$$

式(6-20) 说明，在多层平壁导热过程中，热阻大层的温差大，温差按热阻比例分配。

以上结论，对多层圆筒壁同样适用。由式(6-15) 可以导出

$$Q=\frac{\sum\Delta t}{\sum\dfrac{\delta}{\lambda A_m}} \tag{6-21}$$

式中，A_m 为各层圆筒壁的平均传热面积。

【例 6-2】 气化炉界面温度的求取

多喷嘴水煤浆气化炉壁面耐火材料由下列三种材料组成（参见图 6-8）

热面砖 $\lambda_1=4.2\text{W}/(\text{m}\cdot℃)$，$\delta_1=230\text{mm}$

背撑砖 $\lambda_2=4.0\text{W}/(\text{m}\cdot℃)$，$\delta_2=150\text{mm}$

隔热砖 $\lambda_3=1.1\text{W}/(\text{m}\cdot℃)$，$\delta_3=115\text{mm}$

已测得内、外表面温度分别为 1300℃和 210℃，求单位面积的热损失和各层间接触面的温度。

解： 由式(6-19) 可求得单位面积的热损失为

$$q=\frac{\sum\Delta t}{\sum\dfrac{\delta}{\lambda}}=\frac{1300-210}{\dfrac{0.23}{4.2}+\dfrac{0.15}{4.0}+\dfrac{0.115}{1.1}}=\frac{875}{0.0548+0.0375+0.1046}=5536\text{W/m}^2$$

由式(6-18) 可求出各层的温差及各层接触面的温度为

$$\Delta t_1=q\frac{\delta_1}{\lambda_1}=5536\times0.0548=303℃$$

$$t_2=t_1-\Delta t_1=1300-303=997℃$$

$$\Delta t_2=q\frac{\delta_2}{\lambda_2}=5536\times0.0375=208℃$$

$$t_3=t_2-\Delta t_2=997-208=789℃$$

$$\Delta t_3=t_3-t_4=789-210=585℃$$

在本例中，隔热砖层热阻最大，分配于该层的温差也最大。

接触热阻　多层壁相接时在接触界面上不可能是理想光滑的，粗糙的界面必增加传导的热阻（参见图 6-9）。此项附加热阻称为接触热阻，以 $\frac{1}{\alpha_c A}$ 表示，其中 α_c 称为接触系数，W/(m^2·℃)。

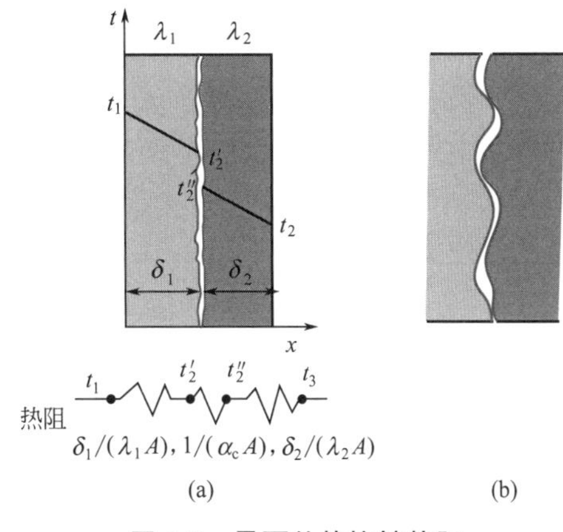

图 6-9　界面处的接触热阻

图 6-9(b) 所示为实际界面接触情况的放大。由于接触热阻的存在，交界面两侧的温度不再相等，通过两层平壁的热流量遂为

$$Q=\frac{t_1-t_3}{\frac{\delta_1}{\lambda_1 A}+\frac{1}{\alpha_c A}+\frac{\delta_2}{\lambda_2 A}} \tag{6-22}$$

接触界面的粗糙度、接触面的压紧力、空隙中的气压是影响 $1/\alpha_c$ 数值的主要因素。比如，界面经研磨的铝（粗糙度为 2.54μm）在 150℃、1.2～2.5MPa 下，空隙中气体为空气时，$1/\alpha_c=0.88\times10^{-4}$ m^2·℃/W。

思考题

6-3　物体的热导率与哪些主要因素有关？

6.3 对流给热

工业生产中大量遇到的是流体在流过固体表面时与该表面所发生的热量交换。这一过程包含了流体流动载热和热传导的综合结果，在化工原理中称为对流给热。

6.3.1 对流给热过程分析

流动对传热的贡献　流体的宏观流动使传热速率加快，现以流体与壁面的给热为例加以说明。设有一冷平壁，其温度保持 t_w，热流体流过平壁时被冷却。今取某一流动截面 MN [参见图 6-10(a)]，考察该截面上的温度分布和通过壁面的热流密度。

当流体静止时 [图 6-10(b)]，流体只能以传导的方式将热量传给壁面。由 6.2 节可知，流体温度 T 在垂直于壁面方向呈直线分布，流体至壁面的热流密度等于流体热导率和壁面处温度梯度的乘积，即

$$q=-\lambda\left(\frac{\partial T}{\partial y}\right)_{y=0}=\lambda\frac{\Delta T}{\delta} \tag{6-23}$$

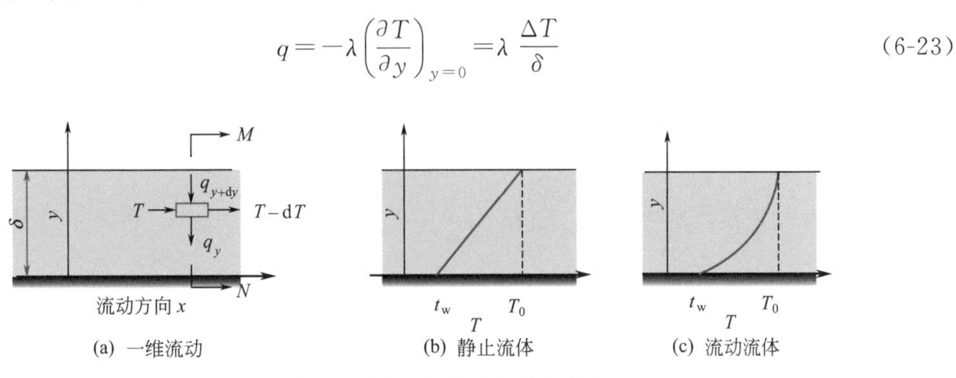

图 6-10　流体流过平壁时的温度分布

当流体流过平壁时，为考察流动对传热的贡献，可在图 6-10(a) 中取一微元空间并对其作热量衡算。由于流体被冷却，在 x 方向流出微元体的流体温度必低于流入该微元的流体温度，致使 y 方向的热流密度 q_y 必大于 q_{y+dy}。由此可见，流体沿 x 方向流动的结果，使垂直方向上的热流密度随距离 y 的增大而减小，温度梯度也随之减小。此时，在截面 MN 上的温度分布如图 6-10(c) 所示。因壁面上流体速度为零，故流体传给壁面的热流密度仍由傅里叶定律确定，即

$$q=-\lambda\left(\frac{\partial T}{\partial y}\right)_{y=0} \tag{6-24}$$

可见，在温差相同的情况下，流体的流动增大了壁面处的温度梯度，使壁面热流密度较流体静止时为大。

总之，对流给热是流体流动载热与热传导的联合作用的结果，流体对壁面的热流密度因流动而增大。

对流给热过程的分类 工业对流给热可分如下四种类型：

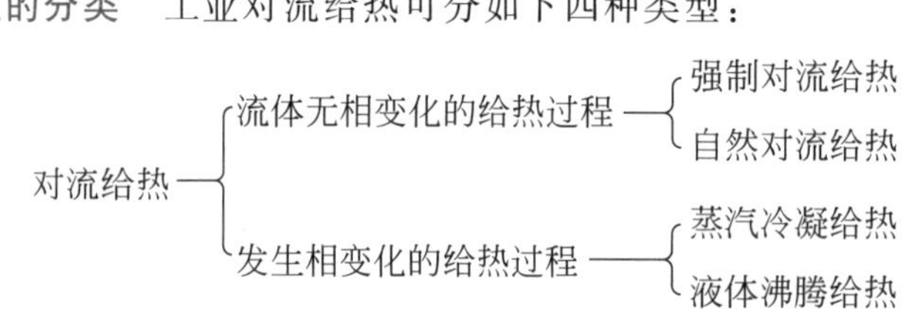

其中，按流动情况又有层流和湍流之分。

强制对流与自然对流 根据引起流动的原因，可将对流给热分为强制对流和自然对流两类。强制对流是流体在外力（如泵、风机或其他势能差）作用下产生的宏观流动；而自然对流则是在传热过程中因流体冷热部分密度不同而引起的流动。

(1) 强制对流 关于流体在外力作用下的强制流动规律已在第 1 章中作了充分讨论。湍流时，对流给热的阻力也主要集中在边壁附近，而流体主体温度比较均匀。通常，除液态金属外，湍流对流给热的阻力主要存在于很薄的层流内层。

(2) 自然对流 现考察高度为 L 的垂直平板与液体间的给热过程（见图 6-11）。平板一侧设有电热器，热量由平板另一侧传给液体。在加热过程中，加热面附近的液体温度必高于远离加热面处的液体温度，此温差以 ΔT 表示。

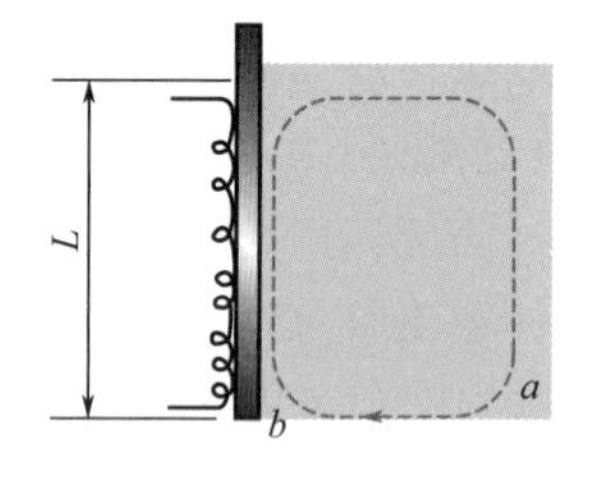

图 6-11 自然对流

液体受热后体积膨胀，密度减小。液体的体积膨胀系数 β 定义为

$$\beta=\frac{1}{V}\times\frac{dV}{dT} \tag{6-25}$$

式中，V 为比体积，m^3/kg。因密度是比体积的倒数，可得 $\frac{d\rho}{\rho}=-\frac{dV}{V}=-\beta dT$。当 ΔT 较小时，可用差分代替微分。设远离加热面 a 处的液体密度为 ρ，则加热面附近 b 处的液体密度为 ρ'，则有 $\Delta\rho=\rho'-\rho=-\rho\beta\Delta T$。这样，在图 6-11 中 a，b 两点将形成压差

$$\Delta p=\rho gL-\rho' gL=\rho gL\beta\Delta T$$

或

$$\frac{\Delta p}{\rho}=gL\beta\Delta T \tag{6-26}$$

压差的作用会造成如图 6-11 所示的液体环流，由流体流动知识可知，其速度

$$u \propto \sqrt{\frac{2\Delta p}{\rho}} \propto \sqrt{gL\beta\Delta T} \tag{6-27}$$

式(6-27) 表明，流体的温差会形成环流，这种流动称为自然对流。因而，流体在传导过程中常伴有自然对流。液体环流速度 u 的具体数值还与流动阻力有关，因而受流体的性质（例如黏度）、流动空间的几何形状与尺寸等因素影响。

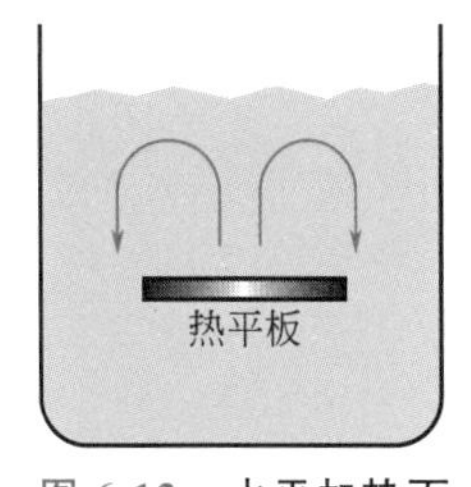

图 6-12 水平加热面的对流情况

自然对流的强弱与加热面的位置密切相关。当加热面水平放置时，如图 6-12 所示，在加热面上部会产生较大的自然对流。当固体表面为冷却面时，则刚好相反，有利于下部形成较大的自然对流。

可见，为了强化传热，加热面应放置于空间的下部，房间的采暖即为一例；而冷却面应放置在空间的上部，剧场的冷气装置即是一例。唯此，才能形成充分的自然对流。

6.3.2 对流给热过程的数学描述

牛顿冷却定律和给热系数 流体与壁面之间的给热因对流的存在变得复杂。若作严格的数学处理，则要推导出流体的温度分布，求得壁面上的温度梯度，由式(6-24) 算出热流密度。目前，只有少数简单的情况（如流体层流流过等温平壁时）才能获得计算热流密度的解析式。即便如此，理论计算的结果也并不准确，因为自然对流的影响难以定量估计。工程上将对流给热的热流密度写成如下的形式。

流体被加热时 $$q=\alpha(t_w-t) \tag{6-28}$$

流体被冷却时 $$q=\alpha(T-T_w) \tag{6-29}$$

式中，α 为给热系数，W/(m^2·℃)；T_w，t_w 为壁温，℃；T，t 为流体的代表性温度，通常取流体横截面上的平均温度，简称为主体温度。

以上两式称为牛顿冷却定律。值得一提的是，牛顿冷却定律并非理论推导的结果，它是一种推论，即假定热流密度与 ΔT 成正比。实际在不少情况下，热流密度并不与温差成正比，此时，给热系数 α 值不为常数而与 ΔT 有关。同时应当注意到，给热过程按牛顿冷却定律来处理并未改变问题的复杂性，凡影响热流密度的因素都将影响给热系数的数值。按牛顿冷却定律，实验的任务是测定各种不同情况下的给热系数，并将其关联成经验表达式以供设计时使用。

获得给热系数的方法 有三种获得对流给热系数的主要方法。第一种方法是对所考察的流场建立动量传递、热量传递的衡算方程和速率方程，在少数简单的情况下可以联立求解流场的温度分布和壁面热流密度，然后将所得结果改写成牛顿冷却定律的形式，获得给热系数的理论计算式。如圆直管内强制层流的 α 计算式。当建立了方程组后在数学上无法获得解析解时，退而用数值法对特定的问题求得离散的温度分布，再用式(6-24) 求得热流密度 q。

第二种方法是数学模型法。如蒸汽在管外冷凝时那样，对给热过程作出简化的物理模型和数学描述，用实验检验或修正模型，确定模型参数。

第三种方法是量纲分析实验研究方法，在对流给热中广为使用。

此外，对少数复杂的对流给热过程，如沸腾给热，也采用直接实验的方法。

给热系数的影响因素及无量纲化 先考察固体表面与不发生相变化的流体间的给热过程，影响此过程的因素有：

① 流体的物理性质 ρ、μ、c_p、λ；

② 固体表面的特征尺寸 l；

③ 强制对流的流速 u；

④ 自然对流的特征速度，由式(6-27) 已知，此速度可由 $\beta g\Delta t$ 表征。

于是，给热系数 α 可表示为

$$\alpha=f(u,\rho,l,\mu,\beta g\Delta t,\lambda,c_p) \tag{6-30}$$

采用类似于 1.5.2 节所述的量纲分析法可以将式(6-30) 转化成无量纲形式：

$$\frac{\alpha l}{\lambda}=f\left(\frac{\rho l u}{\mu},\frac{c_p\mu}{\lambda},\frac{\beta g\Delta t l^3\rho^2}{\mu^2}\right) \tag{6-31}$$

式中

$$\frac{\alpha l}{\lambda}=Nu \quad \text{努塞尔(Nusselt)数} \tag{6-32}$$

$$\frac{\rho l u}{\mu}=Re \quad \text{雷诺(Reynolds)数} \tag{6-33}$$

$$\frac{c_p\mu}{\lambda}=Pr \quad \text{普朗特(Prandtl)数} \tag{6-34}$$

$$\frac{\beta g\Delta t l^3\rho^2}{\mu^2}=Gr \quad \text{格拉晓夫(Grashof)数} \tag{6-35}$$

于是，描述给热过程的特征数关系式为

$$Nu=ARe^aPr^bGr^c \tag{6-36}$$

各特征数的物理意义

(1) 雷诺数 *Re* Re 的物理意义是流体所受的惯性力与黏性力之比，用以表征流体的运动状态。

(2) 努塞尔数 *Nu* 由式(6-32) 可得

$$Nu=\frac{\alpha l}{\lambda}=\frac{\alpha}{\dfrac{\lambda}{l}}=\frac{\alpha}{\alpha^*}$$

式中，α^* 相当于给热过程以纯导热方式进行时的给热系数。显然，Nu 反映对流使给热系数增大的倍数。

(3) 格拉晓夫数 *Gr* 由式(6-27) 和式(6-35) 可得

$$Gr=\frac{\beta g\Delta t l^3\rho^2}{\mu^2}\propto\frac{u_n^2\rho^2l^2}{\mu^2}=(Re_n)^2 \tag{6-37}$$

式中，$u_n\propto\sqrt{\beta g\Delta t l}$ 为自然对流的特征速度。显然 Gr 是雷诺数的一种变形，它表征着自然对流的流动状态。

(4) 普朗特数 *Pr* Pr 只包含流体的物理性质，它反映物性对给热过程的影响。气体的 Pr 值大都接近于 1，液体 Pr 值则远大于 1。

定性温度　在给热过程中，流体的温度各处不同，流体的物性也必随之而变。因此，在确定上述各物性的数值时，存在一个定性温度的确定问题，即以什么温度为基准查取所需的物性数据。

定性温度的选择，本质上是对物性取平均值的问题。流体的各种物性随温度变化的规律不同，要找到一个对各种物性皆适合的定性温度，实际上是不可能的。

考虑到给热过程的热阻主要集中在层流内层，可选壁温 t_w 和流体主体温度 t 的算术平均值，即

$$t_m=\frac{t_w+t}{2} \tag{6-38}$$

作为定性温度，并称之为平均膜温。

但是，以平均膜温作为定性温度在使用上是很不方便的。为计算 α 值，须先知壁温，而计算壁温又必须先知 α。因此必须联立求解方能求出壁温和 α。也就是必须采用试差法多次计算。为此许多研究者认为，选择定性温度，应以简单方便者为好。于是，流体主体的平均温度便成为一个广为使用的定性温度。

同一套实验数据，取不同定性温度，经整理后所得到的经验关联式也可能稍有不同。在使用这些经验公式时，必须注意实际测定和关联时所选用的定性温度。

特征尺寸　特征尺寸是指对给热过程产生直接影响的几何尺寸。对管内强制对流给热，如为圆管，特征尺寸取管内径 d；如非圆管，可取当量直径

$$d_e=\frac{4\times 流动截面}{润湿周边}$$

对大空间内自然对流，取加热（或冷却）表面的垂直高度为特征尺寸，因加热面高度对自然对流的范围和运动速度有直接的影响。

6.3.3　无相变的对流给热系数的经验关联式

这里讨论无相变给热过程，有相变的给热过程留在 6.4 节中讨论。

圆形直管内强制湍流的给热系数　对于强制湍流，自然对流的影响可以不计，式(6-36) 中 Gr 数可以略去而简化为

$$Nu=ARe^a Pr^b \tag{6-39}$$

许多研究者对不同的流体（其中包括液体或气体）在光滑圆管内进行了大量的实验，发现在下列条件下：

① $Re>10000$ 即流动是充分湍流的；

② $0.7<Pr<160$（一般流体皆可满足）；

③ 流体是低黏度的（不大于水的黏度的 2 倍）；

④ $l/d>30\sim40$ 即进口段只占总长的很小一部分，而管内流动是充分发展的。

式(6-39) 中的系数 A 为 0.023，指数 a 为 0.8，当流体被加热时 $b=0.4$，当流体被冷却时 $b=0.3$，即

$$Nu=0.023Re^{0.8}Pr^b \tag{6-40}$$

或

$$\alpha=0.023\frac{\lambda}{d}\left(\frac{\rho du}{\mu}\right)^{0.8}\left(\frac{c_p\mu}{\lambda}\right)^b \tag{6-41}$$

式(6-41) 中，特征尺寸为管内径 d；定性温度为流体主体温度在进、出口的算术平均值。

Pr 数的指数与热流方向有关是不难理解的。流体被加热时，层流内层的温度高于主体温度，流体被冷却时，情况相反。对液体而言，温度升高，黏度减小，层流内层减薄，使给热系数增大，这就是流体受热时的指数 b 比冷却时为高的原因。对气体而言，层流内层的温度升高，黏度增大，层流内层加厚，给热系数减小。大多数的气体 Pr 数小于 1，故气体受热时的指数 b 仍比冷却时为大。实验结果表明，受热时 $b=0.4$，冷却时 $b=0.3$ 对于气体依然适用。

如以上所列条件得不到满足，对按式(6-41) 计算所得的结果，应适当加以修正。

(1) 对于高黏度液体　因黏度 μ 的绝对值较大，固体表面与主体温度差带来的影响更为显著。此时利用指数 b 取不同值的方法，实验数据得不到满意的关联，须另外引入一个黏度比，按下式计算

$$\alpha=0.027\frac{\lambda}{d}\left(\frac{\rho d u}{\mu}\right)^{0.8}\left(\frac{c_p\mu}{\lambda}\right)^{0.33}\left(\frac{\mu}{\mu_w}\right)^{0.14} \tag{6-42}$$

式中，μ 为液体在主体平均温度下的黏度；μ_w 为液体在壁温下的黏度。

引入壁温下的黏度 μ_w，须先知壁温，只能试差计算。但对工程计算，取以下数值已可满足要求。

液体被加热时 $\left(\frac{\mu}{\mu_w}\right)^{0.14}=1.05$

液体被冷却时 $\left(\frac{\mu}{\mu_w}\right)^{0.14}=0.95$

式(6-42) 适用于 $Re>10^4$、$Pr=0.5\sim100$ 的各种液体，但不适用于液体金属。

(2) 对于 $l/d<30\sim40$ 的短管 因管内流动尚未充分发展，层流内层较薄，热阻小。因此对于短管，按式(6-41) 计算的给热系数偏低，需乘以 1.02～1.07 的系数加以修正。

(3) 对 $Re=2000\sim10000$ 之间的过渡流 因湍流不充分，层流内层较厚，热阻大而 α 小。此时式(6-41) 的计算结果需乘以小于 1 的修正系数 f

$$f=1-\frac{6\times10^5}{Re^{1.8}} \tag{6-43}$$

(4) 流体在弯曲管道内流动时的给热系数 式(6-41) 是根据圆形直管的实验数据整理出来的。流体在弯管内流动时，由于离心力的作用，扰动加剧，使给热系数增加。实验结果表明，弯管中的 α' 可按下式计算

$$\alpha'=\alpha\left(1+1.77\frac{d}{R}\right) \tag{6-44}$$

式中，α 为直管的给热系数，W/(m² · ℃)；d 为管内径，m；R 为弯管的曲率半径，m。

(5) 流体在非圆形管中强制湍流的给热系数 非圆形管给热系数的计算有两个途径。一是沿用圆形直管的计算公式，而将定性尺寸代之以当量直径 d_e。这种方法比较简便，但计算结果的准确性欠佳。因此对一些常用的非圆形管道，可直接根据实验找到计算给热系数的经验公式。例如，对套管的环隙，用空气和水做实验，在 $Re=1.2\times10^4\sim2.2\times10^5$，$d_2/d_1=1.65\sim17.0$ 的范围内获得如下经验关联式

$$\alpha=0.02\frac{\lambda}{d_e}Re^{0.8}Pr^{0.33}(d_2/d_1)^{0.53} \tag{6-45}$$

式中，d_e 为套管当量直径，可算得为 (d_2-d_1)；d_2 为外管内径；d_1 为内管外径。此式亦可用于其他流体。

任何特征数关系式都可加以变换，使每个变量在方程式中单独出现。如将式(6-41) 脱去括号，可得

$$\alpha=0.023\frac{\rho^{0.8}c_p^{\ 0.4}\lambda^{0.6}}{\mu^{0.4}}\times\frac{u^{0.8}}{d^{0.2}} \tag{6-46}$$

由此式可知，当流体的种类（即物性）和管径一定时，给热系数 α 与 $u^{0.8}$ 成正比。

由式(6-46) 还可以看出，在其他因素不变时，给热系数 α 反比于 $d^{0.2}$，说明管径 d 对 α 影响不大。至于各物理性质对 α 影响的大小，只要比较各自的指数便可一目了然。可见将无量纲数群方程式(6-41) 展开成式(6-46) 的形式，易于弄清每个物理因素单独的影响，对分析具体问题很有好处。

【例 6-3】 管内强制湍流时给热系数的计算

图 6-13 为一列管式换热器示意图，换热管由 38 根 ϕ25mm×2.5mm 的无缝钢管组成。甲苯在管内流动，由 20℃被加热至 80℃，甲苯的流量为 10kg/s。外壳中通入水蒸气进行加热。试求管壁对苯的给热系数。

又问当甲苯的流量提高一倍时，给热系数为多少？

解：甲苯在平均温度 $t_m=\frac{1}{2}\times(20+80)=$ 50℃下的物性可由附录查得

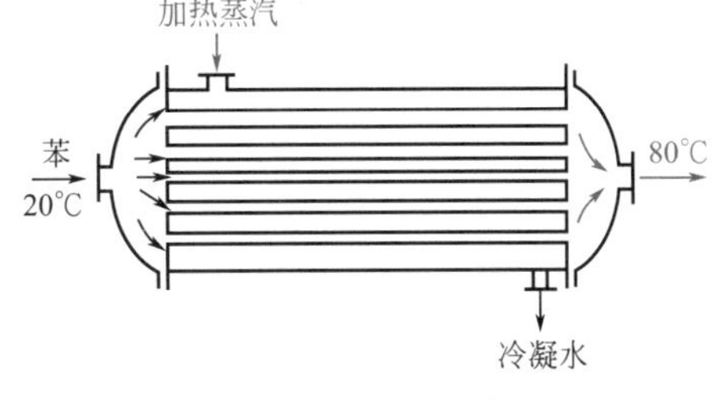

图 6-13 例 6-3 附图

密度 $\rho=840\text{kg/m}^3$

比热容 $c_p=1.82\text{kJ/(kg·℃)}$

黏度 $\mu=0.45\text{mPa·s}$

热导率 $\lambda=0.129\text{W/(m·℃)}$

加热管内甲苯的流速为

$$u=\frac{q_V}{\frac{\pi}{4}d^2n}=\frac{10/840}{0.785\times0.02^2\times38}=1.00(\text{m/s})$$

$$Re=\frac{du\rho}{\mu}=\frac{0.02\times1.00\times840}{0.45\times10^{-3}}=3.72\times10^4$$

$$Pr=\frac{c_p\mu}{\lambda}=\frac{1.82\times10^3\times0.45\times10^{-3}}{0.129}=6.35$$

以上计算表明本题的流动情况符合式(6-41) 的实验条件，故

$$\alpha=0.023\frac{\lambda}{d}Re^{0.8}Pr^{0.4}=0.023\times\frac{0.129}{0.02}\times(3.72\times10^4)^{0.8}\times(6.35)^{0.4}$$
$$\approx1410[\text{W/(m}^2\text{·℃)}]$$

若忽略定性温度的变化，当甲苯的流量增加一倍时，给热系数为 α'

$$\alpha'=\alpha\left(\frac{u'}{u}\right)^{0.8}=1410\times2^{0.8}=2455[\text{W/(m}^2\text{·℃)}]$$

圆形直管强制层流的给热系数 管内强制层流的给热过程由于下列因素而趋于复杂：

① 流体物性（特别是黏度）受到管内不均匀温度分布的影响，使速度分布显著地偏离等温流动时的抛物线（图 6-14 表示热流方向对管内液体层流流动速度分布的影响）；

② 对高度湍流而言，流体因受热产生的自然对流的影响无足轻重，但对层流而言，自然对流造成了径向流动，强化了给热过程；

③ 层流流动时达到定态速度分布的进口段距离一般较长（约 100d），在实用的管长范围内，加热管的相对长度 l/d 将对全管平均的给热系数有明显影响。

由于这些原因使管内层流给热的理论解不能用于设计计算，而必须根据实验结果加以修正。修正后的计算式为

$$Nu=1.86\left(RePr\frac{d}{l}\right)^{1/3}\left(\frac{\mu}{\mu_w}\right)^{0.14} \tag{6-47}$$

上式的运用条件是$\left(RePr\frac{d}{l}\right)>10$，即不适用于管子很长的情况，定性温度取流体进、出口温度的算术平均值。更多的经验计算式可参阅有关文献。

管外强制对流的给热系数 流体在圆管外部垂直流过时，在管子圆周各点的流动情况是

不同的，因而各点的热阻或给热系数也不同。流体垂直流过单根圆管的流动情况如图 6-15 所示。自驻点开始，管外边界层厚逐渐增厚，热阻逐渐增大，α 逐渐减小；边界层脱体以后因产生了旋涡，给热系数 α 逐渐增大。

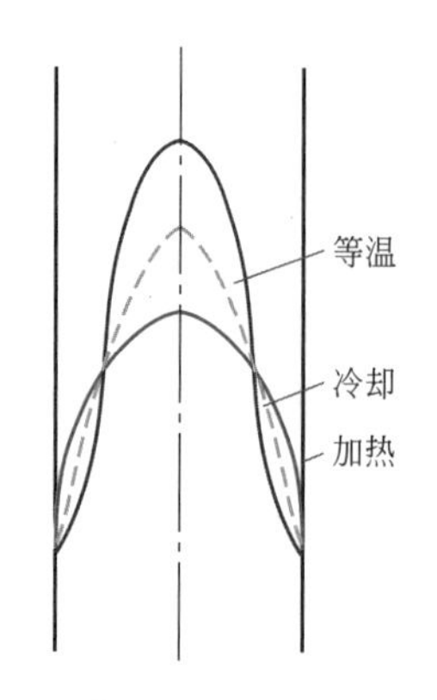

图 6-14 热流方向对管内液体层流流动速度分布的影响

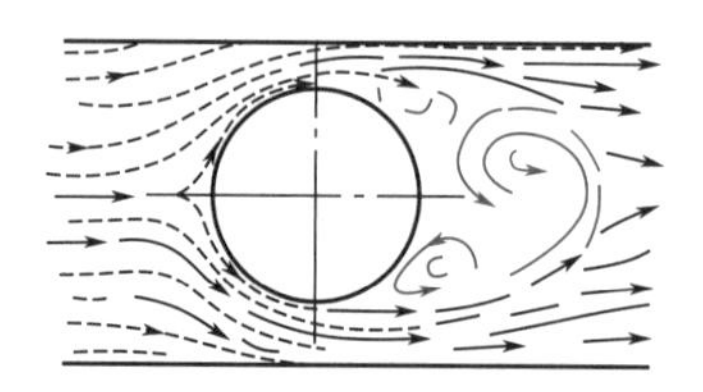

图 6-15 流体垂直流过单根圆管的流动情况

给热系数沿圆周的变化对于确定处于高温流体中管壁温度的轴向分布有重要意义。但在一般换热器中，需要的只是整个圆周的平均给热系数，故在下面讨论的都是平均给热系数的计算。

在换热器内大量遇到的是流体横向流过管束的给热。此时由于管子之间的相互影响，给热过程更为复杂，流体在管束外横向流过的给热系数可用下式计算

$$Nu = c\varepsilon Re^{n} Pr^{0.4} \tag{6-48}$$

式中，常数 c、ε 和 n 见表 6-2。

表 6-2 液体垂直于管束流动时的 c、ε 和 n 值

排数	直排		错排		c
	n	ε	n	ε	
1	0.6	0.171	0.6	0.171	$x_1/d=1.2\sim3$ 时
2	0.65	0.157	0.6	0.228	$c=1+0.1x_1/d$
3	0.65	0.157	0.6	0.290	$x_1/d>3$ 时
3 以上	0.65	0.157	0.6	0.290	$c=1.3$

管束的排列方式有直排和错排两种，如图 6-16 所示。对于第一排管子，不论直排还是错排都和单管差不多。从第二排开始，因为流体在错排管束间通过时，受到阻拦，使湍动增强，故 ε 较大，即错排的给热系数较大。从第三排以后，给热系数不再改变。

式(6-48) 的定性尺寸为管外径，定性温度为流体进、出口的平均温度，流速取垂直于流动方向最窄通道的流速。式(6-48) 的适用范围是，$Re=5\times10^{3}\sim7\times10^{4}$，$x_1/d=1.2\sim5$，$x_2/d=1.2\sim5$。

由于各排的给热系数不等，整个管束的平均给热系数为

$$\alpha=\frac{\alpha_1A_1+\alpha_2A_2+\alpha_3A_3+\cdots}{A_1+A_2+A_3+\cdots}=\frac{\sum\alpha_iA_i}{\sum A_i} \tag{6-49}$$

式中，α_i 为各排的给热系数；A_i 为各排的传热面积。

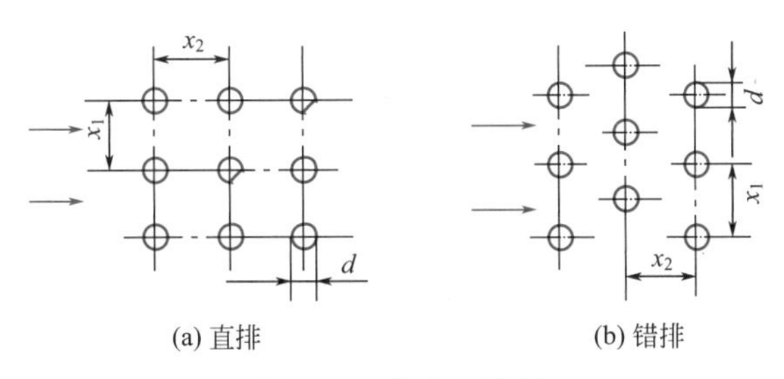

图 6-16　管束的排列

搅拌釜内液体与釜壁的给热系数　此给热系数与釜内液体物性及流动状况有关，一般均通过实验测定，并将数据整理成如下的形式

$$Nu = ARe_{M}^{a}Pr^{b}\left(\frac{\mu}{\mu_{w}}\right)^{c} \tag{6-50}$$

不同形式的搅拌器式(6-50) 中的系数不同；即使同一形式的搅拌器置于尺寸比例不同的搅拌釜内，式(6-50) 中的系数值也不同。对具有标准结构的六叶平叶涡轮搅拌器，其给热系数可用下式计算

$$\frac{\alpha D}{\lambda} = 0.73\left(\frac{dn^{2}\rho}{\mu}\right)^{0.55}\left(\frac{c_{p}\mu}{\lambda}\right)^{0.33}\left(\frac{\mu}{\mu_{w}}\right)^{0.24} \tag{6-51}$$

式中，d 为搅拌器直径，m；D 为搅拌釜直径，m；n 为搅拌器转速，r/s。该式的适用范围为 $20 \leqslant Re_{M} \leqslant 40000$。

大容积自然对流的给热系数　在大容积自然对流条件下，不存在强制流动 Re，式(6-36) 可简化为

$$Nu = APr^{b}Gr^{c} \tag{6-52}$$

许多研究者用管、板、球等形状的加热面，对空气、H_2、CO_2、水、油类和四氯化碳等不同介质进行了大量的实验研究。将这些实验结果，按式(6-52) 进行整理，得到如图6-17所示的曲线。

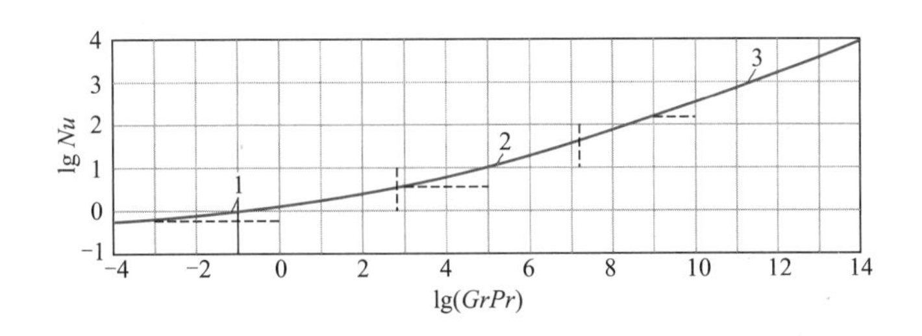

图 6-17　自然对流的给热系数

此曲线可近似地分成三段直线，每段直线皆可写成

$$Nu = A(GrPr)^{b} \tag{6-53}$$

或

$$\alpha = A\,\frac{\lambda}{l}\left(\frac{\beta g\,\Delta t l^{3}\rho^{2}}{\mu^{2}} \times \frac{c_{p}\mu}{\lambda}\right)^{b} \tag{6-54}$$

式中，A、b 可从曲线分段求出，列入表 6-3 中。式(6-54) 中的 Δt 取壁温和流体主体温度之差，即 $\Delta t = T_{w} - t$。

表 6-3 式(6-54) 中的系数 A 和 b

段数	$GrPr$	A	b
1	$1\times10^{-3}\sim5\times10^{2}$	1.18	1/8
2	$5\times10^{2}\sim2\times10^{7}$	0.54	1/4
3	$2\times10^{7}\sim10^{13}$	0.135	1/3

式(6-54) 中的定性温度为膜温，定性尺寸与加热面方位有关，对水平管取管外径，对垂直管和板取垂直高度。

值得注意的是，当 $(GrPr)>2\times10^{7}$ 时，给热系数 α 与加热面的几何尺寸 l 无关，此称为自动模化区。利用这一特点，可用缩小的模型对实际给热过程进行实验研究。

思考题

6-4 流动对传热的贡献主要表现在哪儿?

6-5 自然对流中的加热面与冷却面的位置应如何放才有利于充分传热?

6.4 沸腾给热与冷凝给热

液体沸腾和蒸汽冷凝必然伴有流体的流动，故沸腾给热和冷凝给热同样属于对流传热。不过，与前述的对流不同，这两种给热过程伴有相变化。相变化的存在，使给热过程有其特有的规律。本节只限于纯流体的沸腾和冷凝的讨论。

6.4.1 沸腾给热

大容积饱和沸腾 液体在加热面上的沸腾，按设备的尺寸和形状可分为大容积沸腾和管内沸腾两种。所谓大容积沸腾是指加热壁面被沉浸在无强制对流的液体中所发生的沸腾现象。此时，从加热面产生的气泡长大到一定尺寸后，脱离表面，自由上浮。大容积沸腾时，液体中一方面存在着由温差引起的自然对流，另一方面又存在着因气泡运动所导致的液体运动。

管内沸腾是液体在一定压差作用下，以一定的流速流经加热管时所发生的沸腾现象，又称为强制对流沸腾。管内沸腾时，管壁上所产生的气泡不能自由上浮，而是被管内液体裹挟并一起流动，从而造成复杂的两相流动。因此，管内沸腾的机理要比大容积沸腾更为复杂。

根据管内液流的主体温度是否达到相应压力下的饱和温度，沸腾给热还有过冷沸腾与饱和沸腾之分。若加热表面上有气泡产生，而液流主体温度低于饱和温度，将产生过冷沸腾。此时，加热面上产生的气泡或在脱离之前、或脱离之后在液流主体中重新凝结，热量的传递就是通过这种汽化-冷凝过程实现的。当液流主体温度达到饱和温度，则离开加热面的气泡不再重新凝结。这种沸腾称为饱和沸腾。本节只讨论大容积中的饱和沸腾。大容积饱和沸腾有两个必要条件：过热度和汽化核心。

过热度 沸腾给热的主要特征是液体内部有气泡产生。实验观察表明，气泡是在紧贴加热表面的液层内即在加热表面上首先生成。因表面张力的作用（参见第 1 章），气泡内的压强 p_v 大于气泡外液体的压强 p_l。而且，气泡半径 r 越小，两压强差 $(p_v-p_l)=2\sigma/r$ 越大。气泡内的压强 p_v 对应于液体温度 t 下的饱和蒸气压，气泡外液体的压强 p_l 对应于 t_s 下的饱和蒸气压。因此，为使小气泡得以生成，液体的温度必须高于相应的饱和温度。这种现象称为液体的过热，$t-t_s$ 为过热度。液体的过热是新相——小气泡生成的必要条件。

粗糙表面的汽化核心　固体加热表面温度最高，可以提供最大的过热度，是产生气泡最有利的场所。尽管如此，也不是加热表面上的任何一点都能产生气泡。实验发现液体沸腾时气泡只能在粗糙加热面的若干个点上产生，这种点称为汽化核心（见图 6-18）。汽化核心与表面粗糙程度、氧化情况、材料的性质及其不均匀性等多种因素有关。目前，比较一致的看法认为，粗糙表面的细小凹缝易于成为汽化核心，其理由是：

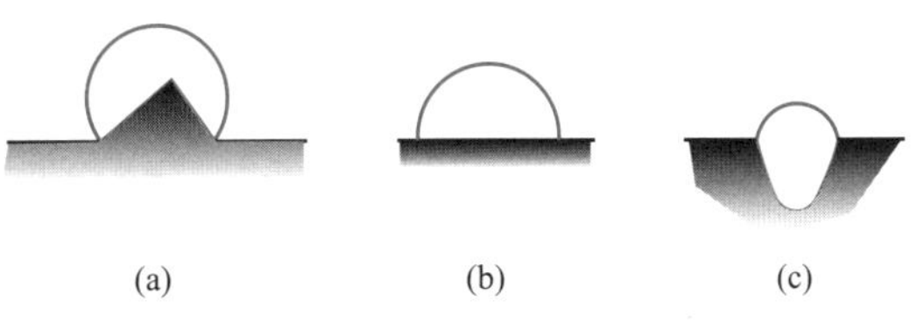

图 6-18　加热壁面上的汽化核心

① 凹缝侧壁对气泡有依托作用，故产生相同半径的气泡所需的表面功较小［图 6-18(c)］。

② 凹缝底部往往吸附微量的空气和蒸气，可成为气泡的胚胎，使初生气泡曲率半径增大，所需的过热度较小。长大的气泡从加热面脱离时又残留少量气体，此气体可成为下一个气泡的胚胎。

在沸腾给热过程中，气泡首先在汽化核心生成、长大，当长大到一定大小，在浮力作用下脱离加热面。气泡脱离之后，周围的液体便会涌来填补空位，经过加热后产生新的气泡。因此，就单个汽化核心而言，沸腾过程是周期性的。但是，加热表面上汽化核心数量很多，各汽化核心此起彼伏重复着同样的周期性变化，故整个沸腾给热过程是平稳的。

如果加热面比较光滑，则汽化核心少且曲率半径小，必须有很大的过热度才能使气泡生成。但是，一旦气泡长大，过热度已不再需要，过热液体在气泡表面迅速蒸发产生大量蒸气。此瞬间蒸发过程进行得十分激烈，故常称为暴沸。暴沸之后，过热度全部丧失，重又开始新相生成的孕育过程，此期间不生成蒸气。蒸发过程变得极为不平稳。暴沸现象对给热过程是不利的，应设法避免。但是，对于粗糙表面一般不会产生暴沸现象。

据实验观察，脱离加热面的气泡在其上浮过程中，其体积会迅速增大至 5～6 倍。这一事实说明，在沸腾给热过程中虽有气泡产生，但因汽化核心只占加热面很小部分，大部分热量仍然是由加热面传给液体，然后通过液体在气泡表面的蒸发使气泡长大。在气泡上浮过程中，过热液体和气泡表面间的给热强度很高，其给热系数可以达到 $2\times10^5\,W/(m^2\cdot℃)$ 左右。

已经知道，在无相变的对流给热中，热阻主要集中在紧贴加热表面的液体薄层内。沸腾给热也是如此。但在沸腾给热时，气泡的生成和脱离对该薄层液体产生强烈的扰动，使热阻大为降低。这使沸腾给热的强度高于无相变化的对流给热。

实验观察还发现，提高加热面的温度，可增加单位加热表面上的汽化核心数目。这是因为，提高壁温使加热面各点所能提供的过热度普遍增大，因而会有更多的部位具备产生气泡的条件，成为汽化核心。同时，提高壁温还可使原有汽化核心上的气泡长大速度增加，脱离频率加快。汽化核心密度和气泡脱离频率的增加使上述液体薄层受到更加剧烈的扰动。由此可以预料，沸腾给热系数 α 必与温差有着密切的关系。

大容积饱和沸腾曲线　实验观察表明，任何液体的大容积饱和沸腾 α 随温差 Δt（壁温 T 与操作压强下液体的饱和温度 t_s 之差）的变化，都会出现不同类型的沸腾状态。下面以大气压下饱和水在铂电热丝表面上的沸腾为例作具体说明。图 6-19 所示为实验测得的 α 与 Δt 的关系。

由图 6-19 可见，当 $\Delta t<2.2℃$，α 随 Δt 缓慢增加。此时，紧贴加热表面的液体过热度很小，不足以产生气泡，加热表面与液体之间的给热是靠自然对流进行的。在此阶段，汽化现象只是在液面上发生，严格说来还不是沸腾，而是表面汽化。

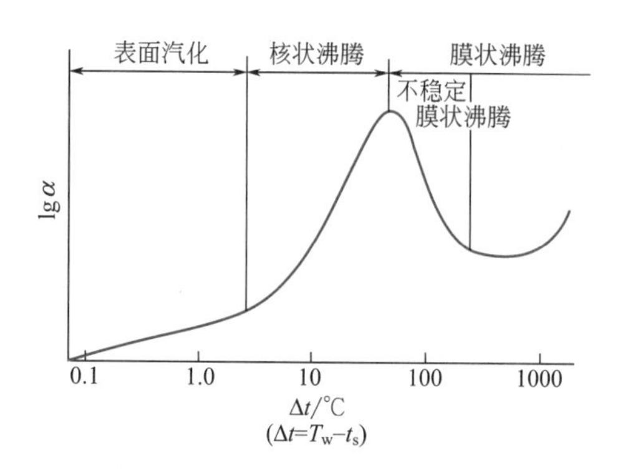

图 6-19　沸腾时 α 和温差 Δt 的关系

当 $\Delta t>2.2$℃，加热面上有气泡产生，给热系数 α 随 Δt 急剧上升。这是由于气泡的产生和脱离对加热面附近液体的扰动越来越剧烈的缘故。此阶段称为核状沸腾。

当 Δt 增大到某一定数值时，加热面上的汽化核心继续增多，气泡在脱离加热面之前便相互连接，形成气膜，把加热面与液体隔开。开始形成的气膜是不稳定的，随时可能破裂变为大气泡离开加热面。随着 Δt 的增大，气膜趋于稳定，因气体热导率远小于液体，故给热系数反而下降。此阶段成为不稳定膜状沸腾。从核状沸腾变为膜状沸腾的转折点称为临界点。临界点所对应的热流密度和温差称为临界热负荷 q_c 和临界温差 Δt_c。水在大气压下饱和沸腾的临界热流密度约为 $1.25\times10^6\,\mathrm{W/m^2}$，临界温差为 25℃左右。图 6-19 所示的饱和沸腾曲线是在经过专门处理的铂电热丝表面上测得的，其临界点位置较高（$q_c=3\times10^6\,\mathrm{W/m^2}$，$\Delta t_c=55$℃）。

当 Δt 继续增加至 250℃，加热表面上形成一层稳定的气膜，把液体和加热表面完全隔开。但此时壁温较高，辐射传热的作用变得更加重要，故 α 再度随 Δt 的增加而迅速增加。此阶段称为稳定膜状沸腾。

在上述液体饱和沸腾的各个阶段中，核状沸腾具有给热系数大、壁温低的优点，因此，工业沸腾装置应在该状态下操作。

为保证沸腾装置在核状沸腾状态下工作，必须控制 Δt 不大于其临界值 Δt_c；否则，核状沸腾将转变为膜状沸腾，使 α 急剧下降。也就是说，不适当地提高热流体的温度，反而会使沸腾装置的效率降低。对于由恒热流热源（电加热等）供热的沸腾装置必须严格地将热流密度 q 控制在临界热负荷以下，达到或超过临界热负荷，将使加热面温度急速升高，甚至将设备烧毁。

沸腾给热的计算　沸腾给热过程极其复杂，其影响因素大致可分为以下三个方面：①液体和蒸气的性质，主要包括表面张力 σ、黏度 μ、热导率 λ、比热容 c_p、汽化热 r、液体与蒸气的密度 ρ_l 和 ρ_v 等；②加热表面的粗糙情况和表面物理性质，特别是液体与表面的润湿性；③操作压强和温差。

关于沸腾给热至今尚没有可靠的一般的经验关联式，但各种液体在特定表面状况、不同压强、不同温差下的沸腾给热已经积累了大量的实验资料。这些实验资料表明，核状沸腾给热系数的实验数据可按以下函数形式进行关联

$$\alpha=A\Delta t^{2.5}B^{t_s}\qquad(6\text{-}55)$$

式中，t_s 为蒸气的饱和温度，℃；A 和 B 为通过实验测定的两个参数，对不同的表面与液体，其值不同。

6.4.2　沸腾给热过程强化

在沸腾给热中，气泡的产生和运动情况影响极大。气泡的生成和运动是与加热表面状况及液体的性质两方面因素有关。因此，沸腾给热的强化也可以从加热表面和沸腾液体两方面入手。

已经知道，粗糙加热表面可提供更多汽化核心，使气泡运动加剧，给热过程得以强化。

因此，可采用机械加工或腐蚀的方法将金属表面粗糙化。据报道，用这种方法制造的铜表面，可提高给热系数80%。近年来出现一种多孔金属表面，是将细小的金属颗粒（如铜）通过钎焊或烧结固定于金属板或金属管上所制成。这种多孔金属表面可使沸腾给热系数提高十几倍。

强化沸腾给热的另一种方法是在沸腾液体中加入某种少量的添加剂（如乙醇、丙酮、甲基乙基酮等）改变沸腾液体的表面张力，可提高给热系数20%～100%。同时，添加剂还可以提高沸腾液体的临界热负荷。

6.4.3 蒸汽冷凝给热

冷凝给热过程的热阻　蒸汽冷凝作为一种加热方法在工业生产中得到广泛应用。在蒸汽冷凝加热过程中，加热介质为饱和蒸汽。饱和蒸汽与低于其温度的冷壁接触时，将凝结为液体，释放出汽化热。在饱和蒸汽冷凝过程中，汽液两相共存，对于纯物质蒸汽的冷凝，系统只有一个自由度。因此，恒压下只能有一个汽相温度。也就是说，在冷凝给热时汽相不可能存在温度梯度。

在传热过程中，温差是由热阻造成的。汽相主体不存在温差，意味着汽相内不存在任何热阻。这是因为蒸汽在壁面冷凝的同时，汽相主体中的蒸汽必流向壁面以填补空位。而这种流动所需的压降极小，可以忽略不计。

在冷凝给热过程中，蒸汽凝结而产生的冷凝液形成液膜将壁面覆盖。因此，蒸汽的冷凝只能在冷凝液表面上发生，冷凝时放出的潜热必须通过这层液膜才能传给冷壁。可见，冷凝给热过程的热阻几乎全部集中于冷凝液膜内。这是蒸汽冷凝给热过程的一个主要特点。

如果加热介质是过热蒸汽，而且冷壁温度高于相应的饱和温度，则壁面上不会发生冷凝现象，蒸汽和壁面之间所进行的只是一般的对流给热。此时，热阻将集中于壁面附近的层流内层中。因冷凝液的热导率比蒸汽的热导率大得多，凝液层厚度又薄，故蒸汽冷凝给热系数远大于过热蒸汽的对流给热系数。

工业上通常使用饱和蒸汽作为加热介质的原因有两个：一是饱和蒸汽有恒定的温度，二是它有较大的给热系数。

膜状冷凝和滴状冷凝　饱和蒸汽冷凝给热过程的热阻主要集中在冷凝液，因此，冷凝液的流动状态对给热系数必有极大的影响。冷凝液在壁面上的存在和流动方式有两种类型：膜状和滴状。

当冷凝液能润湿壁面时，冷凝液在壁面上呈膜状，否则将成为滴状。呈滴状冷凝时，冷凝液在壁面上不能形成完整的液膜将蒸汽与壁面隔开，大部分冷壁直接暴露于蒸汽，因此热阻小得多。实验结果表明，滴状冷凝的给热系数比膜状冷凝的给热系数大5～10倍。

但是，到目前为止，在工业冷凝器中即使采用了促进滴状冷凝的措施，也不能持久。所以，工业冷凝器的设计都按膜状冷凝考虑。

6.4.4 冷凝给热系数

液膜流动与局部给热系数　设有一垂直平壁，饱和蒸汽在其上凝结，冷凝液借重力沿壁流下。因冷凝现象在整个高度上发生，故越往下凝液流量越大，液膜越厚。液膜厚度沿壁高的变化必然导致热阻或给热系数沿高度分布的不均匀性（参见图6-20）。在壁上部液膜呈层流，膜厚增加，α 减小。如壁的高度足够高、冷凝液量较大，则壁下部液膜发生湍流流动，此时局部给热系数反而有所提高。

作为工程计算，一般只需知道整个壁面的平均给热系数。因此，以下讨论均指全壁平均给热系数而言。

层流时的平均冷凝给热系数 现取一高度为 L、宽度为 B 的垂直平壁（图 6-21），蒸汽在其上冷凝，所生成的液膜以层流状态沿壁流下。对这种情况，若假定液膜与壁面之间的给热是纯导热过程，可以解析求出平均给热系数 α 的理论解，然后再根据实验加以修正。本节不作此繁复的推导，而采用半理论半经验的简化方法加以处理。这种方法在分析复杂问题时常被使用。

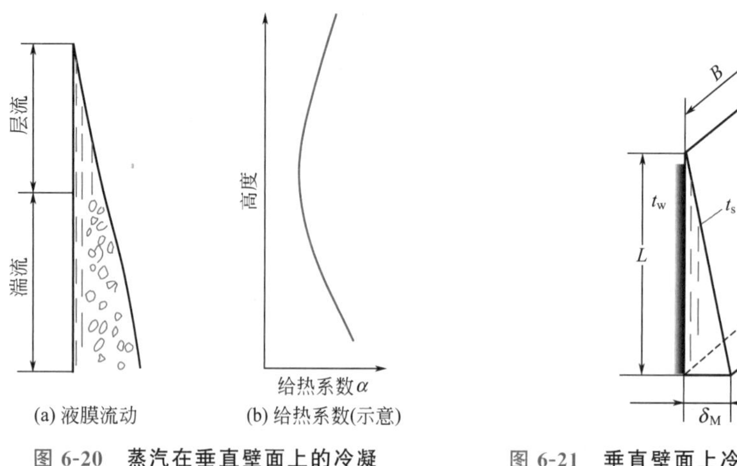

图 6-20 蒸汽在垂直壁面上的冷凝

图 6-21 垂直壁面上冷凝给热系数的推导

从 6.3.1 中的讨论可知，冷凝液膜的流动将对给热过程起重要促进作用。但是，这种促进作用难以定量描述，故以下讨论仍首先假定在层流液膜中只有单纯的热传导，并据此推出各影响因素之间的关系式，然后再用实验检验并加以修正。

冷凝现象在整个壁面上发生，越往下液体流量越大，液膜越厚。根据冷凝液膜内只有热传导的假定，可认为壁面的平均给热系数 α 与液膜的热导率 λ 成正比，与壁面下方最大液膜厚度 δ_M 成反比，即

$$\alpha = c\frac{\lambda}{\delta_M} \tag{6-56}$$

液膜的最大厚度 δ_M 与蒸汽冷凝量有关。假设液膜在黏性力与重力作用下作等速流动，并忽略蒸汽流动对液膜表面的作用力，则可由流体力学导出液膜厚度与单位宽度壁面的冷凝液量之间的关系❶

$$W = \frac{q_m}{B} = \frac{\rho^2 g \delta^3}{3\mu} \tag{6-57}$$

式中，W 为单位宽度液体的质量流量，kg/(s·m)；δ 为与 W 对应的液膜厚度，m；μ、ρ 为凝液的黏度和密度。

当 $\delta = \delta_M$ 时，式(6-57) 中的凝液量即为单位宽度壁面的总凝液量 W_M，此总凝液量可由热量衡算求出。设整个壁面的热流量为 Q，则由热量衡算可得

$$Q = q_m r = \alpha LB(t_s - t_w) \tag{6-58}$$

或

$$W_M = \frac{q_m}{B} = \frac{\alpha L(t_s - t_w)}{r}$$

❶ 参见第 1 章习题 1-24。

式中，r 为汽化热，J/kg；Δt 为液膜两侧的温差（$t_s - t_w$），t_s 为饱和蒸汽温度，t_w 为壁温，℃；α 为整个壁面的平均给热系数，W/(m^2·℃)。

由式(6-56) 可得 $\delta_M = c\lambda/\alpha$，代入式(6-57) 并与式(6-58) 联立，整理后可得

$$\alpha = c_1 \left(\frac{\rho^2 g r \lambda^3}{\mu L \Delta t} \right)^{1/4} \tag{6-59}$$

实验结果证实了这一关系式的正确性，并同时测出系数 $c_1 = 1.13$，即

$$\alpha = 1.13 \left(\frac{\rho^2 g r \lambda^3}{\mu L \Delta t} \right)^{1/4} \tag{6-60}$$

冷凝给热的热阻是凝液造成的，故上式所含各物性常数应是凝液的物性，而非蒸汽的物性。应用式(6-60) 时，除汽化热 r 取冷凝温度 t_s 下的数值外，其他各物性皆取膜温（t_s 和 t_w 的算术平均值）下的数值。

在垂直壁底部，冷凝液膜流动的雷诺数应为

$$Re_M = \frac{d_e G}{\mu} = \frac{4A'}{\Pi} \times \frac{W_M}{A'\mu} = \frac{4W_M}{\Pi\mu} \tag{6-61}$$

式中，d_e 为当量直径；A' 为液膜流动截面积；Π 为润湿周边（对于单位宽度的垂直壁，$\Pi = 1$）；G 为液膜在垂直壁底部的质量流速；W_M 为通过垂直壁底部的质量流量。将式(6-58) 代入式(6-61) 得

$$Re_M = \frac{4\alpha L \Delta t}{r\mu} \tag{6-62}$$

湍流时的冷凝给热系数 实验发现，当 $Re_M > 2000$ 时，液膜中的流动类型变为湍流。湍流时的平均给热系数不能沿用式(6-60) 进行计算，对实验数据关联后得到如下经验式

$$\alpha = 0.0077 \left(\frac{\rho^2 g \lambda^3}{\mu^2} \right)^{\frac{1}{3}} \left(\frac{4L\alpha \Delta t}{r\mu} \right)^{0.4} \tag{6-63}$$

除汽化热 r 外，式(6-63) 中有关数据均取膜温下的数值。

水平圆管外的冷凝给热系数 式(6-60) 是根据垂直壁推导出来的。对于和水平方向成夹角 φ 的倾斜壁（图 6-22），重力作用方向与液膜流动方向不一致，只要将重力加速度 g 代之以 $g\sin\varphi$，式(6-60) 依然适用，即

$$\alpha = 1.13 \left(\frac{\rho^2 g \lambda^3 r \sin\varphi}{L \Delta t \mu} \right)^{1/4} \tag{6-64}$$

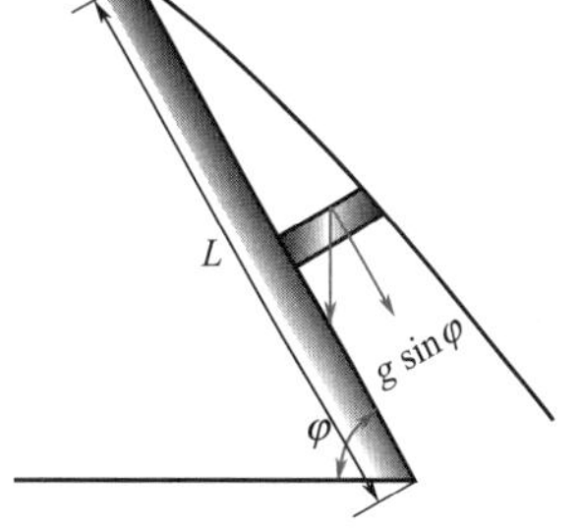

图 6-22 蒸汽在斜壁上的冷凝

水平圆管外表面，可以看成是由不同角度的倾斜壁组成的，利用数值积分的方法可求得水平圆管外表面平均给热系数为

$$\alpha = 0.725 \left(\frac{\rho^2 g \lambda^3 r}{d \Delta t \mu} \right)^{1/4} \tag{6-65}$$

式中，d 为圆管外径，系数 0.725 是根据实验结果修正而得到的。

由式(6-65) 可以看出，在其他条件相同时，水平圆管的给热系数和垂直圆管的给热系数之比是：

$$\frac{\alpha_{水平}}{\alpha_{垂直}} = 0.64 \left(\frac{L}{d} \right)^{1/4} \tag{6-66}$$

对于 $L = 1.5$m、$d = 20$mm 的圆管，水平放置的给热系数约为垂直放置的 1.88 倍。

【例 6-4】 冷凝给热系数的求取

常压水蒸气在单根圆管外冷凝，管外径 $d=100\text{mm}$，管长 $L=1500\text{mm}$，壁温 t_w 维持在 98℃。试求：(1) 管子垂直放置时整个圆管的平均给热系数；(2) 水平放置的平均给热系数。

解：在膜温 (100+98)/2=99℃时，冷凝液有关物性为 $\rho=965.1\text{kg/m}^3$；$\mu=28.56\times10^{-5}$ Pa·s；$\lambda=0.6819\text{W/(m·℃)}$；$T_s=100℃$；$r=2258\text{kJ/kg}$。

(1) 先假定液膜为层流，由式(6-60) 求得

$$\alpha=1.13\left(\frac{\rho^2 gr\lambda^3}{\mu L\Delta t}\right)^{1/4}=1.13\times\left[\frac{(959.1)^2\times9.81\times(0.6819)^3\times2258\times10^3}{28.56\times10^{-5}\times1.5\times(100-98)}\right]^{1/4}$$

$$=1.06\times10^4[\text{W/(m}^2\cdot℃)]$$

验算液膜是否为层流，由式(6-62)

$$Re=\frac{4\alpha L\Delta t}{r\mu}=\frac{4\times1.06\times10^4\times1.5\times2}{2258\times10^3\times28.56\times10^{-5}}=197<2000$$

故假定层流是正确的。

(2) 由式(6-66) 可得

$$\frac{\alpha_{水平}}{\alpha_{垂直}}=0.64\left(\frac{L}{d}\right)^{1/4}=0.64\times\left(\frac{1.5}{0.1}\right)^{1/4}=1.26$$

故水平放置时平均给热系数为

$$\alpha_{水平}=1.26\times1.06\times10^4=1.34\times10^4\ [\text{W/(m}^2\cdot℃)]$$

水平管束外的冷凝给热系数　工业用冷凝器多半是由水平管束组成，管束中管子的排列通常有直排和错排两种。无论哪一种排列，就第一排管子而言，其冷凝情况与单根水平管相同。但是，对其他各排管子说来，冷凝情况必受到其上各排管流下的冷凝液的影响。

从上排管流下的冷凝液使下排管液膜增厚，热阻增加，同时，冷凝液下流时不可避免地要产生撞击和飞溅，使下排液膜扰动增强。可将式(6-65) 中的 d 代之以 $n^{2/3}d$，进行计算，其中 n 为管束在垂直方向上的管排数，即

$$\alpha=0.725\left(\frac{\rho^2 g\lambda^3 r}{n^{2/3}d\Delta t\mu}\right)^{1/4} \tag{6-67}$$

6.4.5 其他影响冷凝给热的因素及强化措施

不凝性气体的影响　以上讨论仅限于纯蒸汽的冷凝。实际上，工业用蒸汽不可能绝对纯，其中总会有微量的不凝性气体。在工业连续换热装置中进行冷凝给热时，都设有疏水器(参见第 7 章)，只排出冷凝液而不允许气体和蒸汽逸出。这样，在连续运转过程中，不凝性气体将在冷凝空间积聚。

不凝性气体的积聚，将对给热过程带来不利影响。例如，当蒸汽中含有 1%空气时，冷凝给热系数将降低 60%之多。这是因为在汽液界面上，可凝性蒸汽不断凝结，不凝性气体则被阻留，故越接近界面不凝性气体的分压越高。这样，可凝性蒸汽抵达液膜表面进行冷凝之前，必须以扩散方式穿过不凝性气体富集的气体层。扩散过程的阻力引起蒸汽分压及相应的饱和温度下降，使液膜温度低于蒸汽主体的饱和温度。这相当于附加一额外热阻，使蒸汽冷凝给热系数大为降低。而纯蒸汽冷凝时，汽相不存在热阻。

为减少不凝性气体的不良影响，在各种与蒸汽冷凝有关的换热装置中都设有排放口，定期排放不凝性气体。

沸点相差较大的多组分混合物蒸汽的部分冷凝，与纯蒸汽的冷凝有显著差异，它遵循不同的规律，给热系数也较纯蒸汽冷凝为小。

蒸汽过热的影响　当壁温 t_w 高于蒸汽饱和温度时，壁面上无冷凝现象发生，此时的给热过程与普通的对流给热完全相同。若壁温低于蒸汽的饱和温度，则不论蒸汽过热与否，壁面上必有冷凝现象发生。对于过热蒸汽，冷凝过程是由蒸汽冷却和冷凝两个串联步骤组成的。此时，在过热蒸汽和冷凝液膜间存在着一个中间层，通过这个中间层，蒸汽温度降至饱和温度。对液膜而言，传热推动力仍是 t_s-t_w，并不因中间层的存在而改变。因此，通常可把过热蒸汽按饱和蒸汽处理，本节给出的计算公式依然适用。作为工程计算，过热蒸汽冷却步骤的影响可以忽略。如有必要，可将过热部分的热量和汽化热一并考虑，将原公式中的 r 代之以

$$r'=r+c_p(t_v-t_s) \tag{6-68}$$

式中，c_p 为过热蒸汽的比热容；t_v 是过热蒸汽的温度。

蒸汽流速的影响　在推导式(6-60) 时，曾假定蒸汽与冷凝液膜之间的作用力可以忽略。当蒸汽的流速不大时，该假定基本符合实际情况。但是，当蒸汽流速较大时，则会影响液膜的流动。此时，如蒸汽和液膜流向相同，蒸汽将加速冷凝液的流动，使膜厚减小，结果 α 增大。反之，如蒸汽与冷凝液逆向流动时，将阻滞冷凝液的流动，使液膜增厚，则 α 减小；若蒸汽速度很大可冲散液膜使部分壁面直接暴露于蒸汽中，α 反而增大。因此，当蒸汽速度较大时，有必要考虑流速对给热系数的影响。

通常，蒸汽进入口设在换热器的上部，以避免蒸汽和冷凝液逆向流动。

冷凝给热过程的强化　冷凝给热过程的阻力集中于液膜，因此，设法减小液膜厚度是强化冷凝给热的有效措施。

对于垂直壁面，在其上开若干纵向沟槽使冷凝液沿沟槽流下，可减薄其余壁面上的液膜厚度，强化冷凝给热过程。除开沟槽外，沿垂直壁装若干条金属丝（图 6-23）也可以起到强化冷凝给热的作用，而且效果更为显著。

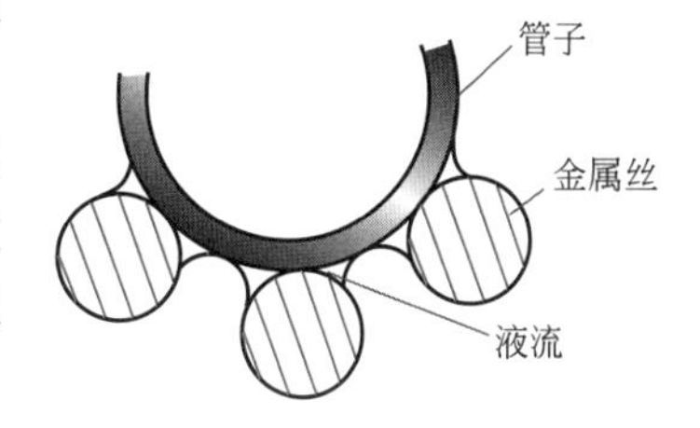

图 6-23　壁面安装金属丝的情况

对于垂直管内冷凝，采用适当的内插物（如螺旋圈）可分散冷凝液，减小液膜厚度而提高给热系数。

此外，为强化冷凝给热，各种获得滴状冷凝的措施也正在大力研究之中。

思考题

6-6　液体沸腾的必要条件有哪两个？

6-7　工业沸腾装置应在什么沸腾状态下操作？为什么？

6-8　沸腾给热的强化可以从哪两个方面着手？

6-9　蒸汽冷凝时为什么要定期排放不凝性气体？

6-10　为什么有相变时的对流给热系数大于无相变时的对流给热系数？

6.5 热辐射 >>>

任何物体，只要其热力学温度不为零度（0K），都会不停地以电磁波的形式向外界辐射能量；同时，又不断吸收来自外界其他物体的辐射能。当物体向外界辐射的能量与其从外界吸收的辐射能不相等时，该物体与外界就产生热量的传递。这种传热方式称为热辐射。

热辐射线可以在真空中传播，无需任何介质，这是热辐射与对流和传导的主要不同点。因此，辐射传热的规律也不同于对流和导热。

固体和液体的热辐射与气体的热辐射不同，前者只发生在物体的表面层内，而后者则深入气体的内部。

6.5.1 固体辐射

黑体的辐射能力和吸收能力——斯蒂芬-玻耳兹曼定律 从理论上说，固体可同时发射波长从 0～∞的各种电磁波。但是，在工业上所遇到的温度范围内，有实际意义的热辐射波长位于 0.38～1000μm 之间，而且大部分能量集中于红外线区段的 0.76～20μm 范围内。

和可见光一样，当来自外界的辐射能投射到物体表面上，也会发生吸收、反射和穿透现象（图 6-24）。假设外界投射到表面上的总能量为 Q，其中一部分 Q_a 进入表面后被物体吸收，一部分 Q_r 被物体反射，其余部分 Q_d 穿透物体。按能量守恒定律

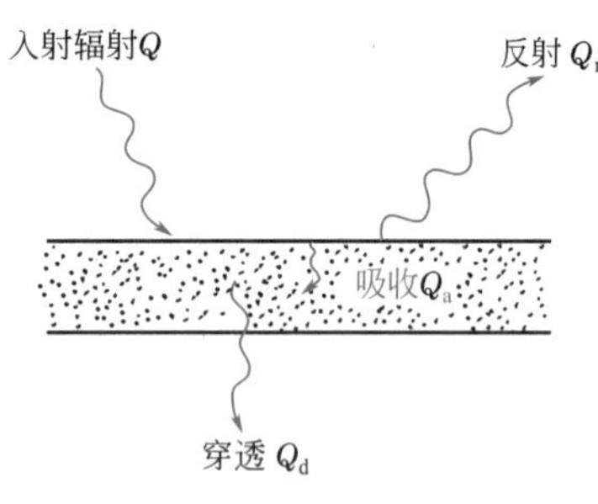

图 6-24 辐射能的吸收、反射和穿透

$$Q=Q_a+Q_r+Q_d \tag{6-69}$$

或

$$\frac{Q_a}{Q}+\frac{Q_r}{Q}+\frac{Q_d}{Q}=1 \tag{6-70}$$

式中各比值依次称为该物体对投入辐射的吸收率、反射率和穿透率，并分别用符号 a、r、d 表示。于是，上式可写成

$$a+r+d=1 \tag{6-71}$$

固体和液体不允许热辐射透过，$d=0$，式(6-71) 简化为

$$a+r=1 \tag{6-72}$$

而气体对热辐射几乎没有反射能力，即 $r=0$，式(6-71) 简化为

$$a+d=1 \tag{6-73}$$

吸收率等于 1 的物体称为黑体。黑体是一种理想化的物体，实际物体只能或多或少地接近于黑体，但没有绝对的黑体。引入黑体的概念是理论研究的需要。

理论研究证明，黑体的辐射能力，即单位时间单位黑体表面向外界辐射的全部波长的总能量，服从下列斯蒂芬-玻耳兹曼（Stefan-Boltzmann）定律

$$E_b=\sigma_0 T^4 \tag{6-74}$$

式中，E_b 为黑体辐射能力，W/m²；σ_0 为黑体辐射常数，其值为 5.67×10^{-8} W/(m² · K⁴)；T 为黑体表面的热力学温度，K。为方便起见，通常将式(6-74) 表示为

$$E_b=C_0\left(\frac{T}{100}\right)^4 \tag{6-75}$$

式中，C_0 为黑体辐射系数，其值为 5.67W/(m² · K⁴)。

斯蒂芬-玻耳兹曼定律表明黑体的辐射能力与其热力学温度的四次方成正比，有时也称为四次方定律。显然，热辐射与对流或传导遵循完全不同的规律。四次方定律表明辐射传热对温度异常敏感：低温时热辐射往往可以忽略，而高温时则往往成为主要的传热方式。

【例 6-5】 温度对物体辐射能力的影响

有一黑体，表面温度为 25℃，该黑体的辐射能力为多少？如将黑体加热到 472℃，其辐射能力增加到原来的多少倍？

解：在 25℃时的辐射能力

$$E_{b1}=C_0\left(\frac{T_1}{100}\right)^4=5.67\times\left(\frac{298}{100}\right)^4=447(\mathrm{W/m^2})$$

472℃时的辐射能力与25℃时的辐射能力之比

$$\frac{E_{b2}}{E_{b1}}=\left(\frac{T_2}{T_1}\right)^4=\left(\frac{472+273}{298}\right)^4=39.1$$

$$E_{b2}=39.1\times447=17.46(\mathrm{kW/m^2})$$

实际物体的辐射能力和吸收能力 实际物体在一定温度下的辐射能力 E 恒小于同温度下黑体的辐射能力 E_b。不同物体在相同温度下的辐射能及辐射能按波长的分布规律各不相同，当然也与同温度下的黑体不同。把实际物体与同温度黑体的辐射能力的比值称为该物体的黑度，以 ε 表示

$$\varepsilon=\frac{E}{E_b} \tag{6-76}$$

因此，实际物体的黑度可以表征其辐射能力的大小，其值恒小于1。由式(6-75) 和式(6-76) 可将实际物体的辐射能力表示为

$$E=\varepsilon E_b=\varepsilon C_0\left(\frac{T}{100}\right)^4 \tag{6-77}$$

物体的黑度不单纯是颜色的概念，实验表明，物体的黑度不仅与物体的表面温度，而且与物体的种类、表面状况有关。总之，物体的黑度只与辐射物体本身情况有关，是物体的一种性质，而与外界无关。

表6-4给出某些常见材料表面的黑度值。由此表可以看出，金属表面的粗糙程度对黑度 ε 影响很大，在选用金属的黑度值时，对表面情况应给予足够的注意。非金属材料的黑度值都很高，一般在0.85～0.95之间，在缺乏资料时，可近似地取作0.90。

表6-4 常见材料表面的黑度（ε）值

材料	温度/℃	黑度	材料	温度/℃	黑度
红砖	20	0.93	铜(氧化的)	200～600	0.57～0.87
耐火砖	—	0.8～0.9	铜(磨光的)	—	0.03
钢板(氧化的)	200～600	0.8	铝(氧化的)	200～600	0.11～0.19
钢板(磨光的)	940～1100	0.55～0.61	铝(磨光的)	225～575	0.039～0.057
铸铁(氧化的)	200～600	0.64～0.78			

黑体可将投入其上的辐射能全部吸收，吸收率 a 为1。任何实际物体只能部分吸收投入辐射，而且对不同波长的辐射能呈现出一定的选择性，即对不同波长的辐射能吸收的程度不同。例如，白瓷砖与玻璃对各种波长辐射能的吸收率 a_λ 如图6-25所示。可见，实际物体对投入辐射的吸收率不仅取决于物体本身的情况（物体种类、表面温度、表面状况等），而且还与辐射物体的情况（即投入辐射的波长）有关。因此，实际物体的吸收率 a 比其黑度 ε 更为复杂。但是，如不对实际物体的吸收率做出恰当的估计，辐射传热就无法进行计算。

灰体的辐射能力和吸收能力——基尔霍夫（Kirchhoff）定律 黑体对各种波长的辐射能皆能全部吸收，因此，黑体对任何投入辐射的吸收率恒为1。实际物体的吸收率与投入辐射的波长有关，这是由于物体对不同波长的辐射能选择性吸收的结果。如果物体对不同波长辐射能的吸收程度相同，则物体对投入辐射的吸收率便与波长无关。

实验证明，对于波长在0.76～20μm范围内的辐射能，即工业上应用最多的热辐射，大

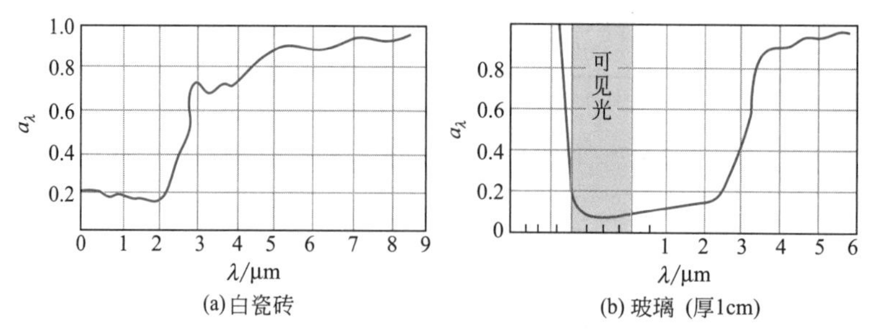

图 6-25　白瓷砖与玻璃对不同波长辐射能的吸收率

多数材料的吸收率随波长变化不大。根据这一实际情况，为避免实际物体吸收率难以确定的困难，可以把实际物体当成是对各种波长辐射均能同样吸收的理想物体。这种理想物体称为灰体。

和实际物体一样，灰体的辐射能力可用黑度 ε 来表征，其吸收能力用吸收率 a 来表征。灰体的吸收率是灰体自身的特征。基尔霍夫从理论上证明，同一灰体的吸收率与其黑度在数值上必相等，即

$$\varepsilon = a \tag{6-78}$$

此式称为基尔霍夫定律。由此定律可以推知，物体的辐射能力越大其吸收能力也越大，即善于辐射者必善于吸收。此定律还说明，实际物体（可近似为灰体者）对任何投入辐射的吸收率均可用其黑度的数值，而黑度是可以通过实验加以测定的。

实践证明，引入灰体的概念，并把大多数材料当作灰体处理，可大大简化辐射传热的计算而不会产生很大的误差。但必须注意，不能把这种简化处理推广到对太阳辐射的吸收。太阳表面温度很高，在太阳辐射中波长较短（0.38～0.76μm）的可见光占 46%。物体的颜色对可见光的吸收呈现强烈选择性，故不能再作为灰体处理。

黑体间的辐射传热和角系数　以上讨论了物体向外界辐射能量和吸收外界辐射能量的能力，在此基础上可进一步讨论两物体间的辐射能量交换。下面将首先讨论两黑体间的辐射传热。

图 6-26 所示为任意放置的两个黑体表面，其面积分别为 A_1 和 A_2，表面温度分别维持 T_1 和 T_2 不变。由图可知，黑体 1 向外辐射的能量只有一部分 $Q_{1\to2}$ 投射到黑体 2 并被吸收。同样，黑体 2 向外辐射的能量也只有一部分 $Q_{2\to1}$ 投射到黑体 1 并被吸收。于是，两黑体间传递的热流量为

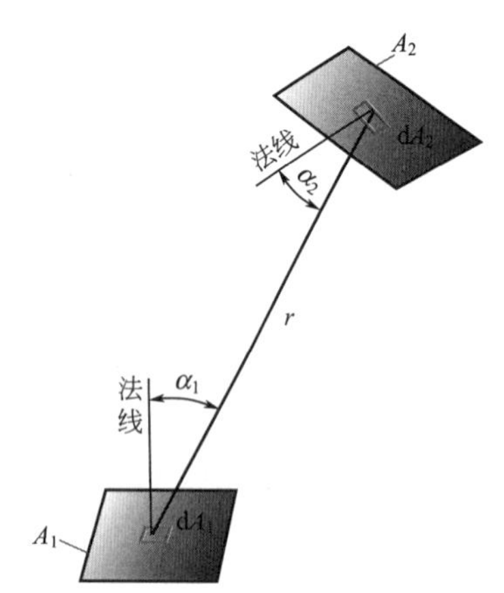

图 6-26　两黑体的互相辐射

$$Q_{12} = Q_{1\to2} - Q_{2\to1} \tag{6-79}$$

显然，为计算热流量，必须分别计算 $Q_{1\to2}$ 和 $Q_{2\to1}$。

根据蓝贝特（Lambert）定律

$$Q_{1\to2} = \frac{E_{b1}}{\pi}\int_{A_1}\int_{A_2}\cos\alpha_1\cos\alpha_2\frac{1}{r^2}dA_1dA_2 \tag{6-80}$$

式中，r 为微元面积 dA_1、dA_2 之间的距离。为简化起见，将上式简写为

$$Q_{1\to2} = A_1E_{b1}\varphi_{12} \tag{6-81}$$

式中，φ_{12} 称为黑体 1 对黑体 2 的角系数，其值代表在表面 1 辐射的全部能量中，直接投射到黑体 2 的量所占的百分数。由以上两式可知

$$\varphi_{12}=\frac{1}{\pi A_1}\int_{A_1}\int_{A_2}\cos\alpha_1\cos\alpha_2\ \frac{1}{r^2}\mathrm{d}A_1\mathrm{d}A_2 \tag{6-82}$$

式(6-82) 说明角系数是一个纯几何因素，与表面的性质无关。同理

$$Q_{2\to1}=A_2E_{b2}\varphi_{21} \tag{6-83}$$

式中，φ_{21}为表面 2 对表面 1 的角系数，可由下式计算

$$\varphi_{21}=\frac{1}{\pi A_2}\int_{A_2}\int_{A_1}\cos\alpha_2\cos\alpha_1\ \frac{1}{r^2}\mathrm{d}A_2\mathrm{d}A_1 \tag{6-84}$$

由式(6-82) 和式(6-84) 两式可知

$$A_1\varphi_{12}=A_2\varphi_{21} \tag{6-85}$$

于是

$$\begin{aligned}Q_{12}&=Q_{1\to2}-Q_{2\to1}=A_1\varphi_{12}E_{b1}-A_2\varphi_{21}E_{b2}\\&=A_1\varphi_{12}C_0\left[\left(\frac{T_1}{100}\right)^4-\left(\frac{T_2}{100}\right)^4\right]\end{aligned} \tag{6-86}$$

由式(6-86) 可知，计算两黑体间辐射传热的关键是角系数 φ_{12}或 φ_{21}的求取。当黑体表面 A_1、A_2 及其相对位置已知时，φ_{12}和 φ_{21}可分别由式(6-82) 和式(6-84) 算出。工程上为方便起见，把角系数的计算结果绘成曲线。图 6-27 和图 6-28 所示为几种典型几何体的角系数计算曲线。

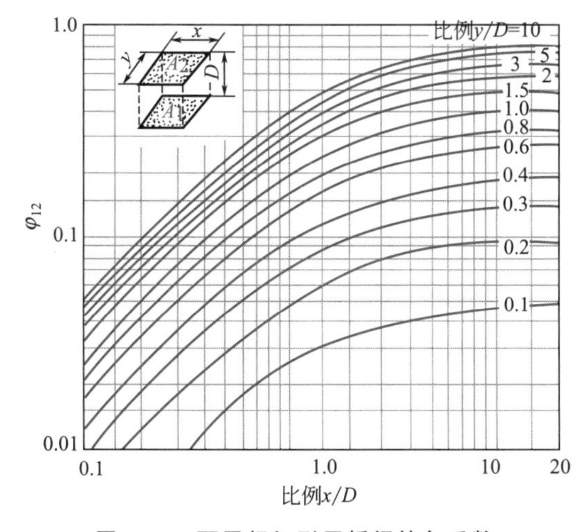

图 6-27　两平行矩形平板间的角系数

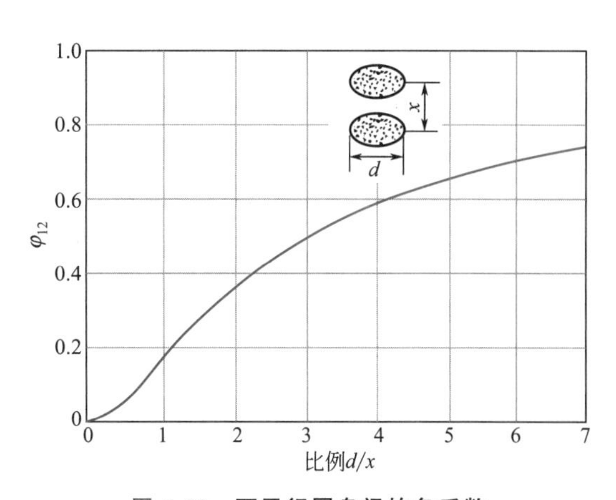

图 6-28　两平行圆盘间的角系数

对于相距很近的平行黑体平板，两平板的面积相等且足够大，则 $\varphi_{12}=\varphi_{21}=1$，式(6-86) 可写成

$$q=\frac{Q_{12}}{A}=E_{b1}-E_{b2} \tag{6-87}$$

灰体间的辐射传热　设有任意放置的灰体 1 和 2，其面积分别为 A_1、A_2，表面温度分别为 T_1、T_2 不变。两灰体表面的辐射能力和吸收率分别为 E_1、E_2 和 a_1、a_2。灰体 1 在单位时间内辐射的总能量为 A_1E_1，其中一部分 $\varphi_{12}A_1E_1$ 直接投射到灰体 2 上，其余部分散失于外界。投射到表面 2 的能量一部分被吸收，一部分$\varphi_{12}A_1E_1(1-a_2)$ 被反射，其中 $\varphi_{21}\varphi_{12}A_1E_1(1-a_2)$ 又投射到灰体 1。这一能量同样被灰体 1 部分吸收，而其余部分再次

被反射。如此过程，无穷反复，逐次削弱，最终 E_1A_1 将一部分散失于外界，一部分被两灰体吸收。从灰体 2 发射的能量 A_2E_2 也同样经历上述反复过程。由此可见，灰体间辐射传热过程比黑体复杂得多。从数学处理的角度，它是个无穷级数的加和，推导冗长，但也是可以有解的。

实际上，对于定态热辐射过程（T_1、T_2 不变），不必去跟踪考察辐射能的逐次传递过程，而对某一灰体作热量衡算，考察该灰体的能量收支情况，问题将大为简化。

设在单位时间内离开某灰体单位面积的总辐射能为 $E_{效}$，称为有效辐射。而单位时间投入灰体单位面积的总辐射能为 $E_{入}$，称为投入辐射（参见图 6-29）。物体的有效辐射由两部分组成，一是灰体本身的辐射 E，二是对投入辐射的反射部分，即

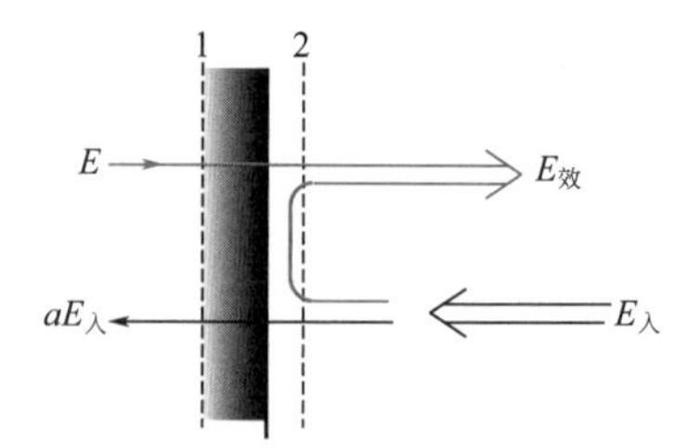

图 6-29　有效辐射示意图

$$E_{效}=E+(1-a)E_{入} \tag{6-88}$$

对此灰体作能量衡算（从假想平面 1 考察），单位时间、单位面积净损失的能量 Q/A 为本身辐射 E 与吸收投入辐射 $aE_{入}$ 之差，即

$$\frac{Q}{A}=E-aE_{入} \tag{6-89}$$

若在稍离灰体表面处作能量衡算（从假想平面 2 考察），则有

$$\frac{Q}{A}=E_{效}-E_{入} \tag{6-90}$$

联立以上两式以消去投入辐射 $E_{入}$ 可得

$$E_{效}=\frac{E}{a}-\left(\frac{1}{a}-1\right)\frac{Q}{A}=E_{\text{b}}-\left(\frac{1}{\varepsilon}-1\right)\frac{Q}{A} \tag{6-91}$$

此式表达了灰体净损失热流量 Q、有效辐射 $E_{效}$ 和物体黑度之间的内在联系。

根据有效辐射这一概念，可将灰体理解为对投入辐射全部吸收而辐射能力等于有效辐射 $E_{效}$ 的“黑体”。这样，处于任何相对位置的灰体 1 与灰体 2 之间所交换的净辐射能为

$$Q_{12}=A_1\varphi_{12}E_{效1}-A_2\varphi_{21}E_{效2} \tag{6-92}$$

显然，此式与黑体之间辐射传热的计算式(6-86) 极为相似。

根据式(6-91)，灰体 1 和灰体 2 的有效辐射分别为

$$E_{效1}=E_{\text{b1}}-\left(\frac{1}{\varepsilon_1}-1\right)\frac{Q_1}{A_1}$$

$$E_{效2}=E_{\text{b2}}-\left(\frac{1}{\varepsilon_2}-1\right)\frac{Q_2}{A_2}$$

式中，Q_1 和 Q_2 各为灰体 1 和灰体 2 的净失热流量。在一般情况下两灰体之间的热量交换 Q_{12} 与 Q_1 或 Q_2 并不相等。但如果考察的对象是由两灰体组成的与外界无辐射能交换的封闭系统，则有

$$Q_{12}=Q_1-Q_2 \tag{6-93}$$

将此式和 $E_{效1}$ 和 $E_{效2}$ 代入式(6-92)，并考虑到 $\varphi_{12}A_1=\varphi_{21}A_2$，则

$$Q_{12}=\frac{A_1\varphi_{12}(E_{b1}-E_{b2})}{1+\varphi_{12}\left(\dfrac{1}{\varepsilon_1}-1\right)+\varphi_{21}\left(\dfrac{1}{\varepsilon_2}-1\right)} \tag{6-94}$$

或

$$Q_{12}=A_1\varphi_{12}\varepsilon_s C_0\left[\left(\frac{T_1}{100}\right)^4-\left(\frac{T_2}{100}\right)^4\right] \tag{6-95}$$

式中

$$\varepsilon_s=\frac{1}{1+\varphi_{12}\left(\dfrac{1}{\varepsilon_1}-1\right)+\varphi_{21}\left(\dfrac{1}{\varepsilon_2}-1\right)} \tag{6-96}$$

称为系统黑度，它由两物体的角系数及黑度组成。

回顾以上所述，相继应用物理学上熟知的玻耳兹曼定律、基尔霍夫定律、蓝贝特定律，导出了封闭系统内两灰体间的辐射传热的一般表达式。式(6-95) 在下列情况下可进一步简化。

① 对于两块相距很近而面积足够大的平行板，$\varphi_{12}=\varphi_{21}=1$，则式(6-95) 简化为

$$Q_{12}=\frac{A_1C_0\left[\left(\dfrac{T_1}{100}\right)^4-\left(\dfrac{T_2}{100}\right)^4\right]}{\dfrac{1}{\varepsilon_1}+\dfrac{1}{\varepsilon_2}-1} \tag{6-97}$$

此时两物体的相对位置对辐射传热已无影响。

② 对于图 6-30(a)、(b) 所示的内包系统，内包物体具有凸表面，则因

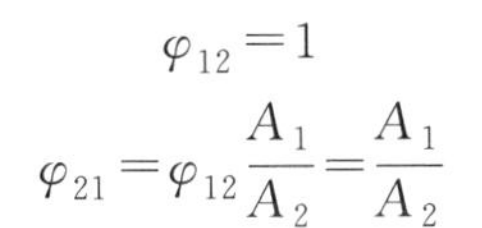

$$\varphi_{12}=1$$

$$\varphi_{21}=\varphi_{12}\frac{A_1}{A_2}=\frac{A_1}{A_2}$$

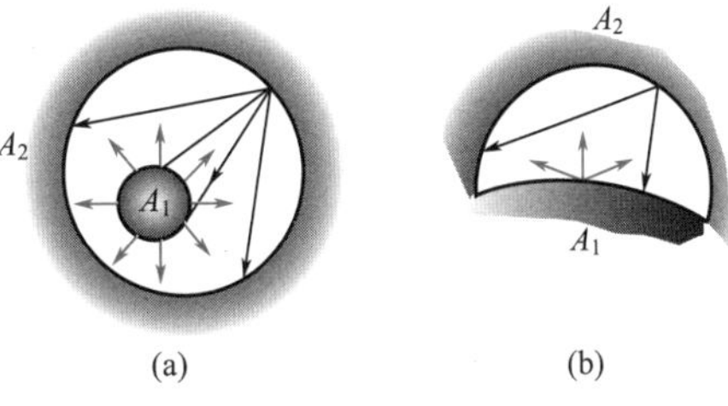

图 6-30　两物体组成的封闭系统

式(6-95) 简化为

$$Q_{12}=\frac{A_1C_0\left[\left(\dfrac{T_1}{100}\right)^4-\left(\dfrac{T_2}{100}\right)^4\right]}{\dfrac{1}{\varepsilon_1}+\dfrac{A_1}{A_2}\left(\dfrac{1}{\varepsilon_2}-1\right)} \tag{6-98}$$

此时，物体的相对位置对辐射传热也无影响。由式(6-98) 可以看出，当$\dfrac{A_1}{A_2}\approx1$，式(6-98) 简化为式(6-97)，即可按无限大平行平板计算。当表面积 A_2 远大于 A_1，$\dfrac{A_1}{A_2}\approx0$，式(6-98) 简化为

$$Q_{12}=\varepsilon_1A_1C_0\left[\left(\frac{T_1}{100}\right)^4-\left(\frac{T_2}{100}\right)^4\right] \tag{6-99}$$

此式有重要的实用意义，因为它不需要知道表面积 A_2 和黑度 ε_2 即可进行传热计算。大房间内高温管道的辐射散热，气体管道内热电偶测温的辐射误差计算都属于这种情况。

【例 6-6】 热电偶的测温误差

用裸露热电偶测得管道内高温气体温度 $T_1=1000$K。已知管壁温度为 773K，热电偶表面的黑度 $\varepsilon_1=0.4$，高温气体对热电偶表面的对流给热系数 $\alpha=60\text{W}/(\text{m}^2\cdot℃)$。试求管内

气体的真实温度 T_g 及热电偶的测温误差。

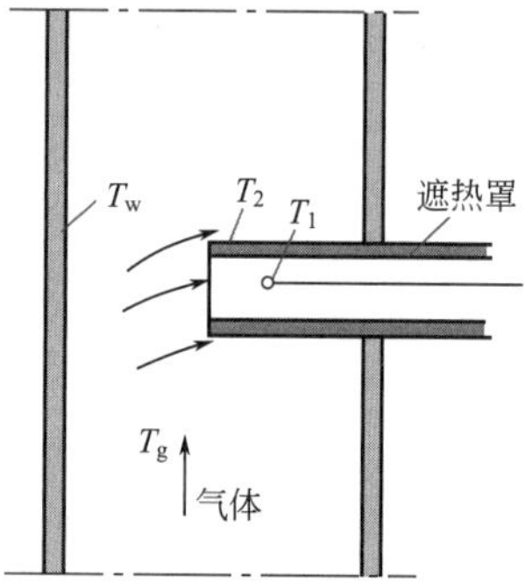

如采用单层遮热罩抽气式热电偶（图 6-31），热电偶的指示温度为多少？假设由于抽气的原因气体对热电偶的对流给热系数增至 $100W/(m^2 \cdot ℃)$，遮热罩表面的黑度 $\varepsilon_2=0.2$。

图 6-31　例 6-6 附图

解：(1) 由于热电偶工作点具有凸表面，其表面积相对于管壁面积很小，即 $\dfrac{A_1}{A_2}\approx 0$。因此，它们之间的辐射给热可按式 (6-99) 计算。在定态条件下，热电偶的辐射散热和对流受热应相等

$$q=\alpha_1(T_g-T_1)=\varepsilon_1 C_0\left[\left(\frac{T_1}{100}\right)^4-\left(\frac{T_w}{100}\right)^4\right]$$

于是

$$T_g=T_1+\frac{\varepsilon_1 C_0}{\alpha_1}\left[\left(\frac{T_1}{100}\right)^4-\left(\frac{T_w}{100}\right)^4\right]=1000+\frac{0.4\times 5.67}{60}\times\left[\left(\frac{1000}{100}\right)^4-\left(\frac{773}{100}\right)^4\right]$$
$$=1243\ (K)$$

测温的绝对误差为 243K，相对误差为 24.3%。这样大的测量误差显然是不能允许的。

(2) 设遮热罩表面温度为 T_2，气体以对流方式传给遮热罩内外表面的传热速率

$$q_1=2\alpha_2(T_g-T_2)=2\times 100\times(1243-T_2)$$

遮热罩对管壁的散热速率

$$q_2=0.2\times 5.67\times\left[\left(\frac{T_2}{100}\right)^4-\left(\frac{773}{100}\right)^4\right]$$

定态时 $q_1=q_2$，于是可从两式用试差法求出遮热罩壁温 $T_2=1160K$。

气体对热电偶的对流传热速率

$$q_3=\alpha_2(T_g-T_1)=100\times(1243-T_1)$$

热电偶对遮热罩的辐射散热速率

$$q_4=0.4\times 5.67\times\left[\left(\frac{T_1}{100}\right)^4-\left(\frac{1160}{100}\right)^4\right]$$

由 $q_3=q_4$，求出热电偶的指示温度 $T_1=1194K$。此时测温的绝对误差为 49K，相对误差为 3.9%。可见采用遮热罩抽气式热电偶使测温精度大为提高。

影响辐射传热的主要因素

(1) 温度的影响　由式(6-95) 可知，辐射热流量并不正比于温差，而是正比于温度四次方之差。这样，同样的温差在高温时的热流量将远大于低温时的热流量。例如 $T_1=720K$，$T_2=700K$ 与 $T_1=120K$，$T_2=100K$ 两者温差相等，但在其他条件相同情况下，热流量相差 260 多倍。

(2) 几何位置的影响　角系数对两物体间的辐射传热有重要影响，角系数决定于两辐射表面的方位和距离，实际上决定于一个表面对另一个表面的投射角（参见图 6-32）。对同样大小的微元面积 dA_2，位置距辐射源越远，与球面夹角越大，投射角（立体角）越小，角系数亦越小。

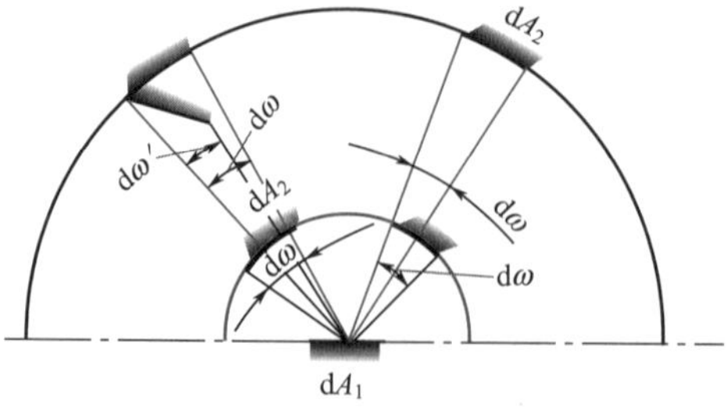

图 6-32　辐射的投射角

(3) 表面黑度的影响 由式(6-96) 可见，当物体相对位置一定，系统黑度只和表面黑度有关。因此，通过改变表面黑度的方法可以强化或减弱辐射传热。例如，表面上涂上黑度很大的油漆；或在表面上镀以黑度很小的银、铝等。

(4) 辐射表面之间介质的影响 在以上讨论中，都假定两表面间的介质为透明体($d=1$)，实际上某些气体也具有发射和吸收辐射能的能力。因此，气体的存在对物体的辐射传热必有影响。

有时为削弱表面之间的辐射传热，常在换热表面之间插入薄板来阻挡辐射传热。这种薄板称为遮热板，下面通过一例来说明遮热板的作用。

【例 6-7】 遮热板的应用

室内有一高为 0.5m、宽为 0.8m 的铸铁炉门，表面温度为 700℃，室温为 25℃。试求：(1) 炉门辐射散热的热流量；(2) 若在炉门前很小距离平行放置一块同样大小的铝质遮热板(已氧化)，炉门与遮热板的辐射热流量为多少？

解：由表 6-4 查得铸铁黑度取 $\varepsilon_1=0.75$，铝的黑度取 $\varepsilon_3=0.16$。

(1) 此时炉门为四壁包围，$\frac{A_1}{A_2}\approx 0$，由式(6-99)

$$Q_{12}=\varepsilon_1 A_1 C_0\left[\left(\frac{T_1}{100}\right)^4-\left(\frac{T_2}{100}\right)^4\right]=0.75\times 0.8\times 0.5\times 5.67\times\left[\left(\frac{973}{100}\right)^4-\left(\frac{298}{100}\right)^4\right]$$

$$=1.51\times 10^4\ (\mathrm{W})$$

(2) 因炉门与遮热板相距很近，两者之间的辐射热流量可近似地由式(6-97) 计算。设铝板温度为 T_3，则

$$Q_{13}=\frac{A_1 C_0\left[\left(\frac{T_1}{100}\right)^4-\left(\frac{T_3}{100}\right)^4\right]}{\frac{1}{\varepsilon_1}+\frac{1}{\varepsilon_3}-1}=\frac{0.5\times 0.8\times 5.67\times\left[\left(\frac{973}{100}\right)^4-\left(\frac{T_3}{100}\right)^4\right]}{\frac{1}{0.75}+\frac{1}{0.16}-1}$$

遮热板与四周墙壁的辐射热流量仍可用式(6-99) 计算，即

$$Q_{32}=\varepsilon_3 A_3 C_0\left[\left(\frac{T_3}{100}\right)^4-\left(\frac{T_2}{100}\right)^4\right]=0.16\times 0.5\times 0.8\times 5.67\times\left[\left(\frac{T_3}{100}\right)^4-\left(\frac{298}{100}\right)^4\right]$$

在定态条件下，$Q_{13}=Q_{32}$，可求出

$$T_3=814.7\mathrm{K}$$

$$Q_{13}=Q_{32}=0.16\times 0.5\times 0.8\times 5.67\times(8.147^4-2.98^4)=1570\ (\mathrm{W})$$

此结果说明放置遮热板是减少炉门热损失的有效措施。

辐射给热系数 尽管热辐射和对流给热遵循完全不同的规律，但在对流和热辐射同时存在的场合，常将辐射热流量用统一的牛顿冷却定律表示，辐射给热系数定义为

$$\alpha_R=\frac{Q_R}{A(T_1-T_2)} \tag{6-100}$$

将式(6-95) 代入上式，可得

$$\alpha_R=\varepsilon_s\varphi_{12}C_0\times 10^{-8}\frac{T_1^4-T_2^4}{T_1-T_2}=\varepsilon_s\varphi_{12}C_0(T_1^3+T_1^2T_2+T_2^2T_1+T_2^3)\times 10^{-8} \tag{6-101}$$

利用此式计算辐射给热系数，需根据具体情况求出 ε_s 和角系数 φ_{12}。例如，当化工设备或管道在大房间内散热时，则 $\varphi_{12}=1$，$\varepsilon_s=\varepsilon_1$，可由式(6-101) 很方便地求出 α_R。

当对流给热的温差也是 T_1-T_2 时（注意有时并不等于 T_1-T_2），则总热流密度

$$q_t=q_C+q_R=(\alpha_C+\alpha_R)(T_1-T_2)=\alpha_t(T_1-T_2)$$

式中，α_C 为对流给热系数，W/(m^2·℃)，可根据6.3节有关公式计算；α_t 为总给热系数，W/(m^2·℃)，其数值等于 α_C 和 α_R 之和。

6.5.2 气体辐射

气体辐射也是工业上常见的现象。在各种加热炉中，高温气体与管壁或设备壁面之间的传热过程不仅包含对流给热，而且还包含热辐射。高温设备对周围环境的散热，也是如此。严格说来，气体和固体表面之间的一切传热过程都伴随有辐射传热，只是当温度不高时，辐射传热可以忽略而已。

在工业常遇的高温范围内，分子结构对称的双原子气体，如 O_2、N_2、H_2 等可视为透体，既无辐射能力，也无吸收能力。但是，分子结构不对称的双原子气体及多原子气体，如 CO、CO_2、SO_2、CH_4 和水蒸气等一般都具有相当大的辐射和吸收能力。

与固体辐射相比，气体辐射有自己的特点。

气体辐射和吸收对波长有强烈的选择性 实验表明，气体只能辐射和吸收某些波长范围内的辐射能。例如水蒸气只能辐射和吸收2.55～2.84μm、5.6～7.6μm、12～30μm三个波长范围的辐射能，对其他波长的能量则不辐射也不吸收。因此气体不能近似地作为灰体处理。

作为一种实际物体，气体辐射能力 E_g 仍可用其黑度 ε_g 来表征。但是，气体的吸收能力不仅取决于本身情况，还与外来辐射的波长范围有关。所以，气体的吸收率 a_g 不再与其黑度 ε_g 相等。

气体辐射是一个容积过程 热射线不能穿透固体，所以固体的辐射和吸收只能在表面上进行。因为是一种表面过程，固体间的辐射传热只与表面积的大小和表面特性有关。气体的穿透率 d（亦称透过率）不为零，投射到气体表面的辐射能必定进入气体内部，沿途被气体分子逐渐吸收。另一方面，在气体界面上所感受到的气体辐射应是到达界面上的整个容积气体辐射的总和。因此，气体的辐射和吸收是在整个容积上进行的，必定与气体容积的大小和形状有关。

气体辐射虽是一种容积过程，但其辐射能力同样定义为单位气体表面在单位时间内向半球空间各方向所辐射的总能量。在一定温度 T_g 下，气体的辐射能力 E_g 不仅取决于气体容积和形状，而且还与表面所处的位置有关。例如在图6-33所示的圆柱状气体中，位于表面不同部位的 A、B 两点辐射能力不同。这是因为从各方向到达 A、B 两点射线行程不等的缘故。

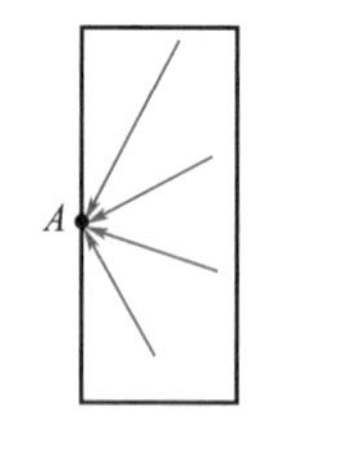

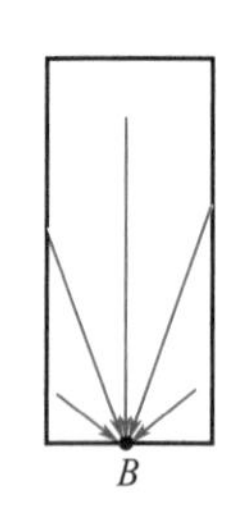

图6-33 不同部位的气体辐射

为此，采用平均射线行程 L 的概念，各种形状气体表面的平均射线行程 L 可查相关资料。缺少资料时，可按下式估计

$$L=3.6\frac{V}{A} \tag{6-102}$$

式中，V 为气体容积，m^3；A 为外表面积，m^2。

气体的辐射能力或黑度只与气体温度 T_g 和平均射线行程 L 上具有辐射能力的气体分子数有关；而后者与该气体的分压 p_g 及平均射线行程 L 之乘积成正比。因此，气体的黑度可

表示为

$$\varepsilon_g = f(T_g, p_g L) \tag{6-103}$$

函数 f 的具体形式可由实验确定。

气体的吸收率 a_g 与外来辐射有关。但对于指定的外来辐射，气体的吸收率也可以表示为

$$a_g = \varphi(T_g, p_g L) \tag{6-104}$$

并由实验测定。

当气体的黑度和吸收率确定之后，气体与黑体外壳的辐射热流密度为

$$q = \varepsilon_g E_{bg} - a_g E_{bw} = C_0 \left[\varepsilon_g \left(\frac{T_g}{100} \right)^4 - a_g \left(\frac{T_w}{100} \right)^4 \right] \tag{6-105}$$

式中，T_g 为气体温度，K；T_w 为外壳温度，K；a_g 为气体对来自温度为 T_w 的黑体外壳辐射能的吸收率。

思考题

6-11　为什么低温时热辐射往往可以忽略，而高温时热辐射则往往成为主要的传热方式？

6-12　影响辐射传热的主要因素有哪些？

6-13　有两把外形相同的茶壶，一把为陶瓷的，一把为银制的。将刚烧开的水同时充满两壶。实测发现，陶壶内的水温下降比银壶中的快，这是为什么？

6.6 传热过程的计算

工业上大量存在的传热过程（指间壁式传热过程）都是由固体内部的导热及各种流体与固体表面间的给热组合而成的。关于导热和各种情况下的给热所遵循的规律前面各节已经讨论过，本节在此基础上进一步讨论传热的计算问题。

6.6.1 传热过程的数学描述

在工业连续生产中，换热器内进行的大都是定态传热过程。采用欧拉考察方法，过程的定态条件可使传热过程的计算大为简化。

热量衡算微分方程式　图 6-34 所示为一定态逆流操作的套管式换热器，热流体走管内，流量为 q_{m1}，冷流体走环隙，流量为 q_{m2}。冷、热流体的主体温度分别以 t 和 T 表示。在与流动垂直方向上取一微元管段 $\mathrm{d}L$，其传热面积为 $\mathrm{d}A$。若所取微元处的局部热流密度为 q，则热流体通过 $\mathrm{d}A_i$ 传给冷流体的热流量为 $\mathrm{d}Q = q\mathrm{d}A_i$。$q_i$ 为以内壁面 A_i 为基准的热流密度，q_o 为以外壁面 A_o 为基准的热流密度。

取微元体内内管空间为控制体作热量衡算，并假定：

① 热流体流量 q_{m1} 和比热容 c_{p1} 沿传热面不变；

② 热流体无相变化；

③ 换热器无热损失；

④ 控制体两端面的热传导可以忽略（因轴向温度梯度很小，此假定基本符合实际）。

可以得到

$$q_{m1} c_{p1} \mathrm{d}T = q_i \mathrm{d}A_i = \mathrm{d}Q \tag{6-106}$$

同样，对冷流体作类似假定，并以微元体内环隙空间为控制体作热量衡算，可得到

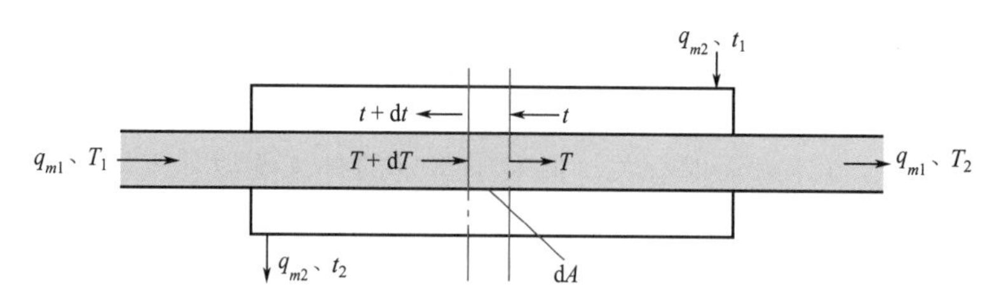

图 6-34　定态逆流操作的套管式换热器

$$q_{m2}c_{p2}\mathrm{d}t=q_o\mathrm{d}A_o=\mathrm{d}Q \tag{6-107}$$

传热速率方程式　热流密度 q 是反映具体传热过程速率大小的特征量。前面已对传导步骤和对流步骤的热流密度作了阐述，但在实际计算时，壁温往往是未知的。为方便计算，须避开壁温，直接根据冷、热流体的温度进行传热速率的计算。

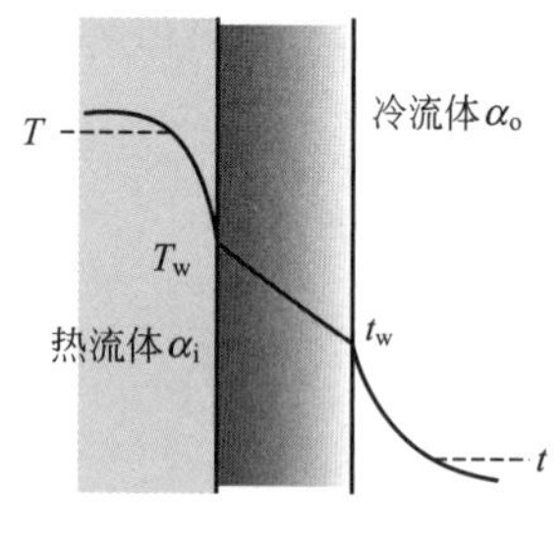

图 6-35　微元管段中的热流密度

在图 6-34 所示的套管式换热器中，热量序贯地由热流体传给管壁内侧、再由管壁内侧传至外侧，最后由管壁外侧传给冷流体（参见图 6-35）。在定态条件下，则各环节的热流量 dQ 相等，即

$$\mathrm{d}Q=\frac{T-T_w}{\dfrac{1}{\alpha_i}}\mathrm{d}A_i=\frac{T_w-t_w}{\dfrac{\delta}{\lambda}}\mathrm{d}A_m=\frac{t_w-t}{\dfrac{1}{\alpha_o}}\mathrm{d}A_o \tag{6-108}$$

式中，t_w、T_w 分别为冷、热流体侧的壁温，K；α_o、α_i 分别为管外、管内侧流体的给热系数，W/(m^2·K)；λ 为管壁材料的热导率，W/(m·K)；δ 为管壁厚度，m。

由式(6-108) 可得

$$q_o=\frac{T-t}{\dfrac{1}{\alpha_i}\times\dfrac{d_o}{d_i}+\dfrac{\delta}{\lambda}\times\dfrac{d_o}{d_m}+\dfrac{1}{\alpha_o}}=\frac{\text{推动力}}{\text{阻力}} \tag{6-109}$$

式中，d_i、d_o 分别表示圆管的内、外直径；d_m 为 d_i 与 d_o 的对数均值，在$\dfrac{d_o}{d_i}\leqslant 2$ 时可用算术均值代替。当忽略管壁内外表面积差异时，或当平壁时，则有

$$q=\frac{T-t}{\dfrac{1}{\alpha_i}+\dfrac{\delta}{\lambda}+\dfrac{1}{\alpha_o}} \tag{6-110}$$

式(6-109) 中$\dfrac{1}{\alpha_i}\times\dfrac{d_o}{d_i}$、$\dfrac{\delta}{\lambda}\times\dfrac{d_o}{d_m}$、$\dfrac{1}{\alpha_o}$分别为各传热环节对单位传热面而言的热阻。由该式可再次看到，串联过程的推动力和阻力具有加和性。

在工程上，式(6-109) 通常写成

$$q_2=K_o(T-t) \tag{6-111}$$

式中

$$K_o=\frac{1}{\dfrac{1}{\alpha_i}\times\dfrac{d_o}{d_i}+\dfrac{\delta}{\lambda}\times\dfrac{d_o}{d_m}+\dfrac{1}{\alpha_o}}=\frac{1}{\dfrac{1}{\alpha_i}\times\dfrac{d_o}{d_i}+\dfrac{d_o}{2\lambda}\ln\left(\dfrac{d_o}{d_i}\right)+\dfrac{1}{\alpha_o}} \tag{6-112}$$

式中，K_o（以 A_o 为基准）为传热过程总热阻的倒数，称为传热系数。

比较式(6-29)和式(6-111)两式可知，给热系数 α 同流体与壁面的温差相联系，而传热系数 K 则同冷、热流体的温差相联系。因此，根据式(6-112)由壁面两侧的给热系数 α 求出传热系数 K，可以避开未知的壁温计算热流密度。

传热系数和热阻 由式(6-112)可知，传热过程的总热阻$\frac{1}{K}$由各串联步骤的热阻叠加而成，原则上减小任何环节的热阻都可提高传热系数，增大传热过程的速率。但是，当各步骤热阻$\frac{1}{\alpha_i}\times\frac{d_o}{d_i}$、$\frac{\delta}{\lambda}\times\frac{d_o}{d_m}$、$\frac{1}{\alpha_o}$具有不同数量级时，总热阻$\frac{1}{K}$的数值将主要由其中最大热阻所决定。以套管式换热器为例，器壁热阻$\frac{\delta}{\lambda}\times\frac{d_o}{d_m}$一般很小，可以忽略，故当 $\alpha_i \gg \alpha_o$ 时，可得 $K_o \approx \alpha_o$；而当 $\alpha_o \gg \alpha_i$ 时，则 $K_o \approx \alpha_i d_i / d_o$。由此可见，在串联过程中可能存在某个控制步骤。如果传热过程确实存在某个控制步骤，在考虑传热过程强化时，必须着力减小控制步骤的热阻。如不去减小控制步骤的热阻，而在非控制步骤的热阻上下功夫，则难以达到强化传热的目的。

对于通过管壁的传热，内外表面的热流密度不等。

$$\text{内表面}\quad q_i = K_i(T-t) \tag{6-113}$$

$$\text{外表面}\quad q_o = K_o(T-t) \tag{6-114}$$

式中，K_i、K_o 分别为以内、外表面积为基准的传热系数。显然，以内、外表面积为基准的传热系数是不相等的。$K_i A_i = K_o A_o$，由式(6-112)可导出：

$$K_i = \frac{1}{\frac{1}{\alpha_i}+\frac{\delta}{\lambda}\times\frac{d_i}{d_m}+\frac{1}{\alpha_o}\times\frac{d_i}{d_o}} = \frac{1}{\frac{1}{\alpha_i}+\frac{d_i}{2\lambda}\ln\left(\frac{d_i}{d_o}\right)+\frac{1}{\alpha_o}\times\frac{d_i}{d_o}} \tag{6-115}$$

在传热计算中，以内表面或外表面为基准计算结果相同，但工程上习惯以外表面为基准，故以下所述的传热系数 K 都是以管外表面为基准的。

若管壁不太厚，则传热系数仍可按式(6-110)计算。

【例 6-8】 传热系数的计算

热空气在冷却管外流过，$\alpha_o=100\text{W}/(\text{m}^2\cdot\text{K})$。冷却水在管内流过 $\alpha_i=1200\text{W}/(\text{m}^2\cdot\text{K})$，冷却管为 $\phi16\text{mm}\times1.5\text{mm}$ 的管子，$\lambda=45\text{W}/(\text{m}\cdot\text{K})$。

试求：(1) 传热系数 K；(2) 管外给热系数 α_o 增加一倍，传热系数有何变化？(3) 管内给热系数 α_i 增加一倍，传热系数有何变化？

解：(1) 由式(6-112)

$$K_o = \frac{1}{\frac{1}{\alpha_i}\times\frac{d_o}{d_i}+\frac{\delta}{\lambda}\times\frac{d_o}{d_m}+\frac{1}{\alpha_o}} = \frac{1}{\frac{1}{1200}\times\frac{16}{13}+\frac{0.0015}{45}\times\frac{16}{14.5}+\frac{1}{100}}$$

$$= \frac{1}{0.00103+0.00004+0.01} = 90.4[\text{W}/(\text{m}^2\cdot\text{K})]$$

可见管壁热阻很小，通常可以忽略不计。

(2)
$$K_o = \frac{1}{0.00103+0.00004+\frac{1}{2\times100}} = 164.7[\text{W}/(\text{m}^2\cdot\text{K})]$$

传热系数增加了 82%。

(3) $$K_o=\frac{1}{\frac{1}{2\times1200}\times\frac{16}{13}+0.00004+0.01}=94.8[\mathrm{W/(m^2\cdot K)}]$$

传热系数只增加了5%，说明要提高K，应提高较小的α_o值比较有效。

污垢热阻 以上推导过程中，未计及传热面污垢的影响。实践证明，表面污垢会产生相当大的热阻，在传热过程计算时，污垢热阻一般不可忽略。但是，污垢层的厚度及其热导率无法测量，故污垢热阻只能根据经验数据确定。若管壁冷、热流体两侧的污垢热阻分别用R_o和R_i表示，则传热系数可由下式计算

$$K_o=\frac{1}{\left(\frac{1}{\alpha_i}+R_i\right)\frac{d_o}{d_i}+\frac{\delta}{\lambda}\times\frac{d_o}{d_m}+\frac{1}{\alpha_o}+R_o} \tag{6-116}$$

表6-5给出某些工业上常见流体的污垢热阻的大致范围以供参考。

表6-5 某些工业上常见流体的污垢热阻的大致范围

流体	污垢热阻 $R/(\mathrm{m^2\cdot K/kW})$	流体	污垢热阻 $R/(\mathrm{m^2\cdot K/kW})$
水(1m/s，$t>50$℃)		水蒸气	
蒸馏水	0.09	优质——不含油	0.052
海水	0.09	劣质——不含油	0.09
清净的河水	0.21	往复机排出	0.176
未处理的凉水塔用水	0.58	液体	
已处理的凉水塔用水	0.26	处理过的盐水	0.264
已处理的锅炉用水	0.26	有机物	0.176
硬水、井水	0.58	燃料油	1.056
气体		焦油	1.76
空气	0.26～0.53		
溶剂蒸气	0.14		

壁温计算 根据热流密度

$$q_o=K_o(T-t)=\alpha_o(T-T_w)=\frac{d_m}{d_o}\times\frac{\lambda}{\delta}(T_w-t_w)=\frac{d_i}{d_o}\alpha_i(t_w-t) \tag{6-117}$$

可以解出热流密度q_o及两侧壁温T_w和t_w。由式(6-117)可见，在三步传热过程中，热阻大的步骤温差也大。金属壁的热阻通常可以忽略，即$T_w\approx t_w$，于是

$$\frac{T-T_w}{T-t}=\frac{K_o}{\alpha_o}=\frac{1/\alpha_o}{1/K_o}=\frac{1/\alpha_o}{1/\alpha_o+d_o/(d_i\alpha_i)} \tag{6-118}$$

式(6-118)表明，传热面一侧温差与总温差之比等于一侧热阻与总热阻之比，壁温T_w接近于热阻较小或给热系数较大一侧的流体温度。

【例6-9】 壁温的计算

有一蒸发器，管内通100℃热流体加热，给热系数α_i为1200W/(m²·℃)，管外有液体沸腾，沸点为60℃，给热系数α_o为8000W/(m²·℃)。试求以下两种情况下的壁温：(1)管壁清洁无垢；(2)外侧有污垢产生，污垢热阻R_o等于0.005m²·℃/W。

解： 忽略管壁热阻，并假设壁温为T_w。

(1) 由式(6-118) $$\frac{100-T_w}{100-60}=\frac{\frac{1}{1200}}{\frac{1}{1200}+\frac{1}{8000}}$$

求得 $T_w=65.2$℃。

(2) 此时，内侧热阻与总热阻之比为

$$\frac{100-T_w}{100-60}=\frac{\frac{1}{1200}}{\frac{1}{1200}+\frac{1}{8000}+0.005}=0.140$$

求得 $T_w=94.4$℃。

在第一种情况，$\alpha_o>\alpha_i$，内侧热阻大于外侧热阻，故壁温与外侧沸腾液体温度接近。在第二种情况，外侧总热阻大于内侧热阻，故壁温接近于内侧热流体温度。

6.6.2 传热过程基本方程式

传热过程的积分表达式 随传热过程的进行，冷流体温度 t_1 逐渐上升而热流体温度逐渐下降，故换热器各截面上的热流密度是变化的。为计算换热器的总热流量，或计算传递一定热流量所需要的传热面积，须将式(6-106) 或式(6-107) 沿整个传热面积分。将热流密度计算式

$$q=K(T-t) \tag{6-119}$$

代入热量衡算式(6-106) 和式(6-107)，可得

$$q_{m1}c_{p1}\mathrm{d}T=K(T-t)\mathrm{d}A \tag{6-120}$$

或

$$q_{m2}c_{p2}\mathrm{d}t=K(T-t)\mathrm{d}A \tag{6-121}$$

假定传热系数 K 在整个传热面上保持不变，将以上两式积分可得

$$A=\int_0^A \mathrm{d}A=\frac{q_{m1}c_{p1}}{K}\int_{T_2}^{T_1}\frac{\mathrm{d}T}{T-t} \tag{6-122}$$

$$A=\int_0^A \mathrm{d}A=\frac{q_{m2}c_{p2}}{K}\int_{t_1}^{t_2}\frac{\mathrm{d}t}{T-t} \tag{6-123}$$

实际流体的物性随温度而变，严格说来 K 或多或少是变化的。但在普通换热器的温度变化范围内，取平均温度下流体的物性计算传热系数 K，并把它作为常数，在工程计算上是允许的。

操作线与推动力的变化规律 为了积分以上两式，必须找出推动力 $(T-t)$ 随流体温度 T 或 t 的变化规律。在换热器内，冷、热流体温度沿传热面的变化如图 6-36 所示，但两者的变化必受到热量衡算式的约束。设冷、热流体在换热器内无相变化，在冷流体入口端和

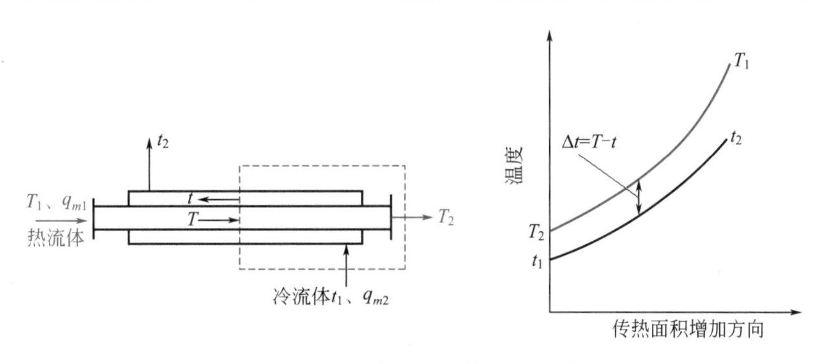

图 6-36 逆流换热器中冷、热流体温度沿传热面的变化

任意截面间取控制体作热量衡算可得

$$T=\frac{q_{m2}c_{p2}}{q_{m1}c_{p1}}t+\left(T_2-\frac{q_{m2}c_{p2}}{q_{m1}c_{p1}}t_1\right) \tag{6-124}$$

若忽略 c_{p1}、c_{p2} 随温度的变化，式(6-124) 为一直线方程式，如图 6-37 中的直线 AB 所示。

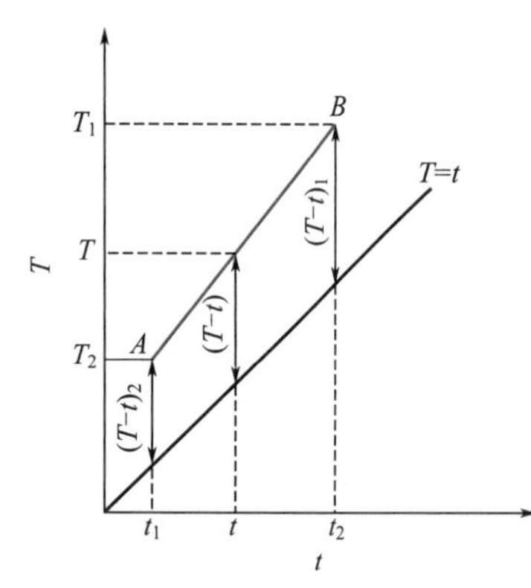

图 6-37 逆流换热器的操作线和推动力

直线 AB 的两个端点分别代表换热器两端冷、热流体的温度，线上的每一点代表换热器某一截面上冷、热流体的温度，故称为换热器的操作线。

传热推动力是冷、热两流体间的温差（$T-t$），由图 6-37可见，操作线与对角线间的垂直距离就等于推动力。两直线间的垂直距离必亦随温度 T 或 t 呈线性变化，故推动力（$T-t$）相对于温度 T 或 t 的变化率皆为常数，并且可用两流体的端值温度加以表示，即

$$\frac{d(T-t)}{dT}=\frac{(T-t)_1-(T-t)_2}{T_1-T_2} \tag{6-125}$$

$$\frac{d(T-t)}{dt}=\frac{(T-t)_1-(T-t)_2}{t_2-t_1} \tag{6-126}$$

式中，$(T-t)_1$ 和 $(T-t)_2$ 分别是换热器两端传热推动力。

传热基本方程式 将式(6-125) 和式(6-126) 分别代入式(6-122) 和式(6-123) 得

$$A=\frac{q_{m1}c_{p1}}{K}\times\frac{T_1-T_2}{(T-t)_1-(T-t)_2}\int_{(T-t)_2}^{(T-t)_1}\frac{d(T-t)}{T-t} \tag{6-127}$$

$$A=\frac{q_{m2}c_{p2}}{K}\times\frac{t_2-t_1}{(T-t)_1-(T-t)_2}\int_{(T-t)_2}^{(T-t)_1}\frac{d(T-t)}{T-t} \tag{6-128}$$

换热器的总热流量为 Q，对整个换热器作热量衡算可得

$$Q=q_{m1}c_{p1}(T_1-T_2)=q_{m2}c_{p2}(t_2-t_1) \tag{6-129}$$

于是，式(6-127)、式(6-128) 均可写成

$$A=\frac{Q}{K}\times\frac{1}{\dfrac{(T-t)_1-(T-t)_2}{\ln\dfrac{(T-t)_1}{(T-t)_2}}}=\frac{Q}{K\Delta t_m} \tag{6-130}$$

或

$$Q=KA\frac{(T-t)_1-(T-t)_2}{\ln\dfrac{(T-t)_1}{(T-t)_2}}=KA\Delta t_m \tag{6-131}$$

式中

$$\Delta t_m=\frac{(T-t)_1-(T-t)_2}{\ln\dfrac{(T-t)_1}{(T-t)_2}} \tag{6-132}$$

Δt_m 称为对数平均温差或对数平均推动力。式(6-131) 通常称为传热过程基本方程式。

在以上推导中假设冷、热流体作逆流流动，并规定两流体皆无相变化。但实际上，传热基本方程式的导出只是以操作线为直线作为前提的。当流体并流或存在相变化时，操作线亦为直线（分别如图 6-38 和图 6-39 所示），故传热基本方程式仍然适用。

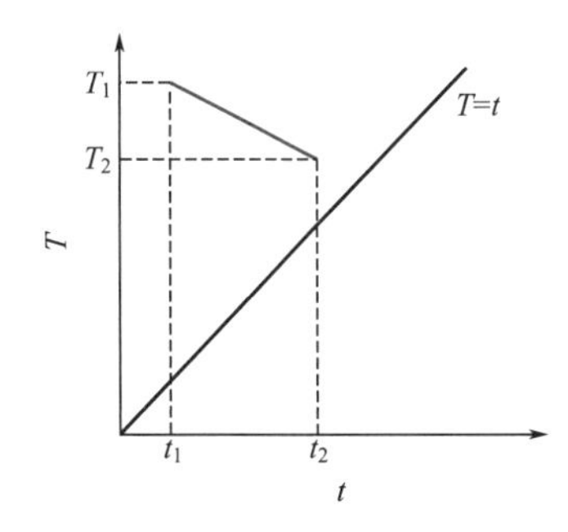

图 6-38　并流换热时的操作线和推动力

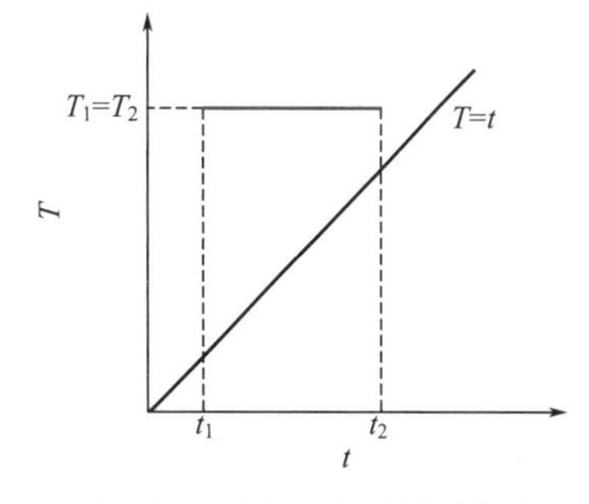

图 6-39　热流体一侧有相变时的操作线和推动力

对数平均推动力　对数平均推动力恒小于等于算术平均推动力，特别是当换热器两端推动力相差悬殊时，对数平均值要比算术平均值小得多。当换热器一端两流体温差接近于零时，对数平均推动力将急剧减小。对数平均推动力这一特性，对换热器的操作有着深刻的影响。例如，当换热器两端温差有一个为零时，对数平均温差必为零。这意味着传递相应的热流量，需要无限大的传热面。但是，当两端温差相差不大时，如 $1/2<(T-t)_1/(T-t)_2<2$ 时，对数平均推动力可用算术平均推动力代替。

在冷、热流体进出口温度相同的条件下，并流操作两端推动力相差较大，其对数平均值必小于逆流操作。因此，就增加传热过程平均推动力 Δt_m 而言，逆流操作总是优于并流的。

在原则上，式(6-132) 只适用于逆流和并流。在实际换热器内，纯粹的逆流和并流是不多见的。但对工程计算来说，如图 6-40 所示的流体经过管束的流动，只要曲折次数超过 4 次，就可作为纯逆流和纯并流处理。

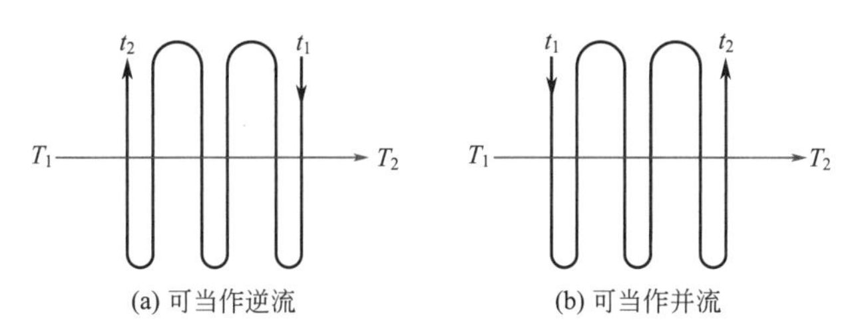

(a) 可当作逆流　　(b) 可当作并流

图 6-40　可作逆流、并流处理的情况

除并流和逆流外，在换热器中流体还可作其他形式的流动，此时计算 Δt_m 的方法将在 6.7 换热器一节中详述。

【例 6-10】 并流和逆流对数平均温度差的比较

在一台螺旋板式换热器中，热水流量为 2000kg/h，冷水流量为 3000kg/h，热水进口温度 $T_1=90℃$，冷水进口温度 $t_1=10℃$。如果要求将冷水加热到 $t_2=40℃$，试求并流和逆流时的平均温差。

解： 在题述温度范围内

$$c_{p1}=c_{p2}=4.18\text{kJ/(kg·℃)}$$

由

$$q_{m1}c_{p1}(T_1-T_2)=q_{m2}c_{p2}(t_2-t_1)$$

$$2000\times(90-T_2)=3000\times(40-10)$$

求得

$$T_2=45℃$$

并流时，$\Delta t_1=90-10=80$ (℃)，$\Delta t_2=45-40=5$(℃)，则

$$\Delta t_m=\frac{\Delta t_1-\Delta t_2}{\ln\frac{\Delta t_1}{\Delta t_2}}=\frac{80-5}{\ln\frac{80}{5}}=27.1(℃)$$

逆流时，$\Delta t_1=90-40=50$(℃)，$\Delta t_2=45-10=35$(℃)，则

$$\Delta t_m=\frac{50-35}{\ln\frac{50}{35}}=42.1(℃)$$

可见逆流操作的 Δt_m 比并流时大 55.4%。

6.6.3 换热器的设计型计算

下面以某一热流体的冷却为例，说明设计型计算的命题方式、计算方法及参数选择。

设计型计算的命题方式 设计任务：将一定流量 q_{m1} 的热流体自给定温度 T_1 冷却至指定温度 T_2。

设计条件：可供使用的冷却介质温度，即冷流体的进口温度 t_1。

计算目的：确定经济上合理的传热面积及换热器其他有关尺寸。

设计型问题的计算方法 设计计算的大致步骤如下：

① 首先由传热任务计算换热器的热流量（通常称为热负荷）

$$Q=q_{m1}c_{p1}(T_1-T_2)$$

② 作出适当的选择并计算平均推动力 Δt_m；

③ 计算冷、热流体与管壁的对流给热系数及总传热系数 K；

④ 由传热基本方程 $Q=KA\Delta t_m$ 计算传热面积。

设计型计算中参数的选择

由传热基本方程式可知，为确定所需的传热面积，必须知道平均推动力 Δt_m 和传热系数 K。为计算对数平均温差 Δt_m，设计者首先必须：

① 选择流体的流向，即决定采用逆流、并流还是其他复杂流动方式；

② 选择冷却介质的出口温度。

为求得传热系数 K，须计算两侧的给热系数 α，故设计者必须：

① 确定冷、热流体各走管内还是管外；

② 选择适当的流速。

同时，还必须选定适当的污垢热阻。

总之，在设计型计算中，涉及一系列的选择。各种选择决定以后，所需的传热面积及管长等换热器其他尺寸是不难确定的。不同的选择有不同的计算结果，设计者必须作出恰当的选择才能得到经济上合理、技术上可行的设计，或者通过多方案计算，从中选出最优方案。近年来，依靠计算机按规定的最优化程序进行自动寻优的方法得到日益广泛的应用。

选择的依据 选择的依据不外经济、技术两个方面。

(1) 流向的选择 为更好地说明问题，首先比较纯逆流和并流这两种极限情况。

当冷、热流体的进出口温度相同时，逆流操作的平均推动力大于并流，因而传递同样的热流量，所需的传热面积较小。此外，对于一定的热流体进口温度 T_1，采用并流时，冷流体的最高极限出口温度为热流体的出口温度 T_2。反之，如采用逆流，冷流体的最高极限出口温度可为热流体的进口温度 T_1。这样，如果换热的目的是单纯的冷却，逆流操作时，冷

却介质温升可选择得较大因而冷却介质用量可以较小；如果换热的目的是回收热量，逆流操作回收的热量温位（即温度 t_2）可以较高，因而利用价值较大。显然在一般情况下，逆流操作总是优于并流，应尽量采用。

但是，对于某些热敏性物料的加热过程，并流操作可避免出口温度过高而影响产品质量。另外，在某些高温换热器中，逆流操作因冷却流体的最高温度 t_2 和 T_1 集中在一端，会使该处的壁温特别高。为降低该处的壁温，可采用并流，以延长换热器的使用寿命。

须注意，由于热平衡的限制，并不是任何一种流动方式都能完成给定的生产任务。例如，在例 6-10 中，如采用并流，冷水可能达到的最高温度 $t_{2\max}$ 可由热量衡算式

$$q_{m1}c_{p1}(T_1-t_{2\max})=q_{m2}c_{p2}(t_{2\max}-t_1)$$

计算，即

$$t_{2\max}=\frac{T_1\left(\dfrac{q_{m1}c_{p1}}{q_{m2}c_{p2}}\right)+t_1}{1+\dfrac{q_{m1}c_{p1}}{q_{m2}c_{p2}}}=\frac{90\times\dfrac{2000}{3000}+10}{1+\dfrac{2000}{3000}}=42(℃)$$

如果要求将冷水加热至 42℃以上，采用并流是无法完成的。

(2) 冷却介质出口温度的选择 冷却介质出口温度 t_2 越高，其用量越少，回收的能量的价值也越高，同时，输送流体的动力消耗即操作费用也越小。但是，t_2 越高，传热过程的平均推动力 Δt_m 越小，传递同样的热流量所需的传热面积 A 也越大，设备投资费用必然增加。因此，冷却介质的选择是一个经济上的权衡问题。换热器的设备投资费与冷却介质操作费的总值可用总费用 C 表示

$$C=C_A A+C_W q_{m2} \tag{6-133}$$

式中，C_A、C_W 为相应的价格系数。上式右边第一项为设备费，右边第二项为操作费，它们与 t_2 的关系见图 6-41。可按总费用最低的原则确定冷却介质的最优出口温度 t_{2opt}。

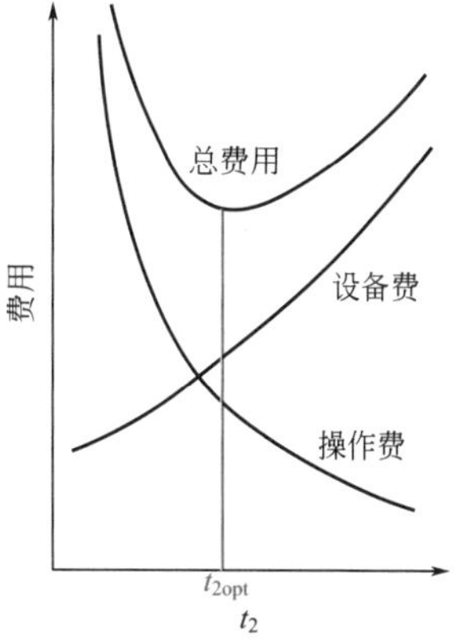

图 6-41　t_2 的最优化

目前，据一般的经验 Δt_m 不宜小于 10℃。如果所处理问题是冷流体加热，可按同样原则选择加热介质的出口温度 T_2。

此外，如果冷却介质是工业用水，出口温度 t_2 不宜过高。因为工业用水中所含的许多盐类（主要是 $CaCO_3$、$MgCO_3$、$CaSO_4$、$MgSO_4$ 等）的溶解度随温度升高而减小，如出口温度过高，盐类析出，形成导热性能很差的垢层，会使传热过程恶化。为阻止垢层的形成，可在冷却用水中添加某些阻垢剂和其他水质稳定剂。即便如此，工业冷却用水的出口温度一般也不高于 45℃。否则，冷却用水必须进行适当的预处理，除去水中所含的盐类。这显然是一个技术性的限制。

(3) 流速的选择 流速的选择一方面涉及传热系数 K 即所需传热面的大小，另一方面又与流体通过换热面的阻力损失有关。因此，流速选择也是经济上权衡得失的问题。但不管怎样，在可能的条件下，管内、外都必须尽量避免层流状态。

除以上所述，还有多种选择因素，留待下一步讨论。

6.6.4 换热器的操作型计算

操作型计算的命题方式 在实际工作中，换热器的操作型计算问题是经常碰到的。例

如，判断一个现有换热器对指定的生产任务是否适用，或者预测某些参数的变化对换热器出口温度的影响等都属于操作型问题。常见的操作型问题命题如下。

(1) 第一类命题

给定条件：换热器的传热面积以及有关尺寸，冷、热流体的物理性质，冷、热流体的流量和进口温度以及流体的流动方式。

计算目的：冷、热流体的出口温度。

(2) 第二类命题

给定条件：换热器的传热面积以及有关尺寸，冷、热流体的物理性质，热流体的流量和进、出口温度，冷流体的进口温度以及流动方式。

计算目的：所需冷流体的流量及出口温度。

操作型问题的计算方法　换热器的传热量，可用传热基本方程式计算，对于逆流操作其值为

$$q_{m1}c_{p1}(T_1-T_2)=KA\frac{(T_1-t_2)-(T_2-t_1)}{\ln\dfrac{T_1-t_2}{T_2-t_1}} \tag{6-134}$$

此热流量所造成的结果，必满足热量衡算式

$$q_{m1}c_{p1}(T_1-T_2)=q_{m2}c_{p2}(t_2-t_1) \tag{6-129}$$

因此，对于各种操作型问题，可联立以上两式求解。由式(6-134)两边消去（T_1-T_2）并联立式(6-129)可得

$$\ln\frac{T_1-t_2}{T_2-t_1}=\frac{KA}{q_{m1}c_{p1}}\left(1-\frac{q_{m1}c_{p1}}{q_{m2}c_{p2}}\right) \tag{6-135}$$

第一类命题的操作型问题可由上式将传热基本方程式变换为线性方程，然后采用消元法求出冷、热流体的温度。但第二类操作型问题，则须直接处理非线性的传热基本方程式，只能采用试差法先求解式(6-134)中的t_2，再由式(6-129)计算$q_{m2}c_{p2}$，计算α_o及K值，再由式(6-134)计算t_2^*。如计算值t_2^*和设定值t_2相符，则计算结果正确。否则，应修正设定值t_2，重新计算。

数学上有一系列方法，可根据设定值t_2和计算值t_2^*的差异选择新的设定值，这种方法称为迭代法。

如果传热系数可以预计且两端温差之比大于0.5且小于2，则对数平均推动力可由算术平均值代替。此时，传热基本方程式成为线性，无论何种类型的操作型问题皆可采用消元法求解，无需试差或迭代。

由上所述，可再次看到，设计型计算必涉及设计参数的选择，而操作型计算往往需要试差或迭代。

传热过程的调节　传热过程的调节问题本质上也是操作型问题的求解过程，下面仍以热流体的冷却为例加以说明。

在换热器中，若热流体的流量q_{m1}或进口温度T_1发生变化，而要求其出口温度T_2保持原来数值不变，可通过调节冷却介质流量来达到目的。但是，这种调节作用不能单纯地从热量衡算的观点理解为冷流体的流量大带走的热量多，流量小带走的热量少。根据传热基本方程式，正确的理解是，冷却介质流量的调节，改变了换热器内传热过程的速率。传热速率的改变，可能来自Δt_m的变化，也可能来自K的变化，而多数是由两者共同引起的。

如果冷流体的给热系数远大于热流体的给热系数，调节冷却介质的流量，K基本不变，

调节作用主要靠 Δt_m 的变化。如果冷流体的给热系数与热流体的给热系数相当或远小于后者，改变冷却介质的流量，将使 Δt_m 和 K 皆有较大变化，此时过程调节是两者共同作用的结果。如果换热器在原工况下冷却介质的温升已经很小，即出口温度 t_2 很低，增大冷却水流量不会使 Δt_m 有较大的增加。此时，如热流体给热不是控制步骤，增大冷却介质流量可使 K 值增大，从而使传热速率有所增加。但是若热流体给热为控制步骤，增大冷却介质的流量已无调节作用。由此可知，在设计时冷却介质的出口温度也不宜取得过低，以便留有调节的余地。

对于以冷流体加热为目的的传热过程，可通过改变加热介质的有关参数予以调节，其作用原理相同。

【例 6-11】 第一类命题的操作型计算

某逆流操作的换热器，热空气走壳程，$\alpha_o=90\text{W}/(\text{m}^2\cdot℃)$，冷却水走管内，$\alpha_i=1900\text{W}/(\text{m}^2\cdot℃)$。已测得冷、热流体进出口温度为 $t_1=21℃$，$t_2=86℃$，$T_1=110℃$，$T_2=80℃$，管壁热阻可以忽略。当水流量增加一倍时，试求（1）水和空气的出口温度 t_2' 和 T_2'；（2）热流量 Q' 比原热流量 Q 增加多少？

解： 本例为第一类命题的操作型计算问题。

（1）对原工况由式(6-129) 和式(6-135) 得

$$\ln\frac{T_1-t_2}{T_2-t_1}=\frac{KA}{q_{m1}c_{p1}}\left(1-\frac{q_{m1}c_{p1}}{q_{m2}c_{p2}}\right) \qquad ①$$

$$\frac{q_{m1}c_{p1}}{q_{m2}c_{p2}}=\frac{t_2-t_1}{T_1-T_2}=\frac{86-21}{110-80}=2.167$$

$$K=\frac{1}{\dfrac{1}{\alpha_i}+\dfrac{1}{\alpha_o}}=\frac{1}{\dfrac{1}{90}+\dfrac{1}{1900}}=85.9\ [\text{W}/(\text{m}^2\cdot℃)]$$

对新工况

$$\ln\frac{T_1-t_2'}{T_2'-t_1}=\frac{K'A}{q_{m1}c_{p1}}\left(1-\frac{q_{m1}c_{p1}}{q_{m2}'c_{p2}}\right) \qquad ②$$

$$K'=\frac{1}{\dfrac{1}{\alpha_o}+\dfrac{1}{2^{0.8}\alpha_i}}=\frac{1}{\dfrac{1}{90}+\dfrac{1}{2^{0.8}\times1900}}=87.6\ [\text{W}/(\text{m}^2\cdot℃)]$$

①、②两式相除可得

$$\ln\frac{T_1-t_2'}{T_2'-t_1}=\ln\frac{T_1-t_2}{T_2-t_1}\times\left(\frac{K'}{K}\right)\left(\frac{1-\dfrac{q_{m1}c_{p1}}{q_{m2}'c_{p2}}}{1-\dfrac{q_{m1}c_{p1}}{q_{m2}c_{p2}}}\right)$$

$$=\ln\frac{110-86}{80-21}\times\left(\frac{87.6}{85.9}\right)\times\left(\frac{1-2.167/2}{1-2.167}\right)=-0.0656$$

$$\frac{T_1-t_2'}{T_2'-t_1}=0.937 \qquad 或 \qquad T_2'=138.4-1.068t_2' \qquad ③$$

由热量衡算式得

$$t_2'=t_1+\frac{q_{m1}c_{p1}}{q'_{m2}c_{p2}}(T_1-T_2')=21+\frac{2.167}{2}\times(110-T_2')$$

$$t_2'=140.2-1.083T_2' \quad ④$$

联立③、④两式求出

$$T_2'=71.5℃, \quad t_2'=62.7℃$$

(2) 新旧两种工况的热流量之比

$$\frac{Q'}{Q}=\frac{K'\Delta t_m'}{K\Delta t_m}=\frac{q_{m1}c_{p1}(110-71.5)}{q_{m1}c_{p1}(110-80)}=1.28$$

即热流量增加了28%。

对本例具体情况，气侧给热为控制步骤，增大水量传热系数基本不变，热流量的变化主要是平均推动力增加的结果。两种工况的平均推动力之比为

$$\frac{\Delta t_m'}{\Delta t_m}=\frac{48.9}{38.9}=1.26\approx\frac{Q'}{Q}$$

【例 6-12】 第二类命题的操作型计算

有一冷却器总传热面积为 $25m^2$，将流量为1.8kg/s的某种气体从60℃冷却到38℃。使用的冷却水初温为23℃，与气体作逆流流动。换热器的总传热系数约为200W/(m·℃)，气体的平均比热容为1.0kJ/(kg·℃)。试求冷却水用量及出口水温。

解： 换热器在定态操作时，必同时满足热量衡算式

$$q_{m1}c_{p1}(T_1-T_2)=q_{m2}c_{p2}(t_2-t_1) \quad ①$$

及传热基本方程式

$$q_{m1}c_{p1}(T_1-T_2)=KA\frac{(T_1-t_2)-(T_2-t_1)}{\ln\frac{T_1-t_2}{T_2-t_1}} \quad ②$$

将已知数据代入①、②两式得

$$q_{m2}=\frac{1.8\times1.0\times(60-38)}{4.18\times(t_2-23)} \quad ③$$

$$7.92\ln\frac{60-t_2}{15}=45-t_2 \quad ④$$

试差求解式④，可得出口水温 $t_2=45.0℃$。然后由式③求得 $q_{m2}=0.431kg/s$。

【例 6-13】 有相变传热的操作型计算

有一蒸汽冷凝器，蒸汽冷凝给热系数 $\alpha_o=12000W/(m^2\cdot℃)$，冷却水给热系数 $\alpha_i=1200W/(m^2\cdot℃)$，已测得冷却水进、出口温度分别为 $t_1=25℃$，$t_2=40℃$。如将冷却水流量增加一倍，蒸汽冷凝量增加多少？已知蒸汽在饱和温度100℃下冷凝。

解： 原工况

$$K=\frac{1}{\frac{1}{12000}+\frac{1}{1200}}=1091\ [W/(m^2\cdot K)]$$

$$q_{m2}c_{p2}(t_2-t_1)=KA\frac{(T-t_1)-(T-t_2)}{\ln\frac{T-t_1}{T-t_2}}$$

得

$$\ln\frac{T-t_1}{T-t_2}=\frac{KA}{q_{m2}c_{p2}} \quad ①$$

新工况

$$K'=\frac{1}{\frac{1}{12000}+\frac{1}{2^{0.8}\times 1200}}=1779\ [\mathrm{W/(m^2\cdot K)}]$$

$$\ln\frac{T-t_1}{T-t_2'}=\frac{K'A}{2q_{m2}c_{p2}} \qquad ②$$

由式②除以式①得

$$\ln\frac{T-t_1}{T-t_2'}=\frac{K'}{2K}\ln\frac{T-t_1}{T-t_2}$$

$$\ln\frac{100-25}{100-t_2'}=\frac{1779}{2\times 1091}\ln\frac{100-25}{100-40}$$

由此式求得冷却水出口温度 $t_2'=37.5$℃

$$\frac{q_{m1}'}{q_{m1}}=\frac{Q'}{Q}=\frac{2q_{m2}c_{p2}(t_2'-t_1)}{q_{m2}c_{p2}(t_2-t_1)}=\frac{2\times(37.5-25)}{40-25}=1.6\dot{6}$$

平均推动力变化较小，冷凝量的增加主要是传热系数提高而引起的。

$$\frac{K'}{K}=\frac{1779}{1091}=1.63\approx\frac{Q'}{Q}$$

综合型计算 在实际工作中，简单的传热问题可分为设计型计算和操作型计算，而复杂些的问题就不再局限于此。这时，需要具体情况具体分析，综合型计算问题的命题也不再是简单划一的了。比如，老厂的扩容改造，处理能力需要增加，设备需要部分更新、部分利旧；新旧换热器需要进行组合操作，需要计算多种方案，比较结果，等等。

【例 6-14】 综合型传热计算

某厂有一套管式换热器，逆流操作，内管 ϕ25mm×2mm，外管 ϕ48mm×2.5mm，有效长度 25m。热流体走管程，流量 1000kg/h，进口温度 100℃。冷流体走环隙，流量 2500kg/h，进口温度 20℃。操作结果，热流体出口温度为 44.9℃，冷流体出口温度为 42℃。现厂里需要生产扩容，冷热流体流量均增加 50%，冷热流体出口温度仍为原要求，拟加长套管换热器的长度，试计算有效长度应增加至多少（m）？

已知物性数据如下。

热流体：密度 978kg/m³，比热容 4167J/(kg·K)，热导率 0.667W/(m·K)，黏度 0.406mPa·s。

冷流体：密度 996kg/m³，比热容 4174J/(kg·K)，热导率 0.617W/(m·K)，黏度 0.801mPa·s。

解： 先根据操作结果计算传热系数 K 值。传热量为

$$Q=q_{m1}c_{p1}(T_1-T_2)=1000\times 4.167\times(100-44.9)=2.296\times 10^5\ \mathrm{(kJ/h)}=6.3778\times 10^4\ \mathrm{W}$$

平均传热温差

$$\Delta t_{\mathrm{m}}=\frac{(T_1-t_2)-(T_2-t_1)}{\ln\frac{T_1-t_2}{T_2-t_1}}=\frac{(100-42)-(44.9-20)}{\ln\frac{100-42}{44.9-20}}=39.2(℃)$$

传热面积

$$A=\pi dL=3.14\times 0.025\times 25=1.963(\mathrm{m^2})$$

实际传热系数

$$K=\frac{Q}{A\Delta t_m}=\frac{63778}{1.963\times 39.2}\approx 830[\mathrm{W/(m^2\cdot K)}]$$

由式(6-116) 可得

$$\frac{1}{K_o}=\left(\frac{1}{\alpha_i}+R_i\right)\frac{d_o}{d_i}+\frac{\delta}{\lambda}\times\frac{d_o}{d_m}+\frac{1}{\alpha_o}+R_o=\frac{1}{\alpha_i}\times\frac{d_o}{d_i}+\frac{1}{\alpha_o}+R \tag{①}$$

式中，R 包含了两侧污垢和管壁热阻。α_i 和 α_o 可按式(6-41) 和式(6-45) 计算。

管内流速为

$$u_i=\frac{q_{m1}}{\rho_1\dfrac{\pi}{4}d^2}=\frac{1000/3600}{978\times 0.785\times 0.021^2}=0.82(\mathrm{m/s})$$

$$Re_i=\frac{du_i\rho_1}{\mu_1}=\frac{0.021\times 0.82\times 978}{0.406\times 10^{-3}}=4.15\times 10^4$$

$$Pr_i=\frac{c_{p1}\mu_1}{\lambda_1}=\frac{4167\times 0.000406}{0.667}=2.54$$

管内给热系数 α_i

$$\alpha_i=0.023\frac{\lambda_1}{d_i}Re_i^{0.8}Pr_i^{0.3}=0.023\times\frac{0.667}{0.021}\times(4.15\times 10^4)^{0.8}\times 2.54^{0.3}$$
$$=4779[\mathrm{W/(m^2\cdot ℃)}]$$

环隙内流速

$$u_o=\frac{q_{m2}}{\rho_2\dfrac{\pi}{4}(D^2-d^2)}=\frac{2500/3600}{996\times 0.785\times(0.043^2-0.025^2)}=0.726(\mathrm{m/s})$$

环隙当量直径 $d_e=D-d=0.043-0.025=0.018(\mathrm{m})$

$$Re_o=\frac{d_e u_2\rho_2}{\mu_2}=\frac{0.018\times 0.726\times 996}{0.801\times 10^{-3}}=1.624\times 10^4$$

$$Pr_o=\frac{c_{p2}\mu_2}{\lambda_2}=\frac{4174\times 0.000801}{0.617}=5.42$$

环隙给热系数

$$\alpha_o=0.02\frac{\lambda_2}{d_e}Re_o^{0.8}Pr_o^{0.33}(d_o/d_i)^{0.53}$$
$$=0.02\times\frac{0.617}{0.018}\times(1.624\times 10^4)^{0.8}\times 5.42^{0.33}\times(0.043/0.025)^{0.53}$$
$$=3729[\mathrm{W/(m^2\cdot ℃)}]$$

由式①可得

$$R=\frac{1}{K}-\frac{1}{\alpha_i}\times\frac{d_o}{d_i}-\frac{1}{\alpha_o}=\frac{1}{830}-\frac{1}{4779}\times\frac{0.025}{0.021}-\frac{1}{3729}=0.000688(\mathrm{m^2\cdot ℃/W})$$

当流量均增加50%时，管内给热系数

$$\alpha_i'=4779\times 1.5^{0.8}=6611\mathrm{W/(m^2\cdot ℃)}$$

环隙给热系数

$$\alpha_o'=3729\times 1.5^{0.8}=5157\mathrm{W/(m^2\cdot ℃)}$$

此时，传热系数 K'

$$K'=\frac{1}{\frac{1}{\alpha_i'}\times\frac{d_o}{d_i}+\frac{1}{\alpha_o'}+R}=\frac{1}{\frac{1}{6611}\times\frac{0.025}{0.021}+\frac{1}{5157}+0.000688}=942[\mathrm{W/(m^2\cdot ℃)}]$$

传热面积

$$A'=\frac{Q'}{K'\Delta t_m}=\frac{1.5\times63778}{942\times39.2}=2.591(\mathrm{m^2})$$

套管有效长度 L'

$$L'=\frac{A'}{\pi d_o}=\frac{2.591}{3.14\times0.025}=33.0(\mathrm{m})$$

传热单元法 在进行传热操作计算时，出口温度 T_2 或（以及）t_2 为未知。如果将传热基本方程中所含的两个出口温度用热量衡算式消去其中的一个，从而使计算式中仅包含一个出口温度，可方便计算。为此，将式(6-129) 代入式(6-135) 以消去 t_2，可整理得如下形式

$$\ln\frac{1-\frac{q_{m1}c_{p1}}{q_{m2}c_{p2}}\times\frac{T_1-T_2}{T_1-t_1}}{1-\frac{T_1-T_2}{T_1-t_1}}=\frac{AK}{q_{m1}c_{p1}}\left(1-\frac{q_{m1}c_{p1}}{q_{m2}c_{p2}}\right) \tag{6-136}$$

令

$$\frac{AK}{q_{m1}c_{p1}}=\frac{T_1-T_2}{\Delta t_m}=NTU_1$$

$$\frac{q_{m1}c_{p1}}{q_{m2}c_{p2}}=\frac{t_2-t_1}{T_1-T_2}=R_1 \tag{6-137}$$

$$\frac{T_1-T_2}{T_1-t_1}=\varepsilon_1$$

式(6-136) 可写为

$$\ln\frac{1-\varepsilon_1R_1}{1-\varepsilon_1}=NTU_1(1-R_1)$$

或

$$\varepsilon_1=\frac{1-\exp[NTU_1(1-R_1)]}{R_1-\exp[NTU_1(1-R_1)]} \tag{6-138}$$

式中，NTU 称为传热单元数；ε 习称为换热器的热效率。

同样，可相应导出 ε_2、R_2、NTU_2，见表 6-6。

表 6-6 传热单元数的计算式

定义式	$R_1=\frac{q_{m1}c_{p1}}{q_{m2}c_{p2}}$ $NTU_1=\frac{KA}{q_{m1}c_{p1}}$ $\varepsilon_1=\frac{T_1-T_2}{T_1-t_1}$	$R_2=\frac{q_{m2}c_{p2}}{q_{m1}c_{p1}}$ $NTU_2=\frac{KA}{q_{m2}c_{p2}}$ $\varepsilon_2=\frac{t_2-t_1}{T_1-t_1}$
逆流	$\varepsilon_1=\frac{1-\exp[NTU_1(1-R_1)]}{R_1-\exp[NTU_1(1-R_1)]}$	$\varepsilon_2=\frac{1-\exp[NTU_2(1-R_2)]}{R_2-\exp[NTU_2(1-R_2)]}$
并流	$\varepsilon_1=\frac{1-\exp[-NTU_1(1+R_1)]}{1+R_1}$	$\varepsilon_2=\frac{1-\exp[-NTU_2(1+R_2)]}{1+R_2}$

对第一类操作型问题，可先用式(6-138) 求出 ε_1。然后由 ε_1 算出 T_2，再由式(6-137) 算出 t_2。

对第二类操作型问题，可据已知条件选用其中一个方程，试差求解。

以上推导所得结果仅适用于逆流操作的换热器。对并流操作自然也可作类似的推导，其结果一并列入表 6-6 中。

【例 6-15】 平均推动力法与传热单元数法的比较

试用传热单元法计算例 6-11。

解： 原工况

$$K=\frac{1}{\frac{1}{\alpha_i}+\frac{1}{\alpha_o}}=\frac{1}{\frac{1}{90}+\frac{1}{1900}}=85.9\ [\mathrm{W/(m^2\cdot ℃)}]$$

$$\Delta t_m=\frac{(T_1-t_2)-(T_2-t_1)}{\ln\frac{T_1-t_2}{T_2-t_1}}=\frac{(110-86)-(80-21)}{\ln\frac{110-86}{80-21}}=38.9(℃)$$

$$R_1=\frac{q_{m1}c_{p1}}{q_{m2}c_{p2}}=\frac{t_2-t_1}{T_1-T_2}=\frac{86-21}{110-80}=2.167$$

$$NTU_1=\frac{KA}{q_{m1}c_{p1}}=\frac{T_1-T_2}{\Delta t_m}=\frac{110-80}{38.9}=0.771$$

对新工况

$$K'=\frac{1}{\frac{1}{\alpha_o}+\frac{1}{2^{0.8}\alpha_i}}=\frac{1}{\frac{1}{90}+\frac{1}{2^{0.8}\times 1900}}=87.6[\mathrm{W/(m^2\cdot ℃)}]$$

$$NTU_1'=\frac{K'A}{q_{m1}c_{p1}}=\frac{K'}{K}NTU_1=\frac{87.6}{85.9}\times 0.771=0.786$$

$$R_1'=\frac{t_2'-t_1}{T_1-T_2'}=\frac{q_{m1}c_{p1}}{2q_{m2}c_{p2}}=\frac{2.167}{2}=1.083$$

$$\varepsilon_1'=\frac{1-e^{NTU_1'(1-R_1')}}{R_1'-e^{NTU_1'(1-R_1')}}=\frac{1-e^{0.786\times(1-1.083)}}{1.083-e^{0.786\times(1-1.083)}}=0.4321$$

$$T_2'=T_1-\varepsilon_1'(T_1-t_1)=110-0.4321\times(110-21)=71.5(℃)$$

$$t_2'=t_1+R_1'(T_1-T_2')=21+1.083\times(110-71.5)=62.7(℃)$$

显然，对于操作型计算问题，传热单元数法要比平均推动力法方便。

换热过程的节能 在化工生产中，换热过程所损失的有效能占的比例往往很大，因此，传热过程的节能尤为重要。传热过程的有效能损失主要表现为流体的温位降低和流动阻力压降，温位的降低主要是由传热温差引起的。传热过程要有一定的推动力来保证一定的速率，但推动力过大会造成过多的有效能损失。比如，制冷条件下的换热推动力只有 0.5～2℃，就是出于节能的考虑。此外，强化 KA、防止结垢，采用逆流、均化推动力和对系统进行热集成也是传热过程常用的节能措施。

6.6.5 非定态传热过程的拟定态处理

上述的讨论均为定态传热过程。但工业上物料的分批加热或冷却则是非定态过程，此时待求函数一般为累积传热量 Q_T 或物料温度 t 与时间 τ 的关系。解决此类问题的基本方程仍然是传热速率方程式与热量衡算方程式。

下面以间歇操作的夹套搅拌釜换热器（见图 6-3）为例进行说明。在此最简单的情况下，夹套内通入温度为 T 的饱和蒸汽加热，釜内液体因充分混合而使温度 t 均匀。因此，任何时刻的热流密度 q 与加热面位置无关，可表示为 $q=K(T-t)$，式中传热系数 K 为

$$K=\frac{1}{\frac{1}{\alpha_i}+\frac{\delta}{\lambda}+\frac{1}{\alpha_o}} \tag{6-139}$$

对上述非定态传热，可作拟定态处理。在 $d\tau$ 时段内作热量衡算，并忽略热损失与壁面的温升，可得

$$mc_p dt=K(T-t)A d\tau \tag{6-140}$$

式中，m 为釜内液体的质量，kg；c_p 为釜内液体的比热容，J/(kg·℃)；A 为传热面积，m^2。在加热时间 τ 内将釜内液体从温度 t_1 加热到温度 t_2，由上式积分可得

$$\tau=\frac{mc_p}{KA}\ln\frac{T-t_1}{T-t_2} \tag{6-141}$$

由式(6-141) 不难推出在加热时间 τ 内的累积传热量

$$Q_T=mc_p(t_2-t_1)=KA\Delta t_m\tau \tag{6-142}$$

式中，Δt_m 为加热始、末两时刻的对数平均温度差，即

$$\Delta t_m=\frac{(T-t_1)-(T-t_2)}{\ln\frac{T-t_1}{T-t_2}}$$

由式(6-142) 可以看出，对上述最简单的非定态传热过程，其平均热流量 $\frac{Q_T}{\tau}$ 的计算式与定态传热过程的形式相同。这正是热流密度不随加热面位置而变化的结果。对于一般的非定态传热过程，热流密度不但随时间而且沿加热面变化，问题将比较复杂。

【例 6-16】 非定态传热

某夹套式换热器具有传热面积 $3m^2$，夹套内通以 100℃饱和蒸汽加热，釜内盛有 800kg 初温为 20℃的冷水，因充分搅拌釜内水温始终均一。加热 15min 后，测得水温为 80℃。试求：(1) 该换热器的传热系数为多大？(2) 再继续加热 15min，釜内水温将升至多少度？

解：(1) 由式(6-141)

$$K=\frac{mc_p}{\tau A}\ln\frac{T-t_1}{T-t_2}=\frac{800\times 4.18\times 10^3}{15\times 60\times 3}\ln\frac{100-20}{100-80}=1.72\times 10^3[\text{W/(m}^2\cdot℃)]$$

(2) 由式(6-141)

$$\ln\frac{T-t_1}{T-t_2'}=\frac{KA\tau'}{mc_p}=\frac{1.72\times 10^3\times 3\times 30\times 60}{800\times 4.18\times 10^3}=2.77$$

$$\frac{T-t_1}{T-t_2'}=16.0$$

$$t_2'=T-\frac{T-t_1}{16.0}=100-\frac{100-20}{16.0}=95(℃)$$

思考题

6-14 若串联传热过程中存在某个控制步骤，其含义是什么？

6-15 传热基本方程中，推导得出对数平均推动力的前提条件有哪些？

6-16　为什么一般情况下，逆流总是优于并流？并流适用于哪些情况？

6-17　解决非定态换热器问题的基本方程是哪几个？

6.7 换热器

换热器是化工、石油、动力、食品及其他许多工业部门的通用设备，在生产中占有重要地位。在化工生产中换热器可作为加热器、冷却器、冷凝器、蒸发器和再沸器等，应用更加广泛。换热器种类很多，其中间壁式换热器应用最多，以下讨论仅限于此类换热器。

6.7.1　间壁式换热器的类型

夹套式换热器　这种换热器是在容器外壁安装夹套制成（参见图 6-3），结构简单；但其加热面受容器壁面限制，传热系数也不高。为提高传热系数且使釜内液体受热均匀，可在釜内安装搅拌器。当夹套中通入冷却水或无相变的加热剂时，亦可在夹套中设置螺旋隔板或其他增加湍动的措施，以提高夹套一侧的给热系数。为补充传热面的不足，也可在釜内部安装蛇管。

动画

夹套式换热器广泛用于反应过程的加热和冷却。

沉浸式蛇管换热器　这种换热器是将金属管弯绕成各种与容器相适应的形状（图6-42），并沉浸在容器内的液体中。蛇管换热器的优点是结构简单，能承受高压，可用耐腐蚀材料制造；其缺点是容器内液体湍动程度低，管外给热系数小。为提高传热系数，容器内可安装搅拌器。

动画

喷淋式换热器　这种换热器是将换热管成排地固定在钢架上（图 6-43），热流体在管内流动，冷却水从上方喷淋装置均匀淋下，故也称喷淋式冷却器。喷淋式换热器的管外是一层湍动程度较高的液膜，管外给热系数较沉浸式增大很多。另外，这种换热器大多放置在空气流通之处，冷却水的蒸发亦带走一部分热量，可起到降低冷却水温度、增大传热推动力的作用。因此，和沉浸式相比，喷淋式换热器的传热效果大有改善。

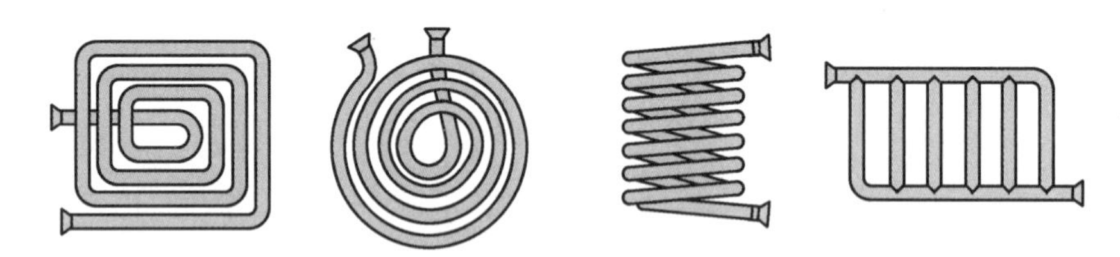

图 6-42　蛇管的形状

套管式换热器　套管式换热器是由直径不同的直管制成的同心套管，并由 U 形弯头连接而成（图 6-44）。在这种换热器中，一种流体走管内，另一种流体走环隙，两者皆可得到较高的流速，故传热系数较大。另外，在套管式换热器中，两种流体可为纯逆流，对数平均推动力较大。

套管式换热器结构简单，能承受高压，应用亦方便（可根据需要增减管段数目）。特别是由于套管换热器同时具备传热系数大、传热推动力大及能够承受高压强的优点，在超高压生产过程（例如操作压力为 3000atm 的高压聚乙烯生产过程）中所用的换热器几乎全部是套管式。

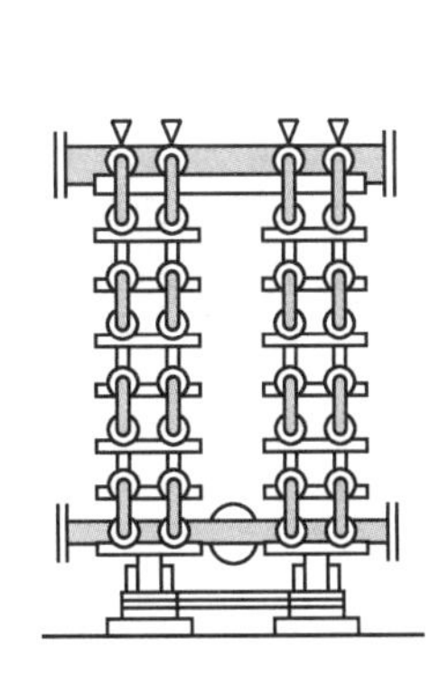

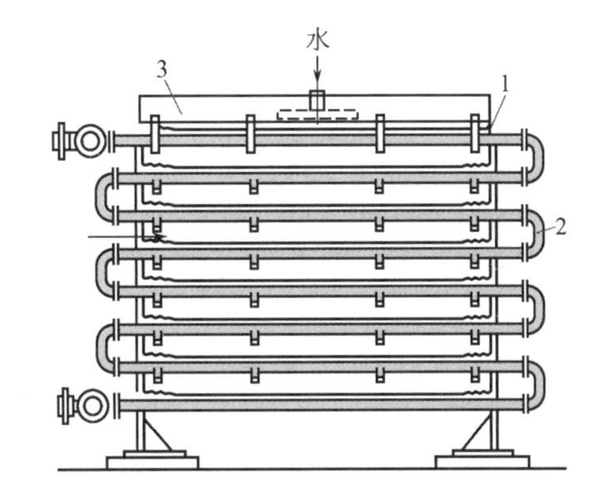

图 6-43　喷淋式换热器

1—直管；2—U 形管；3—水槽

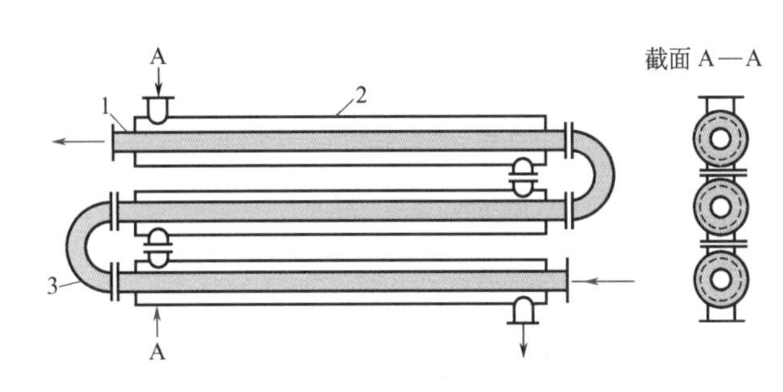

动画

图 6-44　套管式换热器

1—内管；2—外管；3—U 形弯头

管壳式换热器　管壳式（又称列管式）换热器是最典型的间壁式换热器，它在工业上的应用有着悠久的历史，而且至今仍在所有换热器中占据主导地位。

管壳式换热器主要由壳体、管束、管板和封头等部分组成（图 6-45），壳体多呈圆形，内部装有平行管束，管束两端固定于管板上。在管壳式换热器内进行换热的两种流体，一种在管内流动，其行程称为管程；一种在管外流动，其行程称为壳程。管束的壁面即为传热面。

为提高管外流体给热系数，通常在壳体内安装一定数量的横向折流挡板。折流挡板不仅可防止流体短路、增加壳程流体速度，还迫使流体按规定路径多次错流通过管束，使湍动程度大为增加（图 6-46）。常用的折流挡板有圆缺形和圆盘形两种（图 6-47），前者应用更为广泛。

流体在管内每通过管束一次称为一个管程，每通过壳体一次称为一个壳程。图 6-45 所示为单壳程单管程换热器。为提高管内流体的速度，可在两端封头内适当设置隔板，将全部管子平均分隔成若干组。这样，流体可每次只通过部分管子而往返管束多次，称为多管程。同样，为提高管外流速，可在壳体内安装纵向挡板使流体多次通过壳体空间，称多壳程。

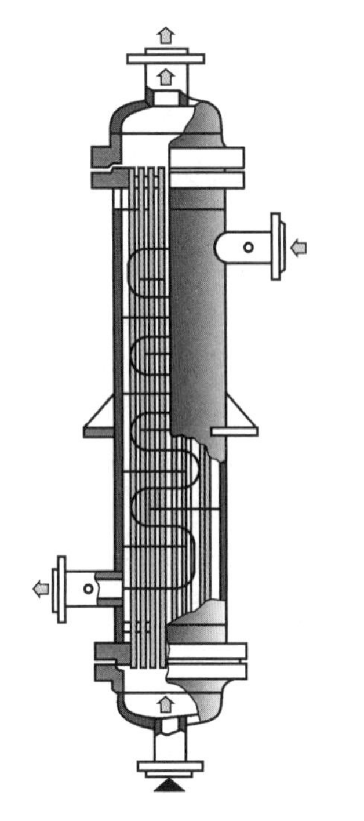

动画

图 6-45　固定管板式换热器

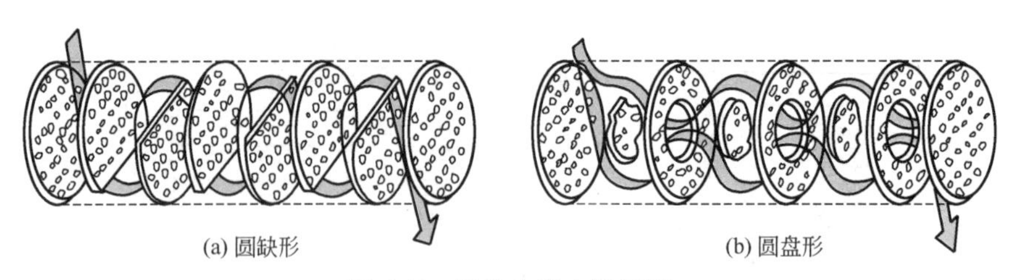

图 6-46　流体在壳内的折流

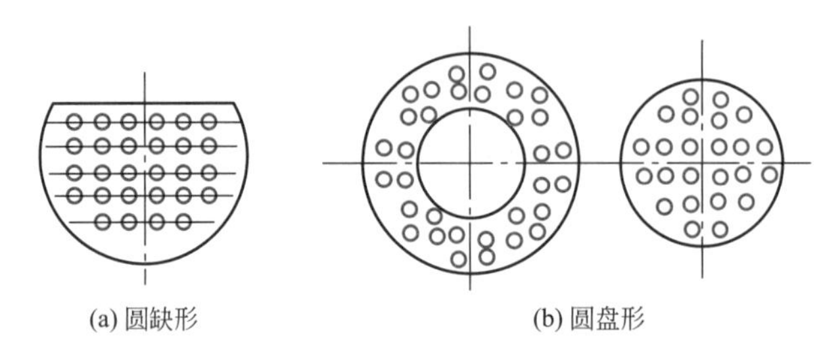

图 6-47　折流挡板的形式

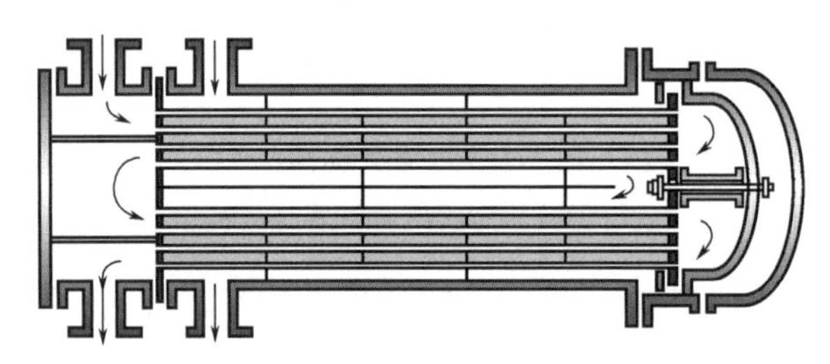

图 6-48　两壳程四管程的管壳式换热器

图 6-48所示为两壳程四管程的管壳式换热器。

在管壳式换热器内，由于管内外流体温度不同，壳体和管束的温度也不同。如两者温差很大，换热器内部将出现很大的热应力，会使管子弯曲、断裂或从管板上松脱。因此，当管束和壳体温度差超过 50℃时，应采取适当的温差补偿措施，消除或减小热应力。根据所采取的温差补偿措施，换热器可分为以下几种主要形式。

（1）固定管板式　当冷、热流体温差不大时，可采用固定管板即两端管板与壳体制成一体的结构形式（图 6-45）。这种换热器结构简单成本低，但壳程清洗困难，要求管外流体必须是洁净而不易结垢的。当温差稍大而壳体内压力又不太高时，可在壳体壁上安装膨胀节以减小热应力。

（2）浮头式换热器　这种换热器中两端的管板有一端可以沿轴向自由浮动（图 6-48），这种结构不但完全消除了热应力，而且整个管束可从壳体中抽出，便于清洗和检修。因此，浮头式换热器是应用较多的一种结构形式，尽管其结构比较复杂、造价亦较高。

（3）U 形管式换热器　U 形管式换热器的每根换热管都弯成 U 形，进出口分别安装在同一管板的两侧，封头以隔板分成两室（图 6-49）。这样，每根管子皆可自由伸缩，而与外壳无关。在结构上 U 形管式换热器比浮头式简单，但管程不易清洗，只适用于洁净而不易

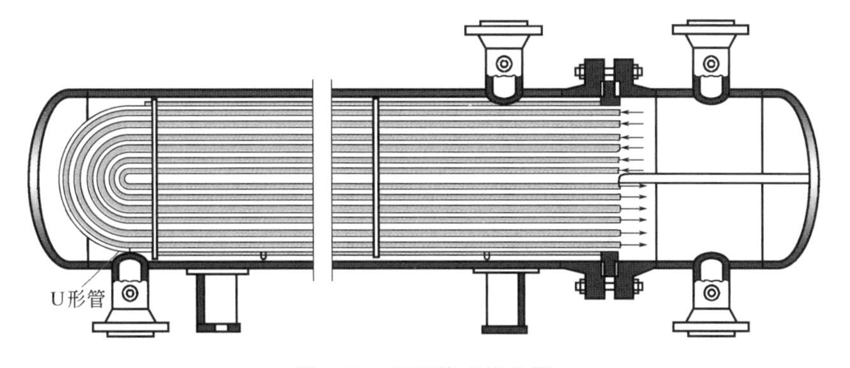

图 6-49 U 形管式换热器

结垢的流体，如高压气体的换热。

以上所述为目前工业常遇的换热设备。随着工业的发展，各种高效省材的换热器不断出现。关于这方面的内容将在 6.7.3 中进一步介绍。

螺旋缠绕管壳式换热器 如图 6-50 所示，换热器管程自上向下，入口段为直管，随后即呈螺旋式向下旋转，接近下端出口前恢复为直管。从管束中心开始向外，层与层间反向缠绕，一层顺时针螺旋，一层逆时针螺旋。其特点是传热系数大，换热效率高，单位面积传热能力是传统管壳式换热器的 3～7 倍；耐高温、耐高压，运行安全可靠；全不锈钢焊接，防腐性强，使用寿命可达 10 年以上；弹性管束结构自动消除应力；管细壁薄（如 ϕ12mm×0.8mm），体积小，是传统管壳式换热器的 1/5 左右，占地面积少；重量轻、安装方便；直管区壳程空隙大，对流体起到缓冲和均布作用，噪音低；管内强制湍流，换热管长（为壳体高度的 3～4 倍）；停留时间长，换热充分。管内设计流速高（5.5m/s），介质中的悬浮物及杂质不易附着，不易结垢。以水蒸气与冷却水换热为例，蒸汽走管程（a 进 d 出），水走壳程（c 进 b 出），传热系数可达 14000W/(m^2·℃)。该换热器在工业上已广泛应用。

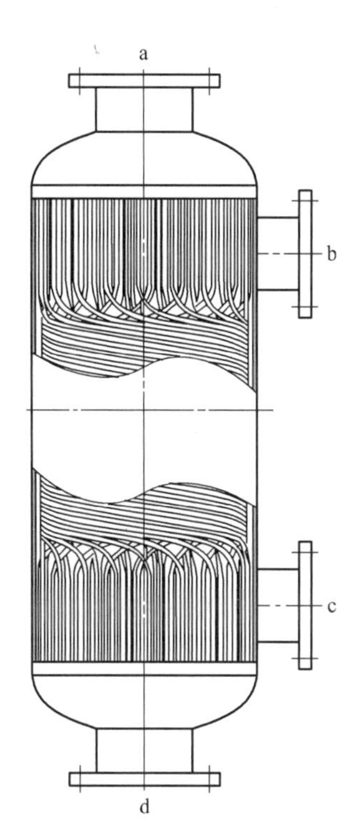

图 6-50 螺旋缠绕管壳式换热器

6.7.2 管壳式换热器的设计和选用

管壳式换热器设计和选用时应考虑的问题 在第 6.6 节中已指出，换热器的设计型问题包含一系列的选择，并以热流体冷却为例，说明了流体的流向、流速和冷流体出口温度的选择依据。这些选择依据对管壳式换热器仍然适用。此外，在设计和选用管壳式换热器时还必须考虑以下问题。

(1) 冷、热流体流动通道的选择 在管壳式换热器内，冷、热流体流动通道可根据以下原则进行选择：

① 不洁净和易结垢的液体宜在管程，因管内清洗方便；

② 腐蚀性流体宜在管程，以免管束和壳体同时受到腐蚀；

③ 压强高的流体宜在管内，以免壳体承受压力；

④ 饱和蒸汽宜走壳程，因饱和蒸汽比较清净，给热系数与流速无关而且冷凝液容易排出；

⑤ 被冷却的流体宜走壳程，便于散热；

⑥ 若两流体温差较大，对于刚性结构的换热器，宜将给热系数大的流体通入壳程，以减小热应力；

⑦ 流量小而黏度大的流体一般以壳程为宜，因在壳程 $Re>100$ 即可达到湍流。但这不是绝对的，如流动阻力损失允许，让这种流体走管程并采用多管程结构，反而能得到更高的给热系数。

(2) 流动方式的选择 除逆流和并流之外，在管壳式换热器中冷、热流体还可作各种多管程多壳程的复杂流动。当流量一定时，管程数或壳程数越多，给热系数越大，对传热过程有利。但是，采用多管程或多壳程必导致流体阻力损失即输送流体的动力费用增加。因此，在决定换热器的程数时，需权衡传热和压降损失两方面的得失。

(3) 换热管规格和排列的选择 换热管直径越小，换热器单位容积的传热面积越大。因此，对于洁净的流体管径可取得小些。但对于不洁净或易结垢的流体，管径应取得大些，以免堵塞。考虑到制造和维修的方便，加热管的规格不宜过多。目前我国实行的系列标准规定采用 ϕ25mm×2.5mm 的管子、管中心距为 32mm 和 ϕ19mm×2mm 管子、管中心距为 25mm 两种规格，对一般流体是适应的。

管长的选择是以清洗方便和合理使用管材为准。我国生产的钢管长多为 6m、9m，故系列标准中管长有 1.5m、2m、3m、4.5m、6m 和 9m 六种，其中以 3m 和 6m 更为普遍。

管子的排列方式有等边三角形和正方形两种［图 6-51(a)、(b)］。与正方形相比，正三角形（等边三角形）排列比较紧凑，管外流体湍动程度高，给热系数大。正方形排列虽比较松散，给热效果也较差，但管外清洗方便，对易结垢流体更为适用。如将正方形排列的管束斜转 45°安装［图 6-51(c)］，可在一定程度上提高给热系数。

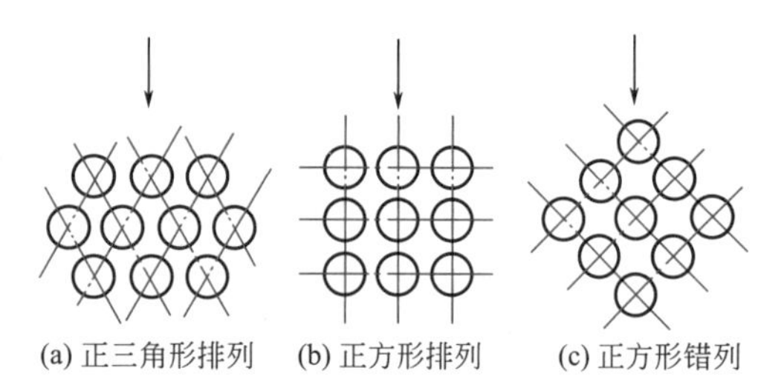

图 6-51 管子在管板上的排列

(4) 折流挡板 安装折流挡板的目的是提高管外给热系数，为取得良好效果，挡板的形状和间距必须适当。

对圆缺形挡板而言，弓形缺口的高度可取为壳体内径的 10%～40%，最常见的是 20% 和 25%两种。

挡板的间距对壳程的流动亦有重要的影响。一般取挡板间距为壳体内径的 0.2～1.0 倍。我国系列标准中采用的挡板间距为：固定管板式有 100mm、150mm、200mm、300mm、450mm、600mm、700mm 七种；浮头式有 100mm、150mm、200mm、250mm、300mm、350mm、450mm（或 480mm)、600mm 八种。

管壳式换热器的给热系数

(1) 管程给热系数 α_i 管内流动的给热系数可按本章 6.3.3 节介绍的经验式计算。当 $Re>10000$时，可用式(6-41) 计算

$$\alpha_i=0.023\frac{\lambda}{d}\left(\frac{d_i u_i \rho}{\mu}\right)^{0.8}\left(\frac{c_p \mu}{\lambda}\right)^{0.3\sim0.4}$$

由上式可以导出，管程给热系数 α_i 正比于管程数 N_p 的 0.8 次方，即

$$\alpha_i \propto N_p^{0.8} \tag{6-143}$$

(2) 壳程给热系数 α_o 壳程通常因设有折流挡板，流体在壳程中横向穿过管束，流向不断变化，湍动增强，当 $Re>100$ 时即达到湍流状态。

壳程给热系数的计算方法有多种，当使用 25%圆缺形挡板时，可用下式进行计算

$$\left.\begin{aligned} Nu &= 0.36Re^{0.55}Pr^{\frac{1}{3}}\left(\frac{\mu}{\mu_w}\right)^{0.14} \qquad Re>2000 \\ Nu &= 0.5Re^{0.507}Pr^{\frac{1}{3}}\left(\frac{\mu}{\mu_w}\right)^{0.14} \qquad Re=10\sim2000 \end{aligned}\right\} \tag{6-144}$$

在式(6-144) 中，定性温度取进出口主体平均温度，仅 μ_w 为壁温下的流体黏度。当量直径 d_e 视管子排列情况按以下算式决定（参见图 6-52）。

对正方形排列
$$d_e = \frac{4\left(t^2 - \frac{\pi}{4}d_o^2\right)}{\pi d_o} \tag{6-145}$$

对正三角形排列
$$d_e = \frac{4\left(\frac{\sqrt{3}}{2}t^2 - \frac{\pi}{4}d_o^2\right)}{\pi d_o} \tag{6-146}$$

式中，t 为相邻两管的中心距；d_o 为管外径。

式(6-144) 中的流速 u_o 规定按最大流动截面 A' 计算

$$A' = BD\left(1 - \frac{d_o}{t}\right) \tag{6-147}$$

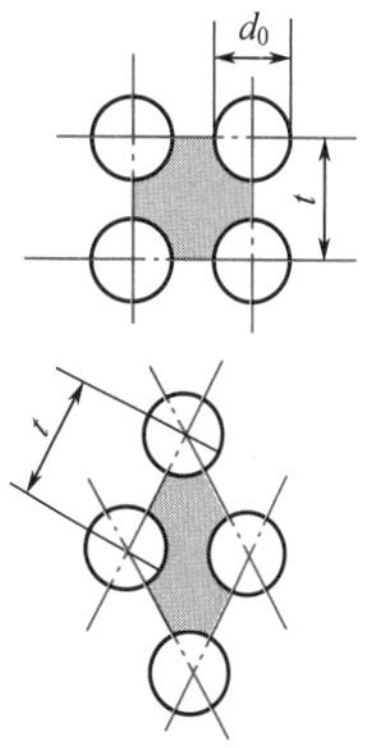

式中，B 为两块挡板间的距离；D 为壳体直径。

图 6-52 管子不同排列时的流通面积

由式(6-144) 可知，$\alpha_o \propto \frac{u_o^{0.55}}{d_e^{0.45}}$。因此，减小挡板间距，提高流速或缩短中心距，减小当量直径皆可提高壳程给热系数。当流量一定时，壳程给热系数与挡板间距 B 的 0.55 次方成反比，即

$$\alpha_o \propto \left(\frac{1}{B}\right)^{0.55} \tag{6-148}$$

流体通过换热器的阻力损失

(1) 管程阻力损失 换热器管程内的总阻力损失是由各程直管阻力损失 h_{f1}、回弯阻力损失 h_{f2} 及换热器进出口阻力损失 h_{f3} 构成的，而相比之下 h_{f3} 可忽略不计。因此，管程总阻力损失（以单位质量流体的能量损失表示，J/kg）

$$h_{ft} = (h_{f1} + h_{f2})f_t N_p \tag{6-149}$$

式中，$h_{f1} = \lambda\frac{l}{d_i}\frac{u_i^2}{2}$，$l$ 为换热管长度；$h_{f2} = 3\frac{u_i^2}{2}$（回弯阻力等于管束进出口局部阻力及封头内流体转向的局部阻力之和，故阻力系数取 3）；f_t 为管程结垢校正系数，对三角形排列的取 1.5，正方形排列的取 1.4；N_p 为管程数。

式(6-149) 也可写成压降的形式

$$\Delta\mathscr{P}_t = \left(\lambda\frac{l}{d} + 3\right)f_t N_p \frac{\rho u_i^2}{2} \tag{6-150}$$

由此可见，管程阻力损失（或压降）正比于管程数 N_p 的三次方，即

$$\Delta\mathscr{P}_t \propto N_p^3 \tag{6-151}$$

对同一换热器，若由单管程改为两管程，阻力损失剧增为原来的 8 倍，而给热系数只增为原来的 1.74 倍；若由单管程改为四管程，阻力损失增至为原来的 64 倍，而给热系数只增为原来的 3 倍。因此，在选择换热器管程数目时，应该兼顾传热与流体压降两方面的得失。

（2）壳程阻力损失 用来计算壳程阻力损失的公式很多，但皆可归结为

$$h_{fs}=\zeta\frac{u_o^2}{2}$$

这一基本形式。壳程结构参数较多，流动复杂，因而 ζ 和 u_o 的决定比较困难。不同的计算公式，决定 ζ 和 u_o 的方法不同。计算结果往往很不一致。

下面介绍的目前比较通用的埃索计算公式把壳程阻力损失 h_{fs} 看成是由管束阻力损失 h'_{f1} 和折流板弓形缺口处的阻力损失 h'_{f2} 构成的。考虑到污垢的影响，再乘以校正系数 f_s，即

$$f'_{fs}=(h'_{f1}+h'_{f2})f_s \tag{6-152}$$

对于液体可取 $f_s=1.15$，对气体或可凝性蒸汽取 $f_s=1.0$。

管束和缺口阻力损失分别由下面两式计算

$$h'_{f1}=Ff_oN_{TC}(N_B+1)\frac{u_o^2}{2} \tag{6-153}$$

$$h'_{f2}=N_B\left(3.5-\frac{2B}{D}\right)\frac{u_o^2}{2} \tag{6-154}$$

式中 N_B——折流板数目；

N_{TC}——横过管束中心线的管子数，对于正三角形排列 $N_{TC}=1.1(N_T)^{0.5}$，对于正方形排列 $N_{TC}=1.19(N_T)^{0.5}$，N_T 为管子总数；

B——折流板间距，m；

D——壳体内径，m；

u_o——按壳程流动面积 $A_o=B(D-N_{TC}d_o)$ 计算所得的壳程流速，m/s；

F——管子排列形式对压降的校正系数，对正三角形排列 $F=0.5$，对正方形排列 $F=0.3$，对正方形斜转 45°排列 $F=0.4$；

f_o——壳程流体摩擦系数，根据 $Re_o=\dfrac{d_ou_o\rho}{\mu}$ 由图 6-53 求出（图中 t 为管中心距离），当 $Re_o>500$ 亦可由下式求出

$$f_o=5.0Re_o^{-0.228} \tag{6-155}$$

同样，式(6-152) 可写成压降的形式

$$\Delta\mathscr{P}_s=\left[Ff_oN_{TC}(N_B+1)+N_B\left(3.5-\frac{2B}{D}\right)\right]f_s\frac{\rho u_o^2}{2} \tag{6-156}$$

因 $(N_B+1)=\dfrac{l}{B}$，u_o 正比于 $\dfrac{1}{B}$，由式(6-153) 可知，管束阻力损失 h'_{f1}，基本上正比于 $\left(\dfrac{1}{B}\right)^3$，即

$$h'_{f1}\propto\left(\frac{1}{B}\right)^3 \tag{6-157}$$

若挡板间距减小一半，h'_{f1} 剧增 8 倍，而给热系数 α_o 只增加 1.46 倍。因此，在选择挡板间

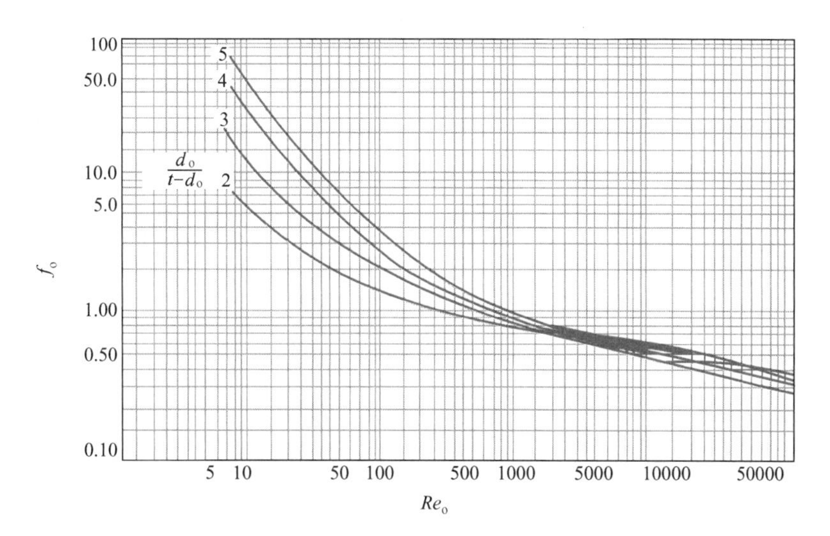

图 6-53 壳程摩擦系数 f_o 与 Re_o 的关系

距时，亦应兼顾传热与流体压降两方面的得失。同理，壳程数的选择也应如此。

对数平均温差的修正 对数平均温差 Δt_m 仅适用于并流或逆流的情况。当采用多管程或多壳程时，管壳式换热器内的流动形式复杂，平均推动力 Δt_m 可根据具体流动形式用微积分推导得出，计算式相当繁复。为方便起见，将这些复杂流型的平均推动力的计算结果与进出口温度相同的纯逆流相比较，求出修正系数 ψ 并列出相应的线图，以供查取。图 6-54 给出了几种复杂流动形式的 ψ 值线图，其他流型的 ψ 值线图可参考各种传热书籍。在工程计算中，可利用相应线图按下列步骤计算复杂流型的平均推动力：

① 先以给定的冷、热流体进出口温度，算出纯逆流条件下的对数平均推动力。

② 确定修正系数 ψ，可根据

$$R=\frac{T_1-T_2}{t_2-t_1}, \quad P=\frac{t_2-t_1}{T_1-t_1}$$

两个参数，从相应的线图求得（图 6-54）。R、P 中各温度为冷、热流体进、出口温度（详见图示）。

③ 根据纯逆流平均推动力与修正系数 ψ 的乘积计算实际平均推动力，即

$$\Delta t_m=\psi\Delta t_{m逆} \tag{6-158}$$

前面已经谈到，由于热平衡的限制，并不是任何一种流动方式都能完成给定的换热任务。当根据已知参数 P、R 在某线图上找不到相应的点，即表明此种流型无法完成指定换热任务，应改为其他流动方式。

管壳式换热器的选用和设计计算步骤 设有流量为 q_{m1} 的热流体，需从温度 T_1 冷却至 T_2，可用的冷却介质温度为 t_1，出口温度选定为 t_2。由此已知条件可算出换热器的热负荷 Q 和逆流操作平均推动力 $\Delta t_{m逆}$。根据传热基本方程式

$$Q=KA\Delta t_m=KA\psi\Delta t_{m逆} \tag{6-159}$$

当 Q 和 $\Delta t_{m逆}$ 已知时，要求取传热面积 A 必须知道 K 和 ψ；而 K 和 ψ 则是由传热面积 A 的大小和换热器结构决定的。可见，在冷、热流体的流量及进、出口温度皆已知的条件下，选用或设计换热器必须通过试差计算。此试差计算可按下列步骤进行。

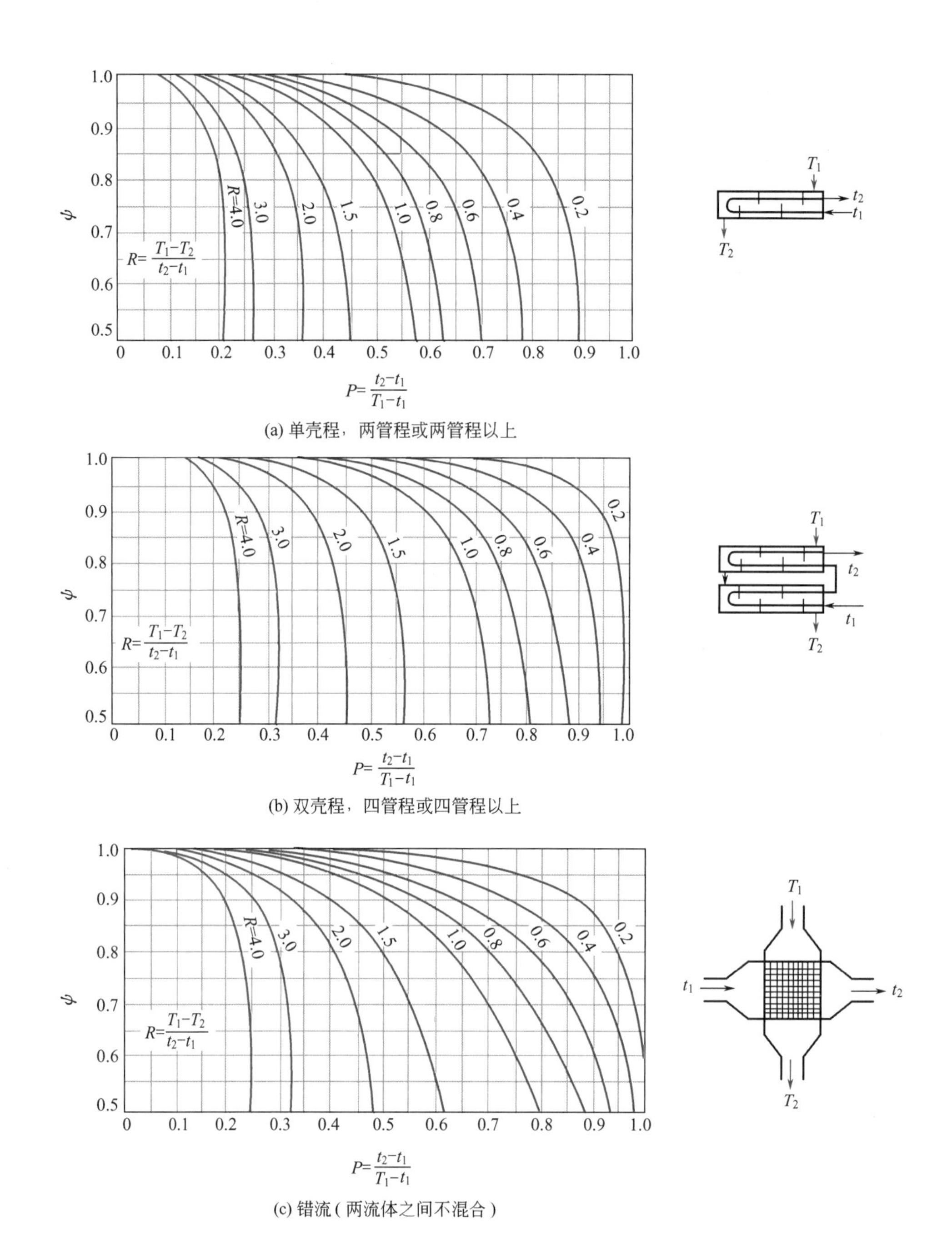

(a) 单壳程，两管程或两管程以上

(b) 双壳程，四管程或四管程以上

(c) 错流（两流体之间不混合）

图 6-54　几种流动形式的 Δt_m 修正系数 ψ 值

(1) 初选换热器的尺寸规格

① 初步选定换热器的流动方式，由冷、热流体的进出口温度计算温差修正系数 ψ，ψ 的数值应大于 0.8，否则应改变流动方式，重新计算；

② 根据经验（或由表 6-7）估计传热系数 $K_{估}$，计算传热面积 $A_{估}$；

③ 根据 $A_{估}$ 的数值，参照系列标准选定换热管直径、长度及排列；如果是选用，可根据 $A_{估}$ 在系列标准中选择适当的换热器型号。

表 6-7　管壳式换热器的 K 值大致范围

热流体	冷流体	传热系数 K 值/[W/(m²·℃)]
水	水	850～1700
轻油	水	340～910
重油	水	60～280
气体	水	17～280
水蒸气冷凝	水	1420～4250
水蒸气冷凝	气体	30～300
低沸点烃类蒸气冷凝(常压)	水	455～1140
低沸点烃类蒸气冷凝(减压)	水	60～170
水蒸气冷凝	水沸腾	2000～4250
水蒸气冷凝	轻油沸腾	455～1020
水蒸气冷凝	重油沸腾	140～425

(2) 计算管程的压降和给热系数

① 参考表 6-8、表 6-9 选定流速，确定管程数目，由式(6-150) 计算管程压降 Δp_t。若管程允许压降 $\Delta p_{允}$ 已有规定，可以直接选定管程数目，计算 Δp_t。若 $\Delta p_t > \Delta p_{允}$ 必须调整管程数重新计算。

表 6-8　管壳式换热器内常用的流速范围

流体种类	流速/(m/s)	
	管程	壳程
一般液体	0.5～3	0.2～1.5
易结垢液体	>1	>0.5
气体	5～30	3～15

表 6-9　不同黏度液体在管壳式换热器中的流速（在钢管中）

液体黏度/mPa·s	最大流速/(m/s)
>1500	0.6
1000～500	0.75
500～100	1.1
100～35	1.5
35～1	1.8
<1	2.4

② 计算管内给热系数 α_i，如 $\alpha_i < K_{估}$，则应改变管程数重新计算。若改变管程数不能同时满足 $\Delta p_t < \Delta p_{允}$、$\alpha_i > K_{估}$ 的要求，则应重新估计 $K_{估}$ 值，另选一换热器型号进行试算。

(3) 计算壳程压降和给热系数

① 参考表 6-8 的流速范围选定挡板间距，根据式(6-156) 计算壳程压降 Δp_s，若 $\Delta p_s > \Delta p_{允}$ 可增大挡板间距。

② 计算壳程给热系数 α_o，如 α_o 太小可减小挡板间距。

(4) 计算传热系数、校核传热面积　根据流体的性质选择适当的垢层热阻 R，由 R、α_i、α_o 计算传热系数 $K_{计}$，再由传热基本方程 (6-131) 计算所需传热面 $A_{计}$。当 $A_{计}$ 小于换热器实际传热面 A 时，则计算原则上可行。考虑到所用传热计算式的准确程度及其他不可预见的因素，应使选用换热器传热面积留有 15%～25%的裕度，使 $A/A_{计}=1.15\sim1.25$。否则需重新估计一个 $K_{估}$，重复以上计算。

【例 6-17】 管壳式换热器的计算

某化工厂拟采用管壳式换热器回收甲苯的热量将正庚烷从 $t_1=80℃$ 预热到 130℃。

已知：正庚烷的流量 $q_{m2}=40000\text{kg/h}$；甲苯的流量 $q_{m1}=39000\text{kg/h}$；进口温度 $T_1=195℃$；管壳两侧的压降皆不应超过 30kPa。

正庚烷在进出口平均温度下的有关物性为：

$\rho_2=615\text{kg/m}^3$，$c_{p2}=2.51\text{kJ/(kg}\cdot℃)$

$\lambda_2=0.115\text{W/(m}\cdot℃)$，$\mu_2=0.22\times10^{-3}\text{Pa}\cdot\text{s}$

甲苯在进出口平均温度下的有关物性为：

$\rho_1=735\text{kg/m}^3$，$c_{p1}=2.26\text{kJ/(kg}\cdot℃)$

$\lambda_1=0.108\text{W/(m}\cdot℃)$，$\mu_1=0.18\times10^{-3}\text{Pa}\cdot\text{s}$

试选用一适当型号的换热器。

解：(1) 初选换热器

$Q=q_{m2}c_{p2}(t_2-t_1)=40000\times2.51\times(130-80)=5.02\times10^6\ (\text{kJ/h})=1.39\times10^6\text{W}$

甲苯出口温度

$$T_2=T_1-\frac{Q}{q_{m1}c_{p1}}=195-\frac{5.02\times10^6}{39000\times2.26}=138(℃)$$

逆流平均温差

$$\Delta t_{m逆}=\frac{(T_1-t_2)-(T_2-t_1)}{\ln\dfrac{T_1-t_2}{T_2-t_1}}=\frac{(195-130)-(138-80)}{\ln\dfrac{195-130}{138-80}}=61.5(℃)$$

$$R=\frac{T_1-T_2}{t_2-t_1}=\frac{195-138}{130-80}=1.14$$

$$P=\frac{t_2-t_1}{T_1-t_1}=\frac{130-80}{195-80}=0.435$$

初定采用单壳程，偶数管程的浮头式换热器。由图 6-54(a) 查得修正系数 $\psi=0.86$。参照表 6-7，初步估计传热系数 $K_估=450\text{W/(m}^2\cdot℃)$，传热面积 $A_估$ 为

$$A_估=\frac{Q}{K_估\ \psi\Delta t_{m逆}}=\frac{1.39\times10^6}{450\times0.86\times61.5}=58.4(\text{m}^2)$$

由换热器系列标准（参见附录），初选 BES 500-1.6-72-6/19-2 Ⅰ 型换热器，有关参数列于表 6-10。

表 6-10　例 6-17 附表（BES 500-1.6-72-6/19-2 Ⅰ 浮头式列管换热器主要参数）

项目	参数	项目	参数
外壳直径 D/mm	500	管子尺寸/mm×mm	$\phi19\times2$
公称压强/MPa	1.6	管长 l/m	6
公称面积/m²	72	管数 N_T	206
管程数 N_p	2	管中心距 t/mm	25
管子排列方式	正方形		

(2) 计算管程压降及给热系数 α_i　为充分利用甲苯热量，取甲苯走管程，正庚烷走壳程。

管程流动面积

$$A_i=\frac{\pi}{4}d^2\frac{N_T}{N_p}=0.785\times0.015^2\times\frac{206}{2}=0.0182(m^2)$$

管内甲苯流速

$$u_i=\frac{q_{m1}}{\rho_1 A_i}=\frac{39000/3600}{735\times0.0182}=0.810(m/s)$$

$$Re_i=\frac{du_i\rho_1}{\mu_1}=\frac{0.015\times0.81\times735}{0.18\times10^{-3}}=4.96\times10^4$$

取管壁粗糙度 $\varepsilon=0.15$mm，$\varepsilon/d=0.01$ 查图 1-32 得 $\lambda=0.039$。管程压降为

$$\Delta\mathscr{P}_t=\left(\lambda\frac{l}{d}+3\right)f_t N_p\frac{u_i^2}{2}\rho=\left(0.039\times\frac{6}{0.0015}+3\right)\times1.4\times2\times\frac{0.81^2}{2}\times735$$
$$=12.6\times10^3\ (Pa)=12.6kPa$$

$\Delta\mathscr{P}_t<$ 允许值 30kPa，可行。

管程给热系数

$$\alpha_i=0.023\frac{\lambda_1}{d_i}Re_i^{0.8}Pr^{0.3}=0.023\times\frac{0.108}{0.015}\times(4.96\times10^4)^{0.8}\times\left(\frac{2260\times0.18\times10^{-3}}{0.108}\right)^{0.3}$$
$$=1407[W/(m^2\cdot ℃)]$$

(3) 计算壳程压降及给热系数 α_o　取折流挡板间距 $B=0.25$m，因系正方形排列，管束中心线的管数

$$N_{TC}=1.19(N_T)^{0.5}=1.19\times(206)^{0.5}=17$$

壳程流动面积为

$$A_o=B(D-N_{TC}d_o)=0.25\times(0.5-17\times0.019)=0.0439(m^2)$$

$$u_o=\frac{q_{m2}}{\rho_2 A_o}=\frac{40000/3600}{615\times0.0439}=0.412(m/s)$$

$$Re_o=\frac{d_o u_o\rho_2}{\mu_2}=\frac{0.019\times0.412\times615}{0.22\times10^{-3}}=2.19\times10^4$$

因 $Re_o>500$，故可用下式计算管外流动摩擦系数 f_0

$$f_o=5Re_o^{-0.228}=5\times(2.19\times10^4)^{-0.228}=0.512$$

管子排列为正方形，斜转安装，取校正系数 $F=0.4$，取垢层校正系数 $f_s=1.15$。

挡板数 $N_B=\frac{l}{B}-1=\frac{6}{0.25}-1=23$，壳程压强 $\Delta\mathscr{P}_s$ 为

$$\Delta\mathscr{P}_s=\left[Ff_oN_{TC}(N_B+1)+N_B\left(3.5-\frac{2B}{D}\right)\right]f_s\frac{u_o^2}{2}\rho$$
$$=\left[0.4\times0.512\times17\times(23+1)+23\times\left(3.5-\frac{2\times0.25}{0.5}\right)\right]\times1.15\times\frac{0.412^2}{2}\times615$$
$$=8.47\times10^3\ (Pa)=8.47kPa$$

$\Delta\mathscr{P}_s<30$kPa，可行。

壳程给热系数计算

$$A_2'=BD\left(1-\frac{d_o}{t}\right)=0.25\times0.5\times\left(1-\frac{0.019}{0.025}\right)=0.030(m^2)$$

$$u_o'=\frac{q_{m2}}{A_2'\rho_2}=\frac{40000/3600}{0.030\times615}=0.602(m/s)$$

$$d_e=\frac{4\left(t^2-\frac{\pi}{4}d_o^2\right)}{\pi d_o}=\frac{4\times(0.025^2-0.785\times0.019^2)}{3.14\times0.019}=0.023(\mathrm{m})$$

$$Re_o'=\frac{d_e u_o' \rho_2}{\mu_2}=\frac{0.023\times0.602\times615}{0.22\times10^{-3}}=3.86\times10^4$$

$$Pr=\frac{c_{p2}\mu_2}{\lambda_2}=\frac{2.51\times0.22}{0.115}=4.8$$

壳程中正庚烷被加热，取 $(\mu/\mu_w)^{0.14}=1.05$，由式(6-144) 可得

$$\alpha_o=0.36\frac{\lambda}{d_e}Re^{0.55}Pr^{\frac{1}{3}}\left(\frac{\mu}{\mu_w}\right)^{0.14}=0.36\times\frac{0.115}{0.023}\times(3.86\times10^4)^{0.55}\times4.8^{\frac{1}{3}}\times1.05$$

$$=1066[\mathrm{W/(m^2\cdot{}^\circ C)}]$$

(4) 计算传热面积

$$K_{计}=\frac{1}{\left(\frac{1}{\alpha_i}+R_i\right)\frac{d_o}{d_i}+\frac{\delta}{\lambda}\times\frac{d_o}{d_m}+\frac{1}{\alpha_o}+R_o}$$

查表 6-5，取 $R_i=0.00017\mathrm{m^2\cdot{}^\circ C/W}$，$R_o=0.00018\mathrm{m^2\cdot{}^\circ C/W}$。钢材 $\lambda=45\mathrm{W/(m\cdot K)}$。

$$K_{计}=\frac{1}{\left(\frac{1}{1407}+0.00017\right)\times\frac{19}{15}+\frac{0.002}{45}\times\frac{19}{17}+\frac{1}{1066}+0.00018}=438[\mathrm{W/(m^2\cdot{}^\circ C)}]$$

$$A_{计}=\frac{Q}{K\psi\Delta t_{m逆}}=\frac{1.39\times10^6}{438\times0.86\times61.5}=60.2\ (\mathrm{m^2})$$

所选换热器的实际传热面积约为

$$A=N_T\pi d_o l=206\times3.14\times0.019\times6=73.7(\mathrm{m^2})$$

$$\frac{A}{A_{计}}=\frac{73.7}{60.2}=1.22$$

所选 BES 500-1.6-72-6/19-2 Ⅰ 型换热器适合。

6.7.3 换热器的其他类型

传统的间壁式换热器除夹套式外，几乎都是管式换热器（包括蛇管、套管、管壳等）。但是，在流动面积相等条件下，圆形通道表面积最小，而且管子之间不能紧密排列，故管式换热器的共同缺点是结构不紧凑，单位换热器容积所提供的传热面小，金属消耗量大。随着工业的发展，陆续出现了不少高效紧凑的换热器并逐渐趋于完善。这些换热器基本上可分为两类，一类是在管式换热器的基础上加以改进，而另一类则根本上摆脱圆管而采用各种板状换热表面。

各种板式换热器 板式换热表面可紧密排列，因此各种板式换热器都具有结构紧凑，材料消耗低、传热系数大的特点。这类换热器一般不能承受高压和高温，但对于压强较低，温度不高或腐蚀性强而须用贵重材料的场合，各种板式换热器都显示出更大的优越性。

(1) 螺旋板式换热器 螺旋板式换热器是由两张平行薄钢板卷制而成的，在其内部形成一对同心的螺旋形通道。换热器中央设有隔板，将两螺旋形通道隔开。两板之间焊有定距柱以维持通道间距，在螺旋板两端焊有盖板（图 6-55)。冷热流体分别由两螺旋形通道流过，通过薄板进行换热。

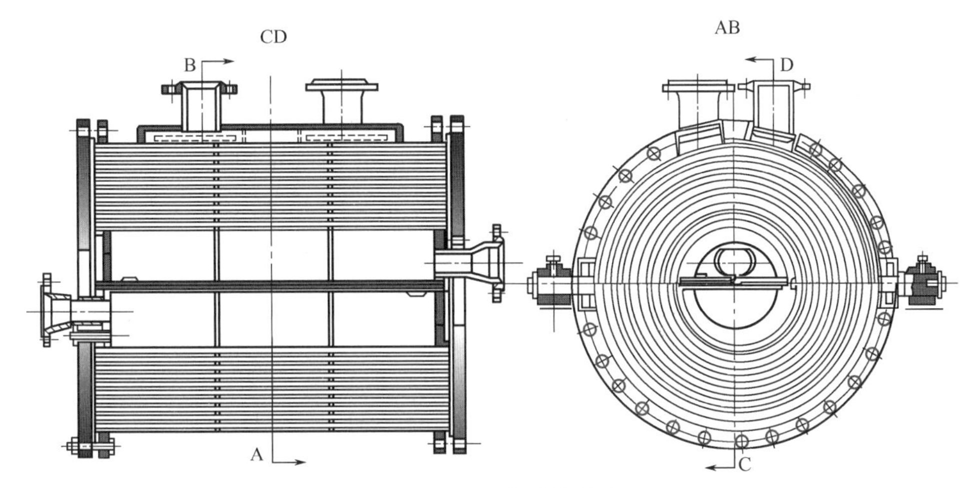

图 6-55 螺旋板式换热器

螺旋板式换热器的优点是：

① 由于离心力的作用和定距柱的干扰，流体湍动程度高，故给热系数大。例如，水对水的传热系数可达到 2000～3000W/(m^2·℃)，而管壳式换热器一般为 1000～2000W/(m^2·℃)。

② 由于离心力的作用，流体中悬浮的固体颗粒被抛向螺旋形通道的外缘而被流体本身冲走，故螺旋板换热器不易堵塞，适于处理悬浮液体及高黏度介质。

③ 冷热流体可作纯逆流流动，传热平均推动力大。

④ 结构紧凑，单位容积的传热面为管壳式的 3 倍，可节约金属材料。

螺旋板式换热器的主要缺点是：

① 操作压力和温度不能太高，一般压力不超过 2MPa，温度不超过 300～400℃。

② 因整个换热器被焊成一体，一旦损坏不易修复。

螺旋板式换热器的给热系数可用下式计算：

$$Nu=0.04Re^{0.78}Pr^{0.4} \tag{6-160}$$

上式对于定距柱直径为 10mm、间距为 100mm 按菱形排列的换热器适用，式中的当量直径 $d_e=2b$，b 为螺旋板间距。

(2) 板式换热器 板式换热器最初用于食品工业，20 世纪 50 年代逐渐推广到化工等其他工业部门，现已发展成为高效紧凑的换热设备。

板式换热器是由一组金属薄板、相邻薄板之间衬以垫片并用框架夹紧组装而成。图6-56所示为矩形板片，其上四角开有圆孔，形成流体通道。冷热流体交替地在板片两侧流过，通过板片进行换热。板片厚度为 0.5～3mm，通常压制成各种波纹形状，既增加刚度，又使流体分布均匀，加强湍动，提高传热系数。

板式换热器的主要优点是：

① 由于流体在板片间流动湍动程度高，而且板片厚度又薄，故传热系数 K 大。例如，在板式换热器内，水对水的传热系数可达 1500～4700W/(m^2·℃)。

② 板片间隙小（一般为 4～6mm），结构紧凑，单位容积所提供的传热面为 250～

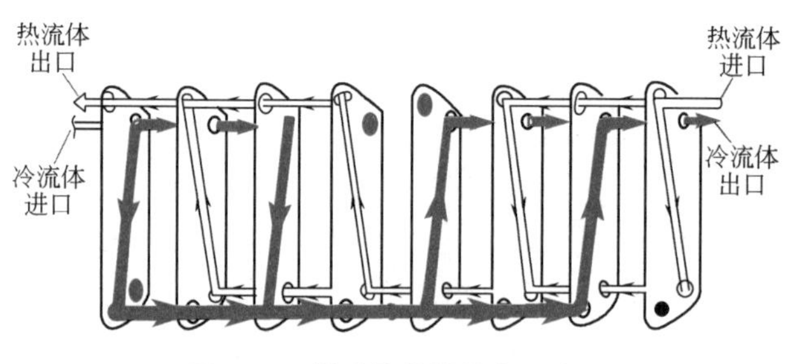

图 6-56 板式换热器流向示意图

动画

$1000m^2/m^3$；而管壳式换热器只有 $40\sim150m^2/m^3$。板式换热器的金属耗量可减少一半以上。

③ 具有可拆结构，可根据需要调整板片数目以增减传热面积，故操作灵活性大，检修清洗也方便。

板式换热器的主要缺点是允许的操作压强和温度比较低。通常操作压强不超过 2MPa，压强过高容易渗漏。操作温度受垫片材料的耐热性限制，一般不超过 250℃。

(3) 板翅式换热器 板翅式换热器是一种更为高效紧凑的换热器，过去因制造成本较高，仅用于宇航、电子、原子能等少数部门。现在已逐渐应用于化工和其他工业，取得良好效果。

动画

如图 6-57 所示，在两块平行金属薄板之间，夹入波纹状或其他形状的翅片，将两侧面封死，即成为一个换热基本元件。将各基本元件适当排列（两元件之间的隔板是公用的），并用钎焊固定，制成逆流式或错流式板束。将板束放入适当的集流箱（外壳）就成为板翅式换热器。

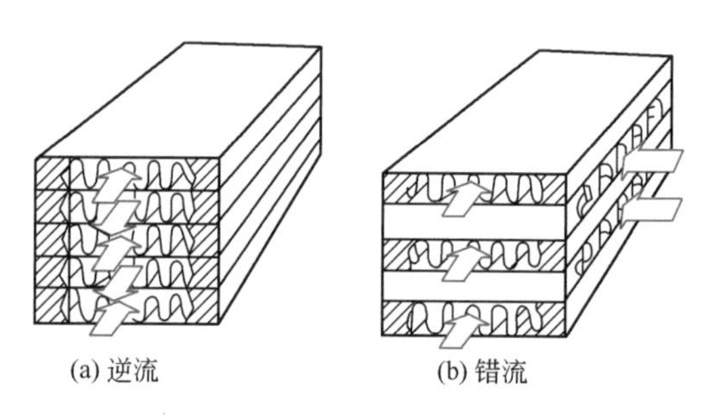

图 6-57 板翅式换热器的板束

板翅式换热器的结构高度紧凑，单位容积可提供的传热面高达 $2500\sim4000m^2/m^3$。所用翅片的形状可促进流体的湍动，故其传热系数也很高。因翅片对隔板有支撑作用，板翅式换热器允许操作压强也较高，可达 5MPa。

(4) 板壳式换热器 板壳式换热器与管壳式换热器的主要区别是以板束代替管束。板束的基本元件是将条状钢板滚压成一定形状然后焊接而成（图 6-58）。板束元件可以紧密排列。结构紧凑、单位容积提供的换热面为管壳式的 3.5 倍以上。为保证板束充满圆形壳体，板束元件的宽度应该与元件在壳体内所占弦长相当。与圆管相比，板束元件的当量直径较小，给热系数也较大。

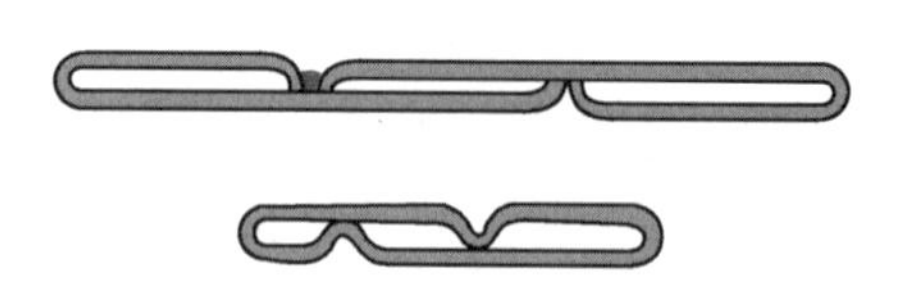
图 6-58 板壳式换热器的结构示意图

板壳式换热器不仅有各种板式换热器结构紧凑、传热系数高的特点，而且结构坚固，能承受很高的压强和温度，较好地解决了高效紧凑与耐温抗压的矛盾。目前，板壳式换热器最高操作压强可达6.4MPa，最高温度可达800℃。板壳式换热器的缺点是制造工艺复杂，焊接要求高。

强化管式换热器　这一类换热器是在管式换热器的基础上，采取某些强化措施，提高传热效果。强化的措施无非是管外加翅片，管内安装各种形式的内插物。这些措施不仅增大了传热面积，而且增加了流体的湍动程度，使传热过程得到强化。

(1) 翅片管　翅片管是在普通金属管的外表面安装各种翅片制成。常用的翅片有纵向与横向两种形式，如图6-59(a)、(b) 所示。

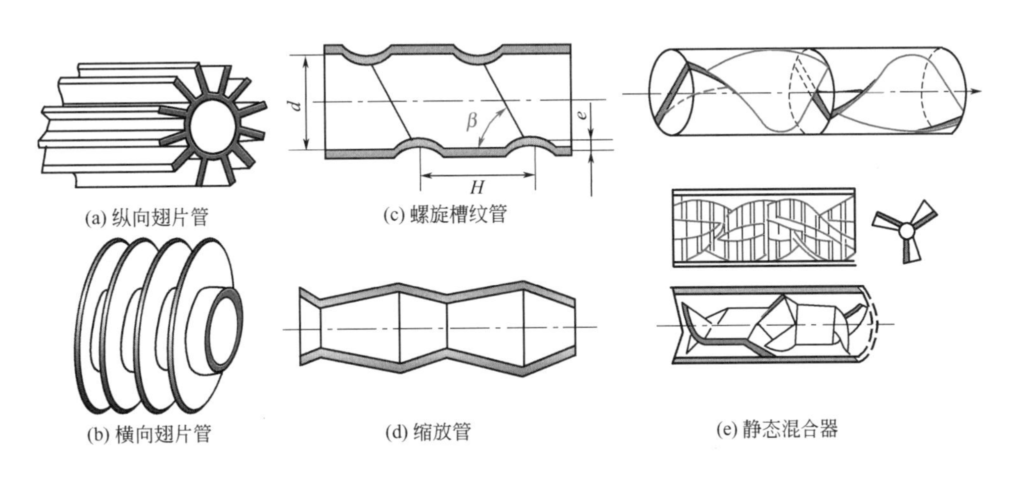

图6-59　强化传热管

翅片与光管的连接应紧密无间，否则连接处的接触热阻很大，影响传热效果。常用的连接方法有热套、镶嵌、张力缠绕、钎焊及焊接等，其中焊接和钎焊最为密切，但加工费用较高。此外，翅片管也可采用整体轧制、整体铸造和机械加工的方法制造。

翅片管仅在管的外表采取了强化措施，因而只对外侧给热系数很小的传热过程才起显著的强化效果。近年来用翅片管制成的空气冷却器在化工生产中应用很广。用空冷代替水冷，不仅适用于缺水地区，而且对水源充足的地方，也可取得较大经济效果。

(2) 螺旋槽纹管　螺旋槽纹管如图6-59(c) 所示。研究表明，流体在管内流动时受螺旋槽纹的引导使靠近壁面的部分流体顺槽旋流有利于减薄层流内层的厚度，增加扰动，强化传热。

(3) 缩放管　缩放管是由依次交替的收缩段和扩张段组成的波形管道［见图6-59(d)］。研究表明，由此形成的流道使流动流体径向扰动大大增加，在同样流动阻力下，此管具有比光管更好的传热性能。

(4) 静态混合器　静态混合器能大大强化管内对流给热［见图6-59(e)］，尤其是在管内热阻控制时，强化效果特别好。

(5) 折流杆换热器　折流杆换热器是一种以折流杆代替折流板的管壳式换热器（见图6-60)。折流杆尺寸等于管子之间的间隙。杆子之间用圆环相连，四个圆环组成一组，能牢固地将管子支撑住，有效地防止管束振动。折流杆同时又起到强化传热、防止污垢沉积和减小流动阻力的作用。折流杆换热器已在催化焚烧空气预热、催化重整进出料换热、烃类冷凝、胺重沸等方面多有应用。

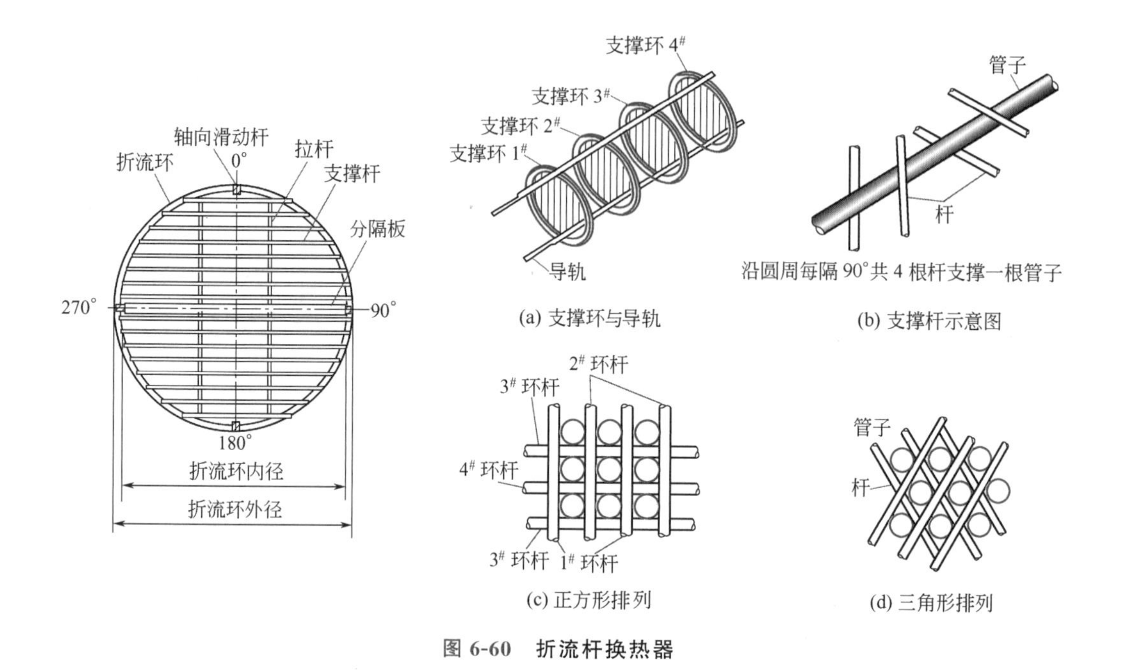

图 6-60　折流杆换热器

热管换热器　热管是一种新型传热元件。最简单的热管是在一根抽除不凝性气体的金属管内充以定量的某种工作液体，然后封闭而成（图 6-61）。当加热段受热时，工作液体遇热沸腾，产生的蒸气流至冷却段遇冷后凝结放出潜热。冷凝液沿具有毛细结构的吸液芯在毛细管力的作用下回流至加热段再次沸腾。如此过程反复循环，热量则由加热段传至冷却段。

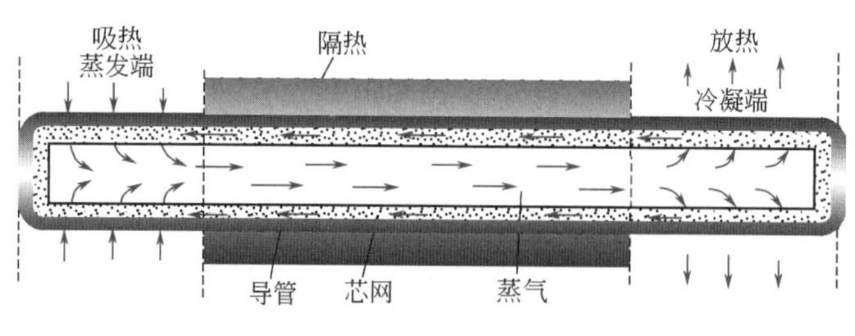

图 6-61　热管换热器

在传统的管式换热器中，管外可加翅片强化传热，而管内虽可安装内插物，但强化程度远不如管外。热管把传统的内、外表面间的传热巧妙地转化为两管外表面的传热，使冷热两侧皆可采用加装翅片的方法进行强化。因此，用热管制成的换热器，对冷、热两侧给热系数皆很小的气-气传热过程特别有效。近年来，热管换热器广泛地应用于回收锅炉排出的废热以预热燃烧所需之空气，取得很大经济效果。

热管内的热量是通过沸腾冷凝过程进行传递的。因沸腾和冷凝给热系数皆很大，蒸汽流动的阻力损失也很小，所以管壁温度相当均匀。由热管的传热量和相应的管壁温差折算而得的表观热导率，是最优良金属导热体的 $10^2 \sim 10^3$ 倍。因此，热管对于某些等温性要求较高的场合，尤为适用。

此外，热管还具有传热能力大，应用范围广，结构简单，工作可靠等一系列其他优点。

流化床换热器 图 6-62 所示为流化床换热器，其外形与常规的立式管壳式换热器相似。管程内的流体由下往上流动，使众多的固体颗粒（切碎的金属丝如同数以百万计的刮片）保持稳定的流化状态，对换热器管壁起到冲刷、洗垢作用。同时，使流体在较低流速下也能保持湍流，大大强化了传热速率。固体颗粒在换热器上部与流体分离，并随着中央管返回至换热器下部的流体入口通道，形成循环。中央管下部设有伞形挡板，以防止颗粒向上运动。流化床换热器已在海水淡化蒸发器、塔器重沸器、润滑油脱蜡换热等场合取得实用成效。

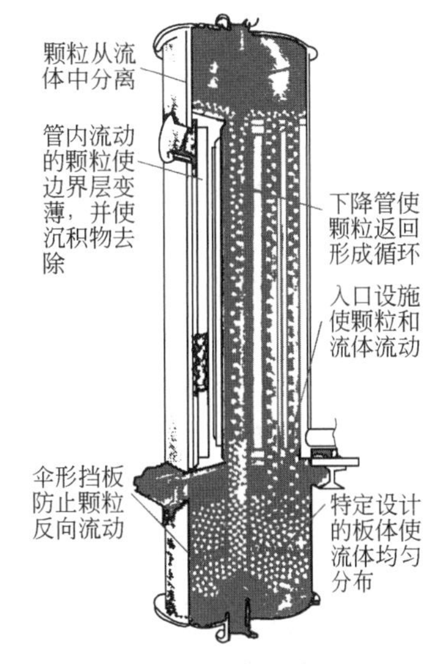

图 6-62 流化床换热器结构

思考题

6-18 在换热器设计计算时，为什么要限制 ψ 大于 0.8？

第 6 章 传热

6.1 概述

6.2 热传导

6.3 对流给热

6.3.1 对流给热过程分析

流动对传热的贡献

强制对流与自然对流

6.3.2 对流给热过程的数学描述

6.3.3 无相变的对流给热系数的经验关联式

6.4 沸腾给热与冷凝给热

6.4.1 沸腾给热

6.4.3 蒸汽冷凝给热

6.6 传热过程的计算

6.6.2 传热过程基本方程式

6.6.3 换热器的设计型计算

6.6.4 换热器的操作型计算

6.7 换热器

6.7.1 间壁式换热器的类型

6.7.3 换热器的其他类型

习 题

热传导

6-1 如附图所示，某工业炉的炉壁由耐火砖 $\lambda_1=1.3\text{W/(m·K)}$、绝热层 $\lambda_2=0.18\text{W/(m·K)}$ 及普通砖 $\lambda_3=0.93\text{W/(m·K)}$ 三层组成。炉膛壁内壁温度 1100℃，普通砖层厚 12cm，其外表面温度为 50℃。通过炉壁的热损失为 1200W/m^2，绝热材料的耐热温度为 900℃。求耐火砖层的最小厚度及此时绝热层厚度。设各层间接触良好，接触热阻可以忽略。 [答：0.22m，0.1m]

6-2 某平壁炉炉壁由耐火砖、保温砖和建筑砖三种材料组成，相邻材料之间接触密切，各层材料的厚度和热导率依次为 $\delta_1=250\text{mm}$，$\lambda_1=1.4\text{W/(m·K)}$，$\delta_2=130\text{mm}$，$\lambda_2=0.15\text{W/(m·K)}$，$\delta_3=200\text{mm}$，$\lambda_3=0.8\text{W/(m·K)}$。已测得耐火砖与保温砖接触面上的温度 $t_2=820℃$，保温砖与建筑砖接触面上的温度 $t_3=260℃$。试求：(1) 各种材料层单位面积的热阻；(2) 通过炉壁的热量通量；(3) 炉壁导热

总温差及其在各材料层的分配。

[答：(1) 耐火砖 0.179$m^2 \cdot K/W$，保温砖 0.867$m^2 \cdot K/W$，建筑砖 0.25$m^2 \cdot K/W$；(2) 645.9W/m^2；(3) 837.1℃，1∶4.8∶1.4]

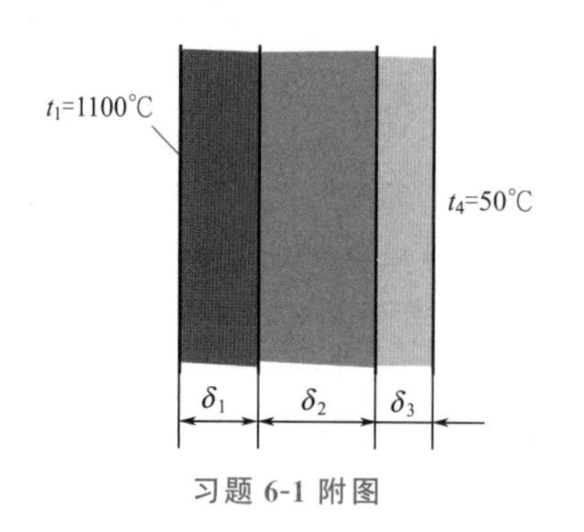

习题 6-1 附图

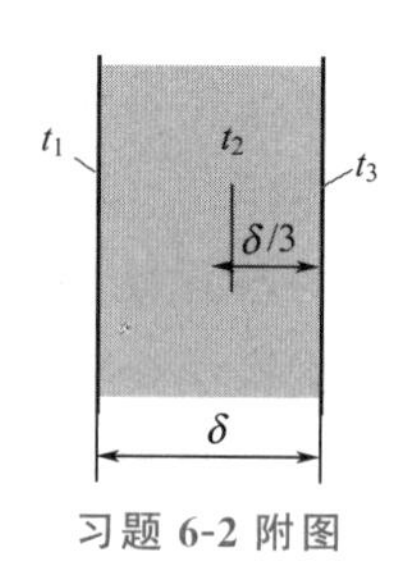

习题 6-2 附图

6-3 某火炉通过金属平壁传热使另一侧的液体蒸发，单位面积的蒸发速率为 0.048$kg/(m^2 \cdot s)$，与液体交界的金属壁的温度为 110℃。时间久后，液体一侧的壁面上形成一层厚 2mm 的污垢，污垢热导率 $\lambda=0.65W/(m \cdot K)$。设垢层与液面交界处的温度仍为 110℃，且蒸发速率需维持不变，求与垢层交界处的金属壁面的温度。液体的汽化热 $r=2000kJ/kg$。 [答：405℃]

6-4 为减少热损失，在外径 ϕ150mm 的饱和蒸汽管道外覆盖保温层。已知保温材料的热导率 $\lambda=0.103+0.000198t$（式中 t 的单位为℃），蒸汽管外壁温度为 180℃，要求保温层外壁温度不超过 50℃，每米管道由于热损失而造成蒸汽冷凝的量控制在 $1\times10^{-4}kg/(m \cdot s)$ 以下，问保温层厚度应为多少？

[答：50mm]

***6-5** 有一蒸汽管外径 25mm，管外包以两层保温材料，每层厚均为 25mm。外层与内层保温材料的热导率之比为 $\lambda_2/\lambda_1=5$，此时的热损失为 Q。今将内、外两层材料互换位置，且设管外壁与外层保温层外表面的温度均不变，则热损失为 Q'。求 Q'/Q，说明何种材料放在里层为好。

[答：1.64，λ 小的放内层]

对流给热

6-6 在长为 3m，内径为 53mm 的管内加热苯溶液。苯的质量流速为 172$kg/(s \cdot m^2)$。苯在定性温度下的物性数据如下：$\mu=0.49mPa \cdot s$；$\lambda=0.14W/(m \cdot K)$；$c_p=1.8kJ/(kg \cdot ℃)$。试求苯对管壁的给热系数。 [答：330$W/(m^2 \cdot K)$]

6-7 某厂精馏塔顶采用列管式冷凝器，共有 ϕ25m×2.5mm 管子 60 根，管长为 2m，蒸汽走壳程，冷却水走管程，水的流速为 1m/s。进、出口温度分别为 20℃和 60℃，在定性温度下水的物性数据为：$\rho=992.2kg/m^3$，$\lambda=0.6338W/(m \cdot ℃)$，$\mu=6.56\times10^{-4}Pa \cdot s$，$Pr=4.31$。(1) 求管程水的对流给热系数；(2) 如使总管数减为 50 根，水量和水的物性视为不变，此时管程水的对流传热系数又为多大？

[答：(1) 5023.7$W/(m^2 \cdot ℃)$；(2) 5812.6$W/(m^2 \cdot ℃)$]

6-8 油罐中装有水平蒸汽管以加热罐内重油，重油的平均温度 $t_m=20℃$，蒸汽管外壁温度 $t_w=120℃$，管外径为 60mm。已知在定性温度 70℃下重油的物性数据如下：$\rho=900kg/m^3$；$c_p=1.88kJ/(kg \cdot ℃)$；$\lambda=0.174W/(m \cdot ℃)$。运动黏度 $\nu=2\times10^{-3}m^2/s$，$\beta=3\times10^{-4}1/℃$。试问蒸汽对重油的热传递速率为多少？ [答：3.69kW/m^2]

6-9 室内水平放置两根表面温度相同的蒸汽管，由于自然对流两管都向周围空气散失热量。已知大管的直径为小管直径的 10 倍，小管的 $GrPr=10^9$。试问两管道单位时间、单位面积的热损失比值为多少？

[答：1]

冷凝给热

6-10 饱和温度为 100℃的水蒸气在长 3m、外径为 0.03m 的单根黄铜管表面上冷凝。铜管竖直放置，管外壁的温度维持在 96℃，试求每小时冷凝的蒸汽量。又若将管子水平放，冷凝的蒸汽量又为多少？

[答：$3.72\times10^{-3}kg/s$；$7.51\times10^{-3}kg/s$]

热辐射

6-11 用热电偶温度计测量管道中的气体温度。温度计读数为300℃，黑度为0.3。气体与热电偶间的给热系数为60W/(m^2·K)，管壁温度为230℃。求气体的真实温度。若要减少测温误差，应采用哪些措施？ [答：312℃；用遮热罩抽气式热电偶]

6-12 功率为1kW的封闭式电炉，表面积为0.05m^2，表面黑度0.90。电炉置于温度为20℃的室内，炉壁与室内空气的自然对流给热系数为10W/(m^2·K)。求炉外壁温度。 [答：746K]

6-13 盛水2.3kg的热水瓶，瓶胆由两层玻璃壁组成，其间抽空以免空气对流和传导散热。玻璃壁镀银，黑度0.02。壁面面积为0.12m^2，外壁温度20℃，内壁温度99℃。问水温下降1℃需要多少时间？设瓶塞处的热损失可以忽略。 [答：3.3h]

***6-14** 如附图所示。两平行平板的温度分别为$t_1=400$℃、$t_2=150$℃，黑度分别为$\varepsilon_1=0.65$，$\varepsilon_2=0.90$。今在两板之间插入第3块平行平板，该板厚度极小，两侧面（A、B面）温度均一但黑度不同。当A面朝板1，达到定态后板3的平衡温度为327℃。当B面朝板1，达到定态后板3的温度为277℃。设各板之间距离很小，求板3的A、B两面的黑度ε_A、ε_B各为多少？

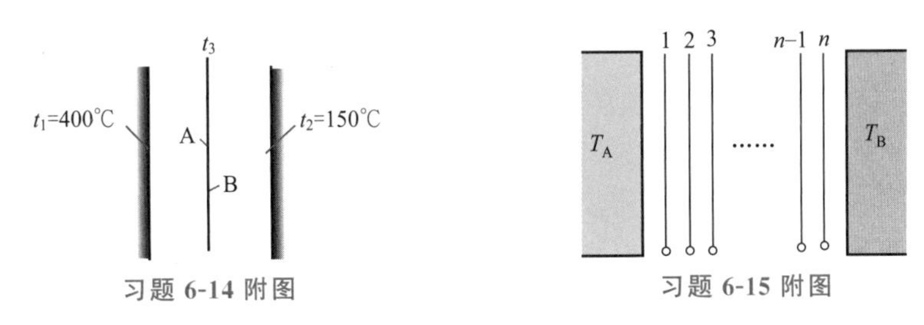

习题6-14附图　　习题6-15附图

[答：0.68；0.40]

***6-15** 试证明在定态传热过程中，两高、低温（$T_A>T_B$）的固体平行平面间装置n很薄的平行遮热板时（如附图所示），传热量减少到原来不安装遮热板时的$1/(n+1)$倍。设所有平面的表面积、黑度均相等，平板之间的距离很小。 [答：略]

传热过程计算

6-16 在传热面积为10m^{2}的管壳式换热器中，用工业水冷却轴封离心泵的冷却水，工业水走管程，进口温度为22℃；轴封冷却水走壳程，进口温度为75℃，采用逆流操作方式。当工业水流量为1.0kg/s时，测得工业水和轴封冷却水的出口温度分别为45℃与30℃，当工业水量增加一倍时，测得轴封冷却水出口温度为26℃。管壁两侧刚经过清洗，试计算：(1) 两种工况下的总传热系数；(2) 管程和壳程的对流给热系数各为多少？设管壁较薄，管内、外流动Re均大于10^4。

[答：(1) 579.5W/(m^2·K)，666W/(m^2·K)；(2) 833.6W/(m^2·K)，1900W/(m^2·K)]

6-17 ϕ68mm×4mm的无缝钢管，内通过0.2MPa（表压）的饱和蒸汽。管外包厚30mm的保温层$\lambda=0.080$W/(m·K)，该管设置于温度为20℃的大气中，已知管内壁与蒸汽的给热系数$\alpha_i=5000$W/(m^2·K)，保温层外表面与大气的给热系数$\alpha_o=10$W/(m^2·K)。求蒸汽流经每米管长的冷凝量及保温层外表面的温度。 [答：3.47×10^{-5}kg/(m·s)；38.7℃]

6-18 生产中用一换热管规格为ϕ25mm×2.5mm（钢管）的列管换热器回收裂解气的余热，热导率$\lambda=45$W/(m·K)。用于回收余热的介质水在管外达到沸腾，其给热系数为10000W/(m^2·K)，压力为2500kPa（表压）。管内走裂解气，其温度由580℃下降至472℃，该侧的对流给热系数为230W/(m^2·K)。若忽略污垢热阻，试求管内、外表面的温度。 [答：237.6℃，231.3℃]

6-19 用不同的水流速度对某列管式冷凝器作了两次试验，第一次冷凝器是新的，第二次冷凝器已使用过一段时期之后。试验结果如表所示：

试验次数	第一次		第二次
流速/(m/s)	1.0	2.0	1.0
传热系数 K/[W/(m^2・℃)]	1200	1860	1100

表中传热系数均以外表面为基准。管子尺寸为 ϕ28mm×2.5mm，热导率为 45W/(m・℃)。水在管内流动是高度湍流，饱和蒸汽在管外冷凝。两次实验条件相同。试求：(1) 第一次试验中，管外给热系数 α_o，以及当水速为 2m/s 时管内给热系数 α_i；(2) 试分析在相同的水流速下，两次实验的传热系数数值不同的原因，并得出定量计算的结果。

[答：(1) 1.29×10^4W/(m^2・K)，3.05×10^3W/(m^2・K)；(2) 污垢热阻 $R=7.58\times10^{-5}$m^2・K/W]

***6-20** 一内径为 0.34m 的空心球形钢壳容器，其内壁表面温度为 38℃，外壁外面用 100℃热水加热。钢壳的热导率为 45W/(m・℃)，热水对外壁的给热系数 $\alpha=500$W/(m^2・℃)，试计算钢壳厚度是多少 (mm) 时传热速率达最大值？最大传热速率为多少？ [答：10mm，11.3kW]

6-21 在某套管换热器中用水逆流冷却某种溶液，溶液量为 1.4kg/s，比热容为 2kJ/(kg・℃)，走内管（规格为 ϕ25mm×2.5mm)，从 150℃ 冷却到 100℃。冷却水走套管环隙，从 25℃升温至 60℃，水的比热容为 4.18kJ/(kg・℃)。(1) 已知溶液一侧的给热系数为 1160W/(m^2・℃)，冷却水一侧的给热系数为 930W/(m^2・℃)，忽略管壁和污垢的热阻及热损失，求以传热外表面积为基准的总传热系数 K 和冷却水的用量 (kg/h)。(2) 计算内管的外表面积和管长。

[答：(1) 464W/(m^2・℃)，3445kg/h；(2) 3.67m^2，46.7m]

6-22 某列管式加热器由多根 ϕ25mm×2.5mm 的钢管所组成，将苯由 20℃加热到 55℃，苯在管中流动，其流量为每小时 15t，流速为 0.5m/s。加热剂为 130℃的饱和水蒸气，在管外冷凝。苯的比热容 $c_p=$ 1.76kJ/(kg・℃)，密度为 858kg/m^3。已知加热器的传热系数为 700W/(m^2・℃)，试求此加热器所需管数 N_T 及单管长度 l。 [答：31，1.65m]

***6-23** 某气体混合物（比热容及热导率均未知）以 90kg/h 的流量流过套管换热器的内管，气体的温度由 38℃被加热到 138℃。内管内径为 53mm，外管内径为 78mm，壁厚均为 2.5mm，管外为蒸汽冷凝使管内壁温度维持在 150℃。已知混合气体黏度为 0.027mPa・s，其普朗特数 $Pr=1$，试求套管换热器的管长。 [答：9.53m]

6-24 现有两台单壳程单管程、传热面积均为 20m^{2}的列管式空气加热器，每台加热器均由 64 根 ϕ57mm× 3.5mm 钢管组成，壳程为 170℃的饱和水蒸气冷凝（冷凝潜热 $r=2054$kJ/kg)，空气入口温度 $t_1=$ 30℃，流量为 2.5kg/s，以湍流方式通过管程。(1) 若两台换热器并联使用，通过每台换热器的空气流量均等，此时空气的对流传热系数为 38W/(m^2・℃)，求空气的出口温度及水蒸气的总冷凝量为多少？(2) 若两台换热器改为串联使用，问此时空气的出口温度及水蒸气的总冷凝量为多少？

假定空气的物性不随温度压力而变化，视为常量 $c_p=1$kJ/(kg・℃)。忽略钢管热阻、蒸汽冷凝热阻及热损失。 [答：(1) 93.8℃，280kg/h；(2) 121.4℃，400kg/h]

***6-25** 用一单程列管换热器以冷凝 1.5kg/s 的有机蒸气，蒸气在管外冷凝的热阻可以忽略，冷凝温度 60℃，汽化热为 395kJ/kg。管束由 n 根 ϕ25mm×2.5mm 的钢管组成，管内通入 $t_1=25$℃的河水作冷却剂，不计垢层及管壁热阻。试计算：(1) 冷却水用量（选择冷水出口温度)；(2) 管数 N_T 与管长 l（水在管内的流速可取 1m/s 左右)；(3) 若保持上述计算所得的总管数不变，将上述换热器制成双管程投入使用，冷却水流量及进口温度仍维持设计值，求操作时有机蒸气的冷凝量。

[答：(1) 10.9kg/s；(2) 36，2.06m；(3) 2.24kg/s]

传热操作型计算

6-26 冷却水在某蒸汽冷凝器管程呈湍流流动，蒸汽在饱和蒸气压 101.3kPa 下（蒸汽饱和温度 100℃）冷凝。已知蒸汽冷凝给热系数 $\alpha_o=10000$W/(m^2・℃)，冷却水对流给热系数 $\alpha_i=1000$W/(m^2・℃)，冷却水进、出口温度分别为 $t_1=30℃$、$t_2=35℃$。试问如将冷却水流量增大 1 倍，蒸汽冷凝量作何改变？

[答：增加 64.4%]

6-27 有一套管式换热器，内管为 ϕ19mm×3mm，管长为 2m，管隙的油与管内的水的流向相反。油的流量为 270kg/h，进口温度为 100℃，水的流量为 360kg/h，进口温度为 10℃。若忽略热损失，且知以管外表面积为基准的传热系数 $K=374W/(m^2 \cdot ℃)$，油的比热容 $c_p=1.88kJ/(kg \cdot ℃)$，试求油和水的出口温度分别为多少？

[答：76.5℃，17.9℃]

6-28 在一传热面为 $30m^2$ 的列管式换热器中，用 120℃ 的饱和蒸汽将某气体从 30℃ 加热到 80℃，气体走管程，流量为 $5000m^3/h$，密度为 $1.0kg/m^3$（均按入口状态计），比热容为 $1.0kJ/(kg \cdot K)$。(1) 估算此换热器的传热系数。(2) 若气量减少了 50%，估算在加热蒸汽压力和气体入口温度不变的条件下，气体出口温度变为多少？（假定气体物性不变）

[答：(1) $37.5W/(m^2 \cdot K)$；(2) 84.5℃]

6-29 流量为 2000kg/h 的某气体在列管式换热器的管程通过，温度由 150℃ 降至 80℃；壳程冷却用软水，进口温度为 15℃，出口温度为 65℃，与气体作逆流流动。两者均处于湍流。已知气体侧的对流给热系数远小于冷却水侧的对流给热系数。试求：(1) 冷却水用量；(2) 如进口水温上升为 20℃，仍用原设备要达到相同的气体冷却程度，此时出口水温将为多少度？冷却水用量为多少？

管壁热阻、污垢热阻和热损失均可忽略不计。气体的平均比热容为 $1.02kJ/(kg \cdot K)$，水的比热容为 $4.17kJ/(kg \cdot K)$，不计温度变化对比热容的影响。

[答：(1) 685kg/h；(2) 60℃，856kg/h]

6-30 某套管换热器，内管为 ϕ25mm×2.5mm 的钢管，管外为 $T=120℃$ 饱和蒸汽冷凝给热。管内流过气体，气体进口温度为 $t_1=20℃$，出口温度为 $t_2=60℃$。现改用 ϕ19mm×2mm 的管子，并使气体流量为原来的 1.5 倍，管长、T 及 t_1 不变。冷凝侧、管壁热阻及热损失均可忽略，且不计物性变化影响。试求：(1) 气体出口温度 t_2'（设气体在管内雷诺数大于 10^4，普朗特数大于 0.7）；(2) 如气体通过管子压降为 $30mmH_2O$，求现工况的压降（设摩擦系数相同，换热器进、出口阻力损失不计）。

[答：(1) 61.5℃；(2) $284.4mmH_2O$]

传热综合型计算

6-31 质量流量为 7200kg/h 的某一常压气体在 250 根 ϕ25mm×2.5mm 的钢管内流动，由 25℃ 加热到 85℃，气体走管程，采用 198kPa 的饱和蒸汽于壳程加热气体。若蒸汽冷凝给热系数 $\alpha_1=1\times10^4 W/(m^2 \cdot K)$，管内壁的污垢热阻为 $0.0004m^2 \cdot K/W$，忽略管壁、管外热阻及热损失。已知气体在平均温度下的物性数据为：$c_p=1kJ/(kg \cdot K)$，$\lambda=2.85\times10^{-2}W/(m \cdot K)$，$\mu=1.98\times10^{-2}mPa \cdot s$。试求：(1) 饱和水蒸气的消耗量(kg/h)；(2) 换热器的总传热系数 K（以管束外表面为基准）和管长；(3) 若有 15 根管子堵塞，又由于某种原因，蒸汽压力减至 143kPa，假定气体的物性和蒸汽的冷凝给热系数不变，求总传热系数 K' 和气体出口温度 t_2'。

已知 198kPa 时饱和蒸汽温度为 120℃，汽化热 2204kJ/kg；143kPa 时饱和蒸汽温度为 110℃。

[答：(1) 196kg/h；(2) $73.38W/(m^2 \cdot K)$，1.39m；(3) $76.93W/(m^2 \cdot K)$，78.3℃]

非定态传热

6-32 某带搅拌器的夹套加热釜中盛有 Gkg 的油品，用 120℃ 的饱和水蒸气将油品自 25℃ 加热到 110℃ 需要时间为 τ_1，今将加热时间延长一倍，试问最终的油温等于多少？设传热面积 A 及传热系数 K 均给定且为常数，釜内油温各处均一。

[答：119℃]

6-33 用传热面积 $A_1=1m^2$ 的蛇管加热器加热容器中的某油品，拟将油温从 $t_1=20℃$ 升至 $t_2=80℃$。已知换热器的总传热系数 $K=200W/(m^2 \cdot ℃)$，油品质量 $m=500kg$、比热容 $c_p=2.2kJ/(kg \cdot ℃)$。容器外表面散热面积 $A_o=12m^2$，空气温度 $t_a=20℃$，空气与器壁的对流给热系数 $\alpha=10W/(m^2 \cdot ℃)$，加热蒸汽的压强为 250kPa（饱和蒸汽温度为 127℃）。不考虑管壁热阻及油与壁面的对流传热热阻。试求：(1) 所需加热时间；(2) 油品能否升至 90℃。

[答：(1) 2.17h；(2) 不能]

换热器

6-34 拟设计由 ϕ25mm×2mm 的 136 根不锈钢管组成的列管换热器。平均比热容为 4187J/(kg·℃) 的某溶液在管内作湍流流动，其流量为 15000kg/h，并由 15℃加热到 100℃。温度为 110℃的饱和水蒸气在壳层冷凝。已知单管程时管壁对溶液的对流传热系数 α_i = 520W/(m^2·℃)，蒸汽冷凝侧的给热系数 α_o=1.16×10^4 W/(m^2·℃)，不锈钢管的导热系数 λ=17W/(m·℃)，忽略垢层热阻和热损失。试求：(1) 管程为单程时的列管长度（有效长度，下同）；(2) 管程为 4 程时的列管长度（总管数不变，仍为 136 根）。 [答：(1) 9.20m；(2) 3.56m]

6-35 有一列管式换热器，煤油走壳程，其温度由 230℃ 降至 120℃，流量为 28700kg/h。壳内径为 560mm，内有 ϕ25mm×2.5mm 的钢管 70 根，每根长 6m，管中心距为 32mm，三角形排列。用圆缺形挡板（切去高度为直径的 25%），挡板间距为 300mm。试求煤油的给热系数。

已知定性温度下煤油的物性数据如下：c_p=2.60kJ/(kg·℃)；ρ=710kg/m^3；μ=0.32mPa·s；λ=0.13W/(m·K)。 [答：781W/(m^2·K)]

6-36 有一单壳程双管程列管式换热器，管外用 120℃饱和蒸汽加热，常压干空气以 12m/s 的流速在管内流过，管径为 ϕ38mm×2.5mm，总管数为 200 根，已知空气进口温度为 26℃，要求空气出口温度为 86℃，试求：(1) 该换热器的管长应为多少？(2) 若气体处理量、进口温度、管长均保持不变，而将管径增大为 ϕ54mm×2mm，总管数减少 20%，此时的出口温度为多少？（不计出口温度变化对物性影响，忽略热损失）。 [答：(1) 1.08m；(2) 73.2℃]

6-37 试设计一列管式冷凝器，用水来冷凝常压下的乙醇蒸气。乙醇的流量为 3000kg/h，冷水进口温度为 30℃，出口温度为 40℃。在常压下乙醇的饱和温度为 78℃，汽化热为 925kJ/kg。乙醇蒸气冷凝给热系数估计为 1660W/(m^2·℃)。设计内容：(1) 程数、总管数、管长；(2) 管子在花板上排列；(3) 壳体内径。

[答：(1) N_p=2；N_T=114；L=3m；(2) 正三角形排列；(3) 460mm]

符号说明

符号	意义	计量单位
A	传热面积，流动截面	m^2
a	辐射吸收率	
a	流体的导温系数	1/℃
B	挡板间距	m
C_0	黑体辐射系数	W/(m^2·K)
c_p	流体的定压比热容	kJ/(kg·K)
D	换热器壳径	m
d	管径	m
d	穿透率	
d_e	当量直径	m
E_b	黑体辐射能力	W/m^2
f	校正系数	
f_o	壳程流体摩擦系数	
h_f	阻力损失	J/kg
K	传热系数	W/(m^2·K)
l	管子长度	m
L	平均射线行程	
N_B	折流板数目	
N_p	管程数	
N_T	管子总数	
Q	热流量	J/s，W
Q_T	累积传热量	J
q	热流密度	W/m^2
q_m	质量流量	kg/s
r	汽化热	kJ/kg
r	半径	m
r	反射率	
T	热流体温度	K
t	冷流体温度	K
u	流速	m/s
V	比体积	m^3/kg
α	给热系数	W/(m^2·K)
α_C	对流给热系数	W/(m^2·K)
α_R	辐射给热系数	W/(m^2·K)
α_t	总给热系数	W/(m^2·K)
β	体积膨胀系数	1/K
δ	冷凝膜厚度、壁厚	m
δ_t	有效膜厚度	m
ε	黑度、换热器的热效率	
λ	热导率	W/(m·K)
μ	黏度	Pa·s

符号	意义	计量单位
ρ	流体密度	kg/m^3
σ	表面张力	N/m
σ_0	黑体辐射常数	$W/(m^2 \cdot K^4)$
τ	时间	s
φ	角系数	
ψ	温度修正系数	
数群		
Gr	格拉斯霍夫数 $\frac{\beta g \Delta t l^3 \rho^2}{\mu^2}$	
Nu	努塞尔数 $\frac{\alpha l}{\lambda}$	
Pr	普朗特数 $\frac{c_p \mu}{\lambda}$	
Re	雷诺数 $\frac{du\rho}{\mu}$	

符号	意义
下标	
g	气体的
i	内侧（管程）的
m	平均
o	外侧（壳程）的
w	壁面的
s	壳程的
t	管程的

第7章 蒸　发

7.1 概述

7.1.1 蒸发操作的目的和方法

含不挥发性溶质（如盐类）的溶液在沸腾条件下受热，使部分溶剂汽化为蒸气的操作称为蒸发。化工生产中蒸发操作的目的是：

① 获得浓缩的溶液直接作为化工产品或半成品；

② 借蒸发以脱除溶剂，将溶液增浓至饱和状态，随后加以冷却，析出固体产物，即采用蒸发、结晶的联合操作以获得固体溶质；

③ 脱除杂质，制取纯净的溶剂。

图 7-1 为典型的蒸发装置示意图。用来自锅炉的蒸汽（称为加热蒸汽）作加热剂使溶液受热沸腾。溶液在蒸发器内因各处密度的差异而形成循环流动，被浓缩到规定浓度后排出蒸发器。汽化的蒸汽常夹带有较多的雾沫和液滴，因此蒸发器内须备有足够的分离空间，往往还装有适当形式的除沫器以除去液沫。蒸发出的蒸汽（称为二次蒸汽）如不再利用，应将其在冷凝器中加以冷凝。这种蒸发装置称为单效蒸发。

蒸发操作可连续或间歇地进行，工业上大量物料的蒸发通常是连续的定态过程。

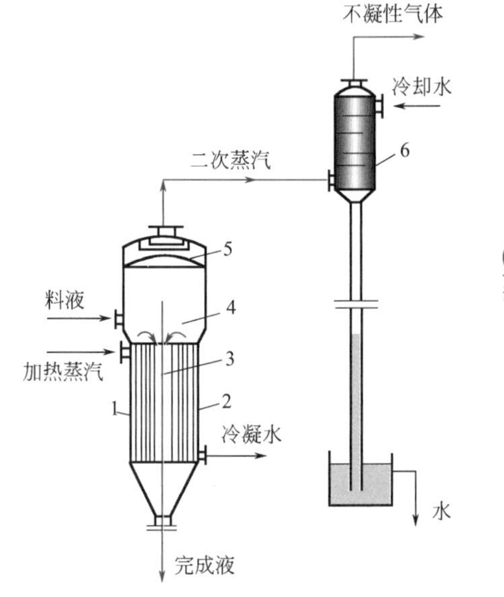

图 7-1　蒸发装置示意图

1—加热室；2—加热管；3—中央循环管；4—蒸发室；5—除沫器；6—冷凝器

动画

7.1.2 蒸发操作的特点

尽管蒸发操作的目的是物质的分离，但其过程的实质是热量传递而不是物质传递，溶剂汽化的速率取决于传热速率。因此，蒸发操作应属于传热过程，但它具有某些不同于一般传热过程的特殊性。

蒸发过程的特殊性　蒸发过程的特殊性主要体现在经济方面、过程方面和物料方面。

(1) 经济方面　蒸发过程溶剂汽化需要吸收大量热量，节能在蒸发操作中非常重要。

大多数工业蒸发所处理的是水溶液，热源是加热蒸汽，产生的二次蒸汽仍是水蒸气，两者的区别是温位（或压强）不同。导致蒸汽温位降低的主要原因有两个：

① 传热需要有一定的温度差为推动力，所以汽化温度必低于加热蒸汽的温度；

② 在一定的压强下，由于溶质的存在造成溶液的沸点升高。

例如，以133℃（约0.2MPa表压）的饱和水蒸气作加热剂在常压下蒸发NaOH溶液，当蒸发器内溶液浓度为30%时，溶液的沸点为120℃。汽化的二次蒸汽刚离开液面时虽为120℃的过热蒸汽，但因设备的热损失，此过热蒸汽很快成为操作压强下的饱和蒸汽，故二次蒸汽的温度为100℃。显然，与加热蒸汽比较，二次蒸汽的温位降低了33℃，其中20℃是由于沸点升高所造成，13℃是传热推动力。

由此可知，蒸发操作是高温位的蒸汽向低温位转化，蒸发操作的经济性主要取决于温位较低的二次蒸汽的利用。

(2) 过程方面 蒸发操作是个沸腾传热过程，工业操作须在核状沸腾区域进行，这与过热度密切相关。比如，常压下水溶液核状沸腾的过热度一般在2.2～25℃范围。当过热度超过临界值时，沸腾传热进入膜状沸腾区域，沸腾给热系数反而随Δt增高而降低，蒸发操作出现很不稳定的状况，容易出现时而暴沸、时而不沸的现象。因此，蒸发时传热温差不宜过大。

(3) 物料方面 由于溶剂的汽化，蒸发过程常常使溶液浓度产生局部过饱和。溶液在沸腾汽化过程中常在加热表面上析出溶质而形成垢层，使传热过程恶化。例如，水溶液中往往或多或少地溶有某些盐类［如$CaSO_4$、$CaCO_3$、$Mg(OH)_2$等］，溶液在加热表面汽化使这些盐类的局部浓度达到过饱和状态，从而在加热面上析出、形成垢层。尤其是$CaSO_4$等，其溶解度随温度升高而下降，更易在加热面上结垢。因此，蒸发器结构的设计应设法延缓垢层的生成并易于清理。

溶液的物性对蒸发器的设计和操作有重要影响。许多生物制品和有机溶液、饮料等都是热敏性的，蒸发器的结构应使物料在器内受热的时间尽量缩短，以免物料变质。蒸发时溶液的发泡性使汽、液两相的分离更为困难。溶液增浓后黏度大为增加，使器内液体的流动和传热条件恶化。

以下各节将讨论上述诸特性如何影响着蒸发设备的构型和蒸发流程。

思考题

7-1　蒸发操作不同于一般换热过程的主要点有哪些？

7.2 蒸发设备

7.2.1 常用蒸发器

蒸发器有多种不同结构，以适应不同物料的需要。它们均由加热室、流动（或循环）通道、汽液分离空间这三部分组成。以下简要说明工业常用的几种蒸发器的结构特点及流体流动状况。

循环型蒸发器

(1) 垂直短管式 垂直短管式蒸发器的一种典型结构如图7-2所示。加热室由管径为ϕ25～75mm、长1～2m的垂直列管组成，管外（壳程）通加热蒸汽。管束中央有一根直径较大的管子称中央循环管，其截面积为其余加热管总横截面的40%～100%。这种构形称为中央循环管式蒸发器。液体在管内受热沸腾，产生气泡。细管内单位体积的溶液受热面较大，汽化后的汽液混合物中含汽率高，流体平均密度小，而在中央循环管内的情况则相反。一般地说，流体的两部分因受热不同造成含汽率不同，致使流体密度有较大差别，从而产生较强的循环流动称为热虹吸。传热温差大，热虹吸强。中央循环管的存在促进了蒸发器内流体的热虹吸，循环流动的速度可达 0.1～0.5m/s。

(2) 外加热式 图 7-3 所示为常用的外加热式蒸发器，其主要特点是采用了长加热管（管长与直径之比$l/d=50\sim100$），且液体下降管（又称循环管）不再受热。此两点都有利于液体在器内的循环，循环速度可达 1.5m/s。

提高循环速度的重要性不仅在于提高沸腾给热系数，主要在于降低单程汽化率。在同样蒸发能力下（单位时间的溶剂汽化量），循环速度愈大，单位时间通过加热管的液体量愈多，溶液一次通过加热管后汽化的百分数（汽化率）也愈低。这样，溶液在加热壁面附近的局部浓度增高现象可以减轻，加热面上结垢现象可以延缓。此外，高速流体对管壁的冲刷也使污垢不易沉积。

(3) 强制循环蒸发器 典型结构的一种见图 7-4。为提高循环速度，采用泵进行强制循环，这对蒸发黏稠溶液更为必要。循环速度可达 1.8～5m/s。此类蒸发器的加热室可用立式、卧式或板式换热器。卧式加热器的上方通常有足够高的液体静压，加热室中的液体受热但不沸腾。待液体流至上方空间时，由于压强降低产生闪蒸。这样使汽化与加热面分离，减少了加热面上结垢的可能性。此外，流体流动不依赖于热虹吸，传热温差可按溶液物性独立设定。

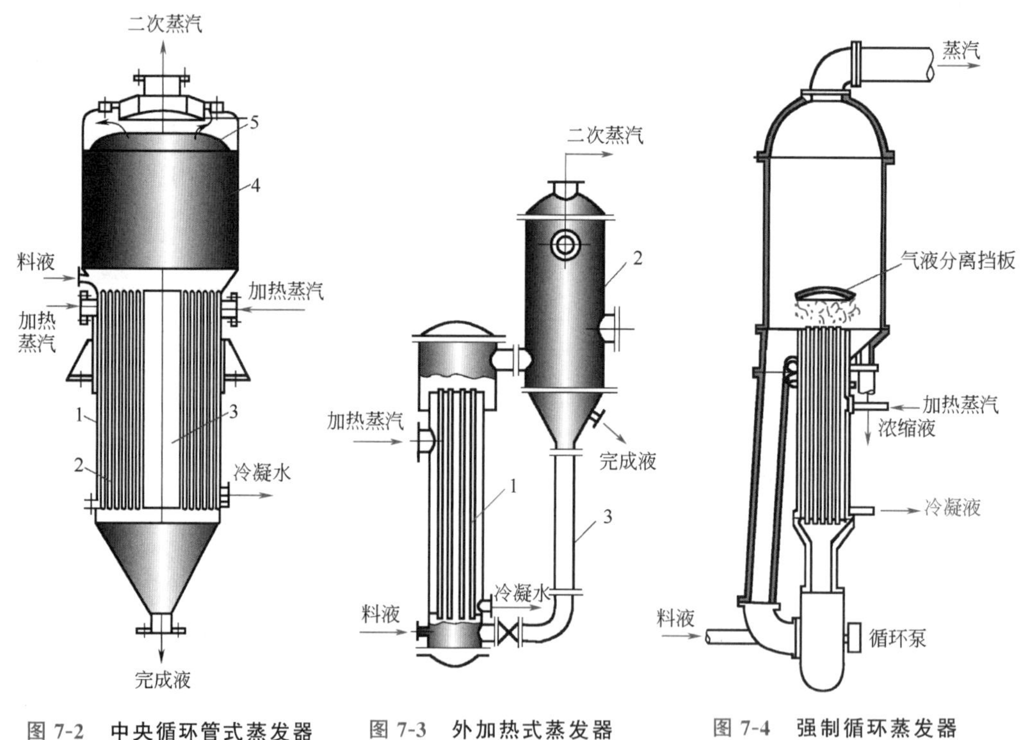

动画

图 7-2 中央循环管式蒸发器

1—外壳；2—加热室；3—中央循环管；4—蒸发室；5—除沫器

图 7-3 外加热式蒸发器

1—加热室；2—蒸发室；3—循环管

图 7-4 强制循环蒸发器

单程型蒸发器 此类蒸发器中，物料单程通过加热室后蒸发达到指定浓度。器内液体滞留量少，物料的受热时间大为缩短，所以对热敏物料特别适宜。

(1) 升膜式蒸发器 图 7-5 为升膜式蒸发器示意图。这种蒸发器的加热管束可长达 3～10m。溶液由加热管底部进入，经一段距离加热、汽化后，管内气泡逐渐增多，最终液体被上升的蒸汽拉成环状薄膜，沿壁向上运动，汽液混合物由管口高速冲出。被浓缩的液体经汽液分离即排出蒸发器。

设计和操作这种蒸发器时要有较大的传热温差，使加热管内上升的二次蒸汽具有较高的速度以拉升液膜，并获得较高的传热系数，使溶液一次通过加热管即达预定的浓缩要求。在常压下，管上端出口速度以保持 20～50m/s 为宜。

升膜式蒸发器不适宜用于处理黏度大于 0.05Pa·s、易结晶、结垢的溶液。

(2) 降膜式蒸发器 降膜式蒸发器结构如图 7-6 所示。料液由加热室顶部加入，经液体分布器分布后呈膜状向下流动。汽液混合物由加热管下端引出，经汽液分离即得完成液。

降膜式蒸发器中必须采用适当的液体分布器使溶液在整个加热管长的内壁形成均匀液膜。若在管下部出现未被润湿的干点，则该处将有沉积物的不断积累。图 7-7 所示为常用的一种液体分布器。

降膜式蒸发器可用于蒸发黏度较大的物料（0.05～0.45Pa·s）。降膜式蒸发器中由于蒸发温和，液体的滞留量少，当加料量、浓度、压强等操作条件变化时，过程变化灵敏而易于控制，有利于提高产物的质量。此外，它还可用于含少量固体物和有轻度结垢倾向的溶液。

(3) 旋转刮板式蒸发器 此种蒸发器专为高黏度溶液或浆状物料的蒸发而设计。蒸发器的加热管为一根较粗的直立圆管，中、下部设有两个夹套进行加热，圆管中心装有旋转刮板，刮板借旋转离心力紧压于液膜表面（见图 7-8）。

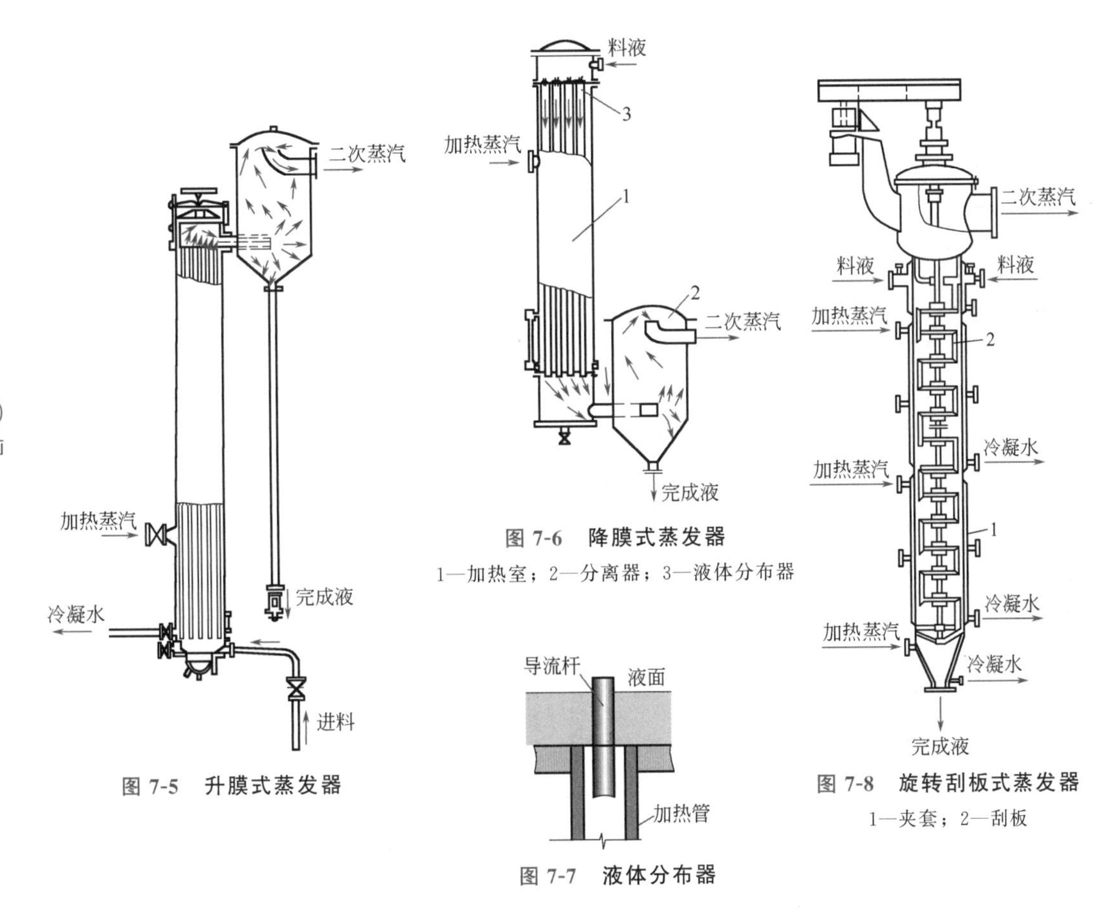

图 7-5 升膜式蒸发器

图 7-6 降膜式蒸发器

1—加热室；2—分离器；3—液体分布器

图 7-7 液体分布器

图 7-8 旋转刮板式蒸发器

1—夹套；2—刮板

料液自顶部进入蒸发器后，在刮板的搅动下分布于加热管内壁，并呈膜状旋转向下流动。汽化的二次蒸汽在加热管上端无夹套部分中被旋转刮板分去液沫，然后由上部抽出并加以冷凝。浓缩液由蒸发器底部放出。

旋转刮板式蒸发器的主要特点是借外力强制料液成膜状流动，可适应高黏度、易结晶、易结垢的浓溶液的蒸发。在某些场合下，可将溶液蒸干，而由底部直接获得粉末状固体产物。这种蒸发器的缺点是结构稍复杂，制造要求高，加热面不大，且需消耗一定的动力。

7.2.2 蒸发器的传热系数

蒸发器的热阻分析 蒸发器的传热热阻可由下式计算

$$\frac{1}{K}=\frac{1}{\alpha_0}+\frac{\delta}{\lambda}\times\frac{d_0}{d_m}+\left(\frac{1}{\alpha_i}+R_i\right)\frac{d_0}{d_i} \tag{7-1}$$

① 管外蒸汽冷凝的热阻 $1/\alpha_0$ 一般很小，但须注意及时排除加热室中的不凝性气体，否则不凝性气体在加热室内不断积累将使此项热阻明显增加。

② 加热管壁的热阻 δ/λ 一般可以忽略。

③ 管内壁液体一侧的垢层热阻 R_i 取决于溶液的性质、垢层的结构及管内液体运动的状况。以 $CaSO_4$ 为主要成分的垢层质地较硬难以清除，热导率约为 0.6～2.3W/(m·K)；以 $CaCO_3$ 为主的垢层质地较软而易于清除，热导率约为 0.46～0.7W/(m·K)。垢层的多孔性是热导率较低的原因，即使厚度为 1～2mm 也具有较大的热阻。

降低垢层热阻的方法是定期清理加热管；加快流体的循环运动速度；加入微量阻垢剂以延缓形成垢层。

④ 管内沸腾给热的热阻 $1/\alpha_i$ 主要决定于沸腾液体的流动情况。对清洁的加热面，此项热阻是影响总传热系数的主要因素。

管内汽液两相流动形式 在蒸发器、冷凝器或再沸器中，常出现管内汽液两相同时流动的情况。在不同的设备条件（管径、倾斜度）、操作条件（汽液相流量）和物性（汽液相黏度、密度和表面张力）下，管内呈现不同的流动形式。图 7-9 所示为垂直管道内汽液两相流动的形式：①气泡流，气体以不同尺寸的小气泡比较均匀地分散在向上流动的液体中，随气流量的增大，气泡尺寸和个数逐渐增加。②塞状流，大部分气体形成弹头形大气泡，其直径几乎与管径相当，少量气体分散成小气泡，处于大气泡之间的液体中。③翻腾流，与塞状流有某种相似，但运动更为激烈，弹头型气泡变得狭长并发生扭曲，大气泡间的液体不断地被冲开又合拢，形成振动。④环状流，液体沿管壁成环状流动，气体被包围在轴心部分，气相中液滴增多。⑤雾流，气流将液体从管壁带起而成为雾沫。这些不同的流动形式对管内的流动阻力和给热系数带来不同的影响。

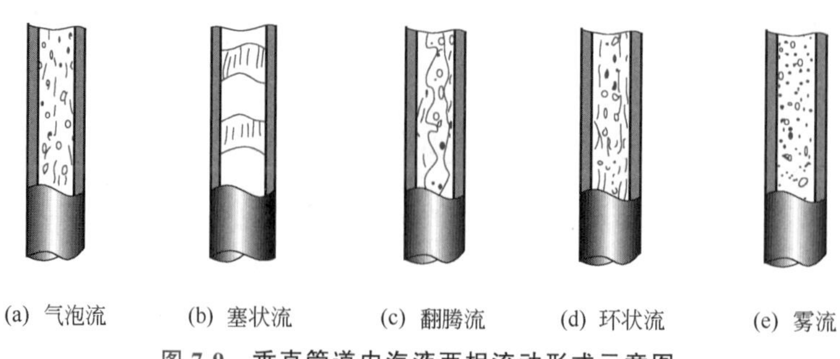

图 7-9 垂直管道内汽液两相流动形式示意图

管内沸腾给热　多数蒸发器的液体沸腾是管内沸腾给热。管内沸腾给热涉及复杂的两相流动，比大容积沸腾给热更为复杂。

就加热管内流体的流动情况而言，在多数蒸发器内液体是由密度差所引起的自然对流(或称热虹吸)，但与泵送时的强制流动并无本质的区别。

图 7-10 表示加热管内汽液两相流动的状态及给热系数，流体自下而上通过加热管。在加热管底部，液体尚未沸腾，液体与管壁之间的传热是单相对流给热。

在沸腾区内，沿管长气泡逐渐增多，管内流动由气泡流、塞状流、翻腾流直至环状流，给热系数也依次增大，当两相流动处于环状流时，使流动液膜与管壁之间的给热系数达最大值。

如果加热管足够长，液膜最终被蒸干而出现雾流，给热系数又趋下降。因此，为提高全管长内的平均给热系数，应尽可能扩大环状流动的区域。

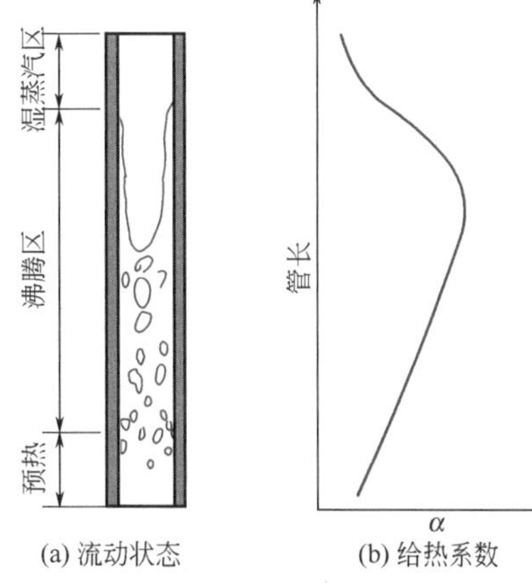

图 7-10　加热管内的沸腾给热

传热系数的经验值　目前虽然已对管内沸腾作了不少研究，但因各种蒸发器内的流动情况难以准确预料，使用一般的经验公式并不可靠。加之管内垢层热阻会有较大的变化，蒸发器的传热系数主要靠现场实际测定，以供借鉴。表 7-1 列出常用蒸发器传热系数的经验值。

表 7-1　常用蒸发器传热系数的经验值

蒸发器型式	垂直短管型	垂直长管型		旋转刮板式(液体黏度，mPa・s)		
	中央循环管式、悬筐式	自然循环	强制循环	1	100	1000
传热系数 K /[W/(m²・K)]	800～2500	1000～3000	2000～10000	2000	1500	600

7.2.3　蒸发辅助设备

除沫器　蒸发器内产生的二次蒸汽夹带着许多液沫，尤其是处理易产生泡沫的液体，夹带现象更为严重。一般蒸发器均带有足够大的汽液分离空间，并设置各种形式的除沫器，借惯性或离心力分离液沫。

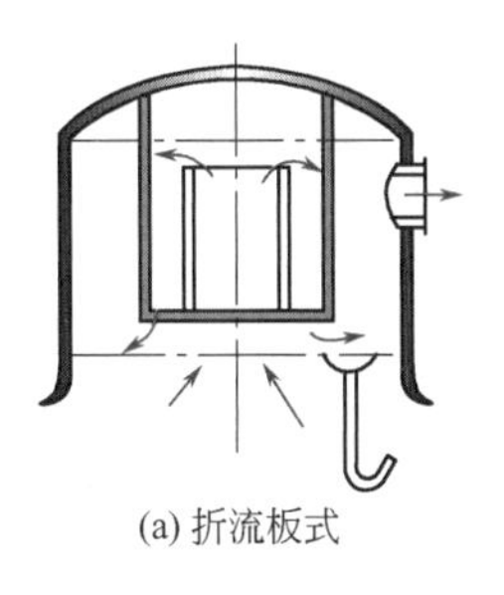
(a) 折流板式

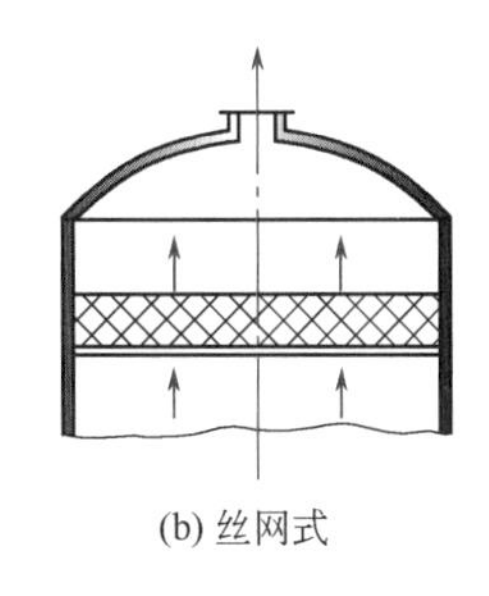
(b) 丝网式

图 7-11　除沫器

图 7-11 所示为常用的两种除沫器结构，它们都是借液滴运动的惯性撞击金属物或壁面而被捕集。在几种除沫器中，丝网式除沫器的分离效果最好。丝网式除沫器通常是将金属或合成纤维丝网叠合或卷制成整体后装入筒体而成，必要时可以更换。

冷凝器　产生的二次蒸汽若不再利用，则必须加以冷凝。第 6 章中所述的各种间壁式冷凝器固然可用，因二次蒸汽多为水蒸气，一般情况下多用直接接触式（即混合式）冷凝器。

图 7-12 所示为逆流高位混合式冷凝器，顶部用冷却水喷淋，使之与二次蒸汽直接接触将其冷凝。这种冷凝器一般均处于负压下操作，为将混合冷凝水克服压差排向大气，冷凝器的安装必须足够高。冷凝器底部所连接的长管称为大气腿。

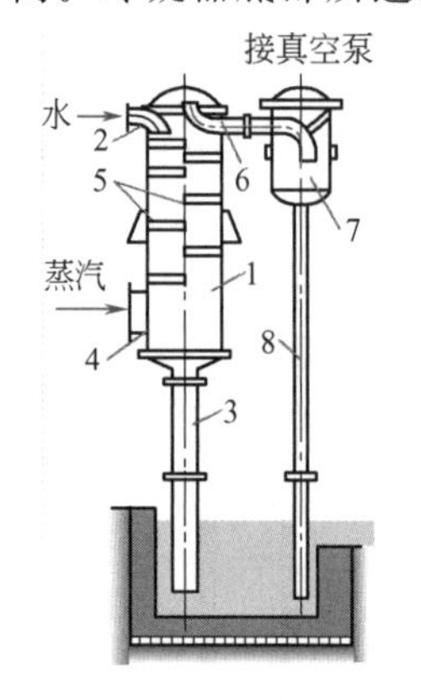

图 7-12 逆流高位混合式冷凝器

1—外壳；2—进水口；3,8—气压管；4—蒸汽进口；5—淋水板；6—不凝性气体导管；7—分离器

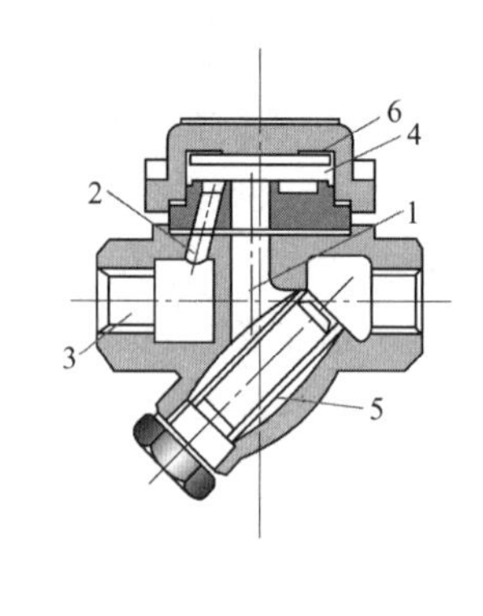

图 7-13 热动力式疏水器

1—冷凝水入口；2—冷凝水出口；3—排出管；4—变压室；5—滤网；6—阀片

疏水器 蒸发器的加热室与其他蒸汽加热设备一样，均应附设疏水器。疏水器的作用是将冷凝水及时排除，且能防止加热蒸汽由排出管逃逸而造成浪费。同时，疏水器的结构应便于排除不凝性气体。

工业上使用着多种不同结构的疏水器，按其启闭的作用原理大致有机械式、热膨胀式和热动力式等类型。热动力式疏水器的体积小、造价低，其应用日趋广泛。

图 7-13 所示为目前常用的热动力式疏水器的一种。温度较低的冷凝水在加热蒸汽压强的推动下流入图中的冷凝水入口 1，将阀片顶开，由冷凝水排出口 2 排出。当冷凝水趋于排尽，排出液夹带的蒸汽较多，温度升高，促使阀片上方的背压升高。同时，蒸汽加速流过阀片与底座之间的环隙造成减压，阀片因自重及上、下压差的作用而自动落下，切断进出口之间的通道。经某短时间后，由于疏水器向周围环境散热，阀片上方背压室内的蒸汽部分冷凝，背压下降，阀片重新开启，实现周期性地排水。

思考题

7-2 提高蒸发器内液体循环速度的意义在哪？降低单程汽化率的目的是什么？

7-3 为什么要尽可能扩大管内沸腾时的气液环状流动的区域？

7.3 单效蒸发计算

7.3.1 物料衡算

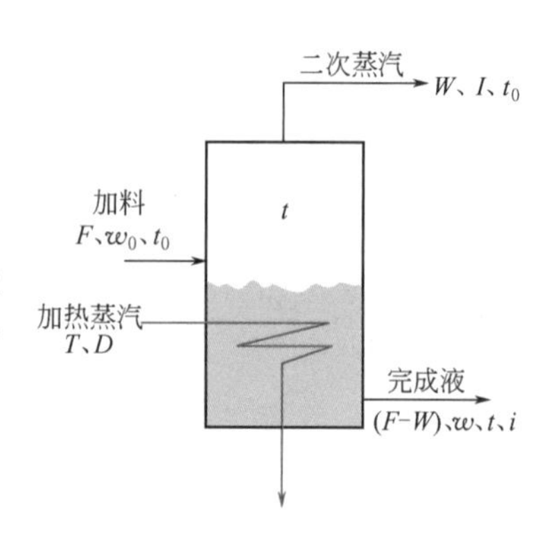

图 7-14 连续定态单效蒸发过程

连续定态单效蒸发过程如图 7-14 所示。因溶质在蒸发过程中不挥发，单位时间进入和离开蒸发器的数量应相等，即

$$Fw_0=(F-W)w$$

水分蒸发量

$$W=F\left(1-\frac{w_0}{w}\right) \tag{7-2}$$

式中，F 为溶液的加料量，kg/s；W 为水分蒸发量，kg/s；

w_0、w 为料液与完成液（产物）的溶质质量分数。

式(7-2) 表示了初始浓度 w_0、完成液浓度 w 及蒸发水量（比值 W/F）之间的关系。对浓缩要求较高（W/F 较大）的蒸发操作，常分两段操作，以便使大部分水分的蒸发在浓度较低、黏度较小的条件下进行。

7.3.2 热量衡算

热量衡算 对蒸发器作热量衡算，可得

$$Dr_0+Fi_0=(F-W)i+WI+Q_{损} \tag{7-3}$$

热负荷

$$Q=Dr_0=F(i-i_0)+W(I-i)+Q_{损} \tag{7-4}$$

式中，D 为加热蒸汽消耗量，kg/s；i_0、i 为加料液与完成液的焓，kJ/kg；r_0 为加热蒸汽的汽化热，kJ/kg；I 为二次蒸汽的焓[❶]，kJ/kg。

热损失 $Q_{损}$ 可视具体条件取加热蒸汽放热量（Dr_0）的某一百分数。

根据式(7-3)，只要能查得该种溶液在不同浓度、不同温度下的焓（i_0、i），不难求出加热蒸汽消耗量 D。图 7-15 为 NaOH 水溶液以 0℃为基准温度的焓浓图。

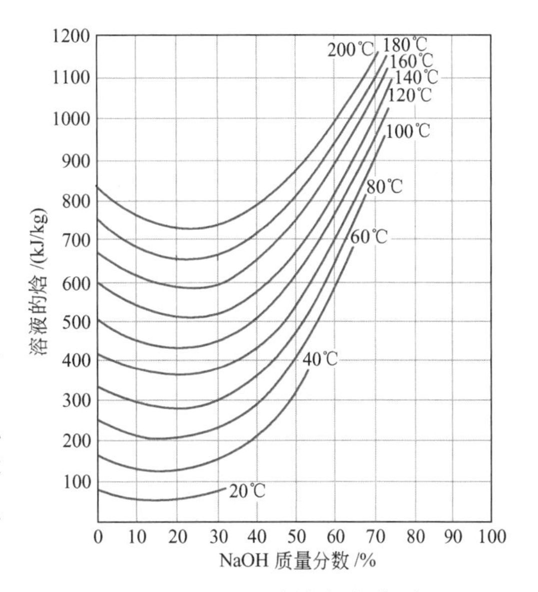

图 7-15 NaOH 水溶液以 0℃为基准温度的焓浓图

不计浓缩热的热量衡算 对溶液浓度变化不大、浓缩热不大的溶液，其焓可由其比热容近似计算。若以 C_0 和 C 表示料液和完成液的比热容，并取 0℃作为基准，则式(7-4) 可写成

$$Q=Dr_0=FC_0(t-t_0)+Wr+Q_{损} \tag{7-5}$$

式中，t_0、t 为加料液与完成液的温度，℃；r 为二次蒸汽的汽化热，kJ/kg。由此式可简便地计算加热蒸汽的消耗量。定义每千克加热蒸汽所蒸发的水量（kg）为加热蒸汽的经济性，即 W/D。

7.3.3 蒸发速率与传热温度差

蒸发速率 蒸发过程的速率由传热速率决定。在蒸发过程中，热流体是温度为 T 的饱和蒸汽，冷流体是沸点为 t 的沸腾溶液，故传热推动力沿传热面不变，传热速率可由下式计算

$$Q=Dr_0=KA(T-t) \tag{7-6}$$

当加热蒸汽的压强一定时，传热推动力决定于溶液的沸点 t。

溶液的沸点 溶液的沸点与蒸发器的操作压强、溶质存在使溶液的沸点升高和蒸发器内液柱（液位）高的静压强有关。

(1) 溶质造成的沸点升高 Δ' 溶质的存在可使溶液的蒸气压降低而沸点升高。不同性

---

❶ 由于溶液的沸点升高，二次蒸汽的温度应高于操作压强下的饱和温度，即蒸发器液面上方的二次蒸汽本是过热蒸汽。但此过热度因设备热损失很快地消除，故以下均将二次蒸汽焓当作操作压强下的饱和蒸汽焓。

质的溶液在不同的浓度范围内，沸点上升的数值（以 Δ' 表示）是不同的。稀溶液及有机胶体溶液的沸点升高并不显著，但高浓度无机盐溶液的沸点升高却相当可观。例如，在 1atm 下，70%NaOH 水溶液的沸点升高值 Δ' 可达 80℃以上。

不同浓度的溶液在大气压下的沸点不难通过实验测定，部分常遇溶液的沸点也可在有关书籍或手册中查得。常压下确定溶液的沸点升高值较易查到。但是，溶液的沸点与压强有关，蒸发器中的操作压强不会与文献的指定值完全相同。为估计不同压强下溶液的沸点以计算沸点升高，提出了某些经验法则。

杜林（Duhring）曾发现在相当宽的压强范围内，溶液的沸点与同压强下溶剂的沸点成线性关系。图 7-16 所示为不同浓度 NaOH 水溶液的沸点与对应压强下纯水沸点的关系。

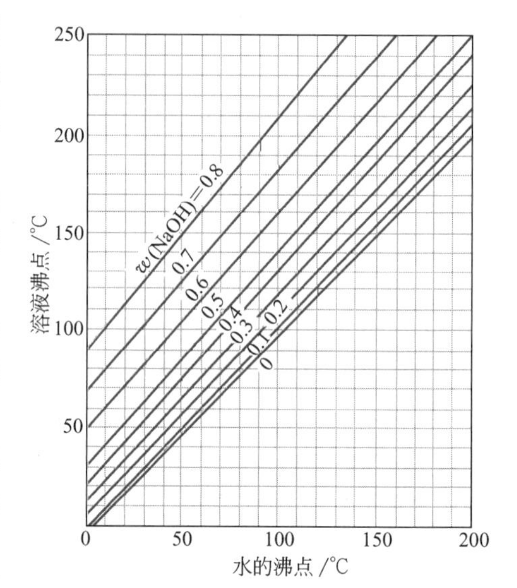

图 7-16 不同浓度 NaOH 水溶液的沸点与对应压强下纯水沸点的关系

图 7-16 中浓度为零的沸点线即为一条 45°对角线，低浓度下溶液的沸点线大致与 45°线平行，高浓度下沸点线为直线。由该图可以看出：

① 在浓度不太高的范围内，可以合理地认为溶液的沸点升高与压强无关而可取大气压下的沸点升高数值。

② 在高浓度范围内，只要已知两个不同压强下溶液的沸点，则其他压强下溶液的沸点可按水的沸点作线性内插（或外推）。

由此可知，杜林所提供的这一经验法则，可用最少的实验数据来确定溶液在指定压强下的沸点。

(2) 蒸发器内液柱的静压头使溶液沸点升高 Δ'' 循环型蒸发器在操作时必须维持一定的液位，尤其是某些具有长加热管的蒸发器，液面深度可达 3～6m。在这类蒸发器中，由于液柱本身的静压强及溶液在管内流动的阻力损失，溶液压强沿管长是变化的，相应的沸点温度也是不同的。溶液从底部进入加热管后，因受热其温度逐渐升高，至某一高度开始沸腾，沸腾一旦发生，溶液温度则随高度的增加而减小。所以溶液在管内上升时的实际温度有一最高值。作为平均温度的粗略估计，可按液面下 $L/5$ 处的溶液沸腾温度来计算，即可首先求取液体在平均温度下的饱和压力。

$$p_{\mathrm{m}}=p+\frac{1}{5}L\rho g \tag{7-7}$$

式中，p 为液面上方二次蒸汽的压强（通常可以冷凝器压强代替），Pa；L 为蒸发器内的液面高度，m。

由水蒸气表查出压强 p_{m}、p 所对应的饱和蒸汽温度，两者之差可作为液柱静压强引起的液温升高 Δ''。

设在冷凝器操作压力下水的饱和温度为 t°，由上述两个原因，溶液的沸点为

$$t=t^{\circ}+\Delta'+\Delta''=t^{\circ}+\Delta \tag{7-8}$$

温度差损失和传热温差 蒸发过程的传热温差为

$$\Delta t=T-t=(T-t^{\circ})-\Delta \tag{7-9}$$

由于溶液的沸点升高使蒸发过程的传热温度差减小，故 Δ 称为温度差损失。

【例 7-1】 温度差损失的计算

某垂直长管蒸发器用以增浓 NaOH 水溶液，蒸发器内的液面高度约 3m。已知完成液的浓度为 50%（质量分数），密度为 1500kg/m^3，加热用压强为 0.3MPa（表压）的饱和蒸汽，冷凝器真空度为 53kPa，求传热温差。

解：由附录查出水蒸气的饱和温度为：0.3MPa（表压）下，$T=143.5℃$；48.3kPa（绝压）下，$t°=80.1℃$。

蒸发器内的液体充分混合，器内溶液浓度即为完成液浓度。由图 7-16 可查得水的沸点为 80.1℃时 50% NaOH 溶液沸点为 120℃。溶液的沸点升高

$$\Delta'=120-80.1=39.9(℃)$$

液面高度为 3m，取

$$p_{\text{m}}=p+\frac{1}{5}\rho gL=48.3\times10^3+\frac{1}{5}\times1500\times9.81\times3=57.1\times10^3(\text{Pa})$$

在此压强下水的沸点为 84.3℃，故因溶液静压头而引起的液温升高

$$\Delta''=84.3-80.1=4.2\ (℃)$$

总温度差损失 $\Delta=\Delta'+\Delta''=39.9+4.2=44.1\ (℃)$

有效传热温差 $\Delta t=(T-t°)-\Delta=(143.5-80.1)-44.1=19.3(℃)$

7.3.4 单效蒸发过程的计算

单效蒸发过程的计算问题可联立求解物料衡算式(7-2)、热量衡算式(7-4) 或式(7-5) 及过程速率方程式(7-6) 获得解决。在联立求解过程中，还必须具备溶液沸点上升和其他有关物性的计算式。

设计型计算问题 一般是给定蒸发任务，要求设计经济上合理的蒸发器。

给定条件：料液的流量 F、浓度 w_0、温度 t_0 及完成液的浓度 w。

设计条件：加热蒸汽的压强及冷凝器的操作压强（主要由可供使用的冷却水温度决定)。

计算目的：根据选用的蒸发器形式确定传热系数 K，计算所需的传热面积 A 及加热蒸汽用量 D。

操作型计算问题 通常类型很多，其共同点是蒸发器的结构形式与传热面积为已知。例如：

已知条件：蒸发器的传热面积 A 与传热系数 K、料液的进口状态 w_0 与 t_0、完成液的浓度要求 w、加热蒸汽与冷凝器压强。

计算目的：核算蒸发器的处理能力 F 和加热蒸汽用量 D。

或：

已知条件：传热面积 A，料液的流量与状态 F、w_0、t_0，完成液的浓度要求 w，加热蒸汽与冷凝器压强。

计算目的：反算蒸发器的传热系数 K 并求取加热蒸汽用量 D。

【例 7-2】 设计型计算

采用真空蒸发将浓度为 15%的 NaOH 水溶液在上例的蒸发器中浓缩至 50%，进料温度为 60℃，加料量为 2.1kg/s。已知蒸发器的传热系数为 $1600\text{W}/(\text{m}^2\cdot\text{K})$，操作条件同上例，求加热蒸汽消耗量及蒸发器的传热面积。

设蒸发器的热损失为加热蒸汽放热量的3%。

解： 由物料衡算式(7-2)可求出水分蒸发量

$$W=F\left(1-\frac{w_0}{w}\right)=2.1\times(1-\frac{0.15}{0.5})=1.47(\text{kg/s})$$

按上例，蒸发器中溶液的温度（完成液的沸点）为

$$t=t^{\circ}+\Delta=80.1+44.1=124.2(℃)$$

由图7-15查得NaOH水溶液的焓为

原料液浓度15%、60℃ $i_0=205\text{kJ/kg}$

完成液浓度50%、124.2℃ $i=630\text{kJ/kg}$

由水蒸气表查得：

0.3MPa（表压）下，水蒸气的汽化热 $r_0=2138\text{kJ/kg}$

48.3kPa（绝压）下，水蒸气的焓 $I=2643\text{kJ/kg}$

由热量衡算式(7-3)可得加热蒸汽用量

$$Dr_0+Fi_0=(F-W)i+WI+0.03Dr_0$$

$$D=\frac{1}{0.97r_0}[F(i-i_0)+W(I-i)]$$

$$=\frac{1}{0.97\times2138}[2.1\times(630-205)+1.47\times(2643-630)]=1.86(\text{kg/s})$$

加热蒸汽的经济性

$$\frac{W}{D}=\frac{1.47}{1.86}=0.792$$

蒸发器热负荷 $Q=Dr_0=1.86\times2138=3977(\text{kW})$

由过程速率方程式(7-6)可求出传热面积

$$A=\frac{Q}{K\Delta t}=\frac{3977\times10^3}{1600\times19.3}=128.8(\text{m}^2)$$

7.4 蒸发操作的经济性和多效蒸发

7.4.1 衡量蒸发操作经济性的方法

蒸发操作消耗的费用包括设备费和操作费（主要是能耗）两部分。

加热蒸汽的经济性 蒸发装置的操作费主要是汽化大量溶剂（水）所需消耗的能量。每1kg加热蒸汽所能蒸发的水量$\left(\frac{W}{D}\right)$称为加热蒸汽的经济性，它是蒸发操作是否经济的重要标志。在图7-1所示的单效蒸发中，若物料为预热至沸点的水溶液、忽略加热蒸汽与二次蒸汽的汽化热差异和浓缩热，且不计热损失，则每1kg加热蒸汽可汽化1kg水，即$\frac{W}{D}=1$。对大规模工业蒸发，溶剂汽化量W很大，加热蒸汽消耗在全厂蒸汽动力费中占很大比例。为提高加热蒸汽的利用率，可对蒸发操作采用多种措施，详见7.4.2节。

蒸发设备的生产强度 蒸发装置设备费大小直接与传热面积有关，通常将蒸发装置（包括冷凝器、泵等辅助设备）的总投资折算成单位传热面的设备费来表示。对于给定的蒸发任务（蒸发量W一定），所需的传热面小说明设备的生产强度高，所需的设备费少。定义单位

传热面的蒸发量为蒸发器的生产强度 U，即

$$U=\frac{W}{A} \tag{7-10}$$

对多效蒸发，W 为各效水分蒸发量的总和，A 为各效传热面积之和。

若不计热损失和浓缩热、料液预热至沸点加入，则蒸发器传热速率 $Q=Wr$（r 为水的汽化热），则

$$U=\frac{Q}{Ar}=\frac{1}{r}K\Delta t \tag{7-11}$$

可见蒸发设备的生产强度 U 的大小取决于传热温差和传热系数的乘积。由此可寻求提高生产强度的途径。

(1) 增大传热温差 提高生产强度的途径之一是增大传热温差 Δt。提高加热蒸汽的温度或采用真空蒸发以降低溶液的沸点均可增加 Δt。加热蒸汽的温度（及相应压强）受锅炉额定压强的限制，而真空蒸发所能达到的最低压强受冷凝水温度及真空系统的抽气能力所限制。溶液在加热时有溶解的气体释出，负压操作的设备系统亦难免有空气漏入，为避免不凝性气体在冷凝器内积聚，须用真空泵不断将此不凝性气体抽除，以保持必要的真空度。故真空系统也消耗一定的设备费和动力费。

(2) 提高蒸发器的传热系数 蒸发器的传热系数主要取决于蒸发器的结构、操作方式和溶液的物理性质。合理地设计蒸发器结构以建立良好的溶液循环流动、及时排除加热室中的不凝性气体、经常清除垢层等均可提高传热系数。

7.4.2 蒸发操作的节能方法

多效蒸发 蒸发操作中二次蒸汽的利用是提高过程经济性的重要方面。若将第一个蒸发器汽化的二次蒸汽作为加热剂通入第二个蒸发器的加热室，称为双效蒸发。再将第二效的二次蒸汽通入第三效加热室，如此可串接多个。图 7-17～图 7-19 为三效蒸发的流程示意图。

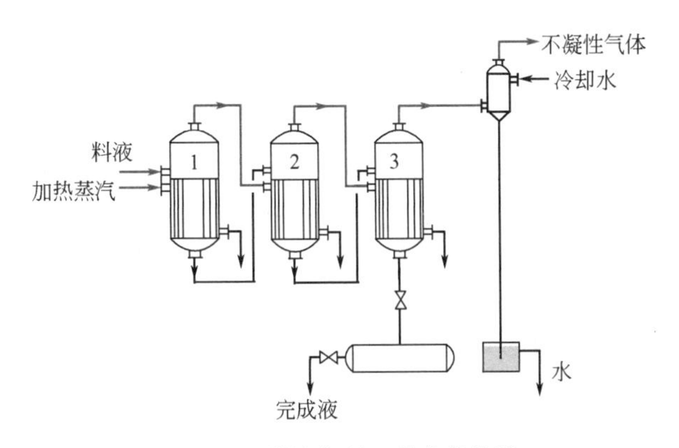

图 7-17 并流加料三效蒸发流程

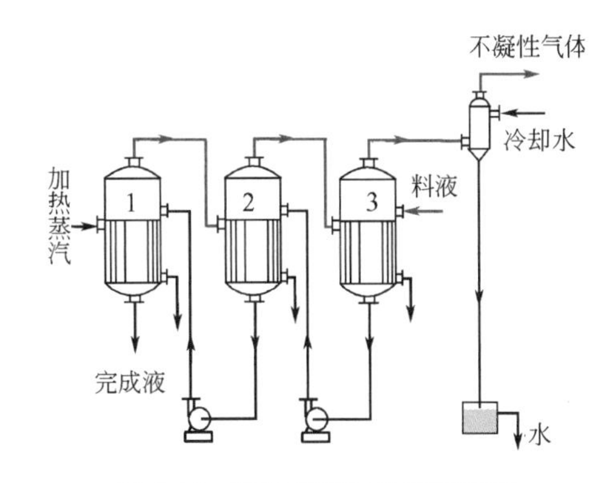

图 7-18 逆流加料三效蒸发流程

前已说明，二次蒸汽的温位低于加热蒸汽。由此可知，在多效蒸发中，后一效蒸发器的操作压强及其对应的饱和温度必较前一效为低，即二次蒸汽的温度必然逐级降低。

多效蒸发中物料与二次蒸汽的流向可有多种组合，常用的有：

(1) 并流加料 并流加料如图 7-17 所示，此时物料与二次蒸汽同方向相继通过各效。

由于前效压强较后效高，料液可借此压强差自动地流向后一效而无须泵送。在多效蒸发中，最后一效常处于负压下操作，完成液的温度较低，系统的能量利用较为合理。但对于并流加料，末效溶液浓度高、温度低、黏度大，传热条件较劣，往往需要比前几效更大的传热面。

（2）逆流加料 逆流加料如图 7-18 所示，此时料液与二次蒸汽流向相反，各效的浓度和温度对液体黏度的影响大致相消，各效的传热条件大致相近。逆流加料时溶液在各效之间的流动必须泵送。

（3）平流加料 平流加料如图 7-19 所示，此时二次蒸汽多次利用，但料液每效单独进出。此种加料方式对易结晶的物料较为适合。

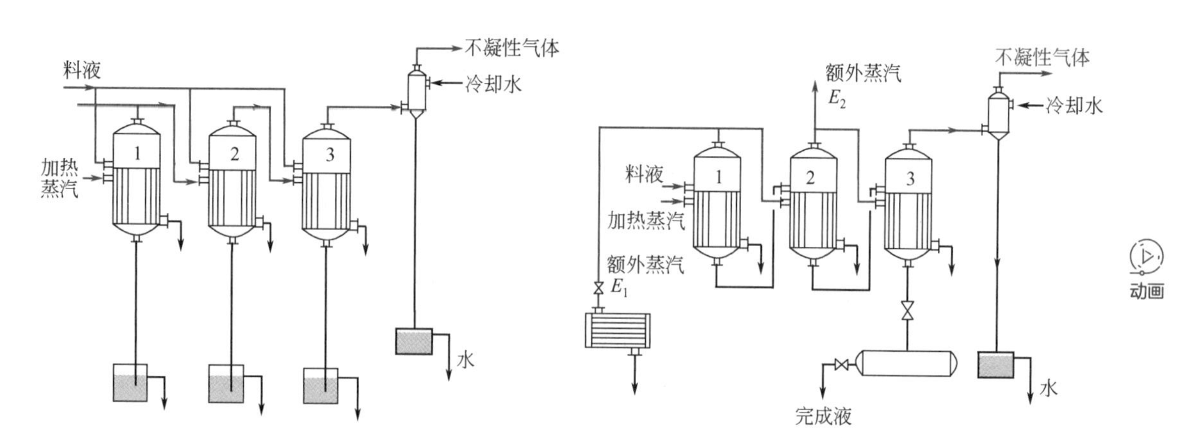

图 7-19 平流加料三效蒸发流程

图 7-20 引出额外蒸汽的蒸发流程

在多效蒸发中，由生产任务规定的总蒸发量 W 分配于各个蒸发器，但只有第一效才使用加热蒸汽，故加热蒸汽的利用率大为提高。多效蒸发的另一优点是将物料分段浓缩，最初溶液中的大部分水分可在浓度和黏度变化不大的条件下除去，传热条件得以改善。

额外蒸汽的引出 在单效蒸发中，若能将二次蒸汽移至其他加热设备作热源加以利用（如预热料液），则对蒸发装置来说，能量消耗可降至最低限度，只是将加热蒸汽转变为温位较低的二次蒸汽而已。同理，对多效蒸发，如能将末效蒸发器的二次蒸汽有效地利用，也可大大提高加热蒸汽的利用率。

实际上多效蒸发的末效多处于负压操作，二次蒸汽的温位过低而难以再次利用。但是，可以在前几效蒸发器中引出部分二次蒸汽（称为额外蒸汽）移作他用，如图 7-20 所示。

二次蒸汽的再压缩（热泵蒸发） 在单效蒸发中，可将二次蒸汽绝热压缩，随后将其送入蒸发器的加热室。二次蒸汽经压缩后温度升高，与器内沸腾液体形成足够的传热温差，故可重新作加热剂用。这样，只需补充一定量的压缩功，便可将二次蒸汽的大量潜热加以利用。

二次蒸汽再压缩的方法有两种。图 7-21(a) 所示为机械压缩，一般可用轴流式或离心式压缩机完成；图 7-21(b) 所示为蒸汽动力压缩，即使用蒸汽喷射泵，以少量高压蒸汽为动力将部分二次蒸汽压缩并混合后一起进入加热室作加热剂用。

实践表明，妥善设计的蒸汽再压缩蒸发器的能量利用可胜过 3～5 效的多效蒸发装置。此种蒸发器只在启动阶段需要加热蒸汽，故在缺水地区、船舶上尤为适用。但是，要达到较好的经济效益，压缩机的压缩比不能太大。这样，二次蒸汽的温升不可能高，传热推动力不

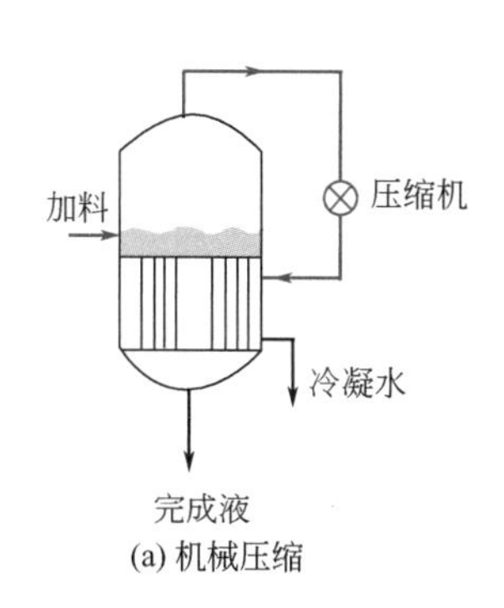

(a) 机械压缩

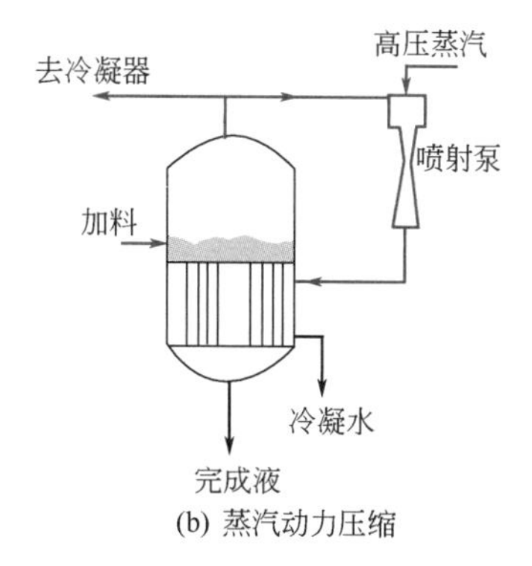

(b) 蒸汽动力压缩

图 7-21　二次蒸汽再压缩蒸发流程

可能大，而所需的传热面则必然较大。如果溶液的浓度大而沸点上升高（或者所需的压缩比将增大），则经济上就会变得不合理。此外，压缩机的投资费用较大，需要维修保养，这些缺点也在一定程度上限制了它的使用。

冷凝水热量的利用　蒸发装置消耗大量加热蒸汽必随之产生数量可观的冷凝水。此凝液排出加热室后可用以预热料液，也可采用图 7-22 所示方式将排出的冷凝水减压，使减压后的冷凝水因过热产生自蒸发现象。汽化的蒸汽可与二次蒸汽一并进入后一效的加热室，于是，冷凝水的显热得以部分地回收利用。

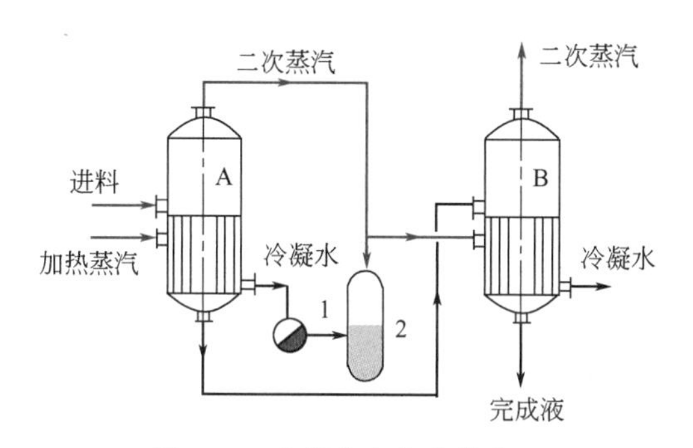

图 7-22　冷凝水自蒸发的应用

A,B—蒸发器；1—冷凝水排出器；2—冷凝水自蒸发器

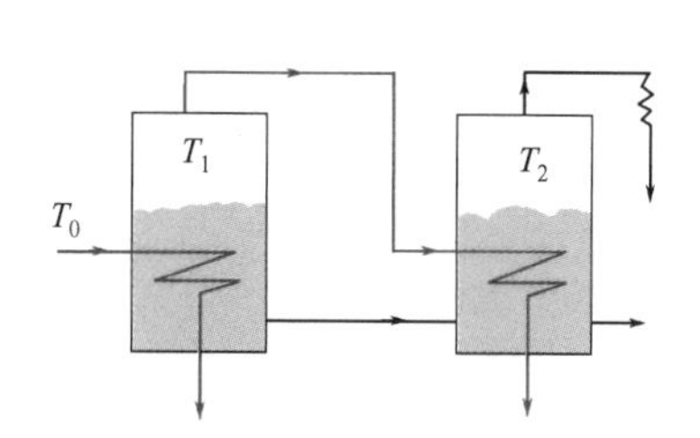

图 7-23　无温差损失的双效蒸发

7.4.3　多效蒸发过程分析

各效温度和浓度分布　多效蒸发是一个多级串联过程。就其中任一效来说，各操作参数仍与单效蒸发相同。但各效之间相互联系、过程参数相互制约。

设有一套定态操作并流加料的多效蒸发装置，当第一效的加料状态、加热蒸汽温度、末效冷凝器温度一旦规定，则各效溶液的浓度、温度必然在操作中自动调整而不能任意规定。为说明这一事实，取一定态操作的双效蒸发系统（图 7-23）并假定其中所处理的溶液浓度极低，溶液的沸点升高及其他温度差损失皆可忽略不计。则两蒸发器的传热速率分别为

$$\left.\begin{aligned}Q_1&=K_1A_1(T_0-T_1)\\Q_2&=K_2A_2(T_1-T_2)\end{aligned}\right\}\qquad(7\text{-}12)$$

因第二效的加热蒸汽即为第一效的二次蒸汽，若不计热损失则 $Q_1=Q_2$，由上式可求得

$$T_1=\frac{K_1A_1T_0+K_2A_2T_2}{K_1A_1+K_2A_2} \tag{7-13}$$

此式说明，第一效蒸发器的二次蒸汽温度由两个蒸发器的传热条件（K_1、K_2、A_1、A_2）及端点温度（T_0、T_2）所规定。

进而可将式(7-13) 解出的 T_1 代入式(7-12)，便可求出 Q_1、Q_2，或蒸发量 W_1、W_2。如进料浓度已规定，则两蒸发器中物料的浓度必因受物料衡算式的约束而随之确定。

将上述讨论引申至多效蒸发，即可得出如下结论：

① 各效蒸发器的温度仅与端点温度有关，在操作中自动形成某种分布；

② 各效浓度仅取决于端点温度及料液的初始浓度，在操作中自动形成某种分布，对一定溶液，溶液的蒸气压大小取决于温度和浓度，因此，多效蒸发在建立各效温度和浓度分布的同时也建立起对应的压强分布，但其数值与所处理的溶液性质有关。

多效蒸发中效数的限制 对同一蒸发任务，增加效数可以提高加热蒸汽的经济性（W/D）。但是，实际蒸发操作由于存在温度差损失，效数的增加受到技术上的限制。现在分析溶液的温度差损失对选择效数的影响。图 7-24 表示两端温度（加热蒸汽温度与冷凝器温度）固定的条件下，单效蒸发改为双效蒸发时传热温差变化的情况。效数增加，各效的传热温差损失的总和也将随之增加，致使有效的传热温差减少。

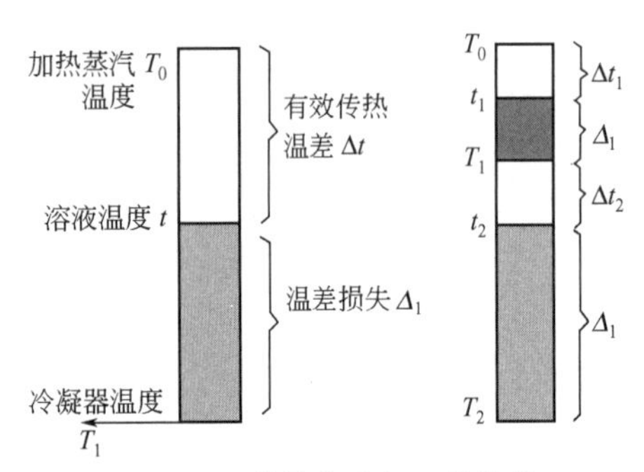

图 7-24 单效蒸发与双效蒸发的有效温差比较

显然，在设计过程中选择效数时，各效的温度差损失之和应小于两端点的总温差；反之，在操作时若多效蒸发器两端点温度差过低，其操作结果必然达不到指定的出口浓度。

蒸发操作最优化 设备生产强度的提高和减少操作费用往往存在着矛盾。前已说明，蒸发器的生产强度直接与传热面上的热流密度 Q/A 相联系。对单效蒸发可将热流密度写成 $K\Delta t_{总}$。若将同一蒸发任务改为多效蒸发，且假定各效传热温差 Δt_i 及传热系数 K_i 各自相等，则多效蒸发装置的热流密度为 $K_i\Delta t_i$。

当加热蒸汽和冷凝器压强已定，装置的总传热温差 $\Delta t_{总}$ 也随之而定，如采用多效蒸发，只是将此总温差按某种规律分配于各效而已，即 Δt_i 远小于 $\Delta t_{总}$。由上述分析不难看出，即使不计溶液的沸点升高，多效蒸发的生产强度也远小于单效。因此，多效蒸发是以牺牲设备生产强度来提高加热蒸汽的经济性的。

前已说明，在若干假定条件下，单效的加热蒸汽经济性 $W/D=1$。同理，对双效 $W/D=2$，三效 $W/D=3$。实际蒸发操作因有各种损失，蒸汽的经济性大致如表 7-2 所示。

表 7-2 单效与多效蒸发加热蒸汽经济性（W/D）的经验值

效数	单效	双效	三效	四效	五效
W/D	0.91	1.75	2.5	3.33	3.70

表 7-2 说明，效数增加，W/D 并不按比例增加，但设备费却成倍提高。因此，必须对

设备费和操作费进行权衡以决定最合理的效数。

在真空蒸发中，尚有合理地决定操作压强的问题。提高冷凝器真空度虽然增加了传热温差，减少了蒸发器的传热面，但真空泵的动力消耗增大。同样需要权衡设备费和操作费两个方面。总的原则仍然是比较各种方案，以设备费和操作费之和最少为最优方案。

目前，对无机盐溶液的蒸发常为2～3效；对糖和有机溶液的蒸发，因其沸点上升不大，可用至4～5效；只有对海水淡化等极稀溶液的蒸发才用至6效以上。

思考题

7-4 欲将含NaOH 10%（质量分数）的水溶液浓缩至70%，可用如下两种方案：①用一个蒸发器连续操作；②用两个蒸发器作双效连续蒸发。试比较两种方案的优缺点。

7-5 提高蒸发器生产强度的途径有哪些？

7-6 试分析比较单效蒸发器的间歇蒸发和连续蒸发的生产能力的大小。设原料液浓度、温度、完成液浓度、加热蒸汽压强以及冷凝器操作压强均相等。

7-7 多效蒸发的效数受哪些限制？

7-8 试比较单效与多效蒸发的优缺点。

第7章 蒸发
7.1 概述
7.2 蒸发设备
7.3 单效蒸发计算
7.4 蒸发操作的经济性和多效蒸发

习题

物料衡算

7-1 在一套三效蒸发器内将2000kg/h的某种料液由浓度10%（质量分数，下同）浓缩到40%。设第二效蒸出的水量比第一效多15%，第三效蒸出的水量比第一效多30%，求总蒸发量及各效溶液的浓度。

[答：1500kg/h，12.8%，18.8%，40%]

温度差损失

7-2 完成液浓度30%（质量分数）的氢氧化钠水溶液，在压强为60kPa（绝压）的蒸发室内进行单效蒸发操作。器内溶液的深度为2m，溶液密度为1280kg/m^3，加热室用0.1MPa（表压）的饱和蒸汽加热，求传热的有效温差。

[答：12℃]

单效蒸发计算

7-3 在单效蒸发器中，每小时将5000kg的氢氧化钠水溶液从10%（质量分数，下同）浓缩到30%，原料液的温度为50℃，蒸发室的真空度为67kPa，加热蒸汽的表压为50kPa。蒸发器的传热系数为2000W/(m^2·K)。热损失为加热蒸汽放热量的5%。试求蒸发器的传热面积和加热蒸汽的经济性。

设由于溶液静压强引起的温度差损失可不考虑。当地大气压为101.3kPa。 [答：57.6m^2，0.837]

7-4 浓度为2.0%（质量分数）的盐溶液，在28℃下连续进入一单效蒸发器中被浓缩至3.0%。蒸发器的传热面为69.7m^2，加热蒸汽为110℃饱和水蒸气。加料量为4500kg/h，料液的比热容C_0=4100J/(kg·℃)。因是稀溶液，沸点升高可以忽略，操作在101.3kPa下进行。(1)计算蒸发的水量及蒸发器的传热系数；(2)在上述蒸发器中，将加料量提高至6800kg/h，其他操作条件（加热蒸汽及进料温度、进料浓度、操作压强）不变时，可将溶液浓缩至多少浓度？

[答：(1) 0.417kg/s，1.81×10^{3}W/(m^2·℃)，(2) 2.4%]

<<<<< 符号说明 >>>>>

符号	意义	计量单位
A	传热面积	m^2
C_0、C	溶液的比热容	kJ/(kg·℃)
D	加热蒸汽消耗量	kg/s
E	额外蒸汽引出量	kg/s
F	加料量	kg/s
I	二次蒸汽的焓	kJ/kg
i	溶液的焓	kJ/kg
K	传热系数	W/(m^2·℃)
L	蒸发器内的液面高度	m
p	蒸发器内液面上方的蒸汽压强	Pa
Q	传热速率（热流量）	kJ/s
R_i	管内侧的垢层热阻	m^2·℃/W
r	汽化热	kJ/kg
T	蒸汽温度	℃
t	溶液温度	℃
Δt	传热温差	℃
U	蒸发器的生产强度	kg/(m^2·s)
W	水分蒸发量	kg/s
w	溶液的浓度（溶质的质量分数）	
α	给热系数	W/(m^2·℃)
δ	加热管壁厚	m
λ	热导率	W/(m·℃)
Δ	传热温度差损失	℃
ρ	溶液密度	kg/m^3

附 录

一、部分物理量的单位和量纲

物理量的名称	SI 单位		
	单位名称	单位符号	量纲
长度	米	m	[L]
时间	秒	s	[T]
质量	千克(公斤)	kg	[M]
力，重量	牛[顿]	N($kg \cdot m \cdot s^{-2}$)	[MLT^{-2}]
速度	米每秒	m/s	[LT^{-1}]
加速度	米每二次方秒	m/s^2	[LT^{-2}]
密度	千克每立方米	kg/m^3	[ML^{-3}]
压力，压强	帕[斯卡]	Pa(N/m^2)	[$ML^{-1}T^{-2}$]
能[量]，功，热量	焦[耳]	J($kg \cdot m^2 \cdot s^{-2}$)	[ML^2T^{-2}]
功率	瓦[特]	W(J/s)	[ML^2T^{-3}]
[动力]黏度	帕[斯卡]·秒	Pa·s($kg \cdot m^{-1} \cdot s^{-1}$)	[$ML^{-1}T^{-1}$]
运动黏度	二次方米每秒	m^2/s	[L^2T^{-1}]
表面张力，界面张力	牛[顿]每米	N/m($kg \cdot s^{-2}$)	[MT^{-2}]
扩散系数	二次方米每秒	m^2/s	[L^2T^{-1}]

二、水与蒸汽的物理性质

1. 水的物理性质

温度 t/℃	压力 p /kPa	密度 ρ /(kg/m^3)	焓 i /(J/kg)	比热容 c_p /$kJ \cdot kg^{-1} \cdot K^{-1}$	热导率 λ /$W \cdot m^{-1} \cdot K^{-1}$	导温系数 $a \times 10^6$ /(m^2/s)	动力黏度 μ /$\mu Pa \cdot s$	运动黏度 $\nu \times 10^6$ /(m^2/s)	体积膨胀系数 $\beta \times 10^3$ /K^{-1}	表面张力 σ /(mN/m)	普朗特数 Pr
0	101	999.9	0	4.212	0.5508	0.131	1788	1.789	−0.063	75.61	13.67
10	101	999.7	42.04	4.191	0.5741	0.137	1305	1.306	+0.070	74.14	9.52
20	101	998.2	83.90	4.183	0.5985	0.143	1004	1.006	0.182	72.67	7.02
30	101	995.7	125.69	4.174	0.6171	0.149	801.2	0.805	0.321	71.20	5.42
40	101	992.2	165.71	4.174	0.6333	0.153	653.2	0.659	0.387	69.63	4.31
50	101	988.1	209.30	4.174	0.6473	0.157	549.2	0.556	0.449	67.67	3.54
60	101	983.2	211.12	4.178	0.6589	0.161	469.8	0.478	0.511	66.20	2.98

续表

温度 t/℃	压力 p /kPa	密度 ρ /(kg/m³)	焓 i /(J/kg)	比热容 c_p /kJ·kg⁻¹·K⁻¹	热导率 λ /W·m⁻¹·K⁻¹	导温系数 $a\times10^6$ /(m²/s)	动力黏度 μ /μPa·s	运动黏度 $\nu\times10^6$ /(m²/s)	体积膨胀系数 $\beta\times10^3$ /K⁻¹	表面张力 σ /(mN/m)	普朗特数 Pr
70	101	977.8	292.99	4.167	0.6670	0.163	406.0	0.415	0.570	64.33	2.55
80	101	971.8	334.94	4.195	0.6740	0.166	355	0.365	0.632	62.57	2.21
90	101	965.3	376.98	4.208	0.6798	0.168	314.8	0.326	0.695	60.71	1.95
100	101	958.4	419.19	4.220	0.6821	0.169	282.4	0.295	0.752	58.84	1.75
110	143	951.0	461.34	4.233	0.6844	0.170	258.9	0.272	0.808	56.88	1.60
120	199	943.1	503.67	4.250	0.6856	0.171	237.3	0.252	0.864	54.82	1.47
130	270	934.8	546.38	4.266	0.6856	0.172	217.7	0.233	0.917	52.86	1.36
140	362	926.1	589.08	4.287	0.6844	0.173	201.0	0.217	0.972	50.70	1.26
150	476	917.0	632.20	4.312	0.6833	0.173	186.3	0.203	1.03	48.64	1.17
160	618	907.4	675.33	4.346	0.6821	0.173	173.6	0.191	1.07	46.58	1.10
170	792	897.3	719.29	4.379	0.6786	0.173	162.8	0.181	1.13	44.33	1.05
180	1003	886.9	763.25	4.417	0.6740	0.172	153.0	0.173	1.19	42.27	1.00
190	1255	876.0	807.63	4.460	0.6693	0.171	144.2	0.165	1.26	40.01	0.96
200	1555	863.0	852.43	4.505	0.6624	0.170	136.3	0.158	1.33	37.66	0.93
210	1908	852.8	897.65	4.555	0.6548	0.169	130.4	0.153	1.41	35.40	0.91
220	2320	840.3	943.71	4.614	0.6649	0.166	124.6	0.148	1.48	33.15	0.89
230	2798	827.3	990.18	4.681	0.6368	0.164	119.7	0.145	1.59	30.99	0.88
240	3348	813.6	1037.49	4.756	0.6275	0.162	114.7	0.141	1.68	28.54	0.87
250	3978	799.0	1085.64	4.844	0.6271	0.159	109.8	0.137	1.81	26.19	0.86
260	4695	784.0	1135.04	4.949	0.6043	0.156	105.9	0.135	1.97	23.73	0.87
270	5506	767.9	1185.28	5.070	0.5892	0.151	102.0	0.133	2.16	21.48	0.88
280	6420	750.7	1236.28	5.229	0.5741	0.146	98.1	0.131	2.37	19.12	0.90
290	7446	732.3	1289.95	5.485	0.5578	0.139	94.2	0.129	2.62	16.87	0.93
300	8592	712.5	1344.80	5.736	0.5392	0.132	91.2	0.128	2.92	14.42	0.97
310	9870	691.1	1402.16	6.071	0.5229	0.125	88.3	0.128	3.29	12.06	1.03
320	11290	667.1	1462.03	6.573	0.5055	0.115	85.3	0.128	3.82	9.81	1.11
330	12865	640.2	1526.19	7.243	0.4834	0.104	81.4	0.127	4.33	7.67	1.22
340	14609	610.1	1594.75	8.164	0.4567	0.092	77.5	0.127	5.34	5.67	1.39
350	16538	574.4	1671.37	9.504	0.4300	0.079	72.6	0.126	6.68	3.82	1.60
360	18675	528.0	1761.39	13.984	0.3951	0.054	66.7	0.126	10.9	2.02	2.35
370	21054	450.5	1892.43	40.319	0.3370	0.019	56.9	0.126	26.4	0.47	6.79

2. 饱和水蒸气

温度 t/℃	绝对压强 /kPa	蒸汽的比体积 /(m^3/kg)	蒸汽的密度 /(kg/m^3)	焓(液体) /(kJ/kg)	焓(蒸汽) /(kJ/kg)	汽化热 /(kJ/kg)
0	0.6082	206.5	0.00484	0	2491.3	2491.3
5	0.8730	147.1	0.00680	20.94	2500.9	2480.0
10	1.2262	106.4	0.00940	41.87	2510.5	2468.6
15	1.7068	77.9	0.01283	62.81	2520.6	2457.8
20	2.3346	57.8	0.01719	83.74	2530.1	2446.3
25	3.1684	43.40	0.02304	104.68	2538.6	2433.9
30	4.2474	32.93	0.03036	125.60	2549.5	2423.7
35	5.6207	25.25	0.03960	146.55	2559.1	2412.6
40	7.3766	19.55	0.05114	167.47	2568.7	2401.1
45	9.5837	15.28	0.06543	188.42	2577.9	2389.5
50	12.340	12.054	0.0830	209.34	2587.6	2378.1
55	15.744	9.589	0.1043	230.29	2596.8	2366.5
60	19.923	7.687	0.1301	251.21	2606.3	2355.1
65	25.014	6.209	0.1611	272.16	2615.6	2343.4
70	31.164	5.052	0.1979	293.08	2624.4	2331.2
75	38.551	4.139	0.2416	314.03	2629.7	2315.7
80	47.379	3.414	0.2929	334.94	2642.4	2307.3
85	57.875	2.832	0.3531	355.90	2651.2	2295.3
90	70.136	2.365	0.4229	376.81	2660.0	2283.1
95	84.556	1.985	0.5039	397.77	2668.8	2271.0
100	101.33	1.675	0.5970	418.68	2677.2	2258.4
105	120.85	1.421	0.7036	439.64	2685.1	2245.5
110	143.31	1.212	0.8254	460.97	2693.5	2232.4
115	169.11	1.038	0.9635	481.51	2702.5	2221.0
120	198.64	0.893	1.1199	503.67	2708.9	2205.2
125	232.19	0.7715	1.296	523.38	2716.5	2193.1
130	270.25	0.6693	1.494	546.38	2723.9	2177.6
135	313.11	0.5831	1.715	565.25	2731.2	2166.0
140	361.47	0.5096	1.962	589.08	2737.8	2148.7
145	415.72	0.4469	2.238	607.12	2744.6	2137.5
150	476.24	0.3933	2.543	632.21	2750.7	2118.5
160	618.28	0.3075	3.252	675.75	2762.9	2087.1
170	792.59	0.2431	4.113	719.29	2773.3	2054.0
180	1003.5	0.1944	5.145	763.25	2782.6	2019.3
190	1255.6	0.1568	6.378	807.63	2790.1	1982.5
200	1554.8	0.1276	7.840	852.01	2795.5	1943.5
210	1917.7	0.1045	9.567	897.23	2799.3	1902.1
220	2320.9	0.0862	11.600	942.45	2801.0	1858.5
230	2798.6	0.07155	13.98	988.50	2800.1	1811.6

续表

温度 t/℃	绝对压强 /kPa	蒸汽的比体积 /(m^3/kg)	蒸汽的密度 /(kg/m^3)	焓(液体) /(kJ/kg)	焓(蒸汽) /(kJ/kg)	汽化热 /(kJ/kg)
240	3347.9	0.05967	16.76	1034.56	2796.8	1762.2
250	3977.7	0.04998	20.01	1081.45	2790.1	1708.6
260	4693.7	0.04199	23.82	1128.76	2780.9	1652.1
270	5504.0	0.03538	28.27	1176.91	2760.3	1591.4
280	6417.2	0.02988	33.47	1225.48	2752.0	1526.5
290	7443.3	0.02525	39.60	1274.46	2732.3	1457.8
300	8592.9	0.02131	46.93	1325.54	2708.0	1382.5
310	9878.0	0.01799	55.59	1378.71	2680.0	1301.3
320	11300	0.01516	65.95	1436.07	2648.2	1212.1
330	12880	0.01273	78.53	1446.78	2610.5	1113.7
340	14616	0.01064	93.98	1562.93	2568.6	1005.7
350	16538	0.00884	113.2	1632.20	2516.7	880.5
360	18667	0.00716	139.6	1729.15	2442.6	713.4
370	21041	0.00585	171.0	1888.25	2301.9	411.1
374	22071	0.00310	322.6	2098.0	2098.0	0

三、干空气的物理性质（p=101.33kPa）

温度 t/℃	密度 ρ /(kg/m^3)	比热容 c_p /kJ·kg^{-1}·K^{-1}	热导率 λ /mW·m^{-1}·K^{-1}	导温系数 $a\times10^6$ /(m^2/s)	动力黏度 μ /μPa·s	运动黏度 $\nu\times10^6$ /(m^2/s)	普朗特数 Pr
−50	1.584	1.013	20.34	12.7	14.6	9.23	0.728
−40	1.515	1.013	21.15	13.8	15.2	10.04	0.728
−30	1.453	1.013	21.96	14.9	15.7	10.80	0.723
−20	1.395	1.009	22.78	16.2	16.2	11.60	0.716
−10	1.342	1.009	23.59	17.4	16.7	12.43	0.712
0	1.293	1.005	24.40	18.8	17.2	13.28	0.707
10	1.247	1.005	25.10	20.1	17.7	14.16	0.705
20	1.205	1.005	25.91	21.4	18.1	15.06	0.703
30	1.165	1.005	26.73	22.9	18.6	16.00	0.701
40	1.128	1.005	27.54	24.3	19.1	16.96	0.699
60	1.060	1.005	28.93	27.2	20.1	18.97	0.696
80	1.000	1.009	30.44	30.2	21.1	21.09	0.692
100	0.946	1.009	32.07	33.6	21.9	23.13	0.688
140	0.854	1.013	31.86	40.3	23.7	27.80	0.684
180	0.779	1.022	37.77	47.5	25.3	32.49	0.681
200	0.746	1.026	39.28	51.4	26.0	34.85	0.680
300	0.615	1.047	46.02	71.6	29.7	48.33	0.674
400	0.524	1.068	52.06	93.1	33.1	63.09	0.678
500	0.456	1.093	57.40	115.3	36.2	79.38	0.687
600	0.404	1.114	62.17	138.3	39.1	96.89	0.699
700	0.362	1.135	67.0	163.4	41.8	115.4	0.706
800	0.329	1.156	71.70	188.8	44.3	134.8	0.713
900	0.301	1.172	76.23	216.2	46.7	155.1	0.717
1000	0.277	1.185	80.64	245.9	49.0	177.1	0.719
1100	0.257	1.197	84.94	276.3	51.2	199.3	0.722
1200	0.239	1.210	91.45	316.5	53.5	233.7	0.724

四、液体及水溶液的物理性质

1. 某些液体的重要物理性质

序号	名称	分子式	相对分子质量	密度(20℃)/(kg/m³)	沸点(101.3kPa)/℃	汽化热(101.3kPa)/(kJ/kg)	比热容(20℃)/kJ·kg⁻¹·K⁻¹	黏度(20℃)/mPa·s	热导率(20℃)/W·m⁻¹·K⁻¹	体积膨胀系数×10³(20℃)/℃⁻¹	表面张力(20℃)/(mN/m)
1	水	H_2O	18.02	998	100	2258	4.183	1.005	0.599	0.182	72.8
2	盐水(25%NaCl)	—	—	1186(25℃)	107	—	3.39	2.3	0.57(30℃)	0.44	
3	盐水(25%$CaCl_2$)	—	—	1228	107	—	2.89	2.5	0.57	0.34	
4	硫酸	H_2SO_4	98.08	1831	340(分解)	—	1.47(98%)	23	0.38	0.57	
5	硝酸	HNO_3	63.02	1513	86	481.1		1.17(10℃)			
6	盐酸(30%)	HCl	36.47	1149			2.55	2(31.5%)	0.42	1.21	
7	二硫化碳	CS_2	76.13	1262	46.3	352	1.00	0.38	0.16	1.59	32
8	戊烷	C_5H_{12}	72.15	626	36.07	357.5	2.25(15.6℃)	0.229	0.113		16.2
9	己烷	C_6H_{14}	86.17	659	68.74	335.1	2.31(15.6℃)	0.313	0.119		18.2
10	庚烷	C_7H_{16}	100.20	684	98.43	316.5	2.21(15.6℃)	0.411	0.123		20.1
11	辛烷	C_8H_{18}	114.22	703	125.67	306.4	2.19(15.6℃)	0.540	0.131		21.8
12	三氯甲烷	$CHCl_3$	119.38	1489	61.2	254	0.992	0.58	0.138(30℃)	1.26	28.5(10℃)
13	四氯化碳	CCl_4	153.82	1594	76.8	195	0.850	1.0	0.12		26.8
14	1,2-二氯乙烷	$C_2H_4Cl_2$	98.96	1253	83.6	324	1.26	0.83	0.14(50℃)		30.8
15	苯	C_6H_6	78.11	879	80.10	394	1.70	0.737	0.148	1.24	28.6
16	甲苯	C_7H_8	92.13	867	110.63	363	1.70	0.675	0.138	1.09	27.9
17	邻二甲苯	C_8H_{10}	106.16	880	144.42	347	1.74	0.811	0.142		30.2
18	间二甲苯	C_8H_{10}	106.16	864	139.10	343	1.70	0.611	0.167	1.01	29.0
19	对二甲苯	C_8H_{10}	106.16	861	138.35	340	1.70	0.643	0.129		28.0

续表

序号	名称	分子式	相对分子质量	密度(20℃)/(kg/m³)	沸点(101.3kPa)/℃	汽化热(101.3kPa)/(kJ/kg)	比热容(20℃)/kJ·kg⁻¹·K⁻¹	黏度(20℃)/mPa·s	热导率(20℃)/W·m⁻¹·K⁻¹	体积膨胀系数×10³(20℃)/℃⁻¹	表面张力(20℃)/(mN/m)
20	苯乙烯	C_8H_8	104.1	911 (15.6℃)	145.2	(352)	1.733	0.72			
21	氯苯	C_6H_5Cl	112.56	1106	131.8	325	3.391	0.85	0.14 (30℃)		32
22	硝基苯	$C_6H_5NO_2$	123.17	1203	210.9	396	1.465	2.1	0.15		41
23	苯 胺	$C_6H_5NH_2$	93.13	1022	184.4	448	2.068	4.3	0.174	0.85	42.9
24	酚	C_6H_5OH	94.1	1050 (50℃)	181.8 (熔点 40.9℃)	511		3.4 (50℃)			
25	萘	$C_{10}H_8$	128.17	1145(固体)	217.9 (熔点 80.2℃)	314	1.805 (100℃)	0.59 (100℃)			
26	甲醇	CH_3OH	32.04	791	64.7	1101	2.495	0.6	0.212	1.22	22.6
27	乙醇	C_2H_5OH	46.07	789	78.3	846	2.395	1.15	0.172	1.16	22.8
28	乙醇(95%)	—	—	804	78.2			1.4			
29	乙二醇	$C_2H_4(OH)_2$	62.05	1113	197.6	800	2.349	23			47.7
30	甘油	$C_3H_5(OH)_3$	92.09	1261	290(分解)	—		1499	0.59	0.53	63
31	乙醚	$(C_2H_5)_2O$	74.12	714	84.6	360	2.336	0.24	0.14	1.63	18
32	乙醛	CH_3CHO	44.05	783 (18℃)	20.2	574	1.88	1.3 (18℃)			21.2
33	糠醛	$C_5H_4O_2$	96.09	1160	161.7	452	1.59	1.15 (50℃)			48.5
34	丙酮	CH_3COCH_3	58.08	792	56.2	523	2.349	0.32	0.174		23.7
35	甲酸	HCOOH	46.03	1220	100.7	494	2.169	1.9	0.256		27.8
36	乙酸	CH_3COOH	60.03	1049	118.1	406	1.997	1.3	0.174	1.07	23.9
37	乙酸乙酯	$CH_3COOC_2H_5$	88.11	901	77.1	368	1.992	0.48	0.14 (10℃)		
								3	0.15		
38	煤油			780～820				0.7～0.8	0.13 (30℃)	1.00	
39	汽油			680～800						1.25	

2. 有机液体相对密度（液体密度与 4℃ 水的密度之比）共线图

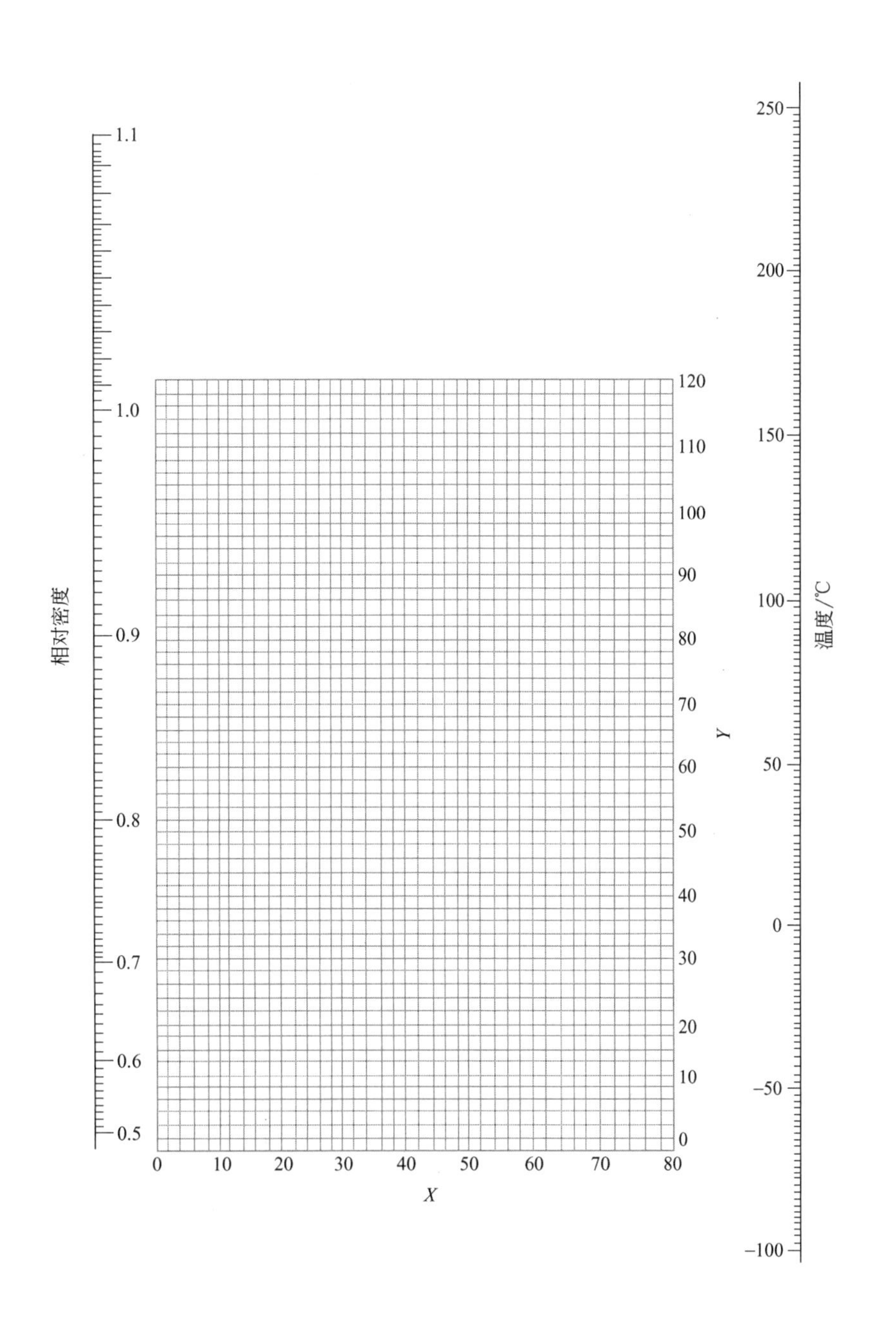

各种液体在图中的 X、Y 值

名称	X	Y	名称	X	Y
乙炔	20.8	10.1	甲酸乙酯	37.6	68.4
乙烷	10.3	4.4	甲酸丙酯	33.8	66.7
乙烯	17.0	3.5	丙烷	14.2	12.2
乙醇	24.2	48.6	丙酮	26.1	47.8
乙醚	22.6	35.8	丙醇	23.8	50.8
乙丙醚	20.0	37.0	丙酸	35.0	83.5
乙硫醇	32.0	55.5	丙酸甲酯	36.5	68.3
乙硫醚	25.7	55.3	丙酯乙酯	32.1	63.9
二乙胺	17.8	33.5	戊烷	12.6	22.6
二硫化碳	18.6	45.4	异戊烷	13.5	22.5
异丁烷	13.7	16.5	辛烷	12.7	32.5
丁酸	31.3	78.7	庚烷	12.6	29.8
丁酸甲酯	31.5	65.5	苯	32.7	63.0
异丁酸	31.5	75.9	苯酚	35.7	103.8
丁酸(异)甲酯	33.0	64.1	苯胺	33.5	92.5
十一烷	14.4	39.2	氟苯	41.9	86.7
十二烷	14.3	41.4	癸烷	16.0	38.2
十三烷	15.3	42.4	氨	22.4	24.6
十四烷	15.8	43.3	氯乙烷	42.7	62.4
三乙胺	17.9	37.0	氯甲烷	52.3	62.9
三氢化磷	28.0	22.1	氯苯	41.7	105.0
己烷	13.5	27.0	氰丙烷	20.1	44.6
壬烷	16.2	36.5	氰甲烷	21.8	44.9
六氢吡啶	27.5	60.0	环己烷	19.6	44.0
甲乙醚	25.0	34.4	乙酸	40.6	93.5
甲醇	25.8	49.1	乙酸甲酯	40.1	70.3
甲硫醇	37.3	59.6	乙酸乙酯	35.0	65.0
甲硫醚	31.9	57.4	乙酸丙酯	33.0	65.5
甲醚	27.2	30.1	甲苯	27.0	61.0
甲酸甲酯	46.4	74.6	异戊醇	20.5	52.0

3. 有机液体的表面张力共线图

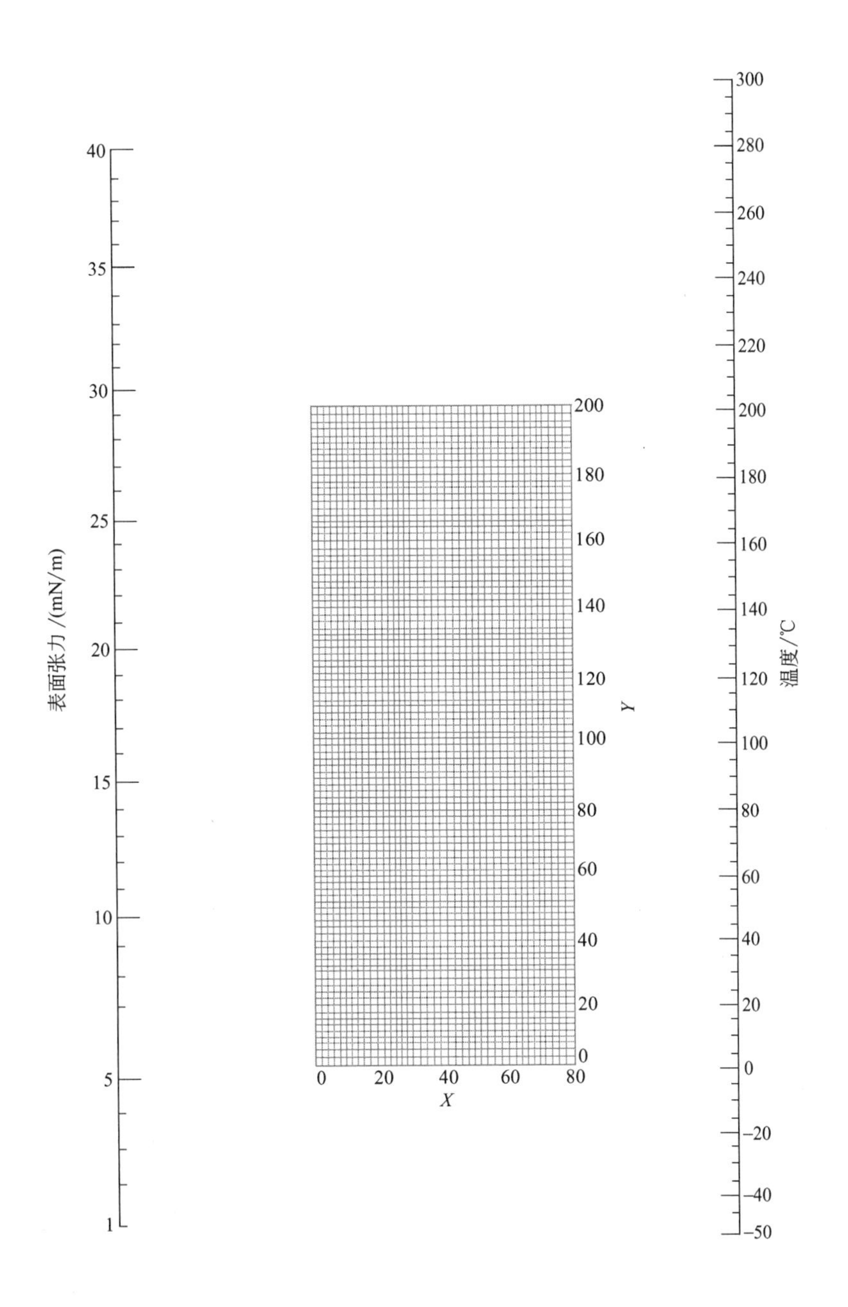

各种液体在图中的 X、Y 值

序号	名称	X	Y	序号	名称	X	Y
1	环氧乙烷	42	83	5	乙醇	10	97
2	乙苯	22	118	6	乙醚	27.5	64
3	乙胺	11.2	83	7	乙醛	33	78
4	乙硫醇	35	81	8	乙醛肟	23.5	127

续表

序号	名称	X	Y	序号	名称	X	Y
9	乙酰胺	17	192.5	52	苯	30	110
10	乙酰乙酸乙酯	21	132	53	苯乙酮	18	163
11	二乙醇缩乙醛	19	88	54	苯乙醚	20	134.2
12	间二甲苯	20.5	118	55	苯二乙胺	17	142.6
13	对二甲苯	19	117	56	苯二甲胺	20	149
14	二甲胺	16	66	57	苯甲醚	24.4	138.9
15	二甲醚	44	37	58	苯胺	22.9	171.8
16	二氯乙烷	32	120	59	苯(基)甲胺	25	156
17	二硫化碳	35.8	117.2	60	苯酚	20	168
18	丁酮	23.6	97	61	氨	56.2	63.5
19	丁醇	9.6	107.5	62	氧化亚氮	62.5	0.5
20	异丁醇	5	103	63	氯	45.5	59.2
21	丁酸	14.5	115	64	氯仿	32	101.3
22	异丁酸	14.8	107.4	65	对-氯甲苯	18.7	134
23	丁酸乙酯	17.5	102	66	氯甲烷	45.8	53.2
24	丁(异)酸乙酯	20.9	93.7	67	氯苯	23.5	132.5
25	丁酸甲酯	25	88	68	吡啶	34	138.2
26	三乙胺	20.1	83.9	69	丙腈	23	108.6
27	1,3,5-三甲苯	17	119.8	70	丁腈	20.3	113
28	三苯甲烷	12.5	182.7	71	乙腈	73.5	111
29	三氧乙醛	30	113	72	苯腈	19.5	159
30	三聚乙醛	22.3	103.8	73	氰化氢	30.6	66
31	己烷	22.7	72.2	74	硫酸二乙酯	19.5	139.5
32	甲苯	24	113	75	硫酸二甲酯	23.5	158
33	甲胺	42	58	76	硝基乙烷	25.4	126.1
34	间-甲酚	13	161.2	77	硝基甲烷	30	139
35	对-甲酚	11.5	160.5	78	萘	22.5	165
36	邻-甲酚	20	161	79	溴乙烷	31.6	90.2
37	甲醇	17	93	80	溴苯	23.5	145.5
38	甲酸甲酯	38.5	88	81	碘乙烷	28	113.2
39	甲酸乙酯	30.5	88.8	82	对甲氧基苯丙烯	13	158.1
40	甲酸丙酯	24	97	83	乙酸	17.1	116.5
41	丙胺	25.5	87.2	84	乙酸甲酯	34	90
42	对-丙(异)基甲苯	12.8	121.2	85	乙酸乙酯	27.5	92.4
43	丙酮	28	91	86	乙酸丙酯	23	97
44	丙醇	8.2	105.2	87	乙酸异丁酯	16	97.2
45	丙酸	17	112	88	乙酸异戊酯	16.4	103.1
46	丙酸乙酯	22.6	97	89	乙酸酐	25	129
47	丙酸甲酯	29	95	90	噻吩	35	121
48	3-戊酮	20	101	91	环己烷	42	86.7
49	异戊醇	6	106.8	92	硝基苯	23	173
50	四氧化碳	26	104.5	93	水(查出的值乘 2)	12	162
51	辛烷	17.7	90				

4. 某些无机物水溶液的表面张力

单位：mN/m

溶质	温度/℃	质量分数/%			
		5	10	20	50
H_2SO_4	18		74.1	75.2	77.3
HNO_3	20		72.7	71.1	65.4
NaOH	20	74.6	77.3	85.8	
NaCl	18	74.0	75.5		
Na_2SO_4	18	73.8	75.2		
$NaNO_3$	30	72.1	72.8	74.4	79.8
KCl	18	73.6	74.8	77.3	
KNO_3	18	73.0	73.6	75.0	
K_2CO_3	10	75.8	77.0	79.2	106.4

续表

溶质	温度/℃	质量分数/%			
		5	10	20	50
NH_4OH	18	66.5	63.5	59.3	
NH_4Cl	18	73.3	74.5		
NH_4NO_3	100	59.2	60.1	61.6	67.5
$MgCl_2$	18	73.8			
$CaCl_2$	18	73.7			

5. 液体黏度共线图

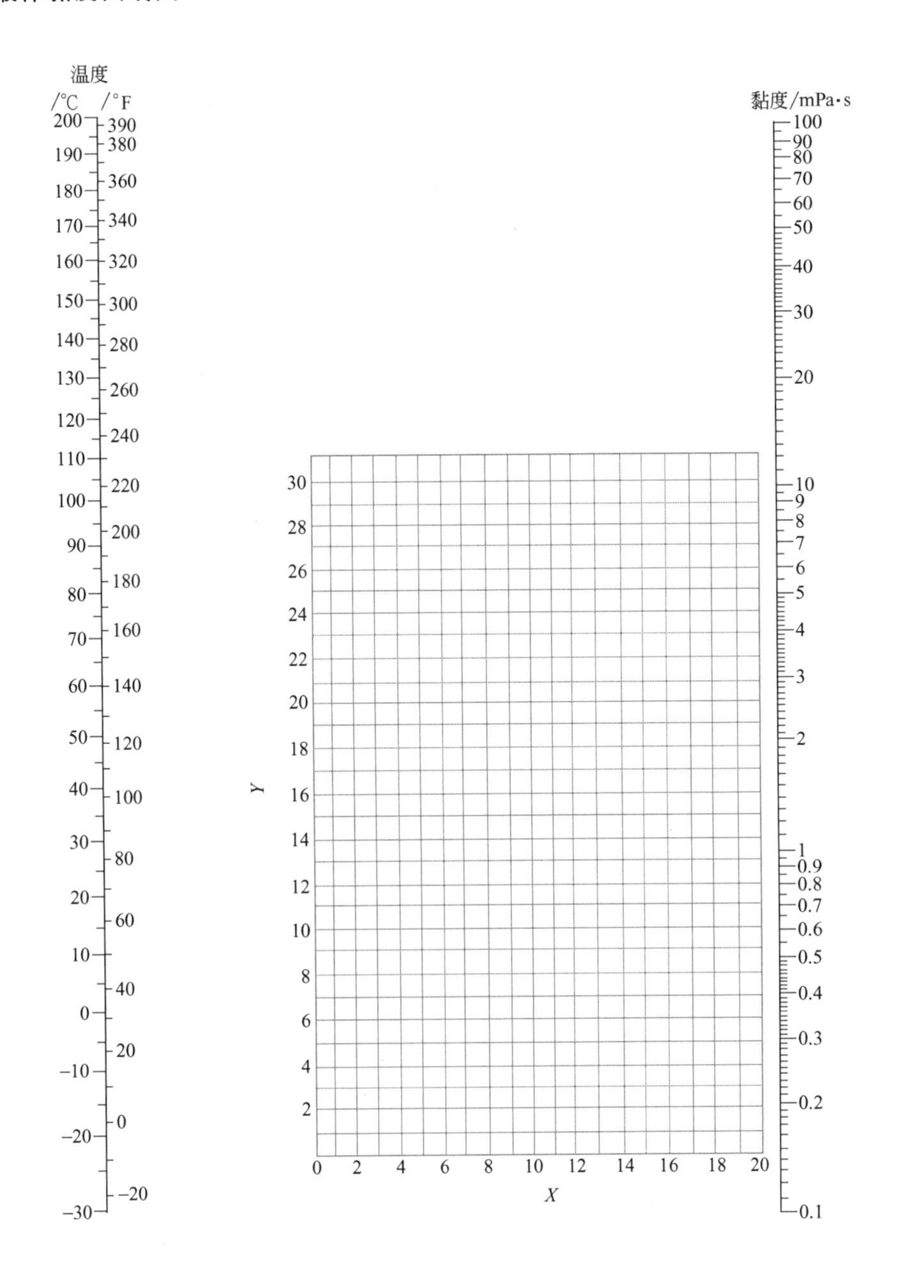

液体黏度共线图坐标值

用法举例：求苯在50℃时的黏度，从本表序号26查得苯的 $X=12.5$，$Y=10.9$。把这两个数值标在前页共线图的 X-Y 坐标上得一点，把这点与图中左方温度标尺上50℃的点联成一直线，延长，与右方黏度标尺相交，由此交点定出50℃苯的黏度为0.44mPa·s。

序号	名称	X	Y	序号	名称	X	Y
1	水	10.2	13.0	31	乙苯	13.2	11.5
2	盐水(25%NaCl)	10.2	16.6	32	氯苯	12.3	12.4
3	盐水(25%$CaCl_2$)	6.6	15.9	33	硝基苯	10.6	16.2
4	氨	12.6	2.2	34	苯胺	8.1	18.7
5	氨水(26%)	10.1	13.9	35	酚	6.9	20.8
6	二氧化碳	11.6	0.3	36	联苯	12.0	18.3
7	二氧化硫	15.2	7.1	37	萘	7.9	18.1
8	二硫化碳	16.1	7.5	38	甲醇(100%)	12.4	10.5
9	溴	14.2	18.2	39	甲醇(90%)	12.3	11.8
10	汞	18.4	16.4	40	甲醇(40%)	7.8	15.5
11	硫酸(110%)	7.2	27.4	41	乙醇(100%)	10.5	13.8
12	硫酸(100%)	8.0	25.1	42	乙醇(95%)	9.8	14.3
13	硫酸(98%)	7.0	24.8	43	乙醇(40%)	6.5	16.6
14	硫酸(60%)	10.2	21.3	44	乙二醇	6.0	23.6
15	硝酸(95%)	12.8	13.8	45	甘油(100%)	2.0	30.0
16	硝酸(60%)	10.8	17.0	46	甘油(50%)	6.9	19.6
17	盐酸(31.5%)	13.0	16.6	47	乙醚	14.5	5.3
18	氢氧化钠(50%)	3.2	25.8	48	乙醛	15.2	14.8
19	戊烷	14.9	5.2	49	丙酮	14.5	7.2
20	己烷	14.7	7.0	50	甲酸	10.7	15.8
21	庚烷	14.1	8.4	51	乙酸(100%)	12.1	14.2
22	辛烷	13.7	10.0	52	乙酸(70%)	9.5	17.0
23	三氯甲烷	14.4	10.2	53	乙酸酐	12.7	12.8
24	四氯化碳	12.7	13.1	54	乙酸乙酯	13.7	9.1
25	二氯乙烷	13.2	12.2	55	乙酸戊酯	11.8	12.5
26	苯	12.5	10.9	56	氟利昂-11	14.4	9.0
27	甲苯	13.7	10.4	57	氟利昂-12	16.8	5.6
28	邻二甲苯	13.5	12.1	58	氟利昂-21	15.7	7.5
29	间二甲苯	13.9	10.6	59	氟利昂-22	17.2	4.7
30	对二甲苯	13.9	10.9	60	煤油	10.2	16.9

6. 液体比热容共线图

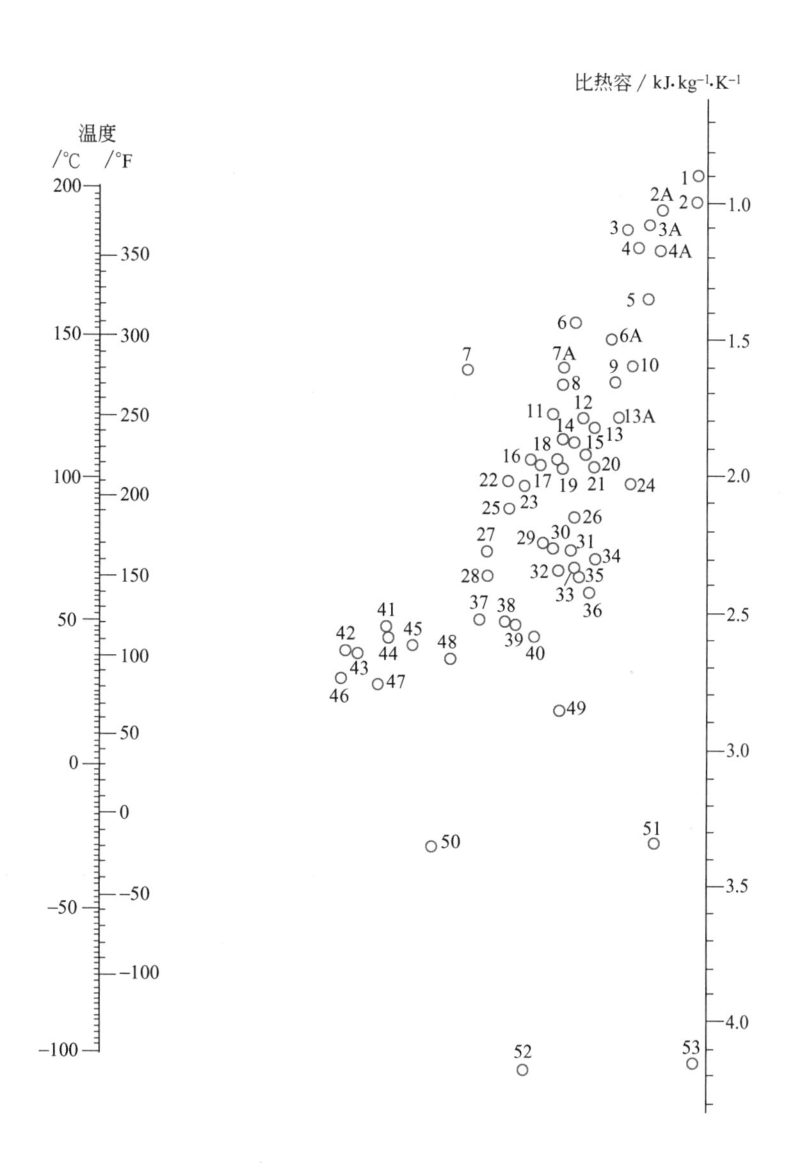

根据相似三角形原理，当共线图的两边标尺均为等距刻度时，可用 $c_p = At + B$ 的关系式来表示因变量与自变量的关系，式中的 A、B 值列于下表中，式中 c_p 单位为 $kJ \cdot kg^{-1} \cdot K^{-1}$；$t$ 单位为℃。

液体比热容共线图中的编号

编号	名称	温度范围/℃	拟合参数		编号	名称	温度范围/℃	拟合参数	
			A	B				A	B
1	溴乙烷	5～25	1.333×10^{-3}	0.843	23	甲苯	0～60	4.667×10^{-3}	1.60
2	二氧化碳	−100～25	1.667×10^{-3}	0.967	24	乙酸乙酯	−50～25	1.57×10^{-3}	1.879
2A	氟利昂-11	−20～70	8.889×10^{-4}	0.858	25	乙苯	0～100	5.099×10^{-3}	1.67
3	四氯化碳	10～60	2.0×10^{-3}	0.78	26	乙酸戊酯	0～100	2.9×10^{-3}	1.9
3	过氯乙烯	−30～140	1.647×10^{-3}	0.789	27	苯甲醇	−20～30	5.8×10^{-3}	1.836
3A	氟利昂-113	−20～70	3.333×10^{-3}	0.867	28	庚烷	0～60	5.834×10^{-3}	1.98
4A	氟利昂-21	−20～70	8.889×10^{-4}	1.028	29	乙酸	0～80	3.75×10^{-3}	1.94
4	三氯甲烷	0～50	1.2×10^{-3}	0.94	30	苯胺	0～130	4.693×10^{-3}	1.99
5	二氯甲烷	−40～50	1.0×10^{-3}	1.17	31	异丙醚	−80～200	3.0×10^{-3}	2.04
6A	二氯乙烷	−30～60	1.778×10^{-3}	1.203	32	丙酮	20～50	3.0×10^{-3}	2.13
6	氟利昂-12	−40～15	3.0×10^{-3}	0.99	33	辛烷	−50～25	3.143×10^{-3}	2.127
7A	氟利昂-22	−20～60	3.0×10^{-3}	1.16	34	壬烷	−50～25	2.286×10^{-3}	2.134
7	碘乙烷	0～100	6.6×10^{-3}	0.67	35	己烷	−80～20	2.7×10^{-3}	2.176
8	氯苯	0～100	3.3×10^{-3}	1.22	36	乙醚	−100～25	2.5×10^{-3}	2.27
9	硫酸(98%)	10～45	1.429×10^{-3}	1.405	37	戊醇	−50～25	5.858×10^{-3}	2.203
10	苯甲基氯	−30～30	1.667×10^{-3}	1.39	38	甘油	−40～20	5.168×10^{-3}	2.267
11	二氧化硫	−20～100	3.75×10^{-3}	1.325	39	乙二醇	−40～200	4.789×10^{-3}	2.312
12	硝基苯	0～100	2.7×10^{-3}	1.46	40	甲醇	−40～20	4.0×10^{-3}	2.40
13A	氯甲烷	−80～20	1.7×10^{-3}	1.566	41	异戊醇	10～100	1.144×10^{-2}	1.986
13	氯乙烷	−30～40	2.286×10^{-3}	1.539	42	乙醇(100%)	30～80	1.56×10^{-2}	2.012
14	萘	90～200	3.182×10^{-3}	1.514	43	异丁醇	0～100	1.41×10^{-2}	2.13
15	联苯	80～120	5.75×10^{-3}	2.19	44	丁醇	0～100	1.14×10^{-2}	2.09
16	联苯醚	0～200	4.25×10^{-3}	1.49	45	丙醇	−20～100	9.497×10^{-3}	0.19
16	联苯-联苯醚	0～200	4.25×10^{-3}	1.49	46	乙醇(95%)	20～80	1.58×10^{-2}	2.264
17	对二甲苯	0～100	4.0×10^{-3}	1.55	47	异丙醇	20～50	1.167×10^{-2}	2.447
18	间二甲苯	0～100	3.4×10^{-3}	1.58	48	盐酸(30%)	20～100	7.375×10^{-3}	2.393
19	邻二甲苯	0～100	3.4×10^{-3}	1.62	49	盐水(25% $CaCl_2$)	−40～20	3.5×10^{-3}	2.79
20	吡啶	−50～25	2.428×10^{-3}	1.621	50	乙醇(50%)	20～80	8.333×10^{-3}	3.633
21	癸烷	−80～25	2.6×10^{-3}	1.728	51	盐水(25% NaCl)	−40～20	1.167×10^{-3}	3.367
22	二苯基甲烷	30～100	5.285×10^{-3}	1.501	52	氨	−70～50	4.715×10^{-3}	4.68
23	苯	10～80	4.429×10^{-3}	1.606	53	水	10～200	2.143×10^{-4}	4.198

7. 某些液体的热导率 λ

单位：$W \cdot m^{-1} \cdot K^{-1}$

液体名称	温度/℃						
	0	25	50	75	100	125	150
丁醇	0.156	0.152	0.1483	0.144			
异丙醇	0.154	0.150	0.1460	0.142			
甲醇	0.214	0.2107	0.2070	0.205			
乙醇	0.189	0.1832	0.1774	0.1715			
乙酸	0.177	0.1715	0.1663	0.162			
蚁酸(无水甲酸)	0.2605	0.256	0.2518	0.2471			
丙酮	0.1745	0.169	0.163	0.1576	0.151		
硝基苯	0.1541	0.150	0.147	0.143	0.140	0.136	
二甲苯	0.1367	0.131	0.127	0.1215	0.117	0.111	
甲苯	0.1413	0.136	0.129	0.123	0.119	0.112	
苯	0.151	0.1448	0.138	0.132	0.126	0.1204	
苯胺	0.186	0.181	0.177	0.172	0.1681	0.1634	0.159
甘油	0.277	0.2797	0.2832	0.286	0.289	0.292	0.295
凡士林	0.125	0.1204	0.122	0.121	0.119	0.117	0.1157
蓖麻油	0.184	0.1808	0.1774	0.174	0.171	0.1680	0.165

8. 液体汽化热共线图

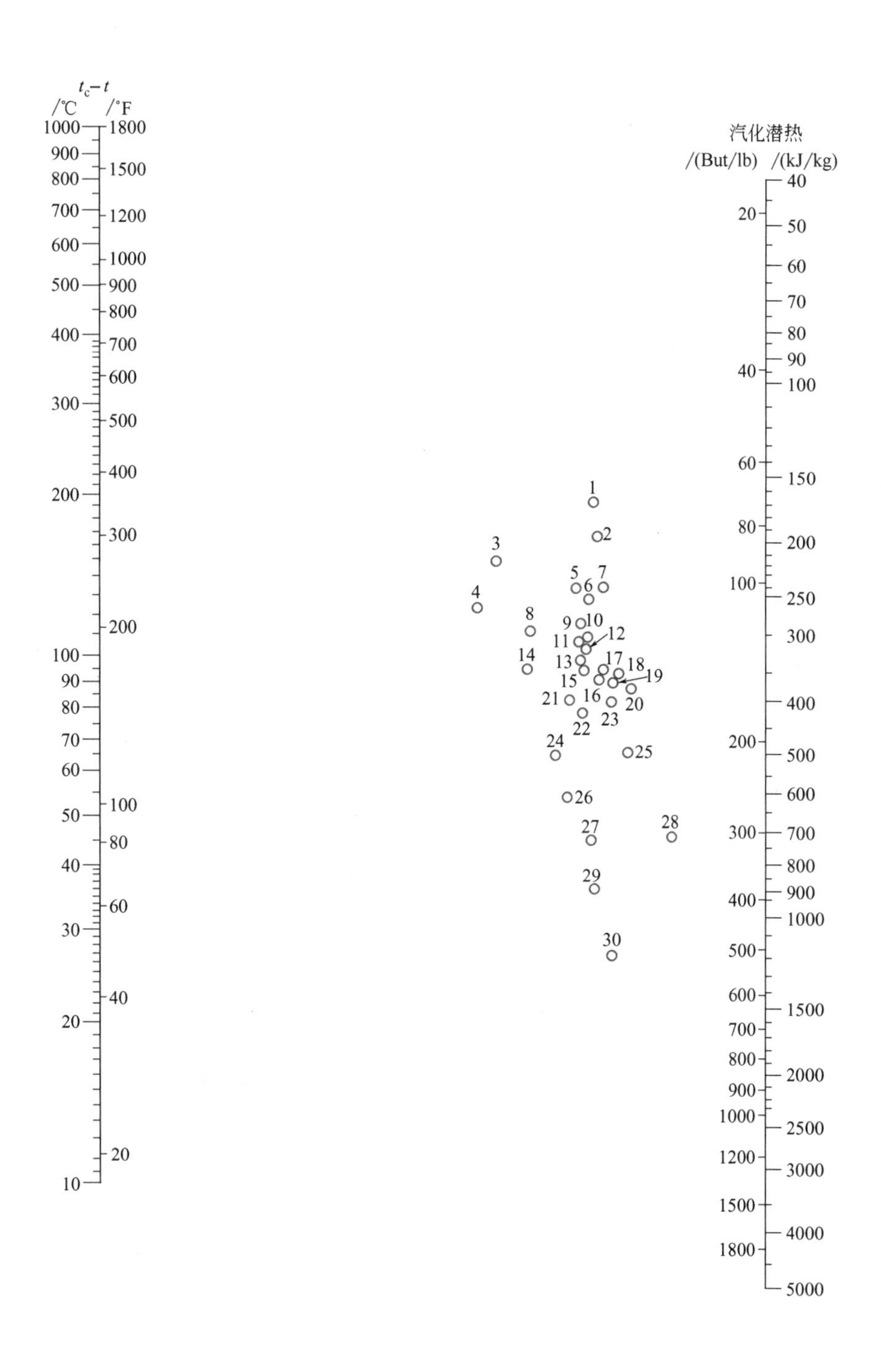

根据相似三角形原理，当共线图的两边标尺均为对数刻度时，可用 $r=A(t_c-t)^B$ 的关系式来表示变量间的关系，式中的 A、B 值列于下表中。式中 r 单位为 $kJ \cdot kg^{-1}$；t 单位为℃。

液体汽化热共线图的编号

用法举例：求水在 $t=100℃$ 时的汽化潜热，从下表查得水的编号为 30，又查得水的 $t_c=374℃$，故得 $t_c-t=374-100=274℃$，在共线图的 t_c-t 标尺定出 274℃的点，与图中编号为 30 的圆圈中心点连一直线，延长到汽化潜热的标尺上，读出交点读数为 2300kJ/kg。

编号	名称	t_c/℃	(t_c-t)/℃	拟合参数		编号	名称	t_c/℃	(t_c-t)/℃	拟合参数	
				A	B					A	B
1	氟利昂-113	214	90～250	28.18	0.336	15	异丁烷	134	80～200	64.27	0.3736
2	四氯化碳	283	30～250	34.59	0.337	16	丁烷	153	90～200	77.27	0.3419
2	氟利昂-11	198	70～250	34.51	0.3377	17	氯乙烷	187	100～250	79.07	0.3258
2	氟利昂-12	111	40～200	32.43	0.35	18	乙酸	321	100～225	95.72	0.2877
3	联苯	527	175～400	6.855	0.6882	19	一氧化碳	36	25～150	101.6	0.2921
4	二硫化碳	273	140～275	6.252	0.7764	20	一氯甲烷	143	70～250	115.9	0.2633
5	氟利昂-21	178	70～250	34.59	0.4011	21	二氧化碳	31	10～100	64.0	0.4136
6	氟利昂-22	96	50～170	43.45	0.363	22	丙酮	235	120～210	75.34	0.3912
7	三氯甲烷	263	140～275	50.00	0.3239	23	丙烷	96	40～200	106.4	0.3027
8	二氯甲烷	216	150～250	21.43	0.5546	24	丙醇	264	20～200	74.13	0.461
9	辛烷	296	30～300	23.88	0.5811	25	乙烷	32	25～150	169.4	0.2593
10	庚烷	267	20～300	56.10	0.36	26	乙醇	243	20～140	113	0.4218
11	己烷	235	50～225	47.64	0.4027	27	甲醇	240	40～250	188.4	0.3557
12	戊烷	197	20～200	59.16	0.3674	28	乙醇	243	140～300	429.7	0.1428
13	苯	289	10～400	57.54	0.3828	29	氨	133	50～200	235.1	0.3676
13	乙醚	194	10～400	57.54	0.3827	30	水	374	100～500	445.6	0.3003
14	二氧化硫	157	90～160	26.92	0.5637						

9. 无机溶液在 101.3kPa 下的沸点

温度/℃ 溶液	101	102	103	104	105	107	110	115	120	125	140	160	180	200	220	240	260	280	300	340
	质量分数/%																			
$CaCl_2$	5.66	10.31	14.16	17.36	20.00	24.24	29.33	35.68	40.83	54.80	57.89	68.94	75.85	64.91	68.73	72.64	75.76	78.95	81.63	86.18
KOH	4.49	8.51	11.96	14.82	17.01	20.88	25.65	31.97	36.51	40.23	48.05	54.89	60.41							
KCl	8.42	14.31	18.96	23.02	26.57	32.62	36.47		(近于 108.5)											
K_2CO_3	10.31	18.37	24.20	28.57	32.24	37.69	43.67	50.86	56.04	60.40	66.94		(近于 133.5)							
KNO_3	13.19	23.66	32.23	39.20	45.10	54.65	65.34	79.53												
$MgCl_2$	4.67	8.42	11.66	14.31	16.59	20.23	24.41	29.48	33.07	36.02	38.61									
$MgSO_4$	14.31	22.78	28.31	32.23	35.32	42.86			(近于 108)											
NaOH	4.12	7.40	10.15	12.51	14.53	18.32	23.08	26.21	33.77	37.58	48.32	60.13	69.97	77.53	84.03	88.89	93.02	95.92	98.47	(近于 314)
NaCl	6.19	11.03	14.67	17.69	20.32	25.09	28.92													
$NaNO_3$	8.26	15.61	21.87	17.53	32.45	40.47	49.87	60.94	68.94											
Na_2SO_4	15.26	24.81	30.73	31.83		(近于 103.2)														
Na_2CO_3	9.42	17.22	23.72	29.18	33.66															
$CuSO_4$	26.95	39.98	40.83	44.47	45.12			(近于 104.2)												
$ZnSO_4$	20.00	31.22	37.89	42.92	46.15															
NH_4NO_3	9.09	16.66	23.08	29.08	34.21	42.52	51.92	63.24	71.26	77.11	87.09	93.20	69.00	97.61	98.94	10.0				
NH_4Cl	6.10	11.35	15.96	19.80	22.89	28.37	35.98	46.94												
$(NH_4)_2SO_4$	13.34	23.41	30.65	36.71	41.79	49.73	49.77	53.55				(近于 108.2)								

注：括号内的数值为饱和溶液的沸点。

五、气体的重要物理性质

1. 某些气体的重要物理性质

名称	化学符号	密度(0℃,101.3kPa)/(kg/m³)	相对分子质量	比热容(20℃、101.3kPa)/kJ·kg⁻¹·K⁻¹		$k=\frac{c_p}{c_V}$	黏度(0℃,101.3kPa)/μPa·s	沸点(101.3kPa)/℃	蒸发热(101.3kPa)/(kJ/kg)	临界点		热导率(0℃,101.3kPa)/W·m⁻¹·K⁻¹
				c_p	c_V					温度/℃	压强/MPa	
氮	N_2	1.2507	28.02	1.047	0.745	1.40	17.0	−195.78	199.2	−147.13	3.39	0.0228
氨	NH_3	0.771	17.03	2.22	1.67	1.29	9.18	−33.4	1373	+132.4	11.29	0.0215
氩	Ar	1.7820	39.94	0.532	0.322	1.66	20.9	−185.87	162.9	−122.44	4.86	0.0173
乙炔	C_2H_2	1.171	26.04	1.683	1.352	1.24	9.35	−83.66(升华)	829	+35.7	6.24	0.0184
苯	C_6H_6	—	78.11	1.252	1.139	1.1	7.2	+80.2	394	+288.5	4.83	0.0088
丁烷(正)	C_4H_{10}	2.673	58.12	1.918	1.733	1.108	8.10	−0.5	386	+152	3.80	0.0135
空气	—	1.293	(28.95)	1.009	0.720	1.40	17.3	−195	197	−140.7	3.77	0.024
氢	H_2	0.08985	2.016	14.27	10.13	1.407	8.42	−252.754	454	−239.9	1.30	0.163
氦	He	0.1785	4.00	5.275	3.182	1.66	18.8	−268.85	19.5	−267.96	0.229	0.144
二氧化氮	NO_2	—	46.01	0.804	0.615	1.31	—	+21.2	711.8	+158.2	10.13	0.0400
二氧化硫	SO_2	2.867	64.07	0.632	0.502	1.25	11.7	−10.8	394	+157.5	7.88	0.0077
二氧化碳	CO_2	1.96	44.01	0.837	0.653	1.30	13.7	−782(升华)	574	+31.1	7.38	0.0137
氧	O_2	1.42895	32	0.913	0.653	1.40	20.3	−182.98	213.2	−118.82	5.04	0.0240
甲烷	CH_4	0.717	16.04	2.223	1.700	1.31	10.3	−161.58	511	−82.15	4.62	0.0300
一氧化碳	CO	1.250	28.01	1.047	0.754	1.40	16.6	−101.48	211	−140.2	3.50	0.0226
戊烷(正)	C_5H_{12}	—	72.15	1.72	1.574	1.09	8.74	+36.08	360	+917.1	3.34	0.0128
丙烷	C_3H_8	2.020	44.1	1.863	1.650	1.13	7.95(18℃)	−42.1	427	+95.6	4.36	0.0148
丙烯	C_3H_6	1.914	42.08	1.633	1.436	1.17	8.35(20℃)	−47.7	440	+91.4	4.60	—
硫化氢	H_2S	1.589	34.08	1.059	0.804	1.30	11.66	−60.2	548	+100.4	19.14	0.0131
氯	Cl_2	3.217	70.91	0.481	0.355	1.36	12.9(16℃)	−33.8	305.4	+144.0	7.71	0.0072
氯甲烷	CH_3Cl	2.308	50.49	0.741	0.582	1.28	9.89	−24.1	405.7	+148	6.69	0.0085
乙烷	C_2H_6	1.357	30.07	1.729	1.444	1.20	8.50	−88.50	486	+32.1	4.95	0.0180
乙烯	C_2H_4	1.261	28.05	1.528	1.222	1.25	9.85	−103.7	481	+9.7	5.14	0.0164

2. 气体黏度共线图（常压下用）

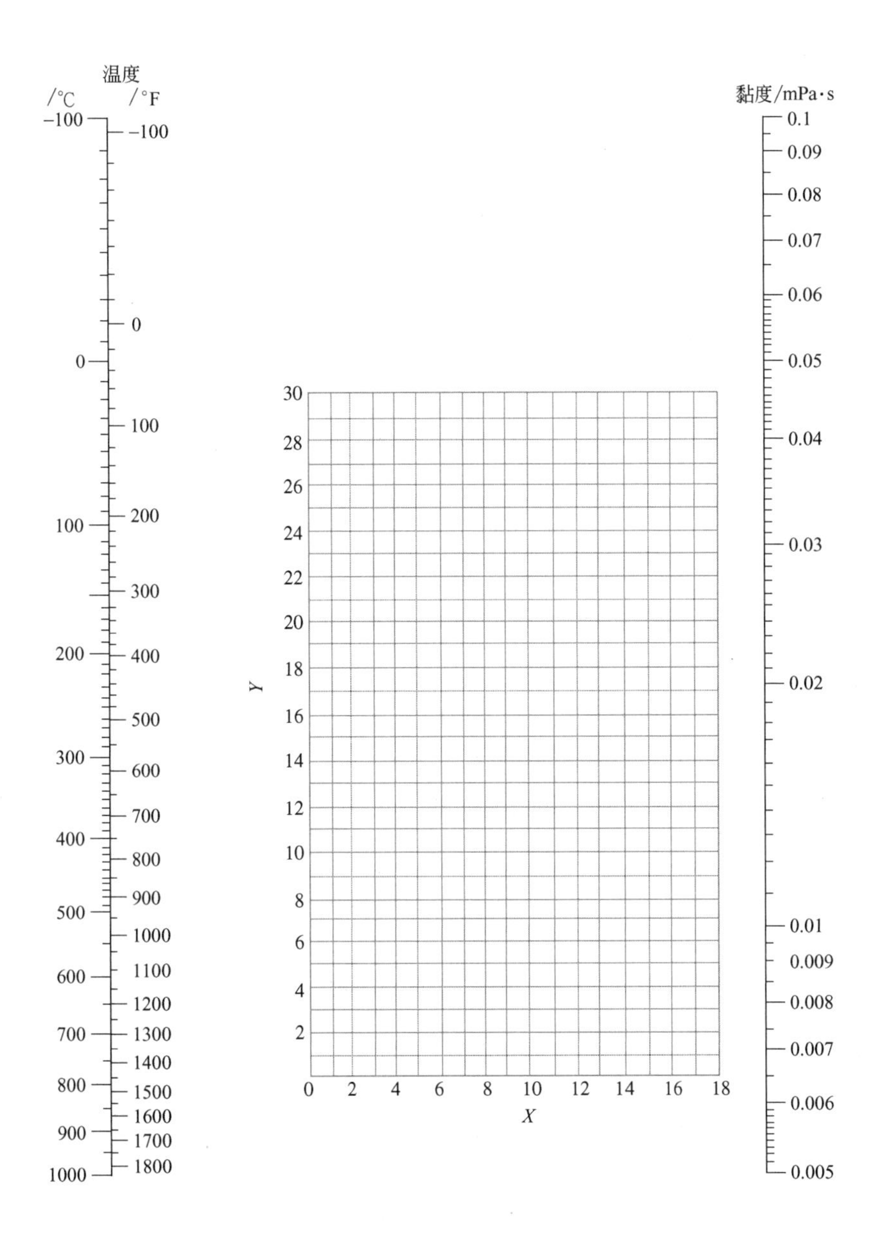

气体黏度共线图坐标值

序号	名称	X	Y	序号	名称	X	Y
1	空气	11.0	20.0	21	乙炔	9.8	14.9
2	氧	11.0	21.3	22	丙烷	9.7	12.9
3	氮	10.6	20.0	23	丙烯	9.0	13.8
4	氢	11.2	12.4	24	丁烯	9.2	13.7
5	$3H_2+1N_2$	11.2	17.2	25	戊烷	7.0	12.8
6	水蒸气	8.0	16.0	26	己烷	8.6	11.8
7	二氧化碳	9.5	18.7	27	三氯甲烷	8.9	15.7
8	一氧化碳	11.0	20.0	28	苯	8.5	13.2
9	氨	8.4	16.0	29	甲苯	8.6	12.4
10	硫化氢	8.6	18.0	30	甲醇	8.5	15.6
11	二氧化硫	9.6	17.0	31	乙醇	9.2	14.2
12	二硫化碳	8.0	16.0	32	丙醇	8.4	13.4
13	一氧化二氮	8.8	19.0	33	乙酸	7.7	14.3
14	一氧化氮	10.9	20.5	34	丙酮	8.9	13.0
15	氟	7.3	23.8	35	乙醚	8.9	13.0
16	氯	9.0	18.4	36	乙酸乙酯	8.5	13.2
17	氯化氢	8.8	18.7	37	氟利昂-11	10.6	15.1
18	甲烷	9.9	15.5	38	氟利昂-12	11.1	16.0
19	乙烷	9.1	14.5	39	氟利昂-21	10.8	15.3
20	乙烯	9.5	15.1	40	氟利昂-22	10.1	17.0

3. 定压下气体比热容共线图（常压下用）

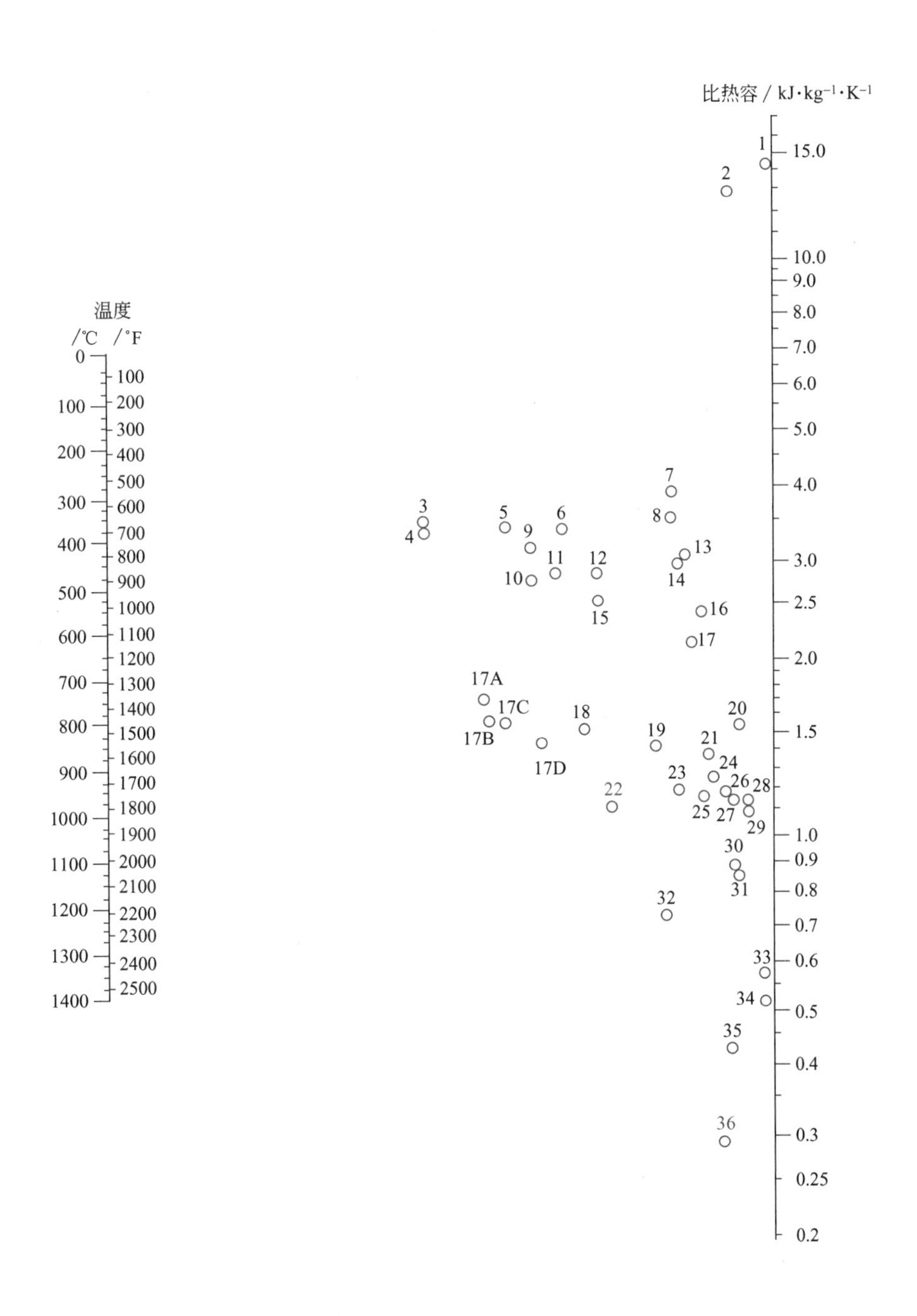

根据相似三角形原理，当共线图的应变量标尺为对数刻度、自变量标尺为等距刻度时，可用$c_p = Ae^{Bt}$的关系式来表示，式中的A、B值列于下表中。式中c_p单位为kJ・kg^{-1}・K^{-1}；t单位为℃。

气体比热容共线图中的编号

编号	名称	温度范围/℃	编号	名称	温度范围/℃
27	空气	0～1400	20	氟化氢	0～1400
23	氧	0～500	30	氯化氢	0～1400
29	氧	500～1400	35	溴化氢	0～1400
26	氮	0～1400	36	碘化氢	0～1400
1	氢	0～600	5	甲烷	0～300
2	氢	600～1400	6	甲烷	300～700
32	氯	0～200	7	甲烷	700～1400
34	氯	200～1400	3	乙烷	0～200
33	硫	300～1400	9	乙烷	200～600
12	氨	0～600	8	乙烷	600～1400
14	氨	600～1400	4	乙烯	0～200
25	一氧化氮	0～700	11	乙烯	200～600
28	一氧化氮	700～1400	13	乙烯	600～1400
18	二氧化碳	0～400	10	乙炔	0～200
24	二氧化碳	400～1400	15	乙炔	200～400
22	二氧化硫	0～400	16	乙炔	400～1400
31	二氧化硫	400～1400	17B	氟利昂-11	0～150
17	水蒸气	0～1400	17C	氟利昂-21	0～150
19	硫化氢	0～700	17A	氟利昂-22	0～150
21	硫化氢	700～1400	17D	氟利昂-113	0～150

4. 常用气体的热导率图

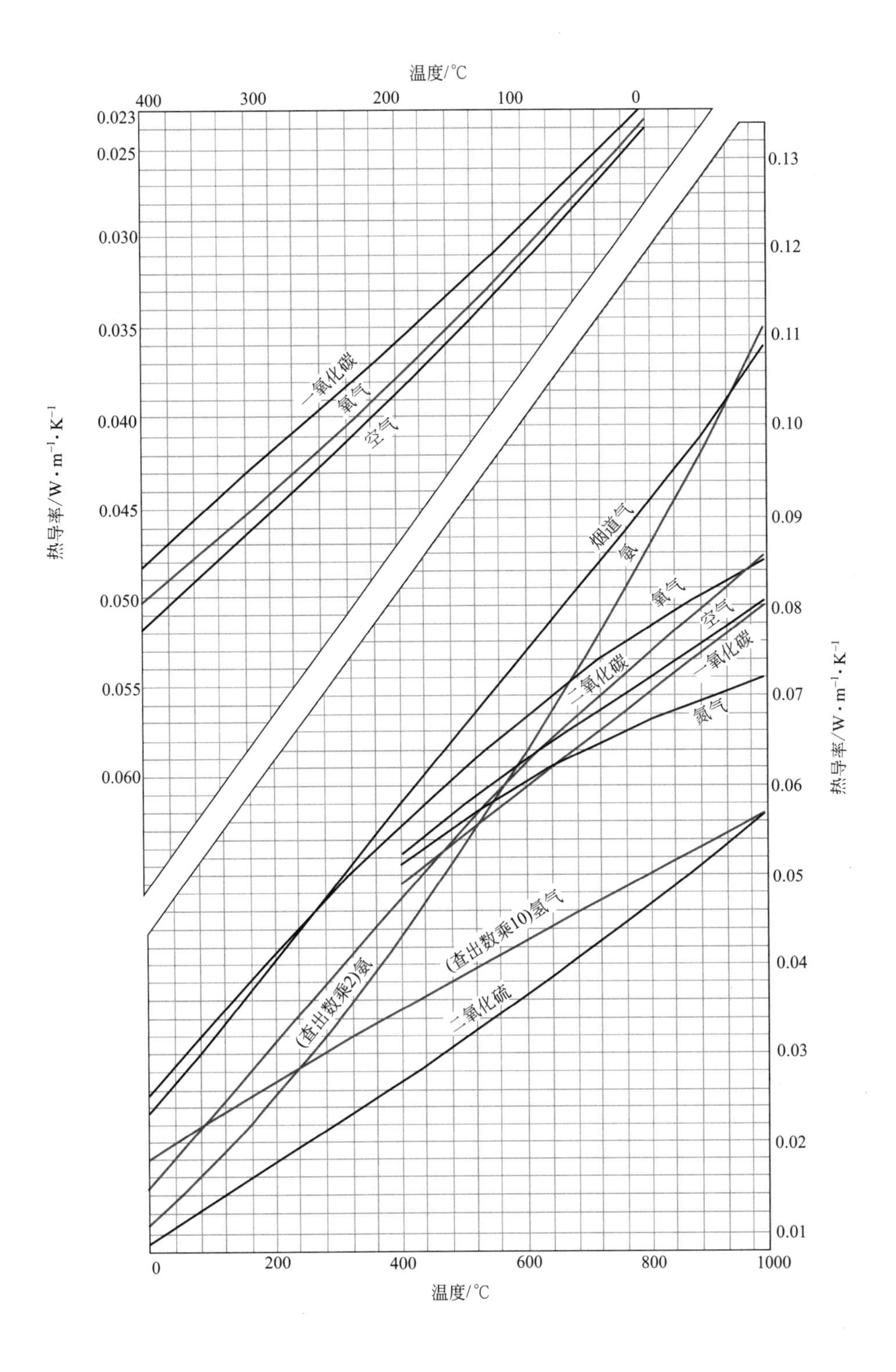

温度/℃
400
300
200
100
0
0.023
0.025
0.030
0.035
0.040
0.045
0.050
0.055
0.060
热导率/W·m⁻¹·K⁻¹
一氧化碳
氧气
空气
0.13
0.12
0.11
0.10
0.09
0.08
0.07
0.06
0.05
0.04
0.03
0.02
0.01
烟道气
氨
氧气
空气
一氧化碳
二氧化碳
氮气
(查出数乘10)氢气
(查出数乘2)氦
二氧化硫
0
200
400
600
800
1000
温度/℃

六、固体性质

1. 常用固体材料的重要物理性质

名称	$\rho/(kg/m^3)$	$\lambda/W\cdot m^{-1}\cdot K^{-1}$	$c_p/kJ\cdot kg^{-1}\cdot K^{-1}$
（1）金属			
钢	7850	45.4	0.46
不锈钢	7900	17.4	0.50
铸铁	7220	62.8	0.50
铜	8800	383.8	0.406
青铜	8000	64.0	0.381
黄铜	8600	85.5	0.38
铝	2670	203.5	0.92
镍	9000	58.2	0.46
铅	11400	34.9	0.130
（2）塑料			
酚醛	1250～1300	0.13～0.26	1.3～1.7
脲醛	1400～1500	0.30	1.3～1.7
聚氯乙烯	1380～1400	0.16	1.84
聚苯乙烯	1050～1070	0.08	1.34
低压聚乙烯	940	0.29	2.55
高压聚乙烯	920	0.26	2.22
有机玻璃	1180～1190	0.14～0.20	
（3）建筑材料、绝热材料、耐酸材料及其他			
干砂	1500～1700	0.45～0.58	0.75（－20～20℃）
黏土	1600～1800	0.47～0.53	
锅炉炉渣	700～1100	0.19～0.30	
黏土砖	1600～1900	0.47～0.67	0.92
耐火砖	1840	1.0（800～1100℃）	0.96～1.00
绝热砖（多孔）	600～1400	0.16～0.37	
混凝土	2000～2400	1.3～1.55	0.84
松木	500～600	0.07～0.10	2.72（0～100℃）
软木	100～300	0.041～0.064	0.96
石棉板	700	0.12	0.816
石棉水泥板	1600～1900	0.35	
玻璃	2500	0.74	0.67
耐酸陶瓷制品	2200～2300	0.9～1.0	0.75～0.80
耐酸砖和板	2100～2400		
耐酸搪瓷	2300～2700	0.99～1.05	0.84～1.26
橡胶	1200	0.16	1.38
冰	900	2.3	2.11

2. 某些固体材料的黑度

材料名称	温度/℃	ε
表面被磨光的铝	225～575	0.039～0.057
表面不磨光的铝	26	0.055
表面被磨光的铁	425～1020	0.144～0.377
用金刚砂冷加工后的铁	20	0.242
氧化后的铁	100	0.736
氧化后表面光滑的铁	125～525	0.78～0.82
未经加工处理的铸铁	925～1115	0.87～0.95
表面被磨光的铸铁件	770～1040	0.52～0.56
经过研磨后的钢板	940～1100	0.55～0.61
表面上有一层有光泽的氧化物的钢板	25	0.82
经过刮面加工的生铁	830～990	0.60～0.70
氧化铁	500～1200	0.85～0.95
无光泽的黄铜板	50～360	0.22
氧化铜	800～1100	0.66～0.84
铬	100～1000	0.08～0.26
有光泽的镀锌铁板	28	0.228
已经氧化的灰色镀锌铁板	24	0.276
石棉纸板	24	0.96
石棉纸	40～370	0.93～0.945
水	0～100	0.95～0.963
石膏	20	0.903
表面粗糙、基本完整的红砖	20	0.93
表面粗糙没有上过釉的硅砖	100	0.80
表面粗糙上过釉的硅砖	1100	0.85
上过釉的黏土耐火砖	1100	0.75
耐火砖	—	0.8～0.9
涂在铁板上的光泽的黑漆	25	0.875
无光泽的黑漆	40～95	0.96～0.98
白漆	40～95	0.80～0.95
平整的玻璃	22	0.937
烟尘，发光的煤尘	95～270	0.952
上过釉的瓷器	22	0.924

七、管子规格

1. 水煤气输送钢管（摘自 GB/T 3091—2008）

公称直径 *DN* /mm(in)	外径 /mm	普通管壁厚 /mm	加厚管壁厚 /mm	公称直径 *DN* /mm(in)	外径 /mm	普通管壁厚 /mm	加厚管壁厚 /mm
$8\left(\frac{1}{4}\right)$	13.5	2.6	2.8	$40\left(1\frac{1}{2}\right)$	48.0	3.5	4.5
$10\left(\frac{3}{8}\right)$	17.2	2.6	2.8	50(2)	60.3	3.8	4.5
$15\left(\frac{1}{2}\right)$	21.3	2.8	3.5	$65\left(2\frac{1}{2}\right)$	76.1	4.0	4.5
$20\left(\frac{3}{4}\right)$	26.9	2.8	3.5	80(3)	88.9	4.0	5.0
				100(4)	114.3	4.0	5.0
25(1)	33.7	3.2	4.0	125(5)	139.7	4.0	5.5
$32\left(1\frac{1}{4}\right)$	42.4	3.5	4.0	150(6)	165.3	4.5	6.0

2. 无缝钢管规格

普通无缝钢管（摘自 GB/T 17395——2008）

外径 /mm	壁厚/mm		外径 /mm	壁厚/mm		外径 /mm	壁厚/mm	
	从	到		从	到		从	到
6	0.25	2.0	70	1.0	17	325	7.5	100
7	0.25	2.5	73	1.0	19	340	8.0	100
8	0.25	2.5	76	1.0	20	351	8.0	100
9	0.25	2.8	77	1.4	20	356	9.0	100
10	0.25	3.5	80	1.4	20	368	9.0	100
11	0.25	3.5	83	1.4	22	377	9.0	100
12	0.25	4.0	85	1.4	22	402	9.0	100
14	0.25	4.0	89	1.4	24	406	9.0	100
16	0.25	5.0	95	1.4	24	419	9.0	100
18	0.25	5.0	102	1.4	28	426	9.0	100
19	0.25	6.0	108	1.4	30	450	9.0	100
20	0.25	6.0	114	1.5	30	457	9.0	100
22	0.40	6.0	121	1.5	32	473	9.0	100
25	0.40	7.0	127	1.8	32	480	9.0	100
27	0.40	7.0	133	2.5	36	500	9.0	110
28	0.40	7.0	140	3.0	36	508	9.0	110
30	0.40	8.0	142	3.0	36	530	9.0	120
32	0.40	8.0	152	3.0	40	560	9.0	120
34	0.40	8.0	159	3.5	45	610	9.0	120
35	0.40	9.0	168	3.5	45	630	9.0	120
38	0.40	10.0	180	3.5	50	660	9.0	120
40	0.40	10.0	194	3.5	50	699	12	120
45	1.0	12	203	3.5	55	711	12	120
48	1.0	12	219	6.0	55	720	12	120
51	1.0	12	232	6.0	65	762	20	120
54	1.0	14	245	6.0	65	788.5	20	120
57	1.0	14	267	6.0	65	813	20	120
60	1.0	16	273	6.5	85	864	20	120
63	1.0	16	299	7.5	100	914	25	120
65	1.0	16	302	7.5	100	965	25	120
68	1.0	16	318.5	7.5	100	1016	25	120

注：壁厚/mm：0.25，0.30，0.40，0.50，0.60，0.80，1.0，1.2，1.4，1.5，1.6，1.8，2.0，2.2，2.5，2.8，3.0，3.2，3.5，4.0，4.5，5.0，5.5，6.0，6.5，7.0，7.5，8.0，8.5，9，9.5，10，11，12，13，14，15，16，17，18，19，20，22，24，25，26，28，30，32，34，36，38，40，42，45，48，50，55，60，65，70，75，80，85，90，95，100，110，120。

3. 热交换器用拉制黄铜管（摘自 GB/T 16866—2006）

外径/mm	壁厚/mm														
	0.5	0.75	1.0	1.5	2.0	2.5	3.0	3.5	4.0	4.5	5.0	6.0	7.0	8.0	10.0
3,4,5,6,7	○	○	○												
8,9,10,11,12,14,15	○	○	○	○	○	○	○								
16,17,18,19,20	○	○	○	○	○	○	○	○	○	○					
21,22,23,24,25,26,27,28,29,30	○	○	○	○	○	○	○	○	○	○	○				
31,32,33,34,35,36,37,38,39,40	○	○	○	○	○	○	○	○	○	○	○				
42,44,45,46,48,49,50		○	○	○	○	○	○	○	○	○	○	○			
52,54,55,56,58,60		○	○	○	○	○	○	○	○	○	○	○	○	○	
62,64,65,66,68,70			○	○	○	○	○	○	○	○	○	○	○	○	○
72,74,75,76,78,80					○	○	○	○	○	○	○	○	○	○	○
82,84,85,86,88,90,92,94,96,100					○	○	○	○	○	○	○	○	○	○	○
105,110,115,120,125,130,135,140,145,150					○	○	○	○	○	○	○	○	○	○	○
155,160,165,170,175,180,185,190,195,200							○	○	○	○	○	○	○	○	○
210,220,230,240,250							○	○	○	○	○	○	○	○	○
260,270,280,290,300,310,320,330,340,350,360									○	○	○				

注：表中“○”表示有产品。

4. 承插式铸铁管规格

内径/mm	壁厚/mm	有效长度/mm	内径/mm	壁厚/mm	有效长度/mm
75	9	3000	450	13.4	6000
100	9	3000	500	14	6000
150	9.5	4000	600	15.4	6000
200	10	4000	700	16.5	6000
250	10.8	4000	800	18	6000
300	11.4	4000	900	19.5	4000
350	12	6000	1000	20.5	4000
400	12.8	6000			

5. 管法兰

*PN*0.6MPa 突面板式平焊钢制管法兰（GB/T 9119—2000） 单位：mm

公称直径 *DN*	管子外径 *A*	连接尺寸					密封面		法兰厚度 *C*	法兰内径 *B*
		法兰外径 *D*	螺栓孔中心圆直径 *K*	螺栓孔径 *L*	螺栓		*d*	*f*		
					数量 *n*	螺纹规格				
10	17.2	75	50	11	4	M10	33	2	12	18.0
15	21.3	80	55	11	4	M10	38	2	12	22.0
20	26.9	90	65	11	4	M10	48	2	14	27.5
25	33.7	100	75	11	4	M10	58	3	14	34.5
32	42.4	120	90	14	4	M12	69	3	16	43.5
40	48.3	130	100	14	4	M12	78	3	16	49.5
50	60.3	140	110	14	4	M12	88	3	16	61.5
65	76.1	160	130	14	4	M12	108	3	16	77.5
80	88.9	190	150	18	4	M16	124	3	18	90.5
100	114.3	210	170	18	4	M16	144	3	18	116.0
125	139.7	240	200	18	8	M16	174	3	20	141.5
150	168.3	265	225	18	8	M16	199	3	20	170.5
200	219.1	320	280	18	8	M16	254	3	22	221.5
250	273.0	375	335	18	12	M16	309	3	24	276.5
300	323.9	440	395	22	12	M20	363	3	24	327.5
350	355.6	490	445	22	12	M20	413	4	26	359.5
400	406.4	540	495	22	16	M20	463	4	28	411.0
450	457.0	595	550	22	16	M20	518	4	30	462.0
500	508.0	645	600	22	20	M20	568	4	32	513.5
600	610.0	755	705	26	20	M24	667	5	36	616.5
700	711.0	860	810	26	24	M24	772	5	40	715
800	813.0	975	920	30	24	M27	878	5	44	817
900	914.0	1075	1020	30	24	M27	978	5	48	918
1000	1016.0	1175	1120	30	28	M27	1078	5	52	1020
1200	1220.0	1405	1340	33	32	M30	1295	5	60	1224
1400	1420.0	1630	1560	36	36	M33	1510	5	68	1434
1600	1620.0	1830	1760	36	40	M33	1710	5	76	1624
1800	1820.0	2045	1970	39	44	M36	1918	5	84	1824
2000	2020.0	2265	2180	42	48	M39	2125	5	92	2024

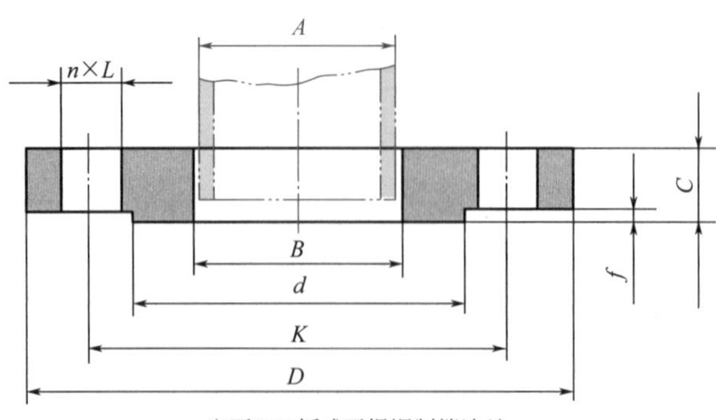

突面(RF)板式平焊钢制管法兰

八、泵与风机

1. IS 型单级单吸离心泵性能表（摘录）

型号	转速 n /(r/min)	流量		扬程 H /m	效率 η/%	功率/kW		必需汽蚀余量 $(NPSH)_r$ /m	质量(泵/底座)/kg
		/(m^3/h)	/(L/s)			轴功率	电机功率		
IS 50-32-125	2900	7.5	2.08	22	47	0.96	2.2	2.0	32/46
		12.5	3.47	20	60	1.13		2.0	
		15	4.17	18.5	60	1.26		2.5	
	1450	3.75	1.04	5.4	43	0.13	0.55	2.0	32/38
		6.3	1.74	5	54	0.16		2.0	
		7.5	2.08	4.6	55	0.17		2.5	
IS 50-32-160	2900	7.5	2.08	34.3	44	1.59	3	2.0	50/46
		12.5	3.47	32	64	2.02		2.0	
		15	4.17	29.6	56	2.16		2.5	
	1450	3.75	1.04	8.5	35	0.25	0.55	2.0	50/38
		6.3	1.74	8	4.8	0.29		2.0	
		7.5	2.08	7.5	49	0.31		2.5	
IS 50-32-250	2900	7.5	2.08	82	23.5	5.87	11	2.0	88/110
		12.5	3.47	80	38	7.16		2.0	
		15	4.17	78.5	41	7.83		2.5	
	1450	3.75	1.04	20.5	23	0.91	1.5	2.0	88/64
		6.3	1.74	20	32	1.07		2.0	
		7.5	2.08	19.5	35	1.14		3.0	
IS 65-50-125	2900	15	4.17	21.8	58	1.54	3	2.0	50/41
		25	6.94	20	69	1.97		2.5	
		30	8.33	18.5	68	2.22		3.0	
	1450	7.5	2.08	5.35	53	0.21	0.55	2.0	50/38
		12.5	3.47	5	64	0.27		2.0	
		15	4.17	4.7	65	0.30		2.5	
IS 65-40-250	2900	15	4.17	82	37	9.05	15	2.0	82/110
		25	6.94	80	50	10.89		2.0	
		30	8.33	78	53	12.02		2.5	
	1450	7.5	2.08	21	35	1.23	2.2	2.0	82/67
		12.5	3.47	20	46	1.48		2.0	
		15	4.17	19.4	48	1.65		2.5	
IS 65-40-315	2900	15	4.17	127	28	18.5	30	2.5	152/110
		25	6.94	125	40	21.3		2.5	
		30	8.33	123	44	22.8		3.0	
	1450	7.5	2.08	32.2	25	6.63	4	2.5	152/67
		12.5	3.47	32.0	37	2.94		2.5	
		15	4.17	31.7	41	3.16		3.0	
IS 80-50-250	2900	30	8.33	84	52	13.2	22	2.5	90/110
		50	13.9	80	63	17.3		2.5	
		60	16.7	75	64	19.2		3.0	
	1450	15	4.17	21	49	1.75	3	2.5	90/64
		25	6.94	20	60	2.27		2.5	
		30	8.33	18.8	61	2.52		3.0	

续表

型号	转速 n /(r/min)	流量		扬程 H /m	效率 η/%	功率/kW		必需汽蚀余量 $(NPSH)_r$ /m	质量(泵/底座)/kg
		/(m^3/h)	/(L/s)			轴功率	电机功率		
IS 80-50-315	2900	30	8.33	128	41	25.5	37	2.5	125/160
		50	13.9	125	54	31.5		2.5	
		60	16.7	123	57	35.3		3.0	
	1450	15	4.17	32.5	39	3.4	5.5	2.5	125/66
		25	6.94	32	52	4.19		2.5	
		30	8.33	31.5	56	4.6		3.0	
IS 100-80-160	2900	60	16.7	36	70	8.42	15	3.5	69/110
		100	27.8	32	78	11.2		4.0	
		120	33.3	28	75	12.2		5.0	
	1450	30	8.33	9.2	67	1.12	2.2	2.0	69/64
		50	13.9	8.0	75	1.45		2.5	
		60	16.7	6.8	71	1.57		3.5	
IS 100-65-250	2900	60	16.7	87	61	23.4	37	3.5	90/160
		100	27.8	80	72	30.0		3.8	
		120	33.3	74.5	73	33.3		4.8	
	1450	30	8.33	21.3	55	3.16	5.5	2.0	90/66
		50	13.9	20	68	4.00		2.0	
		60	16.7	19	70	4.44		2.5	
IS 100-65-315	2900	60	16.7	133	55	39.6	75	3.0	180/295
		100	27.8	125	66	51.6		3.6	
		120	33.3	118	67	57.5		4.2	
	1450	30	8.33	34	51	5.44	11	2.0	180/112
		50	13.9	32	63	6.92		2.0	
		60	16.7	30	64	7.67		2.5	
IS 125-100-250	2900	1Z0	33.3	87	66	43.0	75	3.8	166/295
		200	55.6	80	78	55.9		4.2	
		240	66.7	72	75	62.8		5.0	
	1450	60	16.7	21.5	63	5.59	11	2.5	166/112
		100	27.8	20	76	7.17		2.5	
		120	33.3	18.5	77	7.84		3.0	
IS 150-125-250	1450	120	33.3	22.5	71	10.4	18.5	3.0	758/158
		200	55.6	20	81	13.5		3.0	
		240	66.7	17.5	78	14.7		3.5	
IS 150-125-315	1450	120	33.3	34	70	15.9	30	2.5	192/233
		200	55.6	32	79	22.1		2.5	
		240	66.7	29	80	23.7		3.0	
IS 150-125-400	1450	120	33.3	53	62	27.9	45	2.0	223/233
		200	55.6	50	75	36.3		2.8	
		240	66.7	46	74	40.6		3.5	
IS 200-150-315	1450	240	66.7	37	70	34.6	55	3.0	262/295
		400	111.1	32	82	42.5		3.5	
		460	127.8	28.5	80	44.6		4.0	
IS 200-150-400	1450	240	66.7	55	74	48.6	90	3.0	295/298
		400	111.1	50	81	67.2		3.8	
		460	127.8	48	76	74.2		4.5	

2. 8-18、9-27 离心通风机综合特性曲线图

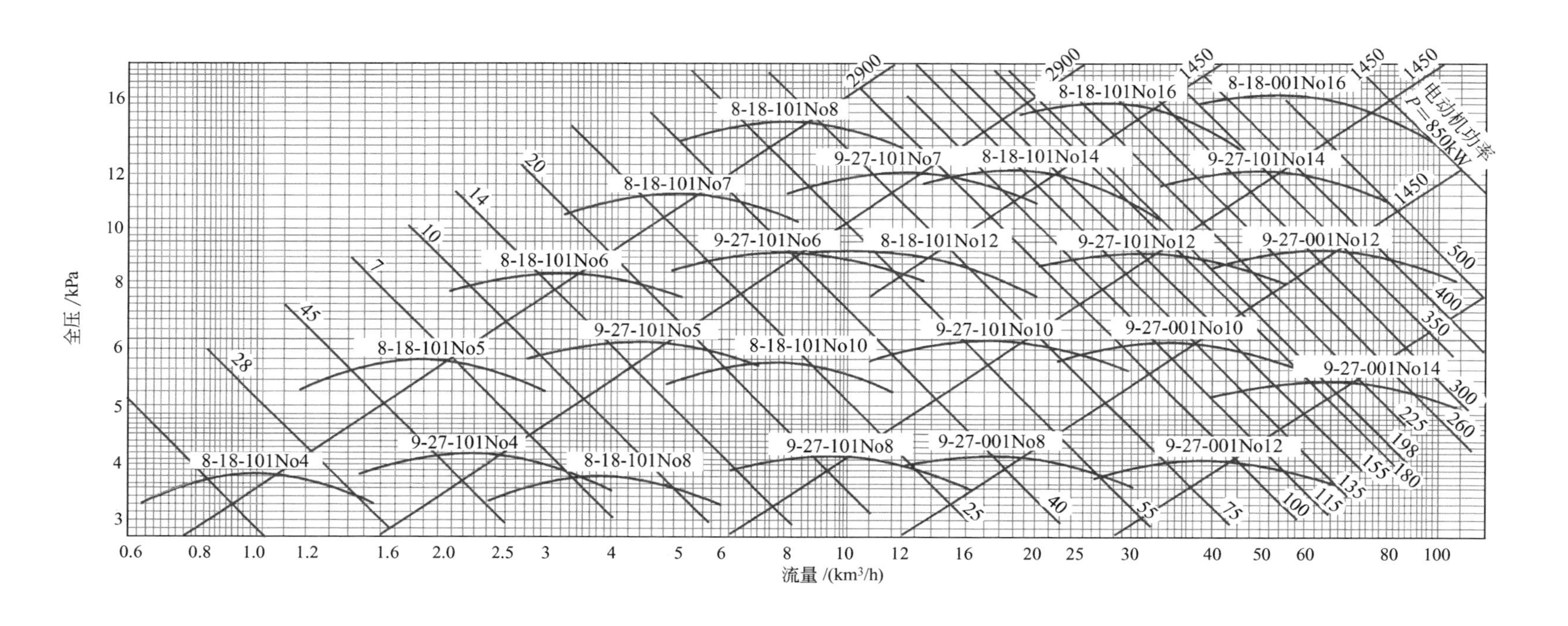

九、换热器

1. 管壳式换热器系列标准（摘自 GB 151—1999，GB/T 151—2014）

（1）固定管板式换热器的主要参数

换热管为 ϕ19mm 的换热器基本参数（管心距 25mm）

公称直径 DN/mm	公称压力 PN/MPa	管程数 N	管子根数 n	中心排管数	管程流通面积/m²	计算换热面积/m²					
						换热管长度 L/mm					
						1500	2000	3000	4500	6000	9000
159	1.60 2.50 4.00 6.40	1	15	5	0.0027	1.3	1.7	2.6	—	—	—
219			33	7	0.0058	2.8	3.7	5.7	—	—	—
273		1	65	9	0.0115	5.4	7.4	11.3	17.1	22.9	—
		2	56	8	0.0049	4.7	6.4	9.7	14.7	19.7	—
325		1	99	11	0.0175	8.3	11.2	17.1	26.0	34.9	—
		2	88	10	0.0078	7.4	10.0	15.2	23.1	31.0	—
		4	68	11	0.0030	5.7	7.7	11.8	17.9	23.9	—
400	0.60 1.00 1.60 2.50 4.00	1	174	14	0.0307	14.5	19.7	30.1	45.7	61.3	—
		2	164	15	0.0145	13.7	18.6	28.4	43.1	57.8	—
		4	146	14	0.0065	12.2	16.6	25.3	38.3	51.4	—
450		1	237	17	0.0419	19.8	26.9	41.0	62.2	83.5	—
		2	220	16	0.0194	18.4	25.0	38.1	57.8	77.5	—
		4	200	16	0.0088	16.7	22.7	34.6	52.5	70.4	—
500		1	275	19	0.0486	—	31.2	47.6	72.2	96.8	—
		2	256	18	0.0226	—	29.0	44.3	67.2	90.2	—
		4	222	18	0.0098	—	25.2	38.4	58.3	78.2	—
600		1	430	22	0.0760	—	48.8	74.4	112.9	151.4	—
		2	416	23	0.0368	—	47.2	72.0	109.3	146.5	—
		4	370	22	0.0163	—	42.0	64.0	97.2	130.3	—
		6	360	20	0.0106	—	40.8	62.3	94.5	126.8	—
700		1	607	27	0.1073	—	—	105.1	159.4	213.8	—
		2	574	27	0.0507	—	—	99.4	150.8	202.1	—
		4	542	27	0.0239	—	—	93.8	142.3	190.9	—
		6	518	24	0.0153	—	—	89.7	136.0	182.4	—
800	0.60 1.00 1.60 2.50 4.00	1	797	31	0.1408	—	—	138.0	209.3	280.7	—
		2	776	31	0.0686	—	—	134.3	203.8	273.3	—
		4	722	31	0.0319	—	—	125.0	189.8	254.3	—
		6	710	30	0.0209	—	—	122.9	186.5	250.0	—

续表

公称直径 DN/mm	公称压力 PN/MPa	管程数 N	管子根数 n	中心排管数	管程流通面积/m²	计算换热面积/m² 换热管长度 L/mm					
						1500	2000	3000	4500	6000	9000
900	0.60	1	1009	35	0.1783	—	—	174.7	265.0	355.3	536.0
		2	988	35	0.0873	—	—	171.0	259.5	347.9	524.9
	1.00	4	938	35	0.0414	—	—	162.4	246.4	330.3	498.3
		6	914	34	0.0269	—	—	158.2	240.0	321.9	485.6
1000	1.60	1	1267	39	0.2239	—	—	219.3	332.8	446.2	673.1
		2	1234	39	0.1090	—	—	213.6	324.1	434.6	655.6
		4	1186	39	0.0524	—	—	205.3	311.5	417.7	630.1
	2.50	6	1148	38	0.0338	—	—	198.7	301.5	404.3	609.9
(1100)		1	1501	43	0.2652	—	—	—	394.2	528.6	797.4
		2	1470	43	0.1299	—	—	—	386.1	517.7	780.9
	4.00	4	1450	43	0.0641	—	—	—	380.8	510.6	770.3
		6	1380	42	0.0406	—	—	—	362.4	486.0	733.1

注：表中的管程流通面积为各程平均值。括号内公称直径不推荐使用。管子为正三角形排列。

换热管为 ϕ25mm 的换热器基本参数（管心距 32mm）

公称直径 DN/mm	公称压力 PN/MPa	管程数 N	管子根数 n	中心排管数	管程流通面积/m²		计算换热面积/m² 换热管长度 L/mm					
					ϕ25×2	ϕ25×2.5	1500	2000	3000	4500	6000	9000
159	1.60 2.50 4.00 6.40	1	11	3	0.0038	0.0035	1.2	1.6	2.5	—	—	—
219			25	5	0.0087	0.0079	2.7	3.7	5.7	—	—	—
273		1	38	6	0.0132	0.0119	4.2	5.7	8.7	13.1	17.6	—
		2	32	7	0.0055	0.0050	3.5	4.8	7.3	11.1	14.8	—
325		1	57	9	0.0197	0.0179	6.3	8.5	13.0	19.7	26.4	—
		2	56	9	0.0097	0.0088	6.2	8.4	12.7	19.3	25.9	—
		4	40	9	0.0035	0.0031	4.4	6.0	9.1	13.8	18.5	—
400	0.60 1.00 1.60 2.50 4.00	1	98	12	0.0339	0.0308	10.8	14.6	22.3	33.8	45.4	—
		2	94	11	0.0163	0.0148	10.3	14.0	21.4	32.5	43.5	—
		4	76	11	0.0066	0.0060	8.4	11.3	17.3	26.3	35.2	—
450		1	135	13	0.0468	0.0424	14.8	20.1	30.7	46.6	62.5	—
		2	126	12	0.0218	0.0198	13.9	18.8	28.7	43.5	58.4	—
		4	106	13	0.0092	0.0083	11.7	15.8	24.1	36.6	49.1	—

续表

公称直径 DN/mm	公称压力 PN/MPa	管程数 N	管子根数 n	中心排管数	管程流通面积/m^2		计算换热面积/m^2					
							换热管长度 L/mm					
					$\phi25\times2$	$\phi25\times2.5$	1500	2000	3000	4500	6000	9000
500	0.60 1.00 1.60 2.50 4.00	1	174	14	0.0603	0.0546	—	26.0	39.6	60.1	80.6	—
		2	164	15	0.0284	0.0257	—	24.5	37.3	56.6	76.0	—
		4	144	15	0.0125	0.0113	—	21.4	32.8	49.7	66.7	—
600		1	245	17	0.0849	0.0769	—	36.5	55.8	84.6	113.5	—
		2	232	16	0.0402	0.0364	—	34.6	52.8	80.1	107.5	—
		4	222	17	0.0192	0.0174	—	33.1	50.5	76.7	102.8	—
		6	216	16	0.0125	0.0113	—	32.2	49.2	74.6	100.0	—
700		1	355	21	0.1230	0.1115	—	—	80.0	122.6	164.4	—
		2	342	21	0.0592	0.0537	—	—	77.9	118.1	158.4	—
		4	322	21	0.0279	0.0253	—	—	73.3	111.2	149.1	—
		6	304	20	0.0175	0.0159	—	—	69.2	105.0	140.8	—
800	0.60 1.60 2.50 4.00	1	467	23	0.1618	0.1466	—	—	106.3	161.3	216.3	—
		2	450	23	0.0779	0.0707	—	—	102.4	155.4	208.5	—
		4	442	23	0.0383	0.0347	—	—	100.6	152.7	204.7	—
		6	430	24	0.0248	0.0225	—	—	97.9	148.5	119.2	—
900		1	605	27	0.2095	0.1900	—	—	137.8	209.0	280.2	422.7
		2	588	27	0.1018	0.0923	—	—	133.9	203.1	272.3	410.8
		4	554	27	0.0480	0.0435	—	—	126.1	191.4	256.6	387.1
		6	538	26	0.0311	0.0282	—	—	122.5	185.8	249.2	375.9
1000		1	749	30	0.2594	0.2352	—	—	170.5	258.7	346.9	523.3
		2	742	29	0.1285	0.1165	—	—	168.9	256.3	343.7	518.4
		4	710	29	0.0615	0.0557	—	—	161.6	245.2	328.8	496.0
		6	698	30	0.0403	0.0365	—	—	158.9	241.1	323.3	487.7
(1100)		1	931	33	0.3225	0.2923	—	—	—	321.6	431.2	650.4
		2	894	33	0.1548	0.1404	—	—	—	308.8	414.1	624.6
		4	848	33	0.0734	0.0666	—	—	—	292.9	392.8	592.5
		6	830	32	0.0479	0.0434	—	—	—	286.7	384.4	579.9

注：表中的管程流通面积为各程平均值。管子为正三角形排列。

(2) 浮头式（内导流）换热器的主要参数

DN/mm	N	n①		中心排管数		管程流通面积/m²			A②/m²							
		d				$d\times\delta_r$			L=3m		L=4.5m		L=6m		L=9m	
		19	25	19	25	19×2	25×2	25×2.5	19	25	19	25	19	25	19	25
325	2	60	32	7	5	0.0053	0.0055	0.0050	10.5	7.4	15.8	11.1	—	—	—	—
	4	52	28	6	4	0.0023	0.0024	0.0022	9.1	6.4	13.7	9.7	—	—	—	—
426	2	120	74	8	7	0.0106	0.0126	0.0116	20.9	16.9	31.6	25.6	42.3	34.4	—	—
400	4	108	68	9	6	0.0048	0.0059	0.0053	18.8	15.6	28.4	23.6	38.1	31.6	—	—
500	2	206	124	11	8	0.0182	0.0215	0.0194	35.7	28.3	54.1	42.8	72.5	57.4	—	—
	4	192	116	10	9	0.0085	0.0100	0.0091	33.2	26.4	50.4	40.1	67.6	53.7	—	—
600	2	324	198	14	11	0.0286	0.0343	0.0311	55.8	44.9	84.8	68.2	113.9	91.5	—	—
	4	308	188	14	10	0.0136	0.0163	0.0148	53.1	42.6	80.7	64.8	108.2	86.9	—	—
	6	284	158	14	10	0.0083	0.0091	0.0083	48.9	35.8	74.4	54.4	99.8	73.1	—	—
700	2	468	268	16	13	0.0414	0.0464	0.0421	80.4	60.6	122.2	92.1	164.1	123.7	—	—
	4	448	256	17	12	0.0198	0.0222	0.0201	76.9	57.8	117.0	87.9	157.1	118.1	—	—
	6	382	224	15	10	0.0112	0.0129	0.0116	65.6	50.6	99.8	76.9	133.9	103.4	—	—
800	2	610	366	19	15	0.0539	0.0634	0.0575	—	—	158.9	125.4	213.5	168.5	—	—
	4	588	352	18	14	0.0260	0.0305	0.0276	—	—	153.2	120.6	205.8	162.1	—	—
	6	518	316	16	14	0.0152	0.0182	0.0165	—	—	134.9	108.3	181.3	145.5	—	—

续表

DN/mm	N	n①		中心排管数		管程流通面积/m²			A②/m²							
		d				$d\times\delta_r$			L=3m		L=4.5m		L=6m		L=9m	
		19	25	19	25	19×2	25×2	25×2.5	19	25	19	25	19	25	19	25
900	2	800	472	22	17	0.0707	0.0817	0.0741	—	—	207.6	161.2	279.2	216.8	—	—
	4	776	456	21	16	0.0343	0.0395	0.0353	—	—	201.4	155.7	270.8	209.4	—	—
	6	720	426	21	16	0.0212	0.0246	0.0223	—	—	186.9	145.5	251.3	195.6	—	—
1000	2	1006	606	24	19	0.0890	0.105	0.0952	—	—	260.6	206.6	350.6	277.9	—	—
	4	980	588	23	18	0.0433	0.0509	0.0462	—	—	253.9	200.4	341.6	269.7	—	—
	6	892	564	21	18	0.0262	0.0326	0.0295	—	—	231.1	192.2	311.0	258.7	—	—
1100	2	1240	736	27	21	0.1100	0.1270	0.1160	—	—	320.3	250.2	431.3	336.8	—	—
	4	1212	716	26	20	0.0536	0.0620	0.0562	—	—	313.1	243.4	421.6	327.7	—	—
	6	1120	692	24	20	0.0329	0.0399	0.0362	—	—	289.3	235.2	389.6	316.7	—	—
1200	2	1452	880	28	22	0.1290	0.1520	0.1380	—	—	374.4	298.6	504.3	402.2	764.2	609.4
	4	1424	860	28	22	0.0629	0.0745	0.0675	—	—	367.2	291.8	494.6	393.1	749.5	595.6
	6	1348	828	27	21	0.0396	0.0478	0.0434	—	—	347.6	280.9	468.2	378.4	709.5	573.4
1300	4	1700	1024	31	24	0.0751	0.0887	0.0804	—	—	—	—	589.3	467.1	—	—
	6	1616	972	29	24	0.0476	0.0560	0.0509	—	—	—	—	560.2	443.3	—	—

① 排管数按正方形旋转 45°排列计算。

② 计算换热面积按光管及公称压力 2.5MPa 的管板厚度确定。

2. 管壳式换热器型号的表示方法

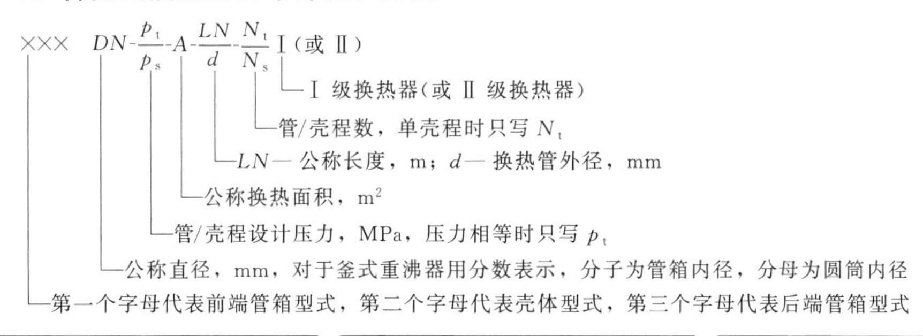

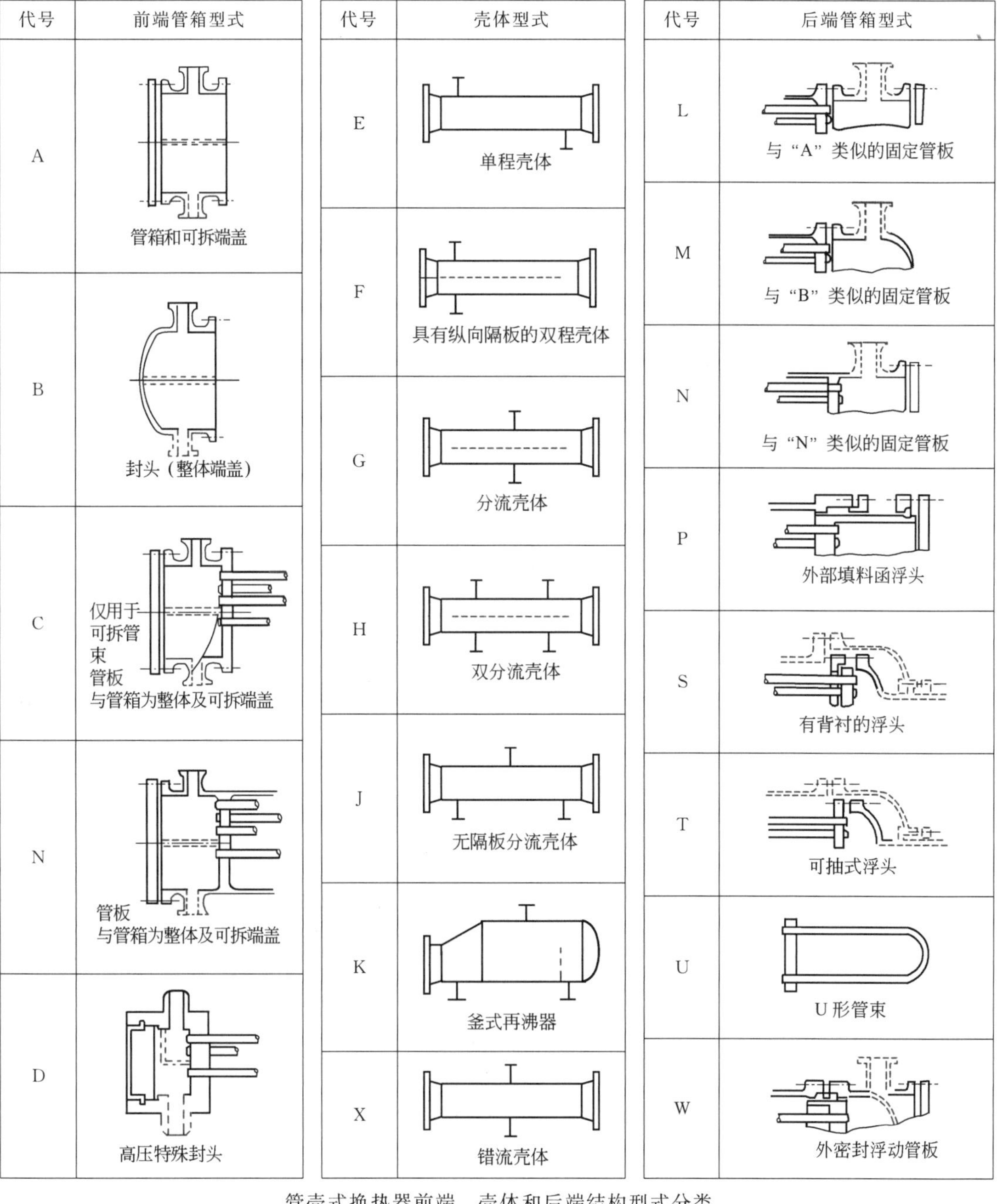

管壳式换热器前端、壳体和后端结构型式分类

十、标准筛目

1. 国内常用筛

目数	筛孔尺寸/mm	目数	筛孔尺寸/mm	目数	筛孔尺寸/mm	目数	筛孔尺寸/mm
8	2.5	32	0.56	75	0.200	160	0.090
10	2.00	35	0.50	80	0.180	190	0.080
12	1.60	40	0.45	90	0.160	200	0.071
16	1.25	45	0.40	100	0.154	240	0.063
18	1.00	50	0.355	110	0.140	260	0.056
20	0.900	55	0.315	120	0.125	300	0.050
24	0.800	60	0.28	130	0.112	320	0.045
26	0.700	65	0.25	150	0.100	360	0.040
28	0.63	70	0.224				

注：目数为每英寸（25.4mm）长度的筛孔数。

2. 各种筛系比较

国际筛	美国筛（E11-70）		泰勒筛		英国筛		日本筛（1982年新标准）	德国筛		法国筛	
筛孔尺寸/mm	筛号	筛孔尺寸/mm	筛号	筛孔尺寸/mm	筛号	筛孔尺寸/mm	筛孔尺寸/mm	筛号	筛孔尺寸/mm	筛号	筛孔尺寸/mm
	$3\frac{1}{2}$	5.6	$3\frac{1}{2}$	5.613	3	5.6	5.6				
	4	4.75	4	4.699	$3\frac{1}{2}$	4.75	4.75				
4.00	5	4.00	5	3.962	4	4.00	4.00			37	4.00
	6	3.35	6	3.327	5	3.35	3.35				
2.80	7	2.80	7	2.794	6	2.80	2.80				
	8	2.36	8	2.362	7	2.36	2.36			35	2.500
2.00	10	2.00	9	1.981	8	2.00	2.00			34	2.000
	12	1.70	10	1.651	10	1.70	1.70			33	1.600
1.40	14	1.40	12	1.397	12	1.40	1.40	4	1.5		
	16	1.18	14	1.168	14	1.18	1.18	5	1.2		
1.00	18	1.00	16	0.991	16	1.00	1.00	6	1.02	31	1.000
	20	0.850	20	0.833	18	0.850	0.850	8	0.75		
0.710	25	0.710	24	0.701	22	0.710	0.710	10	0.60		
0.710	30	0.600	28	0.589	25	0.600	0.600	11	0.54		
0.500	35	0.500	32	0.495	30	0.500	0.500	12	0.49	28	0.500
	40	0.425	35	0.417	36	0.425	0.425	14	0.43		
0.355	45	0.355	42	0.351	44	0.355	0.355	16	0.385		
	50	0.300	48	0.295	52	0.300	0.300	20	0.300		

续表

国际筛	美国筛（E11-70）		泰勒筛		英国筛		日本筛（1982年新标准）	德国筛		法国筛	
筛孔尺寸/mm	筛号	筛孔尺寸/mm	筛号	筛孔尺寸/mm	筛号	筛孔尺寸/mm	筛孔尺寸/mm	筛号	筛孔尺寸/mm	筛号	筛孔尺寸/mm
0.25	60	0.250	60	0.246	60	0.250	0.250	24	0.250	25	0.250
	70	0.212	65	0.208	72	0.212	0.212	30	0.200		
0.18	80	0.180	80	0.175	85	0.180	0.180				
	100	0.150	100	0.167	100	0.150	0.150	40	0.150		
0.125	120	0.125	115	0.124	120	0.125	0.125	50	0.120	22	0.125
	140	0.106	150	0.104	150	0.106	0.106	60	0.102		
0.090	170	0.090	170	0.088	170	0.090	0.090	70	0.088		
	200	0.075	200	0.074	220	0.075	0.075	80	0.075		
0.063	230	0.063	250	0.061	240	0.063	0.063	90	0.066	19	0.063
	270	0.053	270	0.053	300	0.053	0.053	100	0.060		
0.045	325	0.045	325	0.043	350	0.045	0.045				
	400	0.038	400	0.038	400	0.038	0.038				

十一、气体常数 R

$$
\begin{aligned}
R &= 8.314\text{kJ/(kmol}\cdot\text{K)} \\
&= 848\text{kg}\cdot\text{m/(kgmol}\cdot\text{K)} \\
&= 82.06\text{atm}\cdot\text{cm}^3\text{/(gmol}\cdot\text{K)} \\
&= 0.08206\text{atm}\cdot\text{m}^3\text{/(kgmol}\cdot\text{K)} \\
&= 1.987\text{kcal/(kgmol}\cdot\text{K)} \\
&= 62.36\text{mmHg}\cdot\text{L/(gmol}\cdot\text{K)} \\
&= 1.987\text{Btu/(lbmol}\cdot{}^\circ\text{R)} \\
&= 0.0007805\text{hp}\cdot\text{h/(lbmol}\cdot{}^\circ\text{R)} \\
&= 0.0005819\text{kW}\cdot\text{h/(lbmol}\cdot{}^\circ\text{R)} \\
&= 0.7302\text{atm}\cdot\text{ft}^3\text{/(lbmol}\cdot{}^\circ\text{R)} \\
&= 21.85\text{inHg}\cdot\text{in}^3\text{/(lbmol}\cdot{}^\circ\text{R)} \\
&= 555.0\text{mmHg}\cdot\text{ft}^3\text{/(lbmol}\cdot{}^\circ\text{R)} \\
&= 1545.0\text{ft}\cdot\text{lb/(lbmol}\cdot{}^\circ\text{R)} \\
&= 10.73[(\text{lb/in}^2)\text{ft}^3\text{/(lbmol}\cdot{}^\circ\text{R)}]
\end{aligned}
$$

十二、量纲分析方法和 π 定理

1. 变量的无量纲化

任何物理方程都由物理量组成，任何物理量都有一定的量纲。

量纲有两类：一类是基本量纲，它们是彼此独立的，不能相互导出，必须人为地设定；

另一类是导出量纲，由基本量纲导出。例如SI制中以质量、长度和时间为基本量纲，速度的量纲按其定义式可由长度和时间组成，其量纲为长度/时间，以［L/T］表示。重量的量纲，则按牛顿定律由质量和加速度组成，其量纲为质量×长度/时间^2，以［MLT^{-2}］表示。速度和重量的量纲都是导出量纲。

在力学领域内基本量纲有三个，为时间T，长度L，质量M。任何力学物理量的量纲都可以由这三个量纲组成。现表达某物理过程的函数式为

$$f(Q_1,Q_2,\cdots,Q_7)=0 \tag{1}$$

式中，$Q_1 \sim Q_7$ 为描述此过程的7个变量。

现选取其中三个（例如Q_5、Q_6、Q_7）作为初始变量，只要这三个变量量纲互相独立，即它们之间不能组成无量纲数群，就可以按下述方式将其余变量无量纲化。现以变量Q_1的无量纲化为例加以说明。

Q_1、Q_5、Q_6、Q_7的量纲分别为

$$[Q_1]=[T]^{a_1}\ [L]^{b_1}\ [M]^{c_1}$$
$$[Q_5]=[T]^{a_5}\ [L]^{b_5}\ [M]^{c_5}$$
$$[Q_6]=[T]^{a_6}\ [L]^{b_6}\ [M]^{c_6}$$
$$[Q_7]=[T]^{a_7}\ [L]^{b_7}\ [M]^{c_7}$$

不难证明，Q_1的量纲也可由Q_5、Q_6、Q_7的量纲组成，可组成无量纲数群

$$\left[\frac{Q_1}{Q_5^{x_1}Q_6^{y_1}Q_7^{z_1}}\right]=[T]^0\ [L]^0\ [M]^0$$

根据量纲一致性原理，应有相互独立的线性方程组。

$$\begin{aligned}&\text{量纲}[T]: && a_5x_1+a_6y_1+a_7z_1=a_1\\&\text{量纲}[L]: && b_5x_1+b_6y_1+b_7z_1=b_1\\&\text{量纲}[M]: && c_5x_1+c_6y_1+c_7z_1=c_1\end{aligned} \tag{2}$$

由此定能解出系数x_1、y_1、z_1。

用同样的方法可使原函数式（1）中的变量Q_2、Q_3、Q_4无量纲化。于是可得无量纲数群

$$\pi_i=\frac{Q_i}{Q_5^{x_i}Q_6^{y_i}Q_7^{z_i}} \qquad (i=1,2,3,4) \tag{3}$$

这样，量纲分析提供了一个变量无量纲化的方法。以湍流流动阻力式

$$h_f=f(d,u,\rho,\mu,\varepsilon,l) \tag{4}$$

各变量为例，选取三个量纲彼此独立的物理量（d,u,ρ），可将h_f、μ、ε、l等变量无量纲化并组成相应的无量纲数群。例如，令

$$\left[\frac{\mu}{d^x u^y \rho^z}\right]=[T]^0[L]^0[M]^0$$

为求出待定系数x、y、z，先列出SI制中的各变量的量纲

$$[\mu]=[ML^{-1}T^{-1}]$$
$$[d]=[L]$$
$$[u]=[LT^{-1}]$$
$$[\rho]=[ML^{-3}]$$

根据无量纲数群的定义，故

$$[ML^{-1}T^{-1}]=[L]^x[LT^{-1}]^y[ML^{-3}]^z=M^zL^{x+y-3z}T^{-y}$$

由此可得方程组

对于 M 有 $z=1$

对于 L 有 $x+y-3z=-1$

对于 T 有 $-y=-1$

求解此方程组得 $x=1$，$y=1$，$z=1$。于是得到该无量纲数群为

$$\frac{\mu}{du\rho}$$

或其倒数就是 Re 数。

与此相仿，式(4)中的 h_f、ε、l 也可无量纲化，从而得到下列无量纲数群

$$\pi_1=\frac{h_f}{u^2},\ \pi_2=\frac{\mu}{du\rho},\ \pi_3=\frac{\varepsilon}{d},\ \pi_4=\frac{l}{d}$$

2. 待求函数的无量纲化

现在回到函数式 $f(Q_1,Q_2,\cdots,Q_7)=0$，并以$Q_1=\pi_1Q_5^{x_1}Q_6^{y_1}Q_7^{z_1}$ 代入，则函数形式将有变化，可得

$$f_1(\pi_1,Q_2,Q_3,\cdots,Q_7)=0$$

类似地变量 Q_2、Q_3、Q_4 也可用数群 π_2、π_3、π_4 与 Q_5、Q_6、Q_7 来表示，函数式(1)遂为

$$f_2(\pi_1,\pi_2,\pi_3,\pi_4,Q_5,Q_6,Q_7)=0 \tag{5}$$

由于所选变量 Q_5、Q_6、Q_7 的量纲彼此独立，从物理方程各项量纲必须相同的条件可知，式(5)中不应再出现单个的物理量 $Q_5 \sim Q_7$，它们对过程的影响应当已包含在 $\pi_1 \sim \pi_4$ 的无量纲数群中。于是过程的函数式可写成

$$F(\pi_1,\pi_2,\pi_3,\pi_4)=0 \tag{6}$$

若以湍流流动阻力式(4)为例，应有

$$F\left(\frac{h_f}{u^2},\ \frac{du\rho}{\mu},\ \frac{\varepsilon}{d},\ \frac{l}{d}\right)=0 \tag{7}$$

以上足以说明，由过程函数式(1)变成无量纲数群式(6)时，变量数减少了三个，由此可以引出如下著名的 π 定理。

3. π 定理

任何物理方程必可转化为无量纲形式，即以无量纲数群的关系式代替原物理方程，无量纲数群的个数等于原方程的变量数减去基本量纲数。

参 考 文 献

[1] John J E A, Haberman W L. Introduction to Fluid Mechanics. 2nd ed. Upper Saddle River: Prentice-Hall Inc, 1980.

[2] 第一机械工业部．机械工程手册．北京：机械工业出版社，1980.

[3] Fried E, Idelchik I E. Flow Resistance—A design guide for engineers. New York: Hemisphere publishing Co, 1989.

[4] 普朗特，等．流体力学概论．郭永怀，等译．北京：科学出版社，2018.

[5] Sissom L E, Pitts D R. Elements of Transport Phenomena. New York: McGraw Hill Inc, 1972.

[6] McCabe W L, Smith J C. Unit operaions of Chemical Engineering. 4th ed. New York: McGraw-Hill Inc, 1985.

[7] 欣茨 J O. 湍流．黄永念，等译．北京：科学出版社，1987.

[8] 时钧，等．化学工程手册．2 版．北京：化学工业出版社，2002.

[9] Warring R H. Handbook of valves, piping and pipelines. New York: Trade & Technical press Ltd, 1982.

[10] 戴干策，陈敏恒．化工流体力学．2 版．北京：化学工业出版社，2005.

[11] 国家标准局．离心泵、混流泵和轴流泵　汽蚀余量．北京：中国标准出版社，1991.

[12] 华东化工学院．基础化学工程：下册．上海：上海科学技术出版社，1980.

[13] Uhl V W, Gray J B. Mixing Theory and Practice. New York: Academic Press, 1966.

[14] Perry R H. Chemical Engineers' Handbook. 5th ed. New York: McGraw-Hill, 1973.

[15] 王凯，虞军 Cocil H Chilton 等．搅拌设备．北京：化学工业出版社，2003.

[16] Foust A S. Principes of Unit operations. 2nd ed. New York: John wiley and Sons Inc, 1980.

[17] 斯瓦洛夫斯基 L，等．固液分离．王梦剑，等译．北京：原子能出版社，1982.

[18] 康勇，罗茜．液体过滤与过滤介质．北京：化学工业出版社，2008.

[19] 王维一，丁启圣，等．过滤介质及其选用．北京：中国纺织出版社，2008.

[20] Geankoplis C J. Transport Processes and Unit Operations. New York: Allyn and Bacon Inc, 1978.

[21] 国井大藏，列文斯比尔 O. 流态化工程．华东石油学院，等译．北京：石油化学工业出版社，1977.

[22] Davidson J F. Fluidization. New York: Academic Press Inc, 1971.

[23] 尾花英朗．熱交換設計ハンドズック．東京：工学図書株式会社，1973.

[24] Kern D L. Process Heat Transfer. New York: McGraw-Hill, 1950.

[25] 米海耶夫 M A. 传热学基础．王补宣，译．北京：高等教育出版社，1954.

[26] Jakob M. Heat Transfer. Vol Ⅰ. New York: John wiley and Sons Inc, 1949.

[27] 杨世铭．传热学．北京：高等教育出版社，1987.

[28] Coulson J M, Richardson J F. Chemical Engineering. Vol Ⅰ, 3rd ed. Oxford: Pergamon Press, 1977.

[29] 钱伯章．无相变液液换热设备的优化设计和强化技术．化工机械．1996，23（2）：5-8.

[30] 黄婕．化工原理学习指导与习题精解．北京：化学工业出版社，2015.

[31] 潘鹤林．化工原理考研复习指导．北京：化学工业出版社，2017.

名人堂

丹尼尔·伯努利（Daniel Bernoulli），1700年2月9日出生于荷兰格罗宁根，1782年3月17日卒于瑞士巴塞尔。他是数学家约翰·伯努利的次子，著名的伯努利家族中最杰出的一位。丹尼尔像其父亲一样先习医，1721年获巴塞尔大学医学博士学位。在家族的熏陶下，不久便转向数学，在父兄指导下从事数学研究，且成为该家族中成就最大者。1724年，他在威尼斯旅途中发表《数学练习》，引起学术界关注。1725年，25岁的丹尼尔受聘为圣彼得堡科学院数学教授，并被选为该院名誉院士。1727年，20岁的欧拉到圣彼得堡成为丹尼尔的助手。1733年，他返回巴塞尔，成为解剖学和植物学教授，后又成为物理学教授。丹尼尔的贡献集中在微分方程、概率和数学物理，被誉为数学物理方程的开拓者和奠基人。丹尼尔于1747年当选为柏林科学院院士，1748年当选巴黎科学院院士，1750年当选英国皇家学会会员。他一生获得多项荣誉称号。

丹尼尔·伯努利的学术著作非常丰富，成就涉及多个科学领域。他的全部数学和力学著作、论文超过80种。经典著作《流体动力学》（1738年出版）是他最重要的著作，书中用能量守恒定律解决了流体流动问题，写出了流体动力学基本方程，后人称之为“伯努利方程”，提出了“流速增加、压强降低”的伯努利原理。他的论著还涉及生理学（1721、1728年）、地球引力（1728年）、天文学（1734年）、潮汐（1740年）、磁学（1743、1746年）、振动理论（1747年）和船体航行的稳定（1753、1757年）等。

让-路易-玛丽·泊谡叶（Jean-Louis-Marie Poiseuille），简称让·泊谡叶，法国生理学家，生于1799年，卒于1869年。他在巴黎综合工科学校毕业后，又攻读医学，长期研究血液在血管内的流动。

泊谡叶在求学时代即已发明血压计用以测量狗主动脉的血压。他发表过一系列关于血液在动脉和静脉内流动的论文，其中1840～1841年发表的论文《小管径内液体流动的实验研究》对流体力学的发展起了重要作用。他在文中指出，流量与管半径的四次方、单位长度上的压力降成正比，该定律后来被称为“泊谡叶定律”。由于德国工程师G. H. L. 哈根在1839年曾得到同样的结果，1925年W. 奥斯特瓦尔德建议称该定律为“哈根-泊谡叶定律”。哈根-泊谡叶定律是G. G. 斯托克斯于1845年建立的黏性流体运动基本理论的重要实验证明。流体力学中常把黏性流体在圆管道中的流动称为泊谡叶流动。医学上把小血管管壁近处流速较慢的流层称为泊谡叶层。1913年，英国R. M. 迪利和P. H. 帕尔建议将动力黏度的单位以泊谡叶的名字命名为泊（poise）。1969年国际计量委员会建议的国际单位制（SI）中，动力黏度单位改用帕斯卡·秒，1帕斯卡·秒＝10泊。

奥斯鲍恩·雷诺(Osborne Reynolds)，德国力学家、物理学家、工程师，1842 年 8 月 23 日出生于北爱尔兰，1912 年 2 月 21 日卒于英格兰。雷诺早年在工场做技术工作，1867 年毕业于剑桥大学王后学院。1868 年起任曼彻斯特欧文学院教授，1877 年当选为英国皇家学会会员，1888 年获皇家奖章。

雷诺在流体力学方面最主要的贡献是发现流动的相似律，他引入表征流动中流体惯性力和黏性力之比的无量纲数，即雷诺数。对于几何条件相似的各个流动，即使它们的尺寸、速度、流体种类不同，只要雷诺数相同，则动力相似。1883 年雷诺通过管道中平滑流线性型流动（层流）向不规则带旋涡流动（湍流）过渡的实验，阐明了这个比数的作用。在雷诺以后，分析有关的雷诺数成为研究流体流动特别是层流向湍流过渡的一个标准步骤。此外，雷诺还给出平面渠道中的阻力；提出轴承的润滑理论（1886 年）；研究河流中的波动和潮汐，阐明波动中群速度概念；指出气流超声速地经管道最小截面时的压力（临界压力）（1885 年）等。在物理学和工程学方面，雷诺解释了辐射计的作用；作过热的力学当量的早期测定；研究过固体和液体的凝聚作用和热传导，引导锅炉和凝结器的根本改造；研究过涡轮泵，使它的应用得到迅速发展。

路德维希·普朗特（Ludwig Prandtl），德国物理学家，近代力学奠基人之一，生于 1875 年 2 月 4 日，卒于 1953 年 8 月 15 日。他在大学时学习机械工程，后在慕尼黑工业大学攻读弹性力学，1900 年获得博士学位。1901 年在机械厂工作，发现了气流分离问题。后在汉诺威大学任教授时，用自制水槽观察绕曲面的流动，3 年后提出边界层理论，解决了计算摩擦阻力、求解分离区和热交换等问题，奠定了现代流体力学的基础。1925 年建立了威廉皇家流体力学研究所，并兼任所长，后来该所改名为普朗特流体力学研究所。

普朗特在流体力学方面的其他贡献有：(1) 风洞实验技术——他认为研究空气动力学必须作模型实验，1906 年建造了德国第一个风洞实验室，1917 年又建成哥廷根式风洞；(2) 机翼理论——在实验基础上，他于 1913～1918 年提出了举力线理论和最小诱导阻力理论，后又提出举力面理论等；(3) 湍流理论——提出层流稳定性和湍流混合长度理论。

为了纪念普朗特对该专业领域的贡献，以他的名字命名了普朗特数。普朗特数是由流体物性参数组成的一个无量纲数，表明温度边界层和流动边界层的关系，反映流体物理性质对对流传热过程的影响。

匈牙利著名流体力学专家、航空和航天领域最杰出的元老冯-卡门是普朗特的学生，冯-卡门也是我国著名科学家钱伟长、钱学森、郭永怀的老师。我国著名的流体力学家、北京航空学院（即北京航空航天大学）创建人之一陆士嘉教授也是普朗特的学生。